AF453172

LE GENTILHOMME

CULTIVATEUR,

TOME TROISIEME.

LE GENTILHOMME

CULTIVATEUR,

OU

CORPS COMPLET

D'AGRICULTURE,

Traduit de l'Anglois de M. Hal, & tiré des Auteurs
qui ont le mieux écrit sur cet Art.

Par Monsieur DUPUY DEMPORTES, *de l'Académie de Florence.*

---

*Omnium rerum ex quibus aliquid acquiritur, nihil est Agriculturâ melius, nihil uberius,
nihil homine libero dignius.* Cicer. liv. 2. de Offic.

TOME TROISIEME.

A PARIS,

Chez {
P. G. SIMON, Imprimeur du Parlement, rue de la Harpe.
DURAND, Libraire, rue du Foin.
BAUCHE, Libraire, Quay des Augustins.
P. ALEX. LE PRIEUR, Imprimeur du Roi, rue S. Jacques,

A BORDEAUX,

Chez CHAPUIS l'aîné.

M. DCC. LXII.

Avec Approbation & Privilége du Roi.

PREFACE.

LES suffrages dont le Public nous honore conſtamment, ne font que donner de nouvelles forces à notre zéle & à notre reconnoiſſance : on nous a reproché dans un très-petit Ouvrage Périodique, à très-grandes Préfaces, que nous altérions le texte de M. Hal en ne le traduiſant pas à la lettre. Mais les Auteurs de ces Brochures devoient conſidérer d'abord le titre de notre Ouvrage, enſuite traduire eux-même à la lettre quelqu'un des Chapitres de ce Livre précieux, & laiſſer au Public le ſoin & le droit de juger d'après la comparaiſon qu'il auroit faite d'un Traducteur ſervile, avec un Traducteur, qui prend le véritable ſens de la matiere qu'on traite, & le dégage de cette diction, irrépréhenſible à la vérité dans une langue, mais qui eſt ſujette à la cenſure, lorſqu'elle eſt tranſportée dans une autre dont la préciſion fait eſſentiellement le génie.

Un Journaliſte qui nous a prodigué des éloges, ſans doute pour nous donner de l'émulation, puiſque nous avouons que nous n'en ſommes point dignes, nous exhorte à donner plus de principes & à développer un peu plus ceux que nous établiſſons, afin que notre Ouvrage réponde plus exactement à ſon titre. Nous avons ſenti tout le prix d'un conſeil ſi ſolide & donné avec tant d'urbanité. On verra dans ce cinquiéme Volume, que les principes de la germination y ſont établis d'une maniere à pouvoir être ſaiſis par les Cultivateurs les moins verſés ſur cette matiere. Nous oſons même nous flater que les connoiſſeurs pourront, ſinon s'inſtruire, du moins lire avec quelque ſatisfaction des documens ex-

posés avec la clarté & la simplicité qui se trouvent inséparables d'une théorie bien adaptée à la pratique.

On voudroit, comme un autre Journaliste nous y exhorte, que nous sauvassions bien de petites négligences,
qui font autant de petites taches, que le prix des matiéres que nous traitons à fonds effacent. Il est vrai que
la précipitation avec laquelle nous avons été quelquefois obligés de faire nos épreuves pour ne pas trop
essayer la patience du Public, justifie cette répréhension.
Mais on doit être assuré que notre dessein est de veiller
plus que jamais sur ce point. Nous espérons que l'on
s'appercevra incessamment de notre vigilance & de notre exactitude : notre passion dominante est de mériter
de plus en plus les bontés avec lesquelles le Public reçoit le fruit de notre travail & de notre zéle.

Et en effet, ne nous devons-nous point tout entiers à la
perfection d'un Ouvrage dont l'utilité se confirme tous
les jours par les suffrages de personnes qui à la tête des
Provinces propagent, pour ainsi dire, cet amour de
l'Agriculture qui étoit presque éteint, & qui nous ont,
par des lettres les plus obligeantes, invités à poursuivre
avec vigueur notre entreprise. De trente-deux Intendans
qu'on compte dans le Royaume, il y en vingt-cinq qui
nous ont fait l'honneur de nous écrire. Tous ont pris un
certain nombre d'exemplaires, les uns plus, les autres
moins : ces Lettres que nous gardons soigneusement
comme autant de témoignages de notre zéle, ne servent
pas peu à l'exciter : & nous nous regarderions comme
infidéles au bien général, si, trop sensibles à quelques
propos qui nous sont parvenus, & qui ne peuvent être
que l'effet de l'inquiétude de certains caractères, nous
nous abandonnions au découragement.

LE

LE GENTILHOMME
CULTIVATEUR,

Continuation du cinquiéme Livre.

CHAPITRE PREMIER.

Lettre à M. Dupuy Demportes, écrite de Grenoble le 15 Décembre 1761, sur les demandes que Messieurs de la Société Royale d'Agriculture de Paris font dans leurs Délibérations.

MONSIEUR,

'A I lû avec beaucoup de plaisir & de satisfaction les deux Volumes du Gentilhomme Cultivaeur ; jamais Auteur n'a été plus encouragé que vous l'êtes par les suffrages réunis du Public. Il est vrai qu'ils sont bien mérités si les autres parties qui vous restent à traiter sont mises dans un jour aussi beau que celles que j'ai lûes, & dans lesquelles, quoique Cultivateur ancien, peut-être même, j'ose le dire, réputé pour être un peu instruit, j'ai vû que je n'avois jamais bien connu la nature & les qualités des sols, & les différens degrés d'extinction des fumiers que vous indiquez. Il est certain qu'on peut dire avec l'Auteur des Affiches de Province que vous avez épuisé la matiere.

Tome III.   A

Votre Préface qui préfente toute l'ordonnance de votre grand Ouvrage, & la table générale des matieres, ne laiffent rien à défirer. Ainfi votre Corps complet d'Agriculture fera à l'avenir, fuivant toutes les apparences, le Code invariable de l'Agriculture de France.

J'ai lû les cinquante-quatre queftions que Meffieurs de la Societé Royale d'Agriculture de Paris ont fait imprimer. Il femble, Monfieur, qu'elles vous ayent été communiquées avant que vous n'ayez commencé votre table des matieres : il eft certain qu'en partant du motif de leur inftitution, vous promettez d'y répondre ; car il n'eft pas vraifemblable que ces Meffieurs ayent prétendu fe borner dans ces queftions à la feule connoiffance du produit des terres telles qu'elles font actuellement cultivées ; fi cette connoiffance eût été l'unique objet de leurs demandes, ils ne pourroient jamais efpérer d'être fidellement inftruits par leurs Correfpondans. On fçait quelles font les infidelités auxquelles expofent les déclarations publiques des revenus quand on les exige. Il eft donc vrai de dire que dans les queftions propofées, il y en a de fous-entendues qui attirent toutes les attentions de ces Meffieurs ; puifqu'elles font les plus intimement liées au principe de leur établiffement, qui eft l'amélioration de l'Agriculture. Or, cela fuppofé, je fuis bien aife, Monfieur, de rendre juftice au zèle éclairé d'un Citoyen auffi généreux que vous. Je prends toutes les queftions l'une après l'autre, & je vois qu'en les comparant avec votre table générale des matieres, vous y répondez exactement. Je commence.

PREMIERE QUESTION.

Quelles font les différentes efpeces de terreins des Cantons, & leurs divers degrés de bonté ?

Réponfe.

Cette Queftion fuppofe une grande connoiffance de toutes les fubftances dont les différens fols font compofés, ce qui, en effet, fait le fondement & la bafe de la bonne Agriculture : Or dans votre premier Livre vous traitez à fond cette matiere ; vous y donnez la maniere de découvrir la nature du fol par fa fituation, par fa fuperficie, par fes productions ordinaires, & par la croiffance des arbres & des arbuftes. Vous traitez dans ce même Livre des différentes fortes de fols, des fols de terre glaife en général, enfuite de la glaife de différentes couleurs, comme rouge, jaune, blanche & noire, des fols argilleux, fablonneux, graveleux, pierreux & crayeux, de la terre molle. Vous entrez dans les détails qui font connoître les divers degrés de bonté de ces différens fols. Vous parlez des ufages de la glaife, de l'argille, du fable, du gravier, de la craye, & des autres fubftances qui font fur la fuperficie ou dans la terre relativement à la culture, & les produits qu'elles peuvent rapporter au Cultivateur. Cette queftion étoit donc répondue avant qu'elle ne fût faite, principalement fi l'on ajoute le moyen d'encourager l'Agriculture contenu dans le Chapitre II. du premier Livre, où vous faites voir la néceffité de l'établiffement d'un certain nombre d'Infpecteurs d'Agriculture qu'on doit choifir bien verfés dans la connoiffance des terres, & qui doivent être commis par le Gouvernement. Sans cette fage précaution, à quelles erreurs ne s'expofera-t-on pas avec les meilleures intentions; puifqu'on fera obligé de s'en rapporter au plus grand nombre des Cultivateurs qui peuvent, à la vérité, être de bonne foi, mais dont les connoiffances font ordinairement bornées fur une matiere qui a été jufqu'à préfent fi négligée.

II. Question.

Quel eft l'emploi actuel de ces terres?

Réponfe.

Les Infpecteurs que vous voulez qu'on établiffe rendroient fur ce point un compte affuré; mais j'ajoute que la Société défire encore plus fçavoir quel il devroit être, puifque certainement elle n'a été établie que dans cette vue. Or en fuppofant, comme nous devons néceffairement le croire, que la queftion propofée renferme tacitement celle-ci, les dix premiers Livres de votre Ouvrage enfeignent tous les ufages poffibles que le Cultivateur doit en faire pour fon plus grand avantage.

III. Question.

Comment travaille-t-on celles que l'on cultive à bras d'homme? de quels outils fe fert-on & pourquoi?

Réponse.

Vous ne laissez rien à désirer sur cette question dans la seconde partie du sixiéme Livre ; vous y donnez tous les moyens d'ameublir le plus parfaitement les terres.

I V. Q U E S T I O N.

Quels animaux employe-t-on au labourage ?

Réponse.

Dans le Livre cinquiéme vous répondez de la maniere la plus étendue à cette question, vous faites mention de tous les animaux nécessaires à l'Agriculture & dans les Fermes. Ce Livre est divisé en quatre parties pour une plus grande clarté.

V. Q U E S T I O N.

De quelles charrues se sert-on, & pourquoi ?

Réponse.

M. Hale, dans la partie troisiéme du second Livre, vous met en état de répondre lumineusement à cette Question. Vous y traitez des instrumens d'Agriculture & de leurs différens usages.

V I. Q U E S T I O N.

Comment laboure-t-on les terres ? est-ce en sillons, en planches, ou tout-à-fait à plat , & pourquoi ?

Réponse.

C'est suivant la nature & la situation du terrein : d'ailleurs rien de plus satisfaisant que ce que vous promettez de répondre d'après M. Hale dans les Chapitres 28 , 29 , 30 & suivans de la troisiéme Partie du sixiéme Livre.

VII. Question.

Combien de tours de charrue donne-t-on à chaque espece de terre, tant pour les gros que menus grains, & dans quels tems?

Réponse.

Vous annoncez la réponse dans le quinziéme Chapitre du sixiéme Livre.

VIII. Question.

Quand fume-t-on ces terres? de quels engrais naturels ou artificiels se sert-on? quelle est la quantité qu'on en met dans un arpent à vingt pieds par perches & cent perches par arpent?

Réponse.

Très-peu ordinairement & de très-mauvaise qualité. Très-peu, parce qu'il y a une dépopulation marquée de bestiaux dans les trois quarts du Royaume; de mauvaise qualité, parce qu'on ignore généralement les degrés d'extinction qu'il faut leur donner relativement au climat, à la nature du terrein & à la nature du fumier que l'on employe. Assurément vous avez répondu à cet objet important dans votre deuxiéme Livre, où vous avez traité des engrais tant naturels qu'artificiels, de leurs mêlanges, de la quantité que chaque sorte de terre en exige, du degré d'extinction qu'il faut leur donner ou de chaleur qu'il faut leur laisser relativement au tempérament chaud ou froid, sec ou humide du sol & du climat sous lequel le terrein est situé.

IX. Question.

Dans quel tems fait-on la semence des gros & menus grains? comment seme-t-on ces grains, & combien de boisseaux, mesure de Paris, en employe-t-on pour ensemencer un arpent même mesure?

X. Question.

Combien cet arpent rapporte-t-il communément de gerbes de chacune de ces sortes de grains? quelle est la pesanteur de ces diffé-

rentes gerbes, & combien produifent-elles ordinairement de boiffeaux de ces grains même mefure ?

XI. QUESTION.

A quels accidens ou maladies les bleds font-ils fujets ? quels
remedes y apporte-t-on ?

Réponfe.

On trouvera la réponfe à la neuviéme & dixiéme Queftion dans
la quatriéme Partie du fixiéme Livre, & celle à l'onziéme dans le
douziéme Livre.

XII. QUESTION.

Y a-t-il des terres incultes dans le Canton? quelle en eft l'efpece,
la qualité, & quelle en eft à peu près l'étendue ? *On auroit dû ajouter*, quels moyens y auroit-il de les mettre en valeur ?

Réponfe.

Quant aux premiers articles de cette Queftion, je dis qu'il faut
s'en tenir aux Infpecteurs que vous demandez que l'on commette, ils
fonderont les terreins, en examineront la nature & en tiendront un
état exact pour en informer le Gouvernement, ou fi l'on veut, la
Société: quant au dernier, tous les moyens de fairevaloir les terres
incultes fe trouvent détaillés dans votre deuxiéme Livre.

XIII. QUESTION.

Y a-t-il des marais ? à quoi fervent-ils ? y a-t-il de la tourbe ?

Réponfe.

Quant à la partie qui regarde directement l'Agriculture, les
moyens que vous devez donner dans le troifiéme Livre fur le def-
féchement des marais & les documens que l'on y trouve, font plus
que fuffifans pour les mettre en valeur de la meilleure façon poffible: Vous avez auffi parlé de la tourbe ; vous paroiffez même promettre de donner les moyens de lui ôter, ou du moins de diminuer
fa mauvaife odeur, ce qui feroit d'un très-grand fecours dans plufieurs endroits du Royaume.

XIV. Question.

Y a-t-il une grande quantité de terreins ou de pâturages communs ? quelle est leur nature ? quel parti en tire-t-on ? quelle police observe-t-on à ce sujet ?

Réponse.

On pressent que vous satisferez pleinement à cette Question dans le septiéme Livre , en enseignant à tirer le meilleur parti possible des pâturages , & en traitant des herbes naturelles & artificielles.

XV. Question.

Quel soin prend-on des prairies naturelles ? les améliore-t-on ; & comment ? les fauche-t-on plusieurs fois par an ? les arrose-t-on ?

Réponse.

On voit bien par votre Table que vous destinez le septiéme Livre à répondre aussi à cette Question en indiquant la meilleure façon de cultiver les prairies naturelles ; vous y donnerez les moyens de les améliorer , & la maniere de les faucher ; enfin tout ce qui regarde médiatement ou immédiatement cette culture , y sera sans doute exposé d'une maniere assez claire pour être saisi des Cultivateurs les moins intelligens.

XVI. Question.

Fait-on des prairies artificielles ? de quelles especes sont-elles ? Combien de fois les fauche-t-on pendant l'année ? quelle quantité de fourage sec produisent-elles ordinairement tous les ans par arpent , & pendant quel tems ces prairies durent-elles ?

Réponse.

Il paroît , par ce que vous annoncez touchant la deuxiéme partie du septiéme Livre , que vous donnerez les moyens les plus solides pour établir toutes les sortes de prairies artificielles , la façon de les faucher , & tout ce qui tient à cette culture si nécessaire & si avantageuse,

XVII. QUESTION.

Pratique-t-on beaucoup de hayes & de fossés autour des terres ? *On devoit ajouter*, cette pratique est également avantageuse dans tous les Cantons & dans toutes les situations.

Réponse.

On voit dans votre troisiéme Livre tous les avantages & désavantages respectifs des clôtures ; vous y donnez toutes les façons d'enclorre, & les moyens d'accélerer les clôtures pour en obtenir le plutôt possible l'effet qu'on en attend.

XVIII. QUESTION.

Y a-t-il beaucoup de vignes, quelle en est la culture, ainsi que les engrais ou terres qu'on y employe ?

XIX. QUESTION.

Combien ces vignes rapportent-elles communément de vin par arpent, dans quelles expositions sont-elles placées ?

XX. QUESTION.

Quelle est la qualité & l'espece de vin qu'elles produisent ?

Réponse.

Vous annoncez qu'une grande partie du neuviéme Livre est destinée à cette branche de l'Agriculture, & à donner la meilleure façon de faire le vin ; vous nous apprendrez aussi la différence du produit de la vigne échalassée de celui de la vigne basse & de la vigne qu'on appelle hautin.

XXI. QUESTION.

Y a-t-il dans le canton des forêts, & autres bois moins étendus soit en futaye, soit en taillis, de quelles sortes d'arbres sont-ils

composés ,

compofés , à quel âge les met-on en coupe, & quelle eft leur deftination ordinaire ?

Réponfe.

Votre quatriéme Livre traite à fond du bois taillis & du bois de futaye, vous y montrez la fituation & le fol qui conviennent à chaque efpece d'arbre ; vous y indiquez les divers tems de la coupe, fuivant la différence des fituations ; vous y combattez d'une façon triomphante, l'ufage fi généralement reçu de faire les plantations par tranfplantation ; vous y démontrez évidemment le vicieux de cette méthode, & je ne doute point que les vrais Cultivateurs n'adoptent celle à laquelle vous donnez avec raifon la préférence, qui eft de planter la graine ou femence dans le lieu auquel l'arbre eft deftiné ?

XXII. QUESTION.

Eleve-t-on beaucoup d'arbres champêtres , en plante-t-on en avenues & fur les bords des chemins, quelles en font les différentes efpeces, les émonde-t-on ?

Réponfe.

Cette Queftion eft pleinement répondue dans votre quatriéme Livre, où l'on trouve les inftructions les plus fatisfaifantes fur cette branche de l'Agriculture, fi imparfaitement pratiquée, qu'il eft très-rare de trouver des arbres qui foient d'une groffeur, & d'une régularité telles qu'on les remarque dans les arbres des Pays étrangers ?

X.XIII. QUESTION.

Quels arbres fruitiers a-t-on dans les champs, comment font-ils cultivés, a-t-on foin de les tailler, tant pour le fruit, qu'afin que leur ombrage nuife moins aux terres ?

Réponfe.

Il eft vrai qu'il ne paroît point que vous vous attachiez à la culture de ces arbres relativement au fruit ; vous ne les avez vûs que relativement au bois : il femble même que vous ayez prétendu renvoyer cet objet à l'agréable de l'Agriculture que vous devez traiter en forme de fupplément. Peut-être même qu'après avoir indiqué dans votre quatriéme Livre les arbres dont les feuillages font nuifibles aux plantes qui les avoifinent, non par l'ombre qu'ils ré-pandent, mais par l'eau qui tombe de leurs feuilles, vous avez regardé comme une très-ancienne erreur de croire que l'ombre des arbres porte préjudice aux végétaux qu'elle frappe. En effet, ce n'eft point la touffe de l'arbre qui endommage, mais bien fes racines plus ou moins horizontales : cela eft fi vrai, qu'on obferve que plus un arbre plonge fes racines, moins il porte de préjudice aux végétaux qui l'avoifinent.

XXIV. QUESTION.

De quelles efpeces & qualités font les fruits, y en a-t-il beaucoup?

Réponfe.

La réponfe fe trouvera fans doute dans le fupplément, quoique l'on trouve le principal & l'effentiel dans votre quatriéme Livre ; puifque vous y indiquez le fol qui convient à toutes les efpeces d'ar-bres fruitiers, & la culture qui leur eft la plus favorable.

XXV. QUESTION.

A-t-on planté des muriers blancs? a-t-on foin de leur donner des labours fuffifans & de les tailler convenablement ? font-ils d'une bonne efpece ? & s'ils ne fe trouvent pas tels , prend-on la précaution de les enter avec une meilleure efpece?

Réponfe.

Il n'eft pas précifément queftion de fçavoir fi l'on en plante. Rela-tivement à cette culture , tout l'objet doit être non-feulement d'encourager , mais encore de contraindre à en planter. Quant à la bonne ou mauvaife efpece , il eft bien vraifemblable que dès qu'on fera parvenu à établir le goût de la plantation , on choifira la meil-leure efpece pour n'être point obligé d'avoir recours à l'ente, ce qui feroit l'emploi du double du temps. D'ailleurs , dans le neu-viéme Livre vous annoncez une culture fuivie de cet arbre , & vous paroiffez vous faire un point principal de traiter à fond cette matiere,

XXVI. QUESTION.

Eleve-t-on des vers à foie ? réuffiffent-ils bien ?

Réponse.

Le fond de cette queftion qui doit être traité dans le même livre, paroît ne porter rien d'intéreffant ; puifque fur tout ce qui regarde l'Agriculture, on doit demander ou indiquer, non pas ce que l'on fait, mais ce que l'on devroit faire pour le plus grand avantage. D'ailleurs, la fection troifiéme du neuviéme Livre contient toute la culture du mûrier noir & blanc, avec la maniere de préparer la foye & les différentes préparations qu'elle exige.

XXVII. QUESTION.

Y a-t-il beaucoup d'abeilles ? profperent-elles ? comment recueille-t-on le miel & la cire ? fait-on mourir pour cet effet les mouches au lieu de chatrer les ruches, comme on le pratique en divers endroits ? quelle eft la forme de ces ruches, & de quoi font-elles faites ?

Réponse.

Cette queftion devient inutile, puifque la deuxiéme fection de votre neuviéme Livre doit être entierement employée à montrer la maniere d'élever les abeilles, de les enrucher, de les chatrer, de remédier à leurs maladies, d'ôter le miel & la cire, & que vous y donnerez la conftruction nouvelle de ruches, par laquelle on n'eft point expofé à leurs piqueure quand on ôte le miel & la cire ; la façon dont vous avez traité jufqu'ici les branches qui ont été l'objet de vos volumes, eft un garant bien affuré de la folidité avec laquelle cette partie intéreffante fera développée & mife dans un jour des plus avantageux.

XXVIII. QUESTION.

Les gens de la campagne ont-ils une grande étendue de jardinages & les entretiennent-ils bien ?

Réponse.

Suivant qu'ils font plus ou moins éloignés des lieux où l'on fait plus ou moins de consommation : le paysan est assez éclairé sur cette partie ; envain la Société voudroit l'instruire : loin d'avoir besoin de recevoir des avis sur ce point, il est au contraire en état d'en donner, témoins les Maréchiers des environs de Paris.

XXIX. Question.

Y a-t-il beaucoup de légumes ? quelles en font les especes, les qualités & la quantité ?

Réponse.

Je vois que vous vous engagez à traiter dans la partie sixiéme du sixiéme Livre, de la culture de toutes les fortes de légumes, & dans le Livre huitiéme des différentes fortes de racines.

XXX. Question.

Seme-t-on suffisamment des chanvres & des lins, tant d'Eté que d'Hyver, & les cultive-t on convenablement ?

Réponse.

Vous paroissez vous promettre de traiter à fond la culture des chanvres & des lins, puisque dans le seiziéme Livre vous vous engagez même à indiquer des changemens dans les préparations pratiquées jusqu'à présent.

XXXI. Question.

Plante-t-on du safran ?

Réponse.

Vous annoncez la culture de cette plante dans le même Livre

XXXII. QUESTION.

Quelles font les différentes productions autres que celles marquées ci-deſſus ?

XXXIII. QUESTION.

Leſquelles de toutes ces productions abondent le plus ?

Réponſe.

Ces deux queſtions ne regardent point l'Agriculture en général, mais feulement la culture particuliere établie dans un tel ou tel Canton.

XXXIV. QUESTION.

Trouve t-on de la marne, & à quelle profondeur ? de quelle qualité eſt-elle ?

Réponſe.

Nous trouvons dans la troiſiéme Partie de votre deuxiéme Livre, la deſcription de la marne, ſa nature, les différentes eſpeces de marnes ſimples & mêlées, avec la méthode de les chercher, de les préparer & de les employer ; vous y mettez ſous les yeux de votre Lecteur la fertilité des terres marnées.

XXXV. QUESTION.

Y a-t-il des carrieres fuffifantes dans le Canton ? de quelles eſpeces de pierres font-elles ? à quelle profondeur ? de quelle façon s'y prend-on pour les connoître ? coûtent-elles cher à exploiter, & ne croit-on pas qu'on puiſſe en découvrir à meilleur marché ?

Réponſe.

Vous donnez à la fin de votre quatriéme Livre une ſonde très-propre à connoître toutes les couches qui font fous la fuperficie. D'ailleurs, je ne vois dans cette Queſtion qu'un rapport très-étranger à l'Agriculture, telle que nous devons l'enviſager.

XXXVI. QUESTION.

Comment & de quoi font couvertes les maifons de campagne ?

Réponfe.

Quoique cette Queftion ait encore moins d'affinité que la précédente à l'Agriculture, je réponds que c'eft fans doute des matériaux les plus communs dans le Canton & dont le tranfport eft le plus aifé.

XXXVII. QUESTION.

Se trouve-t-il dans le territoire des mines de charbon de terre, de la houille, ou quelques terres combuftibles ?

Réponfe.

On trouve toutes ces différentes fubftances par le fecours de votre fonde, & vous apprenez dans votre premier & fecond Livre à en tirer tout le parti poffible.

XXXVIII. QUESTION.

Y a-t-il beaucoup de beftiaux dans le Canton ? quelles font les différentes efpeces qui s'y trouvent ? de quelles qualités font-elles ? lefquelles font les plus nombreufes ?

Réponfe.

Pas tant qu'il devroit y en avoir en général, & leurs efpeces n'étant point choifies avec précaution, cette branche de l'Agriculture languit, quoique fon utilité foit démontrée ; mais votre cinquiéme Livre dans lequel vous devez traiter de tous les animaux néceffaires dans l'Agriculture & dans les Fermes, nous apprendra fans doute, à nous attacher à cette partie effentielle, & nous donnera tous les moyens poffibles d'établir une population bien choifie & nombreufe, puifque vous nous faites même efperer des moyens d'animer leur multiplication.

XXXIX. Question.

Fait-on parquer les vaches & les moutons ?

Réponſe.

On le devroit : & comme Meſſieurs les Intendans en ont vû toute l'utilité , ils encouragent cette pratique en payant les moutons que les loups enlevent. D'ailleurs cette Queſtion eſt répondue dans la vûe que la Société la fait dans votre deuxiéme Livre.

XL. Question.

Quel eſt la proportion que l'on obſerve pour le nombre des moutons que l'on peut nourrir ? laiſſe-t-on toujours les beliers avec les brebis , ou bien les ſépare-t-on une partie de l'année ? *On devoit ajouter* , a-t-on partout l'imprudence que l'on a dans certains endroits , de mettre les moutons avec les brebis ?

Réponſe.

Cette Queſtion auroit alors acquis une certaine utilité , parce que , ſuivant la réponſe , on auroit averti le Cultivateur qu'il n'y a point de pratique plus mauvaiſe. Parmi le grand nombre des moutons , il s'en trouve pluſieurs qui ne ſont que tordus ou mal coupés ; ils ſont preſque toujours en chaleur , fatiguent conſidérablement les brebis , & ſe fatiguent eux-mêmes au point qu'ils parviennent rarement à une parfaite graiſſe , & qu'ils ont une chair peu délicate. Au reſte, dans votre Livre cinquiéme vous devez donner des raiſons qui établiſſent la néceſſité de ſéparer les beliers d'avec les brebis pendant une partie de l'année.

XLII. Question.

Combien chaque brebis ou mouton rend-il de laine communément tous les ans ?

XLIII. QUESTION.

Comment dégraisse - t - on la laine, & quel parti en tire-t-on?

Réponse.

Vous nous faites espérer la réponse à ces deux Questions dans votre Livre seiziéme , où vous devez traiter de l'ancien usage de la laine chez les peuples Orientaux & les autres Nations du monde, de la laine des différentes parties du monde, des différentes méthodes de la préparer, de la maniere de la nétoyer, de la dégraisser, de la carder, de la filer, de la dévider, de la teindre, avec la maniere de mêler les laines teintes pour le Fabriquant. Vous devez aussi traiter dans le même Livre des peaux & des cuirs.

XLIV. QUESTION.

Fait-on engraisser les bestiaux au verd ou au sec? quelles en sont les especes & combien de tems restent-elles chacune à l'engrais?

Réponse.

Plus ou moins : il seroit très - difficile au Cultivateur le plus ancien de prononcer un tems fixe. Ainsi cette Question ne peut point être répondue ; mais s'il s'agit des moyens propres à les engraisser le plutôt possible ; votre cinquiéme Livre instruira suffisamment le Cultivateur à cet égard , en supposant, comme il y a lieu de le croire , que vous remplirez les chapitres annoncés sur cette matiere dans votre table générale.

XLV. QUESTION.

Y a-t-il assez de fourrage pour le bétail que l'on garde pendant l'hyver? quelle proportion observe-t-on à l'égard de chaque espece ?

Réponse.

On trouvera sûrement toutes les instructions nécessaires à cet égard dans votre Livre cinquiéme.

XLVI.

XLVI. QUESTION.

Quels genres de maladies les beſtiaux de divcrſes eſpeces eſ-
ſuyent-ils le plus ſouvent & quels remedes y apporte-t-on ?

Réponſe.

Si cette partie eſt auſſi-bien traitée dans votre troiſiéme Livre,
comme vous le promettez, & comme nous avons tout lieu de
l'eſpérer, qu'elle l'eſt relativement aux chevaux dans votre Gentilhomme Maréchal, il eſt certain qu'il ne reſtera rien à déſirer à
Meſſieurs de la Société ſur ce point important, qui a été juſqu'à
préſent abandonné à gens ſans principes & ſans expérience. Ainſi
nous verrons dans ce Livre la ſanté des vaches, des moutons, des
bœufs, des cochons, de la volaille, être l'objet de toutes vos
conſidérations.

XLVII. QUESTION.

Combien paye-t-on, tant en Hyver qu'en Eté, les journées
ordinaires d'hommes, de femmes & d'enfans employés à cultiver
les terres ?

Réponſe.

Il eſt très-difficile d'indiquer préciſément le ſalaire des Ouvriers,
attendu qu'il varie ſuivant la plus grande ou la moindre chereté des
vivres dans les divers pays. D'ailleurs, quand Meſſieurs de la Société
auroient une connoiſſance exacte du prix des journées, je ne vois
point qu'ils puſſent en tirer une induction utile & pratiquable pour
l'amélioration de l'Agriculture.

XLVIII. QUESTION.

Fait-on ramaſſer les récoltes à prix d'argent, ou bien en donnant
une portion dans les grains ?

Réponſe.

Comme chaque Pays eſt plus ou moins avantageuſement ſitué
relativement à la communication pour une plus grande ou moindre

conſommation ; chaque Pays eſt plus ou moins riche en eſpece ; de
ſorte que preſque partout où l'eſpece eſt rare , on fait avec l'Ouvrier
un échange de la denrée pour la ſomme de ſon travail ; au lieu que
partout où l'eſpece abonde , & où par conſéquent la communication
eſt ouverte , on le paye en argent. Ainſi , toute la réponſe ſe réduit
à dire que chaque Pays a ſes uſages à cet égard, & que quand on
voudra remonter au principe , on verra que chaque Pays eſt fondé à
ſuivre ſa méthode.

XLIX. Q U E S T I O N.

Sont-ce les Habitans du Pays qui font les récoltes & tous les
autres travaux de la campagne ? ou bien eſt-on obligé d'y employer
des Journaliers qui viennent d'ailleurs ?

Réponſe.

Partout où le payſan trouve à voiturer ſon plus grand avantage,
il abandonne la perception de ſa récolte à ſa ménagere & aux étrangers, ce qui fait aſſurément une méthode peu profitable pour lui
& pour l'Etat ; parce qu'une partie de la récolte ſe perd étant peu
ménagée par des gens à qui elle n'appartient pas. D'ailleurs, cette
Queſtion, ainſi que pluſieurs autres, ne me paroiſſent point avoir
pour objet l'amélioration des terres ; & en ce cas il n'eſt pas bien
néceſſaire d'y répondre.

L. Q U E S T I O N.

Travaille-t-on dans les Villages & dans les campagnes à filer
beaucoup de chanvre? y file-t-on auſſi du lin , de la laine ou du
coton? y fait-on de la toile ou quelques étoffes groſſieres.

Réponſe.

Je me borne à répondre, que ſi l'on ne le fait pas , on devroit
le faire.

L I. Q U E S T I O N.

Le Pays eſt-il ſujet aux inondations?

Réponse.

Il est assurément à présumer que la Société ne fait cette question que dans la vûe de donner des moyens de remédier à cet inconvénient, & dans ce cas on trouve la question pleinement répondue dans votre troisiéme Livre , où vous apprenez à se garantir des inondations, soit qu'elles viennent des hauteurs, soit qu'elles soient occasionnées par le débordement des rivieres , ou par des sources souterraines , ou par les marées.

LII. QUESTION.

Y a-t-il des maladies épidémiques ?

Réponse.

Cette Partie-ci regarde la médecine , & en effet les Médecins ne se deshonoreroient point en travaillant à la conservation des animaux qui contribuent essentiellement à la nôtre.

LIII. QUESTION.

La population est-elle diminuée ou augmentée ?

Réponse.

La réponse n'est que trop affligeante. Il est étonnant que la Société ignore que la population est diminuée , & qu'elle diminue tous les jours.

LIV. QUESTION.

Enfin quel est en gros l'état présent de l'Agriculture dans le Canton ?

Réponse.

Hélas ! très-négligée dans tous les Cantons du Royaume, si l'on en excepte les Provinces industrieuses de Normandie , de Flandres , & une partie de l'Alsace.

» Si vous croyez, Monfieur, que mes obfervations puiffent être
de quelqu'utilité, je vous les abandonne, vous pouvez en faire les
» honneurs. Je ne défire que de concourir à l'objet qu'on fe propofe :
» c'eft ici une nouvelle légiflation où tout Particulier, membre de
» la Nation, a droit de propofer fes réflexions : l'Agriculture eft
» en France dans un tel état de dépériffement, que tout le monde
» doit mettre fa gloire à contribuer à fon rétabliffement. D'ailleurs,
» il faut profiter de la chaleur de la mode; fi l'Agriculture perd cet
» air de nouveauté que lui donne aujourd'hui la manie de la Nation,
» vous verrez que fuccedée par quelque nouveauté plus récente, elle
» perdra faveur, & que tout le monde en général détournera fes
» regards de deffus tout ce qui peut avoir rapport à fon amélioration.
» Le grand point, & qui eft le feul important, c'eft de l'encourager,
» de mettre le Cultivateur en état d'employer fur fon terrein des
» hommes & non des fpectres : *hommes & argent*, vous le dites
» vous-même dans votre Ouvrage; voilà le grand Code & le feul
» favorable aux progrès de cet Art que nous avons à notre
» grande confufion eu la ridiculité d'avilir & de méprifer. Je vous
» exhorte donc, Monfieur, à pouffer avec vigueur votre entreprife,
» afin que nous puiffions avoir toujours fous les yeux un Ouvrage qui
» doit nous donner tous les moyens de tirer le meilleur parti poffible
» de nos terres, ou qui paffant à la poftérité, la fera nous regarder
» comme gens vraiment frivoles, fi nous ne mettons point à profit
» les lumieres que vous nous avez déja communiquées, & celles que
» vous nous promettez. Je fuis avec tous les fentimens que mérite
votre zèle, Monfieur,

Votre très, &c,

CHAPITRE II.

De la maniere de dompter les Chevaux.

EN Agriculture les Cultivateurs éclairés obfervent que les plus grands avantages dépendent fouvent de l'attention qui paroît de la moindre conféquence ; c'eft ce que nous allons faire remarquer dans le cas dont il eft ici queftion.

Nous avons donné des documens fuffifans au Cultivateur pour faire venir des poulains , & pour tout ce qui concerne la génération de ces animaux. Il convient maintenant que nous lui indiquions la meilleure façon de les dompter. Quoique cet article qui paroît affez important pour les chevaux fins , & qui eft à la honte de la plûpart des Cultivateurs , négligé à l'égard des chevaux deftinés aux fervices pénibles , jufques-là que l'on ne connoît rien moins à la campagne que la façon de dompter les chevaux , nous ofons nous promettre d'en faire fentir toute l'importance.

Nous avons obfervé que la faute que l'on commet ordinairement , c'eft de négliger de les dompter à l'âge qui convient. Il eft certain que cette inattention qui d'abord paroît peu importante , caufe la perte de quantité de bons chevaux. Le poulain dont on augure un bon fervice , doit être dompté de bonne heure & traité d'abord avec beaucoup de douceur. Par la méthode que l'on pratique ordinairement , on perd un cheval de felle en exigeant de lui plus de fervice qu'il ne peut en rendre dès le moment qu'il eft dompté ; & pour peu qu'on veuille nous fuivre dans nos inftructions , on verra que la ruine des chevaux d'attelage vient ordinairement de ce qu'on ne les a point domptés à tems.

Or pour éviter ces erreurs qui produifent de telles pertes , il faut qu'on ait l'attention d'obferver les regles fuivantes.

Un an après qu'on a fevré le poulain , fuivant la méthode que nous avons établie , il faut , en le traitant avec douceur , l'amadouer , & peu à peu l'apprivoifer ; il faut le mener de tems en tems à la main pendant une autre année , au bout de laquelle , c'eft-à-dire , quand le poulain aura atteint l'âge de trois ans , s'il eft deftiné au fervice de la felle , on n'a qu'à commencer par le monter ; s'il eft propre à l'attelage , pour porter des charges , il faut l'y rompre peu à peu ; mais dans quelque circonstance pressée que l'on se trouve, on doit bien se donner de garde de se trop précipiter : pendant la premiere année, par exemple, on ne l'y employe que de loin en loin, un peu plus fréquemment la seconde, mais avec modération jusqu'à ce qu'il ait atteint toute sa force, & qu'il soit parvenu à l'âge auquel les jeunes chevaux sont en plein service.

La premiere année le poulain de selle ne veut guére être promené qu'au pas, la seconde guéres plus qu'au trot ; après cette attention, on ne risque plus, à moins qu'on n'ait l'imprudence de le forcer ; c'est de cette méthode même qu'on éleve le poulain pour le labourage ; mais il faut bien prendre garde de le faire trop tirer pendant la premiere année ; à la seconde on exige plus de travail : par toutes ces précautions, on parvient à connoître peu à peu sa force & la façon d'en tirer longtems un bon service.

Comme cet animal ne parvient à sa véritable force que vers la sixiéme ou la septiéme année, une heure d'exercice par jour lui suffit la premiere année, & deux ou trois la seconde ; autrement si on le force de travail dans sa jeunesse, il est foible le reste de sa vie, & ne peut jamais devenir un animal vigoureux.

On voit bien que de cette façon le Fermier ne perd ni tems ni service réel dans les chevaux qu'il éleve pour son propre usage, parce qu'ils lui continueront le service beaucoup plus de tems par les ménagemens & les soins qu'il aura eus d'eux dans leur tendre jeunesse ; nous lui assurons que par cette conduite, les services qu'il en tirera seront plus longs & plus vigoureux.

On ne croiroit pas, par exemple, que la constitution dont un cheval jouit toute sa vie, dépend principalement du traitement qu'il a reçu dans sa plus tendre jeunesse. Il n'est cependant rien de plus vrai. Or quel est le Cultivateur qui n'aimeroit pas mieux sacrifier les services foibles de cet animal pendant les deux ou trois premieres années pour avoir le plaisir de l'avoir sain & utile pendant sa vie ?

Nous voudrions envain fixer jusqu'à quel tems un cheval peut continuer un bon service. Ce point n'a point encore été décidé ; & vrai-semblablement ne le sera jamais. On ne peut guéres en juger que d'après les soins qu'on en a eus dans sa jeunesse ; quant à la durée de sa vie, elle est plus longue qu'on ne se l'imagine : on en a vû vivre jusqu'à trente-cinq, quarante, & même jusqu'à cinquante ans.

Il n'est pas douteux que lorsqu'on veut commencer à se servir du poulain, on le trouve rébelle & hargneux ; de sorte que si on néglige de l'amadouer à cet âge, il est vicieux le reste de la vie ; mais alors il faut avec des chevaux semblables prendre le parti de les dompter par la faim, & même avoir l'attention de ne lui rien donner à manger qu'il ne le prenne à la main.

Mais si cet expédient est, comme il pourroit bien arriver, infructueux, il faut l'empêcher de dormir plusieurs nuits de suite ; par ce moyen on parvient à rompre l'humeur du cheval le plus intraitable.

La meilleure méthode qu'on puisse mettre en usage pour familiariser un poulain, c'est de lui donner de la bonne nourriture à la main pendant qu'il suit sa mere. Rien ne lui rompt plus son humeur farouche, & ne lui ôte plus la crainte que l'on trouve ordinairement dans tous les chevaux jusqu'à ce qu'ils soient apprivoisés.

On trouve presque toujours des mouvemens mutins dans les jeunes chevaux la premiere fois qu'on les monte ou qu'on les attele. Dans l'un & l'autre cas, il est bon de les faire aller en compagnie avec d'autres chevaux. Lorsqu'on les monte pour la premiere fois, il faut les faire aller doucement avec d'autres chevaux qui vont devant. On remarque que plus ils en sentent autour d'eux, plus ils vont sans résistance & uniment. De même lorsque le Cultivateur met pour la premiere fois un jeune cheval à l'ouvrage, il doit ne point le faire tirer seul ; mais au contraire avec d'autres, & lui donner une tâche aisée & courte.

Ce ne fut point, sans doute, sans difficulté que les chevaux furent originairement domptés & rompus au service des hommes ; de sorte que cet animal se ressent toujours plus ou moins de son origine, & qu'il faut par conséquent plus ou moins de soins & d'attentions pour le dompter. Il est certain qu'un poulain se cabreroit & se blesseroit lui-même & l'homme qui le conduit, si on le mettoit seul au service, ou si on lui donnoit une trop forte tâche la premiere fois. Si le travail au contraire que l'on lui donne est aisé, & s'il voit d'autres chevaux qui travaillent, il se soumet avec beaucoup moins de répugnance ; de sorte qu'on le conduit ainsi des ouvrages les plus légers aux travaux plus durs, & insensiblement à ceux qui sont les plus pénibles.

CHAPITRE III.

Du nombre de Chevaux qu'il convient d'avoir , & des façons de les travailler.

NOus avons déja observé au Cultivateur combien il est important pour lui d'adapter le sexe des bestiaux d'attelage à la nature de son terrein pour en tirer tout l'avantage possible ; il ne doit pas moins observer leur espece & leur grandeur ; en effet, tels chevaux seront propres à telle Ferme , & ne vaudront rien ou bien peu de chose pour telle autre.

La premiere considération générale qui se présente sur ce point est la richesse du pâturage & la grandeur des bestiaux qui doivent être proportionnées : un propriétaire d'un terrein riche , fera naître chez lui de grands chevaux qui seront à tous égards très-avantageux pour lui. Au contraire le propriétaire d'un terrein pauvre doit se borner à une espece moins grande , il faut toujours en excepter les étalons. Si du moins il se détermine à les nourrir au foin & à l'avoine , alors il peut en élever de l'espece qu'il voudra ; mais c'est une pratique que nous ne pouvons point recommander comme générale , c'est à chaque Cultivateur à se prescrire des regles qu'il fera toujours sagement de tirer de la nature de ses pâturages & de ses fourrages.

Les chevaux dont on attend beaucoup d'ouvrage doivent être bien nourris , & sûrement de gros chevaux qui se trouveront sur des pâturages pauvres , ne rempliront jamais bien le service qu'on a lieu d'espérer. Voilà une regle fondamentale dont le Cultivateur ne peut s'écarter qu'en se portant beaucoup de préjudice : nous voudrions pouvoir indiquer le nombre de chevaux qui sont nécessaires pour une certaine quantité de terrein. Plusieurs avant nous l'ont essayé , mais infructueusement. Les terreins varient tellement , & les dégrés de travaux qu'ils exigent sont si différens , qu'il nous est comme impossible d'en fixer le nombre. Cependant en général , il nous paroît raisonnable de dire , que dans un terrein qui est de la sorte moyenne , un cheval par dix acres peut suffire pour fournir à tous les travaux d'un Cultivateur habile , qui sçait mettre à profit tous les instans , & proportionne ses soins pour les chevaux aux services qu'il

en

en tire : au lieu qu'un Cultivateur borné & peu laborieux, en employera le double, fans que la moitié de fa befogne foit encore faite.

Après que le nombre des chevaux pour peupler la Ferme aura été établi dans toute la proportion poffible, il faut fçavoir leur diftribuer avec difcernement leur ouvrage ; c'eft delà que dépend en plus grande partie le profit qu'on peut tirer de ces animaux.

Nous avons déja dit que les jeunes chevaux doivent être traités doucement au commencement de leur travail ; on peut les y entretenir en leur faifant faire quelque chofe au tems de la récolte & au tems des femailles ; mais il ne faut jamais les forcer de travail. Il y a tant d'ouvrages bas dans une Ferme, il faut y mettre les chevaux qu'on n'eftime point pouvoir devenir d'une bonne défaite ; il convient même de tenir dans la Ferme un certain nombre de ces chevaux pour les travaux forts & rudes. Qu'ils foient vieux ou aveugles, ils rempliffent toujours parfaitement leur tâche, pourvû qu'ils foient bien nourris. Quant à ceux qui par leur forme promettent d'être d'une bonne vente, les ouvrages légers qu'on leur donne au commencement, les accoutument infenfiblement à faire le travail qu'on leur demande, & les rendent d'un très-grand profit quand on veut les vendre.

On fent combien on doit être attentif dans le choix que l'on fait lorfqu'on fe met dans l'ufage d'acheter de jeunes poulains dans les Provinces où il y a des harras pour les revendre à l'âge de cinq ou fix ans : car tels on les achetera jeunes, tels ils grandiront. Le Cultivateur qui fait venir chez lui des chevaux, ne doit pas moins avoir foin de fes étalons & de fes jumens, en fuivant les documens que nous avons donnés, autrement il verra toutes fes efpérances trahies quand le tems de la vente viendra ; au lieu qu'en apportant tous fes foins, il verra qu'il n'y a guéres en Agriculture rien de plus avantageux.

Comme quelques foins qu'on fe donne, les chevaux peuvent devenir aveugles, ou effuyer d'autres accidens, il ne faut point fe rebuter, furtout fi l'on n'a pas d'autre moyen de tirer toute la valeur poffible de fes domaines ; il n'y a point de commerce dans lequel le chapitre des accidens & des rifques ne foit, pour ainfi dire, le plus long. Celui des chevaux, nous en avons déja prévenu nos Lecteurs, eft le plus étendu ; ainfi plus le fuccès eft incertain, plus on doit être vigilant fur les caufes de cette incertitude, & plus il faut fe foumettre aux documens par lefquels on peut prévenir les pertes auxquelles on eft expofé.

Tome III.   D

Le cheval étant le premier & le plus précieux des animaux destinés au service des hommes, & en même tems un des plus forts,
des plus dispos & des plus utiles, est sans contredit celui de la plus
facile défaite : les différens usages auxquels on l'employe, font qu'on
en achete de toutes sortes. Il fait donc un article d'un si grand profit,
& il est propre à tant d'usages, que les accidens & les pertes ne
doivent point décourager le Cultivateur : nous lui répétons encore
que les profits qui résultent pour lui de ces animaux, sont toujours
en raison de ses connoissances, des attentions & des soins qu'il en a.

Par connoissances, nous n'entendons pas celles d'un Maquignon
ou d'un habile Marchand. Elles méritent tout au plus, en bien
ménageant l'expression, la dénomination de finesse & d'artifice.
Nous n'entendons, en effet, par connoissances, que celles que nous
établissons sur des faits clairs, & les soins qu'exigent ces mêmes connoissances exactement mises en pratique dans toutes les occasions
qui se présentent.

CHAPITRE IV.

De la façon d'envoyer les Chevaux à l'herbe, & de les garder
dans les Ecuries.

A Tous les documens que nous avons établis pour le traitement
en général des chevaux, nous ajouterons quelques façons
particulieres de se conduire dans cet article important, & nous
finirons par-là toutes les observations que nous avions à faire pour
le présent sur l'entretien & la conservation de cet animal.

Le commencement du mois de Mai est de tous les tems le plus
propre à donner aux chevaux du Cultivateur du fourrage verd,
comme la fin du mois d'Août est celui auquel il convient de les en
retirer. Mais on pratique différentes façons : nous croyons devoir
les mettre sous les yeux du Lecteur avec les avantages & désavantages inséparables de chacune.

On envoye les chevaux d'attelage vers la mi-Mai dans les enclos
de trefle ; ce fourrage naturellement gras, leur donne de la force & de
la vigueur. On observe que lorsque ces animaux font usage de ce
fourrage, ils remplissent leurs tâches les plus pénibles de l'Agriculture avec beaucoup plus de facilité & de fermeté que lorsqu'ils

font nourris de toute autre herbe. On remarque même, & l'expérience le prouve, qu'ils font moins fenfibles au froid & autres accidens, que lorfqu'ils font nourris avec d'autres fourrages plus fins.

Nous donnerons à ce fujet quelques idées utiles aux Cultivateurs. Il faut être attentif à envoyer les chevaux à l'herbe dans le tems le plus chaud du jour, & fi le tems eft froid & humide, on les retire la nuit, jufqu'à ce qu'il foit devenu plus fec, & par conféquent plus favorable.

La meilleure de toutes les méthodes, eft de les faire travailler comme à l'ordinaire pendant qu'ils font à l'herbe. On va les chercher de bon matin; on leur donne une ration de grain, foit avoine, vefce, ou autre chofe mêlée avec de la paille hachée deux heures avant que de les atteler, & autant lorfqu'ils reviennent du travail. Il réfulte de cette méthode deux avantages, celui de leur donner de la vigueur, & celui d'abforber dans leur eftomac l'humidité qui y abonde en conféquence du fourrage humide qu'ils ont mangé pendant la nuit.

Il y a encore une méthode excellente, c'eft d'envoyer dans le même mois les chevaux de charrette & de charrue dans un champ de vefce verte; cette nourriture leur donne une vigueur & une fanté étonnantes.

Il y a des Cultivateurs qui préferent de donner le fourrage frais dans le ratelier; pour cet effet ils fauchent le trefle, les vefces, &c. à mefure qu'ils en ont befoin, & les donnent aux chevaux dans l'écurie. Nous obferverons auffi que l'ufage de la luzerne & du fainfoin eft également bon ; mais nous remarquerons que les chevaux qui mangent le verd dans l'écurie, n'en tirent pas les mêmes avantages que ceux qui le mangent aux champs, parce que les premiers ne profitent point du grand air dont les derniers tirent des avantages qu'on ne fçauroit s'imaginer.

Cependant en fuppofant que des circonftances ne permettent point de mettre ces animaux au verd autrement que dans l'écurie, voici une excellente méthode, elle confifte à enfemencer un champ de trefle de ray-gras & de trefle commun, & de couper ce fourrage mêlé pour le donner dans le ratelier: par-là on entretiendra ces animaux en bon état dans les travaux même les plus pénibles.

Qu'on ne nous reproche point d'avoir dans les différentes méthodes qu'on vient de voir, négligé celles qui font prefcrites dans la Maifon Ruftique, dans Liger, & dans tant d'autres Auteurs, & qui font pratiquées à la lettre non-feulement par les Maquignons, mais encore par le général des Cultivateurs ; elles confiſtent à ſaigner les chevaux & en pluſieurs autres pratiques qui ſont en uſage par rapport aux changemens de fourrages. C'eſt l'inaction dans laquelle on tient alors les chevaux, & non le changement de fourrages, qui cauſe les différentes indiſpoſitions qui leur arrivent dans ce tems. Auſſi voit-on les chevaux délicatés y être plus ſujets que les autres, qu'un Cultivateur intelligent fait travailler dans ce tems comme dans tout autre. Par cette méthode, en effet, on remplit mieux les vûes de la nature que par toutes les ſaignées. La diſſipation que le travail cauſe eſt plus analogue, & les effets en ſont plus heureux que ceux de tant de breuvages dont on épuiſe & accable ces animaux.

Lorſqu'un Fermier eſt obligé d'envoyer ſes chevaux dans les communes, il eſt preſque toujours obligé de les arrêter avec une corde dans l'endroit où il veut qu'ils mangent l'herbe. C'eſt une mauvaiſe méthode, mais qui eſt forcée. Le cheval eſt par conſéquent obligé de ſe vuider ſur l'herbe, ce qui l'en dégoûte immédiatement après ; en ce cas il n'y a point d'autre expédient que de le changer ſouvent de place ; quelque tems après, ne reconnoiſſant plus l'endroit où il a uriné, & la fumée de la fiente s'étant évaporée, il mange fort bien l'herbe qu'il auroit ſans cela rebutée.

Rien de plus avantageux pour les chevaux d'un Cultivateur dont le Domaine eſt ſablonneux, que de ſe ſervir du turnips pour le fourrage d'Eté, tant pour les chevaux que pour les autres beſtiaux ; on eſt maître de les mettre au verd avec ce fourrage dans l'écurie ou dans les champs ; l'une & l'autre méthode réuſſiſſent fort bien. Ces animaux mangent le turnips avec avidité. A Norfolk en Angleterre, on ſe ſert, pour remplir cet objet, d'un turnips qui eſt jaune ; il faut en avoir la graine entierement ſéparée des autres. Il eſt bon d'avertir ici notre Lecteur que ce navet n'eſt pas le même que le grand navet rondement applati qui eſt ſi commun dans l'Auvergne & dans une partie du Limouſin. Nous convenons que les beſtiaux le mangent avec beaucoup d'avidité, mais il eſt trop aqueux ; il n'a pas aſſez de conſiſtance ; il les évuide & les relâche conſidérablement. Il eſt queſtion du turnips jaune : ſa culture eſt ſans contredit, beaucoup plus avantageuſe, parce qu'il a beaucoup plus de qualité que toutes les autres eſpeces ; il eſt farineux, & c'eſt cette qualité diſtincte qui doit lui concilier la préférence.

On le ſeme en Mars & il eſt dans ſa parfaite maturité vers la fin du mois de Mai : dans les Pays méridionaux nous conſeillons d'anticiper ſur ce tems, parce que plutôt on peut mettre les beſtiaux au verd, ce n'eſt que le mieux.

On continue d'en femer de fix en fix femaines pour en être fourni jufqu'à la fin du mois de Septembre. On remarque que les beftiaux ne fe portent jamais fi bien, & ne font fi bien leur travail que pendant le tems qu'ils font ainfi nourris. Quant aux vaches, cette nourriture influe très-avantageufement fur leur lait, il eft d'un goût excellent & extrêmement butireux.

Il eft abfolument néceffaire de gliffer ici une méthode que nous avons oubliée dans les premiers Chapitres qui concernent les chevaux. Il eft très-avantageux quand on n'a point en vûe la multiplication des chevaux, de couper les jumens. On fait cette opération quand elles ont un mois ou fix femaines pendant qu'elles têtent : qu'on ne s'allarme point, il n'y a point de danger, la jument devient par-là un animal très-utile ; elle n'en eft que plus forte & plus vigoureufe, jufques-là que nous croyons devoir la préférer à tous égards à un cheval coupé.

Il eft vrai qu'il y a un inconvénient à craindre, c'eft que les jointures ne croiffent trop, ce qui fait que ces parties deviennent foibles. Mais on peut en quelque façon les mettre à couvert de cet accident, en ne les coupant que quand elles font un peu plus avancées en âge. Le tems le plus convenable eft celui dans lequel on les ôte d'auprès de la mere, en fuppofant qu'on les en prive à fix mois, comme c'eft l'ufage ordinaire ; alors la playe fe guérit pendant qu'on les garde pour les fevrer.

Quant au tems qu'il convient de retirer du verd ces animaux ; dans certains pays on le fait à l'approche de l'hyver ; parce que, dit-on, l'herbe eft courte & la faifon froide : mais cette regle eft trop mauvaife pour pouvoir être générale. La meilleure confifte donc à bien examiner l'état dans lequel l'animal fe trouve dans ce tems : tant qu'il pourra fupporter la faifon, & qu'il trouvera de quoi vivre, il fera beaucoup mieux dans les champs que dans l'écurie, & fûrement on conviendra que le cheval eft affez difpendieux pour que le Cultivateur ne néglige point de fauver le fourrage d'hyver qui eft le plus cher.

Il y a encore une méthode qui eft la meilleure de toutes, parce qu'elle fait éviter les deux extrémités ; elle confifte à envoyer les chevaux aux champs pendant le jour, & à les retire pendant la nuit dans l'écurie.

Pour bien remplir cet objet, il n'y a pas de moyen qui puiffe avoir un fuccès plus affuré que celui qui fuit ; il faut élever, n'importe avec quels matériaux, un nombre fuffifant de cabanes ou chaumieres dans une grande cour faite en quarré long, la face & les deux extrémités ouvertes, le derriere doit être élevé avec des planches, le comble couvert avec de la fougere ou de chaume, ou autre matiere de bas prix. On fixe folidement les rateliers aux planches, les chevaux par ce moyen peuvent y aller quand ils veulent ; ils peuvent ainfi fortir & fe mettre à couvert, fuivant qu'ils le défirent. Lorfqu'on leur donne de l'avoine, ils mangent ainfi du fourrage fec & verd, & ils vont le prendre eux-mêmes quand ils veulent ; par cette méthode, ils ne font pas d'un tempéramment fi délicat, que lorfqu'on les tient continuellement dans l'écurie. Rien ne leur conferve mieux les pieds fains & ne les maintient mieux en bonne fanté & toujours prêts au fervice.

Nous n'entendons point ici que les chevaux ayent la liberté de courir plus loin que l'enceinte qu'il convient de faire avec de fortes paliffades fi la cour n'eft pas murée, parce que s'ils l'avoient, il eft certain que l'on perdroit leur fumier & leur urine, au lieu que de la façon que nous indiquons tout eft fauvé, & que les chevaux ne font point confinés dans l'écurie, pratique la plus préjudiciable que l'on puiffe mettre en ufage, puifqu'elle eft la fource des trois quarts des maladies dont ces animaux font attaqués.

Surtout qu'on obferve bien de répandre du fable fur le fol de la cour, de le faire en pente, & que la partie du fol qui eft fous le fable foit couverte au moins d'un pouce ou deux de glaife, afin que les urines s'épanchent dans un petit canal que l'on pratique exprès, & qui les porte à la premiere foffe au fumier.

Si la glaife eft à portée & que le tranfport n'en foit point difpendieux, on fera bien de faire la couche épaiffe jufqu'à un pied, & de mettre par deffus du fable à proportion ; elle deviendra un engrais des plus efficaces au bout de deux ans. On obfervera de la lever quand on commence à s'appercevoir que les pieds des chevaux y plongent, pour deux raifons ; la premiere, parce que les pieds des chevaux en fouffriroient ; la feconde, parce qu'il eft tems alors d'en faire ufage pour engraiffer les terres légeres & fablonneufes : quant à ces dernieres, il ne conviendroit point d'y employer toute la partie fablonneufe, parce qu'elle ajouteroit à leur ficcité.

Quant à la façon de nourrir les chevaux de campagne pour en tirer les fervices les plus pénibles fans les accabler, il faut que ceux qui font prépofés au foin de ces animaux, fe levent à cinq heures du matin en Hyver, & à quatre en Eté, & qu'ils les panfent de la maniere fuivante.

Mêlez des feves brifées , du fon , de l'avoine & de la paille hachée ; ou autrement mêlez de l'avoine , du fon & de la paille hachée ; donnez-leur de l'un ou de l'autre de ces deux mêlanges un peu à la fois , & panfez-les pendant qu'ils mangent. Rien de plus avantageux dans l'ufage de ces mêlanges que le fon , parce qu'il fait paffer la paille hachée ; il eft même des Cultivateurs qui en donnent toute l'année , parce qu'il épargne le grain , qu'il fait un grand bien aux chevaux , & donne à tous les autres fourrages un goût très-agréable.

Cependant nous devons faire obferver que cette méthode peut entraîner des accidens relativement à la nature des terreins où l'on recueille les fourrages. Il eft certain qu'elle ne peut être que très-favorable lorfque le terrein de la ferme eft un terrein léger ou fablonneux & fitué fur des hauteurs ou en colline ; mais qu'au contraire elle eft très-dangéreufe lorfque le terrein eft humide ou marécageux , parce que le fon étant par fa nature laxatif, fon ufage continué aux chevaux pourroit les trop évuider , & par conféquent affoiblir au point qu'ils ne feroient plus en état de fervir la ferme.

Quant aux autres méthodes différentes, fuivant les différens pays , un demi picotin d'avoine fuffit , pourvû que l'on le donne un peu avant que d'aller au labour ; il en faut autant l'après-midi : on peut dans ce tems-là auffi leur donner à la place un peu de foin , pourvu qu'on ait tout de fuite l'attention de les mener à l'eau. Cette pratique-ci eft excellente quand les chevaux paroiffent manquer d'appetit ; car on obferve qu'ils mangent parfaitement bien après.

La paille hachée avec l'avoine remplit à peu près le même objet ; on en donne peu à la fois, le cheval la mange avec plus d'appétit & la digere plus facilement.

Mais quelque méthode qu'on mette en ufage , il faut que le Cultivateur ait furtout l'attention de fournir affez de fourrage à fon cheval ; car s'il s'attache par économie à lui en retrancher , il fe portera plus de préjudice qu'il ne penfe ; puifqu'il eft certain que l'animal ne pourra point remplir fa tâche , & qu'à la vente il en tirera beaucoup moins que s'il avoit été plus libéral : qu'on ne s'y trompe pas, bien des chevaux ont été réduits à la moitié de leur valeur , en leur épargnant un peu de fourrage. Ainfi un Cultivateur prudent évite les deux extrémités dans la nourriture de fes chevaux. Lorfque dans notre fecond Livre nous avons confeillé de ne rien épargner pour donner à fes terres l'engrais qu'elles demandent , lui promettant des récoltes propres à lui payer le dédommagement & les intérêts , nous lui avons dit vrai ; & nous l'avons appuyé d'exemples contre lesquels on ne peut réclamer. Il en est de même dans ce Livre ci ; il doit être certain qu'en nourrissant ses bestiaux avec soin, il en sera payé au double, tant par les bons services qu'il en tirera, que par les profits qui résulteront de la vente qu'il en fera.

CHAPITRE V.

De l'Asne.

SI nous mettons l'âne à la suite du cheval, ce n'est point qu'il approche le plus du prix de cet animal ; il n'est pas comparable sur ce point aux bêtes à cornes ; mais nous croyons pouvoir le placer ici, parce que par sa nature il approche le plus du cheval, & qu'il est employé à certains égards aux mêmes services.

L'âne est partout le plus misérable de tous les animaux ; il supporte beaucoup de fatigues, & sa patience inaltérable est, pour ainsi dire, une vertu que nous devrions admirer dans cet animal: on ne sçauroit croire combien plus d'utilité on en retireroit, si on mettoit en usage à son égard, un traitement bien différent de celui qu'on lui fait communément.

Un Auteur a fait un Traité en faveur de cet animal ; il tâche de prouver qu'il est de tous les animaux le plus utile à l'homme ; il s'appuye sur les services qu'on en tire à chaque instant, & sur le peu de dépense qu'il fait pour sa nourriture. Quoique notre sentiment ne soit point absolument conforme à celui de cet Auteur, nous croyons, en effet, devoir inviter le Cultivateur à traiter cet animal comme plus estimable pour le service des hommes qu'il n'a été regardé jusqu'à présent.

D'abord l'achat de cet animal n'est pas bien cher, & l'on peut l'entretenir à peu de frais ; c'est pourquoi il est d'une très-grande utilité pour les personnes qui ont besoin de différens travaux des divers animaux de fatigue, & qui n'ont pas les facultés d'acheter des chevaux, & qui ne sont point en état de les nourrir.

Cet animal ne laisse pas de beaucoup travailler, il supporte avec une fermeté étonnante la fatigue, le froid, la faim & la soif. Point d'animal qui soit sujet à moins de maladies que celui-ci. Il vit long-tems, & conserve sa force pour le travail jusques à un âge fort

avancé ;

avancé ; ainſi on voit combien il doit paroître recommandable aux Cultivateurs peu aiſés.

Qu'on l'envoie ſur une commune , quelque pauvre & ſtérile qu'elle ſoit , ſa ſobriété l'en fait ſortir ſuffiſamment repu. Une poignée de paille eſt un mets & une nourriture excellente pour lui : il lui eſt égal de ſe bourrer de ronces & de chardons , ou de toute autre choſe ; les plantes les plus négligées fourniſſent à ſa ſubſiſtance , & ſi l'on veut le regaler finement , on n'a qu'à lui donner de la paille hachée , c'eſt pour lui une nourriture par excellence : ainſi on devroit en effet avoir plus de ſoin qu'on n'en a ordinairement de cet animal ; nous oſons aſſurer qu'il n'en eſt point dans la ferme qui ſoit plus en état d'en dédommager par des ſervices multipliés.

On peut l'employer à porter des fardeaux , & on peut en tirer beaucoup d'autres ſervices que l'on tire des chevaux ; il remplira auſſi bien ſa tâche , ſi l'on veut en excepter la célérité , parce qu'en effet il n'eſt pas auſſi vif que le cheval ; mais en revanche , ne coûte-t-il point au Cultivateur pour l'entretien la moitié tant que le plus miſérable cheval.

Qu'on obſerve un Cultivateur induſtrieux , on verra à combien encore d'autres uſages il l'emploie. Nous voyons des ânes tirer des charges de ſable dans des charrettes mal arrangées de toutes les façons. Il n'eſt pas douteux que quiconque voudra les employer à voiturer , & prendre les mêmes ſoins de ces charrettes qu'on prend pour celles des chevaux , trouvera de l'avantage à les employer dans des voitures & des ouvrages dont on a juſqu'à préſent par le grand mépris qu'on a pour lui , jugé cet animal incapable.

On ſçait & l'on le voit tous les jours , que l'âne remplace le cheval pour le labourage , principalement dans les terreins légers ; & toute épargne étant autant de gain pour le Fermier , il peut par-là tirer beaucoup de profit de cet animal ; puiſqu'il eſt vrai de dire qu'il n'en eſt point dans la ferme dont la nourriture ſoit ſi peu diſpendieuſe que celle de l'âne ; au lieu que les plus mauvais chevaux entraînent pour leur nourriture & leur entretien une dépenſe conſidérable , ſi l'on veut qu'ils fourniſſent à leurs travaux.

L'âneſſe a auſſi ſon prix particulier par rapport à ſon lait que les Medecins ordonnent dans bien des maladies. Ce lait eſt cher à Paris , & en vérité il eſt étonnant que ceux qui entretiennent ces animaux pour en fournir cette Ville , les nourriſſent ſi mal.

Si l'on nous voit attachés à mettre au jour tous les avantages qu'on peut retirer de l'âne , qu'on ne croie point que nous veuillions cacher les inconvéniens qui réfultent d'en tenir dans les fermes. Il y en a principalement trois ; le premier vient de la lenteur de cet animal, le fecond de fon obftination, & le troifiéme des préjudices qu'il porte aux arbres, n'y ayant point d'animal qui foit fi avide des bourgeons.

Quant à la lenteur, c'eft un défaut qu'on ne peut point efperer de corriger : mais enfin chaque animal a fon défaut : nous fommes obligés de nous fervir de tous avec leurs imperfeótions. La lenteur eft celle de l'âne ; & à bien confidérer la chofe, cette même lenteur eft la caufe d'un très-grand avantage ; elle le rend précifément capable de continuer long-tems les travaux, & le met en état de fupporter les longues fatigues ; car fi fon mouvement étoit plus vîte, il fe lafferoit plutôt, & c'eft ce qu'on obferve en effet dans le cheval & les autres animaux.

Quant au fecond défaut qui eft l'opiniâtreté; c'en eft certainement un très-confidérable. En effet, il n'eft point d'animal plus retif que l'âne, quand on irrite fa patience. Nous confentons que l'on l'attribue à fa nature, ainfi que fa lenteur ; mais que fçavons-nous auffi fi les mauvais traitemens qu'on lui fait n'y entrent pas pour quelque chofe ; car il n'eft point d'animal traité avec autant de cruauté : on le confie ordinairement à de jeunes gens, ou à de mauvais valets, qui fouvent moins raifonnables que lui, irritent fon opiniâtreté par toutes fortes de mauvais traitemens, ordinairement peu mérités.

Pour peu qu'on ait de foin de cet animal, & que le traitement qu'on lui fera, approche de celui qu'on fait au cheval, s'il ne devient pas tout à fait traitable, il eft certain qu'il perdra du moins beaucoup de fon opiniâtreté, & l'on en tirera des fervices qui dédommageront avec ufure des foins qu'on aura eus. Nous donnons ce confeil d'après notre propre expérience : nous en avons vû qui étoient très-dociles, très-forts, & qui traités avec douceur, rendoient prefque tous les fervices qu'on peut attendre d'un bon cheval.

Quant au troifiéme, il eft certain que l'âne altere beaucoup les arbres, foit en étêtant le bourgeon, foit en écorchant la tige ; il en fait, tant qu'il en trouve l'occafion, fa principale nourriture ; mais jufques là ce n'eft point l'âne feul qui porte ce préjudice. Dans les parties précédentes de cet ouvrage, nous avons fouvent donné les moyens de garantir les plantations nouvelles, depuis la haye vive jufques au plus fort bois de charpente. La même précaution qui les garantit des autres animaux, les garantit auffi de la morfure de l'âne : du refte fi l'on ne peut pratiquer aucun des moyens ci-deffus mentionnés, il faut empêcher autant qu'il est possible cet animal d'aller dans les endroits où il peut porter préjudice.

Entre les grands avantages que le Cultivateur se procure en entretenant un grand nombre d'ânes, c'est celui de faire venir des mulets, pratique très-avantageuse dans plusieurs parties de l'Europe ; il est bien surprenant qu'on ne l'ait pas introduite dans plusieurs Provinces méridionales de la France, ou que si elle y est établie, on ne la pousse pas avec plus de vigueur ; aussi destinons-nous un Chapitre à cet article important.

Comme nous ne négligeons rien pour déterminer le Cultivateur à entretenir des ânes, nous ne remplirions point notre objet si nous passions sous silence les différens documens qui sont nécessaires pour le conduire dans le choix de ses animaux.

Les ânes du Poitou sont d'une espece à rechercher par leur structure & celle des ânes qu'ils produisent ; ils sont d'une grande taille, bien corsés ; mais leur prix, surtout de ceux que l'on destine à être étalons, sont trop chers pour le commun des Cultivateurs ; mais enfin ils peuvent s'en procurer qui sont d'une taille moins grande, & qui sont propres à remplir les deux objets, celui de donner des mulets, & de travailler dans la ferme. On n'a pas besoin dans l'Agriculture de ces mulets énormes ; il en est comme des chevaux, n'importe exactement de la taille, pourvu qu'ils soient bien constitués & bien vigoureux. Pour s'en procurer de cette espece, il suffit pour le Cultivateur, que l'âne qu'il choisit soit d'une taille moyenne, qu'il soit gros & bien quarré, qu'il ait de grands yeux pleins, de grandes narines, & le col long, la poitrine large, les épaules bien élevées, & le rable bien fourni ; la queue courte suivant quelques connoisseurs, est un signe infaillible de force & de vigueur dans cet animal ; & cette observation porte en effet sur l'expérience : nous l'avons remarqué.

Quant à la couleur, plus elle est foncée & approche de la noire, plus on doit être persuadé de la vigueur de l'animal ; le poil lissé, uni, court & un peu luisant, caractérise sa bonne constitution.

Le tems le plus favorable à l'accouplement, est depuis la derniere quinzaine du mois d'Avril, jusques à la fin de Mai : on peut encore faire sauter l'ânesse dans la fin de Mars, ou dans le commencement de Juin, mais en tout autre tems on le fait sans succès.

L'âge qui convient plus pour faire propager cet animal, est depuis cinq, six ou sept ans, jusques à dix ; quant à l'ânesse, sa production la plus belle, est à sept, huit & neuf ans : il faut la choisir d'un corſage large , & la menager dans le travail quelque tems avant qu'elle n'ait fait ſon petit.

Voilà en précis toutes les inſtructions que nous avons jugé pouvoir être d'une utilité certaine aux Cultivateurs. Ceux qui les obſerveront ſcrupuleuſement, y trouveront des avantages réels ; & ſi avec cette attention pour la propagation , on peut enfin revenir du mépris qu'on a ſi injuſtement pour cet animal, & lui donner quelques ſoins pendant ſa jeuneſſe, on aura des ânes, qui, s'ils ne ſont pas égaux en groſſeur & en hauteur à ceux du Poitou, ſeront du moins beaucoup ſupérieurs à ceux qu'on voit communément dans les fermes, & rempliront preſque auſſibien certains travaux des chevaux, avec la différence avantageuſe que ce ſera à beaucoup moins de frais.

CHAPITRE VI.

Du Mulet.

NOUS avons dans les deux Chapitres précédens , fait connoître tous les avantages que produiſent le cheval & l'âne ; nous allons voir ceux qui réſultent du mulet, qui eſt un animal mixte & produit des deux ; il tient de la nature de l'un & de l'autre.

On remarque qu'il a les bonnes qualités de l'âne, ſans en avoir les défauts, ſi l'on en excepte toutefois la mutinerie & la rancune : il eſt preſque auſſi traitable que le cheval : il eſt, ou peu s'en faut, auſſi preſte pour tous les ſervices ordinaires, lorſqu'il eſt élevé dans ſon enfance, & qu'il ſort d'un pere & d'une mere bien faits & bien conſtitués, en un mot tels que nous les avons déſignés dans les Chapitres précédens, chacun dans ſon eſpece : c'eſt un animal aſſez élégant, & qui eſt ſi propre à quantité de différens travaux, qu'il n'eſt point de Cultivateur qui ne doive l'avoir en recommandation, ſi ſon terrein eſt favorable.

Quant à ſa taille, elle dépend ordinairement de la race ; il a celle du cheval ordinaire : il y en a comme dans les chevaux de grands & de petits : mais de quelque taille qu'il ſoit, il ſe diſtingue toujours par ſa force, & la ſûreté de ſa marche ; c'eſt cette qualité qui le fait beaucoup eſtimer dans pluſieurs parties de l'Europe, où les chemins ſont montagnéux & pierreux, & où le mulet marche en ſûreté, tandis que le cheval le plus fin & le meilleur ſe caſſeroit le col.

Il n'y a pas d'animal qui tire mieux ; il marche d'un pas égal, & avec la même fermeté, des quinze & vingt jours de suite, portant sept cens pesant.

Tout le monde sçait que le mulet vient de l'accouplement d'un âne & d'une jument. Quand on veut s'en procurer qui soient pour la parade & pour voyager, on se sert des plus gros ânes & les mieux corsés qu'on peut trouver, & on leur fait sauter des jumens Espagnoles : ces animaux ainsi accouplés, produisent des mulets superbes, d'une couleur qui tire ordinairement au noir : on en fait venir encore de plus forts, en faisant sauter des jumens Flamandes : cette espece est ordinairement aussi vigoureuse que les plus forts chevaux de carrosse. Ils résistent même à des travaux plus rudes, sont nourris à moins de frais, & sont exposés à moins de maladies : ces deux articles sont assez importans pour un Cultivateur, afin qu'il se détermine si du moins il lui est possible, d'en avoir dans ses domaines.

Ils sont propres à la selle, ils ont un pas doux & aisé, & un trot qui n'est pas si fatiguant que celui des chevaux. Regle générale, il faut avant que de faire propager ces animaux, sçavoir quels services on prétend en tirer : il faut pour cela choisir les jumens ; car on remarque que le mulet tient plus de la mere que du pere. Ainsi pour ceux qu'on destine à la selle, il faut choisir une jument allongée & légere ; pour ceux au contraire qu'on destine à la charrette, à la charrue ou aux fardeaux, il faut choisir des jumens plus fortes & plus massives.

Cet animal est d'autant plus précieux, qu'il vient & se maintient vigoureux, sous toutes sortes de climats. On remarque même que ceux qui sont nés dans des pays bien froids, sont toujours les meilleurs, & vivent plus long-tems que ceux qui naissent dans les pays chauds. Nous ne nous arrêtons point ici à l'objection frivole que quelques personnes font, & qui disent que cet animal est vicieux. On remarque que l'on ne s'en plaint que dans les endroits où il est rare : mais qu'au contraire, dans le pays où il est commun, & où on le traite comme les chevaux ; il en a la douceur.

Nous avons observé dans le Chapitre des poulains, qu'ils tiennent plus de la nature de la mere que du pere, & l'on observe la même chose dans les mulets. Ceux qui viennent de l'âne & de la jument, tenant de la nature de la mere, sont, si elle est bien faite, beaux, vifs & prestes, & n'héritent que les bonnes qualités du pere, qui sont sa patience, sa force & sa constance dans le travail. Tandis qu'au contraire, ceux qui viennent du cheval & de l'ânesse, sont lourds, paresseux, malfaits & petits : aussi les Cultivateurs éclairés ne sont-ils gueres tentés d'en faire venir de cette espece. Ainsi tout Propriétaire qui veut se procurer chez lui des mulets, doit bien prendre garde de donner dans l'erreur de ceux qui croyent qu'il est fort indifférent que le pere soit un cheval ou un âne : nous croyons en avoir fait suffisamment sentir ici la différence.

Comme il convient, nous l'avons déja observé, que la jument soit propre au service auquel on destine le mulet, il faut aussi avoir la même attention dans le choix qu'on fait de l'âne. Il faut qu'il ait toutes les qualités que nous avons indiquées. Il doit sur-tout, être grand & fort. Les beaux mulets que l'on voit dans différentes parties de l'Europe, viennent des plus forts ânes qu'on puisse trouver, & des jumens les plus fines. Pour cet accouplement, on pratique une tranchée palissadée, où l'on fait entrer la jument, & l'on place l'âne sur le terrein élevé de la maniere enfin qu'on peut le voir dans la planche.

Nous ne parlerons point des erreurs vulgaires & ridicules qui s'étoient établies chez les anciens au sujet de l'accouplement de différentes especes d'animaux dont il résultoit des monstres qui avoient la faculté de se propager : nous voyons assez par l'exemple du mulet, l'horreur que la nature a des especes mêlées. Il est certain que si l'on ne prenoit pas des précautions, on ne parviendroit pas à accoupler le cheval & l'âne, qui produisent un animal bien différent de l'une & de l'autre espece, & à qui la nature a refusé la faculté de se propager.

On voit tous les jours la répugnance avec laquelle la jument reçoit l'âne, & l'ânesse le cheval. On s'en apperçoit au point que dans les endroits où on fait venir des mulets, on croit vaincre la répugnance que ces deux animaux ont, en faisant tetter une jument par le poulain d'un âne, ou une ânesse par un poulain de cheval ; pour les faire, dit-on, participer insensiblement de la nature de l'une & de l'autre, & leur donner un certain penchant réciproque : mais cette méthode, quoiqu'en disent tous ces gens à spéculation, ne change rien à leur nature ; si nous en parlons ici, ce n'est que pour faire voir la difficulté d'accoupler ces animaux : d'ailleurs, il est certain qu'il n'y a dans la nature entiere aucun moyen de faire engendrer les mulets.

CHAPITRE VII.

Du Taureau & de son espece.

NOus comprenons sous ce titre général le taureau, la vache, le bœuf & le veau : chacun forme un article important, relativement au Cultivateur. Quoique tous ensemble ne forment que la même espece : pour une plus grande intelligence, nous nous proposons de traiter de chacun séparément. La vache, quoique la femelle, est généralement regardée comme le principal de ces quatre animaux, parce qu'elle est le plus universellement utile au Cultivateur ; mais avant que de parler de sa nature & de ses qualités, nous traiterons du taureau considéré dans son état naturel, & dans celui où il se trouve, considéré comme bœuf : la connoissance de l'un nous conduira nécessairement à la connoissance de l'autre.

Il y a de plusieurs sortes de taureaux, quoiqu'ils soient tous de la même espece, suivant les pâturages des pays où ils sont élevés. En effet, le Royaume de France est si étendu, que ceux de ces animaux qui naissent dans de certains cantons, sont différens : ceux qu'on éleve en d'autres lieux de l'Auvergne & du Limousin, sont de la plus grosse espece ; ainsi c'est dans ces pays que le Cultivateur doit se pourvoir, s'il veut faire propager sur son terrein la bonne race : au reste, il est toujours très-important de choisir l'espece relativement à la nature de ses pâturages ; car s'ils passent des terreins gras dans des terreins légers, ils dégénerent tellement, qu'à la troisiéme génération ils n'ont plus de supériorité sur ceux qu'on éleve communément dans le pays. Il est vrai qu'un Cultivateur industrieux qui a les commodités d'engraisser les pâturages, peut par cette ressource en élever de la belle espece, & nous lui certifions qu'il sera bien payé de cette attention : c'est ici le cas où l'on peut faire l'application de ce que nous avons dit des arbres, sçavoir, que lorsqu'on les transplante d'un sol riche dans un sol pauvre, ils dépérissent : il en est de même des bestiaux que l'on fait passer des pâturages gras à des pâturages maigres, ils dégénerent au point qu'ils sont même de beaucoup inférieurs pour les travaux ordinaires de l'Agriculture, à ceux qui sont nés & élevés dans le pays.

D'ailleurs , il ne faut pas abfolument fe dégoûter de la petite efpece ; fi elle n'a pas tous les avantages de la grande , elle a du moins celle de s'engraiffer facilement fur un terrein modique.

Au refte , un Cultivateur doit avoir toujours , en établiffant dans fa ferme des bêtes à cornes , un des trois objets fuivans : ou il a pour objet la propagation de fes animaux , ou les profits qui réfultent de la laiterie , ou de les employer feulement aux travaux champêtres ; c'eft donc relativement à l'un de ces trois objets qu'il doit choifir ces animaux , lorfqu'il les achete ; car il y a des races plus propres les unes que les autres à ces ufages.

Obfervation qu'il ne faut jamais perdre de vûe : quelle que foit la race qu'on choifira , on doit bien fe donner de garde de faire aucun mêlange d'une race avec l'autre ; car l'expérience prouve qu'une race mêlée ne réuffit pas fi bien dans un endroit , que lorfque le mâle & la femelle font de la même race ; & cette expérience porte en effet fur des principes phyfiques ; car fi l'on accouple un taureau de la grande efpece , avec une vache de la petite , il eft certain que le veau qui naturellement doit être gros , ne pouvant point développer fes parties dans un efpace qui eft trop petit pour lui , fera toujours un animal d'une pauvre venue , & d'une complexion foible , de forte qu'il remplira mal l'objet du Cultivateur quel qu'il puiffe être , ne fût-ce même que de l'engraiffer. Rarement en effet , un animal mal conftruit , & dont les parties ont été gênées dans le principe , acquiert-il ce degré de graiffe , auquel celui qui eft bien conftitué , parvient.

Ces inftructions établies touchant les différentes races des beftiaux , comme nous avons réfolu de nous étendre beaucoup fur ce fujet , en confidérant chaque efpece particuliere dans les Chapitres fuivans , nous nous fixons ici au taureau en général , fans confidérer les races particulieres , mais toutes en général : nous ne prétendons que donner la connoiffance des fignes d'un bon taureau , & ces fignes font les mêmes dans toutes les efpeces.

Il faut que le taureau ait la tête large , & que le poil y foit bien frifé , que fa contenance foit fiere , fes yeux grands & pleins : plus ils font noirs , plus ils annoncent la vigueur & fa bonne confti- tution ; que fon poitrail foit épais , fon dos droit & plat , fa croupe large & quarrée , & fes cuiffes rondes , que fes jambes foient droites & nerveufes , fes jointures courtes , & que fon poil foit liffé & uni , & tirant un peu fur le luifant par tout le corps : cette efpece de taureau eft la préférable à tous égards pour faire race ; les bœufs

qui

qui en viennent font gros , bien conftitués , fiers, hardis aux travaux , & très-propres à être engraiſſés.

Les Cultivateurs extrêmement curieux d'avoir une belle race,
prétendent que les oreilles d'un bon taureau doivent être velues
en dedans, fes narines larges, fon fanon mince , long & velu,
fa queue droite , fes genoux larges & ronds , fes fabots allongés
& creux : ces deux derniers fignes ne font pas bien importans,
quoiqu'il y ait des perfonnes qui s'y attachent à la rigueur ; nous
convenons cependant que fi toutes ces marques fe réuniſſent à celles
que nous avons indiquées, le taureau n'en eft que plus eftimable :
quant aux marques dont nous avons donné le détail, nous avertiſſons qu'il eft abfolument de l'intérêt de l'acheteur de les obſerver
à la rigueur.

On remarque que ces animaux tiennent comme le cheval & le
mulet , plus de la nature de la femelle , que de celle du mâle :
cependant il faut obferver que la forme du bœuf pour le labour,
dépend tellement du taureau, que le Propriétaire ne ſçauroit jamais
être trop fcrupuleux dans le choix du taureau qu'il deftine à faire
race.

En général , on ne regarde en Agriculture le taureau que comme
propre à la génération , & par conféquent dans la plûpart des
endroits, on le laiſſe courir ou mener dans l'écurie une vie tranquille aux grands frais du Cultivateur , mais on pourroit en tirer
parti. Il a la force en partage comme le bœuf ; nous ne voyons pas
pourquoi on ne l'emploie point de quelque maniere : cet ufage,
nous le ſçavons , feroit toujours difficile à établir , mais voyons la
relation que M. Hale , incapable par lui-même d'introduire quelque
chofe de douteux ou d'équivoque dans fon ouvrage, a reçu d'un
de fes correfpondans, qui lui parle d'après l'expérience. Il feroit à
fouhaiter que cet exemple qui a déja produit fon effet dans quelques
endroits de l'Angleterre , prît en France quelque faveur ; il en
réfulteroit un grand avantage.

» Comme vous m'avez paru defirer que je vous informe de toutes
» les découvertes & obfervations que je puis avoir occafion de faire
» dans la conduite de mes terres ; voici l'ufage nouveau que j'ai fait
» avec fuccès de mes taureaux.

» Vous ſçavez que ma méthode eft d'élever un plus grand nombre
» de ces animaux que des autres beftiaux. J'imagine que le général
» des Cultivateurs ne donne pas aſſez de taureaux au nombre de
» vaches qu'on éleve, & que la race doit néceſſairement en fouffrir.

» Quoiqu'il en foit, j'en tiens un plus grand nombre qu'on n'en a
» ordinairement, & comme je les nourris féparément, il n'en ré-
» fulte accident ni inconvénient : il me vint il y a quelque tems dans
» la penfée que je pourrois en tirer d'autres fervices que celui de
» l'accouplement : je m'avifai d'effayer un des plus gros de ces
» animaux au labourage.

» Je commençai d'abord par le mettre à une charrette, j'avois
» du bois de charpente à faire voiturer : d'abord il fe révolta un
» peu ; mais après avoir été attelé quatre ou cinq fois, il tira fort
» bien : il eft vrai qu'il eft un peu lent, mais en revanche il eft bien
» plus fort que le bœuf. Je l'employe non-feulement à voiturer du
» bois de charpente, mais encore à voiturer de la glaife pour donner
» de la confiftance & de la fermeté à un fol extrêmement fablon-
» neux ; il tire un poids énorme avec beaucoup de facilité.

» J'ai effayé d'en mettre deux à la charrette, ils ne font pas fi
» bien qu'un feul, c'eft qu'ils ne tirent pas également. J'ai encore
» effayé de les faire labourer, mais je n'ai pas réuffi ; cependant le
» premier que j'avois rompu à la charrette, travaille tout feul avec
» toute la docilité du bœuf à la charrue : j'en tire de grands avan-
» tages, car il me retourne mes fols les plus durs.

» Voilà, Monfieur, la découverte que j'ai faite : j'ai calculé
» toutes chofes, & je refte convaincu qu'il feroit beaucoup plus
» avantageux pour l'économie champêtre d'employer les taureaux
» à différens fervices ; je n'ai pu parvenir qu'à les faire travailler
» feuls. Peut-être, & je n'en doute point, que fi cette pratique
» devenoit générale, on parviendroit après plufieurs tentatives à les
» faire travailler enfemble, d'où, fans doute, comme on le voit
» bien, il réfulteroit de grands avantages.

Il feroit inutile d'ajouter à cette Lettre pour déterminer le Cultivateur à tirer un tout autre parti qu'il n'a fait jufqu'à préfent de cet
animal. Tout le monde peut faire le même effai que le Cultivateur
précédent. Si l'on réuffit, on voit bien combien il feroit utile d'obferver jufqu'à quel point on pourroit faire travailler ces animaux
enfemble. Ce n'eft pas que nous prétendions que le taureau foit de
la même valeur à tous égards, que le bœuf, qui outre fon travail,
fournit encore de la viande, & fe vend un très-grand prix lorfqu'on
l'a laiffé un peu repofer pour l'engraiffer.

Le même Cultivateur a obfervé que le travail, loin de le rendre
impropre à la génération, au contraire, l'en rend plus capable.

Quand nous avons vanté la reffource que l'on trouve dans le

bœuf lorsqu'il a acquis l'âge de ne plus travailler, ce n'est pas qu'on ne puisse l'avoir à l'égard du taureau : car qu'est-ce qui empêche après l'avoir fait servir à l'accouplement & aux travaux champêtres jusqu'à l'âge de sept ou de huit ans, de le couper, de le mettre, après qu'il est bien guéri, au travail encore un ou deux ans, & de l'engraisser ensuite pour le vendre ?

Nous sçavons que l'on n'éleve que le moins que l'on peut de ces animaux, parce qu'ils sont dangéreux ; mais il est certain qu'ils ne sont ici furibonds, que parce qu'on n'a point l'attention de tempérer & dompter cette humeur farouche par le travail. Il est singulier que le taureau soit le seul animal de la Ferme de cette grosseur & force qui soit abandonné à lui-même. Si on le mettoit au travail, il est vraisemblable que tant les travaux que l'habitude d'être avec les hommes, l'apprivoiseroient, & le rendroient aussi traitable que les chevaux & les autres animaux de la Ferme ; ceux-ci sont souvent d'un caractere aussi farouche & aussi vicieux que le taureau ; mais à force de les manier & de les panser, on les dompte insensiblement.

CHAPITRE VIII.

Du Bœuf.

ON sera peut-être surpris de nous voir faire deux articles séparés de deux animaux qui sont de la même espece ; mais l'utilité qui en revient au Cultivateur est si différente de celle qu'il tire de l'autre, que pour peu qu'on se rappelle les Loix que nous nous sommes imposé, nous nous trouverons suffisamment justifiés de les traiter séparément.

Lorsque le terrein est riche & gras, la plus grande race des bœufs est préférable ; ils rendent beaucoup de profit au Cultivateur.

Les bœufs qui sont de couleur noire, sont ordinairement gros, fermes, & d'un très-grand prix à tous égards : on observe qu'ils sont supérieurs pour le labourage, & qu'ils engraissent facilement. Ceux qui sont coupés d'une couleur blanche, ne le cedent point en grosseur ni en rien aux précédens. Les bœufs rouges forment aussi une espece qui est d'un grand prix.

Si un Cultivateur, en faisant venir des bœufs, a en vûe de les mettre à l'attelage & au labour, qu'il préfere toujours la race qui est de couleur noire. Si au contraire il n'en éleve que pour les vendre, qu'il préfere ceux qui font rouges & blancs. Le bœuf rouge eft également propre à remplir l'un & l'autre objet.

De toutes ces efpeces, la rouge & blanche eft celle qui demande les plus riches pâturages. Mais qu'on fe fouvienne qu'il n'en eft point qui pour réuffir, n'exige une bonne nourriture.

Du refte, comme il eft moralement impoffible que toutes les races n'ayent été mêlées par le peu d'attention qu'on a eu jufqu'à préfent, ceux qui font le trafic des beftiaux les achetent indifféremment, pourvu qu'ils envifagent un profit. Il feroit cependant très-avantageux qu'on travaillât à détruire cet abus, & qu'on parvînt infenfiblement à féparer les races, tant pour la beauté de l'animal, que pour les fervices qu'on a réfolu d'en tirer ; car qu'on ne s'y trompe pas, il en eft de ces animaux comme du cheval, les couleurs du poil ne fervent pas peu à défigner les qualités qui leur font particulieres.

Lorfqu'on veut ainfi peupler fon terrein d'une race à laquelle il eft le plus favorable, il faut commencer par en acheter & la faire propager chez foi ; pour cela, afin d'agir avec certitude, on fait l'acquifition d'un bon taureau & de vaches bien conformées de la même race ; il n'eft pas poffible, en fe comportant de la forte, qu'on ne faffe race dans quelque Province que ce foit, & qui fera peut-être meilleure que celle qu'on a tirée ne l'eft dans le lieu même où elle s'eft établie, & où elle n'a point atteint le même degré de perfection par le peu de foin qu'on en a eu, & par le peu d'attention qu'on a apporté à ne pas la mêler avec les autres efpeces.

Il faut toujours que les bœufs foient hauts, bien en chair, qu'ils ayent les jointures courtes, de forte qu'on puiffe à la premiere infpection s'appercevoir de leur force. Le poil doit être fin & bien couché fur le cuir ; c'eft une marque de leur bonne fanté, & qui fait voir que la race en eft bonne.

Cet animal a une force confidérable ; il eft des plus patients dans le travail & la fatigue ; mais il eft lent, & il faut bien fe donner de garde de vouloir par la violence, le faire hâter ; car il ne fait jamais de bon travail fi on le preffe ; & le plus grand défavantage encore qui réfulte de le forcer, c'eft que les écorchures & la précipitation lui caufent de grandes maladies.

Lorfqu'on veut élever des bœufs pour le labour, il faut commencer de les mettre à l'ouvrage dès l'âge de trois ans ; mais il faut les faire travailler par degré & peu à peu, comme nous l'ayons indiqué pour les chevaux ; car si on les force de travail à cet âge, ils sont gâtés pour toujours.

Il faut surtout avoir l'attention de bien assortir ceux qui doivent tirer ensemble, autrement ils tireront inégalement, gâteront l'ouvrage, & se gâteront réciproquement.

Il faut donc, en les assortissant, faire attention à trois choses, à leur hauteur, à leur force, & à leur vivacité ; car il en est qui sont fort élevés & qui n'ont point une force proportionnée à leur taille ; c'est ce qu'on appelle des bœufs éflanqués & qui viennent ordinairement du peu de proportion qu'il y a entre le taureau & la vache ; il y en a d'autres qui ont beaucoup de force & qui sont paresseux.

Le bœuf est en général un animal très-familier, très-traitable & très-doux ; mais il faut avoir égard à sa lenteur naturelle, dont il est impossible de le corriger ; ainsi quiconque l'entreprend, risque de porter beaucoup de préjudice à l'animal.

De toutes les especes de bœufs qui sont les plus propres au labour, on remarque que ceux qui sont de couleur pie, jouissent de cette supériorité. Ils ont naturellement le corps allongé ; & jusqu'à ce qu'on les engraisse, ils sont moins en chair que ceux des autres bonnes races ; mais aussi si on leur donne du repos & un bon pâturage, ils parviennent aisément au degré de graisse qu'on peut desirer.

Lorsqu'on commence de mettre les bœufs aux travaux champêtres, on doit avoir grande attention à ne pas les en surcharger, & à ne pas les échauffer : il faut les laisser reposer vers le midi dans les tems chauds, leur donner un peu de foin, ce qui les delasse beaucoup, & leur donne du courage pour le travail qui les attend, beaucoup mieux que l'herbe. Il convient de les bien nourrir pendant les labours ; car qu'on ne s'y trompe pas, ils ne travailleront pas beaucoup, si on ne les tient en vigueur par une bonne nourriture ; cependant, c'est au Cultivateur à sçavoir se conduire avec prudence sur ce point ; car il y a beaucoup de différence entre nourrir ces animaux pour leur donner de la force, & les nourrir pour les engraisser.

Un bœuf pour bien remplir sa tâche, ne doit être ni trop maigre ni trop gras ; parce que dans le premier cas, il est trop foible, & que dans le second, il est trop lourd & trop lâche : nous le répétons souvent, il n'entend rien aux coups ni aux traitemens durs ; de sorte qu'on est plus assuré en le maltraitant, de lui causer quelque maladie, que de le déterminer au travail.

En se comportant suivant les documens que nous donnons, on

peut tirer d'un bœuf sept à huit ans de travail. L'on voit que pendant tout ce tems, cet animal est très-profitable au Cultivateur, pourvu qu'il sçache bien le gouverner ; car c'est de-là que tout dépend, autrement on doit s'attendre de la part du bœuf, à autant de résistance, que de la part de l'âne, & l'on n'en pourra tirer qu'imparfaitement du service.

Quelquefois un jeune bœuf est retif, difficile & vicieux. Si l'on en recherche la cause, on verra presque toujours qu'elle ne doit être attribuée qu'à quelque mauvaise habitude qu'un Laboureur mal instruit lui aura donnée, lorsqu'il a commencé de le mettre à l'ouvrage ; car il est certain qu'en général, le bœuf n'est pas d'un caractere mauvais ; mais enfin, quand ce mal est arrivé, il faut y porter remede, & le plus sûr est de le prendre par la faim ; quand il aura assez jeuné, il faut lui donner à manger à la main ; quand on le ramene à l'ouvrage, il faut le lier avec une corde ; & chaque fois qu'il se mutine, il faut le caresser, lui donner une poignée de foin à la main, & le réduire ainsi par la voie de la douceur, car il n'y a point d'autre moyen de venir à bout de cet animal.

Lorsqu'il est question de rompre un jeune bœuf au labourage, la plus sûre façon est d'en choisir un des vieux & des plus doux, qui soit de la même taille, & de les mettre ensemble sous le joug. Il faut d'abord commencer par l'employer à un ouvrage léger, & le lui laisser faire lentement. Ils tireront bien ensemble, & le jeune s'y accoutumera peu à peu : il peut arriver qu'il prendra d'abord un pas trop lent, mais il ne faut pas le brusquer, au contraire, il convient de l'encourager à hâter le pas. Après que ce jeune animal a ainsi été mis à la charrue une demi douzaine de fois avec un vieux bœuf doux & tranquille, on doit l'atteler avec un autre qui ait plus de vivacité : celui-ci l'habituera à marcher plus vîte. Il faut ainsi changer son compagnon de tems en tems, jusqu'à ce que dans les six premieres semaines de son labour, il tire de niveau avec le plus dispos de tout le troupeau.

Voilà le seul moyen que nous croyons propre à faire acquerir une espece de vîtesse au bœuf : elle ne sera pas bien grande à la vérité ; mais enfin, quand elle ne gagneroit qu'une heure dans le courant de la journée, ne seroit-ce donc rien pour un Cultivateur qui sait mettre une valeur réelle à tous les momens ? Or, ce gain ne peut se faire que par la douceur. En vain on l'entreprendroit par la violence, ce seroit peine perdue.

Les avantages qui résultent de labourer avec les bœufs, sont si grands, qu'en vérité il eſt bien étonnant, non - ſeulement qu'ils ne ſoient pas généralement employés à ce travail, mais encore qu'il y ait des Auteurs modernes qui ont prétendu donner la préférence aux chevaux : nous nous étions engagés par notre *Proſpectus* à donner tous les calculs les plus clairs pour effacer l'impreſſion qu'auroient pû faire les ouvrages qui ont paru ; mais nous renvoyons cet article au dixiéme Livre. Nous nous contentons de montrer ici en gros les avantages évidens que produit la préférence que l'on doit donner aux bœufs.

Le bœuf travaille depuis trois juſques à onze ans ; alors incapable de travailler, on ne lui accorde qu'un repos pour ainſi diré momentané, qui ſuffit pour l'engraiſſer : arrivé à ce degré de graiſſe qu'on lui fait acquerir à peu de frais, il double chez le Boucher le prix qu'il a été acheté, par exemple, à trois ans : s'il s'eſtropie, ou ſi par quelqu'autre accident, il devient impropre au labour à quel âge que ce ſoit, on l'engraiſſe encore, & l'on en tire un parti très-avantageux.

Dans quelque pays que ce ſoit, trois bœufs ne conſomment point pour autant de valeur de nourriture qu'un cheval : voilà donc deux tiers de frais épargnés pour le Cultivateur : il ne lui faut point d'avoine ; le bœuf eſt ſujet à très-peu de maladies, au lieu que le cheval eſt ſujet à toutes celles des hommes, il en a même une de plus que l'on ne connoît point dans la Médecine, & à laquelle le cheval ſeul eſt expoſé : l'entretien de la ferrure, des harnois, & beaucoup d'autres articles que nous tâcherons de détailler de la maniere la plus ſatisfaiſante, ſont aſſez importans en œconomie, pour n'être point paſſés ſous ſilence, & pour défendre la cauſe des bœufs.

Cependant, quoique le bœuf ne demande point un fourrage auſſi cher que celui qu'il faut donner aux chevaux, l'eſpece de celui qu'on lui fait manger, doit avoir de la qualité, & il ne faut point le lui épargner. On doit faire enſorte que l'herbe qu'il paît ſoit bien conditionnée : en hyver il lui faut du bon foin ; ſans cette attention, il ſera lâche & mol au ſervice ; car quoiqu'il ne faille pas, comme nous l'avons obſervé, l'engraiſſer pendant qu'il travaille, il faut du moins le tenir, comme l'on dit, en chair.

Le plus grand ſervice qu'on tire du bœuf, quant aux travaux champêtres, c'eſt le labourage auquel il eſt, pour ainſi dire, propre par ſa nature. Il laboure dans les terreins les plus peſans & les plus tenaces, auſſi bien que le cheval, & fait autant de beſogne que lui dans un jour. Il eſt vrai qu'il n'eſt pas ſi propre à l'attelage ; mais auffi il fe tire mieux d'affaires dans les chemins difficiles, & qui font impraticables pour le cheval.

Et cela eft fi vrai, qu'il y a beaucoup de cantons dans le Royaume où les chemins étant de traverfe, & n'ayant jamais été raccommodés, il feroit impoffible au Cultivateur de voiturer avec des chevaux. Ainfi dans des pays femblables, il faut néceffairement s'en tenir au bœuf, foit pour l'attelage, foit pour le labour. Si cependant on fe trouve dans un pays où les routes font pratiquables, il vaut mieux ne pas s'affujettir à la lenteur du bœuf. Alors il eft de la prudence d'un Fermier qui a deux charrues, d'en faire fervir une par les chevaux, & l'autre par les bœufs; parce que, comme il eft moralement impoffible qu'on ne foit point dans une ferme obligé de voiturer, on remplit cet objet & celui du labourage, en fe comportant de la forte : à proportion que la ferme eft plus grande & plus confidérable, il faut augmenter le nombre de ces deux animaux; on trouvera toujours un grand avantage à pratiquer cette méthode.

Dans les terreins glaifeux, on doit à tous égards préférer le bœuf pour le labourage, mais dans les terres calcaires, il faut y renoncer abfolument, & préférer les chevaux; les pieds des bœufs n'y réfiftent pas, ils dépériffent à vûe d'œil.

Il y a un ufage établi dans prefque tous les endroits du Royaume, où l'on fe fert des bœufs, de les affujettir par les cornes quand on les met au travail. Rien de plus mal entendu que cette méthode : outre que fa force n'eft pas dans cette partie, comme le vulgaire le croit, mais bien dans le poitrail, c'eft qu'il y a plus loin de la tête au poids qu'il traîne, que du poitrail, & que par conféquent le poids augmente pour l'animal à mefure qu'il s'en éloigne; d'ailleurs, on fent bien que le volume du poitrail, qui eft bien plus large & plus maffif que la tête, oppofe une plus grande force au poids, & par conféquent doit l'émouvoir plus facilement : auffi en Angleterre a-t-on abfolument proferit cette méthode pour la remplacer par celle du collier.

Dans les endroits où on fe fert des bœufs pour le labourage, il faut en avoir un nombre fuffifant, il vaut même mieux en avoir plus que moins : on fent que comme cet animal s'engraiffe facilement, & à peu de frais, pour peu qu'il ait de repos; il eft toujours avantageux d'en avoir plus que la ferme n'en exige pour le fervice du labourage ; d'abord, parce que les ouvrages s'en font mieux, & plus à tems, enfuite parce qu'il eft très-gracieux d'avoir à vendre de ces animaux qui doublent le prix qu'on les a achetés lorfqu'ils font engraiffés : il l'eft donc encore bien plus, lorfqu'au lieu de les acheter, on les fait

venir

venir dans la ferme. Si l'on veut se procurer cet avantage, il faut élever chaque année deux bœufs & deux vaches, c'est ainsi qu'en recrutant son troupeau, on se met en état d'engraisser ses vieilles bêtes estropiées, ou qui sont hors de service, de les vendre un bon prix, & de les remplacer par les jeunes qui sont en bon état.

Lorsqu'on s'adonne au commerce des bœufs, & que la ferme abonde en pâturages, bons & riches, on doit acheter des bœufs maigres au printems, ou au commencement d'Octobre : ceux qu'on aura achetés dès le commencement du printems, si l'on en a bien soin, seront engraissés en Juillet, Août & Septembre ; en un mot, plutôt ou plûtard, suivant la médiocrité ou la bonté du sol, & selon la façon dont on les nourrit, & encore suivant l'état dans lequel ils étoient lorsqu'on les a achetés.

Si les bœufs qu'on achete sont en assez bon état, ils sont engraissés en six semaines, lorsqu'on les met dans un pâturage qui soit riche, ou du moins plus abondant que celui d'où ils sortent. Cependant on ne doit pas toujours donner à ces bœufs la préférence, lorsqu'on fait tant que d'en acheter ; parce qu'un Cultivateur éclairé, se regle sur la nature de son terrein, & sur le besoin qu'il a d'en tirer des services nécessaires, attendu qu'il peut les faire travailler & les engraisser dans le courant de l'été ; il est certain qu'il trouvera beaucoup plus d'avantage à se conduire ainsi, que s'il se précipitoit pour les engraisser, ou que s'il les achetoit déja bien avancés.

Lorsqu'on les a achetés vers le commencement d'Octobre, ils deviennent assez gras pour qu'on puisse les vendre dès le commencement du printems suivant ; mais l'inconvénient de la chereté du fourrage d'hyver, doit ici contenir le Cultivateur, parce qu'il perdroit une partie de ses profits. La bonne méthode consiste donc à tâcher de mettre de bonne heure ces bêtes en chair avant que l'hyver ne se déclare entiérement, & de les bien entretenir dans cet état pendant la rigueur de cette saison avec du foin & du turnips, ou navet, tel que nous l'avons fait déja connoître.

Par ce moyen on les tient en chair tout l'hyver ; ils prennent facilement graisse dès l'ouverture du printems, & peuvent être vendus de très-bonne heure avec un grand avantage.

Mais la meilleure méthode pour se tirer d'affaires dans ce commerce pendant l'hyver, c'est d'acheter de jeunes bœufs maigres, qui sûrement payent les frais de leur entretien d'hyver par leur croissance, & se trouvent prêts à être engraissés au commencement du printems ; de sorte qu'il ne faut que peu de tems & de dépense, pour qu'ils foient en état d'être vendus avec un avantage confidérable vers la mi-faifon.

Il y a encore dans l'année un tems très-favorable pour acheter les bœufs qu'on veut engraiffer, c'eft la mi-Août ou le commencement de Septembre ; il faut les pouffer auffi vîte que l'on pourra, en les mettant dans un pâturage très-riche, & ils feront en état d'être vendus en hyver.

En effet, c'eft de toutes les méthodes la meilleure que le Cultivateur qui a des pâturages bons & riches, puiffe pratiquer ; car des pâturages médiocres ne fuffiroient pas à une femblable entreprife ; cependant que ceux qui n'ont pas l'avantage de poffédér des pâturages très-riches, ne renoncent point à engraiffer de ces animaux. Il y a le moyen de fuppléer à cette richeffe des pâturages ; pour cela, on achete en Août ou Septembre de jeunes geniffes en place de bœufs, & on les envoie dans les meilleurs pâturages qu'on a, n'importe qu'elles foient pleines ou non : il eft certain que dans l'un ou l'autre cas, on fera des profits confidérables.

Si elles fe trouvent pleines, on les garde jufqu'au printems, & on les vend très-avantageufement avec le veau à côté, aux gens qui les achetent pour la laiterie : fi au contraire elles ne font pas pleines, elles commenceront d'abord à engraiffer fur le terrein, qui, quoique pauvre, fera toujours bon en comparaifon de celui fur lequel elles auront été élevées, & voilà pourquoi il eft toujours de la précaution de s'informer avant que de les acheter, de quels pâturages elles fortent, par la raifon que nous avons déja dite : en fe comportant de la forte, on fera en état de les vendre à profit à Noël, ou au commencement du printems ; il faut obferver que comme en hyver les fourrages font plus chers, les beftiaux gagnent un peu plus de prix.

Il eft comme certain qu'en gardant une femblable conduite, il réfultera autant d'avantages du commerce des geniffes que de celui des bœufs : en vain fe plaindroit-on qu'elles n'ont pas le même prix, puifque ni l'achat de ces jeunes bêtes, ni leur entretien ne font pas fi difpendieux ; premierement, parce qu'il eft bien évident qu'on ne rend point tant de rente au Propriétaire de ces pâturages médiocres, qu'à celui des pâturages riches ; fecondement, parce qu'en général on remarque que les femelles ne confomment point autant de nourriture.

Mais quel avantage ne trouvera-t-on pas à ce commerce, fi l'on a la commodité de faire venir abondamment du turnips, qui eft le fourrage d'hyver le moins cher, & en même tems le plus propre à engraiſſer les bêtes à cornes, ſurtout ſi l'on ſe trouve à portée de quelque grande Ville, où le prix qu'on les vend, compenſe la dé-penſe du peu de foin qu'il faut leur donner avec le fourrage que nous venons d'indiquer.

Ainſi tout Cultivateur qui achete des bœufs dans le deſſein de les engraiſſer, doit d'abord tourner toute ſon attention vers le choix; c'eſt en effet de-là que dépend la plus grande partie du ſuccès, ainſi que de la nature du terrein où ils ont été nourris. Il faut auſſi, comme nous l'avons déja obſervé, conſidérer leur forme, leur grandeur, & s'ils ſont avancés; parce qu'alors toutes ces précautions priſes, on ſe trouve en état de ſçavoir le pâturage plus ou moins riche qu'il convient de donner à chaque eſpece.

Les bœufs qu'on veut garder pendant un hyver pour les vend'e au commencement du Printems, doivent être envoyés à l'herbe n Septembre, & y reſter juſqu'aux neiges & aux fortes gelées; pen-dant tout ce tems ils n'ont pas beſoin d'autre fourrage.

Dès que la rigueur de la ſaiſon ſe fait vivement ſentir, il faut leur donner un peu de foin le matin & le ſoir, toujours à proportion de la plus grande ou moindre richeſſe du fourrage vert qui eſt encore ſur le terrein; plus ils trouvent d'herbe, moins ils ont beſoin de fourrage ſec; mais auſſi il leur en faut plus, moins il y a d'herbe.

Les gelées font un effet admirable ſur l'herbe, & particulierement ſur la mauvaiſe; elles l'adouciſſent; car on remarque que les herbes aigres dont les beſtiaux ne veulent point tâter, acquierent par deux ou trois nuits de gelée un goût qui leur plaît beaucoup; ils les mangent avec avidité, & l'on ſent bien qu'alors c'eſt autant de foin épargné juſqu'à ce que les neiges couvrent les pâturages, & que les beſtiaux n'en peuvent point trouver; de ſorte qu'alors il faut aug-menter la portion de fourrage ſec & bien bon: ſans cette attention, on perdroit en peu de tems tous les avantages de pluſieurs ſemaines.

Quant aux bœufs qu'on achete maigres, & qui ne ſont pas en chair à un certain degré, lorſque la ſaiſon commence à faire ſentir ſa rigueur, l'on peut donner hardiment de la paille au lieu de foin. On commence d'abord par la paille d'orge, enſuite on donne celle d'avoine; l'une & l'autre font une excellente nourriture pour les beſtiaux qui ſont dans cet état. C'eſt ainſi qu'on les ſoutient prêts à être engraiſſés auſſi-tôt qu'on le pourra faire ſans beaucoup de dé-penſe.

Ordinairement vers la fin de l'hyver toute l'herbe du terrein ſe trouve mangée, & c'eſt alors qu'il convient de retirer les bœufs dans la cour. Si le Cultivateur a des bœufs qui ſoient dans des états différens, c'eſt-à-dire, s'il nourrit les uns avec du foin & les autres avec de la paille, il faut les tenir ſéparés.

Nous entendons tous les jours des Cultivateurs ſe plaindre de ce que leurs bœufs ne veulent point manger leur fourrage lorſqu'on les retire dans la cour, quoiqu'auparavant ils le mangeaſſent de bon appétit lorſqu'on le leur donnoit dans les champs. Cet inconvénient n'a d'autre cauſe que l'imprudence de ceux qui leur en donnent d'abord en trop grande quantité à la fois. Nous avons ſouvent obſervé qu'un bœuf mangeoit d'abord avec avidité dans ſa crêche le fourrage qu'on y avoit mis ; que ſentant enfin ſon haleine qu'il avoit pouſſée deſſus, il s'en dégoutoit tout à coup. C'eſt une délicateſſe dans cet animal qu'il eſt impoſſible de vaincre. Mais on y remédie en ne donnant à la fois que très-peu de fourrage & ſouvent. Et en effet, c'eſt de toutes les façons la plus avantageuſe de nourrir dans la cour ces animaux ; ils mangent avec plus d'appétit, & il ſe perd moins de fourrage.

Il faut ſurtout avoir ſoin que la cour faite en eſpece d'angar ou de parc, ſoit bien couverte & tenue bien ſeche, qu'il y ait partout de la litiere, afin que ces animaux ſoient couchés mollement & chaudement. Il n'eſt rien qui contribue plus à les tenir en bon état. On ne doit point regretter la dépenſe de la litiere, puiſqu'il eſt certain que le fumier qui en réſulte dédommage ; cet engrais foulé & briſé par leurs pieds, & compoſé de leur urine & de leur fiente, eſt le plus riche qu'on puiſſe déſirer ; & la quantité en eſt ſi grande, que cet article eſt des plus importans en Agriculture ; puiſqu'il y a des pays où l'on eſtime 50 livres le fumier qu'une vache fait dans le courant d'une année.

Lorſqu'on met des bœufs ſur un terrein pour les engraiſſer, on peut les y mettre ſeuls ou avec des chevaux, ou bien d'abord les bœufs & les chevaux quelques jours après : mais quelle que ſoit l'une ou l'autre de ces méthodes que l'on ſuive, il faut faire attention au tems dans lequel on envoye les bœufs, car il eſt ici important de détruire une erreur généralement établie. On penſe qu'il faut laiſſer bien venir l'herbe avant que de les y envoyer ; mais on ſe trompe groſſierement ; il n'y a point de méthode plus mal fondée & plus déſavantageuſe pour le Cultivateur ; l'herbe trop haute ne plaît point à ces animaux.

Ils ſont délicats & gourmets, ils n'aiment point l'herbe quand elle eſt parvenue à une certaine hauteur & quand elle eſt ſi graſſe ;

ils n'en mangent que les sommités & laissent le reste qui pourrit sur pied. Lorsque l'herbe est devenue trop haute, surtout en Automne, elle devient aigre, & les bœufs ne la mangent qu'après que les gelées l'ont adoucie & rendue agréable à leur goût.

Lorsqu'il arrive que le Cultivateur a dans cette saison une herbe qui est fort élevée, il n'a pas de meilleure méthode à suivre que d'y jetter d'abord un nombre proportionné de bœufs qui en mangeront les pointes. Lorsque cela est fait, il faut les en ôter ; on y envoye ensuite des chevaux ; ils ne sont pas si délicats que les bœufs, ils la mangeront plus bas ; après les chevaux, on y jette des moutons qui se régaleront encore fort bien des restes des bœufs & des chevaux.

Si tous les pâturages du Cultivateur sont tous à peu près de la même espece & d'une herbe également bonne, il faut changer souvent les bœufs de place en les faisant passer d'un pâturage à l'autre. Par cette méthode on remplit deux objets essentiellement importans ; le premier de donner aux bœufs une certaine variété de fourrage ; car enfin il ne se peut pas qu'il n'y ait quelque différence que peut-être nous ne pouvons appercevoir, mais que ces animaux sentent ; le second, de donner aux piéces de pâturage le tems de se reposer & de repousser après avoir été pâturées : nous le répétons, il n'y a point d'animal si délicat pour le pâtis ; il est certain, & l'expérience le prouve, qu'ils se plaisent beaucoup à être changés d'un terrein à l'autre : en suivant cet usage, chaque enclos poussera de nouveau avec vigueur, après avoir été étêté, quand on lui donnera un peu de repos & que l'herbe n'aura pas été piétinée par les bestiaux.

La véritable industrie consiste à acheter toujours autant de bœufs que le terrein pourra en supporter. Par la méthode que nous venons d'indiquer, on verra qu'on engraissera plus de bœufs, ou des bœufs d'une meilleure sorte qu'on ne se le feroit imaginé, & qu'on tirera un bien plus grand parti de son terrein qu'une personne peu entendue. Lorsqu'on a des pâturages riches, il est certain qu'on doit s'attacher aux bœufs de la grande espece. C'est un article important : ils font une augmentation de profit tant par la viande que par le suif.

Lorsqu'on ne destine les bœufs qu'à l'engrais, il suffit qu'ils ayent la partie antérieure de la tête bien lisse & le ventre profond. Quant à la force des jointures, c'est une qualité dont il ne faut absolument point se désister lorsqu'on les destine au labour.

Il n'y a pas de meilleur signe de santé pour le bœuf que quand il se léche souvent lui-même ; il semble que cet animal veuille témoi-

gner par-là qu'il eſt content de lui-même, qu'il eſt de bonne humeur
& en vigueur ; car quand il eſt malade, il ſe néglige abſolument ;
alors ſon poil devient rude, ſe redreſſe faute de ce petit ſoin de
l'animal qui en le léchant l'entretient liſſé, couché & luiſant.

Cependant ce même ſigne de ſanté peut être auſſi une maladie,
parce que les bœufs ſe léchent quelquefois ſi fort qu'ils n'en peuvent
plus manger ; il arrive qu'ils avalent une grande quantité de poil
qu'ils amaſſent dans leur gueule en ſe léchant, qui s'accumulant inſen-
ſiblement, forme à la fin une eſpece de peloton qui porte un très-grand
préjudice à la ſanté de ces animaux. Lorſqu'on s'apperçoit que les
bœufs ſe léchent trop fréquemment, que leur œil s'éteint, & qu'ils
ne mangent point comme à l'ordinaire, le Cultivateur n'a point de
plus ſûre reſſource que de les laver de tems en tems avec une éponge
imbibée d'eau d'abſynthe, dont ces animaux déteſtent le goût ; alors
trouvant leur peau d'une amertume qui leur répugne, ils ſe donnent
bien de garde de ſe lécher ; il en eſt d'eux comme des enfans qu'on
veut ſevrer, ils ne veulent plus toucher à la mamelle quand on l'a
frottée avec de l'aloës.

Preſque tous les Cultivateurs ont contracté l'habitude pour empêcher les bœufs de ſe trop lécher, de les frotter de leur fiente ;
outre que ce remede eſt bien mal-propre, c'eſt qu'il répond fort mal
à leur vue. Comme le bœuf ſe léche principalement pour être propre,
peu dégoûté qu'il eſt de ſa propre fiente, il ſe léche de plus en plus
pour approprier ſon poil ; ou bien il arrivera que frotté ſouvent, il ſe
laſſera enfin de ſe lécher, & ſe négligera tout à fait, ce qui néceſſairement doit avoir de mauvaiſes ſuites.

L'on nous verra toujours préferer les remedes aiſés & peu diſpendieux pour le Fermier, mais enfin il faut du moins qu'ils ſoient
bons, & preſque tous ces anciens remedes fondés ſur de vieux uſages,
ſont le plus ſouvent nuiſibles ; auſſi nous verra-t-on leur déclarer
une guerre ouverte, duſſions-nous expoſer pour les proſcrire, le Cultivateur à quelque dépenſe pour la conſervation de tous les animaux
qui lui ſont utiles dans la Ferme.

Pour connoître ſi un bœuf avance à l'engrais, il faut lui tâter les
dernieres côtes ; ſi ce que l'on touche eſt doux & détaché d'autour
de ces côtes, c'eſt une marque que l'animal commence à être plus
qu'en chair ; le derriere des épaules dans un bœuf & le nombril dans
une vache ſont les parties qu'il faut examiner pour ſçavoir s'ils
augmentent en ſuif.

Enfin nous obſerverons d'après l'expérience à nos Lecteurs, qu'il n'y a pas de méthode plus excellente pour engraiſſer les beſtiaux, que de les ſaigner dans des tems convenables. Nous diſons qu'il eſt indiſ-penſable de le faire au moins une fois ; mais communément, & ce n'eſt que mieux, on peut le faire deux fois pendant le tems de l'engrais ; nous aſſurons qu'on aura lieu de s'applaudir de cet uſage.

On les ſaigne au Printems dès qu'on les met dans les pâturages, ce qui fait qu'ils commencent d'abord à engraiſſer. On pratique la même méthode lorſqu'on les engraiſſe en Automne. Non-ſeulement par cette pratique on accélere l'engrais, mais encore on prévient bien des maladies. Quant aux jeunes bœufs que l'on choiſit bien maigres pour leur donner le tems de croître pendant l'hyver & les engraiſſer vers le Printems, il faut les ſaigner deux fois, la premiere dès qu'on les a achetés, & la ſeconde de bonne heure dans le printems avant que de les faire entrer dans les pâturages que l'on deſtine à les engraiſſer.

On obſerve que généralement les bœufs ainſi traités ſont beaucoup moins ſujets aux maladies ; cependant nous n'attribuerons point ce grand avantage aux ſeules ſaignées, il eſt auſſi l'effet du régime que nous conſeillons d'obſerver, ſurtout à l'égard des bœufs qu'on achete en Août dans le deſſein de les engraiſſer pour le Printems. Ce régime conſiſte à mêler toujours de la paille avec le foin qu'on leur donne pour fourrage : nous exhortons à préférer la paille d'orge à toute autre. On en met un tiers ſur deux tiers de foin. On verra que ce mélange profite beaucoup plus à ces animaux que le foin tout ſeul. D'ailleurs, en fait d'Agriculture, les plus petites épargnes devien-nent dans le total un très-grand profit.

CHAPITRE IX.

De la Vache.

NOUS n'avons parlé que très-superficiellement de la vache en traitant du bœuf, puisqu'en effet il est quelquefois avantageux d'élever des vaches à la place de bœufs. Nous allons maintenant la considérer sous un autre point de vûe dans lequel elle est réellement l'article le plus utile de la peuplade d'une Ferme, sçavoir comme vache à lait & comme vache avec son veau.

On a vû dans le plan de cet Ouvrage, que nous nous sommes prescrits de traiter à part les différens produits de la laiterie. Nous nous bornerons donc ici à traiter de l'animal même. Notre objet est pour le présent d'instruire le Cultivateur des meilleurs moyens de peupler sa Ferme sans toucher aux articles qui doivent former les résultats des produits des différentes especes d'animaux ; nous en parlerons dans la suite.

Dès que le Cultivateur n'a pour objet en nourrissant des vaches, que les produits de la laiterie, il faut qu'il porte tous ses soins au choix des vaches qu'il achete ; car il est certain que le profit qu'il peut en attendre est toujours en raison de la qualité de la race dont est la vache qu'il achete.

Il y a des pays où s'attachant à faire venir de gros bœufs, on s'attache aussi par préférence à choisir de grosses vaches ; mais relativement au but que nous nous proposons ici avec le Cultivateur, nous observerons que la grosseur n'est pas précisément le point important auquel il doit s'arrêter ; car on a beau dire, & l'expérience le prouve, la quantité de lait n'est pas toujours proportionnée à la grosseur de l'animal, & c'est elle cependant qui doit fixer, quant à présent, toutes nos attentions.

Il y a une espece de vache, par exemple, des Pirenées, qui s'entretient fort bien sur les pâturages pauvres : elles sont donc celles qui peuvent le mieux convenir aux Cultivateurs qui ont de tels terreins & qui ne peuvent point atteindre au prix de la grande race ; elles fournissent une très-grande quantité de lait, pourvu qu'on les soigne & traite bien : il y a les vaches fines d'Hollande qui sont assez bonnes, mais qui sont extrêmement délicates ; elles ont les jambes longues,

les

les cornes courtes & le corps bien plein ; elles rendent beaucoup de lait ; mais auſſi pour les conſerver dans cet état, elles exigent beaucoup d'attentions & la nourriture la mieux choiſie.

Il y a une autre eſpece de vache dans le Pays d'Alderney en Angleterre, qui reſſemble par les cornes à celle d'Hollande ; mais elle en diffère en ce qu'elle eſt plus forte & qu'elle n'eſt pas à beaucoup près ſi délicate ; elle demande un fourrage riche, & quoiqu'elle ait l'avantage de n'être pas ſujette à autant d'accidens que l'autre, elle ne lui céde en rien, ſoit pour la quantité, ſoit pour la bonté du lait.

Mais enfin quelle que ſoit l'eſpece dont le Cultivateur faſſe choix ; il doit ſuivre les documens que nous allons lui donner ; il faut que ces vaches ayent le devant de la tête large & ouvert, les yeux grands & pleins, & à l'exception uniquement de celles d'Hollande qui ont naturellement les cornes courtes, on doit choiſir par préférence celles qui les ont grandes, nettes & belles.

Il y a dans le Pays de Buckingamshire une eſpece de vaches qui n'ont point de cornes, on l'appelle dans le pays la race tondue. On doit choiſir dans cette race principalement celles qui ont le devant de la tête large, car elles ont les yeux naturellement moins gros que celles des autres eſpeces.

Enfin, de quelque race que ſoit la vache que l'on achete, il faut la choiſir le col long & mince, le corps profond & gros, les cuiſſes groſſes, les jambes rondes & bien formées, & les pieds larges, & ſur-tout la tetine forte, blanche, & d'une apparence propre, les quatre trayons ou tetons bien formés.

Qu'on ne perde point ſur-tout de vûe l'obſervation que nous avons déja faite, c'eſt que le taureau ſoit toujours de la même race que la vache, & qu'il ſoit toujours d'une eſpece que le pâturage puiſſe le ſoutenir en ſanté & en vigueur.

Il y a une obſervation généralement reçue parmi les Fermiers ; c'eſt que les vaches rouges donnent le meilleur lait, & que les noires ſont meilleures pour leur veau, qui ſe porte ordinairement mieux, & qui eſt plus beau que celui de la vache rouge. Mais cette obſervation doit être mépriſée, puiſqu'elle ne porte ni ſur le principe ni ſur l'expérience, & qu'elle ne peut être qu'imaginaire ; toute cette différence ne dépend point de la couleur, elle eſt un effet véritable de la race.

La vache qui donne le plus long-tems du lait, eſt la plus profitable, & en ſe rappellant nos obſervations, on verra que pour remplir cet objet , il faut choifir des vaches qui ne foient ni trop jeunes ni trop vieilles.

Le meilleur tems pour veler eft le commencement d'Avril ; c'eft le plus favorable , tant pour le veau que pour la laiterie.

Il faut avoir l'attention de fçavoir au jufte autant qu'on le pourra, le tems auquel les vaches doivent veler ; parce qu'il convient de les nourrir mieux qu'à l'ordinaire , trois femaines avant que ce tems n'arrive: il eft bon de les envoyer dans une riche prairie fi la faifon eft affez avancée ; fi l'on n'a point ce fecours, il faut les nourrir avec du bon foin , cette dépenfe fera amplement compenfée par les profits qui réfulteront du lait, & qui augmenteront en raifon de la bonne nourriture qu'on fournira dans ce tems à la vache.

Lorfque les vaches ont vélé , on ne les laiffe point fortir ce jour , ni la nuit , on leur donne un peu tiéde l'eau qu'elles boivent ; le lendemain on les met un peu à l'air, & à la chaleur du foleil s'il en fait , mais il faut les retirer les deux ou trois nuits fuivantes, & leur donner un peu d'eau chaude le matin avant que de les faire fortir.

Lorfque l'hyver eft rude , les vaches qui rendent beaucoup de lait, doivent être nourries à proportion ; on doit leur donner du foin fin tous les matins & tous les foirs, quand la terre eft couverte de neige, & en d'autres tems une fois par jour, felon les circonftances.

Lorfqu'on s'apperçoit qu'une vache ne donne pas affez de lait dans cette faifon pour dédommager des frais de fa nourriture avec du foin, il faut alors y mêler de la paille, ou bien encore lui donner de la paille feule. Mais dans ce cas celle d'avoine eft préférable ; celle d'orge produit l'effet fingulier de tarir le lait ; car fi on lui en donne dans cet état , on s'appercevra dans peu de jours qu'elle n'en rendra plus du tout.

Lorfque le Fermier eft en Angleterre dans la difette du foin , ou qu'il eft trop cher , il donne aux vaches, dont il veut conferver le lait , de la drêche pulvérifée & échaudée avec de l'eau bouillante. Cette pouffiere fe gonfle confidérablement , & lorfqu'elle eft réfroidie , on la donne en forme de breuvage.

Il eft certain qu'en en donnant de tems en tems, on peut nourrir ces vaches avec de la paille, car ce breuvage eft fi favorable pour le lait , que tel autre fourrage que l'on donne pendant qu'on fait ufage de la drêche ne peut faire tarir le lait.

Mais cette reffource fi commune en Angleterre , eft impraticable en France où il ne fe fait prefque point de bierre. Cependant on y

peut suppléer par le son mêlé avec du glan bien exactement broyé, on
le prépare & on l'administre de la même façon que la drêche, & il
produit, ou peu s'en faut, le même effet.

Aux environs des grandes Villes où il se fait une grande consommation de lait, on nourrit volontiers ces animaux avec des
grains; ce régime leur donne, à la vérité, beaucoup de lait, mais
qui ordinairement est d'un goût, sinon tout à fait désagréable, du
moins peu fin & peu délicat; il faut ajouter qu'il est peu salubre,
puisqu'il les expose à différentes incommodités; au lieu que par celui
que nous venons de prescrire, on obtient beaucoup de lait, & que
les vaches sont beaucoup moins maladives. Le son est à assez bon
marché, ainsi que le gland; l'un & l'autre se gonflent si fort étant
humectés, qu'avec un boisseau de ce mélange on peut parfaitement
nourrir, en ajoutant de la paille, une vache pendant une semaine.

Lorsqu'en Février les pâturages sont mangés entiérement, il faut
retirer les vaches dans les étables & les nourrir avec du fourrage
sec, & observer que la quantité de nourriture doit être proportionnée au plus ou au moins de lait qu'elles rendent.

On remarquera surtout que les vaches à lait ne doivent point être
saignées, à moins que ce ne soit en des occasions bien pressantes,
& alors la quantité de sang qu'on est obligé de leur tirer ne doit
jamais passer onze onces.

La différence qu'il y a entre la quantité de lait qu'une vache rend
& celle qu'une autre en donne, varie tellement, qu'il nous est presqu'impossible de fixer le traitement qu'on doit faire à ces animaux
relativement au fourrage sec quand il est cher; ainsi c'est au Cultivateur à calculer exactement le produit du lait & à examiner s'il excede
la somme des frais de nourriture; car la considération du lait à part,
il est certain qu'on peut entretenir une vache en santé & passablement en chair à beaucoup moins de frais qu'une vache de laquelle
on exige qu'elle continue de donner une certaine quantité de lait.

Dans les campagnes voisines des grandes Villes, le Cultivateur
ne risque jamais rien à pousser ses vaches de nourriture; il peut employer l'herbe, quoique précoce, le foin, les grains, & principalement le turnips; parce qu'en supposant qu'elles ne rendissent
point la grande quantité de lait qu'il en attend, il en tireroit
cependant de quoi fournir au moins aux frais de nourriture en
même-tems qu'il pourroit en tirer un parti très-avantageux chez
le Boucher; puisqu'il est certain qu'étant bien nourries, elles seroient
propres à être tuées; mais cette méthode est trop dispendieuse pour

être mise en pratique dans les endroits éloignés ; cependant qu'on ne s'y trompe pas, il y a une différence totale entre le lait de ces vaches & celui des vaches de Province ; celui-ci est, sans comparaison, plus délicat & plus parfait ; car l'expérience prouve qu'il n'y a rien qui appauvrisse plus le lait que les grains.

Et après tout, à bien examiner les avantages qui résultent du voisinage des grandes Villes, on verra qu'ils ne sont guéres supérieurs à ceux des campagnes éloignées, pourvu qu'on trouve à se défaire du lait & des vaches, quoiqu'à un prix beaucoup plus bas ; le prix des prairies & des fourrages voisins des grandes Villes sont beaucoup plus chers ; les grains y sont à un prix si haut, que tout se trouve bien compensé. D'ailleurs, une vache dans une Ferme située dans un bon pays où les denrees sont à un prix modique, rend considérablement plus de lait & meilleur, & elle coûte presque les deux tiers moins à nourrir.

On compte qu'une vache médiocre peut rendre du lait dont on peut tirer deux cens livres de beurre pour peu que la qualité butireuse y domine ; ainsi dans quelque pays que ce soit, le beurre mis à sept sols la livre & le fumier de la vache estimé, comme il l'est communément, vingt-cinq ou trente francs, il est très-aisé à tout Cultivateur de voir la somme des frais & la somme du produit, à laquelle il faut encore rapporter les profits qui résultent du fromage de lait écrêmé & du petit lait que l'on donne aux cochons, & qui les nourrit fort bien. De ce petit détail qui devient important relativement à son objet, il s'ensuit qu'on doit juger de l'importance de cet animal pour une Ferme ; car nous avons eu l'attention de caver au plus bas pour les produits. Nous ajoutons que ces animaux étant bien nourris, il ne faut que très-peu de tems pour les engraisser & les vendre avec profit au Boucher.

Il y a encore un parti très-avantageux qu'on peut tirer des vaches à lait dans certains endroits, & qui mérite considération : c'est celui d'alaiter les veaux. L'Auteur Anglois dit qu'une bonne vache nourrit quatre veaux sans compter le sien : & pour lors, ajoute-t-il, les grains feront le principal article du fourrage qu'on doit leur donner pendant la plus grande partie de l'année. Quoique, continue-t-il, le lait soit par cette nourriture d'une pauvre qualité, il abonde beaucoup, & quoiqu'il soit mauvais pour la laiterie, il sera excellent pour élever des veaux.

Nous ne sçavons point qu'il y ait dans le Royaume des vaches qui soient en état de nourrir autant de veaux. Nous en avons vû qui rendoient depuis huit jufqu'à quatorze pintes de lait ; mais celles qui en rendent cette derniere quantité font extrêmement rares ; or en fuppofant même qu'en général les vaches en rendiffent en France jufqu'à neuf ou dix pintes, on ne pourroit point fe promettre de nourrir avec une vache cinq veaux. Il faut affurément que les vaches foient bien abondantes en Angleterre pour fournir à la nourriture de cinq animaux qui en confomment autant.

Nous avons obfervé, au contraire, que dans tous les pays où le Fermier fait le commerce des veaux, il donne ordinairement deux vaches à chaque veau ; fon gain eft encore très-honnête, puifqu'il eft vrai de dire que le veau ne lui coûte âgé de fept à huit, & même de quinze jours, que fix ou huit livres ; & qu'après l'avoir nourri fix femaines ou deux mois, ou deux mois & demi, il le vend depuis trente, quarante, jufques à cinquante livres.

En Flandres, à la vérité, & en quelques Cantons de la Suiffe, les vaches font extrêmement abondantes, & font en effet en état de nourrir deux veaux, mais nous n'avons pas appris qu'on paffât ce nombre : dans le pays de Dixmude en Flandres, on voit auffi des brebis être en état de nourrir trois agneaux ; mais il ne faut point s'arrêter à ce qui tient du prodige : c'eft plus propre à induire le Cultivateur à erreur qu'à lui être favorable ; car enfin fi une vache étoit affez abondante, comme nous l'apprend l'Auteur Anglois, pour nourrir cinq veaux, cet animal feroit un tréfor, puifqu'elle rendroit, fans compter fon fumier & fa valeur intrinfeque, deux cens vingt-cinq livres par an : nous ne promettons pas des profits fi peu proportionnés. Il fuffit de dire, que quand même il faudroit deux vaches par veau pour les mettre en état d'être vendus dans dix femaines ou trois mois, ce profit joint aux autres que nous avons fait voir, feroit affez puiffant pour déterminer le Cultivateur à s'adonner à cette branche de l'économie.

En Irlande on obferve qu'une vache rend par jour pendant les quatre-vingt-dix premiers jours, la valeur de neuf ou dix pintes de lait mefure de Paris ; pendant les feconds quatre-vingt-dix jours, à peu près quatre pintes par jour, & les autres quatre-vingts-une pintes & demie ou environ, après quoi elle eft feche le refte de l'année.

Au refte, on ne peut guéres s'arrêter à tous ces calculs, attendu qu'ils dépendent de beaucoup de circonftances, comme de la qualité de la vache, de celle des pâturages qui peuvent être plus ou moins riches, plus ou moins pauvres, de la proximité des Villes à grande confommation, où la viande eft prefque toujours moitié plus chere ; & d'ailleurs, comme nous l'avons déja obfervé, le Cultivateur doit s'arrêter à un jufte milieu, & partir de ce point dans fon entreprife.

Il y a encore certains articles auxquels le Cultivateur doit porter toutes fes attentions. Nous n'avons jufqu'à préfent confideré la vache que comme vivant de l'herbe naturelle des prairies. Mais comme l'ufage s'établit enfin en France de faire venir des prairies artificielles, ufage affurément bien avantageux, on peut en nourrir fouvent les vaches.

Nous prévenons cependant notre Lecteur, que quoique ces herbes artificielles nourriffent très-bien les beftiaux & qu'elles produifent dans les vaches une grande abondance de lait, elles lui donnent un goût défagréable qui fe communique fuivant l'*original Anglois*, à tout ce qu'on en peut faire, & qui par conféquent en diminue le prix.

Auffi ne confeillons-nous point de nourrir les vaches avec ces herbes lorfque l'on a d'autre fourrage. On ne doit s'en fervir que lorfqu'on y eft forcé par les circonftances & la fituation de la Ferme : alors il ne faut point employer le lait aux divers ufages de la laiterie, mais feulement à la nourriture des veaux. Il eft bien vrai de dire, qu'en fuppofant que les herbes artificielles s'établiffent en France, les vaches en feront de beaucoup plus abondantes, & peuvent le devenir au point d'être en état de nourrir facilement un veau, & même deux avec les fecours que nous indiquerons dans la fuite : on ne doit pas craindre que le mauvais goût que ces herbes donnent au lait fe communique à la chair, ni que les veaux s'en dégoûtent.

Ainfi la même raifon qui veut qu'on employe les vaches qu'on nourrit d'herbes artificielles à allaiter, veut auffi qu'on ne les employe pas à d'autres ufages, attendu le goût rance qu'elles donnent au lait, comme auffi quand l'herbe eft mêlée de joncs, ou qu'elle eft marécageufe ; il eft certain que cette herbe fait beaucoup abonder en lait, mais il eft d'une mauvaife odeur : on remarque cependant que les veaux ne s'en dégoûtent point, & qu'elles n'alterent ni le goût ni la couleur de la viande.

Entre tous ces fourrages artificiels, il eft cependant bon d'en diftinguer principalement deux, qui bien loin d'être contraires à la laiterie, la favorifent par la bonne qualité qu'ils donnent au lait. Nous entendons ici parler du turnips jaune & du trefle rouge ou mielleux. Le ray-gras ne mérite pas tout à fait d'être mis dans la même claffe, il rend le lait fort butireux ; mais le beurre n'en eft pas d'une ſi excellente qualité que celui des deux précédens fourrages.

Nous n'avons parlé que très-ſuperficiellement des fromages en parlant des différens profits qu'on peut tirer des vaches à lait, parce qu'il y a beaucoup de terreins où on ne peut en faire de paſſablement bons ; nous en traiterons d'une façon plus étendue en tems & lieu. Ce ſeroit donc inutile de s'attacher à cette branche lorſqu'on n'eſt point aſſuré de faire de bons fromages. Dans d'autres endroits, tout bien calculé, on trouve que la ſomme des profits qui réſultent des fromages eſt à peu près égale à celle des profits qui viennent du beurre.

Comme la laiterie demande le lait le plus fin & le plus délicat, & en même-tems le plus butireux, il faut par conſéquent partout où les circonſtances ne permettent point de s'en procurer de cette qualité, l'employer à d'autres uſages. Or ce lait délicat eſt le produit d'une herbe douce & d'une bonne eau. Ainſi partout où l'herbe eſt aigre & l'eau mauvaiſe, le lait en a le goût, & par conſéquent quelqu'abondant que ſoit le pâturage, on fera bien, ſurtout ſi l'eau eſt mauvaiſe, de renoncer à la laiterie, & de mettre les vaches à la nourriture des veaux, en ſuppoſant toujours que la ſituation le permette.

Dans le voiſinage des grandes Villes, la meilleure méthode qu'on puiſſe pratiquer eſt de vendre les vaches dès qu'elles commencent à être ſeches & d'en acheter de maigres qui ſoient en lait ; parce que comme elles ſont ordinairement bien nourries pour qu'elles fourniſſent beaucoup de lait, elles ſont aſſez en chair pour être vendues au Boucher.

Un des plus grands inconvéniens qu'il y ait à allaiter des veaux, c'eſt que par la grande quantité de lait qu'ils tirent, ils tiennent les vaches *bas*, c'eſt-à-dire, preſque hors d'état d'aller au taureau dans la ſaiſon convenable, & que par conſéquent on manque le tems ; alors il n'y a pas de meilleur parti à prendre que de les engraiſſer pour les vendre.

On les envoye, quand on prend ce parti, au pâturage, vers la mi-Août ; il faut les tenir en cet état pendant quatre mois ; de ſorte que le prix qu'on en retire ſuffit pour en acheter d'autres avec le veau à côté, ce qui compenſe le tems qu'on a mis à les engraiſſer ; le Cultivateur, quand il veut tirer tout le parti poſſible de ſon terrein, doit faire attention à tous ces documens ; quand on ſe conduit avec connoiſſance de cauſe, on double ſes profits.

CHAPITRE X.

Du Veau.

APRÉS tous les documens que nous venons de donner pour bien choisir les taureaux & les vaches, pour bien les entretenir & les faire propager, nous croyons qu'on est assez instruit pour être en état de se procurer des veaux par la propagation ; mais il nous reste à parler du traitement qu'ils exigent : car il est certain que par des soins que nous indiquerons, on peut les porter au double de leur valeur.

Il y a différentes méthodes d'élever les veaux selon les divers usages auxquels le propriétaire les destine. Il y a des Cultivateurs qui se sont fait une étude des moyens de donner à la chair de ces animaux un bon goût & une belle couleur. Il y a en général deux manieres d'élever les veaux ; la premiere de les laisser courir avec la mere pendant toute l'année ; l'autre de les priver de leur mere quand ils ont têté seulement quinze jours.

Dans les Provinces où l'on fait venir les veaux à bon marché, la premiere méthode est très en usage, & en effet on se procure par-là les plus beaux bestiaux & les plus courageux ; & l'on voit bien que l'autre avantage de cette méthode est d'être très - facile & très-commode pour le Cultivateur ; mais quoique cet usage paroisse favoriser beaucoup le Fermier, il y a des cas cependant où il devient contraire.

Quand le veau est à l'âge de quinze jours privé de sa mere, il faut beaucoup de soin pour l'élever. Mais dans les endroits où la nécessité a mis en crédit cette méthode, l'habitude rend ce soin plus facile. Il faut d'abord une certaine quantité de lait & avoir un peu de patience pour apprendre à l'animal à en boire ; surtout il faut bien prendre garde au degré de chaleur qu'on donne au lait ; on le regle ordinairement sur celui qu'il a au moment qu'on vient de traire la vache ; car si on le donnoit plus chaud ou plus froid, il est certain qu'il feroit du mal à l'animal, & le conduiroit à un état de dépérissement.

Le veau étant bien conduit & bien traité, gagne en peu de tems

un

un peu de force & de fermeté ; car au fortir du fevrage à un fi bas âge,
il eft extrêmement foible & délicat.

Lorfqu'il eft ainfi fevré, il faut lui donner du lait pendant trois
mois, au bout duquel tems il faut pour l'en défacoutumer, mêler un
peu d'eau avec le lait, & augmenter chaque jour la quantité d'eau
jufqu'à ce qu'enfin ce ne foit prefque plus que de l'eau pure qui lui
ferve de boiffon & non de nourriture.

Mais auffi cette méthode exige qu'avant de le mettre à l'eau pure,
on l'apprenne & que l'on l'accoutume infenfiblement à manger du
fourrage ; ce qui fe fait en mettant un peu de foin dans un bâton
fendu qu'on laiffe à fa portée ; il faut le lui préfenter dès qu'il aura
atteint cinq ou fix femaines, on le verra le prendre fur le champ ;
de forte que quand on approchera du tems auquel on veut le fevrer,
il fe nourrira de foin.

Dès que les veaux auront acquis une certaine force, il faut faifir le
premier beau tems qu'il fait, & les mettre à l'herbe vers le milieu du
jour ; mais ils demandent d'être retirés la nuit pendant environ
huit jours, & d'être abreuvés d'un peu de lait chaud coupé avec de
l'eau. Il y a même des Cultivateurs (& la méthode eft excellente)
qui en mettent de tems en tems un peu dans un feau auprès
d'eux dans les champs, jufqu'à ce qu'ils foient en état de fe nourrir
& foigner eux-mêmes.

Mais il faut agir avec beaucoup de précaution la premiere fois
qu'on les met à l'herbe, non-feulement par rapport à la faifon
que l'on doit choifir favorable, mais encore par rapport à l'efpece
de pâturage qui doit être d'une herbe bonne, courte, & qui foit
fubftantielle, furtout qu'elle ne foit point aigre, car ces animaux
dépériroient.

Et cependant la méthode de les fevrer à l'herbe eft la meilleure,
car quand on prend le parti de le faire dans l'étable avec du foin &
de l'eau, ils font fujets à des maladies ; ainfi comme la premiere
eft la plus naturelle, elle eft auffi préférable à tous égards.

Dès que les veaux qu'on deftine à en faire des bœufs ont atteint
trois ans, il faut les couper, parce que c'eft à cet âge qu'ils fouffrent
moins de cette opération.

Dans les pays où il fe confomme beaucoup de veaux, la méthode
la plus avantageufe pour les Cultivateurs, eft de les engraiffer, à la
réferve de ceux qu'il faut abfolument pour l'entretien de la Ferme.

Comme le prix du veau dépend dans ces endroits de la graiffe & de
la blancheur de la viande, les plus grandes attentions du Cultivateur

doivent se tourner vers ces deux articles ; & si l'on peut y réussir, il est certain qu'un veau a autant de valeur qu'une bonne genisse ; il y a des Cultivateurs qui ont observé qu'il n'y a point de moyen plus propre à rendre la chair du veau bien blanche que le suivant. On tient cet animal extrêmement propre en lui faisant tous les jours une litiere fraîche que l'on étend sur la vieille ; ensuite on suspend dans un endroit de la crêche une ou deux pierres de craye ou de chaux, de façon que l'animal ne puisse les salir ni en les foulant aux pieds, ni avec son fumier ni son urine ; mais il faut qu'ils soient à sa portée, de façon qu'il puisse les lécher en s'amusant. Cette chaux ou craye qui est naturellement blanche, se communique à la chair, & comme elle contient des sels incisifs, elle la rend aussi tendre que blanche.

Voici encore une autre attention qu'il est indispensable d'avoir ; pour tenir la niche où est le veau bien fraîche & bien seche, on l'éleve de trois pieds de terre, de sorte que toute l'urine & l'humidité s'écoulent continuellement.

Lorsqu'on tient ainsi le veau, qu'on le nourrit bien, & qu'on en a bien soin à tous égards, on le saigne au moins deux fois, l'une quand il a environ cinq semaines, & l'autre quinze jours ou trois semaines avant qu'on ne le tue.

Quand un veau se purge, il ne faut point le laisser têter en même-tems ; car le lait de la mere lui donne souvent cette incommodité, qui lui fait perdre sa chair & l'exténue. Alors il faut lui donner du lait dans lequel on mêle un peu de chaux pulvérisée, & qui produit un double effet ; le premier est d'arrêter le dévoyement, & le second de s'incorporer à la chair & de lui communiquer sa blan-cheur. On administre cette boisson avec une corne ; qu'on se rappelle surtout qu'il faut lui donner le degré de chaleur que le lait a lors-qu'il sort du trayon de la vache.

Mais il arrive quelquefois que ce remede est sans effet, & que le veau est en danger de périr. Dans ce cas on lui fait prendre un bain froid, on lui donne un peu de bol d'Armenie & de la chaux mêlés ensemble avec du lait en forme de pillules.

Mais ce remede-ci, ainsi que l'autre, n'est pas toujours efficace. Mais enfin on a trouvé un remede qui arrête dans ces animaux les plus forts relâchemens ; on donne une petite dose de *diascordium* fait sans miel, mêlé avec du vin d'Alicante ou autre vin bien bon & bien vieux ; on donne cette boisson avec une corne ; il faut seulement se donner de garde de laisser têter ni de donner du lait trois quarts d'heures avant ce remede ni une heure après ; mais on peut lui permettre de lécher la chaux tant qu'il veut. Si la premiere dose est sans effet, on peut en donner une autre douze heures après ; ce remede est comme infaillible ; cette dose est d'une dragme. L'on remarque qu'il n'altere ni la couleur, ni le goût de la chair.

Cette maladie est celle dont les veaux sont le plus fréquemment attaqués. Mais quelquefois ils sont exposés à la maladie opposée & qui n'est pas moins dangéreuse. Si le veau est constipé, sa chair n'est jamais délicate ; dès qu'on s'apperçoit de la moindre disposition à cette maladie, il faut donner un peu de manne, & voici la meilleure façon de l'administrer.

Prenez une once de manne ordinaire, faites la dissoudre dans le quart d'une chopine d'eau, & ajoutez-y une cuillerée d'eau-de-vie ; épaississez cette liqueur avec de la fleur de farine de froment, & faites-en des bols ; donnez-en trois ou quatre tous les matins après qu'il aura tetté, & trempez-les dans du lait pour les faire passer ; répétez ce remede jusqu'à ce que l'animal soit rétabli.

A proprement parler, nous aurions pû renvoyer ces recettes à un des Livres suivants où nous devons traiter à fond cette matiere ; mais comme elles regardent immédiatement le traitement que l'on doit faire au veau qu'on destine à la boucherie, nous les avons placées ici pour éviter au lecteur un renvoi qui le tiendroit en suspens.

Quant à la maniere de saigner les veaux, la voici : il faut faire la saignée à la nuque, & il faut prendre garde de ne pas tirer une trop grande quantité de sang. Lorsqu'on est obligé d'en venir à une seconde saignée, il n'y a pas de meilleure méthode que de couper le bout de la queue, & s'il n'en sort pas assez de sang, il faut répéter l'opération dans deux ou trois jours, en coupant un autre anneau de la queue, qui rendra au moins autant de sang que la premiere fois.

Nous ajouterons une autre propriété de la chaux : c'est qu'outre celle de blanchir la chair & de l'attendrir, elle a celle de la tenir seche, de la conserver, & d'en consommer l'humidité qui fait qu'elle se corrompt ordinairement si vîte.

Il y a des vaches, mais elles sont rares, qui sont si fécondes, qu'elles produisent des jumeaux ; car il y a des exemples de vaches qui ont produit plusieurs années de suite deux veaux à la fois. Le Docteur *Plot*, dans son Histoire naturelle de *Staffordshire*, parle d'une vache qui dans le Comté d'Unstal, après avoir fait trois fois de suite deux veaux à la fois, en fit trois à la quatrieme, de sorte que dans trois ans elle avoit produit neuf veaux.

Il eſt vraiſemblable que ces veaux venoient tous du même taureau qui avoit couvert bien d'autres vaches. Il ne paroît pas dans cette relation, que les autres vaches ayent eu des productions ſi extraordinaires : d'où l'on doit conclure naturellement que la cauſe de cette fécondité eſt plutôt dans la femme que dans l'homme, & qu'il en eſt de même des vaches & des autres animaux. Il eſt vrai que quant aux hommes, il y a une obſervation bien conſtatée , qui d'abord paroît donner le démenti à M. Hal. La voici. Un Ruſſe avec quatre femmes différentes, a eu trois, quatre & cinq enfans. Mais nous répondrons affirmativement, que cette obſervation ne détruit point la vérité de la propoſition de l'Auteur Anglois; parce qu'il n'eſt pas impoſſible que le Ruſſe en queſtion ait trouvé dans les quatre femmes pluſieurs œufs également propres à être fécondés dans le tems du coït ; mais ce n'eſt point ici le lieu de nous arrêter à toutes ces diſcuſſions.

Moreton, dans ſon Hiſtoire de Nortamptonshire , rapporte des exemples de la même eſpece ; il ajoute que ſi les jumeaux ſont l'un mâle & l'autre femelle, celle-ci eſt toujours ſtérile. Dans ce Comté il y a une eſpece de vaches que les Habitans du Pays appellent *francs martins;* elles ont des cornes longues comme le bœuf ; ils diſent qu'elles ſont androgines. Ils aſſurent auſſi que les géniſſes produiſent des jumeaux , & ajoutent que quand les jumeaux ſont tous deux femelles , elles ſont auſſi prolifiques que les autres vaches de la même eſpece.

Si nous avons rapporté ces obſervations, ce n'eſt que pour exciter les recherches des curieux. Les Auteurs que nous avons cités ſont des gens dont la probité & la bonne foi ſont à couvert de tout reproche ; il eſt certain qu'ils ne s'en ſont point rapportés à des *on dit :* & qu'ils ſont incapables de citer des hiſtoriettes vulgaires qui s'accréditent chez le peuple à meſure qu'on les répete, & perdent toujours faveur chez l'homme cenſé à meſure qu'il en cherche le principe & la cauſe.

CHAPITRE XI.

Du Mouton & de ses différentes races.

LE mouton est après les grosses bêtes à corne, l'animal le plus estimable, & par conséquent celui de la Ferme qui mérite le plus la considération du Cultivateur. C'est un animal, qui quand on l'achete pour l'engraisser, est à fort bon marché ; on le nourrit aisé-ment, & il rend un profit considérable : son crotin est si propre à engraisser les terres, qu'il suffit dans certains pays pour payer les frais de sa nourriture.

Nous avons déja donné des instructions sur le choix des grands bestiaux, & nous avons averti qu'il falloit toujours en choisir l'espece relativement au degré de bonté du pâturage que l'on a. Toute la fortune du Cultivateur ne consiste point seulement à labou-rer un sol fertile. Le sol qui est le moindre ne laisse pas d'avoir son utilité, puisqu'il est confirmé par l'expérience, que les sols qui ne sont pas propres à la nourriture des gros bestiaux, sont très-favorables aux moutons. Nous voyons ces animaux paître sur les pelades & sur les hauteurs les plus stériles ; de sorte que tel terrein qui ne fourniroit pas seulement la vie aux autres bestiaux, est assez fertile pour en-graisser les moutons.

Comme nous avons fait observer qu'il y a différentes races de bœufs, de même nous devons avertir qu'il y a différentes races de moutons, & que par conséquent les divers terreins sont ainsi qu'aux bœufs, propres ou défavorables à certaines races.

On voit donc par-là, comme nous l'avons déja fait sentir, com-bien il est important d'user de précaution en peuplant une Ferme, & cette précaution roule sur deux points capitaux, l'un c'est la race, l'autre c'est le choix de ces animaux même de la même race ; car il y en a dans l'une & dans l'autre qui sont plus fins, & voilà ceux auxquels on doit la préférence.

On y portera sans doute beaucoup d'attention, puisqu'il est cer-tain que l'on perd au moins la moitié des profits qui résulteroient d'un troupeau de moutons, par la négligence ou le peu de connoissance avec laquelle on fait le premier choix, & avec laquelle on traite dans la suite ces animaux: Lorsqu'on a manqué dans le choix, la faute est irréparable, à moins qu'on ne foit en état de revenir à un fecond choix, ce qui affurément n'eft point à la portée du plus grand nombre de Cultivateurs. Cette partie étant auffi importante, nous croyons devoir d'abord commencer par elle. Il eft donc queftion de faire paffer fous les yeux de nos Lecteurs les propriétés & les ufages particuliers que l'on fait des différentes races. Tous nos documens vont autant qu'il nous fera poffible, être relatifs aux plus grands avantages que l'on en peut tirer & à la nature du terrein que l'on veut peupler de moutons.

A l'égard de la fineffe de la laine, il y a une petite race diftinguée qui a le devant de la tête noir & la peau extrêmement fine ; la laine qu'elle rend l'emporte pour la qualité fur celle des autres races ; mais elle le cede aux autres pour la quantité, car elle eft de toutes celle qui en rend le moins. Il eft vrai que la qualité & la pauvreté des pâturages fur lefquels elle fe nourrit fort bien, peuvent compenfer la quantité ; d'ailleurs cette race a encore un autre avantage, c'eft que les pâturages les plus expofés n'alterent point fa fanté ni fa conftitution qui eft dure & robufte. On obferve même que plus l'herbe des pâturages où on la met eft courte, plus la laine eft fine ; la chair en eft auffi extrêmement délicate, parce que ces moutons ont les jointures extrêmement petites & pleines d'un jus qui eft délicieux ; cette race eft auffi de toutes la plus propre à parquer le plus longtems, parce qu'elle réfifte le mieux aux intempéries de l'air.

L'autre race qui eft en tous points différente de celle dont nous venons de parler, eft celle des gros moutons hauts & pefans, qui ont de gros membres & un port fier ; ils rendent beaucoup de laine, mais elle eft d'une qualité fort ordinaire ; ils fe plaifent beaucoup dans les marais falés. Si l'on les tranfporte dans des endroits différens, ils dégénerent.

La viande en eft groffiere, le goût n'en eft pas tout à fait agréable, & par conféquent elle n'eft pas eftimée ; cependant comme on a obfervé que cette race réuffit mieux que les autres dans les terreins fitués fur le bord de la mer, tout Cultivateur, dont les pâturages font ainfi fitués, doit préférer cette race pour faire fa peuplade, avec l'attention cependant d'en avoir auffi des autres races.

Il y a encore une troifiéme race que l'on préfere généralement & avec raifon aux deux précédentes, parce qu'elle tient un jufte milieu. C'eft un mouton fort, haut & gros, qui eft le mieux fait de tous & ayant le plus de laine ; quoiqu'elle ne foit pas tout à fait auffi parfaite que celle de la petite race à tête noire, elle eft cependant

de beaucoup préférable à celle de la grande efpece, & la quantité
en eft de beaucoup fupérieure à celle de la petite race ; de forte
qu'on eft bien dédommagé du peu d'infériorité qu'elle a à la qualité
de la petite efpece.

Quant à la chair, elle eft précifément celle du mouton ordinaire
que l'on mange ; ce mouton profpere parfaitement fur les pâturages
ordinaires, & vit fort bien du fourrage le plus commun. Auffi eft-il
celui qui eft généralement préferé.

Nous ne parlons pas ici de ces moutons énormes de Barbarie.
Envain un Auteur moderne a prétendu tout récemment, qu'ils ne
dégéneroient point dans le Royaume. Quoiqu'il paroiffe que la nature a bien voulu fe démentir pour le favorifer dans tous fes effais, il
eft certain que cet animal, loin de réuffir en France, y dépérit à vûe
d'œil, & qu'il feroit toujours très-imprudent à un Cultivateur qui
n'eft point en état de fatisfaire fa curiofité, de faire des dépenfes
pour en établir la race.

Ainfi c'eft au propriétaire à régler fon achat fur la nature de fes
pâturages ; s'ils ne font extrêmement pauvres ni extrêmement riches
& gras, qu'il donne toujours la préférence à la race moyenne ; c'eft
pour lui le parti le plus fûr.

Il y a encore les moutons de montagne qui forment une quatriéme race ; ils font petits, mais bien faits & fi robuftes qu'ils vivent
partout ; la viande en eft excellente, mais la laine en eft extrêmement mauvaife. Ainfi on voit bien qu'on ne doit jamais en mettre
dans les Fermes.

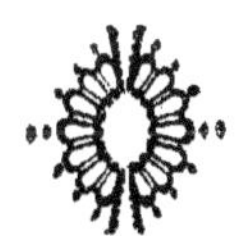

CHAPITRE XII.

Du choix des Moutons.

NOUS avons fait connoître toutes les especes de moutons qu'il est possible d'élever dans le Royaume ; nous devons à présent donner les instructions nécessaires pour faire le choix de ces animaux de quelque race qu'on les prenne. En supposant donc que l'on eût à peupler une Ferme, il est certain que relativement au choix de la race, on seroit suffisamment instruit par les observations que nous venons de faire, pourvu qu'on ait une connoissance parfaite de son terrein ; or nous avons donné dans le premier Livre tous les moyens possibles de l'acquérir.

Il faut encore observer une chose avant que d'en venir au choix particulier, c'est-à-dire, la différence qu'il y a entre le terrein où on veut les mettre, & celui d'où ils sortent. Cette différence doit être à tous égards, comme nous l'avons dit ailleurs, en faveur du terrein où on doit les faire pâturer ; car quelle que soit la race qu'on choisira, elle dégénerera & dépérira même toujours si on la tire d'un pâturage riche pour la mettre sur un pâturage inférieur.

De-là, il résulte pour le Fermier, qu'il doit non - seulement choisir une espece qui puisse réussir sur son terrein, mais encore préférer à tous égards des moutons qui ayent été élevés sur un terrein plus pauvre que celui qu'il leur destine ; car il est certain que de cette attention dépend entiérement le succès de sa peuplade ; ce soin une fois pris, il faut encore qu'il s'attache à bien choisir chaque mouton ; pour cela, qu'il les prenne sains & fiers, bien faits & pourvûs de gros os ; qu'il observe bien si la laine de quelque longueur qu'elle soit, est douce & grasse au tact, & si elle est nette & bien frisée.

Lorsque les moutons sont ainsi choisis, n'importe de quelle race on les prend, ils abondent le plus en laine, & ces signes leur donnent même un prix excédent au marché ; car le Boucher ainsi que le Fermier, a ses regles pour se guider dans ses achats, & ce sont ces mêmes observations qui le déterminent au prix qu'il doit mettre.

Quant au choix que l'on doit faire pour la génération, c'est un article des plus importans. Les marques suivantes caractérisent les bons béliers ; il faut qu'il soit jeune, leste & bien fait. Il faut

observer

obferver que fa laine foit bien nette & qu'elle foit d'une belle venue, furtout que la peau foit de la même couleur que la laine, qu'il ait le corfage long & grand, le front large, arrondi & faillant, les yeux grands & tendres, les narines droites & courtes.

Il y a une efpece de beliers qu'on appelle la *race tondue*; ils font réputés les meilleurs pour la génération. L'expérience qu'on en fait depuis fi longtems en Angleterre, ne permet point d'en douter.

Le choix de la brebis n'eft pas moins important, il faut qu'elle ait le col large, élevé, à peu près comme celui du cheval, le dos large, les feffes rondes, la queue groffe, les jambes petites & courtes, la laine épaiffe & longue. Il faut furtout bien prendre garde qu'il n'y ait point de vuide : car fi la brebis n'eft pas également bien couverte, & fi la toifon eft tombée de quelque partie, c'eft une marque qu'elle a quelque partie vitale viciée.

L'âge de deux ans eft le tems le plus favorable pour l'acheter. Elle porte de bons agneaux jufqu'à l'âge de fept ans ; on connoît l'âge à la bouche. A la premiere tonte les brebis ont deux dents larges fur le devant ; à la feconde elles en ont quatre ; à la troifiéme fix ; à la quatriéme huit : on obfervera encore fi les gencives font bien vermeilles, fi les dents font bien blanches, fi elles ont l'haleine douce & les pieds chauds. Ce fimptôme-ci indique quelqu'indifpofition.

On peut d'après ces documens, compter fur la bonté des moutons que l'on achete & fur un bon produit : nous avertiffons en finiffant ce chapitre, de prendre furtout bien garde aux yeux ; car s'ils les ont éteints, & fi la laine leur tombe, ils dépériffent totalement.

CHAPITRE XIII.

De la génération des Moutons.

LE belier & la brebis une fois choisis suivant les instructions précédentes, on doit sçavoir quel est le tems le plus favorable pour les mettre ensemble ; si l'on nous voit multiplier les soins pour ces animaux, on doit être persuadé que ce n'est que d'après des expériences répetées qui nous ont prouvé qu'on en est bien payé. Si nous n'indiquions que ce qui s'est pratiqué jusqu'à présent, nous ne remplirions point notre objet, encore moins répondrions-nous à ce que l'on attend de notre travail. Nous n'avons d'autre dessein dans cet ouvrage que de donner au Cultivateur tous les moyens possibles de se procurer plus de profit que ceux dont se contentent par négligence les Cultivateurs ordinaires.

Quant à l'article que nous traitons présentement, nous voudrions qu'avant de mettre les brebis avec le belier, on calculât le tems que les brebis seront pleines, pour juger par-là de celui auquel les agneaux naîtront : ce calcul fait, on juge facilement si la saison sera favorable, quelle doit être la meilleure, quelle par conséquent on doit choisir. Il faut ensuite considérer en quel tems du printems l'herbe sera propre, de sorte qu'il puisse mettre les beliers avec les brebis, afin que les agneaux naissent dans un tems favorable.

Il faut observer encore, si dans le cas que les petits naissent plutôt, on a du turnips pour les nourrir en attendant que l'herbe ait poussé : car les méprises sur ce point important, nous l'avons remarqué, ne sont point rares ; qu'arrive-t-il de cette inattention ? que l'on perd & les brebis & les moutons faute de fourrage ; il faut encore prendre garde, en supposant qu'on en ait, qu'il soit d'une bonne qualité ; car autrement les brebis & les agneaux vivoteront à la vérité, mais ne viendront jamais à bien.

La brebis porte ordinairement vingt semaines ; la meilleure saison pour agneler est la mi-Avril, il faut cependant en excepter les lieux où l'herbe est précoce, & les endroits où il y a abondance de turnips. Mais si par quelque circonstance particuliere il est nécessaire de faire agneler les brebis de meilleure heure, on peut les mettre avec les beliers en Janvier ou en Février.

Dans ce cas, les agneaux demandent pendant un certain tems des soins particuliers. Les agneaux sont fort tendres & délicats quand ils naissent ; si on ne les garde pas bien exactement, les pies, ou autres oiseaux, leur crevent les yeux. On remarque aussi que le froid de la saison rend les agneaux qui tombent en Janvier & en Février, délicats & foibles beaucoup plus longtems que ceux qui naissent dans un tems plus avancé du printems ; il faut donc beaucoup plus de soins & plus longtems continués pour les élever.

Quant à la qualité des pâturages, ceux qui sont riches rendent les moutons grands & bien faits ; ceux qui sont moins riches donnent des moutons moins grands à la vérité, mais d'une taille bien faite & bien constitués ; ceux qui sont montagneux & couverts de bois en donnent de bas, qui ont les membres petits.

Les pâturages secs sont ordinairement les plus propres aux moutons ; les terreins humides & sujets aux inondations, si l'on excepte les marais salés, ou une race dont nous avons déja parlé, réussit fort bien, sont en général très-nuisibles à ces animaux.

Quand on veut faire venir des agneaux, il faut garder l'herbe qui vient sur les terres qu'on veut mettre en jachere pour l'hiver ; il faut y mettre les agneaux & les brebis en Mars, si la saison est douce ; par ce moyen on épargne beaucoup.

Lorsqu'on envoye les moutons dans du froment ou du seigle pour fourrager, on doit prendre garde qu'ils ne soient pas trop gras ; sans cette attention, on les relâche & on leur donne d'autres indispositions.

Regle générale, jamais il ne faut engraisser brebis, vaches, ni juments pendant qu'elles sont pleines ; rien n'est plus dangereux : il faut donc pendant ce tems les tenir sur un pâturage médiocre, ou même pauvre : il faut cependant excepter les trois dernieres semaines qui précédent le tems qu'elles doivent faire leurs petits ; & les brebis sont de tous les bestiaux celui qui exige plus qu'on observe cette pratique : car si elles sont trop bien nourries pendant la portée, elles ont beaucoup de peine à agneler ; mais d'un autre côté aussi, si elles ne sont pas fortifiées par une bonne nourriture avant qu'elles ne mettent bas, elles n'ont point de force pour soutenir le travail, ni de lait pour nourrir l'agneau.

Pour ce qui regarde le tems qui est le plus propre au sevrage des agneaux, c'est ordinairement dès qu'ils ont atteint l'âge de quatre mois ; mais en général cela n'entraîne aucun soin particulier. La nature semble se charger de tout ; dans certains pâturages même, rien ne contribue plus à la conservation de l'agneau que de le laisser tetter. Lorsqu'on a en abondance de l'herbe bonne, & que les beliers sont en liberté avec les brebis, on n'a pas besoin de se donner des soins pour le sevrage de l'agneau. La brebis cherche d'elle-même le belier dans un tems convenable, elle devient séche, & l'agneau se sevre naturellement, forcé par la disette de lait.

Dans les pâturages dont le défaut est de donner le tac aux moutons dans certains tems : on doit toujours préferer de laisser courir les agneaux avec leurs meres aussi longtems qu'il sera possible. Ces petits animaux extrêmement délicats, sont plus sujets à prendre du mal que les grands dans ces endroits mal sains, & ils n'ont point de préservatif plus efficace que celui de tetter ; car on remarque qu'ils sont rarement attaqués de ce mal quand ils jouissent de la mammelle.

Si le Fermier a des pâturages douteux, & s'il s'apperçoit que ses agneaux manquent de lait, il ne lui reste d'autre parti que de les vendre tous au Boucher ; car ils ne se conserveront point en courant avec la brebis ; cette ressource est infructueuse contre cet accident, s'ils manquent de lait pour se bien nourrir.

Il faut séparer du troupeau les agneaux dont on veut faire des beliers ; les autres doivent être coupés à tems ; plutôt on fait cette opération, mieux elle réussit ; car tout animal la supporte mieux dans sa tendre jeunesse quand il est encore avec sa mere.

Si l'on a négligé de la faire dans le tems convenable, il faut la faire vers la fin de Septembre ; elle est de toutes les saisons la plus favorable, mais surtout on doit bien prendre garde qu'elle soit faite parfaitement. Il n'est rien qui porte plus de préjudice au Cultivateur que lorsque ses moutons, loin d'être coupés, ne sont que tordus.

CHAPITRE XIV.

De la façon de tondre les moutons.

Voici une branche de l'économie champêtre de laquelle il ne résulte pas de moindres profits , & qui peuvent être considérablement augmentés ou considérablement diminués suivant les attentions & les soins qu'on y apporte.

Deux qualités hauffent le prix de la laine, la graiffe & la netteté. Or il eft bien certain qu'il dépend du Cultivateur de les lui donner dans un plus grand degré qu'elle ne l'a naturellement , & cela par des attentions ; c'eft le tems de la tonte qui décide de la première ; la feconde eft l'effet de la netteté.

La laine n'acquiert pas plus de valeur par la graiffe fi la netteté ne fe joint pas à cette qualité , & la netteté , fi elle eft feule , découvrira les imperfections de la laine fi elle n'eft pas graffe , & par conféquent en diminuera la valeur au lieu de la hauffer.

Cette graiffe n'eft autre chofe que la fueur de l'animal ; de-là on doit conclure la néceffité qu'il y a que la chaleur ait précédé la tonte , afin que la laine foit humectée de fueur, non pas une fois ni deux fois, ce qui ne ferviroit prefque à rien , mais à différentes fois pendant plufieurs jours de fuite ; afin que la laine ait le tems de s'imbiber de cette efpece d'huile, de forte que l'eau dans laquelle on lave l'animal pour le tondre, ne puiffe pas l'ôter.

Et cela eft fi vrai, que fi le mouton n'a point abondamment fué avant qu'on le mene au lavage, le Cultivateur fe porte un préjudice confidérable ; car autant le lavage augmente le prix de la laine par rapport à la propreté, autant il le diminue en la privant de la graiffe qui eft une des qualités effentielles.

Ainfi c'eft fur cette obfervation importante que porte tout l'art de tondre les moutons pour avoir de la laine de la meilleure qualité poffible. La meilleure faifon pour y procéder eft la mi-Eté ; cependant on doit toujours fe régler fur le climat & fur la température de l'air. Ce feroit ici le lieu d'attaquer une erreur qui eft comme le feul guide du payfan dans prefque tous les pays de la France ; on a un jour ou un mois déterminé pour cette opération, n'importe quel tems il fait. On voit affurément par les obfervations courtes , mais fondées fur l'expérience, que nous venons de faire ; que cette erreur eſt ſuffiſamment combattue ; ainſi nous ne nous y arrêtons pas.

Le mois de Juin dans les pays méridionaux du Royaume, eſt ordinairement le tems que l'on choiſit pour la tonte des moutons. Il eſt bien certain que dans ce mois on a preſque toujours des jours propres à faire ſuer les moutons. En Berry, la tonte eſt plus retardée, elle ne commence guéres que quelque tems avant la Saint Roch, & encore même, comme nous le ferons obſerver par un Mémoire particulier qui fermera ce volume, la fait-on trop tard ; ce qui cauſe dans ce pays une maladie funeſte appellée de *S. Rech*, qui dévaſte entierement les bergeries, ſans qu'on ait pû juſqu'ici en ſoupçonner la véritable cauſe, & par conſéquent y apporter quelque remede. Nous nous flattons de donner des obſervations & des documens ſur cet article important, qui pourront être d'une très-grande utilité, principalement dans cette Province où cette maladie inconnue partout ailleurs, s'eſt établie depuis environ cinquante ans.

Ainſi quel que ſoit le tems adopté dans le pays pour la tonte, que le Cultivateur ſecoue le joug de l'uſage, ſi le mois de Juin eſt froid, qu'il differe juſqu'en Juillet, & même plus s'il le faut ; ou bien ſi d'un autre côté de grandes chaleurs ſe font ſentir dans le mois de Mai, qu'il faſſe ſa tonte. C'eſt du tems & non des uſages qu'il doit recevoir, & qu'il reçoit en effet des ordres lorſqu'il eſt intelligent & judicieux.

Voilà de quelle façon on doit ſe conduire dans l'économie rurale. On apprend les pratiques communément reçues d'abord pour les examiner & pour enſuite s'y ſouſtraire ou s'y ſoumettre, ſuivant que ſa raiſon conduite par de bons principes, les trouve bien ou mal fondées, & laiſſe les autres ſuivre le torrent d'un aveugle uſage.

Après qu'on a ainſi bien examiné & peſé tout, & qu'on a en conſéquence déterminé le tems de la tonte, ſoit en Mai, ſoit au commencement ou à la fin du mois de Juin ou au commencement du mois de Juillet, on doit s'y préparer en fixant le tems pour laver ſes moutons, il faut que ce ſoit toujours de façon, qu'entre le lavage & la tonte ils ayent le tems de ſe bien ſécher.

Pour cet effet, on choiſit un ruiſſeau ou riviere peu profonde dont l'eau ſoit bien claire, & une piéce de terre bien propre & bien ſeche pour les y laiſſer courir juſqu'à ce qu'ils ſoient bien ſecs ;

de forte que l'endroit du lavage & la piéce deftinée au fechage doivent être auffi près l'un de l'autre qu'il eft poffible.

Comme nous avons établi la néceffité du lavage, de même nous recommandons le féchage; car le Cultivateur ne fçait pas le préjudice qu'il fe porte lorfqu'il tond fes moutons encore humides. Cette humidité étrangere, contracte, mêlée avec les parties naturellement huileufes dont la laine eft abreuvée, lorfque les moutons ont bien fué, une corruption qui engendre des vers imperceptibles, qui la rongent; de forte qu'on eft fort furpris de voir que la laine n'a plus de liant lors même que l'on n'eft point en état d'en foupçonner la caufe.

Si après qu'ils font lavés on fouffre, comme nous l'avons vû en plufieurs endroits, qu'ils courent partout, la peine du lavage deviendra prefque fans effet.

En partant de nos obfervations, on voit affurément combien le lavage eft négligé en France, & combien cependant il demande de foins & d'attentions. On confie aux Bergers cette opération; ils la font comme ne les regardant point perfonnellement, & le Fermier peu inftruit, voyant fes moutons mouillés, ne paffe pas outre; qu'il apprenne qu'il n'eft rien de plus important que le parfait lavage, & qu'ainfi il ne doit confier qu'à lui-même ce foin. En effet, croit-on qu'un mouton avec une toifon bien fournie, puiffe être parfaitement lavé & féché dans une journée? Qu'on parcoure cependant prefque tous les cantons du Royaume, on verra que généralement on ne laiffe d'autre intervalle que celui que nous venons de faire obferver entre le lavage, féchage & la tonte.

On fçait que la préfence du maître qui conduit dans le travail fes Ouvriers eft très-utile; mais il n'y a point, nous le difons hardiment, d'article dans l'Agriculture qui la demande tant que celui du lavage & fechage des moutons. Il n'y a point de circonftance qui ajoute plus que celle-ci au prix de la laine.

Le zèle que tous Meffieurs les Intendans montrent depuis quelque tems pour l'Agriculture nous autorife à les exhorter à faire veiller par leurs Subdélegués fur cette partie importante. On n'entend que des plaintes fur la mauvaife qualité des laines de France; nous ofons affurer qu'elles ont en elles-mêmes tous les principes des laines de la plus excellente qualité. Il n'y a que la mauvaife exploitation qui les altere: exploitation fi généralement répandue, qu'il eft étonnant que tant d'Ecrivains qui ont attaqué les mauvaifes méthodes accréditées dans les autres branches de l'Agriculture, n'ayent pas feulement dit un mot de celle ci ; elle méritoit affurément leur attention. De quel principe peut donc partir un filence fi dangéreux ?

Dès que les moutons ont été bien lavés à fond , on les mene tous enfemble dans la piéce de terre qu'on leur a deftiné ; on les y laiffe courir jufqu'à ce qu'ils foient fecs. Si la piéce eft une efpece de peloufe ou de pelade , le fechage n'en fera que plus parfait.

Le fechage demande ordinairement deux , trois ou quatre jours , mais rarement davantage, attendu que dans la faifon de la tonte le tems eft ordinairement affez favorable.

Les moutons bien lavés & bien fechés , on les confie pour la tonte à un habile tondeur: méthode , fort , pour ne pas dire tout à fait , ignorée en France ; car tout le monde fe met à cette befogne , & tout le monde la fait mal ; on ne fçauroit cependant croire combien il eft important d'avoir un bon Ouvrier, & combien un Ouvrier ou négligent ou peu entendu , porte de préjudice au propriétaire ; il ne nous feroit pas difficile de prouver que la fomme des torts qu'il fait dans une feule journée , eft au moins égale à la fomme des gages d'un mois.

Nous difons donc qu'un Cultivateur vigilant préfide toujours à la tonte ; s'il voit un mouton qui ne lui paroît pas bien lavé ou bien fec , il ne le met point fous le cifeau du tondeur que cette faute n'ait été réparée : fa préfence eft encore néceffaire pour recommander avec foin de ne pas piquer ou entamer l'animal , parce que les mouches tirant avantage de ces bleffures , le feroient enrager ; il a encore l'avantage de bien examiner fi l'on coupe & fi l'on arrange bien la toifon.

Il y a des Cultivateurs qui ont une excellente méthode , c'eft de tondre leurs agneaux en même-tems que les moutons ; il y en a d'autres qui la condamnent , mais fans fondement ; nous ne fçaurions trop exhorter à la fuivre.

Il faut d'abord commencer par tondre la queue & le derriere, afin que le fumier ne s'y attache pas , ce qui rend ces animaux très-inquiets , & attire les mouches comme les bleffures qu'on leur fait avec les cifeaux : après qu'on les a bien tondus , il faut encore revenir avec les cifeaux fur le derriere pour les y tondre le plus près qu'il eft poffible , mais laiffer le devant un peu garni.

Les moutons portent beaucoup de préjudice à leur laine en fe couchant en des endroits crottés , car ils ne font pas naturellement propres. Auffi devroit-on prendre bien garde à tenir propres les

abris

abris qu'on leur destine pendant les grandes chaleurs : un berger intelligent se charge de ce soin, sous les yeux cependant du maître qui doit
de tems en tems faire sa revue pour prendre bien garde à ce point
important. Il y a encore un autre abus généralement pratiqué par
les bergers au détriment du propriétaire. Comme il y a de petits
possesseurs dans les campagnes qui ne sont point en état d'avoir
des troupeaux, ils mettent à profit la cupidité des bergers pour se
procurer le fumier des troupeaux qui ne leur appartiennent point.
Ils donnent une certaine gratification aux bergers, pour qu'ils
menent sur leur terrein leurs troupeaux pour les y abriter ; il importe fort peu au berger que les terreins soient sales, bourbeux ou
de glaise jaune ou rouge ; leurs intérêts se trouvent remplis : peu
leur importe que la laine soit alterée ou non ; il est cependant vrai
qu'ils portent à leur maître un double préjudice, le premier de vendre à autrui le fumier, le second de gâter la laine.

Il y a des endroits, & c'est le plus grand nombre, où l'on retire
toutes les nuits les moutons dans la bergerie, & où on leur donne
toujours de la litiere fraîche ; il est certain que lorsqu'on a de quoi
fournir à ce renouvellement fréquent de litiere, on est bien ré-
compensé par le crotin, par l'urine qui se mêlant avec la litiere déja
enrichie par la sueur & par la graisse de la laine, forme un engrais riche
& précieux. Mais nous recommandons toujours dans la pratique
de cette méthode, l'attention sur laquelle nous avons beaucoup
insisté en parlant du crotin & de l'urine du mouton ; c'est de tenir
une partie de la bergerie ouverte. Nous ajoutons même ici que cette
méthode sera toujours de beaucoup inférieure à celle de parquer,
surtout lorsque le terrein du Cultivateur est composé de terres
légeres, ou sablonneuses, ou graveleuses, ou crayeuses ; elle ne
mérite la préférence qu'autant que les terres sont argilleuses ou glai-
seuses, ou ce que l'on appelle terres fortes, tenaces & pesantes,
parce que dans l'un ou l'autre de ces cas, le mouton se crotte considérablement, ce qui altere beaucoup la laine.

Au reste nous avons aussi fait sentir qu'en pratiquant même cette
méthode, il vaut mieux au lieu de paille répandre dans la bergerie
des terres sablonneuses, ou autres à peu près de la même nature,
surtout lorsque l'intérêt du Cultivateur exige qu'il fasse son objet
principal de l'engrais ; car si d'un autre côté il s'attache aux profits
qui doivent résulter de la laine, alors la paille mérite la préférence.

On voit bien qu'un Cultivateur ayant la connoissance de ces différentes méthodes, & sçachant en discerner le bon & le défectueux, ne peut pas manquer d'augmenter ses profits.

Il résulte donc de tout ce que nous avons observé, que si l'on parque les moutons à couvert pour se procurer une certaine quantité d'engrais avec du sable & autres terres convenables, que nous avons indiquées, pendant toute l'année, on doit au moins quatre ou cinq semaines avant que de procéder à la tonte, faire souvent de la litiere avec de la paille bien nette. Cette pratique donnera des avantages considérables, relativement à l'engrais qui, s'il n'est pas en effet aussi parfait pendant ce tems que celui qu'on se procure de l'autre façon, dédommagera par la propreté & la finesse de la laine.

C'est aussi pour cette raison que les Cultivateurs devroient se déterminer à avoir des parcs couverts portatifs, quelques simples qu'ils soient sur la piéce de terre où l'on envoye les moutons pendant l'intervalle que nous avons recommandé de mettre entre le lavage & le séchage ; on y répand de la paille bien propre en guise de litiere, & l'on y retire la nuit les moutons ; ils s'empressent d'y entrer, parce qu'ils sentent du froid après avoir été lavés ; il résulte même de cette méthode un avantage auquel sûrement très-peu de Cultivateurs ont fait attention. Les moutons s'y frottent avec tant de plaisir, que par ce frottement souvent répeté, la laine non-seulement devient d'une propreté parfaite, mais encore acquiert un certain luisant qu'elle ne peut avoir sans cela.

CHAPITRE XV.

De la façon d'élever des Agneaux domestiques.

ON prévoît fans doute que ce Chapitre-ci ne peut intéreffer que les Cultivateurs dont les domaines font proches des grandes Villes, ou pour les propriétaires qui réfidant à leur maifon de campagne, font bien aifes de fournir leur cuifine de bonne viande qui vienne de leur Ferme.

Il eft certain qu'auprès des grandes Villes, il eft très-avantageux d'avoir de bonne heure des agneaux ; pour y parvenir, il faut d'abord obferver trois chofes ; la premiere, d'avoir toujours une bonne race ; la feconde, de mettre les beliers avec les brebis dans une faifon favorable pour que les agneaux viennent dans un tems qu'ils font extrêmement rares ; la troifiéme, d'avoir des parcs dans la Ferme où l'on puiffe recevoir & nourrir les agneaux ; car ils ont le corps fi tendre dans leur naiffance, qu'il faut beaucoup de foins pour les garantir contre la rigueur d'une faifon fi rude, & qui leur eft fi peu favorable.

Il faut féparer les brebis qu'on deftine à cet ufage du refte du troupeau, & les mettre avec le belier dans un tems convenable pour fe procurer des agneaux dans la faifon qu'on veut. Toutes les précédentes précautions prifes, il ne faut avoir d'autre foin que de bien les nourrir dans un pâturage qui ne foit pas trop riche ; nous en avons donné la raifon ; mais trois femaines avant qu'elles n'agnelent, il faut leur donner le pâturage le plus abondant & le meilleur qu'on poffede ; & comme on fçait exactement le tems qu'elles doivent agneler, on peut en avoir foin ainfi que des agneaux auffitôt qu'ils font nés, en les garantiffant principalement de la rigueur de la faifon.

Nous ne rapporterons point ici un nombre infini de différentes méthodes que des Cultivateurs croyent fupérieures, & qui ne font que des frivolités. Tout fe réduit ici à deux attentions fimples, mais affidues ; la premiere eft de tenir les agneaux bien chaudement ; & la feconde de nourrir les brebis, de façon qu'elles foient en état de leur donner un lait bien fubftantiel qui les engraiffe.

L ij

Il est bien certain que la rigueur de la saison feroit périr les agneaux si on les laissoit sortir avec les brebis, & que la rareté de l'herbe dans cette saison, rendroit celles-ci incapables de leur fournir par leur seul lait, de quoi les engraisser. Un fourrage riche rend un lait substantiel & suffisant pour remplir cet objet. Voilà tout ce qu'exige cette branche de l'économie ; ce qui n'est pas assuré-ment bien compliqué.

Il seroit bon quelque tems avant que les brebis fassent leurs petits ; de construire de bons parcs dans une partie de la Ferme qui soit chaude ; mais qu'on se donne bien de garde de les y enfermer ; car si elles n'ont pas de l'air, aucun fourrage ne leur profite ; il faut aussitôt que les agneaux sont nés, les mettre dans ces parcs, & veiller avec soin qu'ils soient toujours séchement, chaudement, & propre-ment.

Le meilleur fourrage qu'on puisse employer pour donner aux brebis beaucoup de lait & d'une excellente qualité, c'est le turnips ; mais lorsqu'on n'en a pas, il faut outre l'autre fourrage le plus riche qu'on puisse avoir, leur donner de tems en tems du foin, du son & de l'avoine.

On voit bien que le Cultivateur doit principalement s'attacher à avoir du turnips, puisqu'il lui peut être d'une si grande ressource.

On doit avoir le soin de faire rentrer trois ou quatre fois par jour les brebis dans la Ferme pour qu'elles allaitent leurs agneaux ; de cette façon, comme ces jeunes animaux sont tenus proprement, & qu'ils sont nourris & poussés avec du lait bien substantiel, ils engraissent promptement, & leur chair est d'un blanc & d'une déli-catesse admirables.

Nous finirons ce Chapitre par des observations qui regardent essentiellement les moutons. Nous avons parlé du parquement ré-lativement aux avantages qui résultent de leur crotte & de leur urine pour le terrein.

Il est certain que les avantages que le terrein reçoit des moutons qu'on y parque sont très-évidens ; mais il faut aussi bien faire atten-tion aux désavantages qui peuvent en résulter par le préjudice que cette méthode porte à l'animal même.

Rien n'est si propre à donner le tac aux moutons que cette façon de les parquer quand on n'apporte point toutes les attentions que nous avons indiquées. On doit mettre les moutons la nuit dans ces sortes de parcs pendant l'Eté : mais on ne doit le faire que lors-que le tems est beau ; autrement cette méthode devient très-difpendieufe par les rifques que l'on court. Il faut furtout bien prendre garde de ne les faire fortir que quelque tems après que le foleil eft levé, & de les mener dans un bon pâturage ; autrement ces animaux étant affamés, mangent toutes les herbes qu'ils trouvent, & ainfi les nuits froides & un mauvais fourrage ne peuvent point manquer de leur donner le tac dont ils périffent.

CHAPITRE XVI.

Des Cochons, de leurs avantages & de leurs défavantages.

IL n'y a point d'animal plus recommandable pour le Cultivateur que celui dont la nourriture eft la moins difpendieufe ; auffi le cochon attire-t-il une partie de fes attentions. On eft rarement obligé d'acheter de quoi nourrir cet animal ; tout ce qui eft comeftible lui convient, & quoique fa voracité foit marquée, il eft de tous celui qui coûte le moins à nourrir. Faut-il du fourrage pour le cochon ? Il vient très-aifément ; les choux, les haricots verts, & tout autre légume commun font affez bons pour lui. Or ces légumes viennent partout facilement, & il faut remarquer que le plus mauvais de tous a affez de fubftance pour engraiffer cet animal : il n'eft pas néceffaire de vanter ici fon produit ; fa chair, fa graiffe, fon lard, fes inteftins, fon poil, tout, en un mot, eft de défaite ; c'eft la plus grande reffource dans l'économie champêtre & dans les grandes cuifines.

L'avantage que l'on trouve à nourrir des cochons, c'eft que les rebuts, foit de la cuifine, de la grange & de la laiterie font pour ces animaux des mets délicieux ; les laiffe-t-on courir librement, ils trouvent prefque tout ce qu'il leur faut pour leur nourriture ; cependant qu'on prenne garde que quoique cette méthode foit épargnante, elle n'eft pas bien avantageufe ; car pendant que ces animaux courent çà & là pour chercher leur nourriture, ils emmaigriffent confidérablement ; de forte qu'il eft démontré que ce qu'ils perdent de leur valeur furpaffe de beaucoup les profits de l'épargne.

Voilà à peu près les avantages qu'il y a à nourrir des cochons. Voyons à préfent les défavantages ; car un Cultivateur qui veut peupler fa Ferme, doit connoître le bon & le mauvais de chaque efpece d'animal qu'il veut élever. Il n'y a point d'animal plus déf-

truétif que le cochon ; il ravage , gâte & détruit plus qu'il ne mange ;
fi on n'a pas l'attention de le contenir ; il a le défaut de remuer &
de fouiller dans la terre ; il a la mauvaife faculté de brifer les enclos, & par celle qu'il a de fouiller les terres avec fon grouin, il porte
des dommages fi notables , que fa valeur eft de beaucoup inférieure à la fomme des dégats qu'il fait.

Voilà les défavantages contre lefquels il faut fe mettre en garde.
Plus un Cultivateur eft expofé aux dégats de ces animaux , plus il
il doit être circonfpect fur le nombre qu'il veut en nourrir.

La plus fûre façon de fe mettre à couvert de ces accidens, eft de
les enfermer. D'abord nous venons de faire obferver qu'en courant , les cochons perdent leur chair ; ainfi , quant à cet article ,
les tenir enfermés dans une cour eft le meilleur de tous les expé-
diens ; puifqu'outre qu'ils fe foutiennent mieux en chair, on profite
encore de leur fumier ; car tout ce qu'on leur jette & qu'ils ne mangent
pas , ils le mettent en piéces & le foulent , ce qui mêlé avec leur
fiente & leur urine , forme un engrais précieux.

Mais comme il y a des endroits où par rapport à des circonftances
particulieres on ne peut pas les tenir enfermés, il y a une façon de
les empêcher de fouiller. On fe fert d'anneaux qu'on leur met au nez,
& on leur met une entrave au col qui les empêche de brifer les
clôtures.

Voilà les feuls moyens qu'on peut employer contre les défavantages des cochons. Le Cultivateur vient de voir les profits & les
rifques ; ainfi c'eft à lui à voir s'il lui convient d'en nourrir un grand
nombre ou d'en engraiffer feulement pour la confommation de fa
maifon.

CHAPITRE XVII.

Des différentes races ou especes de Cochons.

SI après s'être bien confulté, fuivant les inftructions que nous venons de donner, on fe détermine à tenir dans fa Ferme un grand nombre de cochons, dans la vue d'en retirer de grands profits, il eft raifonnable de commencer d'abord par mettre tous fes foins au choix de l'efpece ; il n'y a pas tant de races différentes de cochons qu'il y en a de moutons & de bœufs. Mais il eft certain que la différence qu'il y a entre les races eft très-grande.

Nous les divifons en trois. Le cochon fauvage que nous appellons ainfi improprement, dont la chair eft ordinairement ferme & la plus propre à la table, n'eft pas d'une fi grande nourriture que les autres : Le cochon ordinaire qui eft le plus grand, a les pattes plus longues & les os plus gros que le fauvage, il donne un lard excellent : Le cochon bas & qui a un gros corps, on le nourrit avec très-peu de chofe ; il eft moins malfaifant que les autres, & engendre fort vîte. Mais tout bien confideré, il eft inférieur au cochon ordinaire, quant aux avantages qu'il produit au Fermier.

De ces différentes efpeces les Cultivateurs qui font extrêmement voifins des Villes & Villages, doivent préférer la baffe pour courir dans les rues où elle trouve de quoi fournir à fa nourriture ; d'ailleurs elle eft beaucoup moins farouche, & par conféquent moins à craindre que les autres. A la campagne on doit donner la préférence au cochon ordinaire, parce qu'il eft le plus gros, & que la femelle eft extrêmement féconde, & qu'il s'engraiffe facilement.

Il faut qu'un cochon ait le corps long & large, le ventre profond, les cuiffes groffes, le col gros, le grouin court, l'échine groffe & bien garnie de groffes & fortes foyes.

Comme il n'y a point d'animal qui peuple autant que celui-ci, le Cultivateur doit bien prendre garde à la quantité de provifions qu'il a pour le nourrir, parce qu'il fe mettroit dans le cas d'être accablé par le nombre.

Une truye cochonne ordinairement quatre fois par an ; elle fait à chaque ventrée depuis huit jufqu'à quatorze petits : on en a même vû en faire vingt ; mais ce cas-ci eft extrêmement rare, parce qu'il n'est pas naturel qu'un animal fasse plus de petits qu'il n'a de trayons pour les allaiter.

Lorsqu'une truye fait plus de petits qu'elle n'a de trayons, il faut en donner à d'autres truyes, si l'on en a qui soient à même de pouvoir les allaiter ; sinon il faut les détruire ; sans cette précaution, toute la ventrée n'ayant point suffisamment de nourriture, languira, outre même que dans ce cas il arrive que la truye se rebute & abandonne tous ses petits.

Plus il y a de cochons dans une cour, plus ils sont ruineux, car ils deviennent voraces en se voyant manger les uns les autres ; de sorte que si le Cultivateur n'a pas assez de nourriture à leur fournir lorsque les truyes ont des petits, elles se les mangent réciproquement : il y a même des truyes qui mangent les leurs propres ; on voit bien par-là que de tous les animaux de la Ferme ceux-ci demandent le plus que le Cultivateur prenne garde d'en élever un plus grand nombre qu'il ne peut en nourrir.

Il faut, quand on veut faire race, choisir les plus gros & les plus allongés des petits cochons de lait ; & la véritable façon de juger de bonne heure de la bonté de ceux qu'on veut garder, c'est d'observer quels sont les petits qui tettent aux premiers trayons d'en haut, c'est-à-dire de la poitrine ; car comme tous s'empressent de les prendre, il est certain que ceux d'entr'eux qui sont les plus forts s'en emparent & ne s'en désistent jamais ; & c'est une raison de leur donner la préférence.

Lorsqu'on a fait choix des plus gros & des mieux constitués pour en faire des verrats & des truyes, les autres dont on ne dispose point pour la cuisine ou pour le marché doivent être coupés tant mâles que femelles. Rien ne contribue, plus efficacement à les engraisser parfaitement, surtout les femelles.

Il y a deux différentes façons de préparer la chair de cochon, l'une est d'en faire ce que l'on appelle le porc frais & petit salé, l'autre d'en faire du lard ; ces deux différences exigent qu'on prenne l'animal à un âge différent. Lorsqu'on ne veut avoir que du porc, on le tue à neuf ou dix mois. Mais quand on vise au lard, il faut que l'animal ne soit tué que vers un an & demi ou deux ans.

Quant à la génération, les plus forts & les plus propres à faire race viennent ordinairement à la quatriéme ou cinquiéme portée ; les truyes commencent à porter quand elles ont un an, & continuent jusqu'à sept. Les trois premieres années sont les plus convenables pour choisir les petits que l'on doit employer à faire race.

Quant

Quant à l'âge du verrat, il faut tâcher de ne l'employer à la génération que lorſqu'il a deux ans, & ne pas paſſer la cinquiéme année ;
car après ce tems il eſt lâche & travaille très-infructueuſement.

Lorſqu'on a tiré du verrat, pendant le tems que nous venons
d'indiquer, le ſervice de la génération, il faut le couper : il engraiſſe fort bien.

CHAPITRE XVIII.

De la façon de nourrir les Cochons.

LA meilleure méthode qu'on puiſſe pratiquer pour nourrir les
cochons, eſt de les tenir le plus ſouvent dans la cour ; leur
nourriture eſt ordinairement des lavures matin & ſoir, dans leſquelles on met un peu de grain quelconque & les rebuts de la
cuiſine ; on les laiſſe une partie de la journée courir à l'herbe,
particulierement dans les marais & dans les terreins humides.
Quant aux herbes & aux ratiſſures des jardins, il faut les leur donner
dans la cour, parce que s'ils ne les mangent point entiérement,
ils les foulent, elles ſe mêlent avec leur fumier & leur urine, &
forment un engrais précieux.

En Automne ces animaux ſe tirent fort bien d'affaires, ſoit dans
les bois, ſoit ſous les hayes, quand les fruits ſauvages ſont mûrs &
tombent ; ils les mangent avec avidité ; les fruits de l'aube-épine,
des pruniers ſauvages les glands forment pour eux une nourriture
excellente ; il eſt certain que ſi on pouvoit les nourrir juſqu'à une
graiſſe complette de cette façon, la chair en ſeroit & plus belle,
plus ferme & plus délicate ; mais comme il arrive rarement qu'on
en ait ſuffiſamment dans certains endroits, on eſt obligé d'avoir
recours à autre choſe. Il eſt des perſonnes qui prétendent, mais
ſans raiſon, que cette nourriture ne donne point la fermeté néceſſaire à la graiſſe & au lard. Mais nous aſſurons, d'après l'expérience, que c'eſt une erreur.

Comme par les raiſons que nous venons d'alleguer, il y a beaucoup
de Cultivateurs qui engraiſſent les cochons dans l'étable ou toît à
cochon, nous les avertiſſons que la propreté eſt le point le plus
important. Il faut leur donner à manger ſouvent & peu à la fois ;
parce que leur grande voracité leur cauſe des indigeſtions, ce qui

retarde beaucoup l'engrais ; il faut surtout leur donner autant d'eau fraîche qu'ils veulent en boire, par ce moyen la graisse en est ferme & la chair d'un bon goût.

Rien, nous l'avons déja dit, n'est plus propre à tous égards à engraisser ces animaux, que les fruits des arbres sauvages : ils ont de l'exercice en allant les chercher & vivent proprement. Mais, comme nous l'avons observé, quand on n'a point cette ressource, il est certain qu'il n'y a pas de meilleur parti à prendre que de les engraisser dans l'étable ; on se sert pour cela des pois, ou quand les pois sont trop chers, de la farine du rebut des grains, que l'on mêle avec du petit lait ou du lait écrêmé.

Il faut ordinairement six semaines pour engraisser un cochon, en supposant toutefois qu'on le prenne dans un état tel que nous l'avons indiqué, c'est-à-dire, un peu en chair ; les pois doivent absolument être préférés à toute autre nourriture : & en effet l'expérience nous a prouvé qu'ils méritent tellement d'être préférés, que dans les endroits où le Cultivateur ne peut pas en avoir, nous lui conseillons de s'en procurer, quoiqu'ils soient chers, pour leur en donner au moins pendant huit jours avant que de les tuer. Rien ne donne tant de fermeté à la graisse & au lard, & un si bon goût à la chair.

Le cochon mange avec avidité les boutons de certains arbres, particulierement du frêne & du sycomorre. Dans certains endroits de l'Angleterre ils leur donnent des feuilles de sycomorre ; ils s'en engraissent fort bien.

Il arrive quelquefois que ces animaux ne peuvent point prendre de graisse avec certaines nourritures ; alors il faut leur donner des grains pendant quelques jours, ils se remettent dans la voye d'engraisser avec ces mêmes alimens qui ne leur prosperoient point. La façon excellente & si peu connue en France, dont on se sert en Angleterre pour engraisser ces animaux, mérite à tous égards la préférence. On prend une piéce de terre dont on fait une espece d'enclos à côté d'une eau vive & courante ; on la fait même entrer, s'il est possible, dans l'enclos, afin que les cochons puissent boire à leur volonté.

On suppose que le terrein a été semé de feves & de pois que l'on a échalassé avant que d'y mettre le nombre de cochons proportionné à la quantité de nourriture. On les y laisse en liberté ; on pratique de distance en distance de petites loges faites de broussailles, afin qu'ils s'y retirent quand ils veulent. On a le soin trois ou quatre fois par jour d'aller abattre avec un bâton la quantité de feves & de pois convenable ; c'est ainsi que ces animaux ayant abondance de nourriture , d'eau , de la place pour se promener, & du repos, s'engraissent parfaitement.

Il y a encore une façon de les engraisser qui est bien moins dispendieuse. Comme cet animal gâte beaucoup , on a inventé une machine, qui non-seulement épargne beaucoup la nourriture, mais encore les frais d'un porcher qu'il faut nécessairement. Lorsqu'on est obligé de leur donner si souvent à manger & en si petite quantité, on met au-dessus du toît à cochon une trémie à peu près semblable à celle d'un moulin, dans laquelle on jette autant de feves, de pois, ou autres grains qu'il en faut pour le nombre de cochons que l'on veut engraisser ; de cette espece de trémie descend un gros tuyau quarré jusqu'à moitié de la hauteur du toît à cochon , par lequel le grain descend. Ce tuyau se termine à cette distance en autant de petits tuyaux dont chacun aboutit dans une petite auge qui n'est grande précisément que pour recevoir le grouin du cochon , & ces tuyaux sont si peu distans du fond de l'auge, qu'ils n'y versent jamais au-delà d'une poignée de grain ; quand le cochon a mangé cette poignée , elle est soudain remplacée par une autre qui a la liberté de tomber par le vuide que laisse celle que le cochon a mangé ; par ce moyen le cochon ne peut jamais gâter son grain. Si l'on a la commodité de faire passer un petit filet d'eau à travers l'étable , les cochons s'engraisseront avec beaucoup moins de peine & de soins que de la façon précédente.

Nous avons déja parlé des préjudices que les cochons portent en fouillant la terre : la maniere que l'on pratique ordinairement pour les en empêcher, c'est de leur passer un anneau dans le nez ; mais cette méthode est le plus souvent très - infructueuse ; nous allons en proposer une dont l'effet est plus assuré ; elle n'est point en usage en France , mais l'expérience longue & suivie qu'on en a fait en Angleterre, prouve sa bonté.

En place de l'anneau, ou comme on l'appelle en plusieurs endroits du Royaume, du clou, il faut se servir d'un anneau fait en fourche, armé à chaque bout d'une pointe faite en pointe de fléche ; ce fer une fois passé dans le nez du cochon , ne peut plus reculer ; on applique ensuite à la partie quarrée de la fourche qui appuye sur le nez du cochon, un anneau long & rond qui tourne, de sorte que l'animal a beau vouloir fouiller, l'anneau tournant sans cesse pour peu qu'il appuye, ne lui permet jamais de remuer la terre. Rien de plus aisé que cette espece de clou ; rien aussi dont l'utilité soit si facile à concevoir. Comme la certitude de cette méthode est sensible, on voit bien qu'on devroit la mettre partout en pratique.

Nous avons ci-dessus parlé du fumier de cet animal & de la maniere de le nourrir avec du trefle : nous nous étendrons un peu plus ici sur cet article. Il est bien vrai que le trefle est une nourriture excellente ; mais il ne faut pas en faire la seule nourriture pour le cochon, car il donne une couleur jaune à la chair ; la meilleure façon de leur donner le trefle, c'est quand on leur donne autre chose aux autres heures du jour. Ainsi il faut les faire sortir de l'étable sans leur donner le déjeûner de la lavure ; par-là ils auront assez d'appétit pour manger le trefle, & dans la bonne saison il faut les mener aux champs avec les bêtes à cornes ; on les ramene le soir, & on leur donne de la lavure mêlée avec des grains, ou en place de lavure, on leur fait manger des grains avec du petit lait & de l'écume de lait. Voilà l'unique façon de nourrir les cochons avec du trefle, sans que la chair & la graisse s'en ressentent pour la couleur.

Le son & les étêtures d'arbres les engraissent très-promptement, mais la chair est mollasse ; ainsi pour éviter cet inconvénient, rien, nous l'avons observé, n'est si bon que le pois & la feve.

La même nourriture que nous indiquons pour les cochons est très-favorable aux cochons de lait quand on les sevre : rien ne leur est meilleur que l'écume de lait, ou le petit lait & les herbes artificielles ; mais on a l'attention au bout de huit ou dix jours de sevrage, d'ajouter au petit lait ou au lait du son ou quelque grain, & très-peu de jours après, on peut leur donner des pois & des feves : rien ne contribue plus à leur croissance & à perfectionner leur chair ; après cela s'ils sont nés de bonne heure, ils se trouvent en état de profiter du chaume & des glanées qui accélereront encore bien plus leur croissance.

Mais il est vrai que tous ces derniers avantages dépendent de la saison dans laquelle ils sont nés ; le Printems, ou le commencement de l'Eté est la saison la plus favorable aux petits cochons qu'on veut élever. On remarque que ceux qui naissent en Hyver croissent lentement ; que même ils s'arrêtent dans leur croissance malgré tous les soins qu'on leur donne ; ils sont même beaucoup plus sujets à des maladies que ceux qui naissent dans un tems plus favorable.

CHAPITRE XIX.

Des Chevres.

LEs profits qui réfultent de la chevre ne peuvent point être comparés à ceux que le mouton & le cochon produifent ; mais il n'eft pas moins vrai que relativement à la médiocrité , ou pour mieux dire , à la non valeur du terrein qui lui eft propre , cet animal produit encore quelques avantages ; de forte que tout Cultivateur qui a fur fes domaines quelque terrein dont la fituation eft propre à la chevre , fera très-bien d'en nourrir. La chevre vit parfaitement fur des fols où le bœuf , le mouton & le cochon périroient de faim ; de forte qu'à l'égard de certains terreins , c'eft le feul animal qu'on puiffe élever.

Pour peu que les pâturages foient bons & abondans , nous profcrivons la chevre ; elle eft de tous les animaux le plus perni- cieux ; elle eft l'ennemie déclarée & mortelle des buiffons , des hayes & des arbres ; de forte que dans des terreins femblables elle fait toujours plus de dommage qu'elle ne porte de profit. La voilà donc bannie des terreins ordinaires ; mais par-tout où le terrein eft montagneux , ftérile & inutile , cet animal ne laiffe pas de produire ; elle eft lefte & marche avec fûreté , & fe nourrit fort bien en des en- droits où les autres beftiaux s'eftropieroient ou fe tueroient , ou mourroient de faim.

La montagne ftérile , pierreufe , raboteufe & efcarpée , eft le fol favori de la chevre. Il fuffit qu'elle produife quelques ronces & autres petites brouffailles , afin qu'elle y vive parfaitement bien.

En général , ce qui fert à la nourriture des chevres eft tel , qu'il ne peut être d'aucune utilité à tout autre animal. D'ailleurs , elle ne demande pour s'élever aucun foin ni aucune attention ; c'eft pour cette raifon que nous confeillons à tous les propriétaires qui ont des terreins montagneux & ftériles , d'y élever de ces animaux , & pour les mettre à portée d'en tirer les plus grands profits poffibles , nous allons leur communiquer quelques obfervations qui pourront leur fervir de guide.

Comme la différence entre les efpeces de chevres eft moins grande que dans la plûpart des autres animaux , le choix n'exige point une ſi grande attention ; cependant un Cultivateur qui ſe détermineroit par la non valeur & la ſituation de ſon terrein, à en élever un certain nombre, pourroit obſerver les circonſtances que nous allons mettre ſous ſes yeux relativement au choix.

Les meilleures chevres ſont celles qui ont les membres les plus forts & les plus gros ; ainſi il faut tourner toute ſon attention vers ce point eſſentiel lorſqu'on veut faire race & prendre garde en même-tems que le poil ſoit long & roide, que les jointures ſoient bien droites & fermes, le col court & gros, & la tête petite & légere avec de grands yeux pleins & des cornes longues & bien placées. Quant à la couleur, elle n'influe point eſſentiellement ſur la bonté de cet animal. On obſerve cependant qu'en général la chevre noire eſt la mieux conſtituée, & que ſa longue barbe indique la bonne race : on obſerve auſſi que les chevres pies produiſent les chevreaux les plus fins & du meilleur goût ; mais cette indication n'eſt pas abſolument certaine.

Après que les chevres ont été choiſies avec les précautions dont nous avons parlé, il faut les accoupler pour faire race. Il n'y a point d'animal qui s'accouple plus facilement. Lorſque l'accouple-ment ſe fait vers le milieu de l'hyver, les chevreaux qui en viennent s'élevent parfaitement. Quand on veut faire une bonne race, il faut donner la préférence à cette ſaiſon pour mettre les boucs & les chevres enſemble. La chevre doit avoir depuis deux juſqu'à cinq ans ; le bouc doit être employé depuis deux juſqu'à cinq. Voilà le tems auquel on obſerve que ces animaux produiſent les meilleurs & les plus forts chevreaux ; le bouc s'épuiſe par le fréquent accouplement ; à ſix ans il eſt extrêmement foible ; paſſé cet âge, les chevreaux qui en procédent ſont chétifs & miſérables ; rarement viennent-ils à bien.

C'eſt de tous les animaux celui qui eſt le moins ſujet aux maladies. Il n'y en a point de plus propre à la génération ; elle fait des petits deux fois par an, & ſouvent deux, & même quelquefois trois à la fois.

Il faut les tenir, ainſi que les moutons, en troupeaux ; quoi-qu'elles ſoient dures, on doit cependant faire enſorte de leur donner de l'ombre en Eté & quelqu'abri en Hyver. Si on les retire dans la Ferme pendant le tems rude de l'hyver, comme on le pra-tique dans certains endroits, il ne faut point leur donner de litiere ; cela les mettroit en trop grande chaleur, elles ſont naturellement accoutumées à une vie dure ; il eſt certain que trop de ſoin, loin de les favorifer, leur eft nuifible ; la propreté eft l'article important qu'il faut obferver quand on les retire dans la Ferme.

Nous avons déja fait obferver, & nous le répétons encore, qu'il n'y a rien qui mérite plus l'attention des Cultivateurs qui élevent des chevres, que les arbres, car non-feulement elles détruifent les jeunes, mais encore les vieux.

Il fuffit pour bien garantir les arbres des autres animaux, de les élever de façon que les branches foient hors de leur portée ; mais cette précaution ne fuffit pas pour les garantir des chevres ; elles grimpent particulierement fur l'orme dont elles aiment beaucoup les jeunes branches.

Auffi pour éviter abfolument cet inconvénient, il faut réleguer ces animaux fur les terreins ftériles, pierreux & montagneux. Il n'eft pas bien difficile de les y contenir, puifqu'ils s'y plaifent beaucoup d'eux-mêmes. Ainfi, quand on a des terreins femblables, on ne fçauroit mieux faire que d'y mettre des chevres.

On retire quatre avantages de cet animal : le lait, la chair de chevreau, la peau & le poil. Quant aux deux derniers articles, ils font les moins eftimés.

On fait du poil dans certains endroits des cordes qui ont la préférence, parce qu'elles ne pourriffent jamais dans l'eau.

On prépare la peau, on s'en fert à plufieurs ufages. Le lait eft à peu près de la même nature que celui d'âneffe ; il eft très-eftimé en Médecine : on le donne comme reftaurant aux perfonnes dont le tempérament eft ufé. Dans des Provinces on en fait un fort bon fromage ; dans certains endroits où le bétail confifte en chevres & en vaches, on mêle les deux laits, on en tire un fromage excellent. Nous exhortons le Fermier dont le terrein eft en partie montagneux & en partie terrein médiocre, de tenir des chevres & des vaches, parce que par ce mêlange le lait de chevre devient beaucoup meilleur que lorfqu'il eft employé tout feul. Nous aurons occafion de parler plus amplement de cette branche de l'induftrie champêtre.

Il ne faut point compter pouvoir tirer quelque parti de la chair de chevre & du bouc ; elle a un goût fort, & elle eft mal faine. Mais le chevreau eft un mets fin & délicat ; & comme il eft aifé de s'en procurer, & qu'on l'éleve fans beaucoup de peine, ces deux motifs doivent déterminer le Cultivateur à en tenir fur fon terrein quand il eft de la nature que nous avons indiquée.

Il y a des perfonnes qui fe donnent beaucoup de foins pour élever des chevreaux pour les tables délicates, à peu près de la même maniere que nous avons conseillée pour les agneaux. Mais c'est une peine perdue, car il est certain que les chevreaux viennent aussibien en courant partout avec leur mere.

CHAPITRE XX.

Du Lapin en général.

LE lapin est un petit animal qui paroît à beaucoup de Cultivateurs si peu digne de leur considération, que bien loin de s'attacher à les multiplier, ils travaillent sans cesse à leur destruction ; il est certain cependant que relativement à la nature de certains terreins, il mérite d'être regardé comme une branche de l'économie qui doit entrer essentiellement dans les vues du Fermier. D'abord cet animal a le même avantage que la chevre, c'est-à-dire, qu'il trouve à vivre là où tout autre animal mourroit de faim. Si on le considere relativement à la multiplication, il est aussi fécond que le cochon.

Point d'animal plus ardent à l'accouplement ; les femelles ne portent qu'un mois ; aussi-tôt qu'elles ont fait leurs petits, elles vont au mâle ; les lapins sont-ils en liberté, ils se multiplient à l'infini. Les tient - on enfermés, il faut mettre les femelles avec le mâle aussi-tôt qu'elles ont lapiné ; autrement pressées par leur grande chaleur, elles deviennent hargneuses, négligent, & même abandonnent leurs petits.

Il y a deux sortes de lapins, le sauvage & le domestique ; on les éleve de différentes façons. Le sauvage est en liberté & s'enterre dans des trous ; le domestique au contraire est élevé dans des petites cabanes ou boëtes.

Les deux especes rendent, quoique différemment traitées, des profits également dignes de l'attention de l'économe ; le sauvage fait ses petits en grand nombre dans les garennes & autres endroits, ils prosperent sur les sols les plus pauvres & les plus stériles, graveleux, pierreux ou sablonneux, pourvu qu'ils puissent s'y enterrer. Il n'est pas douteux que dans ces sortes de terreins le Cultivateur trouvera toujours un très-grand avantage à élever des lapins ; premierement, ils améliorent extrêmement ces terres par leur crotin & leur urine, & les rendent propres à produire de bonnes récoltes de seigle, & mettent même ceux qui sont un peu plus sub-
stantiels

ſtantiels en état de fournir des récoltes honnêtes d'autres eſpeces de bleds & de grains.

Lorſque nous avons diſtingué les lapins en ſauvages & en domeſtiques, nous n'avons point prétendu faire entendre qu'ils fuſſent de nature différente ; il n'y a ſeulement que la façon de les élever & de les traiter qui diffère ; car les ſauvages peuvent être apprivoiſés, & les domeſtiques peuvent devenir ſauvages. Comme cet animal paſſe les trois quarts de ſa vie dans les trous, il n'eſt point étonnant qu'il s'accoutume ſi facilement à être enfermé.

CHAPITRE XXI.

Du Lapin ſauvage.

ON ne connoît, à proprement parler, qu'une ſeule race de lapins ſauvages : il n'y a donc autre choſe à obſerver dans le choix, que de prendre pour s'en procurer ceux qui ſont gros de corſage, & qui ont le dos bien couvert de poil, & les jambes fortes. Tout Cultivateur qui a à ſa diſpoſition un terrein abandonné bien clos & avec des hayes vives, ne doit jamais négliger cette branche de l'économie, parce que le plus mauvais terrein eſt toujours aſſez bon, & que les profits qu'on en retire ſont très-conſidérables.

Il ſuffit d'y en mettre d'abord un petit nombre ; car de tous les animaux qui ſont de quelqu'utilité aux hommes, il n'en eſt pas qui ſe multiplie autant que le lapin.

L'expérience prouve que le lapin ſauvage réuſſit mieux en certains endroits qu'en d'autres ; les petits y croiſſent plus vîte & y ſont d'une chair bien plus fine & plus délicate ; ſi l'on en recherche la cauſe, on la trouvera néceſſairement dans la différence du ſol & de ſes productions ; de ſorte que par-là l'économe peut décider dans lequel de ſes ſols il lui eſt plus avantageux d'établir ſes lapins.

En général, plus l'herbe eſt courte & clair ſemée, plus elle flatte le goût du lapin, & plus le terrein eſt ſec, mieux cet animal réuſſit ; car on remarque que partout où le lapin a de l'eau, il manque de fumet.

De tous les animaux il eſt celui qui a le moins beſoin d'eau. Nous

le voyons par les lapins domeſtiques, qui s'en paſſent fort aiſément lorſqu'ils ont des herbes fraîches : on peut donc s'aſſurer
que les lapins réuſſiſſent mieux où le ſol eſt plus ſec, l'air plus
ſubtil, & l'eau qui s'y trouve coulante & claire ; auſſi rien n'eſt ſi
défavorable que les terreins humides & les eaux croupiſſantes.

Comme nous avons obſervé que le lapin ſauvage ordinaire vit
fort bien privé, on a trouvé de même que ceux que nous comprenons ſous la dénomination de lapins privés, vivent fort bien comme ſauvages, & particulierement ceux qui ſont de la race la plus
dure. Cette obſervation eſt en effet plus importante qu'elle ne le
paroît d'abord, parce qu'il y a une eſpece de lapin privé qui eſt
à tous égards meilleure que l'eſpece ſauvage ordinaire, c'eſt celle
que l'on peut appeller poil d'argent ; ils vivent dans les campagnes auſſibien que l'eſpece commune des lapins ſauvages, & ils
ſont d'un meilleur goût ; la peau eſt d'une plus grande valeur. Les
Fourreurs en font un très-grand cas.

Voilà la raiſon pour laquelle nous conſeillons d'en jetter dans
les campagnes à la place de l'eſpece commune ; il faut cependant
obſerver que quoiqu'elle ſoit auſſi dure que l'autre, elle demande un
terrein un peu moins ſtérile ; car on remarque qu'elle dépérit ſur
ces terreins ſtériles où le lapin ſauvage ordinaire réuſſit parfaitement bien.

Ainſi l'endroit qui convient le plus à cette eſpece, c'eſt un parc
où le lapin eſt en liberté & court parmi les bêtes fauves ou autres
animaux, & où il y a de l'herbe ſubſtantielle ſans être graſſe ; l'autre eſpece, au contraire, n'eſt propre qu'aux terres les plus pauvres & les plus dépouillées.

CHAPITRE XXII.

Du Lapin privé.

LEs lapins privés ne ſont diſtingués en différentes eſpeces que
relativement aux couleurs & autres diſtinctions accidentelles ;
mais ces différences ſont ſi peu importantes, qu'elles ne doivent
point influer ſur le choix.

Cependant on fera toujours bien de donner la préférence à la
bonne eſpece nommée poil d'argent. Il eſt très- avantageux de

l'élever, quand ce ne seroit qu'à cause de la peau. Il y a le lapin d'Hollande qui est de toutes les especes la plus grande, & qui est très-bonne pour la table, mais la peau est très-inférieure. Le plus beau lapin, quand il est entretenu proprement, c'est le blanc à long poil. Quelques-uns l'appellent lapin de Turquie; d'autres l'appellent le lapin velu à cause de la longueur de son poil; cette espece élevée dans la maison est très-bonne. Mais si l'on ne la tient pas bien propre, elle est sujette à une maladie singuliere qu'on appelle *plica polonica*. Les poils croissent ensemble, & les veines de la peau s'y mêlant par la crasse que la malpropreté produit, tout se rapproche & s'incorpore si parfaitement ensemble, que le poil saigne quand on le coupe, ce qui est le même effet que celui de la Plique Polonoise.

Nous le répétons encore, il n'est pas bien essentiel que le Fermier choisisse l'une ou l'autre de ces especes; car pour peu qu'il en ait soin, il est assuré d'en tirer un profit honnête: si du moins il n'a en vûe que la vente des lapreaux; mais s'il a occasion de vendre la peau, il doit alors choisir même dans l'espece.

Dans le lapin à poil d'argent, par exemple, il faut avoir l'attention de choisir le lapin d'une couleur foncée, car c'est de lui plutôt que de la femelle que dépendra la valeur de la race; il faut qu'il ait le poil épais, doux & luisant, & mêlé en suffisante quantité de poil blanc ou argenté.

Nous conseillons de choisir le mâle plus foncé, parce que la couleur est dans les lapreaux plus sujette à se décharger, & une peau argentée qui est trop noire, a toujours plus de valeur qu'une autre qui est trop claire.

Lorsqu'on a ainsi choisi pour l'espece, il faut ensuite procéder au choix que l'on doit faire des différentes méthodes pratiquées pour les faire propager; & pour les entretenir, les uns donnent plus de liberté que d'autres à ces animaux. Nous avertissons qu'en général plus on leur donne de liberté & d'air, plus on se conduit prudemment; car quoique cet animal se porte fort bien enfermé, il vient pourtant beaucoup mieux, lorsqu'il ne se trouve pas si à l'étroit.

La propreté influe beaucoup sur la génération de ces animaux. Or partout où leur prison est moins étroite, plus il y a de propreté; l'urine & la crotte de ces animaux ont une odeur forte & désagréable, & rien ne leur est plus contraire lorsqu'ils sont étroitement enfermés.

On tient les lapins privés dans une efpece de boëte faite exprès ;
on les met auffi dans des foffes. D'autres les mettent dans des greniers ; mais il vaut mieux les placer dans de petits bâtimens conftruits
exprès pour cet ufage ; on peut le faire à peu de frais, & cette méthode réuffit parfaitement, parce qu'elle eft de toutes celle qui les
tient plus proprement & plus fainement. Les boëtes ont l'inconvénient de fe falir trop aifément ; les foffes celui d'être fujettes à
beaucoup d'humidité, ce qui, comme nous l'avons déja obfervé,
eft un des inconvéniens qui eft le plus contraire à la falubrité de l'endroit où l'on veut faire venir ces animaux.

Les boëtes, pour ceux qui les préferent, doivent être faites en
forme de niches diftribuées en grandes & petites. On en donne
deux à chaque lapin ; l'une lui fert à manger, l'autre à fe loger &
faire fes petits ; celle que l'on lui donne pour mettre fon manger,
doit être plus grande & avoir une grille afin que l'air & le jour y
entrent ; l'autre doit être plus petite & tout-à-fait fombre. On
pratique fur le devant des deux loges une auge ; par ce moyen
l'animal vit, croît, fait fes petits & engraiffe ; mais l'inconvénient
eft que le grand air y manque, & qu'il eft très-difficile de les tenir
proprement ; de forte qu'on peut dire que cette méthode, qui peut
à la vérité paffer, eft cependant celle qui eft inférieure à toutes
les autres pratiquées comme il faut.

On conftruit les boëtes les unes fur les autres par étages : les lapins font enfemble, les lapines auffi, à moins que ce ne foit des
lapines qui n'ont pas encore fait des petits. On met avec celles-ci
un mâle dans la même boëte ; ces boëtes ont ordinairement deux
pieds de longueur fur autant de large, & un pied de hauteur ; il
eft étonnant de voir un animal comme le lapin vivre fi bien dans
un fi petit efpace. Mais, nous le répétons, il fera toujours fupérieur, foit pour la chair, foit pour la peau, quand il fera logé plus
fpacieufement.

La foffe eft préférable à la boëte ; il faut choifir pour cela un
fol fec. On fait la foffe de fept pieds de profondeur & d'une grandeur
proportionnée au nombre de lapins qu'on veut y élever. On la mure
en-dedans laiffant des efpaces pour donner aux lapins la facilité de
faire leurs terriers : un fol fablonneux mêlé avec un peu d'autre terre,
eft de tous le plus propre à remplir cet objet. A l'un des bouts de la
foffe, on pratique un efpace un peu creufé qui fert à loger le lapin
mâle que l'on enchaîne à un poteau ; on laiffe fa chaîne affez longue
pour qu'il puiffe atteindre à l'auge où eft fon manger, & de-là à fon

trou pour y repofer. On laiffe dans le refte de la foffe hors de la
portée du mâle des places où les lapines puiffent pratiquer leurs
terriers. On place ce qu'on leur donne à manger vers le milieu de
la foffe, entre le mâle & les femelles ; afin que les uns & les autres
puiffent manger féparément.

On peut fort bien tenir dans la même foffe trois lapines avec un
mâle ; pour cela on la fait de dix pieds en quarré ; il y a des perfonnes qui la font plus grande & qui y mettent plus d'un mâle ; mais
l'expérience prouve qu'il vaut mieux divifer le terrein en plufieurs
foffes, & ne mettre qu'un mâle & trois femelles dans chacune.

Ceux qui ignorent abfolument cette branche de l'œconomie
champêtre , s'imagineront que c'eft fe donner bien de l'embarras & bien des foins pour trois ou quatre lapins , & s'expofer à
une dépenfe frivole pour un produit bien peu confidérable. Mais
nous pouvons affurer qu'il n'y a peut-être pas d'animal dans la Ferme qui paye plus graffement que le lapin la dépenfe & les foins
qu'il exige, pourvû toutefois que la foffe foit bien feche ; ils y vivent mieux & plus fainement que dans les boëtes. Le produit eft fi
confidérable qu'un feul lapin mâle & trois femelles produifent depuis cent foixante jufqu'à deux cens lapreaux. Or en mettant les
lapreaux au plus bas prix, & en fuppofant que les trois femelles
ne produifent que cent cinquante lapreaux ; chaque lapreau évalué fix
fols, la fomme du produit formera celle de 45 livres par an ; fur quoi
il faudra faire déduction de la dépenfe de la nourriture, à laquelle
on ne peut point, pour ainfi dire , mettre de prix ; puifqu'on les nourrit avec les défroques des jardins & des potagers, fi l'on en excepte
certains jours extrêmement rudes de l'hyver , dans lefquels on leur
donne quelque peu de fon, ou des cribleures de grains.

Il faut confier les petits aux foins de la mere jufqu'à ce qu'ils
ayent environ un mois : après ce tems on les lui ôte, foit pour
les vendre, foit pour les manger ; ou fi dans ce moment on ne peut
ni les confommer ni les vendre, on a une autre foffe ou autre endroit pratiqué exprès pour eux.

On doit pratiquer la même chofe quand on tient les lapins
dans les boëtes dont nous avons parlé, ou quand on les éleve d'une
autre maniere quelconque. Tout ce que l'on doit obferver, c'eft de
mettre dans le même endroit ceux qui font du même âge & de la
même portée ; c'eft ainfi qu'on doit les traiter, de quelque façon
qu'on les ait fait venir , en prenant garde fur-tout de leur donner le plus d'efpace & d'air qu'il fera poffible.

Si l'on n'avoit point l'attention d'enchaîner le lapin mâle dans la foſſe, ou de le tenir dans une boëte ſéparée, il tueroit les petits ; & il eſt ſi vrai que les lapines ſauvages ſçavent par expérience qu'elles doivent s'en défier, qu'elles ne manquent pas de bien cacher leurs terriers, & de les fermer toutes les fois qu'elles ſortent, afin que le mâle ne les découvre pas.

Les points principaux dans la méthode des foſſes, ſont premierement la chaleur & la ſéchereſſe. La profondeur qu'il convient de leur donner, les rend humides & froides, à moins que le terrein ne ſoit naturellement très-favorable : s'il y a de l'humidité ou de la fraîcheur, les petits ne viennent pas à bien. Comme la ſaiſon la plus favorable pour les faire lapiner eſt l'hyver, on ſent que la multiplication languira ſi on ne les tient pas ſéchement & chaudement.

CHAPITRE XXIII.

Méthode particuliere & très-avantageuſe pour entretenir des Lapins privés.

LE danger du froid & de l'humidité des foſſes, & le défaut d'air dans les boëtes, nous ont fait imaginer une autre méthode par laquelle on peut procurer aux lapins l'avantage de la chaleur & de la ſéchereſſe au degré qui leur eſt le plus favorable. Par celle que nous allons indiquer, les lapins peuvent être tenus dans une eſpéce de liberté & ſe trouver ſous la main, pour être bien nourris, bien gardés & bien ſoignés à tous égards, & avoir de l'air, de la ſéchereſſe & de la chaleur.

Pour leur procurer ces différens avantages qui concourent à leur ſanté & à leur multiplication, il faut ſe déterminer à faire un petit bâtiment exprès ſuivant la deſcription que l'on va voir.

Après qu'on a choiſi l'eſpéce de lapin dont on veut faire race, on prend une piece de terrein propre à y élever le bâtiment, dont on fait le plan d'une étendue proportionnée au nombre de lapins qu'on veut élever.

Il n'eſt rien de plus avantageux pour remplir cet objet que le ſol d'argile ſéche, mêlée de beaucoup de ſable ; c'eſt la terre que le lapin aime le plus, & ſur laquelle il ſe porte toujours bien.

Il faut que le bâtiment ſoit quarré, & fait de bois le plus ſimplement qu'il eſt poſſible, mais bien clos, & qu'on ait l'attention de pratiquer une eſpece de cabinet à l'un des bouts. On pratique dans chaque angle du quarré une eſpece de loge pour le lapin mâle. On y fiche un poteau auquel on l'enchaîne, comme dans la méthode des foſſes. A peu de diſtance de ces coins, on éleve une eſpece de ratelier pour le fourage, qui doit être à pôrtée des mâles : on en éleve auſſi un ou deux dans le milieu de l'édifice adoſſés l'un contre l'autre.

Le logement étant ainſi préparé, les mâles doivent être enchaînés dans leurs coins. On fait enſuite entrer les femelles. Ils vivent plus ſainement dans ce logement que dans les foſſes. Lorſque les femelles ont fait leurs petits & qu'il eſt tems de les leur ôter, on met ceux-ci dans des cabinets préparés pour cet effet, où ils vivent & ſe portent bien, juſqu'à ce qu'on s'en défaſſe par la vente ou pour la table de la maiſon. Un bâtiment de cette eſpece coûte peu, & le profit qui réſulte des lapins ſera beaucoup plus grand que celui de toute autre méthode ; parce qu'ils font leurs petits librement pendant tout l'hyver, que ni les jeunes ni les vieux, recevant un grand air, ne font ſujets à aucune maladie, & que les uns & les autres font à couvert de la vermine plus que par toute autre méthode.

Cependant, malgré tous les avantages qu'elle préſente, elle eſt ſujette à un très-grand inconvénient. Les lapins creuſent beaucoup ; ainſi on pourroit bien par ce moyen perdre peu-à-peu les lapines, qui en faiſant leurs terriers ne trouvant point de réſiſtance pouſſeroient plus avant, & ſe feroient des iſſues ſouterraines par leſquelles elles gagneroient la campagne.

Cette circonſtance nous a fait trouver un moyen infaillible pour s'en garantir : & quoiqu'en diſe notre original, nous avons tout lieu de préférer la méthode des foſſes, pourvû qu'on obſerve bien exactement ce que nous allons indiquer. D'abord nous ſoutenons qu'elle eſt préferable à bien des égards, puiſqu'il en réſulte de très-grands avantages.

Le premier, c'eſt que les lapines ne peuvent point s'échapper ; le ſecond, c'eſt que les lapreaux ayant plus d'air, & étant élevés preſque comme des lapins ſauvages, ils font d'une chair bien plus fine & plus délicate ; le troiſiéme, c'eſt que ſi la race qu'on éleve eſt celle qu'on appelle Poil d'argent, il eſt certain que la peau étant plus airée, eſt auſſi plus propre que dans le bâtiment dont on vient de parler, elle eſt beaucoup plus belle & par conſéquent d'un plus grand prix ; le quatriéme enfin, c'est que le lapin ayant un plus grand air, est moins sujet aux maladies & aux vermines qui attaquent ces animaux quand ils sont renfermés.

Pour la construction de la fosse nous exigeons qu'on fasse la dépense qu'on va voir. Il faut d'abord choisir son terrein ; si l'on en a qui soit d'un sable un peu graveleux, ce n'est que mieux. On creuse une fosse proportionnée au nombre de lapins qu'on veut élever....

Nous supposons d'abord qu'on veuille faire multiplier trente lapines : il faut établir une fosse dans un terrein tel que nous l'avons demandé & que l'on dessole. La fosse doit avoir cinquante pieds de longueur sur quatre de large, & cinq de profondeur. Il faut la faire, autant qu'il est possible, exposée au midi, & faire ensorte qu'il y ait de grands arbres sur le derriere qui la dominent, desorte que les branches paroissent aller jusques vis-à-vis le milieu de la fosse.

Après qu'on a levé le sol à un pied & demi ou deux de profondeur, si l'on est à portée d'avoir à bon marché de la brique, il faut en paver le fond à chaux & à sable ; ou si le transport de ces deux matieres est trop cher, il faut cimenter les briques avec de la bonne glaise & les joindre du mieux possible ; si la brique est chere, il faut faire ce pavé avec de mauvaises planches, dans lesquelles on pousse des clous de distance en distance, la pointe en-dessus. Cela fait, soit en brique, soit en planche, on le recouvre avec le sol naturel que l'on mêle d'un peu d'autre terre plus substantielle : on répand par-dessus ce mélange un demi pied de sable graveleux que l'on arrange au milieu en dos d'âne, qui de chaque côté a, tout le long de la fosse, une rigole pavée pour recevoir les eaux qui s'épanchent de la partie du milieu & les porter dans un trou pratiqué à chaque bout.

On divise par dix cloisons faites à clair jour avec des especes de pieux un peu serrés l'un contre l'autre, cette fosse en dix loges, dont chacune contient un mâle & trois femelles. Les parois de la fosse doivent être maçonnées ou planchéyées comme le fond. On pratique dans un des côtés une loge avec le poteau dont nous avons déja parlé, pour le mâle, qui doit être toujours enchaîné ; & comme il se pourroit bien que les lapines qui lui sont destinées y entrassent & qu'elles s'amusassent à grater & à creuser, le fond de la loge doit se terminer par un pot de grais, ou un pot de fer ou de fayance assez grand pour que le lapin s'y puisse nicher. Le ratelier doit être situé à portée du lapin, auquel on donne une chaîne assez longue pour

qu'il

qu'il puisse se promener au moins jusqu'au milieu de la fosse.

Voilà tout arrangé pour le mâle. Quant aux femelles, on fait de l'autre côté, opposé à celui du lapin, trois, quatre, cinq, & même six terriers si l'on veut, pratiqués avec des pots comme celui du mâle, afin qu'elles ne puissent pas grater & s'échapper. On fait en travers de petits sillons où l'on jette de la semence de toutes sortes de fines herbes, principalement de serpolet & de thym; on ne fera pas même mal d'y jetter de la semence de toutes sortes de laitues, & cela de six en six semaines ou de deux en deux mois. Ces herbes pointent, les lapines les mangent, ce qui contribue beaucoup à donner à leur lapreau le fumet du lapin sauvage.

Tout le long des cloisons on plante de toutes sortes de petits buissons, afin que lorsque dans le fort du soleil les lapines veulent prendre l'air, elles se trouvent couvertes de leurs petites branches, & que par ce moyen elles se croyent plus en sûreté.

Le ratelier qui leur est destiné doit être suspendu à leur portée du côté où sont leurs terriers; & pour pouvoir avec facilité prendre les petits quand on veut les ôter à leurs meres, il faut, à l'entrée de chaque terrier, pratiquer un petit chassis de bois fait en coulisse, ou une planche coule quand on veut fermer le trou, & que l'on releve quand on a pris les petits: on la retient suspendue avec une petite chaîne ou une ficelle.

En quelque pays que ce soit cette fosse ne peut pas coûter, faite en hyver, tems auquel la main-d'œuvre n'est pas si chere, au-delà de quatre cens francs si elle est de brique, & tout au plus cent soixante ou deux cens livres si elle est de planches: or, en supposant que chaque lapine ne fasse par mois que cinq lapreaux, on voit que les trente en rendent 1800 par an: nous mettons chaque lapreau à six sols piece, ce qui assurément est caver au plus bas: ces dix-huit cens lapreaux nous rendront dix mille huit cens sols par an, ce qui fait cinq cens quarante livres: nous laissons cent quarante livres pour l'entretien, les frais de nourriture, & le tems qu'une personne peut employer dans le courant de l'année à en avoir soin, il nous restera toujours quatre cens livres claires & nettes; ce qui fait un objet assez important pour qu'on l'étende autant que la nature du terrein le peut permettre.

Nous avons assurément donné tous les moyens possibles de loger les lapins de la maniere la plus avantageuse à leur santé & à leur multiplication: mais cela ne suffit point, la façon de les nourrir est un point encore plus important, par rapport à leur santé & à leur croissance, & il est sans contredit le moins bien entendu & le plus négligé. Il y a des personnes qui ne leur donnent qu'une nourriture humide; d'autres s'en tiennent entièrement à la nourriture seche, & l'une & l'autre méthodes sont extrêmement mauvaises. L'expérience prouve qu'une nourriture variée de fourage sec & de fourage verd, les entretient plus en vigueur & anime leur multiplication, qui prospere beaucoup mieux.

Le foin, l'avoine & le son, forment le fourrage sec qui leur est le plus favorable. Leur nourriture humide se tire des herbages, des racines de presque toutes les especes, qu'ils mangent avec beaucoup d'avidité, comme les choux, le persil, la laitue grande & petite, & la mauve des champs. Pour nous, après avoir suivi avec exactitude l'entretien qui convient le plus à cet animal, nous avons observé qu'il valoit mieux leur donner alternativement de la nourriture séche & de la nourriture humide, en observant de leur donner de l'eau les jours qu'ils sont au fourrage sec, & de la supprimer quand ils sont au fourrage verd, parce qu'il leur fournit naturellement assez d'humidité.

Un usage généralement établi & qui est bien funeste à ces animaux, est que ceux qui coupent du fourage frais pour les lapins, le coupent ordinairement sous les hayes, parce que c'est là qu'ils le trouvent plus frais & plus abondant. Ils coupent sans distinction tout ce qui se présente à la faucille, les lapins le mangent également. Mais nous avertissons qu'on doit fourager avec un peu plus de précaution, parce que la ciguë est fort commune sous les hayes, elle est vénimeuse; les lapins mangent avidement le fourage qu'on leur porte, ne séparent point cette mauvaise plante, l'avalent & en crévent.

On doit choisir pour ces animaux le foin le plus frais, le plus doux & le plus court qu'on peut trouver; on ne doit point s'allarmer de cette dépense, car ils en mangent si peu, qu'en vérité il ne vaut pas la peine de le porter dans le compte des frais.

Voilà la nourriture la plus saine & la meilleure pour les lapins. Mais si on les en nourrit à forfait, il faut avoir l'attention de leur donner de cinq en cinq jours des herbes fraîches pour les rafraîchir & un peu les relâcher. Avec ces soins ils possédent toujours une bonne santé, se tiennent en vigueur & sont toujours prêts à se multiplier & à produire des petits qui sont forts & bien constitués.

Les grains servent encore à la nourriture du lapin. Ils tiennent

le milieu entre le fourrage fec & le fourrage humide. L'inconvénient qui en réfulte eft confidérable, ce régime rend ces animaux
fujets à beaucoup de maladies.

En général le grand avantage que produit le fourrage fec, confifte à les garantir des maladies; c'eft pourquoi ceux qui les tiennent pour tout régime au fourrage humide, comme herbes, racines de toutes les efpeces, feroient fort bien dans les temps
humides de leur donner du fourrage fec; car la nourriture humide
eft la principale caufe du tac auquel ces animaux font fujets particulierement quand les faifons font humides.

SECONDE PARTIE.

des Oiseaux.

CHAPITRE XXIV.

Du Coq & de la Poule , de leurs especes & de leur choix.

NOus ne parlerons ici que bien superficiellement de cette branche de l'œconomie ; le dixieme Livre qui doit contenir tous les moyens possibles de tirer le parti le plus avantageux des poules , des poulets & des chapons , & où l'on verra une nouvelle construction de poulailler, remplira parfaitement les vûes de l'œconome le plus actif & le plus vigilant. Nous sommes mortifiés de ne pouvoir nous écarter de l'ordonnance que nous avons mis dans cet ouvrage, en faveur de plusieurs personnes qui nous ont demandé le poulailler & la façon de traiter les poules : si nous nous écartions de notre plan à chaque demande qu'on nous fait , notre table générale des matieres deviendroit un véritable labyrinte.

Nous nous bornerons donc à donner dans ce Chapitre les connoissances générales propres à guider le Fermier dans le choix de l'espece de la poule & du coq , & dans le traitement qu'il leur doit.

En voyant combien les animaux sont négligés dans les Fermes & le peu de cas qu'on en fait , on ne peut attribuer ce mépris qu'au peu de connoissance qu'on a des profits , petits à la vérité , mais souvent répétés , que les poules peuvent donner , lorsqu'on les traite comme il faut.

Ainsi la Volaille est un fond que les plus pauvres Cultivateurs peuvent se procurer , & que les plus riches ne doivent point négliger. Cette partie-ci n'est pas comme les autres où l'on risque beaucoup en se surchargeant ; les poules , au contraire , en quelque nombre qu'elles soient ne sont jamais à charge ; elles ne sont point comme les autres animaux , dont le nombre exige beaucoup de soins

& de riches pâturages. Elles trouvent en partie leur nourriture dans la cour & à la porte de la grange pendant prefque toute l'année, & dans la faifon la plus rude on les nourrit à peu de frais ; les poules outre les profits qui réfultent des œufs, des poulets, des chapons, fur-tout lorfqu'on eft à portée des villes, où l'on fait une grande confommation, en rendent encore deux autres qui ne méritent pas moins l'attention du Cultivateur ; nous entendons parler de la plume & de la fiente qui, comme nous l'avons fait voir dans le Livre des Engrais, eft extrêmement propre à enrichir les fols.

Mais pour procéder avec plus d'avantage à l'établiffement de la Volaille, on doit être perfuadé que le fuccès dépend du choix que l'on fait des efpéces : il faut toujours obferver que l'on ne doit point mêler les races ; elles fe portent tellement préjudice par ce mêlange, qu'elles dégénerent toutes ; rien donc de plus prudent que de faire en forte que tout ce qui vient dans la cour defcende des premieres races que l'on a choifies.

L'induftrie & la curiofité de ceux qui s'attachent à élever de la Volaille pour leur plaifir, ont introduit beaucoup d'efpeces différentes. Mais ces différences ne font pas fi grandes que bien des gens le penfent ; elles ne font que l'effet de quelque legere diftinction qui s'efface & fe perd dans la fuite. Entre la grande efpece du pays de Caux & la race commune, il y a beaucoup de différence pour la groffeur.

La grande efpece du pays de Caux doit être préférée, lorfqu'on eft voifin des grandes villes ; parce que la grande confommation fait que la valeur des œufs, des poulets & des chapons augmente confidérablement, & dédommage des foins, des attentions & de la nourriture que cette efpece exige. On remarque dans ces poules que comme leurs œufs font extrêmement gros, même relativement à la groffeur de leur corfage, leur tempérament s'ufe plus vîte, & que non-feulement elles ne pondent pas fi long-temps ; mais encore qu'elles ont une vie beaucoup plus courte que les poules de la race commune : toutes ces obfervations font importantes à un Cultivateur qui veut fe comporter avec connoiffance de caufe, & n'être point dupe dans fes entreprifes.

On obferve que la race commune réuffit mieux chez le Payfan, parce qu'elle fe nourrit, quand la grange lui manque & quand la cour ne fournit pas fa fubfiftance, le long des chemins & des hayes ; elle mange des infectes & des graines.

Il s'enfuit de ce que nous venons de dire, que le Cultivateur sera en état de sçavoir, relativement à sa situation, laquelle de ces races convient le plus à ses intérêts. Nous recommandons sur-tout, du moins quant au produit, de proscrire toutes ces belles poules à plumage frisé ou à pates emplumées. On en verra les raisons dans le dixieme Livre.

Quelle que soit la race pour laquelle on se détermine, il faut observer les marques que nous allons donner de la bonté des poules qu'on veut acheter.

Il faut que le coq soit gros dans son espece, plein de corsage, bien fait & vif. C'est un animal droit, fier, & qui a un port majestueux ; de sorte que si quelqu'une de ces marques lui manque, c'est une preuve qu'il n'est pas bon, & qu'il n'en faut faire aucun cas. Rien de plus impropre à la propagation de la Volaille, qu'un coq qui ne se rengorge point & qui ne piaffe pas. Il doit avoir le corps long & les jarrets gros, le col long & rengorgé ; il doit être libre & leste dans ses mouvements, & sur-tout bien emplumé : sa crête & ses barbes doivent être grandes & d'un beau rouge vif ; ses yeux pleins & étincelants, & leur couleur égale à celle de ses plumes ; ce qui est en effet une grande beauté dans cet animal & indique qu'il est de bonne race. Il faut que son bec soit fort & crochu, ses jambes fortes, ses ergots longs & pointus, ses griffes courtes & fortes. Voilà toutes les marques d'un bon coq de quelque race qu'il soit. On ajoute encore, qu'il faut faire attention à la couleur ; les deux meilleures sont la rouge & la bleue. Nous conseillons de préférer la premiere, quand on veut faire une bonne race. La seconde produit une espece qui est à la vérité belle, mais qui est fort délicate.

Dans le choix de la poule, il faut à-peu-près s'en tenir aux mêmes marques que celles du coq, excepté cependant qu'elle doit avoir l'œil tendre ; il faut la choisir vive & bien colorée, avec des griffes courtes & fortes. Mais il n'en est que mieux lorsqu'elles n'ont pas celles de derriere, parce que c'est avec celles-là qu'elles cassent souvent les œufs lorsqu'elles couvent.

Dès qu'on a ainsi choisi le coq & les poules, on doit les observer après qu'on les a lâchés dans la cour. Il faut prendre garde si le coq est vif, alerte & pétulant ; s'il chante souvent, & s'il grate la terre pour avoir des vers ou autres choses pour ses poules : les poules doivent être vives. Qu'on remarque sur-tout les poules qui chantent souvent ; elles doivent être proscrites ainsi que les coqs muets. Car, l'expérience prouve qu'elles ne pondent pas beaucoup & qu'elles ne couvent pas bien ; dès que l'on s'apperçoit de ces défauts dans le mâle ou dans la femelle, il faut fur le champ s'en défaire.

Quant au nombre proportionné, il convient de le mettre d'un à dix, un coq fervira bien depuis douze jufques à quatorze poules; mais la façon la plus avantageufe eft de ne leur en donner que neuf; avec un nombre ainfi proportionné la propagation fera plus vigoureufe & plus favorable.

CHAPITRE XXV.

De la façon de faire propager la Volaille.

LA cour étant bien peuplée de poules & de coqs, pris dela meilleure race, il convient de chercher les moyens de les faire propager le plus avantageufement: l'âge eft d'abord un article important, enfuite il faut fçavoir employer ces animaux à propos; car affurément une œconome qui arrêteroit la ponte fuivie & abondante d'une jeune poule, pour lui faire couver des œufs pendant qu'il y en a d'autres qui ne font plus bonnes qu'à cette fonction, & qui s'en acquitent mieux, fe conduiroit avec bien peu d'intelligence.

Comme les jeunes poules font celles qui pondent le mieux, & que celles qui font plus âgées font les meilleures couveufes, il faut donc occuper les unes & les autres bien différemment. Mais dans l'un & l'autre cas il y a une façon particuliere de les nourrir; il eft également dangereux de leur donner trop, ou trop peu de nourriture. Si l'on péche par le peu, on les rend foibles; fi c'eft par le trop, elles engraifferont. Car on obferve qu'une poule graffe eft toujours lâche, qu'elle ne pond ni ne couve bien. Ainfi le meilleur parti eft de les nourrir avec modération pendant qu'elles couvent ou qu'elles pondent.

L'Eté & le Printemps font les meilleures faifons de l'année pour faire couver les poules; plutôt on le fait en Eté & plus on en tire d'avantage. Les premiers mois du Printemps font les plus favorables: la poule ne couve que vingt jours; cette connoiffance conduit néceffairement à celle du temps auquel il convient de la mettre fur les œufs pour fe procurer la meilleure couvée; on voit bien que c'eft la derniere femaine de Février; depuis ce temps on peut continuer de faire couver jufqu'à la premiere femaine d'Octobre.

Les menageres connoiffeufes en cette partie ne font jamais couver les poules qu'elles n'ayent deux ans & demi ; on peut les mettre à cet emploi depuis ce temps jufqu'à l'âge de cinq & même de fix ans ; c'eft en effet le temps le plus favorable de leur vie à cette fonction. En prenant ces précautions, c'eft-à-dire, qu'en mettant fous une poule de cet âge les œufs d'une jeune poule qui ne s'eft point prêtée aux careffes d'aucun coq étranger, on entretient fa cour d'une bonne race qui fe conferve toujours entiere.

Quant à l'efpece & à la qualité de la nourriture qu'on doit donner à une poule, pour qu'elle fe conferve en chair & en vigueur fans devenir graffe, le bled farrafin & le chenevi ou graine de chanvre, font celles qu'on doit préférer. L'expérience prouve, malgré le fentiment de plufieurs Cultivateurs, que cette nourriture contribue beaucoup à la ponte. Mais il faut obferver que la graine de chanvre n'engraiffe pas, & que le farrafin engraiffe, de forte que c'eft à la menagere à fçavoir faire alternativement ufage de l'une & de l'autre graine, fuivant qu'elle voit que fes poules font plus ou moins graffes.

Si l'on s'apperçoit que la poule tend à la graiffe, il faut ceffer l'ufage du farrafin, parce qu'il augmenteroit fa graiffe au point qu'elle ne pondroit plus, & qu'elle deviendroit lâche. Il faut donc alors fe fervir du chenevi. Mais fi on s'apperçoit que par le long régime du chenevi elle fe deffeche, il faut lui donner du bled farrafin, parce qu'en même temps qu'il les rend fécondes, il les met en chair.

On n'a pas encore bien fixé le nombre d'œufs qu'on peut donner à une poule ; les gens de la Campagne & même les Ecrivains en œconomie champêtre font partagés. Mais nous pouvons affurer, d'après un nombre infini d'effais, que dix-fept eft le nombre convenable. On doit fur-tout être bien attentif à choifir des œufs frais & fains, & à marquer la partie fupérieure de l'œuf avec quelque couleur : cette pratique eft plus utile qu'on ne penfe. Il y a des poules qui font plus négligentes que les autres ; c'eft pourquoi lorfque la couveufe fort du nid pour manger, il faut examiner fi elle a retourné tous les œufs, ou feulement quelques-uns ; dans ce cas il faut tourner pour elle ceux qu'elle a oubliés, & par-là on apprend quel cas on doit faire de cette poule pour les autres couvées ; car les poules qui ont cette attention & qui n'en oublient aucun, doivent être préférées à celles qui n'ont pas cette précaution abfolument néceffaire.

Toutes

Toutes les femmes de Campagne sçavent ordinairement connoître si les œufs font frais & fains. Pour le diftinguer on les
met contre la lumiere, & l'on voit s'ils font clairs & pleins. Or
cette précaution eft indifpenfable quand on veut mettre des œufs
couver.

Il ne faut jamais troubler une poule quand elle couve. On doit
lui mettre à boire & à manger auprès. Car on a lieu de craindre,
fi on la fait fortir du nid, malgré elle, qu'elle ne l'abandonne : nous
recommandons de lui donner tout ce qu'il faut, parce que fi elle eft
obligée de s'abfenter long-temps pour aller chercher fa vie, les œufs
fe refroidiffent, & les petits périffent.

Ces foins font indifpenfables pendant tout le temps qu'elle couve. Mais il faut fur-tout l'obferver vers la fin de la couvée ;
les pouffins font alors formés dans les œufs , & ils demandent
une chaleur conftante pour fe conferver en vie ; le moindre froid
les fait périr.

Lorfque la poule dans ce dernier temps fort du nid pour manger ce qui eft devant elle , la perfonne chargée d'en avoir foin
doit remuer la paille, afin qu'à fon retour elle trouve tout en ordre, & qu'elle s'accroupiffe tout de fuite fur les œufs.

Les coqs font fort à craindre principalement dans ce moment,
parce que lorfqu'ils s'apperçoivent que les poules ont quitté le nid,
ils viennent couver à leur place ; mais ils le font fi mal-adroitement
qu'ils caffent toujours quelques œufs ; les poules s'en apperçoivent,
& il arrive quelquefois qu'elles fe dégoûtent & abandonnent leur
nid au moment, pour ainfi dire, que les petits vont éclorre.

Il faut choifir les œufs autant qu'il eft poffible d'une égale groffeur : car s'ils ne font point égaux, ils ne s'arrangeront pas bien, &
formeront des vuides qui porteront préjudice à la plus grande
partie de la couvée, parceque ceux qui font à côté des plus gros fe
réfroidiffent : d'ailleurs les gros œufs font ordinairement fujets à
avoir deux jaunes, & c'eft de cette efpece d'œufs que viennent les
poulets jumeaux , ou monftrueux & difformes, qui ne viennent
jamais à bien.

Comme rien n'eft plus néceffaire pour faire éclorre des poulets
qu'un jufte dégré de chaleur, on a été depuis long-temps en ufage
en Egypte de les faire éclorre fans le fecours de la poule dans des
fours conftruits exprès, où l'on ménage une chaleur douce & égale. On a depuis peu introduit cette pratique en Europe ; on y a réuffi :
mais il n'y a point lieu de croire que cette methode prenne faveur.

Tome III. P

Il faut tant de précision pour le dégré de chaleur, & de soins assidus auprès des poulets quand ils sont éclos, qu'on ne peut guéres la pratiquer que dans la vûe de l'amusement & nullement du profit. D'ailleurs on a observé que ces poulets sont d'une foible constitution, & qu'en supposant qu'on leur fasse acquérir une certaine grosseur, ils ne parviennent jamais à une parfaite graisse.

Si une poule qui a couvé vient à mourir, ou si une couvée perd sa mere par accident, il n'y a point d'autre parti à prendre que de la mêler avec une couvée à peu près du même âge d'une autre poule, elle en aura soin. On peut donner jusques à trois couvées à une poule : cependant nous ne conseillons de le faire que dans le cas que nous venons de dire.

Quoique nous ayons fixé le tems de mettre les poules couver au premier mois de l'Eté & du Printems, nous ne prétendons pas soutenir qu'on ne puisse pas en mettre dans un autre temps ; on peut le faire dans toutes les saisons de l'année ; nous disons même que si la menagere a assez de tems & de patience pour y donner toutes ses attentions, les couvées de l'Hyver lui seront très-avantageuses, parce que les poulets se trouvant assez grands au Printems pour être vendus, ils gagneront beaucoup à la vente : mais nous prévoyons qu'on a toujours assez d'occupation dans un menage de Campagne, pour ne pas pouvoir s'en distraire autant de tems que les couvées d'Hyver l'exigent ; & c'est pour cette raison que nous recommandons de mettre les poules couver vers la fin de Février, préférablement à tout autre tems, parce qu'une couvée qui est venue dans le mois de Mars, vaut le double des autres.

Lorsqu'on n'a pour unique objet que de se donner de beaux poulets pour manger, on doit préférer les poules blanches qui ont aussi les pates & le bec de la même couleur, parce qu'elles ont naturellement la peau bien blanche, & que leur chair est très-délicate ; mais nous avertissons que ces poules ne sont pas de bonnes pondeuses : si l'on a en vûe seulement la ponte des œufs, on doit donner la préférence au coq rouge & à la poule bariolée.

On peut aussi en place de chenevi donner de l'avoine aux poules, que l'usage du farasin a engraissées, parce qu'outre qu'elle fait diminuer leur graisse elle les anime à la ponte.

Lorsque dans tous les documens généraux que nous venons de donner, & qui ne sont en quelque façon que préliminaires aux détails instructifs dans lesquels nous devons entrer dans le treiziéme Livre, nous avons parlé de la nourriture qu'il convient de donner aux poules, notre intention n'eſt pas de faire croire que ces animaux ne doivent point en avoir d'autre ; au contraire il faut les laiſſer un peu avoir ſoin d'elles-mêmes : nous n'entendons parler que d'un ſupplément à leur nourriture naturelle, afin de les entretenir en ſanté & en vigueur.

Nous ne nous arrêtons plus ſur cet article ni ſur celui des poulets, des chapons, des poules-d'Inde. Toutes ces parties ont un rapport ſi intime à notre treiziéme Livre que nous les y renvoyons.

CHAPITRE XXVI.

Des Oyes, de leurs eſpéces, des avantages & déſavantages qui en réſultent.

L'Oye différe par ſa nature & par ſes qualités des poulets & des poules-d'Inde, qui ne vivent que ſur terre ; l'oye vit en partie dans l'eau & en partie ſur terre ; auſſi la nature lui a-t-elle donné des parties propres à nager : il faut donc lorſqu'on veut établir des oyes dans une Ferme examiner ſi la ſituation le permet & ſi l'on a commodément de l'eau : ce n'eſt pas cependant qu'elle ne ſoit de tous les animaux aquatiques celui qui s'en paſſe le plus aiſément, parce qu'elle va ſur terre & qu'elle y prend ſa principale nourriture ; car nous la voyons vivre dans les endroits où il n'y a preſque point d'eau.

On remarque qu'elles proſpérent parfaitement dans les endroits où il y en a beaucoup : d'ailleurs la plume en eſt bien plus parfaite, parce qu'elles ſont moins ſujettes à la vermine.

Comme nous avons déja recommandé au Cultivateur, qui veut établir un fond de volaille, de bien conſidérer quelles ſont les eſpéces qui lui conviennent le plus, relativement à la nature & à la ſituation de ſon terrein, il doit néceſſairement regler & fixer le nombre de telle & telle eſpéce ; c'eſt pourquoi, lorſqu'on n'a pas beaucoup d'eau ſur ſon terrein, on ne doit élever que très-peu d'oyes : premierement, parce qu'elles n'y réuſſiront pas parfaitement ; ſecondement, parce que comme ces animaux ſaliſſent conſidérablement l'eau & lui communiquent même une mauvaiſe qualité quand elles y ſont en grand nombre, les autres animaux qui s'y abreuvent en ſont indiſpoſés, ſur-tout les quadrupedes,

Mais fi l'on a beaucoup d'eau & qu'elle foit par pieces féparées, il eft certain que le Cultivateur ne fçauroit mieux faire que de bien foutenir cette branche de l'œconomie ; il en réfulte de grands profits.

Il y a une erreur pitoyable, & qui cependant eft depuis très-long-tems accréditée. On croit que l'oye eft funefte par fa fiente à tous les végétaux, parce que, dit-on, elle les brûle, & que par-tout où il y a de cette fiente il ne vient rien. Il eft étonnant que cette erreur ait tenu fi long-tems, & encore plus furprenant qu'elle ne foit point détruite aujourd'hui. La fiente d'oye loin de traverfer la végétation, la favorife au contraire ; puifque, comme nous l'avons obfervé dans le fecond Livre, c'eft un des plus puiffans & des plus efficaces engrais.

On s'imagine que dans quelque fituation que ce foit, il ne vaut gueres la peine de s'amufer à faire venir des oyes, parce que, dit-on, le profit qui en réfulte n'eft point comparable à celui que l'on tire de la poule & de la poule-d'Inde. Mais on ne confidére pas en mê-me-tems que les oyes n'exigent prefque point de foin ni d'atten-tion, & que leur valeur n'eft pas fi fort à méprifer qu'on le penfe. Dans le printems l'oye toute jeune fe vend un fort bon prix, & en automne, tems auquel elle a acquis toute fa croiffance, elle eft d'une défaite également bonne. Les cuiffes d'oye, qui font un mets extrê-mement réputé, font encore un article important de cette branche œconomique. Une cuiffe d'oye, par exemple, fe vend à Paris depuis vingt-cinq jufqu'à trente & même quarante fols : or, il ne faut qu'un mois ou cinq femaines pour engraiffer les oyes, & les rendre pro-pres à être confites. On peut, après le calcul fait, voir que leur con-fommation pendant le tems de l'engrais monte peut-être à trente-cinq ou quarante fols. De-là on peut tirer la fomme du profit, qui affurément eft bien évidente : nous ajouterons encore la plume qui fait un article affez confidérable, puifque dans certains endroits ils font l'objet unique des foins que le Cultivateur fe donne à en élever le plus grand nombre qu'il peut. Ainfi il y a tout lieu de croire qu'on ne fera point furpris de nous voir recommander cette branche con-tre l'opinion de certaines perfonnes & de certains anciens Ecrivains François, qui, copiftes ferviles des ufages & des erreurs établies dans les divers cantons du Royaume, n'ont bourré leurs ouvrages que des documens abfurdes, qu'ils ont pris du Payfan. Nous ne pou-vons nous empêcher de faire obferver ici, qu'il eft bien furpre-nant qu'une nation auffi éclairée que la Françoife, n'ait jufqu'à préfent pris d'autre guide dans l'Agriculture qu'un *Liger*, une Maiſon Ruſtique, où l'on voit les bonnes inſtructions de *Serres* ou altérées, ou démenties, & où les perſonnes à principes ne trouvent que des inconſéquences.

Il y a pluſieurs eſpéces d'oyes : il y en a qui ne ſont que pour la ſimple curioſité ; celles - ci aſſurément ne nous prendront pas le moindre inſtant, puiſqu'elles ne méritent point qu'on en parle à l'œconome.

Il y a la groſſe oye griſe qui s'éleve fort bien dans les pays marécageux : elle mérite la préférence ſur toutes les autres eſpéces, ſoit par rapport à ſa groſſeur, ſoit à cauſe de la bonté de ſa chair, & de la bonne qualité de ſa plume.

Il y a encore une oye griſe qui eſt plus petite, c'eſt celle du Gatinois, & une autre petite blanche & noire. Mais aucune de ces eſpéces n'eſt ſi avantageuſe que la griſe ; & encore faut-il obſerver que dans cette groſſe eſpéce, celles qui ſont entiérement de la même couleur, ſont de beaucoup préférables à celles qui ſont tranchées de quelqu'autre couleur.

Il faut obſerver que parmi ces eſpéces il y en a qui demandent plus ou moins d'eau les unes que les autres. Les petites qui ſont noirâtres réuſſiſſent aſſez dans les endroits où il n'y a preſque point d'eau, mais auſſi eſt-elle de toutes celle qui rend le moins de profit. La groſſe griſe en demande beaucoup : la petite griſe, qui eſt ſouvent mêlée de blanc, réuſſit, quoiqu'elle ait moins d'eau qu'il n'en faut à la groſſe ; mais il lui en faut toujours une certaine quantité.

De tous ces petits détails il réſulte, pour le bien de la pratique, qu'on doit obſerver de choiſir la petite eſpéce griſe quand on veut élever beaucoup d'oyes dans des endroits où il n'y a point abondance d'eau, mais au contraire donner la préférence à la groſſe eſpéce, lorſqu'on a des terreins marécageux où l'eau abonde ordinairement.

Outre l'eau, il faut encore avoir en poſſeſſion une bonne quantité de terrein paſſablement abondant. Les oyes s'y nourriſſent elles-mêmes & ne donnent aucune peine au Cultivateur : alors on doit en quelque façon n'avoir pour objet que le produit de la plume. On les plume deux fois par an : mais qu'on ſe donne bien de garde de les laiſſer aller dans l'eau après cette opération, elles ſe noyeroient : on les garde quelques jours dans un terrein clos juſqu'à ce que leur plume repouſſe, après quoi on leur redonne leur pleine liberté.

Rien n'eſt plus favorable à la nature des oyes que ces terreins humides. Elles y couvent d'elles-mêmes une fois l'an, & même deux fois. Elles y élevent leurs petits fort bien, & avec plus de facilité que par-tout ailleurs.

Le printems eſt en général la ſaiſon dans laquelle les oyes doivent couver. Plutôt elles s'y mettent, plus cela eſt avantageux : c'eſt pourquoi la femme menagere qui les tient près de la Ferme, n'ayant point la commodité de les abandonner à elles-mêmes dans des marais, doit avoir l'attention de les faire couver dans ce tems.

Il y a des oyes qui ne pondent que neuf ou dix œufs; il y en a auſſi qui vont juſques à dix-ſept; mais rarement paſſent-elles ce nombre; & ſi par hazard elles l'excédent, il faut leur en ôter quelques-uns avant qu'elles ne ſe mettent à couver. Une oye couve fort bien quinze œufs : elle pourroit bien à la rigueur en couvrir dix-ſept; mais communément, & c'eſt le plus prudent, on ne leur en donne que quinze; car il eſt bien rare que quand on leur en laiſſe davantage, il n'y en ait pas quelqu'un qui ſe refroidiſſe.

On trouveroit deux avantages à avoir des oyes qui pondent de bonne heure. Le premier, c'eſt qu'elles couvent plutôt, & que les oyſons ſont propres à la vente dans le tems qu'ils ſont le plus chers; le ſecond, c'eſt que ces oyes précoces ſont les plus propres à pondre une ſeconde fois dans l'année. Mais ces avantages ſont traverſés par des inconvéniens; car on obſerve que les œufs pondus dans une ſaiſon froide rarement tournent à bien, comme ceux qui ſont pondus un peu plus tard.

Il y a des perſonnes qui croyent que quand le jar couvre la femelle à terre, les œufs ne ſont pas ſi bons que lorſqu'il la couvre dans l'eau; & c'eſt de-là qu'on attribue le mauvais ſuccès des œufs qui ſont pondus de bonne heure, à l'impoſſibilité que les oyes ont eue de s'accoupler dans l'eau qui étoit gelée. Mais cette opinion porte à faux : les œufs ne ſont en effet incertains que par rapport au froid de la ſaiſon.

CHAPITRE XXVII.

De la maniere de faire couver & de nourrir les oyes.

DÈS qu'une oye veut pondre, on la voit porter continuellement de la paille dans son bec; c'est pour faire son nid. C'est à la menagere à l'aider dans cette opération, sur-tout pour les couvées qui se font avant la saison ordinaire. Il faut leur choisir un endroit convenable, chaud & tranquille, & y faire un nid de paille ou d'orties, dont les oyes aiment beaucoup l'odeur, & qui d'ailleurs font beaucoup de bien aux petits. L'oye y va pondre; & lorsqu'on s'apperçoit qu'elle y reste considérablement après avoir pondu, c'est une marque qu'elle se prépare à couver.

Les oyes aiment beaucoup à couver leurs propres œufs; car si elles s'apperçoivent de quelque tricherie, quoique les œufs soient de la même espéce, il arrive quelquefois qu'elles les abandonnent.

Nous avons dit que les oyes réussissoient parfaitement, quoiqu'elles couvent dans des endroits ignorés de tout le monde; il est cependant bien certain qu'un peu de soin favorise beaucoup la couvée.

C'est pourquoi nous recommandons à la menagere d'observer, quand l'oye sort de son nid, de mettre devant elle une quantité convenable de nourriture pour qu'elle la trouve sans peine, & quelque grand vase d'eau pour qu'elle puisse s'y laver. Le son échaudé à l'eau bouillante ou bien l'avoine, est la meilleure nourriture qu'on puisse lui donner. Lorsqu'elle couve auprès d'un étang ou d'une riviere, il ne faut point l'empêcher de se baigner, parce qu'elle couve imparfaitement si on l'empêche de suivre son instinct naturel.

Pendant que l'oye est hors de son nid, il faut avoir le soin de retourner ses œufs, si elle n'a pas eu celui de le faire elle-même. Si quelques œufs viennent à éclorre un certain tems avant les autres, comme il arrive quelquefois d'un jour ou deux, & même de trois ou de quatre, il faut retirer les petits & les tenir bien chaudement dans de la laine, jusqu'à ce que les autres soient nés; on les donne ensuite à la mere.

L'oye couve ordinairement vingt-six ou trente jours, suivant la saison ; elle couve un jour ou deux plus par un tems froid que par un tems chaud , quelquefois même la différence monte jusques à trois ou quatre jours.

Voici la meilleure façon d'élever les oysons. On les tient dans la Ferme pendant dix jours ; on les y nourrit de farine d'orge trempée dans du lait, ou avec du lait caillé, ou encore avec du son échaudé avec du lait bouillant. On les laisse sortir vers le milieu du jour ; & lorsqu'ils ont atteint quinze jours, on les laisse aller à l'eau avec la mere. Enfin il faut ainsi les nourrir & garder, suivant que les circonstances l'exigent , jusqu'à ce qu'ils ayent acquis assez de force pour se défendre eux-mêmes contre la vermine, & qu'ils soient en état de se pourvoir eux-mêmes. Il faut aussi, après qu'on les a laissé sortir pour la premiere fois, les retirer dans la Ferme pendant la nuit. Comme ces petits animaux sont pendant quelque tems sans défense, ils deviennent facilement la proye de tout ce qui les attaque, aussi conseillons nous de les faire garder quelque tems pendant qu'ils sont à suivre leur mere dans les champs : nous avouons que sans tous ces soins les couvées peuvent réussir , mais aussi nous assurons qu'avec ces attentions elles sont certaines.

Il y a des pays où, pour épargner les oyes, on donne leurs œufs à couver aux poules ; on leur en met ordinairement sept ou huit. L'expérience prouve , quoiqu'en disent les défenseurs de cet ancien usage , que les couvées sont toujours imparfaites. La coque de l'œuf d'oye est au double plus épaisse que celle de l'œuf de poule. Ainsi cet animal n'a pas un degré de chaleur assez puissant pour pénétrer un corps aussi épais, & dont les pores sont beaucoup plus resserrés que dans les œufs de poule. La couvée par conséquent ne peut pas venir à bien , & nous ajouterons que la poule en sort exténuée.

Il y a deux tems différens dans lesquels on vend les oyes ; d'abord quand elles sont jeunes, & ensuite lorsqu'elles sont parvenues à leur parfaite croissance. Il y a une différente maniere de les engraisser à l'un ou à l'autre âge.

La véritable façon de les pousser vîte en graisse , soit qu'on les engraisse encore jeunes, soit après qu'elles ont acquis leur parfaite croissance, est de les enfermer dans un endroit obscur & tranquille : par ce moyen, sur-tout lorsqu'on les engraisse comme oysons, & par conséquent pour être mangées tout de suite, elles sont dans quinze jours ou trois semaines au degré de graisse qui convient. Pour rendre leur chair extrêmement délicate , on leur donne de l'avoine

cuite

cuite dans du lait trois fois par jour, & pour boiſſon de l'eau blanchie avec du lait.

On met en uſage la même méthode pour engraiſſer l'oye d'automne. Elle ſe trouve, ainſi que l'oyſon, propre à la vente dans quinze jours ou trois ſemaines, pourvû que l'on commence d'abord après le tems de la récolte : ce tems eſt en effet favorable, parce qu'elles ſe mettent en chair en allant dans les chaumes recueillir ce qui a échappé à la vigilance du moiſſonneur.

Pour accélérer l'engrais, il eſt bon de mettre un peu de farine d'orge dans l'eau & le lait qu'on leur donne pour boiſſon, & d'en laiſſer continuellement devant elles ; ce qui ajoute beaucoup à l'effet de leur nourriture.

Il faut avoir l'attention d'obſerver les oyes criardes qui ſont parmi les autres : elles n'engraiſſent jamais bien, & inquiétent leurs compagnes ; ce qui non-ſeulement les retarde beaucoup, mais encore les empêche d'engraiſſer quelques ſoins qu'on ſe donne : il eſt donc important de les ôter de l'endroit & de ne jamais penſer à les engraiſſer, ce ſeroit peine & dépenſe perdues.

La nourriture naturelle de l'oye eſt principalement l'herbe : elle vit parfaitement ſur les communes & autres endroits abandonnés : il eſt très-important de les y tenir quelque-tems. De-là on les fait paſſer dans les champs de chaume. Cette nourriture, nous l'avons déja dit, les met en chair, & ſe trouve plus analogue à celle qu'on doit leur donner quand on les retire pour les engraiſſer.

Nous avertiſſons que la méthode ci-deſſus mentionnée ſeroit peu favorable aux vûes de la menagere qui les engraiſſe pour en faire ce qu'on appelle *cuiſſes d'oye*. Il leur faut, pour remplir cet objet, donner une nourriture plus ſolide & qui rende la graiſſe plus ferme & plus durable. C'eſt pourquoi nous conſeillons de ſupprimer dans ce cas la boiſſon de l'eau mêlée avec le lait, & la nourriture compoſée de grains cuits dans du lait : il faut les donner ſimplement, bien lavés, dans une auge, qu'on a le ſoin de bien nettoyer tous les jours, ainſi que celle, où l'on doit leur renouveller matin & ſoir l'eau pure qu'on doit leur donner pour boiſſon.

Il n'y a gueres que les oyes nées dans le printems qui ſoient propres à être ainſi engraiſſées.

Un jar eſt ordinairement capable de ſervir ſuffiſamment cinq femelles ; ainſi il faut dans un troupeau de quarante oyes huit jars ; un plus grand nombre ſeroit ſuperflu & nuiſible, de même qu'un inférieur porteroit préjudice.

Tome III.   Q

Il arrive que parmi le nombre des oyes que l'on engraisse, il s'en trouve à qui la nourriture répugne , & qui par conséquent ne peuvent point profiter : il faut alors présenter à celles qui sont dégoûtées une assiete de petit gravier bien nettoyé & bien propre : elles en mangent de tems en tems, & leur appétit revient.

CHAPITRE XXVIII.

Des Canards.

LE canard est un autre de ces oiseaux que la nature a fait, pour vivre en partie sur terre & en partie dans l'eau ; mais il est plus aquatique que l'oye : il a en effet des parties conformées de façon , qu'il est plutôt destiné à nager qu'à marcher ; car il marche en vacillant , aussi est-il plus souvent dans l'eau que sur terre.

On sent par la nature de cet animal combien il faut toujours se conformer aux vûes de la nature quand on veut entreprendre la peuplade des animaux quelconques. Il en est de celui-ci comme de l'oye. Le Cultivateur doit examiner la nature & la situation de sa Ferme avant que de se déterminer à élever des canards, & pour se prescrire le nombre de ceux qu'il peut entretenir.

Comme le canard se contente du moindre bourbier, il n'y a guéres de Fermier qui ne puisse se déterminer à en élever ; & en effet, il y a bien peu d'endroits où l'on n'en puisse tenir : mais il est certain que lorsqu'on a abondance d'eau & que le canard peut y nager librement, c'est l'endroit de préférence & le plus favorable, & principalement si l'eau est courante.

De-là on doit conclure, qu'un Cultivateur dont le domaine est voisin d'une grande riviere, est le mieux situé pour élever avec profit des canards ; quoiqu'ils n'approchent point du produit de la poule, de la poule-d'Inde & de l'oye ; il est cependant assez sensible pour mériter la considération d'un Cultivateur, qui veut tirer avantage de la moindre circonstance favorable que la situation de son terrein lui offre.

Comme le canard est l'animal qui demande le moins de soins, il est certain que son prix, quoique de beaucoup inférieur à celui des autres oiseaux de la Ferme , ne doit point être indifférent à la menagere : car cet animal est si dur, qu'on peut, pour ainsi dire,

l'abandonner à lui-même, & les cannetons gagnent l'eau à un âge
si peu avancé, qu'ils sont bientôt hors de l'atteinte de leurs ennemis. Le seul tems dans lequel cet oiseau exige quelque soin, est celui pendant lequel la cane couve. Comme elle ne peut alors aller
chercher sa nourriture, il faut avoir l'attention d'en mettre devant elle; mais aussi de quelque espéce qu'elle soit, elle s'en contente. Les autres tems de l'année, le canard vit fort bien des grains
répandus dans la cour, des rebuts de la cuisine, & de ce que le courant de l'eau lui présente: tout sert à sa nourriture; il n'y a rien de
perdu pour lui; cependant sa chair est délicate. Nous ajoutons une
excellente qualité qu'on remarque en lui; c'est d'être de beaucoup
moins mal-faisant qu'aucun des autres animaux de la Ferme.

Les œufs de la cane sont presque aussi bons & aussi fins que
celui de la poule. Elle en pond beaucoup: elle fait de fortes couvées: les petits qui en viennent sont propres à la vente, soit en
canetons, soit en canards, qui ont acquis leur parfaite croissance.
Dans l'un & l'autre cas, ils sont aisés à engraisser.

Il y a différentes espéces de canards dont la plûpart ne sont
propres qu'à satisfaire la curiosité. Elles ne regardent point du tout
le Cultivateur; les deux espéces qui peuvent lui être utiles, sont
le canard ordinaire domestique, & le canard sauvage apprivoisé;
cette derniere espéce devient si familiere, par l'habitude de voir
du monde & de vivre avec les autres canards, que l'on ne s'apperçoit plus d'aucune différence dans la familiarité.

Il y a plusieurs races de canards privés, qui, quoique différenciées
par de très-légeres circonstances, méritent néanmoins à quelques
égards la considération de l'œconome, par rapport à leurs différentes qualités & à leur différente façon de vivre. En général le canard sauvage demande plus d'eau, & le domestique en supporte plus
facilement la privation. Quant aux différentes races des privés,
celle à bec étroit est beaucoup plus dure que la race commune,
& vit avec beaucoup moins d'eau; la race dont le bec est recourbé
en haut vers l'extrémité, pond beaucoup plus abondamment que
les autres, mais elle ne fait pas des couvées si heureuses & si nombreuses que les autres. Mais comme ses œufs sont excellens, si l'on
n'a que cet objet, il faut leur donner la préférence.

Il n'y a point d'endroit plus favorable au canard commun &
au Cultivateur que les jardins & les vergers : il est de toutes les
races la plus habile à détruire la vermine, les limaces, & tant
d'autres insectes qui font tant de ravages dans ces parties de la
Ferme.

Cette race fait beaucoup d'œufs dans la faison : elle les couve même affez bien ; mais en général il eft plus avantageux de faire couver les œufs de cane par des poules que par la cane même, de quelque race qu'elle foit ; parce qu'auffi-tôt que les petits font éclos elle les conduit à l'eau, où il en périt beaucoup fi le tems eft froid. Ils fuivent au contraire la poule fur terre, & s'endurciffent ainfi peu-à-peu avant que de s'expofer à l'eau.

On ne donne ordinairement que treize œufs à couver à une cane ; la poule en couve autant que des fiens propres, & les éleve fort bien ; de forte qu'à tous égards elle eft préférable pour cette opération à la cane même.

Lorfque les canetons font éclos, ils n'exigent aucun foin pour peu que le tems foit favorable ; mais s'ils viennent à éclorre par un tems fort pluvieux, il eft bon de les retirer fous un couvert, & particulierement pendant la nuit ; car, quoique le canard aime naturellement l'eau, il a befoin de fes plumes pour pouvoir la bien fupporter, ainfi fa fanté rifque beaucoup d'être altérée par l'eau avant qu'elles ne foient venues.

Il eft extrêmement facile d'engraiffer les canards à tout âge ; & la façon d'y réuffir eft exactement la même, foit qu'on les engraiffe canetons, foit qu'on les engraiffe parvenus à leur parfaite croiffance. On les met en un endroit tranquille & obfcur, dans une efpéce de cage, où on leur donne une quantité fuffifante de grain & d'eau. Par cette façon, qui, comme on le voit, eft bien fimple, ils s'engraiffent dans le courant de quinze ou vingt jours, & fe vendent un prix qui dédommage bien de la dépenfe & de la peine de les avoir engraiffés.

CHAPITRE XXIX.

De la façon de tenir des Oiseaux aquatiques sauvages,
& des attrapes.

IL y a différens oiseaux aquatiques qui reſſemblent aux canards.
Beaucoup de perſonnes en entretiennent par curioſité ; ſi
l'on vouloit ſe donner les petites attentions que nous devons recommander, ils porteroient des profits qui méritent la conſidération de l'œconome, à qui la nature a accordé une ſituation favorable pour remplir avec ſuccès cet objet.

Comme ces animaux ſont naturellement ſauvages, il faut, quoiqu'on les ait ſous la main, en ſuivant leur caractere naturel, les
traiter de façon qu'ils ſe croyent toujours tels, & qu'ils n'apperçoivent aucune différence dans le régime : il faut leur donner des endroits de ſûreté, & y pratiquer de petites commodités où ils puiſſent
ſe cacher ; pour cet effet le plus ſûr eſt de les mettre toujours en
des lieux où ils ne ſoient point expoſés à être troublés par les al-
lans & venans, & où on les puiſſe nourrir, pour ainſi dire, furtive-
ment. C'eſt de cette façon que les ſarcelles, la marcanette, & nombre d'autres oiseaux à-peu-près de la même eſpéce, peuvent rendre
un profit conſidérable qu'on ne s'imagine pas, & qui cependant
eſt réel, lorſque la ſituation & la qualité du terrein permettent d'en
élever dans une eſpéce d'état ſauvage.

La premiere circonſtance, qui eſt néceſſaire au ſuccès de cette
entrepriſe, conſiſte à avoir dans quelque endroit de la Ferme une
ſource d'eau ſur un terrein ſitué horizontalement, qui mouille une
certaine étendue & où la nature ait pratiqué quelques profondeurs
ou cavités. Cette ſituation eſt la plus favorable ; elle doit être telle : autrement on doit y renoncer ; à moins que l'on n'ait un ruiſſeau
ou quelque bras de riviere dont on peut entiérement diſpoſer.

Lorſqu'on a des lieux ainſi diſpoſés, on les entoure de bonnes
clôtures, on y plante des oſiers par intervalles, où l'on favoriſe la
végétation, du jonc & de toutes ſortes de mauvaiſes herbes, pour
donner aux oiseaux qu'on veut y mettre autant de petits lieux ca-
chés où ils ſe croyent bien à couvert. On couvre toute la partie
de ce terrein d'un filet. Toutes ces préparations faites, on y jette les

oifeaux fauvages qu'on veut y élever : ils y font leurs petits, & y vivent très-bien. Les femelles gardent leurs nids, pour ne pas en laiffer approcher les mâles qui ne manqueroient pas de manger les œufs. C'eft de cette façon que ces oifeaux fe multiplient confi-dérablement.

L'agréable de ces animaux, grands ou petits, eft qu'ils pourvoyent eux-mêmes à leur propre nourriture : celle qu'on leur donne n'eft pas difpendieufe, les grains de la moindre valeur y fuffifent : quand on leur en porte, il faut que ce foit la nuit ; on en met en deux ou trois endroits différens, parce qu'ils trouvent le matin de quoi fe nourrir. Par cette méthode ils s'accoutument à y aller, & le propriétaire a la facilité d'en prendre quand il en a befoin.

Pendant qu'ils ont des petits, on leur jette des grains échaudés ; les vieux les y conduifent : il n'y a pas d'animal qui ait plus d'atten-tion pour fa famille que ces oifeaux aquatiques, ni dont les pe-tits foient fi-tôt capables de fe pourvoir.

Voilà en général la façon dont on fe fert pour faire multiplier ces animaux. Ils font plus avantageux qu'on ne fe l'imagine. Cependant cette pratique eft abfolument ou ignorée ou négligée en France.

On a dans les pays marécageux une méthode particuliere de les attraper, fur-tout les canards fauvages ; elle rend un profit confi-dérable.

Elle confifte à avoir un endroit aqueux, & bien planté, qui foit d'une grande étendue, & arrangé de façon que les oifeaux fauvages y entrent. Ordinairement ces endroits font ainfi formés par la na-ture ; de forte que toute la peine & le foin de l'œconome fe bor-nent à faire enforte qu'il regne une grande tranquillité dans les environs. Ces endroits n'ont ni befoin d'être couverts ni d'être enclos ; leur étendue doit être fuffifante pour garantir les efpaces les plus épais de tout ce qui pourroit épouvanter ces oifeaux ; ils doi-vent être ouverts de tous côtés, pour qu'ils y entrent librement. On plante des filets d'efpace en efpace, où on nourrit des canards apprivoifés, pour attirer les autres : ils fortent de tems en tems, & vont fe mêler avec les canards fauvages ; ils les conduifent en-fuite infenfiblement dans l'attrape, & les font jetter dans les filets. Pour mieux réuffir à cette opération, les canards fauvages bien apprivoifés font préférables aux canards domeftiques.

CHAPITRE XXX.

Du Cigne & du Paon.

CEt article-ci, ainfi que celui du paon, devroit être renvoyé à l'agréable de l'Agriculture; puifqu'il eft certain que l'utilité qui réfulte de ces deux animaux ne mérite point la confidération de l'œconome, qui ne s'attache qu'aux branches lucratives de l'œconomie champêtre. Auffi notre deffein n'eft pas d'y infifter beaucoup : nous fommes trop attachés à notre objet pour le perdre long-tems de vûe.

Le cigne eft un oifeau de parade, nous n'en parlons en effet ici que parce qu'il tient à la nature de ceux qu'on vient de voir. Quelque chofe qu'on puiffe dire des différens plats qu'on fait de cet animal pour la table, nous ne lui trouvons point affez d'utilité pour engager le Fermier à l'élever.

Cet animal eft prefque deftiné, par fa ftructure naturelle, à vivre dans l'eau; il eft de tous les oifeaux aquatiques celui qui marche le plus mal-adroitement fur terre.

Mais auffi il a une force étonnante fur l'eau. On remarque que pendant que la femelle couve fes œufs, le mâle, qui garde les alentours du nid, fe défend fi bien contre un chien d'une grandeur ordinaire, & le bat avec tant de fupériorité, qu'il le fait noyer.

Cet animal demande beaucoup d'eau, & fe plaît principalement fur les rivieres : on peut même en mettre, fi l'on veut, fur les étangs. Il n'eft pas fi deftructeur que l'on le penfe, croyant qu'il détruit le poiffon, ce qui eft faux, car il fe nourrit naturellement d'herbe ordinaire, & des mauvaifes herbes qui viennent dans l'eau douce. Il ne demande de foin que dans fon extrême jeuneffe. En état d'aller à l'eau, il fe tire par lui - même parfaitement bien d'affaires.

Il faut lui laiffer la liberté de choifir lui-même fon nid : tout ce qu'on peut faire, c'eft de l'aider. Il faut d'abord planter des branches tout à l'entour, s'il n'y a point d'ombre pour le garantir de l'ardeur du foleil. Quand la femelle commence à couver, il faut mettre dans une auge, pratiquée exprès auprès de fon nid, un peu d'avoine, afin qu'elle ne laiffe pas fes œufs trop long-tems découverts pour aller manger.

La femelle fait depuis fix jufqu'à douze œufs, rarement davantage. Elle en couve ordinairement quatre ou cinq. Si les œufs viennent à éclorre à-peu-près en même-tems, la couvée eft plus forte ; fi
au contraire ils naiffent l'un après l'autre, elle quitte les œufs dès
qu'elle en voit quatre ou cinq d'éclos. Mais on peut remédier à cette négligence en lui ôtant les éclos, & alors elle continue de couver
le refte. On met les premiers éclos dans de la laine, jufqu'à ce que le
fort de toute la couvée foit décidé, après quoi on les rend à leur
mere.

Il y a des gens dont le goût fe porte toujours vers l'extraordinaire : ils prétendent que le jeune cigne eft un mets délicat. Lorfqu'on
veut en engraiffer pour fatisfaire ce caprice, on les ôte à la mere
dès qu'ils ont atteint cinq ou fix femaines : on les enferme dans
une niche obfcure & tranquille : on leur donne de l'avoine abondamment, & du lait ou de l'eau pour boire.

Le paon eft un oifeau encore plus beau que le cigne, mais au
moins un peu plus utile au Cultivateur ; cependant il ne convient
guéres qu'aux perfonnes qui peuvent facrifier à leur amufement
d'en élever. Jeune il peut être mangé : il peut être de quelque
utilité dans une Ferme. Cet animal ne caufe aucune dépenfe ; au
contraire fa nourriture naturelle favorife les vûes du Cultivateur,
puifqu'il mange toute la vermine qu'il trouve fur le terrein, comme les vers de terre, les limaces, les petits lézards, les crapaux. Il
fe nourrit de grains quand on lui en donne.

La femelle fait fon nid dans les buiffons, & met tous fes foins
à le cacher au mâle, qui, comme les mâles de plufieurs autres animaux, détruiroit les œufs s'il pouvoit les trouver. Elle couve ordinairement trente jours.

Comme les petits font dans leur extrême enfance fort tendres,
il faut les retirer pendant quelque tems dans la maifon, fans cette
précaution le froid les tue. On les nourrit pendant ce tems avec du
fromage frais, ou avec de la farine d'orge & de l'eau ; on les laiffe
un peu fortir vers le milieu du jour pour les familiarifer avec le grand
air ; & lorfqu'ils ont acquis de la force, on les abandonne entiérement à la mere : le mâle paroît d'abord ne pas connoître fes petits, & ne les reconnoît bien en effet que lorfque les plumes, qui
forment la hupe, commencent à s'élever ; dès-lors il a pour eux
une tendreffe auffi vive que la femelle, & il les défend avec courage contre tout ce qui veut les attaquer.

CHAPITRE

CHAPITRE XXXI.

Du Faisand.

LE faisand, quoique naturellement un oifeau fauvage des bois, eft à-peu-près de l'efpéce ordinaire de volaille, & peut être propagé à-peu-près de la même maniere en des endroits difpofés d'une façon convenable.

Il y a des faifanderies dans plufieurs endroits où on en éleve un grand nombre; mais ils demandent tant de foins & tant d'attentions, qu'il ne vaut point la peine que nous entrions dans un détail très-peu important à l'utilité des Cultivateurs. Nous le renvoyons, ainfi que les deux Chapitres précédens, au Supplément, que nous avons réfervé pour l'agréable de l'Agriculture.

CHAPITRE XXXII.

Des Pigeons ; des avantages & défavantages qui en réfultent.

VOici l'oifeau, en quelque façon, le plus petit de tous ceux qu'on éleve dans l'œconomie champêtre, qui cependant mérite beaucoup notre confidération : il eft certain que moins la nourriture d'un animal eft difpendieufe, plus l'œconome en fait de cas, avec jufte raifon ; parce que fon vrai principe doit être toujours de regarder comme le premier gain le premier épargné. Et c'eft le cas de l'efpéce de pigeon dont nous allons particulierement parler.

Il y a des efpéces de pigeons qui exigent beaucoup de nourriture & d'attention : mais le véritable pigeon de colombier, appellé dans certains pays *Pigeon fuyard* & en d'autres *Bizet*, eft la feule efpéce qui foit en recommandation chez le Fermier, parce qu'il eft de toutes celle qui pourvoit à fa fubfiftance pendant la plus grande partie de l'année, & que quand par la grande rigueur de la faifon l'on eft obligé de lui donner de quoi vivre, ce que l'on lui jette n'eft pas d'une grande valeur.

Entre tous les avantages qui réfultent de cet animal, la fiente eft un des principaux. Nous avons fait connoître fon prix & fa grande utilité comme engrais; de sorte qu'un Fermier croiroit entendre fort mal ses intérêts s'il n'en élevoit point.

On ne s'attend pas sans doute que nous entrions dans le détail de toutes ces espéces de pigeons que la curiosité a transportés en France. Plus à charge qu'utiles, ils ne méritent pas que nous nous arrêtions un moment sur leur compte. Ainsi, pour écarter toutes ces distinctions frivoles, nous nous bornons à dire qu'il y a de deux sortes de pigeons; le pigeon que nous appellerons domestique, & le pigeon *fuyard* ou *bizet*, ou *pigeon de colombier*. Le pigeon domestique est estimé non-seulement par rapport à sa beauté, mais encore à cause de la grosseur de son corsage. Le pigeon ordinaire, qui est donc le pigeon de colombier, est beaucoup plus petit & moins beau.

L'espéce domestique est plus dispendieuse, mais elle récompense en quelque façon des frais & des soins qu'elle exige par la fréquence de ses couvées : bien nourrie & soignée elle fait des petits tous les mois.

Quant au choix de cette race-ci, on s'attache ordinairement à la beauté, mais il faut avoir encore l'attention de bien les accoupler : c'est l'article important, parce qu'ils ne peuvent plus se séparer.

Quoique ces pigeons fassent beaucoup de saleté, ils demandent d'être tenus extrêmement propres. Leur nourriture est chere; la meilleure qu'on puisse leur donner, c'est de l'yvraie ou des pois blancs, qu'on leur mêle avec un peu de gravier. Il faut qu'ils ayent en tout tems de l'eau bien propre : ils sont fort sujets à la vermine; & comme leur fiente en engendre beaucoup, il faut l'ôter de tems en tems, & avoir grande attention de garentir leurs œufs des étourneaux, qui fréquentent souvent les endroits où l'on tient des pigeons, pour manger leurs œufs.

Pour animer dans ces animaux la génération, il convient de leur laisser toujours un peu de sel mêlé avec de la glaise, ou quelque autre chose qui contienne du sel de mer, afin qu'ils y becquetent.

Voilà ce que nous croyons suffisant, relativement au pigeon domestique, pour instruire les particuliers qui voudroient en élever chez eux. Nous ajouterons seulement que, quoique cette espéce donne de l'embarras & occasionne de la dépense, il est certain cependant qu'il y a quelqu'avantage à en élever, lorsqu'on est à portée d'en envoyer dans des villes d'une grande consommation; parce qu'on tire un fort bon prix des pigeonneaux, qui en effet sont bien supérieurs pour la table à ceux de colombier, que d'ailleurs leur fiente est un bien plus riche engrais que celle des autres, & que pour comble de profit, on n'en perd point du tout.

Lorsque nous disons que la fiente du pigeon domestique est bien supérieure à celle du *Bizet*, on sera persuadé de cette vérité pour peu qu'on se rappelle les principes incontestables que nous avons établis dans le Livre des engrais.

Il est avantageux de tenir des pigeons : ils rapportent un profit, qui, comparé avec la dépense, détermine à en élever. On conçoit bien que nous prétendons ici parler du pigeon de Ferme, c'est-à-dire du *Bizet*. Il prospere beaucoup plus dans les pays découverts, parce qu'il y a ordinairement plus de grains.

Il y a des Provinces où le Cultivateur a une grande quantité de féves & de pois gris pour ses chevaux. On les féme ordinairement beaucoup plutôt que d'autres sortes de grains. Cette nourriture est fort bonne pour le pigeon. Comme il en mange de bonne heure, il se porte bien & devient fort, de-là plus propre à donner des petits dès le commencement de la saison : ce qui est un article très-important pour la vente.

Ordinairement le *Bizet* est d'un bleu foncé, il a sur les autres espéces l'avantage d'être d'une constitution plus robuste : Il vit même dans les hyvers les plus rigoureux.

Mais comme ce pigeon a le désavantage d'être extrêmement petit, on peut améliorer la race en le mêlant avec le pigeon domestique de l'espéce la plus commune, qu'il faut toujours choisir, autant qu'il est possible, de la même couleur que le *Bizet*, afin que la ressemblance les détermine plus facilement à s'accoupler, au lieu, comme il arrive sans cette précaution, de se déclarer une guerre obstinée. Cependant ce mêlange doit se faire avec beaucoup de précaution ; car, quoique la grosseur du corsage du pigeon soit un avantage, on sçait que dans toutes les races en général, il faut chercher la juste proportion que la nature met entre les individus qui doivent s'accoupler.

On peut encore améliorer cette race en la mêlant avec le pigeon ramier. Cette pratique est d'autant meilleure qu'outre que le *Bizet* qui provient de ce mêlange acquiert un corsage plus gros, il est d'un goût plus fin & plus délicat, & en même-tems d'un tempéramment plus robuste & d'une nourriture encore moins dispendieuse. Mais pour y procéder, il faut pouvoir se procurer des œufs de ramier, les mettre sous la poule du *Bizet* dans le colombier : cette efpéce mixte réfifte beaucoup plus au mauvais tems.

Il faut autant qu'il eft poffible veiller fur la proportion des mâles & des femelles ; rien ne dépeuple & ne détruit plus un colombier que la fuperfluité des coqs , furtout dans l'efpéce domeftique ; parce qu'ils font querelleurs, qu'ils fe battent , & troublent les femelles quand elles veulent s'accoupler avec leur mâle favori. Nous avons vu en effet des colombiers déferts & réduits prefque à rien faute de cette attention.

On fait beaucoup de dépenfes pour bâtir un colombier ; mais il y a une façon d'en conftruire bien moins difpendieufe, beaucoup plus aifée, & plus favorable pour la multiplication des pigeons : on mêle de la paille avec de la glaife , on en fait ce qu'on appelle du *torchis* : il faut que les murs ayent quatre pieds d'épaiffeur. Comme le torchis eft humide , après qu'on a fait le mur , on y fait des trous avec un inftrument quelconque de bois ou de fer : on donne à chaque trou un pied de grandeur en quarré. Cette efpéce de colombier , outre qu'il eft peu difpendieux, a l'avantage d'être fort chaud : il faut feulement avoir l'attention de faire enforte que le trou penche un peu en arriere , afin d'éviter la chute des œufs.

Il eft certain que les pontes profpérent beaucoup mieux dans cette forte de colombier que dans ceux de pierre ou de brique. Mais quelle que foit la matiere dont on conftruit les murs , il faut très-fouvent en blanchir la partie extérieure. Le pigeon aime beaucoup cette apparence de propreté , & d'ailleurs cela fait qu'il apperçoit le colombier de loin.

Quant à la nourriture des pigeons , outre les pois & l'yvraie dont nous avons déja parlé, l'orge leur eft encore fort propre : mais il faut prendre garde de leur en donner quand les pigeonneaux font éclos, parce que les extrémités , qui en font extrêmement aiguës , leur percent le jabot. Le bled farazin eft encore une nourriture excellente & à bon marché.

Les pigeons de colombier ont foin d'eux-mêmes pendant la plus grande partie de l'année, & n'ont pas befoin qu'on les nourriffe : il n'y a que deux tems où il eft abfolument néceffaire de les aider un peu ; le fort de l'hyver, lorfque la terre eft couverte de neige ou fi durcie par la gelée , qu'ils n'y trouvent rien à manger, & le milieu ou la fin de Juin. Il faut les nourrir dans cette faifon-ci , parce que les pois n'étant pas encore dans leur maturité, & que ces animaux ayant dans ce tems des petits , ils ne trouvent dans la campagne qu'une bien misérable vie, ce qui fait dépérir les pigeonneaux. Au reste, le tems que le pigeon exige de la nourriture est ordinairement fort court, & par conséquent expose à une bien petite dépense.

Outre la nourriture nous avons dit, pour les pigeons domestiques, qu'il falloit leur donner un bloc de glaise salée. Il faut aussi avoir la même attention pour les pigeons de colombier: leur nombre étant plus grand, il faut en augmenter la masse, & y jetter presque tous les jours la saumure de la maison. Il y a encore une autre façon, c'est de faire une espéce de mortier avec de la chaux, du sable, de la glaise, & du sel; ils becquetent ce mélange avec un plaisir infini. Il résulte de cette attention un autre avantage, c'est que le pigeon ne va point becqueter dans les fentes des murs, ce qui ne laisse pas de porter quelque préjudice aux bâtimens. Quand on a fait ce mortier, on doit le tenir clair & délayé, & l'entretenir ainsi en y versant souvent de la saumure.

Il y a des endroits où l'on met auprès des colombiers une grosse masse de sel, que l'on forme exprès dans les chaudieres des salines; mais cette méthode est de beaucoup inférieure au mélange dont nous venons de parler.

Nous indiquons une méthode qui l'emporte sur toutes les précédentes. Elle consiste à mettre un tas d'argile auprès du colombier, & à la battre jusqu'à ce qu'elle puisse former de la bouillie, avec de la saumure, ou avec de l'eau; il faut y ajouter une certaine quantité de sel, un peu de salpêtre, & une pleine pelle ou deux de gros sable commun: quand on se sert de saumure pour détremper l'argile, il faut diminuer la quantité de sel, & par conséquent il faut l'augmenter quand on se sert d'eau: il faut de même regler la quantité de sable sur le plus ou le moins que l'argile en contient: lorsque l'argile est rare & qu'on ne peut point s'en procurer, on se sert de glaise. Le meilleur sable qu'on puisse choisir pour remplir cet objet, est le gros sable de mer, qui est naturellement empreint de particules salines; à la place de celui-là, on employe celui qu'on sépare du gravier par le moyen d'un tamis.

Le pigeon aime le sel non-seulement quand il se porte bien, mais encore il en fait sa médecine universelle; & en effet, il n'est rien qui le rétablisse si promptement des maladies dont il est attaqué. On observe que du sel mêlé avec de la baye de cumin, est pour cet animal un reméde à tous les maux auxquels il est sujet.

On débite beaucoup de secrets qui sont très-accrédités chez les campagnards, pour faire que les pigeons aiment leur colombier, & que les déserteurs des colombiers voisins s'y fixent. Les uns ont cru que l'*assa fœtida*, d'autres que la graine de cumin étoient très-propres à attirer ces animaux & à les fixer : mais il n'y a rien qui approche de l'efficacité du tas d'argile salée, telle que nous l'avons dit ci-dessus. Cette méthode, jointe à l'attention de tenir le colombier bien propre & de ne pas les y tracasser, conservera en bon état le fond de pigeons qu'on y aura établi, & l'augmentera même quelquefois aux dépens des voisins qui négligent ces petits soins.

Parmi les moyens qu'on recommande pour attirer les pigeons à un colombier déserté, il n'en est point de plus ridicule que celui de faire cuire une chienne au four. Ceux qui pratiquent cette méthode prétendent qu'il faut la tuer pendant qu'elle est en chaleur, l'écorcher, la faire cuire, & la mettre sortant du four dans le colombier ; on renchérit même en mettant de la graine de cumin dans le ventre de la chienne avant que de la faire cuire. Il est certain que le pigeon aime beaucoup cette graine, qui certainement est de toutes les graines aromatiques celle qui est d'un goût le plus désagréable. On sent bien que si cette méthode a quelquefois du succès, ce ne peut être que l'effet de l'odeur du cumin, & nullement de la chienne.

Nous avons vu pratiquer très-souvent avec succès une méthode bien simple. On fait bouillir de la merluche qui n'a point été désalée dans une certaine quantité d'eau : lorsqu'elle est cuite, on jette dans cette saumure encore bouillante de la vesse, pois, ou autre graine, & l'on la met dans le colombier. Il est certain que les pigeons la mangent avec avidité ; & que s'il y a dans le colombier quelque déserteur des colombiers voisins, il s'y fixe. Au reste, la malpropreté seule expulse les pigeons ; c'est donc à l'œconome à veiller soigneusement que le colombier soit tenu bien propre. Il n'y a point de secret qui tienne contre la négligence.

Par tous les détails dans lesquels nous sommes entrés on voit bien que les profits qui résultent des pigeons sont considérables ; ils se multiplient beaucoup & la consommation en est grande. On préférera toujours la grande espèce domestique, lorsqu'on est voisin des grandes villes, parce que leurs pontes sont fréquentes dans l'année, que leurs pigeonneaux sont gros, d'un excellent goût, & recherchés, & conséquemment achetés à un plus haut prix ; dans la campagne on eléve par préférence le pigeon commun : le peu qu'il en coûte pour sa nourriture & le grand nombre qu'on peut en entretenir, fait qu'il doit y être plus en recommandation que la grande espèce, que l'on ne peut élever qu'à grands frais.

Voilà assurément tous les avantages des pigeons mis dans un jour suffisant pour déterminer le Cultivateur à en élever : voici les désavantages qui en résultent.

Dans la culture ordinaire du Royaume, on seme tous les grains à la main ; de sorte qu'il en reste une très-grande partie à découvert ; les pigeons, dans le tems des semailles, sont toujours à rôder autour des terres ensemencées. Nous avons eu la curiosité de compter dans ce tems le nombre des grains qu'un pigeonneau a ordinairement dans son jabot, nous en avons trouvé jusqu'à cent vingt-cinq & cent trente : or en supposant que trois cens paires de pigeons ayent chacune leur paire de pigeonneaux, il est certain que chaque jour de semailles, il est volé au Cultivateur, par ces animaux, trois cens poignées de bled, attendu que chaque poignée, bien exacte, ne contient, tout au plus, que deux cens cinquante ou deux cens quatre-vingt grains : or les semailles durent pour le moins quinze jours. De-là qu'on compare la somme provenant des larcins faits au Cultivateur, avec la somme du produit provenant de trois ou quatre pontes que les pigeons font dans le courant de l'année, on verra que si la sixiéme partie du grain qui a été dévorée par ces animaux étoit venue il n'y auroit point de comparaison à faire du profit qu'auroit rendu les grains avec celui que les pigeonneaux rendent.

D'ailleurs nous n'avons point porté en compte la quantité des grains que les peres & meres réservent dans leur jabot pour leur propre subsistance.

En vain on voudroit ajoûter aux profits qui résultent de la vente des pigeonneaux la quantité de fiente que le Cultivateur trouve dans le Colombier, elle ne peut se réduire qu'à très-peu de chose ; puisqu'il est certain que ces animaux, sans cesse occupés à chercher de la nourriture pour eux & pour leurs petits, fientent pendant presque tout le jour hors du Colombier & que le Cultivateur ne profite que de ce qu'ils lui en donnent pendant la nuit. Nous ajoûterons encore que le pigeonneau de Colombier est toujours à un prix très-modique, puisqu'on ne vend ordinairement la paire que deux sols & demi ou trois sols.

Cette Observation servira sans doute à mettre le Cultivateur en état de se prescrire sur ce point des régles avantageuses ; il est bien certain que dans toute culture où le nouveau femoir eſt employé, le pigeon de Colombier ne peut être que très-profitable; mais que par tout où l'on ne fait point uſage de cet inſtrument, cet animal porte au contraire plus de préjudice qu'il ne rend de profit.

Mais comme dans les Fermes il y a toujours des reſtes de grains, on peut, dans les pays où l'on feme à la main, entretenir certain nombre de pigeons domeſtiques dans une cour couverte d'un gros filet, où ils ont aſſez de liberté pour s'égayer, pendant qu'une partie couve; on eſt aſſuré au moins de profiter de toute leur fiente & d'avoir des pigeonneaux qui engraiſſent facilement & qui par conféquent font toujours d'une défaite très-avantageuſe.

TROISIEME

TROISIEME PARTIE.

Des Poiſſons.

CHAPITRE XXXIII.

Des avantages des Etangs à Poiſſons.

IL eſt étonnant que l'on n'ait point conſidéré juſqu'à préſent le poiſſon comme une branche eſſentielle de l'œconomie champê-tre ; ſi les Auteurs qui nous précedent en avoient fait ſentir tous les avantages, il eſt certain que nous ne ſerions pas aujourd'hui dans la néceſſité de faire connoître aux Cultivateurs tous les profits qui en réſultent.

Tout Cultivateur qui a ſur ſon terrein de l'eau , n'importe de quelle ſorte , & qui ne l'occupe point, trahit lui - même ſes inté-rêts autant que ſi ayant de bons pâturages il n'y mettoit pas des beſtiaux : les eaux ne ſont pas toutes de la même qualité ; mais auſ-ſi telle eſpèce de poiſſon qui ne réuſſit pas dans telle eau réuſſit bien dans telle autre.

Un Cultivateur induſtrieux porte ſes vuës de toutes parts dans ſon domaine ; rien ne doit échapper à un œil que l'intérêt ouvre ; les poiſſons vivent partout où il y a de l'eau ; il eſt donc de ſon inté-rêt, non-ſeulement de peupler ſes étangs, quand il en a, mais enco-re d'en faire exprès lorſqu'il a des eaux dont il peut diſpoſer.

Nous avons dans cet Ouvrage mis tous nos ſoins à conduire le Cultivateur de façon à lui faire tirer le meilleur parti poſſible de chaque partie de ſon terrein, & dans notre plan on a bien vû que nous avions pour objet de conſidérer tous les cas dans leſquels l'art doit venir au ſecours de la nature , & particulierement, comment des foſſes, des marres, en un mot des eaux perdues peuvent être converties en étangs.

Nous entrerons donc ici dans un détail exact, & nous tâcherons

Tome III.   S

de faire voir, non-seulement comment on peut peupler toute eau quelconque de poisson qui lui convienne & la rendre propre à en recevoir, quoiqu'elle fût auparavant, par des circonstances particulieres, hors d'état d'en contenir ; mais encore en quel cas il peut-être très-avantageux de creuser exprès des étangs.

D'abord il peut avoir des parties sur son terrein qui par leur nature & situation & employées à tout autre usage ne lui peuvent procurer guéres de profit, & qui mises en étangs peuvent lui apporter des avantages considérables : & certainement dans ce cas, il faudroit que la dépense fût bien grande & que les crevasses fussent bien fréquentes, pour que nous ne lui conseillons pas d'en faire des étangs : au reste, voici toujours la façon la moins dispendieuse pour procéder à cette opération : les terreins sur lesquels on peut avec avantage en creuser sont de deux sortes, les marécageux & naturellement acqueux, & ceux qui quoique secs & fermes sont situés dans des fonds entre des terreins élevés : il y a deux raisons différentes qui déterminent à préférer ces deux sortes de terreins, les premiers parce qu'ils ne sont gueres propre à autre chose, les seconds parce qu'ils servent à deux fins, à abreuver les bestiaux & à produire du poisson : ceux-ci tirent leurs eaux des terreins élevés & rapportent des profits considérables.

En considérant que cet article-ci concerne le Gentilhomme ainsi que le Fermier, ce que ces étangs fournissent pour la table du Maître devient un point important ; puisqu'il est vrai que tout ce que l'on épargne forme autant de gain. Le Cultivateur, proprement dit, n'a pour objet que la vente, & elle est assez considérable pour l'encourager.

L'orsqu'on a choisi un terrein pour faire un étang, il faut d'abord examiner s'il y a des sources pour l'entretenir ou si son entretien doit dépendre des eaux des pluyes : car on sent bien que dans l'un ou l'autre de ces deux cas il faut se conduire différemment : les étangs entretenus par des sources rarement se déssechent tout-à-fait ; mais il faut que ceux qui dépendent des pluyes soient faits en pente, sans quoi ils pouroient manquer dans certains tems, & le déssechement d'un étang entraîne la perte totale du poisson.

Lorsque l'on voit du jonc dans un terrein bas, c'est une preuve qu'il y a de l'eau sur le lieu ou dans le voisinage : nous avons déjà fait voir de combien peu de valeur sont les produits de semblables terreins, & nous avons exposé la méthode de les améliorer par la culture : ainsi toute l'attention du Cultivateur doit se

porter à l’examen de l’étendue du terrein, des avances qu’il eſt obligé de faire, & des profits qu’il eſtime devoir en réſulter.

Lorſque le terrein eſt ſitué entre deux montagnes, les étangs
qu’on y creuſe ſont encore bien plus avantageux en ce qu’ils profitent des pluyes des terreins élevés, dont les eaux entraînent
beaucoup de matieres quelconques & qui forment un engrais de la
plus grande importance. L’eau qui dans les tems humides & pluvieux s’épanche des montagnes n’eſt point une eau pure, elle lave &
emporte avec elle les parties les plus légeres & les plus riches du
ſol, & les parties les plus déliées des engrais qu’on a portés ſur
ces terreins en les cultivant : on ne ſçauroit croire combien ces matieres engraiſſent l’eau, qui ſert, par conſéquent, à bien nourrir
le poiſſon & à l’engraiſſer : il y a des perſonnes qui ont regardé
cela comme un déſavantage, parce que, diſent-elles, l’étang ſe comble trop vîte ; mais ne voit-on pas que c’eſt-là au contraire une ſource conſtante d’engrais excellens, dont il réſulte un bénéfice conſidérable ; car ces étangs ſont très-faciles à nettoyer, & la vaſe qu’on
en retire paye largement les frais du travail : il eſt vrai que dans ce
cas il convient de prendre des précautions pour pouvoir placer
en ſûreté le poiſſon pendant qu’on fait cette opération.

La néceſſité de nettoyer les étangs eſt indiſpenſable, & l’avantage qui en réſulte eſt certain ; leur ſituation indique le tems de
le faire. Les étangs qui ſont ſitués en plaine & fournis des eaux de
ſources n’ont gueres beſoin d’être nettoyés que de quinze en quinze
ans, il n’en eſt pas de même de ceux qui ſont entretenus avec les
eaux riches qui viennent des endroits élevés, ils veulent être nettoyés de cinq en cinq ans, & les autres ſuivant que leur ſituation
tient plus ou moins de l’une ou l’autre ſorte des étangs dont nous
venons de parler.

Nous avons déjà fait précédemment ſentir dans pluſieurs articles le grand prix des animaux qu’on peut entretenir à peu de
frais. Or jamais cette conſidération ne fut ſi utile que dans le cas
préſent ; car dans les étangs il n’y a que la premiere dépenſe : le
poiſſon n’exige rien de l’œconome pour ſe nourrir, il y pourvoit
entiérement lui-même ; ce n’eſt pas cependant que nous n’ayons
à recommander dans la ſuite de jetter de tems en tems des rebuts
des grains, des charognes, & autres choſes inutiles ; mais il eſt
certain que ce n’eſt point d’une néceſſité abſolue.

Voilà les avantages des étangs bien ſitués ; voyons dans le Chapitre ſuivant la méthode de les faire le plus avantageuſement & à
moins de frais.

CHAPITRE XXXIV.

De la façon de faire des Etangs.

POur tirer un grand avantage des étangs, il faut en avoir plusieurs; on doit en avoir pour recevoir les poiſſons de ceux que l'on nettoye, ainſi que pour telle ou telle ſorte de poiſſon : car ſi l'on met les poiſſons de proye avec les autres poiſſons qui n'ont point de défenſe, c'eſt peine & dépenſe perdues.

Il y a encore une autre raiſon qui nous détermine à recommander d'avoir pluſieurs étangs; c'eſt qu'on doit les deſtiner à différens uſages; les uns doivent ſervir à la multiplication, les autres ſeulement à nourrir le poiſſon. Il faut un étang particulier pour la perche, ainſi que pour la carpe & pour la tanche : mais il eſt indiſpenſable d'avoir un étang pour faire multiplier la carpe & un autre pour la nourrir. L'expérience prouve que la carpe vit ſi miſérablement qu'elle dépérit à vuë-d'œil dans les étangs où elle engendre, & qu'au contraire elle acquiert une magnifique croiſſance, où elle n'engendre preſque point.

On peut diſtinguer en général les étangs en deux ſortes, ceux qui ont une eau piquante & claire, & ceux qui l'ont douce & épaiſſe : les premiers ſont extrêmement favorables à la multiplication, les autres très-propres à nourrir les poiſſons.

Lorſque le terrein & les autres circonſtances, détaillées précédemment, ſont favorables, il n'eſt rien de plus avantageux que d'avoir une enfilade d'étangs, qui ſoient tous entretenus d'eau par une ſource qui ſoit au-deſſus du premier; parce que dans le tems de ſechereſſe ils reſtent ſuffiſamment fournis d'eau : on a le ſoin de pratiquer ſur les côtés de petites écluſes ou grilles, qui laiſſent écouler l'eau qui ſurabonde.

On doit pratiquer une écluſe à l'extrémité de chaque étang, dans la partie la plus baſſe du terrein : il faut la faire de façon que l'eau puiſſe dans l'occaſion ſe décharger librement & promptement : pour cela on a l'attention d'y menager une chute ſuffiſante; c'eſt de-là en effet que dépend la célerité avec laquelle l'eau s'écoule, plus que de toute autre circonſtance quelconque.

Pour conſtruire la digue, il faut avoir une quantité convenable de

pieux bien forts, de fix pieds de long ou environ, droits, gros, &
d'un bois qui réfifte à l'humidité. Nous en avons indiqué toutes les
efpéces dans le quatriéme Livre, où nous avons rendu compte des
différentes natures de certains bois de charpente, & des ufages
auxquels ils font propres; de forte qu'on peut choifir les efpéces
qu'on a le plus à fa portée, & dont on peut fe pourvoir plus aifément.

On met les pieux fur trois rangs, & les rangs à quatre pieds de
diftance l'un de l'autre; les pieux dans chaque rang doivent être
éloignés de trois pieds; on allonge les rangs tout le long de la tête
de l'étang; on enfonce le premier rang de quatre pieds dans la terre. Cette baze eft fuffifamment folide dans les terreins fermes:
mais dans les terreins légers & fablonneux, il faut auffi-tôt, après
qu'on a fiché les pieux dans la terre, y jetter une certaine quantité
de chaux; elle s'éteint infenfiblement, & fe mêlant avec le fable,
elle forme une efpéce de mortier ferme & liant qui fe fixe autour
des pieux, & y acquiert la dureté de la pierre.

Mais lorfque le terrein n'eft pas décidément fablonneux, & que
cependant il n'eft pas auffi ferme qu'il doit l'être, on met alors alternativement une couche de terre & une couche de chaux, &
l'on éleve ainfi les fondemens.

Dès qu'on a enfoncé les pieux & que le terrein eft affuré, on
commence à creufer l'étang, fi tant eft qu'il faille le faire tout
entier, ou bien on l'approfondit, en fuppofant que la nature l'ait
commencé. Il faut jetter la terre qu'on retire en creufant entre les
pieux, & bien la brifer & affermir à coups de maffues, & on éleve
ainfi avec cette terre le banc, jufqu'à ce qu'il foit porté au-deffus
des pieux.

On enfonce enfuite de la même maniere de nouveaux pieux entre
les premiers. On jette encore entre la terre de la chaux qu'on creufe,
& fi pour une plus grande folidité il eft néceffaire de faire un troifiéme rang de pieux, on les recouvre de même de la terre que l'on
tire en creufant: c'eft la fituation & la qualité du terrein qui augmentent ou diminuent les frais & les peines de cette opération; la
dépenfe augmente à proportion que la tête de l'étang acquiert de
la hauteur.

On obfervera fur-tout que cette tête ou banc ne doit point être
fait perpendiculairement, mais en forme de terraffe, de la même
façon que nous avons confeillé de faire les bancs pour garentir les
terres des inondations; c'eft-à-dire que le banc doit avoir fa

base beaucoup plus épaisse que la sommité : on ne négligera point sur tout de faire le plan qui est en-dedans de l'étang, un peu incliné, aussi uni & lisse qu'il sera possible ; afin que les eaux , quand elles sont agitées par les vents, puissent y glisser, & que par conséquent elles n'y fassent point des trouées par leurs fréquentes impulsions. Cet article-ci est des plus importans, si du moins on veut éviter les dépenses des grandes réparations.

Le banc étant porté à la hauteur qu'il convient de lui donner , & l'écluse étant fixée , le conduit que nous avons dit qu'il falloit pratiquer sur un des côtés de l'étang pour éconduire les eaux surabondantes étant fait , le reste est aussi facile que peu dispendieux. Tous les étangs que l'on fait ensuite doivent être construits de la même maniere. Il y a encore une méthode à pratiquer , qui est d'une très-grande ressource , elle consiste à creuser à côté de chaque étang un fossé & une écluse , pour les décharger tous séparément : par ce moyen chaque étang peut être vuidé sans troubler l'eau des autres , & la tranquillité des poissons.

Voilà le banc fait : considérons à présent la construction de l'étang. Quant à sa grandeur, il faut la proportionner , soit à la nature du terrein , soit à la quantité de poisson qu'on veut y élever. Quelle que soit la grandeur qu'on veuille lui donner , il y a des régles dont on ne doit jamais s'écarter.

La profondeur est un point essentiel ; parce qu'on s'expose en tombant dans l'une ou l'autre des deux extrémités , à beaucoup de mauvais cas. Nous avons souvent entendu les plaintes de plusieurs personnes sur le mauvais succès de leurs étangs ; cet inconvénient vient de ce qu'elles les ont pris tels qu'elles les ont trouvés , soient qu'ils fussent trop ou pas assez profonds. Une fosse de glaise ou de gravier peut être convertie en étang. Mais on trahit ses vûes si l'on croit qu'on peut les laisser pour cet objet dans le même état qu'on les trouve , & en attendre le même succès que si on les avoit arrangés exprès , pour qu'ils rendent tous les avantages possibles.

La profondeur la plus avantageuse d'un étang est d'environ six pieds ; cependant on peut lui en donner un peu plus sans inconvénient, mais jamais moins ; nous entendons ici qu'il faut encore que ses eaux soient au moins à leur moyenne hauteur.

Nous avons déja observé qu'il y a deux sortes d'étangs relativement à la nature de leur eau ; les uns sont propres à la génération , & les autres à nourrir les poissons, & que ce différent emploi dépend de la qualité de l'eau : la plus claire & la plus piquante devant servir à la génération, & la plus chargée à nourrir les poissons.

De ce que nous avons dit on voit bien, qu'en supposant que toute la chaîne des étangs soit fournie par quelque source qui se trouve placée au-dessus du premier, qu'elle le traverse ainsi que les autres ; il est évident que l'eau de cette source doit y être plus claire, plus piquante, & plus pure que dans tous les autres, que par conséquent il doit être le plus favorable de tous à la génération, & qu'ainsi tous les autres qui suivent y seront plus ou moins propres à proportion qu'ils seront plus ou moins éloignés du premier ; qu'enfin celui qui se trouve placé le plus bas doit être préféré pour y mettre les poissons qu'on nourrit pour la consommation : cette considération, qui jusqu'ici a été ignorée, est cependant essentielle, attendu qu'il faut construire différemment les étangs suivant la fin à laquelle on les destine.

Lorsqu'on a, ainsi que nous le recommandons, plusieurs étangs, un seul étang de nourrain suffit pour les fournir ; de sorte qu'en général, lorsqu'on a établi une chaîne d'étangs telle que nous l'avons décrite, la bonne méthode est de destiner à la génération celui qui reçoit immédiatement l'eau de la source ; il faut mettre dans ceux qui suivent le brochet, la perche, & autres poissons de proye, & réserver les deux derniers pour les carpes & les tanches, parce que l'eau se trouve enrichie de tout ce qu'elle entraîne en passant par les autres étangs.

En suivant cette distribution on fait le premier étang moins profond que tous les autres ; il faut avoir l'attention d'y pratiquer certains endroits à plat, & préparés d'une façon propre à recevoir le fray. La profondeur de tout l'étang doit être de cinq pieds, excepté les endroits que nous venons d'indiquer : on peut à la tête lui donner jusqu'à cinq pieds & demi, ou six pieds, en creusant en pente douce ; on lui donne dans le fond un gravier bien propre : les côtés doivent aussi être creusés en pente douce ; on y pratique d'espace en espace des bas-fonds dans lesquels on répand des pierres & du gravier, on en laisse quelques-uns comme ils sont naturellement : ces bas-fonds servent aux poissons pour se coucher au soleil ; ils y déposent leur fray, qui échauffé des rayons, parviennent à éclorre & se vivifient.

De ce que nous venons de recommander on doit conclure que les étangs fournis d'une eau claire & qui ont un fond graveleux ou sablonneux, font les plus favorables à la génération des poissons, & que ceux qui ont un fond mol & fangeux font les meilleurs pour les nourrir ; c'est pourquoi il faut par l'art tâcher d'imiter la nature quand la qualité du terrein & la situation sont contraires.

On observera que s'il y a une chaîne de cinq étangs, le troisiéme doit être un peu plus profond que les autres, afin que le brochet qui devient fort gros, ait une suffisante quantité d'eau. Tous les poissons en général exigent cette attention, suivant le dégré de grosseur qu'ils peuvent naturellement acquérir. On doit dans cet étang-ci, comme dans les autres, creuser en pente la profondeur que l'on donne à sa tête, & y pratiquer des bas-fonds ; parce que non-seulement les bons poissons, mais encore le rouget & autres petits poissons qui servent de nourriture au brochet s'y multiplient.

Enfin les étangs destinés à nourrir la carpe, la tanche, & autres poissons de cette espéce, & qui sont les derniers de la chaîne, doivent avoir par-tout six pieds de profondeur ; mais si l'on peut y ménager quelque petite isle, & planter le long des bords quelque saule dont les racines touchent l'eau & s'y étendent, ce ne sera que mieux ; parce que ces endroits sont agréables aux poissons ; ils aiment beaucoup à s'y cacher. Ces endroits sont aussi fort favorables aux poissons de proye, car ils se plaisent beaucoup dans les trous. Quoique cette méthode ne soit d'aucune utilité pour les étangs à génération, nous observerons cependant qu'on fera toujours très-sagement en menageant quelque abri. On pratique encore avec succès une méthode, c'est de faire couler à fond quelques petits fagots dans différens endroits des étangs nouvellement creusés ; ils servent aux poissons à s'y cacher, jusqu'à ce que quelques mauvaises herbes poussent dans le fond.

Mais on observera, sur-tout, de se comporter avec prudence dans la plantation des arbres le long des bords que nous recommandons ; si on en plantoit une trop grande quantité ils porteroient un très-grand préjudice, par la quantité de feuilles qui tomberoient dans l'eau & qui la rendroit très-désagréable, quelquefois même, funeste.

CHAPITRE.

CHAPITRE XXXV.

De la maniere de peupler
les Etangs.

IL s'agit, ici, de peupler les étangs : l'œconome ne doit s'arrêter qu'aux quatres espèces de poissons que nous avons nommés ; la truite ne vient pas bien dans les eaux croupissantes, il y a des eaux dans lesquelles elle ne peut pas vivre, & dans celles où elle ne meurt point elle ne fait que languir, & perd même son goût naturel.

Les anguilles méritent bien quelque considération, mais elles ne demandent point d'être séparées dans des étangs particuliers ; elles sont, ainsi que la perche & le brochet, un poisson de proye ; on peut les tenir ensemble dans le même étang, parce qu'elles sçavent si bien s'échaper dans la vase ou dans les trous, que les deux autres, quoique très-voraces, ne peuvent les atteindre ; elles vivent comme eux de petits poissons qu'on y laisse venir pour leur nourriture : les anguillons y deviennent fort gros ; mais il faut convenir qu'ils ne sont point d'un goût si délicat que les anguilles de riviere : les anguilles les meilleures sont celles qu'on tire des rivieres claires & basses où les truites se plaisent & prospérent.

Il y a des personnes qui mettent les perches & les brochets dans le même étang, croyant que la perche est en état, par la dureté de ses écailles & le piquant de ses nageoires, d'échaper au brochet ; mais c'est une erreur : il est bien vrai que s'il y a abondance de nourriture dans l'étang le brochet ne poursuit point la perche, parce qu'il préfere le rouget ; mais il ne l'est pas moins que lorsque celui-ci manque, la perche devient sa nourriture.

Il convient, à présent, de prescrire quelques régles, établies sur des expériences souvent répétées, pour la génération & pour la maniere de nourrir & conserver les poissons.

Nous avons d'abord établi le premier étang pour la génération de la carpe & de la tanche, attendu que ces deux espèces se multiplient & vivent fort bien ensemble : jamais ils ne se font

la guerre ni n'attaquent leur fray, comme font presque tous les autres poissons.

Nous observons que de tous les poissons, il n'en est point qui
produise un profit si grand, si constant & si assuré que la carpe, aussi commencons-nous par tous les documens qui peuvent
conduire l'œconome au vrai moyen de s'en procurer, au moins
de frais possible : il n'en est point qui fraye si souvent, elle croît
rapidement, elle se multiplie beaucoup plus que les autres poissons,
elle n'exige presque point de soin, elle est naturellement dure ; l'u-
nique attention qu'on doit avoir, consiste donc à sçavoir la quantité de femelles & de mâles qu'il convient pour un plus grand avantage d'entretenir dans un étang.

Il est connu pour certain, & d'après l'expérience, que le fray
d'une carpe ne vient gueres à bien si elle n'a sept ou huit ans & le
mâle quatre ou cinq ; ainsi tout le succès d'un étang, qu'on établit pour le fray, dépend entiérement du choix des carpes qu'on
achette pour le peupler : on voit très-souvent cette sorte d'étang
ne pas réussir, par le peu d'attention qu'on avoit porté dans le
choix des carpes qu'on y avoit jettées.

Quant à la proportion qu'il faut garder, la voici : on met ordinairement un mâle pour trois femelles ; il faut sur-tout avoir
l'œil à ce que cette proportion ne se perde point, ce qui arrive
très-fréquemment, parce que la carpe meurt souvent après avoir
jetté son fray.

La tanche, nous l'avons dit, s'accorde fort bien, à tous égards,
avec la carpe ; ces deux poissons mis dans un même étang, dans
la même proportion de mâles & de femelles produisent parfaitement bien.

Il faut dans le second étang, mettre les perches, pour la génération, avec les mêmes précautions ; elles se multiplient bien
aussi dans les autres étangs, mais elles sont si voraces, quelles mangent leurs propres enfans : la véritable façon d'éviter cet inconvénient dès l'instant qu'on peuple l'étang, c'est de les choisir toutes à peu près de la même grosseur, sans cela les plus petites deviendroient toujours la proye des plus grandes

Quand aux brochets ils engendrent quelquefois dans les étangs
même destinés à leur faire acquérir leur grande croissance ; mais
ils se plaisent plus à frayer dans les grandes rivieres ; les perches
sont à peu près de la même nature, mais on s'apperçoit que leur
nourrain d'étang réussit fort rarement, parce que ces deux poissons

cédant à leur voracité font la guerre à leur propre espéce : on voit donc bien qu'il est nécessaire de choisir les brochets à peu-près de la même grosseur, lorsqu'on veut peupler un étang.

On a remarqué, par exemple, qu'un brochet d'une demie livre se rend fort aisément maître d'un poisson de sa même espéce qui ne pese qu'un quarteron ; on a vû un brochet qui en tenoit un autre dans sa hure d'une grosseur honnête, & qui nageoit toujours jusqu'à ce que la partie saisie fût digérée pour avaler ensuite l'autre que l'on voyoit.

Toutes ces raisons & ces observations sont plus que suffisantes pour que l'on choisisse les brochets qu'on met dans un étang pour la vente, de la même grosseur autant qu'il est possible ; & cette précaution, quoique pas si absolument nécessaire à l'égard des autres poissons, n'est pas tout-à-fait à mépriser ; parceque s'ils ne mangent point les petits, ils les font du moins languir en leur disputant la nourriture qu'ils cherchent & qu'ils sont obligés par leurs foiblesse de céder aux grands qui ont beaucoup plus de force.

Cette attention étant démontrée nécessaire, nous disons qu'il n'y a pas de plus sûre méthode d'assortir les poissons pour la grosseur, que de peupler les étangs qui sont déstinés à les nourrir, de ceux qu'on tire des étangs à nourrains ; parce que les poissons qui y viennent du même fray doivent être, ou peu s'en faut, de la même grosseur, & qu'étant jettés dans le même étang, ils ont la même nourriture, & que par conséquent ils croissent à peu près également.

Quant aux brochets ; comme on les achette ordinairement, il faut les choisir à peu près de la même grosseur ; autrement, s'ils different sensiblement, le succès ne servira qu'à justifier les observations précédentes ; il faut avoir la même attention pour les perches : les anguilles ne demandent point ces soins, elles se sauvent dans la vase, & quoiqu'elles attaquent bien d'autres petits poissons, jamais la faim ne les détermine à se nourrir les unes des autres.

Une autre précaution que nous devons recommander au Fermier, c'est de ne pas laisser aller les oyes & les cannes avec leurs petits dans les étangs à brochet ; ce poisson aussi vorace qu'adroit, les saisit lorsqu'ils n'ont encore que du duvet & il les avale avec autant de facilité qu'un rouget ou un goujon.

Lorsqu'on a bien peuplé ses étangs, il faut se tenir en garde contre deux puissans ennemis, les hérons & les loutres : il en est un cependant pour les étangs à nourrain, auquel on ne fait point d'attention, & qui eſt encore plus deſtructeur que les deux précédens ceſt ce petit poiſſon qu'en certains endroits on appelle *cap grognon*, qui a la tête groſſe & applatie, & qui depuis le derriere de la tête juſques à la queue eſt extrêmement mince & affilé, on en voit beaucoup dans les marres, dans les eaux bourbeuſes & croupiſſantes, il détruit beaucoup le petit nourrain & aime beaucoup le fray ; nous avons vû des étangs, qui auroient été excellens pour la génération, dévaſtés par ce petit animal : il eſt très-difficile de l'attraper & de le détruire ; pour peu d'eau qu'il ait dans quelque creux, il vit & ſe perpétue aiſément ; d'ailleurs il eſt ſi prompt & ſi abondant dans ſa multiplication, que quelque guerre qu'on lui faſſe, il ſe reproduit auſſi-tôt ; la raiſon pour laquelle il eſt ſi funeſte, c'eſt qu'il ſe loge aux environs & au-deſſous des pierres où la carpe & les autres bons poiſſons dépoſent leur fray ; il en fait ſa nourriture naturelle, & ce qui lui échappe & prend vie devient encore l'objet de la chaſſe éternelle qu'il fait aux petits poiſſons qui viennent d'éclorre.

Nous avons à préſent à conſidérer la quantité de poiſſons qu'il convient de mettre dans les étangs deſtinés à la vente, c'eſt-à-dire, à les nourrir & à les engraiſſer : on prévoit bien qu'elle doit être proportionnée à l'étendue & à la richeſſe de l'étang.

Par exemple, un étang riche & de deux arpens, meſure de Paris, ſoutiendra très-aiſément chaque année ſix ou ſept cens carpes âgées de trois ans ; ſi on en met de deux ans ; on peut porter le nombre juſques à quatorze cens, & à près de deux mille, lorſqu'elles n'ont qu'un an.

La tanche ſe nourrit de la même façon que la carpe ; on la met par conſéquent ſuivant les mêmes documents dans l'étang ; la méthode de mettre un tiers de tanches ſur les deux tiers de carpes dans le même étang, eſt excellente.

Quant à la nature de l'étang propre à telle ou telle eſpéce de poiſſon, cela dépend de la nature du ſol qu'on trouve après avoir creuſé l'étang ; la carpe aime beaucoup le fond argilleux, la tanche le fond bourbeux ; par cette même raiſon la premiere ſe plaît beaucoup dans un étang nouvellement fait, au lieu que la derniere aime, de préférence, les vieux ; la carpe profite toujours mieux où il vient une grande quantité de mauvaiſes herbes & un bon abri ; la tanche, au contraire, aime un étang profond, dont le ſol eſt humide & marécageux, & ſe plaît dans les joncs qui ſe répandent dans l'eau à une certaine diſtance des bords.

Voilà à peu près toutes les obſervations que nous avons pu faire pour indiquer les conditions qui rendent un étang propre & favorable à telle ou telle eſpèce de poiſſon ; ainſi c'eſt à préſent à l'œ-
conome à ſe conduire lui-même ſuivant la nature & les qualités
de ſes étangs ; ſi ceux qu'il a ſont d'une nature à peu près égale,
qu'il mette la carpe & la tanche enſemble, augmentant ou dimi-
nuant la quantité de l'une ou de l'autre, ſuivant que ſes étangs
ſont plus ou moins favorables à l'une ou à l'autre ; ſi au contraire ſon terrein ſe trouve diſtribué de façon qu'on en trouve une
partie qui eſt argilleuſe, & l'autre bourbeuſe, il faut alors mettre la carpe ſéparément dans la premiere, & la tanche dans la
derniere.

Il ne faut pas croire que quoique la tanche & la carpe ſoient
des poiſſons d'eau douce elles ne réuſſiſſent point dans l'eau ſalée,
ce ſeroit une erreur qui tireroit à très-grande conſéquence pour
des Cultivateurs qui ont des terreins ſitués près de la mer ou des
rivieres ſalées ; ces terreins qui ne peuvent leur être dans l'Agriculture que d'une utilité médiocre à force de frais & de peines, leur réuſſiroient fort bien en étangs ; quoique l'eau ſoit extrêmement ſalée, il ne faut pourtant point abſolument ſe décourager : on ſçait qu'à la vérité, les carpes & les tanches n'y ſont point
d'une chair ſi bonne & ſi délicate que dans l'eau douce, &
l'expérience prouve qu'elles y réuſſiſſent parfaitement ; mais auſſi lorſque l'eau n'a qu'une pointe de ſel, elles avancent bien plus
que dans l'eau douce, & il eſt très-difficile de trouver quelque
différence dans le goût de leur chair.

CHAPITRE XXXVI.

De la maniere de nourrir les Poiſſons, de les conſerver, & de les pêcher, c'eſt-à-dire, de vuider les Etangs.

EN ſuppoſant que l'œconome a ſuivi nos documents dans l'établiſſement des différens étangs que nous lui avons conſeillé de faire, il faut à préſent lui indiquer les moyens de nourrir ſes poiſſons, de les garantir de tout accidens & de vuider les étangs pour en faire la vente.

Quant au premier article, nous avons déjà dit que la nourriture n'entraînoit preſque pas de ſoin; il faut ſeulement bien fournir les étangs à brochet & à perche de beaucoup de rougets, de goujons & autres petits poiſſons, qu'on appelle *blancs*, que l'on trouve ordinairement abondamment dans les petites rivieres; mais il faut avoir l'attention d'examiner ſi ces petits poiſſons ſe multiplient ou non, ce qui arrive très-ſouvent au rouget, & alors on ſent qu'il faut en jetter de tems en temps dans l'étang, pour fournir de la nourriture au brochet & à la perche.

Quant aux étangs à carpe & à tanche, ils fourniſſent par euxmême dequoi vivre à ce poiſſon par la richeſſe de leurs eaux, par les inſectes & les animalcules qui s'y produiſent en abondance; la ſeule choſe que nous avons donc à recommander, c'eſt d'y jetter de tems en tems des rebuts des grains, du ſang des animaux, des boyaux de poulet, canard, &c. parce que le poiſſon fait alors plus de progrès, en beaucoup moins de tems : on peut auſſi jetter toutes ces défroques dans les étangs à génération; c'eſt-à-dire, les grains dans les étangs à carpe & à tanche, & les inteſtins & charognes dans ceux à perche & à brochet : voilà entiérement tout ce qu'il faut obſerver ſur l'article de la nourriture. On voit que l'exécution d'inſtructions auſſi ſimples n'eſt pas bien difficile ni bien diſpendieuſe.

Quant à la façon de conſerver les poiſſons & de les garantir de leurs deux grands ennemis déclarés, les hérons & les loutres, nous ne connoiſſons point d'autre façon de les en délivrer que celle d'avoir l'attention d'empêcher, par exemple, les hérons d'en approcher par des épouvantails que l'on met de diſtance en diſtance dans l'étang, ou bien de les fuſiller ainſi que les loutres ; il faut encore pour ſe mettre à couvert des voleurs, ficher par-ci par-là dans l'étang, des pieux armés de pluſieurs crochets, & qui ſoient couverts par l'eau, par ce moyen, on ne peut y jetter de filet qu'il ne s'accroche ; mais le plus grand de tous les acci-dens & qui détruit le plus le poiſſon, c'eſt la gelée.

Nous avons déjà dit, que lorſque l'étang eſt entierement cou-vert de glace le poiſſon languiſſoit, & que même ſi la gelée duroit long-tems, il mouroit : il faut donc, pour remédier à cet accident, avoir ſoin de caſſer la glace, pour que l'air entre dans l'eau & que le poiſſon ne ſouffre point.

Mais il y a encore une autre obſervation, fondée ſur l'expé-rience, c'eſt que la gelée cauſe beaucoup plus de dommages dans les étangs ſales que dans ceux qui ſont propres ; c'eſt pourquoi il faut être vigilant à prévenir à tems les occaſions dans leſquelles les gelées peuvent faire du ravage : il faut donc nettoyer ces étangs, ce qui eſt, comme nous l'avons déja obſervé, plutôt un avantage qu'une dépenſe, puiſque la vaſe eſt d'un prix ineſtimable.

Lorſqu'on a ainſi le ſoin de tenir les étangs dans un état de pro-preté, la gelée a moins de priſe ſur le poiſſon. On prévient encore entiérement le mal qu'elle peut faire en mettant d'intervalle en intervalle des tuyaux, dont un bout ſort au-deſſus de la ſuperfi-cie de l'eau : par ce moyen, quelque forte que ſoit la gelée, ces tuyaux entretiennent toujours la communication de l'air exté-rieur, avec lequel on renouvelle l'intérieur : avec cette précaution & celle de tenir l'étang propre ,le poiſſon ſera à l'abri de cet ac-cident.

Il y a des œconomes qui, au lieu de tuyaux, y mettent de la paille droite ; mais on ſent bien que ſon effet ne peut pas être auſſi certain. Nous obſerverons d'ailleurs qu'il eſt très-avantageux pour le Cultiva-teur de nettoyer ſouvent les étangs. Comme la vaſe qu'on en retire eſt un excellent engrais, tout le doit porter à avoir cette attention.

Quant à la façon de pêcher le poiſſon , ou pour mieux dire de vuider les étangs pour la vente, cet article n'a pas beſoin d'inſ-tructions ; l'exécution en eſt très-facile. On ne pratique guére la façon de tirer le poiſſon avec des filets ; on ne la met ordinairement en uſage que lorſqu'on a beſoin de poiſſon pour la proviſion de la maiſon : la méthode la plus uſitée eſt la ſaignée des étangs, mais elle eſt très-ſujette à beaucoup de confuſion, ſur-tout ſi on fait écouler les eaux dans l'étang qui eſt au-deſſous. Nous avons propoſé une méthode très-propre à éviter cet inconvénient; c'eſt de creuſer un foſſé le long du côté de l'étang. Les propriétaires qui ont beaucoup d'étangs, ſe trouveront très-bien de cet uſage.

Régle générale un étang doit être vuidé tous les trois ans : on doit en ôter le poiſſon & l'aſſortir ; c'eſt-à-dire, qu'on doit ſe défaire du plus gros, afin de conſerver cette égalité de groſſeur dans ceux qui doivent encore vivre enſemble : égalité que nous avons recommandée, parce que c'eſt en effet d'elle que dépend le ſuccès.

Il faut auſſi vuider les étangs de génération : on en ôte les poiſſons qui ont acquis une certaine croiſſance, pour repeupler les autres étangs qu'on a dépeuplés : lorſqu'on a fait ce triage, il ne faut pas rejetter dans l'étang le poiſſon qui reſte, il feroit mourir de faim les autres petits qui doivent éclorre : on les met à part dans quelqu'endroit, en attendant qu'il ſe préſente des acheteurs qui veulent peupler des étangs.

Ainſi dans tout ce triage le poiſſon eſt beaucoup expoſé, ſoit en le tenant trop long-tems dans la main ou hors de l'eau ; ſur-tout qu'on ait une attention particuliere pour celui qui doit ſervir à la génération. Cet article eſt eſſentiel ; car pour peu qu'il ait ſouffert, il ne fraye qu'avec langueur & foibleſſe, & encore même le fray qui en procéde, eſt-il d'une très-mauvaiſe qualité; rarement il réuſſit.

En ſuivant exactement tous les documens que nous avons donnés, toute la chaîne des étangs ſera en bon état, & procurera tous les avantages poſſibles; les uns fourniront continuellement à la peuplade des autres, & cette branche de l'œconomie ruſtique produira autant que toute autre.

Nous finiſſons ce Chapitre par quelques obſervations générales. Si l'on a la commodité de creuſer un étang dans un terrein marneux, les carpes y réuſſiront : ſi l'on a celle d'en creuſer un à portée de recevoir les lavures d'un évier, ou les immondices des villes, les tanches & les carpes s'y engraiſſent d'une maniere ſurprenante. Lorſqu'on veut faire des étangs dans des marais dont les charettes ne peuvent point approcher pour en emporter la vaſe qu'on en tire en les nettoyant, il n'y a pas de meilleure reſſource que de les faire longs & étroits, plus en forme de foſſés que d'étangs; afin que les ouvriers en les vuidant puiſſent jetter la vaſe de chaque côté.

Le brochet eſt un poiſſon dont la croiſſance eſt ſi prompte qu'il mérite d'être tenu & nourri dans des étangs particuliers, par rapport

à

à l'augmentation confidérable de fa valeur. On peut avoir des brochets de fix pouces de long à très-bas prix , & fi on les met dans
des étangs où ils trouvent une nourriture abondante , ils gagnent
huit pouces de longueur dès la premiere année , & en ont vingt
à la fin de la feconde. Lorfqu'on veut en engraiffer pour foi-même ,
on n'a qu'à leur donner des inteftins d'animaux coupés par morceaux, ils les dévorent avec avidité , & engraiffent, pour ainfi
dire , fubitement.

De tous les poiffons qu'un œconome puiffe entretenir, il n'y en a
point qui foit fi exempt d'accidens que la carpe & la tanche: la carpe
principalement réfifte mieux que toutes les autres efpéces à la gelée ; elle eft naturellement farouche, ce qui ne fert pas peu à la
garentir de fes ennemis. Il n'y a pas de poiffon qui foit fi difficile
à voler que la carpe : elle ne mord pas aifément à l'hameçon quand
elle eft parvenue à une certaine groffeur , fur-tout dans les étangs
riches, tels que nous les avons recommandés ; rarement fe laiffe-
t-elle furprendre par le filet. Elle a une façon finguliere de plonger
au fond au moindre mouvement, & au moindre trouble qu'elle
fent dans l'eau ; elle enfonce fa tête dans la bourbe , ce qui fait
que le filet appellé *l'épervier*, qui entraîne tout, paffe par-deffus
fa queue fans pouvoir la faifir. Par tous ces avantages on voit
bien que la carpe eft de tous les poiffons celui dont le produit
eft le plus affuré & le plus grand , par la grande confommation
qu'on en fait.

CHAPITRE XXXVII.

*Mémoire fur la maladie des Moutons , connue en Berry fous le
nom de maladie de S. Roch.*

CEtte maladie à laquelle on n'a donné le nom de maladie de
Saint Roch, que parce que c'eft vers ce tems qu'elle attaque
les moutons, n'eft connue dans le pays que depuis quarante-cinq
ou cinquante ans. On voit encore des anciens dans la Province
qui affurent qu'elle y étoit inconnue auparavant & qu'on n'a
jamais pû fçavoir quelle en étoit la caufe ; elle fait un ravage affreux , & elle eft d'autant plus dangereufe, qu'on n'a pû jufqu'à
préfent y apporter de reméde efficace.

Aucun symptôme ne précéde la maladie, ni ne l'indique ; le mouton va gaiment au pâturage , & tombe roide subitement lorsqu'on s'en défie le moins : on a procédé souvent à l'ouverture des cadavres & l'on n'y a rien trouvé qui pût indiquer la cause d'un effet si subit & si destructif. On a vû des troupeaux entiers de cinq ou six cens moutons , totalement détruits dans quinze jours ou trois semaines par cette terrible maladie ; nous avons nous-même vû un particulier qui nous a dit avoir vendu dans une année pour huit cens livres de peaux de moutons , à vingt-cinq sols la peau ; de là , l'on peut juger de la perte qu'il avoit faite , perte d'autant plus considérable, qu'alors les moutons sont très-avancés à l'engrais & qu'ils valent sept à huit livres.

Il n'y a point de doute que cette maladie ne soit un coup de sang ou apoplexie : comme ces animaux n'en sont ordinairement attaqués qu'après la tonte, qui se fait dans cette Province vers la Saint Roch, il peut arriver qu'on n'ait point l'attention de les retenir enfermés trois ou quatre jours après la tonte , ni celle de les faire sortir, s'il fait chaud & si le tems est serein, une ou deux heures l'après-midi, pour les familiariser insensiblement avec le grand air , dont ils ressentent vivement l'impression dans l'instant qu'ils sont ainsi dépouillés.

Les principes physiques viennent à l'appui de cette observation ; ceux qui connoissent le mécanisme des corps des animaux sçavent que le sang s'épaissit & devient lent dans sa circulation à mesure que l'animal gagne en chair & s'engraisse : ce principe étant vrai, il ne l'est pas moins que dans le tems de la tonte, les moutons sont dans le Berry , très-avancés dans l'engrais : que par conséquent le sang étant considérablement épaissi, ne circule que lentement, & que par une suite inséparable, l'air, pour peu que le tems soit humide ou refroidi, fait une impression vive sur le mouton tout récemment dépouillé : que de cette impression suit l'interception de la circulation , ce qui cause ce coup de sang qui tue tout d'un coup l'animal.

Plus on a l'attention de faire suer le mouton avant la tonte, pour donner du liant & de la qualité à la laine , plus l'animal doit se trouver exposé à l'impression de l'air, après qu'il est tondu : il est donc important d'obvier à un accident si funeste : voici ce que nous croyons d'autant plus infaillible, que nous sommes fondés sur des principes.

Tout l'objet du Cultivateur doit être d'entretenir après la tonte, à peu près le même dégré de tranfpiration que l'animal avoit avant ; pour peu qu'il s'en écarte ou qu'il le néglige, il rifquera toujours de fe voir privé du produit de fes troupeaux.

Nous avons dit que dans le tems de la tonte le mouton eft fort avancé en graiffe, il faut donc que la maffe du fang étant épaiffie, circule lentement ; pour lui donner un peu d'activité, il faut le faigner deux ou trois jours avant la tonte, à la queüe ou à la nuque ; la premiere faignée mérite la préférence, parce que fon effet eft plutôt fenfible ; c'eft le propre des faignées révulfives. Lorfqu'on a tondu le mouton, il faut l'enfermer, lui donner une bonne litiere où il foit bien chaudement : on lui donne tous les matins à jeun, pendant cinq à fix jours, une cuillerée ou deux d'eau tiéde dans laquelle on laiffera tomber cinq ou fix gouttes d'un elixir, qui eft de notre compofition, & dont les effets font étayés de l'expérience.

Lorfque le tems eft pluvieux ou froid, il faut abfolument tenir le mouton dans l'étable ; fi le tems, au contraire, eft beau, on peut le faire fortir ; mais il faut que le berger le faffe marcher vîte pendant un quart d'heure ou une demi heure, & qu'enfuite il lui laiffe la liberté de ralentir fon pas, le tenant autant qu'il lui eft poffible au foleil.

Nous avons parlé de faigner à la queüe ; peut-être qu'on ne fçauroit point y procéder ; rien cependant de plus aifé : on en tond le bout, on en coupe un anneau : cette amputation fuffit pour tirer une quantité fuffifante de fang.

Il y a un ufage établi dans le Berry qui expofe le mouton à beaucoup d'autres maladies, c'eft de mettre cet animal dans le pâturage dès le matin, que la rofée foit tombée ou non : les Cultivateurs prétendent que par cette méthode on accélére l'engrais. Cela fe peut ; mais en comparant cet avantage aux accidens auxquels on s'expofe, il faut être décidément imprudent pour ne pas profcrire une méthode fi pernicieufe. D'ailleurs on retrouvera la même célérité par la faignée que nous indiquons. Nous avons fait voir à l'article du Veau, qu'il n'eft rien qui favorife tant l'engrais des animaux que cette opération.

Nous obferverons avant que de finir ce petit Chapitre, que nous déplaçons en faveur de cette Province, qu'il faut avoir grand foin de bien faire fuer le mouton, de le bien laver dans une riviere, s'il eft poffible, ou autre eau bien claire, afin que la laine acquiere la qualité que l'on défire ; qu'à cette attention il en faut joindre

* V ij

une autre, c'eſt d'avoir, le plus près qu'il eſt poſſible du lavage, une eſpace de terrein bien propre & bien expoſé au ſoleil, où le berger a le ſoin de le faire marcher, juſqu'à ce qu'une partie de l'eau ſoit égoutée. On ne ſçauroit croire combien cette vigilance contribue à la ſanté de l'animal, & peut même le garantir de la maladie qui eſt l'objet de ce Chapitre.

Nous annonçons un Elixir que nous avons vu produire des effets merveilleux ſur les bétes à cornes : il a encore la propriété de rendre ſalubres les étables & écuries, pour peu que de huit en huit, ou de quinze en quinze jours on ait le ſoin d'y en répandre par le moyen d'un ſoufflet ; l'air, pour bien empreint qu'il ſoit de parties nitreuſes ou malſaines, ſe trouve dans l'inſtant purifié : on le connoît par l'air de vivacité que les animaux qui y ſont renfermés prennent en en recevant l'odeur. Les Baumes de la Mecque & du Perou, & le Caffé en font la baze. Nous ſommes redevables de ce préſent à un Médecin Allemand, qui fut employé ici, il y a quatorze ou quinze ans, pour les beſtiaux, dont la mortalité fut preſque générale dans le Royaume.

LIVRE VI. DIVISE' EN SIX PARTIES.

PREMIERE PARTIE.

Des parties des Plantes.

CHAPITRE XXXVIII.

Qui sert d'introduction.

NO u s touchons enfin à l'article le plus intéressant de l'Agriculture proprement dite : c'est celui de tous qui entre le plus essentiellement dans les vûes du Cultivateur, & qui est l'objet le plus important du Public, c'est-à-dire, de l'Etat. Cette branche, qui est la principale, est de toutes celle qui est le plus suivie, & en même tems le moins entendue.

Dans le cours de cet Ouvrage nous avons fait tous nos efforts pour donner des raisons étayées de l'expérience des différentes pratiques que nous avons fait passer jusqu'ici sous les yeux du Lecteur. Nous promettons que nous serons encore plus particulierement attentifs dans cette Partie-ci; parce que sûrement il n'en est point où les différentes méthodes établies ayent moins été perfectionnées, & où il soit plus difficile de les perfectionner : cependant s'il y a quelque branche dans l'Agriculture où les améliorations de la méthode produisent des avantages, celle-ci est sans contredit celle où ils deviennent & plus grands & plus généraux.

Il n'y a pas de moyen plus assuré de perfectionner une méthode, principalement dans l'article qui fait l'objet de ce Livre, que de bien observer & entendre les autres, & d'appliquer les découvertes qu'on a fait d'après de bonnes expériences, aux différentes parties qui ont rapport au labourage.

Aussi n'avons-nous rien négligé jusqu'ici pour expliquer la nature & les effets des différentes opérations que nous avons détaillées, prévoyant que ces instructions guideroient le Cultivateur non-seulement dans son travail, mais encore dans le choix des principes propres à établir son raisonnement. Assurément cette méthode est de toutes la plus capable d'éclairer le Cultivateur sur cet important sujet. Par-là il possède l'art de distinguer d'après les expériences des autres, ce qui est le plus praticable, & par conséquent le plus avantageux pour lui.

Nous avons dans les cinq Livres précédents montré la maniere de préparer, de planter & de peupler la Ferme, & nous serions bien redevables à ceux qui voudroient nous instruire de ce que nous pourrions avoir omis d'utile sur ce sujet. Voilà, du moins nous le présumons, le Cultivateur tout préparé pour entrer dans la matiere du labourage, & en conséquence des documens qu'il a déja reçus, en état d'apprendre maintenant la meilleure façon de traiter ses terres à son plus grand avantage.

Toutes les méthodes, soit anciennes, soit modernes, pour bien imparfaites qu'elles soient, ont toujours une utilité; car de quelque façon qu'on laboure on ajoute à la fertilité de la terre, puisqu'il est certain qu'on ne peut faire entrer la charrue dans la terre sans la briser, & par-là la rendre plus ou moins susceptible des influences de l'air & du soleil, suivant que la méthode qu'on met en usage est plus ou moins perfectionnée, c'est-à-dire qu'elle sert plus ou moins efficacement à ameublir la terre. Depuis le tems qu'on laboure & que tant de personnes différentes se livrent à ce travail, & dans tant d'endroits différents, il est certain qu'on a découvert par-ci par là des sortes d'améliorations. Car d'un côté vouloir s'entêter, comme fait le plus grand nombre des Paysans, des anciennes pratiques, c'est absolument renoncer à ses propres intérêts, puisque c'est renoncer à des changemens qui seroient avantageux. Mais d'un autre côté admettre & suivre aveuglément toutes les méthodes quelconques proposées par les Auteurs modernes, ce seroit, bien loin de s'instruire par les expériences différentes qu'elles exigent, dépenser considérablement & former une méthode qui ne seroit qu'un monstre.

Il en est de l'Agriculture comme des autres Sciences & des autres Arts, les uns & les autres ne se perfectionnent que par degrés. Ce qui les porte plus promptement à leur perfection, c'est la pratique; & il n'y a point d'Art qui demande une pratique si suivie que le labourage: le plus grand nombre de ceux qui labourent se bornent à imiter la méthode de leurs peres: & parmi ceux qui ont été plus hardis, & qui secouant le préjugé de la tradition, ont voulu pénétrer plus loin, la plûpart cédant à la chaleur de leur imagination, se sont plus attachés à établir un nouveau systême qu'à

ajouter quelque connoissance réelle à celles que nous avions déjà.
Ainsi on ne doit pas faire grand cas de ces derniers.

Mais d'un autre côté, on ne sçauroit trop être obligé à ceux,
qui ont eu dans leurs travaux l'utilité publique pour objet ; & qui
en nous donnant le résultat de leurs expériences, nous ont fait
présent de quelque découverte fondée sur la vérité. C'est dans les
Ouvrages de semblables Auteurs que nous trouverons des principes
pour faire des essais dont le succès portera l'Agriculture au plus
haut degré de perfection.

De tous les Auteurs qu'on peut regarder comme les plus féconds
en documens propres à perfectionner cet Art, il n'y en a aucun
plus digne de nos hommages que M. *Thull* : cet Auteur a été non-
seulement utile à sa nation, mais encore il lui a fait honneur ; tous
les Sçavans de l'Europe rendent hommage à son mérite. La méthode qu'il a proposée est neuve & contient des choses extrêmement utiles ; mais on s'imagine bien que ses Ouvrages ne sont
point exempts de défauts, aussi en lui donnant tous les éloges qu'il
mérite nous avertissons nos Cultivateurs de ne pas trop se livrer
à tous les documens qu'ils y trouveront.

Cet Auteur avoit beaucoup d'expérience, & l'on convient
qu'elle est la véritable source de toute connoissance utile dans l'A-
griculture. Il a même poussé son travail jusques à faire ses recherches sur un nouveau plan : il nous donne une infinité de vûës pour
des améliorations, & il en a poussé une partie à un grand degré de
perfection : mais il étoit enthousiasmé de son système qu'il vouloit
établir généralement ; aussi les découvertes nouvelles & utiles
qui abondent dans son Traité sont-elles obscurcies par une foule de
raisonnemens vagues & prolixes.

C'est avec impartialité que nous portons ce jugement, d'un Auteur
si moderne & si renommé, à qui assurément nous devons une grande partie des connoissances utiles dont nous allons faire part aux
Cultivateurs dans la présente Partie de cet Ouvrage. Adopter ses
erreurs & sa partialité, seroit obscurcir sa gloire : ainsi, suivant que
ses découvertes ont été rejettées ou adoptées par les étrangers qui
ont suivi sa méthode, & suivant qu'elles sont appuyées ou contre-
dites par l'expérience, nous suivrons ou rejetterons ses documens.

Nous croyons devoir ici faire remarquer à nos Lecteurs qu'il est
des Libraires, mais moins Libraires que marchands de Livres, qui
ont voulu insinuer dans les Provinces que l'Original que nous
suivons (M. *Hal*) avoit traduit mot pour mot la Maison Rustique.

Notre reconnoiffance, car affurément nous lui devons beaucoup, puifque c'eft à lui que nous devons principalement l'avantage d'être utiles à notre patrie, exige de nous que nous le juftifions d'une imputation fi odieufe & fi injufte. La *Maifon Ruftique* & *Liger*, ne peuvent être regardés que comme des Livres qui contiennent le récit des différentes méthodes ufitées dans le Royaume de France : voit-on quelque réforme faite par ces Auteurs, foit dans les inftrumens, foit dans les façons de cultiver ? Tout ce que nous apprenons de ces Auteurs, incapables à tous égards d'être volés, c'eft ce qu'ils ont appris eux-mêmes des Payfans & d'un Auteur ancien (*Serrez*) qu'ils ont même eu l'imprudence de défigurer. Qu'on prenne notre Traité du Sol & de l'Engrais, qu'on le compare avec ce qui nous en a été dit par ces fameux Auteurs, & l'on verra l'imputation dont nous parlons fuffifamment démontrée fauffe : par-tout on trouvera dans M. *Hale*, l'Ecrivain qui marche le flambeau de l'expérience en main, qui cherche & qui trouve : guidé par d'excellents principes fes découvertes font auffi neuves qu'utiles: comment donc auroit-il fait des larcins aux Auteurs précédents, puifqu'il n'y avoit rien ou prefque rien à prendre chez eux. Nous revenons à M. *Thull.*

C'eft à cet ingénieux Ecrivain que nous devons la découverte de l'inftrument appellé le *Cultivateur* dont on fe fert aujourd'hui en quelques endroits de l'Angleterre & de la France, & avec beaucoup de fuccès dans plufieurs autres pays. Nous tâcherons de traiter de cette innovation avec beaucoup de foin; car elle a une utilité plus réelle que toute autre : les avis que nous donnerons fur ce fujet au Cultivateur Praticien porteront, non pas précifément fur ce que cet Auteur & quelques autres Ecrivains ont dit, mais fur le réfultat de leurs opinions & des expériences de ceux qui ont fait effai de ce qu'ils ont dit fur chaque partie qui peut avoir rapport à cette culture.

M. *du Hamel* a pris ce qu'il a trouvé d'utile dans M. *Thull*, il y a ajouté ce qu'il a lui-même découvert, & fupprimé fes erreurs. Nous tiendrons à fon égard la même conduite : c'eft ainfi que les écrits d'un Auteur deviennent utiles par les écrits des autres.

Cette méthode, qui va faire le fujet des chapitres fuivans, paroît devoir fon origine à un paffage cité par M. le Chevalier *Evelyn.* (Les plus célébres Auteurs font négligés ;) il eft conçu en ces termes-ci : „ Prenez de la terre la plus ftérile que vous puiffiez trou„ ver; expofez-la pendant une année au grand air, elle deviendra

„ fertile

» fertile au point de nourrir une plante des Indes. » Toutes les plantes y profpéreront ; les étrangeres même y fructifieront auffi parfaitement que dans leur climat naturel.

Si nous ajoutons à ce paffage rematquable la façon de femer, inventée par *Lucatello*, Italien, & publiée dans la LX feuille des Tranfactions Philofophiques, qui a un rapport intime dans ce point effentiel avec la méthode que M. *Thull* propofe, nous trouverons que la charrue à houe à un cheval, remonte à un tems très-reculé, & que nous avons lieu d'être furpris qu'une méthode donnée depuis fi long-tems par d'excellens Ecrivains, ait été fi long-tems inconnue, ou pour mieux dire, négligée.

Les ufages qu'on a fait depuis de cette découverte, & les améliorations que l'on y a faites dans différentes parties de l'Europe, à force d'en faire ufage, & d'en obferver le bon & le défectueux, démontrent évidemment la grande utilité qui réfulte des Ouvrages de certains Auteurs, lorfqu'ils tombent dans les mains de gens fenfés, & qui ne lifent qu'avec un efprit toujours curieux de s'enrichir des connoiffances d'autrui. D'ailleurs, celui qui met en pratique, & fait l'expérience d'une découverte, a autant, ou peu s'en faut, de mérite que l'inventeur ; puifqu'il eft vrai de dire que la confiance de l'un, anime l'émulation de l'autre, & que du concert de l'inventeur & de l'exécuteur, doit néceffairement réfulter un avantage réel pour la fociété ; fur-tout lorfque les travaux de l'un & de l'autre ont pour objet quelques branches du premier, & du plus utile de tous les Arts.

Lorfque nous traiterons du labourage, nous entrerons dans un détail circonftancié des changemens, augmentations ou fuppreffions que l'on a fait dans la charrue à houe pour la perfectionner. Nous commencerons d'abord par l'explication de cette méthode, nouvellement mife en pratique ; parce que par là, nous répandrons plus de jour fur la connoiffance que nous voulons donner de la nature du labourage & de fes effets. Mais afin de faire mieux fentir les avantages qui réfultent de cette façon de labourer, & de toutes les autres, nous donnerons une connoiffance générale de la nature de la culture, & des effets qu'elle produit dans la terre, relativement à la nourriture des plantes ; il convient que nous donnions quelques Obfervations, foit générales, foit particulieres fur cette matiere intéreffante. Pour procéder avec ordre, nous commencerons donc par faire connoître au Cultivateur la nature de la végétation.

Mais il ne parviendroit jamais parfaitement à cette connoiffance,

Tome III.   X

fi nous ne lui donnions une idée nette & claire de la nature des racines, qui en effet reçoivent de la terre la nourriture, pour l'envoyer enfuite aux autres parties des plantes. Pour remplir cet objet, qui nous paroît très - important, nous fuivrons la méthode des Auteurs qui ont écrit le plus pertinemment fur cette matiere, & nous donnerons quelques remarques fur la nature & la contexture des différentes parties des plantes. Cependant, pour ne point nous égarer de notre but principal, nous ne les confidérerons qu'autant que cette connoiffance peut être utile au Laboureur. L'utile, bien plus que l'agréable & le curieux, doit conduire notre plume dans un Ouvrage qui doit embraffer toutes les branches de l'Agriculture-pratique.

CHAPITRE XXXIX.

Des parties des plantes, & de la façon dont elles fe nourriffent, de leurs racines, de leurs efpéces & de leurs formes.

Comme nous allons entrer dans l'explication des effets du labourage, nous devons d'abord rendre compte des parties des plantes, & de la maniere dont elles fe nourriffent. Les racines, autant qu'un Cultivateur eft intéreffé à les connoître, font de deux fortes; celles qui fe répandent audeffous de la furface du terrein, & celles qui plongent; on appelle les premieres racines horizontales; les dernieres, racines perpendiculaires. Cette diftinction fuffir.

Celles qui fe forment d'abord de la graine de la plante, font toutes de la derniere efpéce, c'eft-à dire, perpendiculaires; elles plongent en ligne droite dans la terre, & continuent de percer de plus en plus, jufqu'à ce que, rencontrant une terre ou autre fubftance trop ferme, elles trouvent une réfiftance invincible; mais fi le fol eft mol & profond, ces racines pénétrent beaucoup plus profondément qu'on ne fe l'imagine; elles plongent à plufieurs pieds en profondeur, fi elles ne font point interrompues ou offenfées en leur chemin; mais font-elles offenfées ou coupées par accident ou à deffein? elles changent de nature, & fe divifent en plufieurs autres. Nous convenons que cette obfervation n'eft pas facile à fuivre dans toute fon étendue, fur des plantes qui végétent dans la terre, d'autant plus qu'on ne peut abfolument les en tirer entieres : mais des expériences faites fur les plantes qu'on éleve dans l'eau claire, la mettent dans un plein jour. On ne peut nier qu'un chacun ne fe trouve en état de les faire, & que de la répétition de ces expériences, qui peuvent être portées plus loin par des perfonnes intelligentes & curieufes, il ne doive réfulter un grand jour pour la connoiffance de la nature des racines.

On obferve que toute racine perpendiculaire, pouffe des branches latérales ou fibres qui fe répandent, fuivant une direction horizontale, & que moins ces branches font profondes dans la terre, c'eft-à-dire, plus voifines de la fuperficie, plus elles font vigoureufes. Les plus fortes & les plus utiles tendent toujours vers la furface & dans la profondeur du terrein, qui eft le plus fouvent & le mieux rompu par la charrue & les autres inftrumens d'Agriculture, & elles font de la nature de celles qu'on appelle racines horizontales. On voit bien par-là que certaines plantes ont une partie moyenne dans leurs racines, que nous croyons devoir appeller le *pivot*, qui plonge en ligne droite, & des fibres qui en fortent latéralement. Il y a d'autres plantes qui n'ont que ces fibres qui fe répandent & s'écartent fouvent à de grandes diftances des plantes même ; mais ces fibres dans ce cas, s'atténuent tellement, qu'on a de la peine à les appercevoir, principalement lorfque la terre fe trouve de leur couleur, comme il arrive affez fouvent.

Une carotte, par exemple, paroît aux perfonnes, dont les obfervations ne font pas bien fcrupuleufes, n'avoir qu'une feule racine longue, groffe & perpendiculaire, avec quelques fibrilles courtes, qui font tout au tour. Mais fi on l'examine de plus près, on apperçoit qu'elle répand un grand nombre de racines minces & atténuées à une grande diftance & en tout fens. Voilà précifément fes racines horizontales ; elles font de la même couleur que la terre qui les environne, & c'eft fans doute là la caufe de leur imperceptibilité, fi on ne les examine de beaucoup plus près qu'on ne fait ordinairement.

Il en eft de beaucoup d'autres plantes, comme de la carotte : rien de plus aifé que de s'en convaincre par l'expérience que M. *Thull* propofe. Prenez une piéce de terrein nouvelle & ferme, creufez-la en angle aigu, c'eft-à-dire, en triangle, étroit & long ; que cette piéce foit, par exemple, de 60 pieds de Roi de longueur, fur une baze de 12 pieds de largeur, & que le fommet foit exactement terminé en pointe ; qu'on éleve dans ce terrein 20 *turnips* de leur graine, & qu'on garde bien cette piéce ; lorsque ces racines seront venues, si le *turnips* qui est placé à la pointe du sommet, est aussi gros que celui qui est au centre de la base, c'est-à-dire, au milieu de la partie la plus large du triangle, ce sera une preuve que les fibres, poussées horizontalement par la maîtresse racine, ont peu poussé pour chercher leur nourriture ; car il est comme démontré qu'elles ne peuvent, à raison de leur ténuité, passer au-delà de la partie du terrein qui a été ameubli, parce que nous l'avons d'abord supposé extrêmement ferme. Aussi n'arrive-t-il presque jamais, dans cette expérience, que le *turnips*, qui est au sommet, acquiere la grosseur des autres, qui sont placés après lui. Mais si les *turnips* deviennent de plus en plus larges à mesure qu'ils s'éloignent du sommet, & qu'ils gagnent vers la base, on verra qu'un *turnips* pousse de petites fibres à une grande distance, pour chercher sa nourriture, & qu'il grossit à proportion de la distance à laquelle il s'étend. Par cette observation-ci, on remarquera même qu'un *turnips* pousse des fibres jusqu'à la distance de six pieds en tout sens ; car il est bien certain qu'il ne peut y avoir d'autre cause qui rende cette racine plus grosse que les autres ; or, cependant, 12 pieds forment ici toute l'étendue du terrein qui a été ameubli. Mais si le premier *turnips*, placé au sommet, est petit, & si ceux qui viennent après en ligne droite jusqu'aux parties les plus larges du triangle, sont plus gros à mesure qu'ils approchent du milieu du terrein, & qu'ils continuent ainsi d'être tels jusqu'à la partie la plus large, qu'ils y soient de la même vigueur & de la même grosseur, on verra qu'un *turnips* répand ses racines trois ou quatre pieds en tout sens, selon la largeur du terrein où il acquiert sa véritable grosseur, mais qu'il ne les pousse pas plus loin.

Nous avons observé que les racines ne pénétroient pas dans le terrein ferme sur les bords de la piéce ameublie ; ainsi cette expérience, en supposant que le résultat précédent soit vrai, comme il doit en effet l'être, sert à prouver combien il est avantageux de bien remuer & travailler avec la charrue à houe, les environs de ces racines ; parce que par la même expérience, il est démontré que ces différens labours leur fournissent une nourriture abondante ; elle sert aussi à faire voir, que quelque bien préparée que soit la terre, il est inutile qu'elle le soit à une distance plus grande que celle de trois ou quatre pieds en tout sens. De là, nous connoissons à présent l'espace de terrein qu'il convient de laisser autour d'un *turnips*.

Mais les avantages de cette culture feroient bien limités, fi l'on ne pouvoit auffi en appliquer l'ufage à d'autres racines, & par la même raifon, à toutes les autres plantes quelconques. On fçaura donc à préfent, autant qu'il eft néceffaire pour la pratique, à quelles diftances les unes & les autres pouffent leurs fibres, & quel doit être l'intervalle qui demande à être cultivé pour leur fervice ; c'eft de-là, en effet, que dépendent tous les avantages qui réful-tent de cette nouvelle culture, comme nous le ferons voir dans la fuite.

CHAPITRE XL.

De l'étendue des racines des arbres.

MOnfieur *Thull* obferve, que les racines de l'aubepine, dans une haye bordée, comme cela fe pratique ordinairement, d'un foffé, pénétrent par-deffous, le dépaffent, & s'élevent de l'autre côté vers un fol plus riche, qui fe trouve près de la furper-ficie, principalement quand il eft ameubli, & que de-là, elles fe ré-pandent horizontalement, pour y puifer leur nourriture.

M. *du Hamel* a fait la même obfervation dans une rangée d'ar-bres, qui paroiffoient avoir entiérement dépéri, à caufe d'un foffé profond qu'on avoit creufé à peu de diftance, pour empêcher leurs racines de s'étendre dans le terrein voifin ; mais on s'apperçut quelque tems après qu'ils avoient pouffé leurs racines par-deffous le foffé, & qu'après qu'elles l'eurent dépaffé, elles fe releverent vers la fuperficie, & fe répandirent en tout fens dans le fol travaillé à des diftances confidérables ; de forte qu'ils reprirent auffi-tôt leur premiere vigueur.

Autre obfervation qui vient à l'appui de la précédente. Que l'on creufe un foffé en long, à une petite diftance d'un jeune arbre, & qu'on le comble enfuite avec une bonne terre, on verra les ra-cines gagner bien-vîte le foffé, en fuivre la direction, & s'éten-dre à une diftance confidérable.

De même, lorfque l'on plante les arbres trop profondément dans la terre, ils languiffent, jufqu'à ce qu'ils ayent pouffé leurs raci-nes horizontales vers la fuperficie qui eft travaillée & ameublie ; on les voit, dès qu'ils y font parvenus, acquérir une végétation forte

& vigoureuse. De cette observation, il résulte évidemment, qu'il n'est rien de si mal entendu que la méthode de certains Cultivateurs, qui croyent mieux réussir, en faisant leurs plantations extrêmement profondes. Lorsqu'on a donné dans cette erreur, & qu'on s'apperçoit d'une végétation, qui doit nécessairement être languissante, il n'y a pas de moyen plus assuré d'y remédier, que de retirer l'arbre, & de le replanter à une moindre profondeur.

Si l'on veut bien remarquer le mauvais succès des jeunes arbres qu'on plante aux environs de Paris, on verra que leur végétation languissante n'a d'autre cause qu'une plantation trop profonde. Il est étonnant, que sous les yeux même des personnes versées dans tous les Arts & dans toutes les sciences qui se rassemblent ordinairement à la Capitale, on fasse des bévues de cette espéce. Nous souhaitons que cette réflexion produise quelque bien.

Il résulte donc du détail que l'on vient de voir, & des expériences que nous avons rapportées, que les racines des arbres s'étendent à de grandes distances, dès qu'elles trouvent issue dans un terrein bien ameubli, & qu'elles font des circuits, des détours considérables, pour pouvoir y atteindre; il en est de même de toutes les plantes, des bleds & des herbes. Les feuilles font, à proprement parler, les organes de la transpiration des plantes, & leurs racines, les organes qui pompent & poussent la nourriture par la tige vers toutes les parties des plantes; il est bien naturel, que dans l'œconomie de la végétation, les plantes reçoivent plus de suc, qu'elles n'en transpirent: ce qui se prouve à mesure qu'on les voit toujours grossir en raison de la hauteur qu'elles acquierent. Pour peu qu'on veuille regarder d'un œil guidé par les principes de Physique, l'étendue de la superficie des feuilles des végétaux, qui, comme nous venons de le faire observer, servent à leur transpiration, on ne doutera plus de l'étendue considérable que les fibres de leurs racines doivent avoir, puisqu'elles font les organes immédiats de la *succion*, c'est-à-dire, par lesquels elles reçoivent leur nourriture.

Cependant nous ajouterons une autre observation, non moins curieuse qu'importante. Les plantes ne transpirent que pendant le jour; pendant la nuit, au contraire, elles pompent la rosée & la pluye; puisqu'il est vrai de dire que l'une & l'autre contribuent considérablement à leur végétation, & accélerent leur accroissement; qu'on ne prenne point cependant pour véritable assertion, ce que nous avons dit auparavant, car nous sommes hors d'état de prouver invinciblement que la succion & la transpiration soient proportionnées aux furfaces des parties que la nature a chargées de ces fonctions. Tout ce que l'on a pû découvrir jufqu'à préfent fur ce point, plus curieux qu'utile au Cultivateur proprement dit, c'eft qu'un pouce de racine peut nourrir une plus grande partie de la plante, qu'un pouce de feuille ne tranfpire.

Quoiqu'il en foit, nous fermons ce chapitre, en affurant que les racines des arbres s'étendent à une diftance confidérable, & beaucoup plus qu'on n'a cru jufqu'à préfent.

CHAPITRE XLI.

De la maniere dont les racines des plantes s'abbreuvent des fucs nutritifs contenus dans la terre.

DE même que les vaiffeaux lactées dans les animaux, ont leur orifice dans les inteftins, pour fe charger du chyle ; de même les racines des plantes ont leur orifice à la fuperficie de leurs vaiffeaux nutritifs. Il y a cependant une différence ; elle confifte en ce que les animaux peuvent aller çà & là pour chercher leur nourriture, tandis que les plantes, au contraire, arrêtées dans un fol, ne peuvent qu'y étendre leurs racines, pour en pomper les fucs qu'elles y trouvent ; & c'eft la raifon qui démontre la néceffité de pouffer à des diftances confidérables les racines, dont la fonction eft d'attirer & pomper les fucs ; car privées de cette reffource, elles auroient bien-tôt épuifé le terrein qui les environne.

On peut encore pouffer plus loin cette comparaifon. Comme on obferve que la preffion des alimens digérés contre la furface interne des inteftins contribue de concert avec leur mouvement periftaltique, à chaffer le chyle dans les vaiffeaux lactées ; il en eft de même des efforts que font les petites racines des plantes pour s'introduire dans les interftices des mollécules de la terre, de la preffion de la terre remuée contre les racines, & de la réaction des racines contre la terre, lorfqu'elles groffiffent ; tout ce méchanifme bien confidéré, reffemble en quelque façon aux mouvemens des inteftins, qui font l'effet de leur réfiftance & de leur mouvement periftaltique.

Nous ajouterons encore, fuivant les obfervations de M. *du Hamel*, une circonftance très afférante dans le procédé que tiennent les racines des plantes, dans la maniere de prendre leur nourriture.

Nous entendons parler ici de l'effet de la chaleur ; ce principe de tout se trouve néceſſairement dans tous les êtres quelconques. Il y a de la chaleur dans les racines, dont le miniſtére eſt de recevoir les ſucs nutritifs : il y en a dans la terre qui les donne. Les dégrés de cette chaleur ſont différens à chaque inſtant, comme l'expérience le prouve ; tout ſe dilate par la chaleur, comme auſſi tout ſe reſſerre par le froid : donc les racines ſe dilatent & ſe reſſerrent plus ou moins à chaque inſtant. Ces mouvemens ne peuvent manquer de produire une preſſion preſque continuelle & réciproque des racines, contre les mollécules de la terre, & des mollécules de la terre contre les racines ; ce qui fait ſentir toute la reſſemblance qu'il y a entre le méchaniſme qui ſert à la nourriture des plantes, & celui qui ſert à celle des animaux.

Tout ce que M. *Thull* a découvert, & ceux qui ont ſuivi ſa méthode, vient à l'appui de ce ſyſtême. La chaleur eſt la cauſe de tout mouvement ; toutes les obſervations qui ont été faites touchant l'action des mollécules de la terre ſur les racines des plantes, démontre évidemment les avantages qu'on doit ſe promettre du ſoin qu'on a de bien travailler & ameublir la terre, afin que les racines des plantes s'y inſinuent plus aiſément, & qu'elle puiſſe réagir efficacement ſur elles en les preſſant après qu'elle a été bien briſée & préparée.

Enfin, quelle que ſoit la cauſe d'un ſemblable effet, l'expérience fait voir que les racines ne ſont jamais ſi capables de recevoir de la nourriture que quand les parties du ſol dans lequel elles percent ſont atténuées & ſubtiles. Si l'on arrache deux jeunes arbres avec précaution, dont l'un ſoit venu dans un terrein léger & l'autre dans un terrein péſant, on remarquera que le dernier n'aura qu'un très-petit nombre de racines groſſes & fortes, au lieu que le premier en aura beaucoup, mais elles ſont extrêmement minces & atténuées. Si l'on veut pouſſer plus loin cette remarque, qu'on éleve un arbre dans l'eau, où les racines ne puiſſent trouver aucune réſiſtance qui s'oppoſe à elles, on verra qu'elles ne ſont que des filamens des plus minces.

Ainſi la culture du ſol eſt évidemment la cauſe, que les racines de tout ce qu'on ſéme ſont plus ou moins nombreuſes & plus ſubtiles qu'elles ne l'auroient été. L'expérience fait voir auſſi évidemment que ce n'eſt pas par les racines fortes & groſſes, mais au contraire par les petites & atténuées que les plantes reçoivent leur principale nourriture.

Nous

Nous avons dit dans le chapitre précédent, que lorfqu'une racine eft coupée ou offenfée, elle change fon cours & fa direction : ceci expliqué plus clairement, fournit la plus forte de toutes les preuves des avantages notables qui réfultent de l'ameubliffement de la terre qui les environne. Lorfqu'une racine perpendiculaire eft coupée ou offenfée, dès l'inftant de cet accident elle ne pouffe plus fuivant fa direction naturelle ; elle pouffe au contraire un grand nombre de petites fibrilles. Ainfi d'une racine coupée par accident ou exprès fort une infinité d'autres petites racines dont la direction eft différente, & qui font très-propres à pomper la nourriture ; le terrein par cette *amputation* (qu'on nous paffe le terme) devient plus propre à les recevoir lorfqu'elle fe fait en remuant la terre autour de la plante. Quand le Cultivateur en labourant la terre ou en la divifant autour des plantes coupe quantité de leurs racines, au lieu de leur porter préjudice, au contraire il les favorife ; puifque nous obfervons que de la racine coupée fortent d'autres racines plus utiles que la premiere.

CHAPITRE XLII.

De l'utilité des Feuilles, des Plantes.

NOus venons d'obferver à nos Lecteurs, que les feuilles font dans les plantes les organes de la tranfpiration : elles font fi néceffaires à la plûpart qu'elles ne peuvent fubfifter fans elles. Si l'on arrache les feuilles de l'arbre le plus vigoureux, il meurt ordinairement. Cependant on ne doit pas toujours attribuer cet accident à la privation de fes feuilles, puifque nous voyons des arbres dépouillés de leur feuillage par les chenilles, réfifter à cet accident. Il faut fans doute que cela vienne de ce que ce dépouillement-ci fe fait infenfiblement, au lieu que dans l'autre cas, il eft fubit & entier. Il y a encore d'autres circonftances qui y contribuent ; car il eft des cas dans lefquels un arbre fupportera la perte entiere de fes feuilles, & il en eft d'autres où il ne réfifte pas.

Greu a démontré que les feuilles d'un arbre, qui doivent pouffer au printems, font déja formées dans les boutons de l'automne précédent ; elles font alors, dit-il, très-petites, & cependant proportionnées à l'ufage auquel la nature les deftine.

Outre ces feuilles que nous appellerons pour les diftinguer feuil-les *automnales* , il y a dans les plantes une réferve pour d'autres feuilles ; car lorfqu'on dépouille un meurier pour nourrir des vers à foye au commencement de l'été, ou que d'autres arbres ont été dé-pouillés par des infectes, d'autres feuilles viennent qui remplacent les premieres. C'eft une provifion que la nature réferve en faveur des arbres & des plantes, afin qu'ils ne périffent point par la perte de parties auffi néceffaires à leur confervation.

Greu a découvert en examinant les feuilles des plantes, qu'outre ce tiffu de fibres longitudinales & tranfverfales qui forment en quel-que façon la feuille, il y a quantité de véficules remplies d'air. Plufieurs Naturaliftes ont conclu de cette obfervation que les feuil-les jouent le rôle du poulmon dans les plantes, qu'elles reçoi-vent l'air de l'atmofphere, que cet air paffe par la plante jufques aux racines, & qu'il y produit fur le fuc qu'elles ont pompé de la terre le même effet que celui que l'air du poulmon produit fur le fang des animaux.

M. *Papin* a produit un grand nombre d'expériences, qui fem-blent favorifer cette doctrine ; mettez, dit-il, une plante entiere dans le récipient de la machine Pneumatique , elle périra auffi-tôt qu'on en aura pompé l'air ; mais fi vous mettez les racines feules dans le récipient, & fi vous maintenez la tige, les branches & les feuilles dans un grand air, ce que vous pouvez pratiquer avec faci-lité en les faifant paffer par le récipient & en affurant l'ouverture avec de la cire, la plante vivra pendant long-tems. Cette expé-rience a été adoptée du Public comme une preuve de la refpira-tion des plantes & de l'organifation de leurs feuilles.

Le grand nombre d'expériences faites par le Docteur *Noodward*, M. *Mariotte* & par le Docteur *Hales* prouvent fuffifamment que les feuilles font les organes de la tranfpiration, & que la plus gran-de partie du fuc pompé par les racines s'échape par cette voye. En effet , fi nous comparons la quantité de fuc que les racines & autres organes attirent avec la quantité qui s'en va par la tranf-piration, nous trouverons que le réfidu eft ce qui refte dans la fubf-tance de la plante.

Nous avons auffi fait obferver que les feuilles des plantes s'ab-breuvent de la rofée & des eaux des pluyes. Nous avons ajouté qu'il n'y avoit rien de plus avantageux : autre utilité des feuilles dans la végétation. Mais nous pouvons encore l'étendre plus loin.

Il y a des Ecrivains qui prétendent que le fuc recevant une certaine préparation dans les feuilles, se distribue de-là dans toute la capacité de la plante pour la nourrir ; ce qui supposeroit la circulation dans les plantes, qui jusqu'ici n'est appuyée d'aucune expérience. Rien en effet de plus douteux, non - seulement parce qu'on n'en a donné aucune preuve satisfaisante, mais encore parce qu'il ne paroît point que les plantes ayent deux sortes de vaisseaux, comme des arteres & des veines, dont les uns porteroient le suc en haut pendant que les autres le porteroient en bas. Tout le mouvement que l'on apperçoit dans les plantes est une espece de vibration irréguliere, puisqu'elle dépend entierement de la différente température de l'air.

Ceux qui défendent ce systême soutiennent que, suivant l'autre que nous avons cru plus probable, il faudroit supposer que le suc se prépare à mesure qu'il monte dans la plante : or, continuent-ils, on n'a aucune expérience, ni fait, qui vienne à l'appui de cette doctrine, puisqu'on ne peut point prouver que le suc soit plus parfaitement préparé à la partie supérieure de la plante qu'à la partie inférieure : en effet il paroît bien surprenant que le suc pompé par les racines ait tout d'un coup subi des préparations si parfaites, qu'il est dans l'instant propre à la végétation. En conséquence de ces objections, ils disent qu'il est absolument nécessaire pour développer le méchanisme de la végétation, de convenir que le suc passe par les feuilles, & refoule dans le corps de la plante, & qu'il revient encore aux feuilles, de même que dans l'animal le sang retourne aux poulmons après avoir parcouru toutes les parties de l'individu. Ce raisonnement paroît en effet séduisant ; mais comme il ne porte sur aucune expérience, & qu'au contraire il y a une infinité de faits qui le démentent, il n'est point admissible : nous avons mis en racourci sous les yeux des Lecteurs les raisons les plus plausibles dont chaque parti étaye son opinion. Pour peu qu'on veuille se donner le soin de les comparer, on verra que le systême de la transpiration est le seul qui ait été suffisamment prouvé.

Mais enfin, soit que les feuilles fassent les fonctions des poulmons, soit qu'elles s'acquitent de celle d'organes de la transpiration, les expériences prouvent qu'elles sont d'une nécessité, pour ainsi dire, absolue pour la végétation & pour la conservation de la plante : voilà tout ce qu'il falloit dire au Cultivateur.

Si l'on coupe ou arrache la moitié ou les deux tiers des feuilles d'un jeune arbre plein de suc, on remarque qu'il le perd dans trois ou quatre jours. L'écorce qui auparavant se détachoit avec facilité de la ſubſtance ligneuſe, le ſuc étant perdu après l'expoliation des feuilles, y tient fermement. Et dès le jour même qu'on l'a dépouillé, il eſt impoſſible d'y faire la plûpart des opérations de jardinage qu'on auroit pu pratiquer pendant qu'il avoit ſes feuilles ; par cette expérience, notre obſervation devient ſenſible, puiſqu'on la voit.

Un ſole, un peuplier, ou tout autre arbre, principalement ceux dont le bois eſt mol, végéteront avec vigueur pendant un grand nombre d'années, & conſerveront leur tronc bien ſain, pourvu qu'on les laiſſe croître naturellement, c'eſt-à-dire qu'on leur laiſſe leurs branches & leur touffe. Mais ſi au contraire on la leur coupe, comme on fait quelquefois pour ſe donner du couvert, le tronc s'altére & devient creux : cet accident-ci eſt ſouvent l'effet de l'humidité qui entre par la playe ; quelque ſoin qu'on ait de cet arbre en le taillant, il ne ſera jamais ſi ſain qu'il auroit été, ſi on l'eût laiſſé dans ſon état naturel. De-là l'on peut conclure avec certitude, que le bois d'un arbre étété n'acquiert jamais la fermeté & la bonté qu'on trouve ordinairement dans celui auquel on a laiſſé les branches & la cime : les branches ſupérieures ſont celles qui portent la plus grande quantité de feuilles ; il réſulte donc de-là une vérité inconteſtable, c'eſt que les feuilles des arbres ſervent même à conſerver le tronc en bon état.

C'eſt en partant de ce même principe, que nous verrons que les altérations qui arrivent aux feuilles du bled , affectent l'épi. En effet, on remarque que dès que les feuilles ſont attaquées de quelque maladie, toute la plante dépérit : nouvelle preuve qui ſert à faire connoître l'utilité & la néceſſité de la conſervation des feuilles, pour la conſervation des végétaux.

De toutes ces preuves ſort une vérité inconteſtable, c'eſt que les feuilles des plantes, dans quelque ſaiſon qu'on les conſidére, ſont d'une importance ſinguliere pour le végétal , & que les branches ſont également néceſſaires pour ſa conſervation. En partant de ce principe, on ſentira le préjudice conſidérable que l'on porte au ſainfoin, à la luzerne, aux différentes eſpéces de treffles, en les laiſſant manger trop près de la terre par les beſtiaux, particulierement lorſque ces plantes ſont encore fort jeunes. Il eſt certain que l'altération qu'on y fait, eſt la même que celle qu'on fait aux arbres en les étêtant ; au lieu que lorſqu'on leur donne le tems de bien former & étendre leurs racines, elles reviennent aiſément de ce préjudice.

Il y a un uſage établi parmi les gens de la campagne ; ils lâchent

leurs moutons dans les bleds , quand ils paroiſſent trop abondans en feuilles. Nous preſcrirons dans la partie qui ſuit, des bornes à cette pratique, & nos avis feront fondés ſur la grande utilité & néceſſité des feuilles dans la végétation, & du tort qu'on
fait aux plantes lorſqu'on les en dépouille.

De toutes ces conſidérations qui ont donné au Cultivateur une
connoiſſance plus que ſuffiſante, relativement à l'uſage qu'il en doit
faire quant à la végétation des principales parties des plantes , il
parviendra naturellement aux raiſons des effets que la culture produit; & par-là il ſe mettra en état de pouſſer plus loin & de faire des
découvertes; nous venons de voir que les racines different par leurs
formes & par leurs directions. En les examinant de plus près , nous
trouverons qu'elles different auſſi par leurs fonctions ; les racines
perpendiculaires qui pénétrent bien avant dans la terre, ſervent
à tenir les arbres & les plantes fixes & fermes en place ; les horizontales qui s'étendent près de la ſuperficie, c'eſt-à-dire, dans le ſol,
partie du terrein qui eſt à portée de recevoir les ſoins de la culture,
leur fourniſſent la nourriture ; ainſi une eſpéce de ces racines
doit être naturellement néceſſaire à une ſorte de plantes, & l'autre a
une autre ; quoique chaque plante ait beſoin de l'une & de l'autre ,
la nature a donné à chacune des racines qui répondent à ſes be-
ſoins. Le chêne & le noyer ont de fortes racines perpendiculaires,
pour ſe garantir de la violence des vents, qui ayant beaucoup de priſe ſur leurs touffes extrêmement larges, les arracheroient. Les plantes moins élevées , ont au contraire des racines horizontales plus
conſidérables , pour être en état de fournir de la nourriture à des
productions utiles, ſoit en épis, ſoit autrement.

La nature ſçait arriver à différentes fins par les mêmes moyens ;
elle charge ſouvent les racines pivotantes ou perpendiculaires du
ſoin d'attirer les ſucs de la terre ; car on remarque qu'elles ſont aſſez
communes dans bien des plantes, dont la cime n'eſt pas bien grande,
comme dans la luzerne , le ſain-foin , & beaucoup d'autres ; mais
dans l'ordre naturellement établi , les perpendiculaires ſervent principalement à l'autre ; de même auſſi les racines horizontales , dont la
fonction naturelle eſt de fournir du ſuc aux plantes , les aident auſſi,
& très-efficacement , à ſe tenir droites.

Quant à ces racines latérales, on trouve, en les examinant de
près , qu'elles s'étendent à une diſtance plus conſidérable , lorſqu'elles ſont plus voiſines de la ſuperficie ; parce qu'elles ſe trouvent
plus à portée de profiter des roſées, des pluyes & des rayons du Soleil :

leur extension est toujours en raison de la qualité du terrein, & de l'ameublissement ; car on sçait d'après des expériences fréquemment répétées, qu'elles s'étendent en longueur, & se multiplient à proportion de la facilité avec laquelle elles peuvent pousser. Or, plus le terrein est rompu & ameubli par la culture, plus elles poussent aisément.

De tous les usages des feuilles, voici les deux plus importants ; elles déchargent la plante de la trop grande abondance de suc fourni par les racines, elles contribuent aussi à son accroissement, en humectant le suc nutritif des eaux des pluyes & des rosées, ce qui lui donne cette fluidité nécessaire pour qu'il se porte avec facilité aux parties les plus atténuées de la plante. Aussi voit-on un arbre, dont les feuilles sont altérées, être exposé à des engorgemens qui forment ces espéces de loupes qui le rendent difformes : cet effet est fondé sur ce principe. La feuille, dès qu'elle est altérée, n'a plus la faculté, de décharger par la transpiration, le superflu du suc, encore moins a-t-elle celle de pomper l'eau des pluyes & des rosées, pour lui donner la liquidité & fluidité nécessaires ; cette faculté lui est ôtée, parce qu'elle ne peut être offensée sans qu'il y ait solution de continuité ou desséchement ; & dans l'un ou l'autre cas, l'organisation n'a qu'une fonction imparfaite. Or, il est évident que dès que la transpiration est interceptée, le suc surabondant ne trouvant plus d'issue pour s'échaper, doit nécessairement refouler dans quelque partie de l'arbre, & y faire une stagnation. De ce défaut, résulte encore un inconvénient qui n'est pas moins dangereux. La feuille ne peut plus pomper les eaux des pluyes & les rosées ; par conséquent, le suc est privé de ce secours qui lui est si nécessaire pour se porter avec une égale facilité, vers toutes les parties ; il doit donc, par une conséquence nécessaire, s'épaissir considérablement, & se porter avec toute la difficulté imaginable dans les différentes parties. De-là, une langueur presque universelle dans tout le végétal, & l'augmentation dans l'engorgement dont nous venons de parler ; de-là enfin, le rabougrissement & quelquefois le dépérissement total de l'arbre.

Ces deux fonctions différentes, *d'aspiration*, qu'on nous passe le terme, & *de transpiration* par les mêmes organes, sont, comme nous le voyons, établies par la nature ; l'une s'exécute pendant le jour ; l'autre pendant la nuit.

Tout ce que nous venons d'observer sur les racines & sur l'importance des feuilles dans la végétation, est d'un usage assuré dans

l'œconomie champêtre ; mais cela deviendra d'une utilité bien plus
fenfible dans la culture de certains végétaux particuliers, qui doivent
être le fujet de notre feptiéme Livre. Comme ils ne fixent point autant l'attention des Fermiers, que toutes les fortes de grains, leur
culture n'eft pas fi généralement bien entendue.

CHAPITRE XLIII.

De la nourriture des plantes.

RIen de plus difficile à déterminer que la nature du fuc nourricier des plantes. Jamais queftion ne fut plus agitée par les
Sçavans, & jamais il n'en fut de moins éclairée. Il paroît vraifemblable cependant, qu'on pourroit faire quelque découverte fur ce
point important, par la nature des différentes fubftances que l'on
employe, comme engrais : mais fauffe efpérance, nous ne voyons
que leurs effets. Rien de plus évident, & cependant rien de plus
caché & de plus difficile à découvrir que la caufe.

Nous avons dans le fecond Livre fait paffer fous les yeux du
Lecteur les différentes fubftances que l'on employe, comme engrais.
Il y en a plufieurs qui pourroient nous déterminer à croire que le
fuc qui eft fi évidemment augmenté & enrichi par l'engrais, confifte en fels, huiles & autres fubftances, telles que la Chymie peut
en extraire. Mais les effets de beaucoup d'efpéces plus fimples de
ces engrais , & qui produifent fouvent des effets auffi puiffans que
ceux que nous croyons les plus efficaces, prouvent que nos conjectures ne peuvent point avoir lieu. Nous nous déterminons d'autant
plus à le croire, que nous voyons que le fable pur foutient quantité
de plantes, & que beaucoup d'autres s'élevent dans l'eau ; que dans
l'un & l'autre cas elles ont les mêmes qualités & propriétés que
celles de la même efpéce qui font élevées dans la terre préparée avec
les engrais les plus riches. Cette obfervation nous détermine prefque à croire que le fuc nourricier eft en lui-même une chofe plus
fimple qu'on ne le penfe, & qu'il n'acquiert tous ces différens goûts,
ces différentes odeurs, & ces différentes qualités qui nous frappent, que par la différente conformation de l'organifation des
plantes.

M. *Thull* penfe que le fuc nourricier n'eft autre chofe que les particules de la terre réduites en une poudre très-fubtile. D'autres Auteurs ont eu recours aux fels, les regardant comme l'article qui entre le plus effentiellement dans la nourriture des plantes ; il en eft d'autres qui ont appellé à leur fecours le feu, l'air, l'eau & la terre. Mais de tous, celui qui s'eft le plus fingularifé, c'eft M. *Home*, qui a ridiculement prétendu faire jouer un rolle important à la lumiere dans la végétation. Parmi tous ces Auteurs, les uns ont préféré tel ou tel élément, fuivant qu'il fe montroit plus ou moins fouple & docile à leur fyftême. Mais les réfultats des différens effais qu'on a fouvent répété, prouvent que tous ces divers fyftêmes ne font que les enfans mal conftitués d'une imagination échauffée.

Si nous pouvons fuppofer que la terre pure peut être réduite à un état de folution dans l'eau, ou feulement divifée par l'eau à ce dégré de pulvérifation qui la rend admiffible dans les vaiffeaux les plus déliés & les plus fubtils des plantes, nous adopterons un fentiment beaucoup plus raifonnable & beaucoup plus conforme à l'ordre généralement établi par la nature, en fuppofant que la terre ainfi réduite à des parties extrêmement fubtiles, eft elle-même la matiere qui fert à nourrir tout ce qui végéte.

Nous obfervons que par la corruption tous les végétaux fe réduifent en terre : vraifemblablement les engrais que nous répandons pour l'amélioration, de quelque efpéce qu'ils foient, ne fervent qu'à préparer cette terre & à l'atténuer, de façon qu'elle puiffe pénétrer dans les vaiffeaux les plus atténués des plantes. Peut-être que tous les avantages que nous retirons des engrais confiftent dans ce feul effet ; auffi doit-on fe rappeller l'attention que nous avons fouvent recommandée dans le fecond Livre, de mêler toujours de la terre avec les fubftances que l'on veut employer comme engrais.

Par exemple, tous les engrais riches contiennent des fels ; or, ces fels employés comme engrais, peuvent avoir la propriété de s'infinuer dans les particules de la terre ; par conféquent, de les divifer, & par-là de les rendre propres à fournir de la nourriture à la plante ; de l'autre côté, l'eau peut adoucir & rendre flexibles ces particules. L'air & le feu peuvent les mettre en mouvement ; ainfi l'air, le feu & l'eau, confidérés fous ce point de vûe, peuvent contribuer à la végétation. Mais quant même cela feroit, il feroit toujours vrai de dire que la terre fournit la partie fubftantielle, ou la matiere qui fert à la nourriture. La plante peut mourir, fi on la prive de l'air, du feu ou de l'eau ; mais fans la terre, elle ne peut point fubfifter.

Nous

Nous n'avons pû éviter de parler de tous ces élémens, en traitant de la nourriture des plantes ; puifque tous ceux qui ont écrit fur cette matiere, ont établi leurs différens fyftêmes fur ces fubftances ; les uns les faifant agir conjointement, les autres féparément. Mais cette connoiffance n'a point été portée bien loin. D'ailleurs, nous ne pouvions nous difpenfer d'en parler ici ; puifqu'il eft certain qu'elles contribuent pour quelque chofe à la végétation : mais rien de plus vague, & même de plus abfurde, que de prétendre que les élémens nourriffent les plantes. Nous convenons que l'eau, telle que nous l'avons à préfent, les foutient ; mais ce n'eft que parce que, comme nous l'avons déja fait obferver, elle contient de la terre ; & il eft de certitude phyfique, que c'eft par cette terre que les plantes qui s'élevent dans l'eau fe nourriffent.

Car en parlant de la terre comme propre à fournir un fuc nourricier, nous n'entendons pas cette fubftance fimple élémentaire, qui eft infipide & inodore, que les Chymiftes connoiffent fous la même dénomination. Cette terre eft prefque entierement dépouillée de tous les autres principes ; nous les pouvons au contraire extraire ces principes des plantes ; ainfi en parlant de terre nous prétendons parler d'une terre qui compofe un bon fol, & telle qu'on la trouve fur la furface des terreins, & qu'on appelle terre noire ou adamique.

Il eft bien évident que cette terre eft très-analogue aux plantes, parce qu'elle ne les altere point comme font les autres fubftances qu'on prétend leur fournir de la nourriture. Une trop grande quantité de fel, par exemple, traverfe leur accroiffement & les dévore, trop d'eau les affoiblit & les noye ; trop d'air & trop de chaleur les deffechent, mais jamais elles ne fouffrent d'altération d'une trop grande quantité de terre ; elles peuvent à la vérité être altérées lorfqu'on a l'imprudence de les planter trop profondément ; mais ce n'eft que parce que leurs racines ne font plus à portée de profiter de l'air, des pluyes & des rofées, qui concourent à préparer la terre pour leur croiffance, quoiqu'elles ne leur fourniffent aucune nourriture.

Il paroît donc certain que la terre eft la principale nourriture des plantes, puifque celles qui croiffent naturellement dans les pays les plus différents & les plus éloignés des autres fe foutiennent dans l'un & l'autre. Le *Thim*, par exemple, ne vient point dans un marais, parce qu'il ne fe plaît point dans l'humidité ; mais ce n'eft point la faute de la terre, car elle en animeroit la végétation si elle étoit desséchée & transportée dans un autre endroit. Qu'on dessèche au soleil une motte de terre prise dans une fondriere qui ne produit que des joncs , & qu'on la transporte sur une hauteur, le *Thim* y prospérera ; de même enterrez une motte prise sur une hauteur dans une fondriere, dès qu'elle se sera bien abbreuvée elle ne produira que des joncs. Ce n'est donc point la terre qui différe & qui est propre ou impropre à la végétation , mais au contraire ce sont les altérations qu'elle souffre par la quantité d'eau qui la rend stérile.

Les plantes étrangeres réussissent fort bien dans notre climat , comme on peut le voir dans les serres que les curieux entretiennent. Lorsqu'elles viennent d'un climat plus chaud , il faut leur donner le degré de chaleur que l'on estime convenable : mais il est certain que la terre est bonne : nous avons soutenu que la terre étoit la principale nourriture des plantes , nous voyons par tous les exemples précédents qu'elle en nourrit & soutient toutes les especes , pourvu qu'elles ayent le degré nécessaire de chaleur & d'humidité.

Il y a des curieux qui disent, que l'eau & l'air peuvent être fixés & convertis en terre : quelques-uns se le sont même imaginé, particulierement de l'eau, parce qu'il y a des plantes qui s'y nourrissent & s'y élevent parfaitement; mais elles ne doivent cet avantage qu'à la terre, qui est, comme nous l'avons déja dit, contenue dans l'eau. Enfin il paroît tout-à-fait vraisemblable qu'une terre extrêmement fine & atténuée, est la véritable nourriture des plantes.

Ce que nous avons à dire dans la suite sur le labourage fera voir la nécessité où nous étions d'entrer dans tous les détails qui paroissent plutôt faits pour les curieux que pour le laboureur proprement dit , parce qu'autrement la pratique que nous avons à proposer paroîtroit mal-fondée & un fruit de l'imagination. Cependant on conviendra qu'il n'importe guéres au Cultivateur praticien de sçavoir , si la terre est ou n'est pas la principale nourriture des plantes , pourvu que nous puissions , en partant des principes que nous venons d'établir, le conduire à une méthode sûre de donner plus de fertilité à ses terres : nous ne nous occupons guéres de l'incertitude qui est attachée aux différens systêmes qu'on a bâtis sur la végétation , incertitude qui ne touche pas , il s'en faut de beaucoup, au moment d'être détruite , parce qu'elle porte sur un axiome certain ; que c'est en vain qu'on veut pénétrer dans les mysteres de la nature, qu'elle sçait toujours tenir la porte fermée à nos regards curieux.

CHAPITRE LXIV.

Des raisons qu'il y a de supposer que la nourriture de toutes les Plantes est la même.

EN conféquence de ce que nous venons d'établir comme plus vraifemblable fur la nourriture des plantes, on doit néceffairement nous faire une queftion ; fçavoir, fi nous devons & pouvons fuppofer que les différentes plantes prennent la même matiere pour leur nourriture ; c'eft en effet une queftion très-difficile à réfoudre : nous nous y attacherons quelques momens en faveur des Gentilshommes cultivateurs ; car c'eft de la folution de cette queftion que dépendent abfolument les connoiffances qui leur font néceffaires pour fe bien conduire dans l'adminiftration de leurs domaines.

Nous croyons que la nourriture de toutes les plantes eft la même ; car nous fuppofons qu'elle n'eft autre chofe que de la terre réduite en particules très-fubtiles que l'eau fait pénétrer dans leurs vaiffeaux ; mais comme la plus grande partie de la pratique du Cultivateur, relativement à fes terres labourées, dépend de la certitude de ce point, nous ne lui ferons point une loi de fe ranger à notre fentiment : nous allons au contraire mettre fous fes yeux les objeétions qui ont été ou qui peuvent nous être faites, avec nos réponfes ; il pefera les unes & les autres, les comparera, & fe décidera enfin en faveur de l'opinion qui lui paroîtra la mieux établie.

M. *Thull* eft le premier qui ait penfé que la terre étoit la nourriture principale des plantes ; par conféquent que la nourriture de toutes les plantes eft la même ; le plus grand nombre des Auteurs a adopté le fentiment contraire. Ils fuppofent que chaque plante tire de la terre par fa nourriture particuliere certains fucs qui lui font propres, & point d'autres, pas même les particules les plus déliées de la terre.

Et c'eft certainement fur ce principe que porte l'opinion adoptée de plufieurs Auteurs, qu'une piece de terre peut être épuifée par une plante & non par une autre : il eft vraifemblable que l'ufage pratiqué par les Cultivateurs de changer tous les ans fur le même terrein les femences, part de cette opinion. Le fuccès de cette méthode eſt rapporté comme un argument triomphant en faveur de ce ſentiment, & en effet il eſt ſéduiſant.

L'orge, dit-on, épuiſe plus les terres que l'avoine; lorſque dans la ſuite on les enſemence de froment, on aſſure que les ſucs attirés par l'orge ſont plus analogues à ceux qui conviennent au froment, que les ſucs attirés par l'avoine.

On ajoute que quand une piece de terrein a été long-tems occupée par une eſpéce d'arbre, ſi l'on y fait une nouvelle plantation qui ſoit de la même eſpéce, elle ne réuſſit point, qu'au contraire lorſqu'on y plante des arbres d'une autre eſpéce on a lieu d'eſpérer un meilleur ſuccès de cette plantation.

Ces obſervations, que nous recevons d'abord comme vraies, ſemblent au premier coup-d'œil détruire l'opinion de ceux qui ſoutiennent que la matiere qui nourrit toutes les plantes eſt la même: mais d'un autre côté, il y a beaucoup d'autres obſervations auſſi-bien établies ſur des faits qu'on pourroit oppoſer en faveur du ſentiment que nous avons adopté.

Autant la premiere objection paroît claire, autant elle eſt ſpécieuſe, autant auſſi allons-nous faire d'efforts pour y répondre avec clarté. Un terrein, dit-on, qu'on enſemence de froment après l'avoir l'année précédente enſemencé d'orge, ſe trouve beaucoup plus épuiſé que lorſqu'on y a ſemé de l'avoine. Cette obſervation, continue-t-on, eſt bien démontrée par la modicité de la récolte de froment que produit ce même terrein, qui en rendroit une bien plus abondante ſi au lieu d'orge on avoit fait préceder l'avoine. Cette raiſon n'eſt que pure illuſion: cela n'arrive que parce que l'orge épuiſe en général les terres plus que l'avoine: & c'eſt ſans fondement que l'on reſtreint cet effet général au ſeul froment; celui-ci exige beaucoup de nourriture; il n'eſt donc point étonnant qu'il végéte plus vigoureuſemenr lorſqu'il ſuccéde ſur un terrein à l'avoine, non pas que la nourriture pompée par l'orge ne ſoit la même que la ſienne; mais parce que l'orge en a conſommé une grande quantité & en laiſſe moins dans le terrein. Rien de plus évident; car il n'eſt point de Cultivateur qui ne ſçache que l'orge eſt plus vorace que l'avoine, puiſque celle-ci végéte aſſez bien dans un terrein pauvre. Il réſulte donc de ce que nous venons de dire que l'obſervation qu'on objecte eſt vraie, mais qu'on ſe trompe groſſierement quant à la cauſe qui la produit.

Quant à la ſeconde objection, il eſt également aiſé d'y répondre. L'avoine, qui eſt naturellement ſobre, réuſſira après des productions qui demandent plus de nourriture qu'elle, & même dans des terreins où elles dépériroient. Il en est de même dans les arbres, les uns demandent plus, les autres moins de nourriture. Lorsque ceux à qui il en faut beaucoup ont épuisé une piece de terrein, d'autres de la même espéce qu'on y plantera n'y réuffiront point; parce que les premiers ont épuisé le terrein : aucune espéce même d'arbre à grande nourriture n'y réuffira; mais si on y en plante d'une nouvelle espéce moins vorace elle y réuffira. La raison, la voici; parce que quoiqu'il y ait moins de suc il y en a toujours affez pour des arbres qui n'en demandent pas beaucoup.

On peut répondre d'une façon aussi satisfaisante à une foule d'objections que l'on fait contre des découvertes utiles; parce que ne portant que sur des principes compliqués & établis de la maniere la plus équivoque, elles ne doivent la faveur qu'elles ont acquises qu'à la célébrité des Auteurs; car à les examiner de près, elles tiennent plus de la subtilité & de l'adreffe de l'imagination que de la raison.

CHAPITRE XLV.

Contenant les réponses à d'autres objections faites contre l'opinion de ceux qui soutiennent que la nourriture de toutes les Plantes est la même.

LA premiere objection que nous font les défenseurs de la diversité des sucs, consiste en ce qu'ils prétendent n'être point vraisemblable que la même matiere puisse à tous égards servir au soutien & à l'accroiffement d'une si prodigieuse quantité de plantes si différentes entre elles, soit par le goût, soit par la forme, soit par l'odeur, soit enfin par tant d'autres propriétés qui sont particulieres à chacune.

Il est certain que les petites particules de terre que nous disons conftituer principalement la nourriture des végétaux, prennent différentes formes dans les différentes filiaires par où elles paffent, pour se porter à toutes les parties des plantes. Mais ce méchanisme, quoique généralement adopté, ne prouve point que le suc nutritif ne soit point tout le même dans la terre, quoiqu'il soit diversement modifié dans les vaiffeaux des plantes.

L'expérience vient à l'appui des preuves que l'on a pour avancer que la nourriture est la même pour toutes les plantes, pour peu que l'on examine la croissance des unes plantées parmi les autres. Si une laitue, par exemple, tire de la terre un suc particulier pour sa nourriture, & si ce suc est différent de celui que la chicorée attire, il est certain que plantée au milieu de quelques chicorées, elle doit pousser avec plus de vigueur que si on la mettoit au milieu d'autres laitues : elle doit même, si le systême de la multiplicité des sucs est fondé, croître aussi vigoureusement que si elle n'étoit point entourée d'aucune autre plante quelconque. Mais l'expérience prouve le contraire. Une laitue plantée parmi des chicorées sera d'une végétation ni plus ni moins vigoureuse que plantée parmi d'autres laitues, & qui n'est ni plus ni moins prompte que si elle n'avoit point autour d'elle d'autres plantes ; ce qui assurément prouve que ces deux plantes se nourrissent du même suc, que toutes les sortes de plantes épuisent le terrein, & s'enlevent réciproquement leur nourriture quand elles sont voisines, n'importe qu'elles soient d'espéce différente, ou de la même.

Les effets que produisent ordinairement les greffes des arbres, prouvent que la nourriture des plantes quelles qu'elles soient subit dans leurs vaisseaux les changemens qui leur donnent la forme, la couleur, l'odeur & le goût particuliers que nous trouvons dans chacune. L'exemple rapporté par M. *du Hamel* dans les *Mémoires* de l'Académie des Sciences, le prouve. On a fait une espéce de greffe d'un jeune citron, gros à-peu-près comme un pois, dans une branche d'un oranger : il a acquis sa parfaite grosseur naturelle & sa maturité : on n'y a rien trouvé pour la forme, la couleur & le goût qui ne fût du citron ordinaire ; il n'a point participé en rien de l'oranger.

Or, si le suc nourricier pompé par les racines d'un oranger peut être ainsi préparé dans les vaisseaux de la petite queue du citron qu'on a comme greffée sur l'oranger, comment douteroit-on encore que le même suc tiré de la terre peut être travaillé dans chaque plante de façon à lui donner sa forme, sa couleur, & ses propriétés particulieres ?

Il y a des Naturalistes, le nombre en est même considérable, qui prétendent qu'il y a non-seulement un suc particulier à chaque plante pour sa nourriture, mais encore plusieurs dont chacun est analogue à chacune de ses parties : la chair, le noyau & l'amande d'une pêche, disent-ils, sont des parties qui different assez sensiblement entre elles, afin que la terre fourniſſe trois ſucs différens qui ſervent à les nourrir.

Mais ils ne s'apperçoivent pas qu'à force de prouver ils ne prouvent rien. Sans contredit les différens organes & vaiſſeaux des plantes donnent l'odeur & le goût différens au ſuc, & produiſent différens autres effets dans les différentes parties. Nous ne trouvons dans la terre ni le goût de la chair de la pêche, ni de ſon noyau, ni de ſon amande. Il eſt des ſols qui communiquent un goût particulier à leurs productions; mais alors quelque fruit qui y vienne, il en eſt également affecté & a toujours ſon goût naturel, & nullement celui des autres fruits. Dans ce cas le terrein a un goût qu'il communique généralement à tout ce qu'il produit: mais le même méchaniſme s'y obſerve dans les différens vaiſſeaux des arbres & des différentes plantes, comme dans les autres endroits.

Pour bien ſcrupuleux que ſoit l'examen qu'on fait des racines, nous ne les trouvons point organiſées de maniere à recevoir deſucs particuliers. Le Docteur *Greu* démontre que la ſuperficie des racines eſt une ſubſtance ſpongieuſe qui doit recevoir indifféremment tous les ſucs. Or toutes les plantes ont la ſuperficie de leurs racines également conſtruite. Ces interſtices qui forment cette éponge reçoivent les particules les plus atténuées de la terre, & les envoyent dans les organes de la plante, qui lui donnent toutes ces différences que nous obſervons, ſoit dans ſes parties même, ſoit dans tous les végétaux relativement à la forme, le goût, la couleur & les propriétés qui ſont particulieres à chacun.

Il y a pluſieurs eſpéces différentes de plantes qu'on peut élever dans l'eau, & l'on remarque qu'elles y conſervent leur forme, leur couleur & leur goût différens. Les Défenſeurs de la multiplicité oſeroient-ils ſoutenir qu'il y a dans l'eau différens ſucs que les différentes plantes attirent? On conviendra ſans doute qu'il n'y auroit rien de plus abſurde. Nous ſoutenons qu'il y a dans une eau quelconque des particules de terre; c'eſt une vérité connue: il n'eſt pas moins vrai que les plantes les attirent pour s'en nourrir, que ces particules ſont en elles-mêmes parfaitement reſſemblantes & égales, & que toutes les racines les attirent indifféremment; mais qu'elles ſubiſſent dans les vaiſſeaux de ſi grands changemens, que c'eſt de-là qu'elles tirent leurs formes, leurs couleurs, leurs goûts & leurs propriétés particulieres. Quoi en effet de plus raiſonnable que ce ſyſtême?

Nos Adverſaires ſoutiennent encore, que comme il eſt néceſſaire qu'il y ait des ſucs différens pour nourrir chaque partie particuliere de la plante, il faut abſolument que les racines de chaque
végétal ſoient conſtruites de façon, qu'elles ne puiſſent recevoir
ni admettre d'autres ſucs que ceux qui lui ſont analogues, & que
chaque partie de la plante ait des vaiſſeaux, pour ainſi dire, ſecre-
toires, qui ne reçoivent que ceux qui leur ſont propres.

Nous convenons que ce méchaniſme eſt abſolument néceſſaire
dans ce ſyſtême, mais reſte toujours à ſçavoir s'il eſt fondé. M.
Thull a donné ſur ce ſujet une expérience dont le réſultat eſt déci-
ſif. La voici : mettez une tige de menthe dans un verre d'eau, elle
y croîtra & pouſſera beaucoup de racines; ôtez-la enſuite, & met-
tez-la dans une eau ſalée, elle mourra ſur le champ & ſes feuilles auront un goût ſalé.

Suivant cette expérience, il n'eſt pas douteux que le dépériſſement
de la plante ne ſoit l'effet que l'eau ſalée a produit : c'eſt donc ce ſel
qui en eſt la cauſe. Le même Auteur conclut de cet eſſai, que les
racines attirent ou reçoivent indifféremment tous les ſucs qu'elles
rencontrent, ſoit qu'ils ſoient favorables, ſoit qu'ils ſoient contraires à la plante qu'elles ſont chargées de nourrir.

CHAPITRE XLVI.

Contenant des raiſons que l'on tire de la pratique de l'Agriculture
en faveur de la multiplicité des ſucs.

LA pratique des Cultivateurs & les ſuccès qui en réſultent,
prouvent, dit-on, qu'il y a différens ſucs à tirer de la terre
pour la nourriture de différentes plantes. Pourquoi, ajoute-t-on,
ſéme-t-on de l'orge & de l'avoine après le froment ? Et pourquoi ne
préfere-t-on pas au contraire toujours ce dernier, ſi il n'avoit pas
épuiſé tout le ſuc nourricier qui lui eſt particulierement propre; au
lieu que ce même terrein a retenu les ſucs analogues à l'orge & à
l'avoine qui y végetent parfaitement, tandis que le froment y
périroit.

Nous avons déja ſuffiſamment répondu à cette objection; nous
avons fait obſerver que le froment conſomme beaucoup de ſuc nourricier ; de ſorte qu'il n'en reſte pas une quantité ſuffiſante pour
fournir

fournir une seconde récolte de la même espèce ; au lieu que le même champ en fournira suffisamment à l'orge & à l'avoine qui
n'en consomment point une si grande quantité. Nous ajoutons
que s'il étoit vrai que l'orge ne vient après le froment, que parce
que le froment a laissé dans la terre les sucs qui ne convenoient qu'à
l'orge ; il s'ensuivroit nécessairement qu'on devroit s'attendre à une
bonne récolte de froment si on en semoit après l'orge ; parce qu'elle
auroit de même laissé les sucs propres au froment , & que le terrein
feroit à cet égard, comme s'il n'eût pas été ensemencé auparavant : ce
que certainement l'expérience dément tous les jours. Mais voici
l'explication complette. Le froment ne réussit guères que très-
imparfaitement , à moins que la terre n'ait subi quatre labours. Si
l'on semoit de l'orge dans un terrein aussi-bien ameubli, elle réussi-
roit admirablement ; mais comme son prix est de beaucoup inférieur
à celui du froment, & qu'elle ne demande pas une préparation aussi
dispendieuse , on se contente de donner deux labours pour en semer.

On observe que l'orge végéte avec assez de vigueur sur un terrein appauvri jusqu'à un certain dégré, par quelqu'autre grain : &
c'est la raison pour laquelle on la seme après le froment. Le froment au contraire ne pousse point, ou bien foiblement , s'il n'a
un terrein rompu, & entiérement ameubli ; ce qui fait qu'il n'a
qu'une végétation languissante lorsqu'on le seme après l'orge.

D'ailleurs, s'il étoit vrai que les plantes tirent des sucs particuliers qui sont propres à leur nourriture, dans quelles vûes laisseroit-
on, suivant l'ancienne méthode, les terres en friche ou jachere de
trois en trois ans ; car si cette opinion portoit sur des principes
vrais, on pourroit, au lieu de ce repos qu'on leur donne , les ensemencer de quelqu'autre grain ; ainsi , en semant la premiere année du froment, la seconde de l'orge, la troisiéme de l'avoine,
ensuite des pois & des *turnips*, on pourroit après semer encore du
froment, le terrein ayant eu quatre ou cinq ans pour rassembler &
se pourvoir de sucs analogues au froment. Mais comme il n'est rien
de plus faux , la nourriture de toutes les plantes est la même, & n'est
en effet autre chose que les particules de la terre extrêmement fines
& déliées; toute la différence consiste donc en ce qu'une espéce de
plante en consomme plus que l'autre.

Pour peu qu'on soit versé dans l'Agriculture , il n'est personne
qui ne sçache que si on suivoit l'ordre que nous venons de rapporter,
toutes les productions deviendroient peu à peu si modiques,

qu'elles ne vaudroient point la peine d'être recueillies; & la raison en est bien sensible, parce que toutes les productions épuisent, les unes plus, les autres moins, les sucs de la terre.

D'ailleurs, qu'on ne croye pas que le repos soit le seul avantage que la terre tire du tems de la jachere; on la retourne; on la travaille. Par ces labours, ses molécules se divisent de nouveau, s'abbreuvent des influences des rosées, des pluyes & des rayons du Soleil. Et il est si vrai que la texture de la terre est si bien divisée, que l'on la voit donner encore passage aux racines de bled. Il n'est donc point étonnant, que par le repos, & par les différens labours qu'on lui donne pendant ce tems, la terre se trouve propre à fournir aux plantes qui exigent beaucoup de nourriture, telles que le froment en particulier; aussi se donne-t-on bien de garde pendant tout ce tems de préparation, d'y laisser croître des herbes inutiles, qui ne manqueroient pas de l'épuiser.

Et en effet, si les autres plantes ne pompoient les mêmes sucs que le froment, il devroit végéter aussi vigoureusement entouré de ces plantes, qu'isolé : mais le contraire arrive ; & qu'on ne vienne point nous dire que les tiges de ces plantes traversent la croissance du bled ; puisqu'il végete également, quoiqu'on l'entre-mêle de beaucoup de branches de bois sec, ce qui assurément devroit produire le même effet que les dites tiges.

CHAPITRE XLVII.

Résultat des expériences sur la végétation.

Suivant plusieurs Naturalistes, toute substance que l'on peut dissoudre, entre différemment dans les plantes, & chaque espéce de plante s'approprie uniquement ce qui est analogue à sa nature, & se décharge de tous les hétérogenes par la transpiration.

Ce raisonnement est aussi spécieux que les précédens; mais il tombe de lui-même vis-à-vis de l'expérience. Nous pouvons recueillir ce qui sort des plantes par la transpiration. Le Docteur *Hales* l'a fait, & le résultat de son expérience se trouve directement contraire à ce systême : voici ses propres paroles. » Voyant la gran-
» de quantité de matiere qui transpire, dit-il, je fus curieux d'es-
» sayer si je pourrois en recueillir une quantité quelconque ; j'ap-

» pliquai des *retortes* de verre à des arbres de différentes efpéces, en
» faifant entrer leurs branches avec les feuilles dans la *retorte*,
» & en bouchant exactement l'ouverture tout au tour des bran-
» ches. Par ce moyen, continue-t-il, je recueillis plufieurs onces
» de la matiere tranfpirée de la vigne, des figuiers, du pom-
» mier du cerifier, de l'abricotier & du pêcher, de même que
» de la rhue, des raiforts, du panais, & des feuilles du chou.
» La liqueur que tous ces végéraux m'ont rendu, étoit claire
» & tranfparente, & je ne pus diftinguer la moindre différence
» dans le goût des différentes efpéces : fa pefanteur fpécifique
» étoit à peu près la même que celle de l'eau commune. » On voit,
par le rapport de cet Auteur, qu'il n'a point borné fes expériences à
une feule plante, ni à un feul arbre ; & s'il y avoit des matieres
différentes de tranfpiration, certainement il en auroit faifi la différence : mais point de découverte de cette efpéce. La liqueur étoit
la même à tous égards ; elle étoit parfaitement reffemblante à l'eau
commune : toute la différence qu'il y a remarqué, c'eft qu'elle tend
plutôt que l'autre eau à la putréfaction ; fa puanteur prouve, qu'ayant
paffé par les vaiffeaux des plantes, elle avoit contracté quelques-unes
de leurs propriétés végétales : cette expérience eft d'une exécution
facile ; on peut la répéter ; quoiqu'affurément la réputation d'un
Auteur auffi réputé que celui que nous citons fuffife pour raffurer le
plus incrédule : on voit bien qu'elle anéantit l'opinion de ceux qui
prétendent que les plantes attirent différens fucs, & fe déchargent
de ceux qui ne leur font point analogues par la voye de la tranfpiration.

Nous ajouterons encore, que s'il étoit vrai que chaque plante at-
tirât en elle toutes les fubftances que l'eau peut diffoudre, & qu'elle
tranfpirât celles qui ne lui feroient point néceffaires ou analogues, le
terrein devroit fe trouver toujours épuifé : les parties tranfpirées flot-
teroient dans l'air, & feroient à la merci des vents, qui les tranf-
porteroient du côté où ils fouffleroient.

On voit affurément combien peu font folides les principes fur
lefquels portent toutes ces objections, puifqu'il eft fi aifé d'y répondre. Mais il nous refte une autre obfervation à faire ; comme elle
eft directe au Fermier, & qu'elle eft d'une nature beaucoup plus
convaincante que toutes celles que nous avons déja faites, il convient de l'expofer ici le plus clairement qu'il nous fera poffible,
puifque nous ne cherchons la vérité que pour le bien d'un Art fi
utile.

Le Cultivateur obfervera que quand fon terrein, qui n'eft plus affez riche pour le bled, produit pendant quelques années du fain-foin & de la luzerne, il rendra encore des récoltes excellentes en froment; ce qui paroît prouver que les parties de la terre nécef-faires à la nourriture du froment, font différentes de celles qui font propres à la nourriture de ces fourages, & que par conféquent, la nourriture de toutes les plantes eft la même. Pour étayer encore plus cette objection, on peut obferver que les terreins mis en friche ou jachere, afin qu'ils acquierent plus de force pour rendre du bled, fourniffent dans cet état beaucoup de nourriture à quantité de mau-vaifes herbes. Or, cette obfervation paroît prouver qu'il y a diffé-rens fucs dans la terre propres à la nourriture de différentes plan-tes, & que cette nourriture n'eft pas la même fubftance qui fert à la végétation de toutes les plantes. Voilà ce que ces obfervations paroiffent du moins démontrer. Mais ne nous arrêtons point aux apparences, & cherchons ce qui eft vrai.

Si nous allons encore plus loin, nous remarquerons que les terres qu'on laiffe fimplement en friche, & auxquelles on ne donne aucun foin, ne s'améliorent, ni fi promptement, ni fi parfaitement, que fi pendant le tems de leur repos, on leur avoit donné des labours.

Nous obfervons encore que prefque toutes les plantes que produit une terre en friche, font de mauvaifes herbes, dont les racines font légéres, & fe répandent immédiatement fous la fuperficie du fol; & que par conféquent lorfqu'on travaille cette terre & renverfe le fol, la couche qui fe trouve immédiatement après celle qui eft à la rigueur fous la fuperficie, a été abfolument en repos. Or, il n'en eft pas de même lorfqu'on feme fur ce terrein du fain-foin & de la luzerne; parce que leurs racines font plus pivotantes qu'ho-rizontales, qu'elles plongent profondément, & que par une con-féquence néceffaire, elles ne peuvent point épuifer les couches qui font près de la fuperficie. L'expérience prouve que les plantes, comme nous l'avons déja dit, à racines profondes, tirent leur nourriture du fond du terrein, & n'alterent point du tout, ni ne ti-rent aucun fuc des couches adhérentes à la fuperficie.

Ainfi, en confidérant cette objection dans toute fon étendue, elle tombe en ruine vis-à-vis de cette obfervation. Quant aux mau-vaifes herbes qui viennent fur les terres en friche, elles n'épuifent précifément que la fuperficie, & l'on fçait qu'elle eft renverfée par le labour; enforte qu'il paroît à préfent bien démontré, que la terre qu'on fait remonter fur la furface avec la charrue, pour y femer du

bled, a tous ſes ſucs; puiſqu'il n'eſt pas poſſible qu'elle en ait fourni ni
aux mauvaiſes herbes qui viennent ſur la ſuperficie, ni aux ſain-foin
& luzerne, dont les racines plongent profondément. Ce terrein
ayant eu ſon année de jachere, pendant lequel tems on l'a rompu
& bien ameubli, eſt très-propre à produire du bled. Ce n'eſt donc
pas que les mauvaiſes herbes ni le ſain-foin tirent une nourriture
différente de la nourriture du bled, & que par-là il y réuſſiſſe quand on
le ſeme après; c'eſt bien plutôt parce que les premieres épuiſent la
ſurface proprement dite du ſol, qui eſt néceſſairement retournée
& renverſée par la charrue vers le bas, & que le ſain-foin épuiſe le
terrein à une profondeur, d'où le Laboureur ne peut jamais faire remonter la terre vers la ſuperficie. Pendant tout le tems de la végétation de ces plantes, la partie du ſol dans laquelle le bled doit après
végéter, eſt en véritable jachere, ſans être expoſée à aucune altération de la part de ces plantes gourmandes.

On remarque que les plantes à racines perpendiculaires ne réuſſiſſent pas, où des plantes à ſembiables racines ſont auparavant venues: ainſi le trefle ne végére point avec vigueur après le ſain-foin; au
lieu que les plantes, dont les racines ſont horizontales, réuſſiſſent parfaitement dans des terreins enſemencés auparavant de plantes à
racines perpendiculaires. De-là, il eſt bien évident que ces dernieres ont épuiſé le terrein à une certaine profondeur & non à la
ſurface. Il eſt donc très-vraiſemblable que la nourriture des végétaux en général, eſt la même, & qu'elle n'eſt que la terre elle-même
diviſée & ſous-diviſée en très-petites mollécules. Nous voyons
que toutes les plantes épuiſent cette nourriture, ſuivant la profondeur à laquelle elles pouſſent leur nourriture, & non autrement.
On doit préparer la terre lorſque cette nourriture eſt épuiſée. Comme elle ne conſiſte qu'en de petites particules de terre, tout ce qui
contribue à rompre & diviſer la terre, en favoriſe l'augmentation;
l'air produit cet effet, quand une terre eſt en friche; la charrue le
produit en retournant & en rompant la terre, & les différens engrais en excitant une fermentation dans le ſol. Mais tous ces effets qui ſont les mêmes, ſe produiſent par des voyes différentes,
& par conſéquent en différens dégrés. Donc le Cultivateur doit être
aſſuré, quelque moyen qu'il employe pour diviſer les particules de
la terre, qu'il la rendra toujours propre à ſoutenir & nourrir les
plantes.

CHAPITRE XLVIII.

Du changement des productions.

APrès avoir expliqué au Cultivateur pratique , la nature des parties principales des plantes & de leur nourriture , nous ne pouvons que l'avoir mis en état de comprendre aisément les principes d'où partiront tous les documens que nous avons à lui donner dans la suite pour l'amélioration de ses terres. Et il n'est pas douteux que cette explication lui étoit nécessaire , pour qu'il pût se rendre compte des méthodes qui sont étrangeres à la méthode vulgaire & à sa pratique ordinaire.

On voit bien clairement par les observations précédentes, que toutes les plantes se nourrissent de la même substance ; que chaque plante épuise la terre de la nourriture qui seroit propre à en nourrir d'autres sur le même terrein ; & qu'une piece de terre qui est une fois propre à nourrir quelque plante , continuera pour toujours à en nourrir de la même espéce , pourvû qu'elle soit soigneusement labourée & préparée.

Cet article-ci est important, & peut-être peu regardé comme tel par les Fermiers, mais il n'est pas moins vrai que les autres ; la raison & l'expérience prouvent que c'est une vérité incontestable.

De ce que nous avons dit, il résulte qu'il n'est pas nécessaire de changer sur un terrein l'espéce dont on l'ensemence ; ce qui ouvre une carriere fertile à une nouvelle façon de cultiver les terres, & de les améliorer considérablement. C'est sur de tels principes que la culture par la charrue à houe avec un cheval s'est accréditée, & qu'elle sera toujours recommandable chez les Cultivateurs, qui ne sont point sotement idolâtres de la tradition.

Cependant nous ne prétendons point par cette derniere remarque condamner la pratique communément reçue ; il est assurément très-avantageux de faire succéder différentes espéces sur le même terrein. Mais qu'on ne juge point de-là que cette méthode soit fondée sur le systême de ceux qui prétendent que chaque plante épuise le terrein relativement à la nourriture particuliere qui lui est propre. Nous l'avons suffisamment prouvé. Nous donnerons plus loin des raisons de l'approbation que nous venons de donner à la méthode commune.

Nous découvrons trois caufes principales des bons effets que peut produire la méthode ordinaire, c'eft-à-dire le changement de productions chaque année ; mais qu'on ne s'y trompe pas, elles font toutes différentes de la prétendue caufe des différents fucs ou différentes nourritures ; la premiere, c'eft la différente quantité de fuc nourricier qu'il faut à chaque plante : nous l'avons expliqué ; la feconde, c'eft la formation différente des parties de chaque plante en particulier, les unes étant beaucoup plus délicates que les autres ; la troifiéme, c'eft le différent nombre de labours que chaque efpéce particuliere exige ; voilà les véritables caufes des avantages qui peuvent réfulter de mettre chaque année, pendant trois ou quatre années de fuite, une différente femence fur le même terrein, quoique la nourriture de toutes foit en effet la même.

Toutes les plantes ne confomment point la même quantité de fuc nourricier ; rien de plus évident : n'y a-t-il pas des terreins pauvres & légers où le feigle pouffe avec vigueur, quoique le froment y meure, pour ainfi dire, d'inanition, & que la végétation de l'avoine même y foit extrémement languiffante ?

D'un autre côté, il y a des plantes qui plongent leurs racines dans un fol dur, où d'autres ne peuvent pénétrer : par exemple, les racines de l'avoine percent mieux dans un terrein dur que celles de l'orge : obfervation étayée de l'expérience ; nous voyons l'avoine réuffir paffablement dans les fols durs qui n'ont été labourés qu'une fois, au lieu que des terres qui font beaucoup plus légeres & molles exigent deux labours, fi l'on veut y faire une bonne récolte d'orge.

Nous pouvons conclure de cette obfervation, qu'en fuivant la méthode ordinaire, on doit femer quelqu'autre grain avant le froment ; autrement, comme celui-ci demande plufieurs labours & veut outre cela être femé au commencement de l'hyver ou d'abord après la récolte, il feroit impoffible de lui donner le nombre de labours, fans lefquels nous éprouvons qu'il ne réuffit pas. Il y a un principe évident par lequel on eft autorifé, en fuivant la méthode ordinaire, à changer de production, & l'on n'a pas befoin d'avoir recours à la prétendue caufe des différentes nourritures analogues aux différentes plantes : car à l'égard de l'avoine & de l'orge, comme il ne faut les femer qu'au printems fuivant, l'intervalle qui eft entre le tems de la récolte du froment & celui de le femer, fuffit pour pouvoir donner un des deux labours qu'il exige féparément, quoiqu'il foit impoffible de donner les quatre labours qu'il demande.

Mais l'année de jachere qu'on donne pour préparer le terrein au froment , donne toute la facilité qu'on peut defirer pour ces quatre labours, & pour tous les avantages que la terre reçoit de l'air & des pluyes pendant l'intervalle de tems que l'on met entre les labours.

Si quelqu'un fe propofoit de faire venir toujours du froment fur le même terrein , il faudroit qu'il l'enfemençât feulement d'une année à l'autre ; l'année intermédiaire feroit l'année de jachere , pour donner au terrein fes quatre labours. En fuivant cette méthode on obtiendroit toujours du même terrein des récoltes abondantes de froment, fans jamais y femer d'autre bled.

M. *Thull* rapporte un exemple qui prouve fuffifamment que le froment ne réuffira en aucune façon que ce foit dans un terrein qui n'aura pas eu le nombre fuffifant de labours. Si , fuivant cet Auteur , on enfemence de froment une piece de terre excellente, il viendra fi dru & fi pefant , qu'il fe renverfera, & que la récolte en fera très-modique ; & que la feconde année , quand même on ne lui donneroit qu'un labour , dans l'efpérance que le froment aura moins de vigueur & que par conféquent la récolte en fera abondante , on recueillera à peine la femence.

On remarque que le froment réuffit à merveille après le *Turnips* ; de-là on s'eft imaginé que le fuc propre & analogue à la végétation de cette racine étoit différent de celui qui fert à la nourriture du froment , & qu'il n'épuifoit point du tout les fucs favorables à ce dernier grain. Mais fi l'on fe rappelle les obfervations précédentes , on conviendra que cet effet doit être attribué à une caufe abfolument différente. L'ameubliffement parfait que le terrein ne manque point d'acquérir par la multiplicité des labours, eft la caufe néceffaire de la parfaite végétation du froment. On ne jette ordinairement les *Turnips* que fur un terrein qui ait été bien travaillé ; on le retravaille encore pendant leur croiffance. Par conféquent fi après cette récolte on feme du froment fur le terrein , ce grain-ci trouve un terrein plus ameubli que celui qu'on lui donne ordinairement. De-là on ne doit plus être furpris de l'abondante récolte de froment que l'on fait fur un terrein qui a été précédemment enfemencé de *Turnips*.

On obfervera encore que le *Turnips* épuife fort peu un terrein , quand même on l'y laifferoit monter en graine. Nous ajoutons même que l'eau eft la partie dominante du fuc nourricier de cette racine ; de forte que pompant une très-petite quantité de particules

cules terreftres, il en laiffe beaucoup au froment qui doit lui fuc-céder. On peut fe convaincre de la vérité de cette obfervation, par les expériences qu'on a la liberté de faire fur les racines même. Si l'on méle une grande quantité de *Turnips* avec de la farine de fro-ment, & qu'on en faffe un pain ; qu'on le pefe, on remarquera qu'il n'a guéres plus de poids que fi l'on avoit employé la même quantité de farine fans *Turnips*.

Il réfulte de-là que fi des *Turnips* femés fur un terrein deftiné à du froment font mangés avant de pouffer en graine, le terrein n'en eft que plus parfaitement ameubli ayant encore prefque tou-tes fes particules terreftres nutritives, pendant que les beftiaux qui les mangent fur pied, enrichiffent le fol de leur fiente & de leur urine.

Lorfqu'on veut femer du froment fur une piece de terre qui vient de produire du fain-foin, il y a des précautions à prendre. Ce terrein, n'ayant été ni labouré ni retourné depuis neuf ou dix ans, ne fera point fuffifamment rompu par un ou deux labours, pour fournir à une abondante récolte de froment ; mais ils fuffifent pour de l'avoine.

Si nous partons de ces principes, nous verrons que quoique, fuivant la culture ordinaire, il foit impoffible de faire venir du froment chaque année fur le même terrein, on peut cependant y réuffir par la nouvelle culture avec la charrue à houe.

Tout ce que nous avons mis jufqu'ici fous les yeux du Culti-vateur, n'a pour unique objet que de lui recommander la nouvelle méthode, qui bien exécutée, fuivant les documens que nous don-nerons dans la fuite, lui procurera des avantages bien fupérieurs à ceux qui réfultent de la méthode ordinaire : on peut par cette pra-tique récolter abondamment du froment chaque année fur le mê-me terrein ; il ne s'agit pour cela que de lui donner plus de labour pour rompre & divifer plus parfaitement les mollécules de la terre, & de mettre les plantes en état d'y étendre leurs racines, & d'en pomper les fucs nourriciers dont elle abonde, & enfin d'em-pêcher les mauvaifes herbes d'en profiter : mais il faut auffi avoir l'attention de ne pas élever plus de plantes que le terrein n'en peut nourrir. Voilà en précis les principes fur lefquels porte la nouvelle méthode que nous propofons : ils font affez évidents pour quicon-que fuit d'un œil peu fcrupuleux le méchanifme de la végétation, & qui reconnoît l'autorité irréfiftible de l'expérience.

CHAPITRE LXIX.

De la distribution du suc nourricier des Plantes dans la terre.

NOus avons en quelque 'façon, démontré que le grand avantage qui résulte d'une année de jachere, consiste à donner le tems au Cultivateur de faire le nombre suffisant de labours, de détruire les mauvaises herbes & de préparer suffisamment le terrein à recevoir du bled : ces labours doivent se faire à des intervalles de tems convenables ; autrement, donnés trop près l'un de l'autre, ils ne produisent pas la moitié de leur effet ; il faut donc mettre assez de tems entre les labours pour que les mauvaises herbes qui ont été renversées par le labour qui a précédé, ayent celui de se pourrir, & que la terre puisse profiter des influences du soleil & de la pluye ; mais au contraire si l'on fait succéder immédiatement un second labour au premier, on ne fait par là que retourner simplement la terre une seconde fois & détruire toute la premiere opération.

De-là le Cultivateur comprend, non-seulement combien les labours sont nécessaires, mais encore la nature des avantages que le terrein en retire ; ainsi si nous voulons pénétrer, selon ces principes, plus avant dans ce sujet ; nous arrivons naturellement à la distribution des sucs dans la terre.

Quelque bon que soit un sol par sa nature, les plantes ne tirent qu'un très-petit avantage de sa richesse, si leurs racines ne peuvent pénétrer & s'étendre pour attirer le suc nourricier ; un sol qui est trop ferme leur est impénétrable ; les trésors qu'il renferme pour la végétation sont inutiles, s'il n'est rompu & ameubli par les labours : de-là vient cette grande fertilité de la terre des jardins qui est continuellement remuée ; il en est de même d'une terre quelconque que nous supposons toutefois avoir des principes de fertilité. On peut donc établir, comme certain, que plus les particules de la terre sont divisées, plus les pores en sont multipliés, & que plus elles en ont, plus elles sont propres à nourrir les plantes. Nous avons déjà parlé des avantages considérables qui résultent de l'amélioration pratiquée par les engrais : venons à l'amélioration produite par les labours : car c'est exactement de ces deux points importans, que dépend la connoiſſance de l'Agricul-ture entiere. La méthode ordinaire tire tous ces avantages des engrais; la nouvelle, c'eſt-à-dire celle de la charrue à houe à un cheval, tire les ſiens de la maniere particuliere de préparer les terres par le labourage; & c'eſt en cela que conſiſte la diffé-rence qui eſt entre la méthode ordinaire & celle-ci.

Nous ſçavons, d'après l'expérience, que la nourriture des plantes eſt répandue dans les parties de la terre; mais elle n'y ſeroit d'aucun uſage pour la végétation, ſi les plantes n'étoient point en état de l'attirer pour leur ſubſiſtance : or pour leur donner cette facilité, il faut leur donner celle d'étendre les petites fibrilles de leurs racines entre les petites molécules de terre. Sur un ſol dans lequel elles ſont trop comprimées & reſſerrées, l'inſer-tion en eſt très-difficile aux fibrilles des racines qui, par elles-mêmes, ſont très-foibles, très-tendres, & par conſéquent hors d'état de vaincre une réſiſtance ſemblable; par là on voit com-bien il eſt néceſſaire de multiplier, autant qu'il eſt poſſible, des interſtices entre ces molécules, afin que les racines puiſſent y percer : on ſçait bien que preſque tous les ſols ont naturel-lement ces pores intérieurs; mais en général ils ne les ont pas en aſſez grand nombre, ou bien il arrive encore qu'ils ne ſont pas conformés de façon à admettre & nourrir les racines qui ſe trou-veront différemment conformées & conſéquemment peu propres à s'y adapter. Il en eſt dans ce point-ci, pour l'inſertion des racines, comme des vaiſſeaux ſécretoires dans l'animal. Voilà donc la cau-ſe du plus ou du moins de ſtérilité découverte, & c'eſt à cette cauſe dont les effets ſont ſi préjudiciables au Cultivateur, qu'il faut néceſſairement remédier.

Lorſque les pores ſont rares, il arrive ſouvent qu'ils n'ont ni rapport ni communication, ce qui néceſſairement forme un obſ-tacle au paſſage des racines, qui ne peuvent point par conſéquent atteindre au ſuc nourricier qu'elles cherchent, ſans doute par un mouvement analogique; & voilà le défectueux des ſols trop fermes.

D'un autre côté, autre extrémité non moins défavorable dans ſes effets : il y a des ſols dont les pores ſont très-grands; les racines paſſent à travers ſans preſque toucher la terre, & dont par conſé-quent elles ne peuvent tirer aucune nourriture; & voilà le défaut des ſols trop légers.

Les défauts de tous les ſols en général ſe réduiſent aux deux que nous venons de faire obferver ; & nous ajoutons avec certitude qu'on peut y remédier par une culture bien menagée : car, que l'on ne s'y trompe pas, le Créateur a, par une bonté qui eft fans bornes, verfé dans la terre une fi grande abondance de principes de fertilité, qu'elle eft inépuifable ; mais il a voulu que nous lui donnaffions des marques de notre reconnoiffance, en nous mettant dans la néceffité de parvenir, par un travail affidu, à mettre les racines des plantes, dont nous avons befoin, en état de pouvoir atteindre les fucs nourriciers. Et en effet tout Cultivateur qui partira des principes que nous avons établis, ne peut manquer de fentir que tous fes fuccès dépendent de ce point.

On ne doit point craindre que ce fuc fe diffipe ou fe perde de lui-même, l'expérience doit nous tranquillifer. Prenez une motte de terre, faites-la fecher auffi parfaitement que vous pourrez, réduifez-la en poudre auffi fubtile qu'il vous fera poffible ; ainfi divifée, expofez-la autant & auffi long-tems que vous voudrez, au foleil, à la pluye, à la gelée, ne vous attendez point à la voir dépouillée de fes fucs nourriciers. Tous ces procedés la rendent au contraire plus fertile ; ce qui prouve bien évidemment que le fuc nourricier n'eft autre chofe que de la véritable terre : mais il eft néceffaire que fes mollécules, qui forment la fubftance nutritive, foient lubrifiées par l'eau qui s'y mêle, afin qu'elle fe porte plus aifément dans les filiaires les plus atténuées des plantes. Lorfque le végétal attire les particules dans fes vaiffeaux, l'eau s'évapore par la tranfpiration, & la terre y refte pour le nourrir & fubftanter. Tel eft l'ordre & le méchanifme que la nature a établis pour la nutrition des végétaux. Mais quand l'eau s'eft évaporée de la terre fans paffer avec elle dans les vaiffeaux des plantes, elle s'en va feule fans entraîner avec elle aucun de ces fucs nutritifs : il eft donc évident que les terres qu'on laiffe en friche deviennent plus riches & plus fertiles ; au lieu que quand l'eau, qui s'en évapore, emporte des particules nourriffantes, elles font appauvries.

Il ne faut pas croire qu'en cultivant la terre pour la fertilifer, il fuffife de fournir aux plantes ces mollécules qui font fi néceffaires à leur végétation, il faut encore les préparer de façon que les plantes puiffent les atteindre avec leurs racines. Il n'eft prefque point de fol qui ne contienne en lui-même abondamment des fucs nourriciers : il n'eft donc queftion pour le Cultivateur que de préparer la terre d'une façon favorable à la communication & correfpon

dance qui doivent produire une végétation parfaite entre les racines & les mollécules nourriffantes.

Or, le moyen le plus infaillible de remplir cet important objet,
eft de préparer tellement la terre qu'il y ait autant de pores qu'il fera
poffible dans lefquels les racines puiffent s'infinuer, de façon cependant qu'elles touchent par leurs côtés les mollécules de la
terre, & en pompent les parties les plus fubtiles, qui, comme nous
l'avons déja fuffifamment prouvé, font ce véritable fuc nourricier,
l'ame univerfelle de la végétation.

Nous avons déja obfervé qu'on rompoit & divifoit les fols de deux
façons, par les engrais, & par le labourage. Il eft donc important
d'examiner, avec l'impartialité la plus décidée, laquelle de ces deux
méthodes eft plus propre à remplir cet objet ; puifque c'eft de cet effet que dépend réellement la fupériorité de l'une fur l'autre : ainfi
on voit combien devient utile l'attention que nous avons eu de
faire paffer fous les yeux du Cultivateur les différens fentimens
qui ont été propofés & défendus par les différens Ecrivains. On n'a
à préfent qu'à faire l'application de ce que nous avons dit, on fera
fuffifamment en état de fe conduire dans le choix de l'une ou de
l'autre méthode, dans chaque cas particulier ; & l'on fçaura, pour
fon plus grand avantage, quel traitement on doit à fon terrein. Comme nous n'avons en vuë que d'inftruire, nous avons cru devoir faire
connoître le plus clairement toutes les méthodes. C'eft donc au
Cultivateur à fe décider fuivant les circonftances qui lui font la
loi.

SECONDE PARTIE.

CHAPITRE I.

*Des différentes méthodes connues pour diviser les mollécules
de la terre.*

ON vient de voir que tous les moyens de donner de la fertilité à un fol, fe réduifent à rompre & divifer fes parties.
Examinons à préfent comment on peut le mieux parvenir à cette
fin.

Outre les deux façons de divifer les mollécules de la terre, on
peut en ajouter une troifiéme, c'eft la chaleur, ou l'effet du feu.
Voyons en quoi confifte la différence qui eft entre ces méchanif-
mes : le labourage ne rompt la terre que par le fecours des inftrumens qu'on y employe : le feu agit par la voye de la calcination,
& les engrais par celle de la fermentation.

Le fumier, qui eft le principal des engrais, altére toujours plus
ou moins la nature des productions. Il en réfulte encore un autre défavantage, c'eft qu'on n'a pas toujours la quantité néceffaire
de fumier. D'un autre côté, il eft toujours en notre pouvoir d'augmenter les labours fuivant notre volonté ; augmentation qui n'altére jamais la qualité des productions : le fumier & les autres engrais communiquent à la vérité quelque fubftance à la terre ; mais
les labours fouvent répétés expofent les particules différentes du
fol, les unes après les autres, aux influences de l'air, du foleil & des
pluyes, qui rendent la terre extrêmement propre à fournir du fuc
nourricier.

Nous venons d'obferver que plus on rompt la terre, plus on
augmente le nombre de fes pores intérieurs : plus nous augmentons
la furface de ces particules, plus nous mettons ces particules en
état de fournir de la nourriture aux végétaux.

Le fumier a le défavantage de corrompre en quelque façon le
goût naturel des productions, comme l'expérience le prouve, dans

les plantes dont la végétation eſt pouſſée par l'abondance du fumier dans les jardins potagers.

Les legumes élevés avec du fumier ont un goût bien moins délicat que ceux qui viennent ſans ce ſecours. On remarque que les choux, par exemple, qui viennent aux environs des grandes villes, où leur végétation n'eſt pouſſée qu'à force de fumier, n'ont jamais cette ſaveur agréable qu'ont ceux qui viennent dans les campagnes éloignées ſans le ſecours des fumiers. Cet effet devient encore bien plus ſenſible dans les pays de vignoble, que par-tout ailleurs. Car il y a une différence étonnante entre le vin cueilli dans une vigne non fumée & celui qui vient d'une vigne qui l'a été.

Voilà en effet les déſavantages inconteſtables des fumiers, ſurtout lorſqu'on les employe en trop grande quantité. M. *Thull* a pouſſé cette obſervation beaucoup plus loin; car il met toutes les reſſources de ſon génie en œuvre pour prouver qu'ils communiquent des effets nuiſibles aux végétaux: mais emporté par une tendreſſe illimitée pour ſon ſyſtême, il a voulu pouſſer la choſe trop loin; & tous ſes raiſonnemens ſont beaucoup moins concluans que ſubtils.

Il eſt vrai-ſemblable au contraire qu'une plante vénimeuſe doit perdre conſidérablement de ſa mauvaiſe qualité lorſqu'elle vient dans un terrein richement fumé, que lorſqu'elle eſt ſur un terrein naturellement pauvre; car on remarque que quoique le fumier accélére & augmente la croiſſance des plantes, il affoiblit leurs propriétés & leur goût.

La raiſon en eſt ſenſible: l'action du fumier ſur les terres n'étant qu'un mouvement de fermentation, il diviſe entiérement leurs mollécules; ce qui, par les principes déja établis, doit conſidérablement augmenter leur fertilité: mais, dira-t-on, les inſtrumens dont on ſe ſert dans le labourage rompent & diviſent auſſi ces mollécules; rien de plus vrai: mais ils ne font que cela, en ajoutant toutefois qu'en les retournant les parties du ſol profitent des avantages des ſaiſons, pendant qu'en même-tems ils détruiſent les mauvaiſes herbes; ils ne lui communiquent rien de leur ſubſtance. Et il n'en eſt pas de même des fumiers qui ayant beaucoup de flexibilité s'incorporent avec les mollécules, & les impregnent de leurs principes corrompus par l'action de la fermentation qu'ils y excitent. Donc l'amélioration pratiquée par le labourage a bien des avantages, pour un ſeul qui réſulte de celle qui ſe fait par le fumier. Une terre ainſi préparée n'eſt point expoſée à l'épuiſement cauſé ordinairement par les mauvaiſes herbes, elle reçoit de tems en tems

& successivement dans toutes ses parties, les avantages qui résultent des rosées, des rayons du soleil, & des pluyes, qui, comme l'expérience nous le prouve chaque jour, contribuent beaucoup à la fertilité.

Autre désavantage du fumier : il porte dans les terres des insectes qui rongent les productions ; car on remarque que lorsqu'on plante des arbres dans un terrein fumé leurs racines sont fort alterées par les insectes qu'on y trouve ; aussi les Fleuristes ont-ils proscrit de leur culture l'usage du fumier.

Il est cependant facile de remédier à cet inconvénient. Et comme la méthode la plus commune d'améliorer les terres est celle du fumier, nous indiquons ici, comme un moyen assuré, l'usage de la chaux. On met d'abord, avant que de commencer le tas, une couche de chaux vive, & à mesure qu'il avance, on répand de tems en tems quelques couches de la même chaux : par cette précaution on détruira non-seulement les insectes qu'il y a ordinairement dans le fumier, mais encore la plus grande partie de la semence dès mauvaises herbes qui y sont contenues, & qui poussent en très-grande quantité parmi les grains.

On vante comme un grand avantage du fumier celui qu'il a d'être également utile à toutes les espéces de sols, légers ou pesans : mais le labourage ne l'a pas moins.

Les sols fermes ont leurs particules si serrées & si adhérentes que les racines des plantes ne peuvent y passer ni les pénétrer suffisamment : or nous avons fait observer que lorsqu'elles ne peuvent pénétrer ni se répandre dans la terre, la plante tombe nécessairement en langueur. Mais lorsque les terres ont été rompues & divisées par le labourage, & que par ce moyen les mollécules sont séparées les unes des autres, ensorte que les racines trouvent passage dans leurs interstices & qu'elles peuvent s'étendre pour chercher le suc nourricier, elles sont alors très-propres à une végétation vigoureuse.

Voilà l'avantage qui résulte du labourage dans un terrein ferme, & il produit un effet qui n'est pas moins digne de la considération du Cultivateur dans les sols trop légers, quoique par une raison contraire. On a déja vû que le défaut des sols légers est d'avoir des interstices ou des pores trop grands entre leurs mollécules, & qu'ils n'ont point ou guéres de communication les uns avec les autres ; de sorte que les racines passant par ces grandes cavités, ne touchent pas leurs parois, & conséquemment les mollécules qui font le
suc

fuc nourricier de la plante. Voici l'effet que le labourage produit fur cette efpéce de terres ; il en rompt, ainfi que dans les premieres, les particules, & doit conféquemment multiplier les interftices, en formant nombre de petits intervalles en place des grands. Il eft bien évident que tel doit être l'effet du labourage fur un fol léger ; il doit donc rendre le fol léger propre à la végétation, attendu que les interftices s'étant beaucoup plus multipliés, ils doivent néceffairement avoir communication les uns avec les autres ; de forte que les racines peuvent y paffer, & qu'en touchant les parois des mollécules à caufe de la petiteffe des pores, elles deviennent propres à recevoir le fuc nourricier, que nous avons prouvé être l'aliment commun de tous les végétaux.

Nous avons encore obfervé qu'afin que les racines des plantes reçoivent ou attirent ce fuc, il faut néceffairement qu'il y ait une efpéce de preffion ou réfiftance réciproque entre les racines & les mollécules par lefquelles elles paffent ; ce qui arrive naturellement quand les pores font petits.

CHAPITRE LI.

Des dégrés du labourage & de l'ufage du fumier.

Nous venons de voir, en parlant du fumier, que M. *Thull* avoit mis tout en œuvre pour démontrer qu'il étoit toujours inutile, & quelquefois nuifible & dangereux. Nous avons obfervé qu'il s'étoit trop livré à fa tendreffe paternelle ; il eft de notre devoir de prouver que ce n'eft pas fans raifon que nous lui faifons un femblable reproche.

La culture à houe & un cheval, nous l'avons obfervé, doit fon origine à un paffage rapporté par M. *Evelyn*, dans lequel on lit qu'il n'eft rien de plus néceffaire que de rompre, divifer & atténuer les mollécules de la terre, pour la rendre propre à fubftanter les végétaux ; d'où l'on conclut qu'il n'eft rien de plus favorable à la fertilifation d'un fol que la divifion de fes parties & des petites mottes qui s'y forment ; il eft certain que relativement à certains fols ce principe eft démontré, mais qu'il eft faux relativement à d'autres. Il réfultera de cette réflexion un avantage décifif pour le Cultivateur, puifqu'il apprendra à connoître

Tome III. Cc

le danger qu'il y a à prendre trop d'attachement pour l'une ou l'autre méthode : & en effet quoique la culture de la charrue à houe puisse être & soit en effet plus avantageuse dans le labourage que l'usage du fumier dans bien des sols, elle ne l'est pas certainement dans tous. C'est donc au Cultivateur à s'instruire & à profiter des lumieres que nous lui donnons, pour distinguer la nature du sol & donner la préférence à la culture qu'il juge lui être le plus favorable : nous croyons assurément lui avoir fait voir suffisamment toute l'étendue de l'ancienne culture par les engrais ; nous allons lui expliquer la nouvelle qui substitue à l'ancienne une façon particuliere de labourer : & afin que tout le monde soit en état de tirer parti de cette connoissance, nous ferons voir qu'aucune de ces méthodes n'est absolument préférable à l'autre au point de la rendre entiérement inutile , mais que l'une peut favoriser un terrein , & l'autre être très _ analogue à la nature de l'autre. Nous entrerons dans le détail des cas dans lesquels les engrais méritent la préférence , & ceux dans lesquels ils doivent le céder à la nouvelle façon de labourer : nous nous étendrons même sur les documens qui peuvent être de quelque utilité relativement à ce nouveau labourage , de même que nous l'avons pratiqué touchant les engrais ; comme, par exemple, à quel nombre les uns & à quelle quantité l'autre peuvent être utiles & nécessaires à des sols particuliers & différens.

Suivant Mr. *Evelyn*, quand on romp & divise une certaine quantité de terre, & que l'on l'expose pendant un certain temps à l'air, elle devient si fertile, qu'elle est en état de nourrir toutes sortes de plantes : or il est bien évident, que la nouvelle culture est fondée sur ce principe, puisqu'elle tire toute son utilité & ses avantages de la faculté qu'elle a de rompre & diviser les terres par le labourage : mais Mr. *Duhamel* déclare que cette doctrine n'est pas universellement vraie : en l'attaquant sur certains points , il convient qu'elle a ses avantages : en certains autres, il soutient que cette expérience n'est pas vraie, relativement à toutes les terres : il assure l'avoir éprouvé sur de la terre glaise , & que son essai n'a point réussi : il a réduit, dit-il, une certaine quantité de terre glaise en poudre, l'a passée par un tamis fin, & l'ayant humectée avec de l'eau , il lui a trouvé la même tenacité naturelle. Voilà l'objection de l'Académicien ; quoique beaucoup moins concluante qu'il ne l'imagine, elle ne laisse point d'être de quelque poids.

D'abord cet essai ne lui donne point le droit de révoquer en doute l'expérience de Mr. *Evelyn*, parce qu'il ne paroît point qu'il ait opéré dans cette expérience comme il le devoit : il a bien pulvérisé & tamisé la terre : mais, nous dit-il qu'il l'a exposée au grand air ? or ce procédé paroît nécessaire, puisque Mr. *Evelyn* veut que l'on laisse la terre exposée pendant un an. Nous venons de voir que le feu, porté au dégré de calcination, rend la terre glaise fertile : nous avons aussi observé que l'air & le soleil ont, à cet égard, les mêmes propriétés que le feu, excepté que les effets en sont plus lents : or dans le cas que nous rapporte Mr. *Duhamel*, la pulvérisation qu'il nous annonce, auroit rendu la terre plus propre à s'impregner des influences du soleil & de l'air, & l'attention de la remuer & retourner continuellement, qui est si recommandée dans le procédé, auroit exposé successivement chaque partie à leurs influences.

Cependant quoique cette expérience soit faite imparfaitement, & qu'elle ne conclue point contre celle de Mr. *Evelyn*, elle nous apprend que les sols glaiseux sont d'une amélioration plus lente par le labourage dont il est ici question, que les sols argilleux & légers, & qu'il est nécessaire d'appeller au secours d'autres préparations pour les améliorer : de-là nous conclurons que le labourage avec la charrue à houe suffira aux sols argilleux & legers, & que le Cultivateur qui a des sols fermes & glaiseux, ne peut se dispenser d'avoir recours aux effets du sable & des autres engrais convenables, & même de la calcination.

C'est avec examen qu'on doit se livrer à une nouvelle méthode, parce que les Auteurs & Inventeurs ont toujours une tendresse outrée pour leurs découvertes, & qu'ils mettent en usage toutes les subtilités imaginables pour les faire adopter : cependant il y en a, qui pésées & examinées avec attention & impartialité, sont très-utiles dans certaines occasions, & point du tout en d'autres.

Il n'est pas douteux que les sols glaiseux sont sujets, même après beaucoup de labours, à reprendre leur tenacité premiere, à moins qu'on ne les ait chargés d'engrais propres à diviser leurs parties ; mais il ne faut pas conclure de-là que les engrais leur soient plus favorables que beaucoup de labourages ; car l'expérience prouve qu'il n'y a point de sol à qui le labourage soit si essentiellement nécessaire que le sol glaiseux ; cette préparation-ci & les engrais administrés ensemble lui sont très-favorables & même indispensables : d'abord les labours les rompent & les divisent, & les engrais qu'on y répand les conservent dans cet état d'ameublissement par le mouvement de fermentation qu'ils excitent dans ses parties ; par cette méthode, de

médiocres qu'ils étoient, les fols deviennent quelquefois les meilleurs qu'on puiffe fouhaitter ; delà, on doit conclure qu'on ne peut
point dire que l'ancienne Agriculture foit meilleure que la moderne,
ni celle-ci meilleure que l'autre.

Si, comme nous venons de l'obferver, les engrais font néceffaires
aux terres glaifes pour les tenir dans un état de fertilité, après
qu'elles ont été ameublies par les labours, ils ne le font pas moins
aux fols légers, parce qu'ils ne font point fubftantiels ; de forte qu'on
peut dire que les engrais les enrichiffent, tandis qu'ils divifent les
premiers : donc ils font favorables aux uns & aux autres, & produifent un double effet lorfqu'on y joint une culture raifonnée
& analogue.

CHAPITRE LII.

Des avantages qui réfultent des Engrais & du Labourage bien combinés.

TEls font les avantages qui réfultent de l'ufage des engrais,
ils ont été de tout tems confidérés & employés dans cette vue,
& tel Cultivateur qui les profcriroit en faveur de toute autre méthode commettroit une imprudence impardonnable. On donne ordinairement quatre labours pour le bled, & l'on joint à cette préparation les différentes fortes de fumiers analogues à la nature & au
tempéramment du fol ; fi l'on donne huit labours au lieu de quatre,
il eft certain que certains fols produiront fans fumier autant que fi
on en avoit employé ; or ces labours de plus peuvent dans certains
cas être moins difpendieux que certains engrais, & alors le Cultivateur leur doit donner la préférence.

En partant de ces principes, on voit certainement qu'il refte encore bien des améliorations à faire dans la méthode communément
pratiquée ; le labourage tel qu'on le fait ordinairement ne fuffit pas
pour les glaifes fermes ; il ne fait que rompre & divifer le fol en groffes mottes, entre lefquelles il y a de grandes cavités irrégulieres, &
nous avons fait obferver par la nature des plantes, & la façon dont
elles attirent le fuc nourricier, qu'elles ne peuvent pas fe foutenir
dans un femblable fol ; delà il refte pour évident, qu'afin que le Cultivateur tirât tout le parti poffible de fon terrein, il devroit lui don-

ner plus de labours qu'à l'ordinaire & qu'en les répétant avec la charrue à houe à un cheval que nous appellerons toujours dans la suite *le Cultivateur*, il romproit & diviseroit ces mottes ; qu'atténuées au dégré de la divisibilité des sols légers, elles deviendroient parfaitement propres à donner passage dans leurs interstices aux fibrilles des racines, qui de leur côté comprimées latéralement par les diverses superficies des mollécules, pomperoient le suc nourricier, s'affermiroient dans le terrein, & végéteroient avec vigueur ; qu'en y joignant des engrais qui pénétreroient, & s'amalgameroient plus facilement avec les particules du sol, il ne seroit plus nécessaire que de répéter cette pratique, pour conserver le terrein dans cet état de fertilité, que ces deux méthodes, unies ensemble, lui auroient donnée.

Lorsque nous avons fait sentir combien le sable, comme engrais, étoit favorable à la fertilisation de la glaise, nous avons, par-là, prouvé les avantages qui doivent résulter des fréquens labourages donnés à cette terre ; puisqu'il est vrai que l'usage du sable ne peut être recommandé, que dans la vue de lui faire opérer le même effet que celui du labourage, qui est de diviser le terrein : car, assurément, on ne dira pas que le sable pur puisse fournir des sucs au sol, puisqu'il est dépouillé de tout principe ; il ne sert donc qu'à rompre & diviser le sol & à ouvrir un passage aux influences du soleil, au pluyes & aux racines des plantes ; le labourage produit le même effet, il ne fournit aucun suc au terrein, il ne fait que séparer ses molécules, ou les tenir divisées, après qu'il a été rompu par la charrue. Voilà la source de tous ces bons effets, qui sont l'objet perpétuel des désirs, des dépenses & des travaux du Cultivateur.

Les sols légers sont améliorés par la culture, mais ils n'ont pas besoin d'autant de labours que les autres ; ils demandent des engrais qui les enrichissent, de même que d'autres demandent d'être divisés & entretenus dans cet état : nous n'avons point à craindre, nous l'avons déjà observé, d'épuiser la fertilité de ces terres en les exposant au soleil ; car ses rayons ne produisent que l'évaporation des parties acqueuses, & non de cette substance précieuse qui doit servir de suc nourricier aux végétaux.

Il est certain que les labours améliorent ces terreins : soit que l'amélioration soit l'effet de la division des molécules, & que par-là, elles les rendent plus susceptibles des influences du soleil, de la rosée, de l'air & des pluyes : soit qu'elle soit l'effet de la multiplication des cavités intérieures, comme Mr. Thull le pense, enforte que la terre donne aux plantes la liberté de mieux étendre leurs racines ; mais quelle que soit la caufe, l'effet eft toujours certain, & voilà le point important pour le Cultivateur. Il en réfulte encore un autre avantage bien intéreflant ; c'eft qu'à force de remuer & de retourner le terrein, les mauvaifes herbes font entierement détruites, tandis qu'au contraire les fols légers, fuivant la culture ordinaire, en produifent p'us, par rapport aux fumiers & autres engrais riches, qu'on eft obligé d'y répandre.

L'avantage que nous avons dit être une fuite infaillible du remuement des fols légers, par les fréquents labours, fe démontre par l'expérience : cultivez la moitié d'une piéce de terre legere, fuivant la méthode ordinaire, rompez & divifez l'autre moitié avec *le Cultivateur* ; quelque tems après rompez encore, dans une faifon féche, & en croifant, tout le champ en entier, de forte que le terrein foit coupé exactement dans une direction abfolument oppofée à la précédente : alors on verra au premier coup d'œil l'avantage qui réfulte de labourer à fond ; car la moitié qui aura été parfaitement labourée auparavant, aura une bien plus belle apparence que l'autre moitié que l'on aura labourée fuivant la méthode ordinaire : cette même preuve fe fait fentir par la différence que l'on peut remarquer entre les productions d'un fol leger qui a été labouré & celles d'un fol de la même nature qui ne l'a été qu'imparfaitement, c'eft-à-dire, fuivant l'ancienne méthode.

Nous avons obfervé dans plufieurs cantons du Royaume, un ufage établi par tous les Cultivateurs qui y travaillent les terres : ils rompent les particules avec des bâtons armés d'un rouleau d'un pied de long fur demi pied de circonférence : on appelle cet inftrument en quelques endroits *caffe-motte*, & en d'autres *Matteuil*. Cette préparation eft très-imparfaite fi l'on la compare à celle du labourage, cependant elle ne laiffe pas de produire un bon effet, lorfque le terrein n'eft pas trop humide. Ceci fe pratique après qu'on a jetté la femence ; mais il y a encore un autre rouleau maffif & que l'on fait tirer par des bœufs ou des chevaux. On en fait ufage avantageufement pour préparer le terrein au labourage ; mais fi le fol eft humide, cette opération produit de mauvais effets. Il eft auffi des Cultivateurs affez peu inftruits, pour s'imaginer pouvoir fuppléer au labourage en herfant fouvent leurs terres enfemencées ; mais en général, on ne fait qu'égratigner la terre, & par conféquent cette opération eft peu fructueufe en certains cas, & en d'autres très-dangereufe, comme, par exemple, lorfque la terre eft humide.

CHAPITRE LIII.

La préparation des terres à bois pour du bled.

LOrſqu'une terre n'a point été enſemencée depuis un grand nombre d'années & qu'on veut la préparer pour y jetter du bled, on l'appelle *terre neuve*; elle demande alors une nouvelle façon de la travailler & relative à l'état où elle étoit auparavant. Les unes auront été en bruyeres, d'autres en bois, celles-ci en prairies artificielles, celles-là en pâturages : il faut à chacune un différent traitement. Il y en a auſſi dont l'humidité naturelle exige un traitement abſolument différent de celui des précédentes. Examinons d'abord celles-ci, enſuite nous traiterons des autres ſéparément. Nous commencerons par la maniere de préparer, pour du bled, une piéce de terre qui aura été en bois.

Ces différentes opérations furent connues & pratiquées dans l'origine de l'Agriculture : les premiers des hommes qui s'adonnerent au labourage furent obligés d'y procéder plus ſouvent que nous ne le ſommes aujourd'hui. L'état naturel d'un terrein inculte eſt d'être couvert de bois. C'eſt ainſi que beaucoup de Cultivateurs trouverent des eſpaces à défricher. Alors il ne valoit pas la peine de couper le bois, il ne ſe vendoit pas : pour épargner les travaux il falloit donc le brûler ſur pied. Par cette opération les cendres ſecourues de l'action de la chaleur, produiſoient un effet merveilleux, quant à l'amélioration des ſols ; il ne reſtoit donc rien plus à faire à ces Cultivateurs que de remuer la ſuperficie, d'applanir le terrein, & d'enſemencer tout de ſuite.

Mais aujourd'hui que la valeur du bois eſt établie, & ſon prix connu, un procédé ſemblable révolteroit le ſens commun. Quand il eſt donc queſtion de mettre en bled un terrein qui eſt en bois, on commence par abbattre les arbres & par arracher les racines, & cette opération-ci eſt d'un ſi grand avantage pour le terrein, qu'elle ne le céde preſque point à celui du brûlis & des cendres.

Nous avons déjà fait obſerver, en traitant du bois taillis, qu'il fait une des plus excellentes préparations pour le bled : ainſi nous aſſurons qu'il eſt ſouvent avantageux de planter des taillis dans cette vue. Car qu'on en abatte, ou de la haute futaye pour ſemer du bled, il eſt certain qu'il n'y a pas de terrein, qui, avec moins de travail, ſoit plus favorable au bled ; parce que les trous qu'on fait pour lever les racines, & les autres travaux, retournent & rompent tellement le terrein, qu'on peut s'épargner la moitié du labour.

Ainſi dès que la terre aura été remiſe à niveau, il n'eſt plus beſoin de la labourer, on la retourne encore ſeulement une fois avec la charrue : les gelées de l'hyver détruiſent les mauvaiſes herbes & atténuent les mollécules ; au printems ſuivant, un ſecond labour ſuffit, & l'on enſemence le terrein avec certitude d'une grande récolte, les accidens que le Cultivateur le plus intelligent ne peut prévenir n'arrivant point.

Et il ne faut point croire que cette fertilité ne ſoit, pour ainſi dire, que momentanée, elle dure, au contraire, très-longtems. Les arbres ont tiré le ſuc nourricier à une grande profondeur ; de ſorte que la ſuperficie n'eſt point du tout entrée dans les frais de leur nourriture : l'ombre des branches a traverſé la croiſſance des mauvaiſes herbes : d'ailleurs les feuilles qui tombent chaque année, tombant en putréfaction, ont ſervi pendant long-tems d'engrais continuel ; ajoutons les branches déſſéchées ou abbattues par les vents, qui, comme nous l'avons dit dans le ſecond Livre, font un engrais excellent.

Voilà de quel œil nous devons regarder une terre qui a été en bois pendant quelques années. Elle eſt en effet la même que ſi elle eût été en friche.

Une terre ſemblable rend pluſieurs années de ſuite, des récoltes abondantes de bled, ſans le ſecours d'aucun engrais, en la travaillant ſelon la nouvelle méthode. On remarque même qu'un terrein de très-peu de valeur dans ſon origine & hors d'état de fournir des récoltes médiocres de bled, même avec le ſecours des engrais, ſurpaſſe notre attente quand on la ſeme de bled, après l'avoir laiſſée quelques années en bois. Nous avons obſervé qu'il y a diverſes ſortes d'arbres, qui viennent ſur toutes ſortes de terreins, & qu'on en tiroit de très-grands avantages. Toutes ces conſidérations doivent ſuffire au Cultivateur, qui a des terreins qu'il ne ſçait comment mettre en valeur, pour le déterminer à eſſayer ce moyen que nous lui propoſons.

En recommandant cette pratique, nous répandons plus de jour ſur la méthode du *Cultivateur*, & nous faiſons voir la vérité de ces principes, ſur leſquels nous avons dit qu'elle étoit fondée. Nous avons dit que les racines des plantes cherchent leur nourriture près de

la superficie & que les arbres pénétrent plus profondément pour attirer le suc nourricier, ce qui, assurément, paroît suffisamment prouvé, par la bonté qu'acquiert un sol qui a été long-temps couvert
de bois, & qui ensuite produit d'abondantes récoltes de bled : nous voyons par l'expérience de l'ameublissement, causé par les ab-
batis de bois l'avantage, aussi considérable que certain, qu'il y
a à rompre & diviser le sol ; car tous les travaux auxquels on est
obligé, en remuant & creusant un terrein, lui servent d'engrais. La
bêche & la pioche rompent les mottes de terre & divisent le sol
de la même maniere que les instrumens ordinaires, dont on recommande l'usage dans la nouvelle culture, l'effet doit par conséquent être le même ; puisqu'il est certain que le terrein est devenu
propre à produire du bled : qu'on rompe & divise les particules de
la terre n'importe comment, on parviendra toujours au même but.

CHAPITRE LIV.

De la préparation des Bruyeres pour le bled.

SOus la dénomination de bruyeres, nous comprenons en général toute sorte de mauvais terrein qui produit de mauvaises herbes, & qui du reste, est de toute stérilité ; & tels sont les
terreins couverts de bruyeres, de genêts, de ronces, &c. Voilà les
terreins dont la culture, pour le bled, fait l'objet de ce chapitre.

Il convient toujours de brûler sur pied toutes ces plantes inutiles, comme nous l'avons déjà observé dans l'article du brûlis. Cette
méthode est très-avantageuse, non-seulement parce que la chaleur
améliore le terrein par une espèce de calcination, & que les cendres sont aussi un engrais ; mais encore parce que le feu agit immédiatement sur les racines & qu'il n'est rien qui les détruise si bien ;
il n'y a pas même d'autre expédient à prendre, lorsque l'on craint qu'elles ne repoussent. Comme par le brûlis, les graines sont consommées
& les racines détruites, il y a tout lieu d'espérer qu'elles ne repousse-
ront pas, & cette certitude doit entrer pour beaucoup dans la considération du Cultivateur : car ces herbes sont les ennemis mortels
de toutes les productions utiles.

Nous avons, dans un autre endroit, averti de prendre garde en
brûlant le chaume sur pied, de mettre le feu aux hayes : il faut,

Tome III.   D d dans le cas préfent, bien plus de précaution : car comme ces terres ftériles abondent beaucoup en plantes inutiles, fi l'on y met le feu indifcretement, la grande quantité qui s'enflamme pourroit aifément caufer des dommages confidérables : ainfi, le premier foin que l'on doit avoir avant que de mettre le feu, confifte à fçavoir exactement où l'on veut qu'il s'arrête, autrement, il pourroit bien s'étendre plus loin qu'on ne l'auroit voulu.

Lorfque l'on veut mettre le feu à une piéce de bruyere, la meilleur façon eft de couper le genêt & autres plantes, à l'endroit où l'on veut que le feu s'éteigne : voilà le feul moyen d'en arrêter les progrès, & le genêt coupé étant féché fera très-propre à allumer le feu à l'endroit par où l'on veut commencer.

On choifit, & la raifon le dicte, un tems calme pour cette opération, que l'on ne doit point perdre de vue jufqu'à ce qu'elle foit finie ; dès que l'on s'apperçoit que le feu veut pénétrer plus avant que les bornes qu'on a prefcrites, il faut fur le champ creufer un petit foffé & en jetter la terre fur le feu : par ce moyen, on garantit tout : car la terre éteint mieux, & plus promptement le feu, que l'eau.

Dès que toutes les mauvaifes herbes font brûlées, il faut arracher & renverfer les racines du genêt, des bruyeres, &c. il ne faut rien laiffer enfin, d'affez fort pour embarraffer la charrue. Le coutre à jambe, dont on verra la figure dans une des planches des charrues, produit des effets merveilleux : il eft vrai qu'il lui faut un bien puiffant moteur : mais alors le terrein eft propre à recevoir la culture communément reçue.

Il n'y a point de faifon plus favorable pour les brûlis, que l'automne ; dès qu'il eft tombé un peu de pluye, il faut retourner la terre, en forme de fillon, avec une charrue forte, armée du coutre dont nous venons de parler. On laiffe le terrein dans cet état, jufqu'au printems ; alors, après un nouveau labourage, on y feme de l'avoine. Il faut la feconde année donner au terrein trois labours, le bien retourner, couper & rompre chaque fois ; la troifiéme année il fera en état de rapporter du froment, fans le fecours d'aucun engrais. Le labourage feul, fecouru de l'effet du feu, produit cet avantage : mais il faut qu'il foit bien fait & fuffifamment répété : car comme, dans ce cas, la fertilité dépend principalement du foin de rompre les mottes, il faut qu'elles foient bien atténuées ; il n'y a que le labourage à fond qui puiffe empêcher les anciennes plantes parafites de reprendre poffeffion du terrein : car quoiqu'elles paroif

sent bien détruites elles reparoîtroient plusieurs années après, &
détruiroient toutes les plantes utiles, si on ne les tenoit en respect
par ce labourage ; mais en le donnant elles ne reparoissent plus.
En retournant la terre en hyver, on expose leurs racines à la gelée qui les tue, en la retournant en été on les expose aux grandes
ardeurs du soleil qui les brûle. En général ce procédé donne cet
avantage considérable à cette espèce d'Agriculture, qu'aucun autre, quelconque, ne détruit si parfaitement les mauvaises herbes de quelque espèce qu'elles soient.

CHAPITRE LV.

De la préparation du terrein pour le bled après les herbes artificielles.

NOus venons de faire observer qu'il est souvent avantageux
de préparer un terrein médiocre pour le bled, par la plantation des taillis. Les mêmes avantages qu'il reçoit de cette pratique
peuvent être aussi produits par les herbes artificielles qui poussent
des racines profondes ; & le sain-foin est de toutes celle qui paroît
la plus propre à remplir cet objet, parce qu'il pénétre bien avant dans
la terre & qu'il ne tire presque aucun suc près de la superficie : en
plantant un taillis, c'est donner au terrein une espèce de jachere relativement à sa surface, dont il est en effet question quand on y seme
du bled ; il en est de même des plantes qui poussent des racines
profondes.

On est surpris de voir ces herbes artificielles,& particulierement le
sain-foin, pousser vigoureusement sur des terreins pierreux ou la surface du sol n'est qu'une espèce de croute tant elle est mince ; mais
cette observation ne peut point prévaloir contre la profondeur de
leurs racines & la nourriture qu'elles en tirent : cet exemple au
contraire, bien entendu, est la preuve la plus complette qu'on
puisse donner, lorsqu'on assure que ces herbes tirent leur nourriture de la profondeur, & qu'elles n'épuisent pas la terre près de la
surface, qui est le siege du suc nourricier du bled.

Lorsqu'il y a un fond pierreux sous un sol mince, il est ordinairement grumeleux, il tient de l'ardoise brisée & crevassée vers
la surface : si on examine ces crevasses & ouvertures, on y trouvera des parties de terre molle à peu près semblables à celles de la

terre qui forme la superficie. Le sain-foin qu'on seme sur un pareil
sol pousse ses racines dans les crevasses & les traverse à une grande profondeur : c'est de la terre qu'elles y rencontrent, qu'elles
tirent leur nourriture ; mais elles ne se servent point du tout du suc
nourricier, répandu dans la surface du sol.

Ces espèces de sols, quoique bien entretenus par les labourages,
réussissent toujours mal, attendu que la partie qu'on appelle le sol
se réduit à très-peu de chose : car les racines du bled ne pénétrent
jamais entre les pierres, parce qu'elles sont horizontales : mais le
sain-foin qui les a perpendiculaires, & qui par conséquent pompe son suc nourricier entre ces pierres, laisse la superficie comme
en friche pour les racines du bled qu'on y seme après que cette herbe y a resté pendant sept années : on recueille pendant un certain
tems d'abondantes récoltes de froment, après lequel tems, on l'ensemence de nouveau & avantageusement de la même herbe
qu'auparavant.

Ces herbes à racines profondes ou perpendiculaires sont aussi
avantageuses aux autres sols qu'à ceux qui sont légers ou pierreux.
Il est certain qu'il y en a qui peuvent avoir plus besoin de secours
que d'autres ; mais il n'en est pas moins vrai que ces herbes sont
d'une utilité commune à tous : outre qu'elles donnent des moissons
abondantes par elles-mêmes, elles donnent au terrein une préparation pour le bled, beaucoup plus parfaite que toutes les autres méthodes qu'on peut employer.

Si on ensemence un terrein riche de sain-foin avec le semoir,
& qu'on en jette sur une acre depuis quarante-cinq jusques à cinquante livres de graine, après avoir disposé le terrein par rangées
de neuf pouces, on en tire de fortes moissons tous les ans ; chaque
moisson rendra jusques à soixante ou soixante-dix livres par an,
& après que cette herbe y aura resté sept années, on peut renverser la terre par le labourage ; elle se trouvera si riche, qu'au lieu
de demander d'être mise en friche, ou de l'engrais pour produire
du froment, on sera obligé de semer le froment sur le chaume
d'orge & d'y mettre les moutons au printems pour empêcher qu'il
ne pousse trop en feuille.

Cette observation qui est appuyée de quantité d'exemples,
prouve le grand avantage qu'il y a à préparer les terres par les prairies artificielles : car non-seulement le sain-foin se soutient vigoureux pendant sept ans, mais encore il dure très long-tems au
delà, & il n'y a point de friche qui donne une préparation si fa-

vorable à la végétation du bled, que celle que le terrein reçoit du sain-foin.

La meilleure façon de préparer le terrein, après le sain-foin, pour du bled, est de l'ensemencer de *turnips*, & nous souhaiterions que l'on s'y prit de la maniere suivante. Labourez votre terrein pendant l'hyver avec une charrue à quatre coutres & mettez-là en état d'être ensemencée de *turnips*; la saison suivante, lorsque les *turnips* seront en croissance, faites les manger sur pied par les moutons, & passez-y la houe: cette opération préparera parfaitement le terrein pour l'ensemencer d'orge le printems suivant.

Il peut arriver que le Cultivateur trouve à sa convenance d'entretenir du sain-foin pendant longtems sur une piéce de terre: en ce cas, lorsque le sain-foin devient vieux il faut qu'il l'ôte & qu'il y séme du bled: pour préparer de nouveau son terrein au sain-foin, il n'y a point pour cela de méthode plus parfaite que celle que nous avons indiquée ici; lorsqu'il semera son orge il peut la semer avec le semoir, & le sain-foin en même temps.

La même préparation est encore bonne lorsqu'on veut semer du bled pour un tems plus long: en ce cas, il faut qu'on ait l'attention de labourer parfaitement la terre, sans quoi les premieres productions seront très-pauvres: s'il est certain qu'il n'y ait point de meilleure préparation du terrein pour le bled, que celle que le sain-foin donne, il ne l'est pas moins qu'il faut un très-parfait labourage pour bien renverser le sain-foin; autrement on ne s'appercevra point de cet avantage. Nous avons vû des Cultivateurs négliger ce soin & se ressentir de cette faute: l'avoine même n'y vient pas vigoureusement sans un bon labour. On a vû des Cultivateurs semer de l'avoine blanche dans un terrein de sain-foin rompu ne l'ayant labouré qu'une fois; lorsqu'il survient un été sec il n'y a point de récolte, & quelque favorable que soit la saison, la récolte est toujours pauvre. On voit donc bien que cette méthode doit être proscrite.

Ce n'est que par rapport à ces exemples, qui, par l'entêtement des Fermiers sont souvent arrivés, qu'on a prétendu pouvoir révoquer en doute si ces prairies artificielles enrichissent ou non le terrein: mais la chose est si évidente qu'on s'en est servi, même contre le systéme qui établit que la terre est la substance qui nourrit toutes les plantes, & est la même nourriture pour toutes.

Puisque le sain-foin, disent certains Cultivateurs, laisse la terre assez abondante en principes, pour porter du froment, il faut bien qu'il prenne une autre nourriture que celle de ce dernier: nous ne nous appefantirons plus fur cette objection, elle a été fuffifamment combattue ; il eft d'autres perfonnes qui difent que cette herbe dont les racines font fi profondes, ne répand pas même la plus mince fibrille vers la furface du fol, & que par cette raifon le fain-foin ne l'épuife pas : il eft certain que c'eft-là la principale raifon ; mais on l'affoibliroit fi on la poulloit fi loin ; parce qu'il n'eft pas douteux qu'une plante, quelles que foient fes racines, n'en poulle quelqu'une vers la furface & qu'elle n'en pompe quelque peu de fuc nourricier.

Il eft bien vrai que le fain-foin poulle fes racines très-profondément. Il a fa racine principale longue & grolle, & qui pénètre à plufieurs pieds de profondeur. Ainfi comme cette maîtrelle racine a beaucoup de fibrilles qui font les organes de fa fuccion, la fubftance qu'elle attire de la furface doit fe réduire à très-peu de chofe, & à fi peu en effet que le fol jouit d'une véritable jachere ; parce que fa fuperficie ne lui fournit tout au plus que la quinziéme partie de fa nourriture ; puifqu'il eft certain qu'elle plonge fes racines à quinze pieds de profondeur.

Nous n'avons point prétendu foutenir que ces plantes ne tiralfent en aucune façon leur nourriture de la furface du fol qui doit rapporter du bled, mais nous avons prétendu faire entendre que c'eft en fi petite quantité qu'il ne vaut pas la peine d'en tirer une objection contre notre fyftême : d'ailleurs ce que ces plantes peuvent voler à la fuperficie eft racheté par un fi grand avantage que l'objection tombe d'elle-même. La feconde production n'eft-elle pas mangée fur pied par les beftiaux ? Le fumier qu'ils y lailfent pendant ce tems ne remplace-t-il pas la petite quantité de fuc nourricier attiré par les herbes artificielles ? Ainfi en confidérant tout avec attention, la raifon & l'expérience prouvent qu'une piece de terre enfemencée de ces herbes artificielles & bien menagée, tant dans l'emploi de ces fourages que dans les labours fuivans, fe trouve après ces productions en aulli bon état que fi elle eût refté en friche ou jachere : en vain nous objectera-t-on que les parties inférieures du terrein n'abondent point tant en principes que la partie fupérieure, de forte que ces herbes ne peuvent pas en tirer une aulli bonne nourriture que de la fuperficie. Nous en avons tenu compte lorfque nous avons dit que la furface entroit dans la dépenfe de leur végétation pour la quinziéme partie ; car on ne veut pas fans doute que nous comptions un pied de profondeur pour le fol : quoique la terre inférieure ne foit pas fi fubftantielle que la fupérieure, cependant comme elle eft fraîche & neuve, & conféquemment point du tout épuisée, elle fournit la plus grande partie du suc nourricier aux plantes dont les racines y pénétrent : or les racines du bled ne peuvent jamais y atteindre, au lieu que celles des plantes, dont il est ici question, sont les premieres qui y parviennent, & qui par conséquent profitent de l'abondance de principes nutritifs qui ont eu le tems de s'y rassembler.

CHAPITRE LVI.

De la préparation de la terre pour le bled après l'herbe commune.

L'Herbe commune n'a point l'avantage des herbes artificielles dont nous venons de parler. Elle ne prépare pas si bien le terrein, parce que ses racines ne poussent pas à une si grande profondeur ; au contraire elles s'étendent beaucoup dans la surface : de-là il paroît qu'elle doit épuiser la terre plus que toute autre production. Mais n'importe, si le sol est naturellement bon, il ne laisse pas de se trouver propre à produire abondamment du bled.

Nous paroîtrions d'après les principes que nous venons d'établir, tomber présentement en contradiction, en disant que l'herbe commune dont les racines sont horizontales & se nourrissent aux dépens de la superficie, est néanmoins propre à préparer le terrein pour le bled. Mais une raison convaincante, & appuyée de l'expérience, nous sauve de cette imputation, qui au premier coup-d'œil paroît fondée : les terreins à pâturage sont ordinairement situés dans les bas ; or nous avons fait observer qu'ils sont presque toujours voisins des collines ou terreins en pente. Il est certain que dans ces sortes de terres la recette excéde la dépense ; parce que les terres labourées qui sont en pente sont lavées par les pluyes. Nous avons fait voir que ces eaux, en s'écoulant, entraînent avec elles les parties les plus atténuées du sol, c'est-à-dire, cette terre précieuse que l'on appelle terre molle ou végétale, & la portent dans les pâturages qui sont au-dessous. Ces terres couvertes de gazon retiennent ces mollécules fertiles, & en font leur profit. Ajoutons encore que très-souvent elles sont inondées par les ruisseaux ou rivieres qui y déposent de la vase, qui ne fait que les enrichir.

On voit bien qu'avec toutes ces ressources un terrein à pâturage, pour peu qu'il soit naturellement bon, est toujours prêt à produire du froment.

La faifon la plus favorable à ce changement eft le mois de Janvier ; on doit pour le faire profiter du tems qui fuccéde immédiatement aux pluyes : car quand la terre eft humectée le gazon eft bien lié & tient en maffe quand on le retourne, ce qui eft d'un très-grand avantage dans le labour.

Il faut employer dans cette opération un laboureur qui ait de l'expérience, parce qu'il n'y a point de travail dans l'Agriculture qui demande plus de connoiffance & de précifion ; le maître doit être préfent pour faire pofer à plat & comme il faut le gazon qu'on retourne. Lorfque ce labourage eft bien fait, à peine peut-on diftinguer par où la charrue a paffé.

Mais outre le bon laboureur, il faut encore une bonne charrue ; celle à écobue, dont on a vu la figure, eft de toutes la plus favorable au défrichement des pâturages. Mais fi la planche de la charrue qu'on employe ordinairement, ne retourne pas bien le gazon, il faut y clouer une piece de bois pour prendre le gazon quand il s'éleve ; & c'eft-là l'effet que produit le coutre de la charrue à écobue, parce qu'il eft au-deffus du dos-d'âne fait en tranchant ; il reprend le gazon que cette partie de fer de la charrue léve, & il finit de couper les filaments qui ont réfifté au dos-d'âne, & renverfe la moitié de la motte à droite & l'autre moitié à gauche : mais enfin fi l'on s'en tient toujours à la charrue ordinaire, le moyen que nous venons de donner eft infaillible : il eft certain qu'en le pratiquant, on retourne la motte à plat, le gazon deffous : voilà auffi pourquoi nous exigeons que le Cultivateur ne perde point de vuë les gens qu'il met en œuvre.

L'avantage de ce procédé confifte en ce que l'herbe fe pourriffant elle devient un engrais ; parce que, nous l'avons déja dit, toute fubftance végétale qui vient à putréfaction, eft un accroiffement de richeffe pour la terre ; mais nous n'avons jufques-là fait que le premier pas pour préparer le terrein au bled. Il faut faire & répéter beaucoup les labours, plus il en reçoit, en mettant des intervalles convenables, plus le terrein devient analogue à la végétation du bled.

Cette maniere de rompre le terrein avec la charrue, ou tout autre inftrument quelconque, eft proprement ce que nous entendons par labourage, & ces labours réïtérés font appellés les préparations du terrein. Quelques-uns fe fervent de la même expreffion pour exprimer l'application des engrais, & c'eft dans ce cas, qu'en fuivant l'ufage ordinaire, nous nous fommes fervis du mot d'apprêts

prêts dans le Livre des Engrais. Mais ici nous n'entendons que l'opération par laquelle on retourne & rompt le terrein.

Chaque fois qu'on rompt ainfi la terre, fes mollécules font divifées en une plus grande quantité ; plus la divifion eft nombreufe, plus elle eft favorable à la germination : ainfi l'action du labour fur des terreins couverts de gazon , les prépare à la production du bled.

Nous avons prouvé que le fuc nourricier des tous les végétaux n'eft autre chofe que les parties les plus fubtiles de la terre, qu'ils pompent de leurs furfaces, entre lefquelles ils étendent leurs racines. Lorfqu'ils ont emporté toute la terre fubtile qui eft fur la furface de ces mollécules, entre lefquelles ils ont pouffé leurs fibrilles, on dit alors que le terrein eft épuifé. On peut le renouveller par des engrais , dont la fonction eft de divifer en fermentant ces mollécules , ou par l'action de la charrue qui les divife encore : mais enfin de l'une ou de l'autre façon ces mollécules font rompues & divifées , & il fe forme de nouvelles furfaces autour d'elles, qui portent de nouvelles particules affez atténuées pour être pompées par les racines d'une nouvelle production ; & voilà fans contredit la raifon pour laquelle une nouvelle production réuffit encore lorfqu'on la feme fur un femblable terrein.

Voilà à-peu-près à quoi fe réduifent tous les principes de l'épuifement & du rafraîchiffement de la terre : nous n'entendons parler ici que de la façon de la rompre avec la charrue ; opération qui fe perfectionne à mefure que les labours fe répétent. Le premier labour remue & fépare les parties de la terre, mais n'en brife pas beaucoup : mais il eft toujours utile ; car ces parties qui ont été féparées les unes des autres, quoiqu'elles ne foient pas rompues, acquiérent une nouvelle furface à chaque divifion ; ainfi on fent que cet effet ne peut être que très-avantageux.

Nous avons dit qu'en préparant un terrein à pâturage ordinaire pour du bled , il faut le labourer avec précaution & précifion. En voici la raifon : ce terrein a été long-tems en repos, de forte que les furfaces de ces particules ne peuvent qu'avoir été bien épuifées par la croiffance de l'herbe. Elles feroient donc infuffifantes à la fubfiftance du bled. Mais n'eft-il pas vrai que quand le terrein a été bien retourné & divifé , les particules font rompues ? Il s'eft donc formé de nouvelles furfaces que l'herbe qu'on a détruite ne peut plus épuifer.

Voilà le principe vrai & inconteftable que l'*Auteur des Défri-*

chemens a cherché dans le cours de son ouvrage, & qu'il n'a pu trouver, ainsi que l'*Auteur des Essais sur l'amélioration des terres*. On voit l'un & l'autre occupés à étayer leur pratique de quelque principe évident, & ils nous laissent dans l'état d'incertitude, qui en Agriculture est encore plus inquiétant qu'en tout autre art ou toute autre science.

Revenons : c'est dans cet état que le bled qu'on séme trouve le terrein, qui est encore amélioré par l'herbe pourrie, que l'on sçait être un excellent engrais : ainsi en rompant & retournant la terre, pourvû que l'opération soit exécutée suivant les documens que nous avons donnés, on a déja l'avantage de se procurer des molécules neuves, beaucoup de nouvelles surfaces, & de l'engrais excellent ; ce qui s'adapte parfaitement à notre plan, dans lequel on voit que nous ne voulons point qu'on donne la préférence à l'une ou à l'autre méthode, mais au contraire qu'on les employe toutes deux.

Si l'on s'étonne de ce que le même terrein peut être toujours renouvellé par le labourage après avoir rendu plusieurs récoltes, supposant que les fréquens labours ne peuvent à la fin que retourner les anciennes surfaces, & par conséquent rendre le terrein stérile, on est dans l'erreur. La terre est divisible à l'infini, & jamais on ne parviendra à effectuer cette hypothese. Il est certain que les mêmes surfaces ne peuvent jamais se représenter quelques nombreux que soient les labours ; parce que les molécules chaque fois qu'on laboure ne sont jamais divisées dans le même sens ; de sorte que la terre chaque fois qu'elle est retournée & rompue est comme de la terre fraîche ou neuve.

Qu'on ne nous demande point si un terrein à pâturage peut avec sûreté être préparé pour le bled. Cette question tourneroit à la honte de celui qui la feroit. Tout sol qui produit une herbe passable, doit nécessairement être propre à la végétation du bled, pourvû qu'on le traite suivant les regles qu'on vient de voir : que même dans cette occasion, ni en d'autres, on ne pense pas que l'espece de sol ne permet pas d'avoir recours au labourage. N'avons-nous pas fait voir combien il est favorable, soit aux terreins fermes, soit aux sols légers ? L'expérience ne prouve-t-elle pas que deux ou trois labours de plus donnés à des terres légeres, les animent autant que le fumier ; & que ces labours ne coutent pas plus qu'un cinquiéme du fumier qu'il faut pour les fumer convenablement ?

On remarque même que si un champ préparé dans le printems

pour de l'orge , qu'on relaboure encore pour y mettre au lieu d'orge du froment, rend une récolte très-abondante : il arrive la même
chofe quand les *turnips* , piqués par les mouches, viennent à manquer : comme le terrein a été labouré à différentes reprifes, il produit, fans le fecours d'aucun fumier, des récoltes abondantes d'un
froment qui eft de toute beauté.

Les Cultivateurs qui ne fe plient aux nouvelles découvertes qu'avec
lenteur, peuvent fe livrer à quelques effais, l'expérience les raffu-
rera, & en effet c'eft le parti le meilleur qu'ils puiffent prendre.
Cependant on doit convenir, d'après tout ce que nous avons dit,
qu'il eft bien évident qu'un terrein à herbe, pourvû qu'on n'épargne
pas les labours & qu'on les faffe avec intelligence, n'a befoin d'aucun autre fecours pour produire des récoltes abondantes de froment. La raifon en eft bien fimple : en renverfant le gazon, qui
eft la premiere opération, on fe procure un engrais naturel, qui
eft fi fertile, que pour peu que la terre foit labourée , comme nous
l'avons indiqué, elle fe foutiendra long-tems dans un état de fertilité fans en exiger d'autres; mais nous avertiffons qu'il ne faut pas
tellement s'entêter des avantages feuls du labourage, qu'on ne donne point des engrais lorfque la néceffité d'en donner l'exige ; ce qui
doit arriver avec le tems : nous verrons dans la fuite l'avantage
qui réfulte dans ce cas de la charrue à quatre coutres. Ce que nous
difons ici en faveur du labourage fouvent répété, on doit fe rappeller que nous l'avons dit en faveur des engrais. Ainfi le Cultivateur
doit fe conduire de façon qu'une méthode appuye l'autre, s'il veut
tirer tout le parti poffible du terrein.

C'eft ici le lieu de faire obferver que les Propriétaires doivent
veiller que leurs Fermiers employent conjointement les deux
méthodes. Les Fermiers, du moins le plus grand nombre, ne font occupés que de tirer des terres qu'ils ont à bail le plus de productions
qu'ils peuvent , n'importe quels font les moyens qu'ils employent
pour y parvenir ; qu'ils foient défavorables ou non à leurs Propriétaires, ils les mettent en ufage : or il eft certain que la nouvelle
méthode, employée feule par un Fermier, porteroit avec le tems
un préjudice notable au Propriétaire. Le Chapitre fuivant répan-
dra quelque jour fur cette obfervation.

CHAPITRE LVII.

De la maniere de conſerver la terre en vigueur par le labourage.

CE que nous avons dit dans le Chapitre précédent, prouve bien
que nous ne prétendons pointconſeiller au Cultivateur de s'en
tenir au ſeul labourage, pour conſerver ſon terrein dans un état aſſez vigoureux pour produire du bled, quoique nous l'ayons propoſé comme poſſible, & que l'expérience l'établiſſe. Il eſt bien vrai
que les labours pourroient ſuffire, mais le ſecours des engrais aſſure
bien plus le ſuccès; quelque fois il convient d'employer ſeule une de
ces méthodes, & quelque fois l'autre. Nous tâcherons d'en faire ſentir la néceſſité dans pluſieurs des Chapitres ſuivants.

On a vû que la terre nouvellement rompue eſt comme de la terre neuve pour tous les uſages auxquels on veut l'employer, pourvû
qu'elle ſoit ſuffiſamment ammeublie. Il eſt donc certain que le labourage produit les mêmes effets que les engrais. Les ſols legers,
comme nous l'avons obſervé, étant bien rompus & diviſés par le labourage deviennent plus ſerrés & plus lourds, parce que l'effet du labourage ſur eux, eſt de rapprocher leurs parties. Les ſols lourds & fermes, au contraire, ſont allégis par la même opération, parce qu'ils
deviennent, par la diviſion de leurs parties, moins tenaces, leur tenacité n'étant en effet qu'une adhéſion trop intime de leurs parties;
mais pour obtenir cet avantage dans l'un & l'autre ſol, il faut que
le nombre des labours ſoit ſuffiſant, autrement les terreins fermes qui ne ſont, par exemple, qu'à moitié labourés, ont de grandes
cavités, ce qui eſt préciſément le défaut des ſols trop légers; il en eſt
de même de ceux-ci, lorſque le labourage qu'on leur donne eſt imparfait, ils deviennent rudes & acquierent preſque la même nature
de ceux-là; ainſi ils ſe trouvent également remplis de grands pores
& de grandes cavités, qui, comme nous l'avons obſervé, traverſent la
végétation.

Par ce détail, nous prétendons faire ſentir au Cultivateur Praticien, qui s'en rapporte entierement au ſeul labourage pour l'a-
mélioration de ſes terres, combien il eſt néceſſaire pour y parvenir de
donner ſuffiſamment de labours, autrement il trahira lui-même ſes
intérêts, & peut-être même, mécontent, ſera-t-il obligé de rejetter

cette méthode pour n'avoir point sçu la pratiquer suivant les régles.

Les sols ordinaires, legers, qui ont été ensemencés d'herbes deviennent encore beaucoup plus légers par un labourage imparfait ; les mottes de gazon retournées & non rompues forment de grandes cavités & augmentent leur légereté & les rendent, à tous égards, plus mauvais qu'ils n'étoient avant le labourage. Lorsqu'un Cultivateur a une piéce de terre semblable, & qu'il s'apperçoit que loin de l'avoir améliorée, il l'a au contraire détériorée par cette méthode, il ne doit point se décourager, il n'a qu'à la labourer jusqu'à ce que les mottes de gazon soient bien brisées & bien ammeublies, & sûrement le succès répondra à son attente. Le sol léger a un très-grand avantage sur le ferme, parce qu'il n'est ni si pénible, ni si dispendieux à labourer, on le travaille avec facilité, il devient plus fort qu'il n'étoit auparavant ; par-là, nous prétendons dire qu'il acquiert plus de consistance ; il en résulte souvent pour le Cultivateur plus d'avantage que d'un terrein de meilleure espèce, mais qui demande un labourage qui est plus pénible.

On remarque que dans les terreins très-légers, les productions souffrent considérablement de la sécheresse qui succéde aux pluyes qui ont tombé pendant quelques mois ; elles n'y sont altérées qu'autant que le labourage qu'on a donné à la terre est plus ou moins imparfait ; au lieu que quand les labours ont été donnés suivant les régles, les productions y bravent l'intempérie des saisons.

Le défaut des terreins légers, est d'avoir de grandes cavités : or ces cavités, lorsque le terrein est imbibé des pluyes, se remplissent d'eau, qui touchant les racines de tous côtés leur fournit de la nourriture ; mais lorsque la sécheresse survient & que ces cavités sont vuides, les racines ne pouvant atteindre les surfaces ne reçoivent point du tout, ou du moins bien peu de suc, & tombent en langueur : or, nous l'avons prouvé, un bon & parfait labourage détruit ces cavités, & obvie à cet inconvénient ; dans ce cas, ainsi que dans tous les autres, il faut s'attacher, pour mettre le terrein en très-bon état, à commencer par le labourer profondément & à fond, & répéter aussi souvent qu'on le peut cette opération.

On a vû que l'effet des labours fréquens est de multiplier les pores & les interstices des mollécules de la terre : or plus ils sont petits & nombreux, plus la terre communique ses principes aux plantes ; par conséquent, plus on donne de labours, plus la terre se brise, & plus elle se brise, plus elle acquiert de pores ; plus elle acquiert de pores, plus ils sont petits ; plus ils sont petits , plus les

fibrilles ont la faculté de s'y infinuer; & plus, enfin, elles en touchent immédiatement les parois, & plus facilement elles pompent
le fuc nourricier; au lieu que dans une terre naturelle & non labourée, quoique les pores s'y puiffent trouver extrêmement petits, la végétation fera languiffante, parce que les furfaces font dures, & que
les fibrilles tendres & atténuées n'en peuvent rien arracher. Tel eft
l'avantage d'un terrein bien labouré & qui eft médiocre, fur un terrein qui eft naturellement riche, mais qui n'a point reçu le fecours
d'un bon labourage.

Nous avons dit que pour conferver un terrein en vigueur par le
feul labourage, il faut le labourer fouvent; mais jufques là nous n'a-
vons fait qu'imiter prefque tous les Auteurs qui ont écrit fur l'A-
griculture; ils difent quelquefois ce qu'il faut faire, mais jamais on
ne les voit dire comment on doit le faire. Nous ofons nous flatter
d'avoir évité ce reproche, & nous mettrons tous nos foins à ne pas le
mériter dans la fuite.

L'effet du premier labour, fuivant la méthode ordinaire, fe réduit à bien peu de chofe, les effets du fecond ne font guére plus fenfibles; lorfqu'on a fait l'un & l'autre avec la charrue commune, on
ne doit alors regarder le terrein que comme préparé au labourage, le
troifiéme & le quatriéme labours font moins difpendieux & produifent des avantages; mais chaque labour qu'on ajoute à ceux-ci devient de plus en plus efficace & moins couteux, puifque fuivant
la méthode ordinaire, on voit qu'il n'eft rien qui prépare fi bien le terrein pour le froment qu'un labourage fréquent, & que plus ces labours font répétés, plus ils font faciles & moins difpendieux. Pourquoi le Cultivateur n'en donne-t-il donc pas davantage à fes champs
enfemencés de froment? Pourquoi n'en donne-t-il pas un nombre proportionné à fes terres, qu'il deftine à d'autres productions? Lorfqu'un
Cultivateur trouve le moyen de gagner dix fois plus, n'eft-il pas
comptable à lui-même de le négliger? & c'eft le cas dans lequel nous
le mettons; car nous ne parlons que d'après l'expérience.

Lorfqu'on a fumé le terrein, rien ne facilite & n'augmente plus
les effets de l'engrais qu'un bon labourage. Une piece de terre préparée, fuivant la méthode ordinaire, avec du fumier, fe trouve
épuifée au bout de trois ans; mais qu'on lui donne un double labour
dont la dépenfe affurément n'approchera pas de celle d'un nouveau fumier, elle fera en vigueur pendant fix ans; & plus on lui
donnera de labours, & plus fa vigueur durera.

En un mot, le meilleur moyen de donner à un terrein les préparations les plus efficaces, c'est de mettre les deux améliorations en usage. Il faut avoir recours aux engrais, lorsqu'un terrein n'a été soutenu long-tems dans un état de fertilité, que par le seul labourage ; & l'on doit appeller les fréquents labours au secours quand le terrein a été porté à ce degré d'amélioration par les engrais, si l'on veut conserver leurs bons effets. Rien n'est si ridicule que de les opposer l'un à l'autre ; il n'y a point de raison qui puisse nécessiter le Cultivateur à ne pas les employer tous deux ; car leurs effets ne s'entre-détruisent pas, au contraire ils se prêtent un secours réciproque. Ainsi nous croyons que d'après ce que nous venons d'observer, l'on doit à présent connoître suffisamment la nature des engrais & leurs propriétés, la nature du sol, & ce qu'il peut par lui-même ou conjointement avec les engrais, enfin tous les avantages qui résultent des fréquens labours. On doit donc être maintenant en état de sçavoir distinguer les cas dans lesquels il convient d'employer l'une ou l'autre amélioration, & ceux dans lesquels on doit faire usage conjointement des deux.

Resumons : il est certain que pour conserver un terrein en vigueur par le labourage, il ne faut que lui donner un nombre suffisant de labours, que par conséquent plus on lui en donne, plus on multiplie ses principes de fertilité, pourvû qu'on ait la prudence de mettre un intervalle de tems convenable entre chaque labour ; puisqu'il est vrai de dire, comme nous nous sommes attachés à le prouver, que plus on rend les particules d'un terrein atténuées & subtiles par le labourage, plus il devient riche, qu'en conséquence il nourrira plus de plantes, & qu'ainsi la récolte sera plus abondante.

CHAPITRE LVIII.

De la nature de l'amélioration par le labourage.

PLus une terre aura été atténuée par les labours, plus elle s'enrichira des principes que la rofée, les pluyes & le grand air contiennent. Ces préfents de l'atmofphère fe communiquent à chaque particule d'une piece de terre bien labourée & bien ameublie ; de forte que quand on la retourne & la rompt de nouveau, toutes les nouvelles furfaces qui fe forment par la divifion des molléeules, fe trouvent riches & abondantes en fuc nourricier. Il n'en eft pas de même des terreins ténaces & durs ; car les pluyes & les rofées n'y pénétrent point ; ce qui démontre évidemment tous les avantages des labours réitérés & continués.

Les inftrumens dont on fe fert pour le labourage ne peuvent pas produire d'effet fur les terreins extrêmement fecs & légers, quant à la divifion de leurs molléeules ; car elles cédent au tranchant de la charrue fans fe rompre, on ne fait tout au plus que les retourner. L'Auteur de la charrue à houe, ou *Cultivateur*, fe tient fur fes gardes à l'égard de ces terreins ; il déclare qu'ils ne méritent point le nom de terres labourables ; il les compare aux déferts de la Lybie : fubterfuge frivole ; il pourroit en impofer s'il n'y avoit point d'autre méthode que celle du *Cultivateur*. Le propriétaire, poffeffeur de femblables terreins, feroit donc fans reffource ; & nous avons prouvé le contraire ; auffi cet Auteur s'eft-il prêté à l'illufion de fon fyftême, en voulant le rendre trop univerfel.

Nous avons fait voir affurément que de femblables terreins qu'il profcrit abfolument, & qui en effet font, fuivant fa méthode, d'une ftérilité invincible, peuvent être améliorés au point de rendre des récoltes abondantes. Nous ofons nous flatter d'avoir deffillé les yeux aux enthoufiaftes du *Cultivateur*, par les documens que nous avons donnés fur l'amélioration des terreins ftériles & fablonneux : nous avons même la hardieffe de dire que les déferts de la Lybie pourroient, en fuivant nos inftructions, produire de bonnes récoltes de bled.

Que l'on mette de la glaife fur un terrein fablonneux, il devient argille ; or le fol argilleux eft fertile. Qu'on y faffe une haye de

genêt

genêt & le bled y pouffera avec vigueur ; donc l'application de la nouvelle méthode n'eft pas univerfelle ; elle peut bien venir à propos & avantageufement au fecours des autres méthodes, mais non les remplacer entiérement ; & c'eft dans cette vuë que nous la recommandons au Cultivateur, non pas comme méthode unique, mais comme devant être connue de lui auffi parfaitement que les autres, & comme méritant d'être plus employée qu'elle ne l'eft aujourd'hui, quoique fouvent très-avantageufe.

Suivant M. *Thull* lui-même, on voit par ce dernier exemple qu'un terrein de cette efpéce ne peut pas être mis en vigueur par le feul labourage. Il faut donc avoir recours à l'ancienne méthode, c'eft-à-dire, qu'il faut lui donner de la glaife & des engrais qui lui conviennent ; & pour le conferver dans cet état de fertilité tout nouvellement acquis, il faut mettre les labours en ufage.

Alors la méthode de M. *Thull* a un grand avantage, quoiqu'elle foit infructueufe fi on l'employe feule. Car ce terrein fe foutiendra mieux par la nouvelle façon des labours que l'Auteur propofe que par l'ancienne ; puifqu'on ne peut plus douter qu'elle ne foit plus parfaite : nous avons démontré que le fol eft moins atténué par l'ancienne charrue ; par la nouvelle au contraire les mollécules fe divifent beaucoup plus, donc cèlle-ci doit produire des effets plus fenfibles, & doit, à tous égards, avoir la préférence.

Si nous fuivons encore plus loin cet exemple-ci, nous jugerons plus pertinemment de l'effet du labourage. Le Cultivateur, en fuivant les principes de l'ancienne méthode, donne de la glaife à ce terrein léger ; par cette préparation fon fol de fablonneux qu'il étoit devient argileux. Voilà donc la création d'un nouveau fol. Cette opération faite, il eft certain que la nature de fon terrein eft beaucoup meilleure, & fufceptible par conféquent d'une nouvelle amélioration qu'on peut lui donner par ce labourage plus parfait. Or il ne peut pas, felon l'aveu de M. *Thull* lui-même, recevoir cette préparation lorfqu'il eft dans fon état naturel ; mais il en eft fufceptible lorfqu'on a changé fa nature : de-là on peut voir combien il importe au Cultivateur de connoître toutes les méthodes, de ne pas fe fixer à une feule, & de les employer enfemble, lorfque, comme dans l'exemple préfent, les circonftances l'exigent. Toutes ces obfervations fervent à faire voir que l'on peut par l'ancienne culture créer un fol, & le conferver par la nouvelle dans l'état de fertilité que l'on lui a fait acquérir ; de forte que celle-ci ne fait qu'ajouter aux avantages que l'on tire de l'autre.

Tome III.　　　　　　　　　　　　　　　F f

Afin que les plantes pompent fuffifamment de fuc nourricier,
il faut premierement que les racines fe répandent aifément; fecondement que la terre les comprime par-tout, afin que par cette
preffion le fuc nourricier, pouffé hors de la fubftance fpongieufe,
enfile la route que la nature lui a ouverte, pour fe communiquer à
toutes les parties des végétaux. Or on remplit parfaitement ces deux
objets par le labourage. Il rend la terre atténuée, fine & douce; elle
ouvre aux racines une entrée libre, & elle comprime leurs furfaces latérales. Il eft certain que la terre, de quelque nature qu'elle
foit, eft remplie de fuc nourricier, & que par le labourage les racines
des plantes trouvent des iffues pour le chercher. Lorfqu'en raifon de la
réfiftance que les mollécules, ou, pour mieux dire, leurs furfaces
leur oppofent, elles ne peuvent pas s'étendre librement, elles font
réduites à la quantité de fuc que contiennent les particules qui les
environnent. Lorfqu'elles s'étendent trop librement & paffent dans
des endroits où il y a peut-être autour d'elles cent fois plus de
nourriture qu'il ne leur en faut, elles ne peuvent en jouir qu'autant
qu'elles touchent les furfaces des mollécules qui la contiennent: elles ne peuvent pas l'atteindre dans le terrein qui n'eft qu'à demi labouré, parce que les cavités y font fi grandes, que les fibrilles y paffent fans toucher leurs furfaces. Qu'on nous paffe cette répétition:
ce font ici des principes fondamentaux qu'on ne fçauroit trop
fouvent rappeller au Cultivateur, pour qu'il fe fouvienne qu'il ne
doit jamais les perdre de vuë lorfqu'il veut faire ufage de la méthode nouvelle.

Il réfulte de tout ce que nous avons dit & obfervé, que l'on ne
doit jamais épargner le labourage. Pour bien pauvre que foit un terrein, il n'y a point de raifon de ne pas l'employer; car plus il l'eft,
moins il eft difficile à travailler, de forte que le labourage en eft
moins difpendieux; & fi le terrein, nous parlons ici au Fermier,
ne rend pas des récoltes auffi abondantes qu'un autre, il n'eft pas
non plus d'un fermage fi cher.

Nous avons remarqué que le grand défaut des Fermiers eft de
ne pas affez rompre leurs terres; & ils fe trompent en ce point bien
groffierement; car ils effuyent le premier labourage, qui eft fans
contredit le plus laborieux & le plus difpendieux, & laiffent-là le
terrein; lorfqu'il a précifément le plus befoin de labours, qu'ils font
les plus aifés, & qu'il eft le plus avantageux de les faire: Ils s'imaginent fotement que leurs terres font affez ameublies lorfque la
herfe peut couvrir les femences; comme fi toute l'utilité qu'ils doi-

vent attendre de l'ameubliſſement de la terre conſiſtoit ſeulement à pouvoir couvrir la ſemence. Lorſqu'on veut procurer aux productions tous les avantages qu'elles peuvent tirer de la terre, il n'y a point de motte qui ne doive être rompue & diviſée : car quoique la ſemence puiſſe être également enterrée entre ces mottes, les racines qui pouſſent ne ſont point en état de les pénétrer : ainſi c'eſt autant de terrein perdu, puiſqu'il eſt inutile à la végétation ; au lieu que lorſque par le labourage ſouvent répété on a rompu, diviſé & atténué ces mottes, chaque partie du ſol devient utile, en ce qu'elle entre pour quelque choſe dans les frais de la végétation, qui devient vigoureuſe en raiſon de la multiplicité des ſurfaces.

La herſe eſt dans les mains d'un Cultivateur peu inſtruit l'inſtrument d'Agriculture le plus dangereux. Il l'entraîne dans l'erreur : il croit pouvoir avec cet inſtrument rompre & diviſer ſuffiſamment le terrein, tandis qu'au contraire les chevaux qu'il eſt obligé d'employer font beaucoup plus de mal avec leurs pieds que la herſe ne fait de bien. On ne doit jamais s'attendre à bien rompre le terrein par cette opération, il ne faut même la faire que rarement & qu'avec beaucoup de précaution : conduite par un homme intelligent, la herſe procure quelques avantages. C'eſt ainſi que les meilleurs uſages peuvent devenir nuiſibles quand on ne ſçait pas avoir égard aux circonſtances & les diſtinguer.

Le rouleau ou cilindre eſt encore un inſtrument qui fait ſouvent beaucoup de tort ; tandis qu'au contraire il en peut réſulter de grands avantages lorſqu'on ſçait quand & comment on doit en faire uſage : c'eſt la ſaiſon qui décide du préjudice, ou des avantages. Nous ſçavons à préſent que l'effet du labourage eſt de rompre & diviſer les parties de la terre ; le rouleau peut être employé dans la même vuë lorſqu'on s'en ſert dans la ſaiſon convenable, autrement il en réſulte plus de mal que de bien ; ſi on l'employe dans un tems humide, il affaiſſe le ſol & le ſerre davantage, au lieu de l'élever & de l'ouvrir ; ſi au contraire on s'en ſert dans un tems ſec, il rompt les mottes & fait beaucoup de bien.

Nous parlerons plus amplement des effets du roulage & du herſage : nous avons été obligés d'en dire ici quelque choſe en paſſant, puiſque nous nous y occupons des moyens de conſerver un terrein en vigueur par le labourage : ſi on ſe ſert d'abord de la herſe pour faire remonter les mottes, & après du rouleau pour les rompre, & ſi enſuite on laboure le terrein une fois par un tems ſec, il n'y a point de labourage qui produiſe un meilleur effet, & qui rende la terre plus tendre & plus favorable à la germination.   F f ij

TROISIEME PARTIE.

Des instrumens d'Agriculture & de leurs différens usages.

CHAPITRE LIX.

Du Labourage.

NOus venons d'expliquer les principes sur lesquels la pratique du labourage est appuyée ; nous avons également donné les moyens de traiter cette partie de l'Agriculture avec succès. Jusques-là nous n'avons été que théoriciens, maintenant nous passons à la pratique : nous n'aurions pas appuyé si long-tems sur cette partie, si l'Auteur d'un Journal (a), dont nous chérissons les sages avis, ne nous avoit invités avec bonté à développer un peu plus nos principes. Toutes les critiques qui porteront un caractere d'utilité seront toujours pour nous autant de loix que nous respecterons : nous osons espérer que les principes de la végétation, qui ont fait l'objet unique de la seconde partie de ce Livre, se trouveront à la portée des Cultivateurs. Nous les avons fait marcher à côté de la pratique, afin qu'ils fussent plus lumineux pour les personnes qui par état n'ont eu ni les facultés ni le tems de remonter aux causes des effets qui frappent leurs regards. D'ailleurs une autre raison nous a déterminés à insister un peu sur ces élémens de la germination : il étoit en effet important pour le Fermier de pouvoir se rendre raison à lui-même par une connoissance suffisante des principes, des différentes méthodes que le désir d'amplifier ses revenus lui fait mettre en usage. Nous avons évité avec soin d'employer les secours de la chymie ; sans prétendre les dépriser, nous osons dire qu'ils auroient été dans un ouvrage de la nature de celui-ci, moins utiles que curieux, & par conséquent plus amusans que nécessaires.

Les régles que nous avons à prescrire pour le traitement des

____

(a) L'Auteur de l'Année Littéraire.

herbes ne font pas bien nombreufes, comme nous le ferons voir lorfque nous traiterons cette branche. Les dépenfes & les rifques font fur ce point d'une bien petite confidération ; mais d'un autre côté le labourage eft l'article le plus effentiel que le Fermier ait à remplir. Il demande non-feulement qu'on foit inftruit, mais encore qu'on foit en état de faire les dépenfes qui en font inféparables. Il faut par conféquent que nous donnions les moyens à tout Cultivateur quelconque de remplir en tout ou en partie ces deux objets importans. On fçait que les profits qui réfultent de cette branche, fi elle eft traitée fuivant les régles, font les plus confidérables de toute l'Agriculture, comme aufli la plus ruineufe, fi on ne fe comporte avec autant d'activité que d'intelligence.

Toutes les obfervations que nous avons faites jufqu'ici, ne font que préliminaires ; de forte qu'il ne faut point les perdre de vuë fi on veut tirer quelque utilité de celles que nous devons faire.

Tous les fols ne fe prêtent pas aux mêmes préparations ; car en effet s'il n'étoit queftion que de les travailler tous de la même maniere, qu'y auroit-il de plus aifé que l'Agriculture ? mais nous avons déjà fait voir que chaque fol demande un engrais particulier ; il en eft de même quant au labourage ; l'un convient à une forte de fol & l'autre à l'autre. Le labourage eft la principale opération de l'Agriculture ; aufli l'a-t-on regardé de tous tems comme tel, puifque l'on a inventé différentes charrues & donné différentes préparations fuivant les différentes efpéces de fols. On a même porté les différents inftrumens jufques à les employer d'une telle façon fur un tel terrein, & d'une telle autre fur un fol d'une autre nature : ce qui nous jettera dans des détails indifpenfables, puifqu'ils font utiles.

Il y a une différence extrême entre un fable léger & une glaife tenace ; celle-ci demande une charrue différente de celle que l'on employe pour celui-là. Nous ajoutons même que la façon de labourer l'un & l'autre de ces fols eft bien différente ; on ne fe fert pas non-plus du même inftrument pour un fol profond, que pour un autre fol, qui à cinq ou fix pieds de profondeur a un lit de pierre ; dans d'autres fols on rencontre quelquefois à peu de profondeur une couche de terre vaine ou fans amitié, & alors il faut bien prendre garde de la faire remonter fur la furface ; le labour doit donc être beaucoup moins profond. On voit bien à préfent que toutes ces différentes circonftances font la loi au Cultivateur, & qu'il doit s'y prendre différemment pour labourer chacun de ces fols : il faut qu'il fe pourvoye des inftrumens convenables, & qu'il fuive de l'œil les ouvriers, afin

qu'ils en faſſent l'uſage qu'il ſe propoſe ; enforte que l'on ne paſſe pas
légerement ſur un ſol dont la terre ſubſtancielle eſt à une certaine profondeur, ou que dans un ſol où les couches de terre vaine ſont voiſines de la ſuperficie on n'approfondiſſe point trop, de peur de la faire
monter ſur la ſurface, ce qui dans l'un ou l'autre cas, loin de favoriſer la germination, la traverſeroit & entraîneroit des dépenſes
d'autant plus grandes, qu'elles ſeroient abſolument inutiles.

Une partie de cette obſervation prouve que le labourage dans les
ſols legers & peu profonds eſt très-peu diſpendieux & fort aiſé ; mais
d'un autre côté ils ſont ordinairement ſi pauvres qu'ils expoſent à
de grandes dépenſes, par rapport aux engrais qu'il faut leur donner.
De - là l'on doit revenir à ce que nous avons déjà fait obſerver, ſçavoir qu'il n'eſt preſque point de terrein que le labourage ſeul ne
puiſſe mettre en état de porter toutes ſortes de productions ; mais
qu'il y en a qu'il faut aider par des engrais, ſi on veut que les récoltes ſoient abondantes.

Tous les documents que nous avons juſqu'à préſent donnés ſur le
labourage, ne ſont applicables que dans le tems qui précéde celui des
ſemailles. Nous avons à parler d'une autre eſpéce de labourage qui
ſe fait après que les plantes paroiſſent ; à proprement parler, ce n'eſt
point labourer, mais houer ; quoi que ſelon la nouvelle façon de le
faire, avec une eſpéce de charrue & avec un cheval, on lui ait donné
une autre dénomination. Nous en ferons un plus ample détail. Cet
uſage porte ſur de bons principes & il eſt juſtifié par les ſuccès : cependant il a un terrible ennemi à détruire, c'eſt le préjugé. Nos Laboureurs craignent les eſſais : ils ſont ſi gênés du côté de la fortune
qu'ils n'oſent riſquer ni le tems ni la dépenſe. Nous pouvons aſſurer
qu'on en tire des avantages conſidérables quand on le pratique avec
connoiſſance de cauſe : c'eſt-à-dire, lorſque le terrein & les circonſtances l'exigent.

CHAPITRE LX.

De la forme de l'ancienne charrue.

SI nous faisons attention à la charrue, nous aurons la douleur de voir que les choses les plus utiles sont souvent négligées quand elles sont communes. Les hommes qui seroient en état de rendre des services essentiels au genre humain, en s'attachant à perfectionner les machines & les instrumens utiles, sont précisément ceux qui les examinent le moins. Nous n'avons point d'Auteur de nom qui ait écrit sur la structure & sur les formes différentes qu'il seroit utile de donner à la charrue. A t-on vû des personnes de génie descendre à la perfection de cet instrument, qui de tous est sans contredit le plus utile? Qu'on parcoure les divers Mémoires de tant d'Académies célébres, on verra beaucoup de machines relatives aux autres Arts, & pas une qui concoure à l'amélioration de celle-ci.

En suivant de l'œil les progrès de l'Agriculture, on voit que le peu d'amélioration qu'on a fait dans la culture des terres n'a paru que fort tard : il est venu enfin des personnes ingénieuses qui nous ont montré une partie des améliorations, dont l'Agriculture est susceptible, & il y a tout lieu d'espérer que l'utilité & la noblesse de cet Art étant aujourd'hui reconnue, on poussera les découvertes plus loin ; & qu'enfin la France pourra entrer en concurrence avec l'Angleterre, qui depuis cent ans a reconnu qu'elle ne pouvoit parvenir à un point de puissance stable, que par les attentions que le Gouvernement apporteroit au maintien & à l'encouragement du premier Art que les hommes ayent connu & pratiqué.

Il est vrai-semblable que dès le commencement de la culture des terres, on ne fit usage que de la bêche ; si cet instrument pouvoit être aussi facilement employé dans des terreins étendus qu'il est utile & avantageux par-tout où on peut s'en servir, il est certain qu'il l'emporteroit sur tous ceux que l'on met aujourd'hui en usage. Lorsque dans la suite les hommes se multiplièrent & qu'il fallut faire des défrichements plus étendus pour leur subsistance, on imagina la charrue, qui en effet n'est qu'une espèce de bêche tirée par des bœufs ou des chevaux.

A mesure qu'on s'en servit on en varia la forme ; mais malgré cela on peut hardiment avouer qu'il n'y a point d'Art où les changements se soient faits avec plus de lenteur : or il est cependant certain que cet instrument dont, comme on le sçait, l'usage est universel, dont l'importance & les avantages sont généralement connus, est susceptible, & en effet a besoin d'une infinité de changements.

Nous avons vû que les avantages qui résultent du labourage, consistent dans la division de la terre en parties aussi atténuées qu'il est possible : l'ouvrier la bêche à la main remplit plus parfaitement cet objet ; de - là le dégré de fertilité supérieur des jardins à celui des champs ; mais à présent qu'on sçait qu'elle est la meilleure façon de perfectionner le labourage, il ne sera plus si difficile d'améliorer la charrue au point de la rendre, quant aux effets, égale, ou peut s'en faut, à la bêche.

L'avantage qu'elle a sur la charrue est de plonger plus profondément & de diviser beaucoup plus le terrein : ainsi en donnant à la charrue le dégré de perfection dont elle est susceptible, on peut en espérer le même avantage ; il est vrai que l'ouvrier, la bêche à la main, à chaque levée de terre qu'il fait, donne un coup de dos & brise les mottes, avantage que la charrue n'a point, à moins qu'on ne vint à bout d'y établir deux brises-mottes qui jouassent le rolle du levier, ce qui ne nous paroît pas impossible : nous en avons même déjà communiqué quelques idées au S. Jovet, qui nous a promis d'en tirer tout le parti possible.

D'ailleurs la charrue à quatre coutres y supplée : cette invention prouve qu'on peut labourer aussi profondément & diviser aussi parfaitement la terre qu'en se servant de la bêche.

L'ancienne charrue n'avoit ni coutres ni planches, parce que le soc, suivant une direction oblique, servoit de planches, & que les deux oreilles qui font les coins d'une piéce de bois qui est au-dessous du soc, faisoient les fonctions du talon.

Elle est encore en usage en Italie & même en certains pays de la France, on s'en sert pour retourner un terrein léger ; mais elle seroit sans effet sur les sols fermes & tenaces que l'on trouve dans plusieurs Provinces.

Il y a tout lieu de présumer que cette charrue est la premiere qui ait été inventée, car elle ressemble presqu'entierement à la charrue Egyptienne. Elle est d'une structure fort simple. Elle produisoit l'effet qu'on en attendoit dans le lieu ou elle fut inventée : mais comme elle n'est pas d'un usage universel on y a fait des changements.

En Italie où le sol est mol & friable, elle est propre à conserver
les

les terres dans l'état qu'on leur a donné par le labour, & voilà
tout : car quand ces terres ont produit de l'herbe & quelles ont du
gazon il eſt très-difficile de les travailler. On eſt obligé de paſſer
deux ou trois fois ſur le terrein avant que tout le gazon ſoit rompu.

Cette eſpece de charrue ne peut faute de coutre que déchirer les
gazons au lieu de les couper ; mais auſſi le gazon une fois coupé elle
pénétre profondément dans le ſol parce qu'il eſt mol & tendre.

Ainſi comme tous les ſols ne ſont point de cette nature, & qu'il
y en a beaucoup qui au contraire ſont fermes & tenaces. La ſtructure des charrues doit être différente : autrement en ſe ſervant de
l'ancienne on ne plongeroit jamais dans le ſol : ainſi la néceſſité du
coutre eſt évidente, par rapport à la profondeur à laquelle on eſt
obligé de plonger. Quand la nouvelle charrue eſt bien faite, elle
coupe le ſillon au fond à plat, il ſe trouve par conſéquent autant d'é-
paiſſeur du côté de la terre que du côté du ſillon ; mais la charrue ſeule ne peut point l'arracher de la terre à une ſemblable épaiſſeur ;
ainſi il faut un coutre qui le coupe ; par ce moyen le ſillon eſt retourné en entier, & le gazon n'eſt point rompu. De-là ſi on laiſſe le
terrein long-tems dans cet état ſans le retourner, l'herbe des côtés
s'étend & forme un gazon de l'autre côté, qui faiſoit ci-devant le
fond du ſillon, & qui par le premier verſement étoit devenu la
ſurface.

On remarque que ſi le terrein reſte dans cet état, il devient bien-
tôt plus couvert de verdure qu'il ne l'étoit avant le labour, & que
l'herbe étendant ſes racines la ſerre & l'affermit ; de ſorte qu'il demande beaucoup plus de travail & de tems pour le rendre propre aux
productions auxquelles on le deſtine ; ce qui aſſurément démontre
l'inſuffiſance de la charrue commune, & c'eſt à force d'avoir reſ-
ſenti les effets de ſes défauts qu'on a imaginé la charrue à quatre coutres, dont nous donnerons la deſcription. On en a imaginé pluſieurs autres dans la même fin ; mais il n'en eſt pas qui réuſſiſſe ſi
bien.

CHAPITRE LXI.

Des différentes especes de charrues dont on fait usage en Angleterre.

LA charrue ordinaire est différente en différens endroits; soit que cette différence vienne du caprice des Cultivateurs, soit qu'elle ait été trouvée nécessaire par rapport à la nature des terres. Dans certains pays l'arbre de la charrue est plus long, en d'autres il est plus court. Il y a aussi de la différence dans la longueur & la forme du soc, du coutre & des bras.

En général, sans avoir égard aux usages particuliers, on doit avoir égard à la nature du sol sur lequel on doit employer la charrue. Ainsi sur un terrein de glaise tenace, on doit se servir d'une charrue grande, longue, large, & qui ait une planche quarrée pour pouvoir retourner un gros sillon : le coutre doit être long, pencher fort peu, & avoir une aîle fort grande : le pied doit être long & large pour faire un sillon bien profond. La charrue pour des sols d'une nature moins pesante doit être un peu plus petite que la précédente, mais large sur le derriere : le coutre doit être long & plus penché, le soc plus étroit, avec une aîle qui remonte, afin que la planche ne porte point. La charrue pour les sols légers, tels que les sablonneux, doit être plus légere & plus petite qu'aucune des autres : le coutre doit être plus arrondi & plus mince, & l'aîle moins grande.

Cette instruction, quoique abrégée, suffit pour servir de régle générale au Cultivateur. Il faut qu'il examine si ses terres sont pesantes, ou legeres, ou d'une nature qui tient un juste milieu pour donner à ses charrues le poids & la forme qui conviennent.

Il y a encore deux sortes de charrues; la charrue à roue & la charrue sans roue. En général celle à roues est plus avantageuse; mais il y a des cas dans lesquels elle est embarrassante, de sorte qu'il faut y renoncer.

La charrue, qui, par le grand avantage qu'elle a sur les autres, peut être regardée comme la premiere amélioration qu'on ait faite en Angleterre, est la charrue à roue. Elle est composée d'un arbre & de son bras, d'un col, d'un oreiller & de roues. Ces différentes parties sont assez familieres au Cultivateur; mais pour ceux qui ne font point verfés dans la partie pratique de l'Agriculture, nous les indiquerons par la figure, & nous ferons voir comment elle a été jufqu'à préfent perfectionnée.

Cette efpéce de charrue, dans fa forme ordinaire, eft très-forte; on l'employe à plufieurs ufages; elle rend le travail aifé, ne fatigue point le cheval, & eft propre à prefque tous les fols. Le feul fol fur lequel on ne peut point en faire ufage eft la glaife bourbeufe, parce que les roues y entrent fort avant, fur-tout en hyver, & qu'elles s'y embourbent : mais fur ce fol même on s'en fert avec avantage en été, quand il eft queftion de friche & que l'on veut retourner le gazon pour préparer le terrein aux labours. Plus le bras de cette charrue eft droit, & plus fon effet eft facile & parfait : on peut la regarder aujourd'hui comme la charrue commune à tous les pays, à quelques changemens près, qui font fi peu importans que nous ne jugeons point à propos de les rapporter. Dans la fuite de cet ouvrage nous avertiffons que lorfque nous parlerons de la charrue commune, nous entendrons toujours parler de celle-là.

Il y des pays où cette charrue a fa planche (fi l'on peut ainfi s'exprimer) qui eft de fer; alors elle eft arrondie; & cette façon eft très-propre au verfement du gazon : on la fait légere, & on lui donne des roues d'une groffeur & pefanteur proportionnées. Il n'y en a point de plus commode & de plus favorable pour les fols légers; & l'on avance beaucoup avec cet inftrument.

Les terreins marécageux d'une certaine forte font deux, légers & grumeleux; il n'y a point de pierre, ils font naturellement couverts de mauvaifes herbes & de petits joncs : la charrue avec laquelle on les exploite eft une charrue à coutre circulaire, qui tourne, & à long foc tranchant d'un pied de large. Cette efpéce de charrue eft fans roue : il y a un pied fur le devant de l'arbre, que l'on hauffe & baiffe par le moyen d'un coin; par cette méchanique on empêche le devant de la charrue de plonger plus profondément qu'on ne veut : il y a auffi des coins dont on fe fert pour élever ou baiffer la partie poftérieure, dans le point de jonction du bras & de l'arbre; le coutre eft comme à l'ordinaire devant le foc, & c'eft une roue de fer tranchant qui tourne fur un axe à mefure que la charrue avance, & coupe les racines du jonc ou de l'herbe pendant que le foc large coupe le fond. Cette efpéce de charrue ne peut guéres être utile fur tout autre fol; mais fur les fols marécageux, tels que nous venons de les indiquer, elle produit des effets admirables.

La charrue à traîneau a été jadis univerfelle ; mais on ne peut guére aujourd'hui dire dans quels endroits elle eft le plus en ufage. L'ufage en eft encore confervé & rejetté fuivant que les Cultivateurs ont eu plus ou moins de hardieffe pour adopter les nouvelles améliorations que l'on a fait : elle eft une des plus fimples. Malgré les avantages que les autres ont fur elle, à plufieurs égards, elle leur eft fupérieure pour les fols glaifeux humides dans la faifon de l'hyver. Comme elle eft le moins compofée de toutes, elle eft la moins expofée à s'embourber, & la plus propre aux terreins où il ne faut qu'aller en avant & retourner le fol ; auffi la doit-on borner à ce feul ufage ; car fur d'autres fols & dans une autre faifon elle eft très-inférieure aux autres. Elle n'a point de roue, elle confifte en un arbre, un bras, une planche & un foc, on l'éleve & la baiffe fuivant le befoin, par le moyen des coins qui font à la gaîne.

Il y a encore une autre charrue qui a une roue : c'eft un inftrument très-incommode ; la partie poftérieure en eft extrémement large, la marche par conféquent doit en être extrémement pefante ; elle eft en général d'un ufage fi difficile & fi peu avantageux qu'on ne s'en fert plus, même dans les pays où elle a été inventée.

La plus grande efpéce de charrue dont on faffe ufage en Angleterre, & même par-tout ailleurs, eft celle dont on fe fert dans quelques cantons de la Province de *Cambridge,* pour faire des faignées ou des tranchées. Elle a la forme de la charrue ordinaire, & n'a point de roue : toutes fes parties font maffives ; elle eft armée de deux coutres, dont l'un eft fixé dans l'arbre, comme dans la charrue ordinaire, & l'autre dans une piece de bois qui eft elle-même fixée à l'arbre ; ils font tous deux tournés en - dedans, & coupent chaque côté de la tranchée ; le foc eft très-large & plat, fa fonction eft de couper le fond de la tranchée ; la planche eft trois fois plus longue que celle des autres charrues, & jette la terre fort loin de la tranchée. Cet inftrument coupe une tranchée d'un pied & demi de large en haut, d'un pied de large au fond, & lui donne un pied de profondeur. Il n'y en a point de plus affuré pour les terreins humides, & il fauve les frais ordinaires que l'on fait en creufant les tranchées à la bêche ; mais il faut beaucoup de chevaux pour le fervir. Cette charrue eft conftruite d'une façon propre à rendre d'autres fervices ; & c'eft la raifon qui nous a déterminés à en parler, afin que le Cultivateur y faffe attention, lorfque nous entrerons dans un plus grand détail.

CHAPITRE LXII.

Des usages des charrues ordinaires & de leur forme particuliere.

Lorsque le sol est dur & ferme ou qu'il est rempli de pierres à fusil, ou d'autres espéces de pierres pointues & tranchantes, & de gravier, la charrue à deux roues est la plus propre à les exploiter, en lui donnant, suivant les instructions qu'on vient de voir, la force convenable ; elle est d'un usage encore plus avantageux pour retourner, en été, les friches de terre glaise ; car la pointe de la charrue commune ne pourroit pas résister dans un semblable travail ; au lieu que celle-ci ne peut produire que de bons effets, sur-tout quand la terre est durcie au point qu'aucune autre charrue ne peut y pénétrer : on doit donner à ses roues environ vingt pouces de diametre ; elle marche mieux quand la roue du côté du sillon est un peu plus grande que l'autre.

Le grand avantage qu'on retire de cette charrue, c'est qu'elle marche sur un terrein inégal ; de sorte qu'il n'y en a point qui l'égale pour labourer des pâturages, où il y a des taupieres & d'autres inégalités ; au lieu que le moindre de ces inconvéniens embarrasse & arrête la charrue ordinaire.

Quoique nous paroissions avoir ci-devant proscrit la charrue à une roue, comme un instrument mal fait & très-incommode, nous ne prétendons cependant point en interdire absolument l'usage ; parce qu'une charrue fort légere & mince peut bien n'avoir qu'une roue au lieu de deux, & être d'une grande utilité sur les terres légeres. Il est vrai qu'il faut renoncer à s'en servir pour des travaux plus forts ; mais comme cet instrument marche avec aisance, il est très-propre aux travaux légers.

Il faut faire tirer la charrue commune à deux roues par des chevaux ou des bœufs attelés de front. La charrue pesante & sans roues, dont on se sert pour les glaises humides & pour les travaux forts, demande d'être tirée par quatre, cinq, & même six chevaux attelés à la queue l'un de l'autre. On se sert beaucoup de celle-ci dans les terreins qui sont de niveau, & qui ne sont point chargés de racines, & où il n'y a point d'autre embarras : car dans ces cas-ci, il est certain que la charrue à deux roues mérite la préférence, malgré certains inconvéniens.

Au refte, quelle que foit l'efpéce de charrue que le Cultivateur choifit, il doit toujours lui donner la forme la plus convenable au fol fur lequel il veut l'employer : il doit lui faire donner beaucoup plus de maffe & de force, s'il a à exploiter des terreins forts & profonds, & beaucoup moins au contraire fi fes terres font légeres & peu profondes : le coutre doit plonger profondément dans les premiers, parce que les mauvaifes herbes y plongent plus profondément leurs racines.

Quelque forme ou quelque degré de force qu'il donne à fa charrue, il doit bien prendre garde que la ferrure en foit faite par un forgeron fidelle ; car c'eft de la bonté & de la précifion de cette partie que dépend la marche précife de la charrue ; il faut la fixer de façon qu'elle opére toujours en ligne droite, & qu'elle ne s'écarte ni fur un côté ni fur l'autre.

Comme c'eft en effet de la ferrure que dépend toute la juftelle de la charrue, le plus fage parti que le Cultivateur ait à prendre, c'eft de la faire fabriquer & de la faire enfuite ajufter à la charrue : car, fuivant l'ufage ordinaire, on ajufte après coup le fer au bois, ce qui eft fujet à bien des inconvéniens ; l'ouvrier eft fouvent obligé de s'en fervir que les pieces fe rapportent ou non, & alors fon ouvrage eft toujours imparfait ; puifqu'il eft impoffible qu'avec toute l'attention du monde, il faffe marcher comme il faut la charrue. On doit encore avoir foin que la ferrure foit bien liffe & unie, & qu'elle foit d'une bonne trempe, & être attentif à l'entretenir dans cet état.

Plus une charrue eft courte & petite, plus aifément elle marche. Mais, nous le répétons, quoique cette efpéce de charrue foit excellente pour les fols légers, il ne faut dans les fols pefans & tenaces employer que les charrues qui ont beaucoup de force & de poids.

CHAPITRE LXIII.

Des améliorations de la Charrue ordinaire.

LEs regards favorables qu'on jette, depuis quelques années, sur l'Agriculture, ont animé quelques perſonnes de génie : elles ont porté toutes leurs attentions aux améliorations de la charrue. De ces améliorations, il y en a dont les unes peuvent être employées en particulier, & les autres en général. On a inventé pluſieurs ſortes de charrues, on a donné des formes nouvelles à celles qui exiſtoient déja ; quelques-unes ne ſont en effet que l'effet du caprice & de la fantaiſie, mais il y en a d'autres qui réellement produiſent de très-grands avantages. Cette multiplicité & cette diverſité ne ſont point ſurprenantes ; il n'eſt point de partie de l'Agriculture où l'on puiſſe & où l'on doive faire plus de changemens & d'améliorations que dans celle-ci, puiſque c'eſt celle qui attire avec raiſon les premiers ſoins du Cultivateur.

Il y a quelques années qu'on inventa une eſpéce de double charrue, qui aujourd'hui ſe trouve accréditée en quelques endroits. Par ſon ſecours on laboure à la fois le double du terrein qu'on laboure avec la charrue ordinaire : mais comme il faut pour la ſervir le double des hommes & des chevaux, la dépenſe qu'elle entraîne eſt égale aux avantages qu'on en retire. Cependant il n'eſt pas impoſſible de la perfectionner ; car, quoique principalement dans les ſols tenaces & profonds la double dépenſe qu'elle exige faſſe évanouir tous ſes avantages, il eſt certain que ſur des ſols légers & peu profonds, elle pourroit être conſtruite de façon qu'elle ſeroit parfaitement bien ſervie par deux chevaux, conduits par un ſeul homme : il eſt bien évident que portée à ce degré de perfection, elle produiroit le double de l'avantage de la charrne ordinaire ; puiſque la ſomme des frais que l'une & l'autre demandent, ſeroient exacte nent égaux.

On a auſſi une eſpéce de charrue qui retourne deux ſillons à la fois, cet inſtrument eſt ſi lourd & d'une marche ſi difficile, que telle qu'elle eſt actuellement, elle ne peut point prendre faveur ; encore même a-t-elle le défaut d'exécuter imparfaitement l'opération pour laquelle on l'a inventée. Cependant comme nous avons déjà fait fentir les avantages qui réfultent des labours plus profonds qu'on ne les fait ordinairement, nous exhortons quelque habile Méchanicien à profiter de cette idée pour perfectionner une machine qui feroit d'une auffi grande utilité : à l'infpection de cet inftrument nous avons jugé qu'on pourroit bien à force d'effais le perfectionner au point qu'on en laboureroit plus profondément, avec beaucoup moins de peine que n'en exige la charrue qui a été jufqu'à préfent employée à cet ufage.

Nous avons fait obferver que le labour fait à la bêche eft beaucoup plus avantageux que celui qui fe fait à la charrue, & que c'étoit de cette différence que venoit la grande fertilité des jardins : or une charrue qui feroit faite fur la forme de la bêche auroit deux avantages, celui de plonger auffi profondément que la bêche & d'atténuer autant les mollécules de la terre. De-là on voit combien il importe que quelque habile Artifte s'occupe des moyens de perfectionner la charrue, qui fans contredit eft l'inftrument le plus utile, & qui eft encore aujourd'hui dans fes améliorations même très-imparfait. Si l'on donnoit par exemple plus de largeur à l'aîle de la charrue à traîneau ou à pied, elle feroit en tout tems d'un ufage plus avantageux fur les terres glaifes, humides ; mais il faut avoir l'attention d'atteler les chevaux à la queue l'un de l'autre, afin que le terrein ne foit pas fi foulé : dans les fols légers au contraires les bœufs ou les chevaux doivent être attelés de front. Parce que plus ces terreins font foulés plus ils acquierent de confiftance ; de forte que les pieds des bœufs ou des chevaux y produifent le même effet que le parquement des moutons. Le foc de la charrue doit être rond & pointu lorfqu'on veut ouvrir un terrein pierreux couvert d'herbe : le foc doit avoir une aîle qui foit tranchante pour couper les racines des herbes : car fi l'aîle eft large, au lieu d'entrer elle rebondira hors de la terre.

Quant aux terreins qui ont été plantés en bois, & où il refte ordinairement beaucoup de racines qui embarraffent, on a une méthode excellente que l'on met en ufage dans certains cantons de l'Angleterre : on fe fert d'un inftrument de fer bien tranchant qui traverfe l'arbre de la charrue derriere le coutre & qui traverfe également la tête de la charrue : ce fer a deux avantages, il fert à couper les racines à part, & s'il eft bien fixé au point que nous avons indiqué, il renforce toute la machine, & la rend propre à réfifter aux violentes faccades qu'elle reçoit dans ces terreins ; en d'autres endroits on met au foc deux fortes aîles de fer, qui fervent

vent au même but, mais qui ne renforceroient point si parfaitement la charrue. Le Docteur *Plot* en donne la description. Toutes ces différentes inventions peuvent servir à étendre les idées d'un bon Méchanicien : qu'on ne s'y trompe pas, nous n'avons encore aucune invention relative aux charrues, pour bien utile & accréditée qu'elle soit, qui ne puisse être susceptible de beaucoup de changemens aussi nécessaires qu'avantageux.

Il nous reste encore à parler d'un instrument qu'on a inventé & des améliorations qu'on y a faites, & qui en effet sont si considérables qu'il ne reste plus rien à désirer pour sa perfection. Le Cultivateur n'a qu'à consulter la description & la figure qu'il verra pour la faire exécuter sur le même modéle : c'est la charrue à quatre coutres, si vantée par l'Auteur du *Cultivateur*.

CHAPITRE LXIV.

De la Charrue à roues.

LA charrue à quatre coutres est la même que la charrue ordinaire à deux roues, dans son état le plus parfait, mais amplifié de trois coutres de plus. Nous la considérerons ici dans son état le plus parfait armée d'un seul coutre, & dans le Chapitre suivant nous la décrirons armée de quatre.

Elle est en général divisée en deux parties, les uns appellent celle de devant *la tête*, & celle de derriere *la queue* : d'autres l'avant-train & l'arriere-train : nous appellerons la première la partie *antérieure*, & la derniere la partie *postérieure* : l'antérieure a deux roues d'environ dix-huit pouces de diametre, l'axe ou l'essieu est de fer & passe par une boëte qui croise l'arbre : de cette boëte s'élevent perpendiculairement deux piéces de bois qui y sont arrêtées, & dans lesquelles on fait deux rangs de trous, par le moyen desquels on leve & l'on baisse quand on veut l'arbre de la charrue pour donner plus ou moins de profondeur au sillon, suivant que les terreins & les circonstances l'exigent. Le jeu de ce Méchanisme se fait en arrêtant plus haut ou plus bas par des chevilles une piéce de traverse que nous appellerons *l'oreiller*, parce que l'arbre de la charrue repose ou porte dessus ; à la partie supérieure des deux piéces de bois perpendiculaires est une autre piéce de traverse que nous appellons le *gibet*, les piéces perpendiculaires la traversent par des mortaises : elles y sont fixées par des chevilles : de la boëte sort, entre les perpendiculaires, un petit chassis à deux jambes & une piéce de traverse à laquelle on attache les chaînons de fer qui servent à tirer la charrue : il y a aussi au milieu de la boëte un trou où l'on fait passer un bout de chaîne de fer, dont l'autre bout est attaché au milieu de l'arbre : c'est cette chaîne qui tient la partie antérieure & la partie postérieure de la charrue ensemble : il y a au bout qui touche l'arbre un collier qui l'entoure, & on l'arrête avec un bâton en dedans de la boëte : on tient ce bâton droit contre la piéce perpendiculaire qui est à gauche par le moyen d'une corde que l'on y passe tout autour, en haut & en bas au-dessous du gibet ; à la partie supérieure de ce bâton est une chaîne de fer que nous appellons *la bride*, elle se prolonge jusqu'au milieu de l'arbre de la charrue, où elle est fixée, moyennant une cheville, précisément au même endroit où le collier de l'autre chaîne embrasse tout le tour de l'arbre. Voilà la structure de la partie antérieure ou avant-train. La postérieure, ou l'arriere-train, consiste en un arbre qui est une espéce de perche forte & longue à travers de laquelle, un peu audessous de la cheville qui tient la chaîne que nous avons appellée la bride & le collier, passe le coutre, qui est une piéce de fer longue & plus ou moins mince ou épaisse, suivant la nature du terrein, qui se prolonge jusques vers la pointe du soc ; il est fixé dans l'arbre avec un coin, mais de façon qu'on peut l'élever ou baisser à volonté : derriere sont deux bras ou manches, dont l'un est plus long que l'autre ; le moins long rencontre dans son chemin la tête de l'étanson de devant dans le point où il entre dans l'arbre & y est arrêté avec une cheville ; il est aussi fixé à la partie supérieure de l'étanson de derriere avec une autre cheville : les étansons sont deux planches, dont la postérieure touche l'extrêmité de l'arbre : l'autre est plus en avant & biaise insensiblement : elles sont fixées au soc : de l'autre côté postérieur de la charrue descend une autre planche plate, nommée le *montant* du train de derriere ; c'est à celle-ci qu'est fixée une planche qui se prolonge presque parallelement au soc : le plus long manche est également attaché à la planche appellée le *montant*, du bas duquel s'éléve le versoir : l'étanson de devant est soutenu par deux supports qui passent à travers l'arbre, & y sont arrêtés avec des vis & des écroues.

Voilà la charrue à roues, telle qu'on l'employe dans les endroits où l'on cultive les terres avec le plus d'intelligence. On voit bien qu'elle est composée de plus de parties que la charrue ordinaire à deux roues dans le tems qu'elle a été inventée ; il est certain qu'il n'est point d'addition qu'on y a faite qui ne soit avantageuse, soit par rapport à sa force, soit par rapport à sa marche.

CHAPITRE LXV.

De la Charrue à quatre coutres.

NOus venons de voir la charrue ordinaire dans sa plus parfaite amélioration. Nous allons rendre à present compte de l'utile & grande augmentation qu'on y a faite depuis peu. Les parties qu'on y a ajoutées & qui font de la plus grande utilité la font regarder comme un instrument tout nouveau ; les trois coutres dont elle a été emplifiée lui donnent une force & la faculté de rompre le terrein bien supérieurement à tout ce qu'on avoit imaginé.

Dès qu'il peut être supposé qu'il n'est point de lecteur qui, à l'inspection des figures & guidé par la description, ne comprenne le méchanisme de la charrue à deux roues, il est certain qu'il saisira avec facilité celle à quatre coutres.

La longueur ordinaire de l'arbre de la charrue commune à deux roues est de huit pieds, celle de l'arbre de la charrue à quatre coutres doit être de dix pieds quatre pouces. L'arbre de la premiere est droit dans toute sa largeur, celui de la derniere s'éleve en ligne courbe près des roues jusques à sa partie qui repose sur l'oreiller. En supposant que la charrue soit sur un terrein nivelé, l'arbre dans la partie postérieure ou arriere-train se trouvera à environ onze pouces & demi de terre : dans la partie où l'arbre commence à former sa curviligne, c'est-à-dire un peu avant le premier coutre, il sera à un pied huit pouces & demi ; & à la partie où il porte sur l'oreiller, à deux pieds dix pouces de terre : voilà la véritable grandeur de l'arbre de cette espéce de charrue.

Les quatre coutres sont disposés dans l'ordre qui suit : depuis le derriere de la partie postérieure de l'arbre jusques derriere le premier coutre, dont la pointe se prolonge jusques près du soc, il y a trois pieds deux pouces de distance ; du derriere de celui-ci jusqu'au derriere du second treize pouces, de-là jusques au troisiéme autant,

& autant encore de celui-ci jusques au quatriéme ; de forte que depuis l'extrémité poftérieure de l'arbre jufques à fa partie qui commence à s'élever en curviligne, il y a fept pieds de diftance. La longueur des trois coutres ajoutés, particulierement du quatriéme, qui eft le plus voifin de la partie antérieure ou avant-trein de la charrue, paroît d'abord devoir traverfer l'action de cette machine ; mais on voit que l'on a remédié à cet inconvénient, en courbant l'arbre vers la partie antérieure de la charrue ; car il eft bien fenfible que fi l'arbre étoit droit, comme dans les autres charrues, il faudroit que ces coutres fuffent extrémement longs pour atteindre la terre, & il faudroit qu'ils fuffent d'une force étonnante pour ne pas plier ; ce qui cauferoit autant d'embarras que de dépenfe. D'ailleurs quelque foin & attention que l'on apportât en les faifant, leur longueur occafionneroit l'ébranlement des coins qui fervent à les affujettir dans leurs trous. De cet ébranlement naîtroit un inconvénient ; c'eft que les coutres s'éleveroient plus, & ne mordroient par conféquent point à la terre ; mais par la curviligne, une longueur ordinaire fuffit pour les rendre tous utiles ; il n'eft pas abfolument néceffaire de leur donner beaucoup d'épaiffeur.

Quant à l'arbre ; on peut le faire de chêne ou de frêne, fuivant la nature du terrein ; fi le frêne a l'avantage d'être léger, le chêne a celui d'être infiniment plus fort ; ainfi fi le terrein eft lourd & ténace, le chêne, malgré fa pefanteur, mérite la préférence : eft-il queftion de l'épaiffeur & de la largeur de l'arbre ? la nature du fol doit auffi décider & régler le Cultivateur : pour un fol modique, on peut lui donner, vers le trou du premier coutre, cinq pouces d'épaiffeur fur quatre de largeur.

En donnant cette proportion ordinaire, les autres parties auront chacune la leur, comme on va voir. L'étanfon de devant doit porter fept pouces de large ; le fupport doit être de fer, & doit être pofé de façon que le bord de fa partie antérieure, qui eft plate, foit collé contre le bois de l'étanfon. L'effet que produit le fupport eft de foutenir l'étanfon contre l'arbre par le moyen des vis & des écroues ; il faut auffi pratiquer, à la partie fupérieure de l'étanfon, un trou qui foit un peu en-dedans de l'arbre ; de forte qu'on puiffe, en y faifant entrer une cheville, élever & ferrer l'étanfon étroitement contre l'arbre. Ce méchanifme de l'étanfon eft de très-grande importance dans toute charrue à roues. Si on éleve l'étanfon de façon qu'il faffe un angle de plus de quarante-cinq dégrés, avec la furface du terrein fur lequel eft la charrue, fa marche fera vicieufe & imparfaite. Dans la charrue à quatre coutres, il faut élever l'é-tanfon de maniere qu'il faffe, avec la fuperficie, une angle qui foit feulement de quarante-deux ou quarante-trois dégrés.

Comme cette façon de nous énoncer n'eft, à proprement par-ler, que pour ceux qui font verfés dans la méchanique, nous ajoute-rons en faveur des Cultivateurs ordinaires que l'étanfon doit avoir moins d'élévation dans la charrue à quatre coutres, que dans la char-rue ordinaire à roues qui marche bien.

Le foc doit avoir, depuis le talon jufques à l'extrémité de fa poin-te, trois pieds neuf pouces. Son aîle doit s'élever obliquement de la pointe, qui doit porter trois pouces & demi de longueur, être plate en-deffous, & d'un acier bien dur, & arrondie en-deffus. Le tranchant de l'aîle doit être auffi d'une bonne trempe, & fa longueur proportionnée à la nature du fol.

Derriere cette aîle eft placée la mortaife dans laquelle entre la partie inférieure de l'étanfon, dont nous venons de donner la defcription. De la partie poftérieure du foc s'éleve une petite plaque de fer, qui y eft fixée à clou rivé : c'eft par-là que le talon du foc eft fixé à l'étanfon de derriere par une cheville de fer, avec une vis au bout, fur laquelle on viffe une écroue du côté intérieur de l'étanfon.

La mortaife doit porter environ un pied de longueur & avoir dans fa partie fupérieure deux pouces de profondeur ; la partie an-térieure doit en être oblique & affimilée à l'étanfon qui y entre ; le bord fupérieur de la partie antérieure doit porter contre l'étan-fon, & s'il n'eft pas auffi oblique que celui-ci, il faut en ôter un peu de bois pour l'y ajufter.

Le plan fupérieur du foc doit être parfaitement droit, mais le plan inférieur doit être convexe d'environ un demi pouce dans une charrue ordinaire, & environ d'un quart de pouce dans celle à quatre coutres ; de forte que le foc, repofant fur une furface horizontale du terrein, n'y touche que par trois points, qui font la pointe, le coin de l'aîle & le talon. Lorfqu'on a à travailler un fol pierreux, on doit donner plus de convexité vers la partie du foc, que nous avons appellée l'aîle.

La façon d'ajufter le foc à l'étanfon, eft le point le plus effen-tiel pour le Cultivateur, & le plus difficile pour le Charron ; car c'eft de ce point que dépend la facilité de la marche de la charrue : c'eft pour cette raifon que, comme cet article eft plus important dans la charrue à quatre coutres, nous conseillons aux Cultivateurs de se procurer de bons & habiles ouvriers pour cet instrument ; car pour peu que la marche de la charrue soit défectueuse, on verra que ce défaut ne vient que de l'assemblage imparfait des deux piéces, dont nous venons de parler.

La bande de fer du soc doit avoir environ deux pieds cinq pouces de longueur, sur quatre de largeur, en se retréciffant cependant infenfiblement. Son épaiffeur est ordinairement de trois huitiémes de pouce ; on l'amincit vers sa partie la plus étroite, pour avoir plus de facilité à la bander de plus près contre la planche du soc.

Au bout le plus étroit de cette bande de fer font quatre trous, par l'un desquels on fait paffer un clou qui la fixe à l'étanson, qui lui-même passe par un long trou pratiqué dans un côté de la mortaife du soc : l'intervalle qui se trouve entre le côté extérieur de cette bande de fer & le côté extérieur du soc, est d'onze pouces & demi ; c'est la largeur de la partie de la charrue qui porte à terre : à l'extrémité la plus large de la bande on pratique plusieurs trous, par lesquels elle est clouée à la partie inférieure de la planche appellée *le montant*, qui est long, étroit, & dans lequel on a aussi pratiqué trois trous pour l'y affujettir.

La planche que les uns appellent *planche de terre*, les autres *oreillon*, & que nous appellerons avec les Auteurs les plus modernes, le *versoir*, tient par une de ses extrémités à l'étanson auquel il est fixé, & par l'autre à la planche appellée *le montant*. La cheville avec laquelle on le fixe au montant est plus épaisse dans son milieu qu'à ses bouts ; par ce moyen le versoir ne peut point approcher plus qu'il ne faut du montant ; par cette même cheville on peut aussi mettre le versoir à une plus grande ou moindre distance du montant, suivant qu'on juge plus ou moins néceffaire de renverser le fillon plus ou moins loin de la charrue ; il se jette sur la droite plus en-dehors que la bande de fer ; & c'est fans doute la raison pour laquelle on fait le montant un peu courbe & plié en-dehors dans cet endroit.

Le plus long bras de la charrue doit avoir cinq pieds quatre pouces de longueur, & quatre pouces de largeur dans sa partie la plus large : on pratique des trous dans sa partie inférieure, pour le fixer, avec des chevilles, à l'étanson ; on en pratique aussi un à sa partie supérieure, pour le fixer à la planche appellée *montant*.

Le bras le plus court porte trois pieds neuf pouces de longueur :

on fait deux trous à son extrémité inférieure ; il est fixé par une cheville qui entre dans le trou supérieur à l'étanson de derriere , &
par une autre cheville qui entre dans le trou inférieur à la partie
supérieure de l'étanson de devant au-dessus de l'arbre.

Voyons à présent comment il convient de placer les quatre coutres dans l'arbre de la charrue , qui doit être construit d'une façon
propre à les recevoir. Voici en effet le point le plus important de
tous : pour bien remplir cet objet, il faut s'imaginer quatre plans paralleles décrits par les quatre coutres à mesure que la charrue marche en avant ; car si ces plans n'étoient point paralleles , il s'en suivroit que les quatres coutres n'entrent pas tous ensemble dans la
terre, ce qui ne rempliroit point l'attente du Cultivateur qui feroit
usage de cette charrue.

Pour s'assurer de ce point important , on doit pratiquer dans
l'arbre de la charrue les trous des quatre coutres de la maniere qui
suit : le premier coutre doit être placé comme nous l'avons déja indiqué dans la charrue ordinaire ; le trou du second doit être fait
deux pouces & demi plus à la droite que le premier ; le troisiéme
deux pouces & demi plus que le second ; & le quatriéme deux pouces & demi plus que le troisiéme , toujours à droite ; par ce moyen
les quatre coutres font quatre entailles différentes dans un sillon
de dix pouces.

Or on voit bien qu'il n'est point d'arbre de charrue qui ait assez de
largeur pour avoir quatre trous ainsi disposés ; c'est pourquoi on
y ajoute une piece de bois : on sent que cette addition demande d'ê-
tre bien solidement fixée à l'arbre. Le second trou doit être pratiqué partie dans cette piece de bois ajoutée, & partie dans l'arbre ; quant aux deux autres, on les pratique entiérement dans la
piece de bois qu'on a été obligé d'ajouter. Il n'y a pas de façon plus
solide d'arrêter la piece de bois à l'arbre, que de se servir de vis
avec leurs écroues : on observera sur-tout de la joindre à la partie
droite de l'arbre : la distance des trous doit être mesurée du centre
d'un trou au centre de l'autre.

Il est absolument nécessaire de faire les trous de façon que la partie postérieure des coutres penche vers la droite. Ces trous, qui ne
font autre chose que des mortaises, doivent avoir un pouce trois
lignes de largeur, & les deux côtés opposés paralleles du haut en bas.
Cette mortaise est faite de façon que le coutre a une pente ; il y est
fixé, par un coin, comme dans les charrues ordinaires.

Dans la charrue à quatre coutres , les trois qu'on ajoute doivent être placés dans la même pofition que celui-ci , relativement à l'inclinaifon de leur pointe vers la gauche : c'eft de-là que réful-tent tous les avantages qu'on retire de cette charrue ; car , par ce moyen , quand on a foulevé l'aîle du foc , en tournant les deux man-ches vers la gauche , leurs pointes ne fortent point de terre du côté droit , comme cela arriveroit s'ils étoient autrement placés : quant à la façon dont ils pointent en avant , l'expérience a fait voir que chacun des trois coutres doit être un peu plus perpendiculaire que celui qu'il a derriere ; de forte que le quatriéme coutre eft de tous le plus perpendiculaire , ou fi l'on veut , le moins incliné.

Nota , qu'il n'eft pas néceffaire qu'aucun de ces coutres defcende auffi bas que la partie du foc la plus proche de la terre , à moins que le terrein n'ait guéres de profondeur ; il fuffit que les coutres coupent le gazon à quelque profondeur qu'on laboure la terre.

L'écroue dont on fe fert pour ferrer contre l'arbre la piece de bois ajoutée , doit avoir dans fa partie fupérieure deux *tenons* , fur lefquels on frape avec un marteau pour les faire tourner dans le be-foin : ces écroues ont tant de force que l'arbre & la piece font fi inti-mément ferrés l'un contre l'autre qu'on diroit d'une feule piece de bois : il arrive par les tems fecs que le bois fe retrécit , alors il faut ferrer les écroues ; précaution que l'on doit auffi pratiquer à l'é-gard des autres parties de la charrue. Il faut entre l'écroue & le bois appliquer une piece mince de fer , en guife de compreffe , pour empêcher l'écroue de travailler dans le bois ; elle doit être un peu plus large que l'écroue , & avoir l'épaiffeur à-peu-près d'une piece de vingt-quatre fols ; il eft des Cultivateurs qui y mettent une piece de cuir , mais l'ufage en eft moins avantageux , fur-tout quand on eft obligé de ferrer fouvent l'écroue.

On obfervera de mettre auffi des plaques de fer fur les mortai-fes des coutres , tant en haut qu'en bas ; on les y fixe avec des clous faits exprès.

Au lieu d'un collier tournant autour de l'arbre , il vaut beau-coup mieux faire ufage d'un collier quarré dont un côté eft ou-vert , que l'on affujettit à l'arbre avec deux crochets : le côté op-pofé au côté ouvert , n'eft autre chofe qu'une forte barre de fer , dont la partie intérieure eft divifée par quelques crans ou entail-lures : il faut faire entrer deux chevilles dans l'arbre de la char-rue , précifément derriere la mortaife du fecond coutre , une de chaque côté ; & il faut qu'il y ait un autre crochet , qui paffe par-deffus le côté fermé du collier quarré : chaque bout de ce

crochet

crochet forme autant de crochets, dont l'un faifit la barre de traverfe du collier en entrant dans une de fes entaillures, & à l'autre eft fixé un chaînon qui attache la grande chaîne audit collier.

L'ufage de ces entaillures ou crans, & de la pofition ainfi fixée du collier, confifte en ce que, comme le foc s'ufe à la pointe, il penche toujours un peu vers la droite, & qu'on remédie à cet inconvénient en mettant le crochet dans un autre cran de la barre de traverfe du collier ; de forte que la pointe du foc eft par - là toujours maintenue dans fa véritable direction : chaque côté du collier doit avoir un pied de longueur.

Nous avons fait voir que la grande chaîne de la charrue devoit être arrêtée en-dedans de la boëte par une efpéce de cheville qui paffe par fon premier chaînon, de même que le crochet du collier arrête le chaînon : on fixe ordinairement cette cheville avec un clou pour la tenir en place , & quand on veut racourcir la chaîne, on fait paffer fur cette cheville un autre chaînon pour l'arrêter comme auparavant ; on peut auffi faire cette même opération en arrêtant le crochet du collier avec le fecond ou troifiéme chaînon au lieu du premier ; par ce moyen on tire la pointe du foc un peu vers la gauche.

Pour tirer la charrue : on fixe à la boëte une machine de fer qui reffemble parfaitement au collier quarré, à la différence près de fes jambages qui font plus longs ; on peut encore la comparer à un chaffis. La barre de traverfe de devant a, ainfi que le collier quarré, des crans ou entaillures, mais il n'y a qu'un jambage qui foit rivé à la barre quarrée ; quant à l'autre il n'y tient point, mais il a une ouverture dans laquelle s'engante l'autre bout de la barre de traverfe, qu'on arrête où & comme on veut. Les deux autres bouts de ces jambages paffent par la boëte de la charrue, & font arrêtés fur le derriere par une couple de chevilles crochues. Les trous qu'on pratique à travers la boëte doivent être faits en talus, de forte que la partie antérieure du chaffis foit plus élevée que la poftérieure ; autrement les extrémités fupérieures des planches perpendiculaires incline-roient tout-à-fait en arriere quand la charrue marcheroit : on fe fert des crans qui font dans la barre du chaffis pour faire des fillons plus larges ou plus étroits ; on y fixe avec un chaînon un double crochet, & c'eft par-là que les chevaux tirent. Si ces animaux font grands & élevés, il faut que les traits foient longs, autrement ils fouleveroient les roues, leur feroient quitter terre & verferoient la charrue.

Tome III.

Ii

Les jambages du chaffis doivent être diftans de huit pouces & demi l'un de l'autre, & porter dix-neuf pouces de longueur; on donne aux chaînons fix pouces & demi de long, on doit les paffer dans deux crans feparés, autrement une roue devanceroit l'autre. Quand on met les chaînons aux entaillures placées à la droite, les roues portent vers la gauche, ce qui fert à faire le fillon plus large; quand au contraire on paffe les chaînons fur les crans ou entaillures de la gauche, les fillons font plus étroits, parce que les roues portent vers la droite.

Nous avons déja fait fentir la néceffité qu'il y avoit de donner plus de hauteur à une roue qu'à l'autre : elles doivent être diftantes fur terre de deux pieds cinq pouces & demi; les planches perpendiculaires doivent porter, depuis la boëte de la charrue jufques au gibet qui les traverfe, un pied onze pouces de hauteur; elles doivent être à dix pouces & demi de diftance l'une de l'autre.

On arrête par fon extrêmité, avec deux petites chevilles de fer, l'oreiller qui traverfe les planches perpendiculaires : comme ces chevilles fe perdroient fréquemment étant mouvantes on les y enchaîne.

Du trou pratiqué dans la boëte pour y faire paffer la grande chaîne jufques à la terre, il doit y avoir treize pouces de hauteur : on éléve de vingt pouces l'autre bout de la grande chaîne qui eft fixée à l'arbre de la charrue : vers le milieu de cette chaîne eft un morceau de fer arrondi & rivé à chacun de ces bouts en dedans de chaque chaînon qui en eft voifin, afin qu'un bout de la chaîne puiffe tourner fans que l'autre remue. Voilà toute la conftruction de la charrue à quatre coutres : nous en donnerons une defcription encore plus inftructive dans le feptiéme volume, parce que nous ajoûterons des lettres de renvoi aux figures, de forte qu'il n'y aura point de Cultivateur, pour bien peu verfé qu'il foit dans la Méchanique, qui ne foit en état de conduire les ouvriers qu'il mettra en œuvre pour la conftruction de cette machine.

D'ailleurs voici un moyen infaillible pour effayer avec certitude la charrue à quatre coutres. Il faut l'éprouver d'abord avec un coutre avant que d'y mettre les autres; fi elle ne marche pas bien avec un, il eft certain que fa marche fera encore plus défectueufe avec quatre; nous l'avons déja dit; tous les défauts roulent ordinairement fur le premier coutre, de forte que nous ofons affurer qu'on peut hardiment mettre les quatres coutres dès que la charrue fait bien fa fonction avec un.

Il faut encore, lorfqu'on veut fçavoir bien certainement fi l'ef-

fet de la charrue eft parfait, examiner fi le fillon eft également
profond à droit & à gauche : fi la charrue verfe bien la terre on
doit juger qu'elle eft bien conftruite : fi pendant qu'elle marche
le talon du foc & le fond de la planche appellée le montant portent contre le fond du fillon, & fi le Laboureur fans qu'il appuye
un manche plus que l'autre, s'apperçoit que la marche eft unie
& égale, on peut être affuré que la conftruction de la charrue
eft parfaite, & qu'elle marchera avec quatre coutres auffi bien
qu'avec un.

CHAPITRE LXVI.

De la maniere de conduire la charrue en labourant.

LOrfqu'on a une charrue ainfi fabriquée dans toutes les proportions que nous avons indiquées, le principal objet du
Cultivateur eft de l'entretenir en bon état & de ne la confier qu'à
un Laboureur un peu intelligent & actif : c'eft de cet homme-
ci que l'on dépend beaucoup plus que de tous les autres gagiftes de
la Ferme.

Lorfque nous avons prefcrit une certaine longueur aux bras
ou manches de la charrue, c'eft que nous en avons éprouvé toute l'utilité ; ils aident celui qui fert la charrue à la conduire
beaucoup plus parfaitement ; qu'on prenne fur-tout bien garde à certains Laboureurs qui par pareffe les racourciffent, parce qu'alors
ils peuvent les charger de tout leur poids, & au lieu de marcher
ils fe font traîner, abus que nous fçavons être établi dans quelques
cantons de la Guyenne ; fi au contraire ces Laboureurs s'avifoient
de fe faire traîner quand les bras font de la longueur prefcrite,
leur poids éleveroit l'arbre de la charrue, & le foc ne toucheroit
plus la terre : ainfi il faut avoir une attention particuliere à faire
les bras longs, afin que le Laboureur foit, pour ainfi dire malgré lui, obligé de ménager la charrue.

Il y a des Laboureurs mal-adroits qui font verfer frequemment la
charrue à deux roues ; on y eft fur-tout très-expofé lorfqu'on fort
d'un fillon pour entrer dans un autre ; mais un Laboureur intelligent la fouléve un peu, en tournant & en appuyant fortement fa
main fur les bras ; pendant que la charrue eft couchée d'un côté,

il léve les planches perpendiculaires avec le bout de l'arbre juſqu'à ce que les chevaux, les roues & le corps de la charrue ſe trouvent à peu près ſur la même ligne au commencement du ſillon:
alors il l'éléve & continue ſon labour.

On doit ſentir à préſent de quelle utilité ces petits coups de
main peuvent être ; la pratique peut ſeule en faire connoître tous
les avantages, & par conſéquent toute la néceſſité ; auſſi n'en parlons nous ici que pour faire connoître au Cultivateur ſi un Laboureur fait bien ou mal ſa beſogne, afin qu'il puiſſe dans le dernier cas lui donner des inſtructions, du moins s'il eſt de bonne
foi & de bonne volonté.

Il y a un autre inconvénient dans la charrue à quatre coutres ; il peut arriver fort aiſément, mais on peut y remédier
avec la même facilité ; en effet, le premier ſillon ou ſillon gauche
paſſe quelque fois entre le coutre & l'étanſon, & alors il tombe
ſur la gauche de la charrue : quoique cet inconvénient ne ſoit pas
d'une bien grande importance il eſt bon cependant de le prévenir puiſqu'on le peut très - aiſément. Il n'eſt queſtion que d'é-
lever le ſecond coutre un peu plus que le troiſiéme : alors le ſecond
ſillon tenant le premier dans ſa raye, le tranſportera & ſe tranſportera lui-même du côté droit du verſoir.

Il faut encore que nous donnions à ce ſujet un autre avis au
Fermier, c'eſt de bien obſerver en plaçant le coutre qu'il ne ſoit
jamais mis ſi haut qu'il ne puiſſe point couper le gazon de part en
part ; quant au premier coutre, quoiqu'il ne plonge & ne coupe
qu'un pouce ou deux en terre, le ſoc rompt le premier ſillon à
meſure qu'il le ſouléve.

Si, comme il arrive quelquefois, les quatre coutres s'engor-
gent de boue & ſont chargés de parties de gazon, le Laboureur
doit ſe munir d'un *curon* fourchu avec lequel il les nettoye de
tems en tems & bien aiſément ; ou bien on fait marcher à côté de
la charrue un petit garçon chargé de cette fonction ; mais comme le Laboureur peut s'en acquiter au bout de chaque ſillon, on
peut encore épargner cette dépenſe.

Mais ſi l'on obſerve exactement l'arrangement des coutres, comme nous l'avons preſcrit, ils ſeront plus ſpacés par le haut que
par le bas, de ſorte que l'engorgement ne ſera point ſi fréquent
& qu'il ſera en même tems plus facile d'y remédier : d'ailleurs cet
inconvénient n'eſt point occaſionné par la charrue, il eſt ordinairement l'effet de la nature du terrein. Dans une terre franche &

nette cette charrue marche aussi aisément que toute autre ; mais
si le chiendent y abonde ses racines tiennent les mottes si étroitement liées ensemble, qu'il s'en éleve de très-grandes qui restent
suspendues aux coutres, & c'est le cas dans lequel on a besoin du
secours de quelque petit garçon.

Il est même indispensable de décharger les coutres de ce poids,
parce qu'autrement cette bourbe rempliroit les espaces qui sont entre les coutres, ce qui souleveroit la charrue, lui feroit perdre
terre & suspendroit son effet.

La charrue commune à deux roues a un défaut dont l'effet est
très-désavantageux ; elle glisse sur une très-grande partie du terrein,
qui par conséquent n'est point retournée, ce qui est causé par le
soc, dont la pointe porte trop sur la gauche ; de sorte que le
labour est toujours imparfait, puisqu'une grande partie du sol couverte de la terre rompue reste entiere, sans que la pointe du soc
l'ait seulement ouverte, & qu'elle se couvre de mauvaises herbes,
défaut des plus considérables ; il frustre le Laboureur, & rien assurément ne mérite plus son attention.

Ce défaut est aussi quelquefois l'effet de la construction imparfaite de la charrue, aussi avons-nous bien recommandé de faire
choix d'un bon & habile Charron ; la marche aisée & constante de la charrue dépend principalement de la façon dont on place le soc sur l'étanson, & alors si elle marche imparfaitement il
faut examiner la position du soc & la rectifier. Cette partie est en
effet celle qui doit le plus impatienter le Charron, car elle est
aussi vétilleuse que difficile ; aussi est-il de la prudence du Laboureur d'essayer cet instrument avant que de l'acheter.

On doit encore observer que ce défaut que nous avons dit devoir attribuer à la charrue, peut aussi venir de l'entêtement du Laboureur qui la conduit mal, ou qui fait trop tourner la pointe du soc
vers la gauche ; il est impossible que par cet arrangement, la charrue ne coupe toujours de travers & ne glisse sur une partie du sol
qui se trouvera couverte de la terre rompue.

On voit donc bien que ce point-ci est de tous celui qu'on doit
suivre le plus exactement de l'œil ; un Laboureur gagé ne s'en occupe point. Il n'est rien de si aisé que de labourer trop profondément ou trop à plat. Dans les sols qui sont comme l'on dit *pleins sols*,
plus la charrue coupe profondément, plus le labour est avantageux ; mais lorsque le sol n'a point de profondeur & que la
nature en est mauvaise, il faut bien se donner de garde de trop

plonger la charrue, de peur que la glaise ou autre mauvaise espéce de terre quelconque ne vienne sur la superficie, ne se mêle
avec le sol & ne l'affame. On a beau dire, l'œil du Cultivateur
est ici toujours nécessaire s'il veut tirer des labours tous les avantages qu'il en attend, & se garantir de tous les désavantages qui
résultent sans cette attention, de la nature & de la mauvaise qualité de son sol.

Il faut encore observer, que la direction du labour doit varier
suivant la différente situation du terrein. Lorsqu'il est sur la pente d'une montagne, il ne faut point le labourer en droite ligne
de haut en bas, mais en croisant; parce que les animaux qui servent
la charrue ne sont pas si fatigués, & que d'ailleurs les parties végétales du terrein ne sont pas si exposées à être emportées dans les
écoulemens des eaux.

Il est certain que cette espéce de terrein est naturellement plus
pauvre que ceux qui sont différemment situés; elle exige par-
conséquent beaucoup d'engrais, qui se trouvent soudain lavés ou
même emportés par les pluyes qui surviennent l'orsqu'on a labouré
en ligne droite.

Il est donc bien constant qu'un labour droit bien loin de favoriser les terreins en pente les appauvrit au contraire, & enrichit
de leurs dépouilles les terreins qui se trouvent au dessous; que
par conséquent, comme il arrive quelquefois que ceux-ci sont
à d'autres propriétaires, c'est cultiver pour d'autres, qui moisson-
nent.

Or il est bien vraisemblable qu'un Cultivateur a pour objet de
retenir sur son terrein toutes les richesses qu'il y répand : ainsi afin
que ses vues ne soient point trahies, il faut qu'il laboure de façon que si le sillon n'est point absolument transversal, il soit du
moins oblique ou fait en coude, nécessité que nous allons démontrer dans le Chapitre suivant.

CHAPITRE LXVII.

Des avantages qui réfultent des labours faits en croifant fur les terreins montagneux.

Quoique nous ayons fait entendre que nous n'avions dans cet Ouvrage, pour objet principal, que l'Agriculture pratique, nous le remplirions mal fi nous ne faifions fentir au Cultivateur toute l'utilité qu'il y a de le mettre en état de fe rendre raifon lui-même de tous les confeils & documens que nous lui donnons ; auffi avons-nous deftiné ce Chapitre à ce point effentiel. Nous lui avons fait voir que les défavantages des terreins en plan incliné, confiftoient en ce que les pluyes les dépouillent de leurs molécules les plus riches, c'eft-à-dire les plus végétales. A l'infpection des eaux qui s'en écoulent, il eft facile de fe convaincre de cette vérité, puifqu'elles en fortent troubles & épaiffes : or il n'y a que les molécules qu'elles entraînent qui puiffent produire cet effet. Dans le Livre des fols, nous avons fait voir évidemment, que ces particules font précifément la partie végétale du fol, ou la quinteffence des engrais qu'on y a répandus.

Il n'y a point de tems auquel cette matiere précieufe foit plus expofée à être entraînée par les pluyes, que lorfqu'elles furviennent immédiatement après que le terrein a été labouré : or on voit bien que dans les labours faits fur ces terreins en ligne de bas en haut & de haut en bas, méthode qui, quoique très-pernicieufe, eft cependant très-accréditée en bien des endroits, principalement dans ceux ou la pente eft douce ; on voit bien, difons-nous, que par une conduite femblable, c'eft ouvrir autant de tranchées, qui deviennent autant de conduits aifés qui accélerent l'écoulement des eaux, qui entraînent avec elles la quinteffence du terrein.

Bien loin, donc, d'ouvrir autant de tranchées qu'il y a de fillons, à ces eaux, le Cultivateur doit s'attacher à les arrêter ; parce que par le féjour qu'il leur fait faire fur fon terrein, il leur donne le tems de dépofer les molécules dont elles font chargées ; car on peut aifément s'en convaincre, par exemple, dans les chutes des torrens & dans les débordemens des rivieres ; fi les eaux féjournent quelque tems , elles deviennent claires, d'épaiffes qu'elles étoient, lorfqu'elles ont commencé d'inonder le terrein , & l'on voit, après qu'elles fe font écoulées, fur la fuperficie une terre extrêmement fine & riche qui n'eft que de la terre végétale.

Après avoir fait confidérer au Cultivateur quelles font les fortes de matiéres que les pluyes entraînent d'un champ en pente & labouré en ligne droite de haut en bas, faifons lui voir à préfent ce que deviennent ces richeffes : elles font lavées & emportées hors du champ, & fuivant la direction de la pente & la nature de la piéce de terre elles s'écoulent dans le terrein d'un autre ou dans quelqu'autre piéce de terre du même Fermier, laquelle n'en a pas befoin ; elles s'arrêtent dans les foffés , y nourriffent une quantité prodigieufe de mauvaifes herbes.

Voilà en général les défavantages qui réfultent du labourage de bas en haut dans les terreins montagneux, pratique, nous le répétons encore à la honte des Cultivateurs, qui eft aujourd'hui fort accréditée en plufieurs endroits , même fur les montagnes les plus efcarpées, & prefque par tout où la pente n'eft pas bien confidérable.

Cependant il eft des cantons où les Cultivateurs ont profcrit cette méthode , non dans la perfuafion qu'elle portât préjudice aux terreins, mais aux chevaux; ainfi ils apprendront aujourd'hui que ce changement étoit encore plus néceffaire, par rapport aux écoulemens des eaux des pluyes qui dépouillent le terrein de fes parties les plus végétales, par conféquent les plus précieufes.

On va voir encore les raifons qui doivent déterminer à labourer en croifant les terreins inclinés : de quelque façon que le terrein foit préparé , il eft certain que les eaux de pluyes y tombent également; mais leur effet eft différent fuivant la différence de la préparation qu'on a donné à la terre. Suppofons un fol incliné, & qui foit léger (car on fçait que cette efpéce de fol eft plus endommagée que toute autre par les pluyes.) Suppofons encore qu'il foit labouré en croifant ou obliquement & bien lavé par une pluye abondante, quelle en fera la fuite ? l'eau fera épaiffe & jaunâtre chargée de la partie la plus riche du fol & elle s'écoulera vers la partie inférieure du terrein ; mais elle fera arrêtée par chaque fillon , de forte qu'il en fortira très-peu de la piéce du champ. Il doit donc en réfulter un double avantage ; le premier, que le fol fe trouve mieux & plus parfaitement humecté qu'il n'auroit

affurément

aſſurément pu l'être ſi le ſillon avoit été fait en ligne droite de haut en bas & de bas en haut; le ſecond, que la partie la plus ſubſtancielle de la ſurface qui a été lavée, pénétre avec l'eau & s'incorpore avec le ſol.

Cet avantage ſeul eſt de la derniere importance, & doit ſeul, ſans avoir recours à aucune autre conſidération, déterminer le Cul-tivateur à ne jamais labourer autrement qu'obliquement ou en croiſant, ſans s'embarraſſer du reſpect qu'il croit devoir à ſes peres qui ont été nourris & élevés dans la pratique de la métho-de oppoſée : il faut faire toujours prévaloir la raiſon ſur le préjugé, ſur-tout lorſque les faits ſont établis ſur de bonnes expériences.

CHAPITRE LXVIII.

De la maniere de ranger un terrein en rayons.

Ous avons vû que le principal point de la fertiliſation des terres, conſiſte dans la diviſion & l'atténuation de ſes mo-lécules, ſoit par le méchaniſme de la charrue, c'eſt-dire par le labourage, ſoit par la fermentation qu'on y excite avec des en-grais : il eſt bien évident que diviſer le ſol en particules auſſi pe-tites qu'il eſt poſſible, eſt un des principes eſſentiels de la végé-tation des plantes ; puiſque, comme nous l'avons ſuffiſamment prouvé, c'eſt des particules les plus ſubtiles de la terre qu'elles ſe nourriſſent : or en rompant & attenuant les particules du ſol, on donne aux racines un paſſage libre dans les interſtices qu'elles forment, & la faculté d'appuyer leurs parties latérales contre leurs diverſes ſuperficies pour en aſpirer le ſuc nourricier.

De ce méchaniſme établi ſur des faits évidents, & de toutes les raiſons que nous avons produites ci-devant, dépend la fa-meuſe nouvelle méthode inventée, & que nous connoiſſons ſous la dénomination de charrue à houe, ou comme l'appelle M. *Duhamel* le *Cultivateur* ; mais outre ces deux principes ſi néceſ-ſaires à la végétation, nous en connoiſſons deux autres, ſans leſ-quels les plantes ne pourroient pouſſer ; ce ſont les dégrés con-venables de chaleur & d'humidité.

Le bled & les autres productions de nos terres labourées, de-mandent un dégré modéré de l'une & de l'autre, & ces deux points doivent exciter toute l'attention du Cultivateur ; il doit conduire ses terres de façon à leur en donner toujours dans un dégré convenable, c'est-à-dire relatif au climat sous lequel il se trouve situé. Mais, dira-t-on, le Fermier commande-t-il aux élémens & au soleil ? Peut-il d'un seul acte de sa volonté faire tomber de la pluye ? non assurément. Bien loin de lui demander des impossibilités, nous n'exigeons de lui que des choses très-faciles. Nous lui avons fait observer, dans notre troisiéme Livre, la maniere dont il peut garantir ses terres du froid par le secours des enclos ; & au commencement du quatriéme, de quelle façon il peut entretenir son terrein dans une certaine humidité par le secours du labourage : or voilà des soins qui sont bien en sa puissance.

Il est certainement de l'intérêt du Cultivateur, de procurer à ses productions tous les secours imaginables ; il sent cette nécessité, aussi n'y insistons-nous pas ; mais ce n'est pas tout, il faut qu'il garantisse ces mêmes productions de tout ce qui peut leur être nuisible ; & comme nous avons fait voir comment il peut aider leur végétation, il nous reste à lui donner quelques documens propres à prévenir les accidens dont elles peuvent être attaquées.

Une trop grande humidité est l'accident le plus funeste qui puisse arriver à une production ; elle est quelquefois l'effet du tems, mais plus souvent encore de la nature du terrein : dans le premier cas, il faut imaginer les moyens de l'en décharger ; dans le dernier, on doit employer tous les moyens connus pour y remédier. Un terrein trop humide ne produit jamais bien le bled, & pour le rendre propre à cette production, on a inventé la méthode qui fait l'objet de ce Chapitre, c'est de disposer le sol en rayes.

Cette espèce de labour produit de plus grands effets que ne l'imaginent ceux même qui le mettent en usage ; en le pratiquant ils n'ont d'autre vue que d'empêcher que le sol ne soit trop humide ; mais ils ne sçavent pas que cette méthode produit aussi un très-grand effet, relativement au dégré de chaleur qu'elle procure à la terre.

Nous examinerons, en suivant cette pratique & ses effets, comment les peuples ont si bien sçu la mettre en usage. Il est des pays où dans les sols qui tiennent un juste milieu, on fait quatre rayes attenantes les unes aux autres ; en d'autres endroits on en fait six ; il y a même des pays en Angleterre, ou l'on en met huit ensemble. Sur les terres glaifeufes, fermes & humides, les Fermiers fement fur des fillons extrêmement larges, & élevent la partie mitoyenne des rayons jufques à deux pieds & demi plus haut que les fillons des côtés; par cette méthode les Cultivateurs de ces pays expofent beaucoup plus ces terres tenaces à l'ardeur du foleil & procurent aux eaux leur épanchement, comme fi l'on avoit fait des faignées.

Qu'on fe rappelle que la calcination opérée par le feu, fait de la glaife une bonne & riche terre, & que les faignées abondantes & fréquentes qu'on peut faire fur cette efpéce de fol, le rendent beaucoup moins tenace : voilà les effets de cette méthode, & pour en retirer encore de plus grands avantages, le Laboureur n'a qu'à avoir l'attention de diriger fes fillons de l'Eft à l'Oueft, fi la fituation le lui permet; parce que cette direction expofe beaucoup plus toutes les parties des mottes aux rayons du foleil; à cette attention il faut encore ajouter celle de tenir les fillons que le foleil ne frappe point auffi ouverts & auffi propres qu'il lui fera poffible, pour rendre l'effet des faignées encore plus fenfible.

On obfervera de pratiquer ces faignées dans les endroits les plus bas, afin qu'elles fe dégorgent facilement les unes dans les autres : cette opération eft fi importante que dans le cas où la charrue ne les feroit pas affez profondes, on doit abfolument les creufer avec la bêche, & alors la terre qu'on en ôte doit être emportée ailleurs, pour ne pas en marchant, la rapporter dans le fillon.

Le but de cette efpéce de labourage par rayons eft de faigner le terrein, & de faire enforte que le bled ne trouve point trop d'humidité : mais nous obfervons qu'on peut tirer encore d'autres avantages de cette méthode, fi on la pratique comme il faut; car le foleil agit de deux façons fur un fol glaifeux labouré par rayons de l'Eft à l'Oueft; non-feulement il lui donne de la chaleur après que l'humidité froide en eft épanchée, mais encore il en calcine infenfiblement la fuperficie, & la met dans un tel état de divifion & d'ameubliffement, qu'elle devient une efpéce d'engrais pour le refte du fol.

Nous avons fait voir que l'air & le foleil opérent la calcination, qu'ils font cette opération par dégrés, tandis que le feu la fait fubitement; comme on peut le remarquer dans les coquillages, foit qu'ils reftent fur les bords de la mer, foit qu'ils foient répandus fur les fols comme engrais; ils deviennent en peu de tems blancs & friables, & reffemblent, à tous égards, à ceux qui font calcinés au feu.

Une trop grande humidité & fort peu de chaleur font les défauts naturels de beaucoup de terreins, d'ailleurs bons & utiles. Le manque de chaleur, est, comme on le sent bien, un effet inséparable d'une trop grande humidité ; car une certaine quantité d'eau retenue dans la terre glaise, ou dans toute autre terre tenace, devient froide, & conséquemment y refroidit les plantes. Or nous ne voyons point de remede plus efficace à cet inconvénient, que de disposer les terreins par rayons : & afin que le Cultivateur connoisse exactement les cas dans lesquels ses terres peuvent avoir besoin de cette méthode infaillible, il est important de lui donner des régles sûres : ce sont les suivantes.

Il est des terreins où l'on voit de l'œil la trop grande abondance d'humidité & la trop grande fraîcheur. Ils sont gluans & humides pendant la plus grande partie de l'année : alors le Cultivateur doit être persuadé que des terres semblables, employées dans leur état naturel, sont incapables de conduire à bien la moindre des productions : or ce défaut, qui frape la vuë, est inséparable des terreins où toute l'humidité se trouve sur la superficie, comme, par exemple, sur les terres qui ne sont que de la terre glaise qui forme tout le sol ; mais ce même défaut peut se trouver dans une plus grande profondeur & produire les mêmes effets ; ainsi, lorsqu'un sol mince, léger, vers sa superficie a au-dessous une terre glaise, l'humidité pénétre rapidement la superficie, & croupit sur la glaise qui est en-dessous & qui la retient. On voit que dans ce cas beaucoup de Cultivateurs peu expérimentés peuvent se tromper ; parce que ces sols paroissent secs, tandis qu'ils sont réellement très-humides dans le fond, & précisément dans la partie où les racines doivent prendre leur nourriture : car, comme nous l'avons fait observer, il ne faut pas croire qu'elles se répandent immédiatement au-dessous de la superficie ; la plûpart au contraire pénétrent à une certaine profondeur.

Les autres terreins humides frapent les sens ; ceux-ci au contraire ne se manifestent que par la langueur des plantes : d'ailleurs, lorsque l'humidité est considérable, on s'en apperçoit chaque fois que l'on ouvre le terrein ; mais quand même l'humidité y seroit en très-petite quantité, elle produit des dommages considérables, que l'on ne connoît guéres qu'à l'inspection des productions. Lorsque les feuilles tendent vers une couleur jaunâtre, qu'elles se fanent, que la tige pousse lentement, on doit alors conclure avec certitude, que ces accidens viennent de la mauvaise qualité du fol, & qu'elle eft l'effet de l'humidité & de la fraîcheur : d'ailleurs, il eft certain que quelque fec & beau que le terrein paroiſſe vers la furface, il eft néceſſairement humide à une certaine profondeur.

Un mal connu, dit le proverbe, eft à demi guéri : il ne faut dans ce cas-ci que difpofer le fol par rayons ; fi la pente ne l'empêche point, il faut ouvrir les rayons, en les difpofant de l'Eft à l'Oueft, afin qu'ils foient expofés à l'ardeur du foleil ; par ce moyen, pendant que l'eau s'écoulera, le foleil calcinera la fuperficie, & l'on verra chaque jour s'améliorer la terre glaifeufe qu'on aura fait monter avec la charrue vers la furface.

Par cette méthode l'eau s'écoule naturellement des rayons dans les fillons, & de-là, comme nous l'avons dit, elle eft portée hors du terrein par des tranchées pratiquées exprès.

CHAPITRE LXIX.

Du terrein humide fur les montagnes.

ON a vû qu'en difpofant le terrein par rayons, on n'avoit d'autre objet que de le dégager de l'humidité abondante qui le refroidit. Mais il y a plus d'une forte de terreins fujets à cet inconvénient ; & comme ces différentes terres exigent des façons différentes de les faigner fuivant leurs différentes qualités & fituations, il eft à propos, pour y remédier efficacement, de les confidérer féparément.

Les deux principales fortes de fols fujets à être refroidis par l'humidité, font ceux qui fe trouvent fur des montagnes où il y a un lit de glaife au-deffous de la fuperficie, & ceux qui, fitués horizontalement, font fort profonds & très-fermes. Nous deftinons ce Chapitre à ceux de la premiere efpéce.

La caufe du mal dans ces terreins eft très-évidente, les eaux des pluyes fe filtrant à travers la terre molle, qui forme la fuperficie, font retenues par la terre glaife qui fe trouve en-deffous, & dont les parties font fi intimément liées & compactes qu'elles font impénétrables aux eaux ; de forte que de nouvelles pluyes fuccédant, les eaux en font retenues par les précédentes ; le fol étant alors engorgé, elles remontent vers la fuperficie, fe mêlent avec la terre molle, qui abreuvée se gonfle & se leve au-dessus de son niveau.

Le labourage sur un sol semblable devient une ressource peu efficace : il faut couper des tranchées en travers du terrein & donner une pente à l'eau afin qu'elle s'écoule : on peut, comme nous l'avons déja dit ailleurs, recouvrir ces tranchées en les comblant de grosses pierres brutes que l'on recouvre de terre, de façon qu'on puisse y faire passer les instrumens d'Agriculture comme sur une surface horizontale ; mais cette ressource nous paroît bien dispendieuse, sûr-tout en certains endroits où l'on auroit de la peine à retrouver les frais ; ainsi il convient alors d'abandonner ces terreins à leur mauvaise nature : d'ailleurs si nous en avons fait ici mention, ce n'est que pour avertir le Cultivateur qu'il ne doit point s'aviser de les mettre en rayons, parce qu'il se décourageroit à la fin par le mauvais succès.

Lorsque l'humidité se trouve à un degré considérable, on peut la faire écouler en pratiquant comme il faut les rayons ; mais cette méthode est impraticable dans les terreins trop affectés de ce défaut. Ainsi la premiere attention du Cultivateur doit être d'examiner si la nature de son terrein est susceptible ou non de cette amélioration ; & dans le cas où l'on pourroit en faire usage, voici la maniere dont on doit s'y prendre.

Il faut labourer & diriger les rayons transversalement, mais un peu obliquement & en pente : car si on les dirige en ligne droite & exactement transversale, ou en ligne droite de haut en bas, l'opération sera défectueuse. La premiere méthode est fort en usage en Catalogne & aux Pyrenées, & les Cultivateurs s'en trouvent bien. Les rayons étant ainsi dirigés & leurs sillons respectifs étant ouverts, il n'y en a point qui ne serve de saignée à son rayon ; parce que le fond de ces sillons presque horizontaux, étant par le secours de la charrue de quelques pouces plus profonds que la surface de la glaise, l'eau doit naturellement s'écouler vers leurs extrémités, & par conséquent ne point affecter la terre molle qui est à la crête : mais afin que l'écoulement soit parfait, il faut observer qu'il n'y ait point de cavité dans les sillons, ou quelque endroit qui soit plus bas que leurs extrémités.

Comme nous avons dit que la direction de ces sillons & de leurs rayons doit être toujours un peu oblique, nous devons faire observer que cette obliquité ou pente doit être plus ou moins sensible suivant la forme & l'inclinaison de la montagne.

Nous obferverons en paffant que les eaux ont deux voyes pour s'écouler des montagnes ; la premiere eft fur la fuperficie, & la derniere entre la terre meuble qui forme le fol, & la glaife qui forme le lit qui eft en-deffous. C'eft cette derniere-ci qui dans le cas préfent mérite toute notre attention ; car c'eft d'elle en effet que naiffent toutes les altérations qu'elles caufent dans ces efpéces de terreins, & auxquelles nous nous propofons de remédier ; auffi, pour remplir cet objet, venons-nous de donner ci-deffus les documens fur la direction des rayons, comme étant la feule & unique méthode qui puiffe opérer le deffechement du terrein.

Ainfi, lorfque nous avons confeillé de faire les fillons de l'Eft à l'Oueft, ce n'eft que tout autant que cette direction eft praticable en confervant toutefois la direction tranfverfale & oblique que l'on doit leur donner en croifant ; autrement, fi cela étoit impoffible, il faudroit perdre de vuë la direction de l'Eft à l'Oueft, pour donner la derniere comme la plus favorable à l'écoulement des eaux. Il n'y a point de régle fans exception ; il y en a dans l'Agriculture pratique ; ainfi c'eft au Cultivateur à fe décider fur la méthode qui lui eft la plus commode & la plus profitable.

La meilleure façon de travailler avec fuccès cette efpéce de terrein, eft de faire les rayons fans jetter de la terre dans les tranchées : ils doivent être planes & unis au fommet, par-là l'eau s'écoule dans la tranchée voifine, de-là fur le devant du terrein, & enfuite hors du champ.

Voilà des documens clairs & aifés, & d'autant plus admiffibles qu'ils font confirmés par l'expérience : peut-être qu'ils produiront quelques bons effets, & animeront la vigilance de certains Cultivateurs, qui, poffeffeurs de femblables terreins, les abandonnent entierement, ou ne leur donnent que la culture ordinaire, ce qui produit des récoltes plus propres à les décourager qu'à exciter leur zele.

CHAPITRE LXX.

Du terrein humide situé horizontalement.

VOici la seconde espéce de terreins sujets à être humides &
froids, mais qui peuvent être considérablement améliorés
en labourant en rayons : il y a quelquefois sur les montagnes des sources qui ajoutent considérablement à l'humidité causée par les eaux
des pluyes ; & c'est ce qui rend leur amélioration plus difficile. Il
faut dans les sols profonds, humides, fermes & horizontaux, attribuer la cause de leur infertilité aux eaux seules des pluyes ; elles mettent en effet souvent le terrein en un aussi mauvais état, que s'il y
avoit des sources.

Lorsqu'un sol profond & ferme est horizontal, & qu'il est labouré
transversalement quelquefois d'un côté & quelquefois de l'autre, il
doit retenir long-tems l'eau ; alors il est impossible d'y faire entrer la charrue, à moins que ce ne soit beaucoup plus tard, que quand
il est disposé en rayons obliques & mêmes presque circulaires : il
arrive souvent que sa situation trop applatie, l'empêche de secher
avant que la saison de labourer & de semer soit passée.

Nous avons observé que le plus grand nombre des Fermiers refu-
sent de labourer en rayons les terreins humides, marécageux : ils
alléguent pour raison que cette espéce de labour traverse tous les
avantages qui résultent de labourer en travers, qu'ils regardent
comme très-considérables ; ils prétendent que les sillons ouverts, que
par leur autre méthode ils comblent avec la herse, deviennent
un terrein qui est en pure perte. Mais c'est une erreur à laquelle
nous devons les arracher ; car c'est de ces idées, qu'ils prennent sur
la bonne foi des autres aussi peu éclairés qu'eux, que naissent les
pertes considérables qu'ils font. Le labourage directement transversal, est plus souvent désavantageux que favorable ; pour peu
qu'on soit connoisseur dans les divers travaux des Fermes, & qu'on
veuille, au lieu de s'en rapporter à ce que les autres disent, examiner & observer par soi-même, on trouvera par l'expérience qu'il
n'est rien de plus certain que notre observation. Cette observation
ne porte donc que sur le préjugé & sur l'opinion de tradition qui
ont établi cette méthode : quant à l'autre objection, par laquelle
on

on prétend prouver qu'on perd beaucoup de terrein, elle n'eſt pas mieux fondée ; car au lieu de perdre du terrein par les rayons, il eſt au contraire très-poſſible d'en gagner.

Il eſt certain que l'on gagne du terrein lorſque la ſuperficie eſt augmentée & miſe en état de porter plus de bled ; & c'eſt ce qui arrive lorſqu'on laboure en rayons. Si par cette méthode nous donnons deux pieds ſur ſeize pour un ſillon vuide, la différence de ſurface qui ſe trouvera entre le terrein labouré à plat & le terrein labouré en rayes ſe trouvera à l'avantage du Fermier ; parce que toute la ſurface étant ainſi élevée en rayons eſt en état de porter du bled, & que le Fermier par conſéquent gagnera autant de terrein de plus.

Voilà exactement le réſultat de la méthode que nous adoptons ici avec tant de chaleur ; réſultat qu'il convenoit de mettre ſous les yeux du Cultivateur pour le déterminer à l'adopter. Si nous nous arrêtions à toutes les objections qui ont été faites, nous ne finirions pas : il ſuffit d'aſſurer que, fondés ſur une expérience conſtante, nous les avons trouvées ſi frivoles, qu'elles ne doivent point nous prendre le moindre tems. Si nous en avons rapporté quelqu'une, ce n'eſt qu'afin que nos lecteurs ne penſent point que nous avons quelque raiſon d'intérêt de les paſſer légerement.

Il eſt certain qu'un champ labouré en rayons a plus de ſuperficie que quand il eſt labouré à plat ; il eſt également certain que toute cette ſurface, ſi l'on en excepte les ſillons vuides, eſt propre à porter du bled ; & voilà en effet à quoi ſe réduit l'état de la queſtion : on a eu beau les porter en compte en faveur du ſentiment oppoſé, la méthode que nous adoptons a toujours triomphé vis-à-vis des Cultivateurs raiſonnables, qui ſe font une loi de ne jamais réſiſter à l'expérience : auſſi, étayés comme nous le ſommes des avantages évidens que les terreins humides & froids reçoivent de cette eſpéce de labourage, nous ne ceſſerons jamais de conſeiller aux Cultivateurs de labourer en rayons leurs terres froides, humides, fermes, & horizontales.

Car il ne faut point s'imaginer que le ſuccès & l'abondance des productions dépendent préciſément de l'eſpace qu'il y a pour les contenir, elles tiennent bien plutôt à la quantité de terre qu'il y a pour que les racines puiſſent s'y répandre & y pomper les ſucs nourriciers : or on doit ſe rappeller que nous avons comme démontré, que les racines de bled ſe répandent près de la ſuperficie ou à peu de profondeur. De-là on voit clairement que l'aug-

mentation de la fuperficie eft réellement une augmentation de terrein, du moins en tant que cela regarde les plantes, dont les racines fe répandent à peu de profondeur au-deffous de la fuperficie.

Concluons donc qu'en labourant en rayons on fe procure un
avantage confidérable, puifqu'en effet on fe donne une augmentation réelle de terrein, & nous ajoûtons que ce n'eft point là le
feul avantage qui réfulte de cette méthode ; car outre celui de tenir
par ces rayons le terrein chaud & fec, on a encore celui de voir
qu'ils fe fervent reciproquement d'abri les uns aux autres & de
défenfe contre les vents froids : il eft important d'en ajoûter un
troifiéme qui ne mérite pas moins notre confidération, il confifte
en ce que quand le terrein a été épuifé à force d'avoir produit,
on peut mettre les fillons en rayons & fe procurer par-là tous les effets d'un terrein neuf & frais.

Nous croyons à préfent avoir fuffifamment expofé au Cultivateur praticien tous les avantages des rayons & les raifons fur lefquelles ils font fondés. Nous allons donc lui donner maintenant des
régles pour exécuter cette méthode de la façon la plus avantageufe
pour lui.

Il faut faire les rayons dans un fol profond plus larges que dans
un fol qui l'eft moins : il eft indifpenfable de fuivre de l'œil cet
ouvrage ; il faut bien fur-tout prendre garde à la direction qu'on
donnera aux fillons, fur des terreins inclinés, c'eft-à-dire, en
pente, fi l'on a le deffein de mettre en ufage la charrue à houe,
dont nous donnerons la defcription, & qui bien exécutée procure de grands avantages : on fera mieux de s'en fervir fur les terreins fecs par leur nature, que fur ceux qui exigent les rayons,
qui réellement font prefque auffi embarraffants qu'utiles quand on
veut fe fervir de cette efpéce de charrue.

Les fillons doivent être plus ou moins profonds felon que le fol
l'eft plus ou moins. Lorfqu'on traite cette efpéce de fol par cette
méthode, il n'eft pas befoin d'y femer le froment & le feigle de
fi bonne heure qu'on les y feme lorfqu'ils font cultivés fuivant la
méthode ordinaire ; cependant nous obferverons que malgré cette amélioration il convient de les femer un peu plutôt qu'on ne les
feme fur les terres féches & chaudes ; quant aux bleds d'été, au
contraire, il faut les jetter fur les terreins froids le plus tard qu'il
eft poffible.

Dans quelques Provinces Occidentales de l'Angleterre on fe-

me l'orge fur des rayons larges, en d'autres au contraire on la feme fur des rayons étroits comme le froment, & dans ce cas on fe
fert de deux petites herfes dont chacune prend un côté du rayon,
& la femence réuffit parfaitement; on paffe enfuite un rouleau d'une
ftructure particuliere que l'on fait marcher entre les rayons.

CHAPITRE LXXI.

Des avantages qui réfultent des labours faits avec la charrue
à quatre coutres.

NOus avons dans un des Chapitres précédens donné la defcription de l'excellent inftrument appellé charrue à quatre
coutres. Nous croyons nous être énoncés d'une maniere fi exacte
& fi claire, que pour peu que nos Lecteurs foient verfés dans
la méchanique, il n'en eft point parmi eux qui, fans en avoir vu,
ne foit en état d'en ordonner une dans toutes fes proportions : après
avoir, comme nous venons de le faire, traité des avantages qui réfultent du labour en général, nous ferons, fans contredit, plus intel-
ligibles en rapportant les avantages attachés à cette méthode-ci.

Il n'eft rien de plus difficile pour le Cultivateur que de rompre un gazon bien fort: or il n'y a point de charrue plus propre à
remplir cet objet que celle à quatre coutres. On remarque que le
terrein le plus riche eft celui qui de tous eft le plus fujet à avoir
une furface tenace, & nous avons obfervé que plus le fol eft profond
plus les fillons doivent être larges; car fi on les fait trop étroits,
une grande partie de la terre molle reftera intacte, c'eft-à-dire,
fans être rompue par la charrue, ce qui fait une perte réelle pour
le Cultivateur. Or un fillon étroit ne peut pas être labouré profondément, parce que la charrue s'échappe du terrein qui lui oppofe de la réfiftance & fe jette vers la droite, à moins que le fillon
qui eft foulevé ne foit d'un affez grand poids pour la preffer vers
la gauche & ne la foutienne dans cette marche : plus on laboure
profondément plus il faut de poids pour preffer la charrue; de forte
que plus le terrein a de profondeur plus il faut donner de largeur aux fillons : or fi l'on ne peut venir à bout de faire qu'imparfaitement cette opération avec une charrue ordinaire de la meilleure invention, il paroît bien, par conféquent, que dans les ter-

reins très - forts qui ont repofé pendant quelque tems, on ne peut venir à bout que dans le courant de plufieurs années, de les mettre en bon labour. Il n'eft prefque point de Cultivateur qui, ayant à travailler des terreins de cette nature, ne fe ttouve fort embarraffé. Le prix de ce labourage pénible & fouvent répété, monte toujours fi haut qu'il rend le produit d'une terre riche inférieur à celui d'une terre non-feulement médiocre, mais encore pauvre.

On entend toujours dire aux Laboureurs, lorfqu'ils ont rompu imparfaitement un terrein, qu'ils le laboureront plus profondément la feconde fois. Cette promeffe porte à faux, & pour peu qu'ils foient inftruits ils doivent fçavoir qu'ils promettent ce qu'ils ne peuvent point exécuter.

Il eft cependant de la derniere importance de couper & divifer un femblable terrein auffi parfaitement qu'il eft poffible : or il paroît bien évident que l'effet de la charrue ordinaire ne peut point s'étendre jufques-là, & que tous les autres moyens qu'on peut employer font trop difpendieux; c'eft pourquoi la néceffité de l'ufage de la charrue à quatre coutres eft démontré comme le moyen le plus affuré qu'on puiffe employer; d'ailleurs elle eft propre à bien d'autres ufages; mais elle a été inventée précifément pour celui-ci, & ne produit, en effet, que des avantages très-confidérables. On obfervera, fur-tout, que ces fortes de terreins ne veulent point qu'on leur donne le fecond labour dans un tems humide, parce que cela produiroit beaucoup de mauvaifes herbes. On remarque auffi que fi on les laboure dans un tems fec, la charrue ne plonge pas plus profondément que la premiere fois.

Concluons donc que le labourage ordinaire ne fçauroit procurer le moindre avantage fur de femblables terreins. Les Cultivateurs les plus ordinaires le voyent bien, mais ils ne fçavent quel parti prendre. Veulent - ils effayer avec la charrue qu'on pouffe de la poitrine, dont nous avons parlé & dont nous avons fait voir tous les défauts? l'ouvrage devient trop difpendieux, outre, même, que s'il y a des pierres, il eft impraticable. Veut - on d'un autre côté lever le gazon fort mince, avec une charrue à main afin qu'il fe pourriffe avant que de le faire rentrer dans le corps du fol avec la charrue fuivant la méthode ordinaire? il peut, à la vérité, quelquefois en réfulter un bon effet ; mais fi la faifon eft humide, il végéte au lieu de pourrir, de forte que, comme on le voit, c'eft, en certains cas, une entreprife bien hazardeufe, & en d'autres, une méthode impraticable.

Mais enfin, dira-t-on, si l'on coupoit le gazon avec la bêche, cette opération seroit encore très-défectueuse, à moins qu'on ne le coupât extrêmement mince, ce qui est d'une très-difficile exécution, quelque dépense que l'on fasse. Comme le printems est ordinairement très-humide dans presque tous les Cantons de la France, on risque beaucoup en coupant le gazon dans ce tems; car au lieu de pourrir on le voit très-souvent végérer, & si on differe l'opération jusques à l'été, le labour suivant étant fait presque toujours dans un tems sec, est très-infructueux; de sorte qu'on risque de perdre la saison du froment.

Dans ces cas qui sont fréquens, & principalement dans les terreins les plus riches, si le Cultivateur veut hazarder un labour à la main, ou un labour qui ne fait que couper le gazon, qu'il se donne bien de garde d'employer la charrue à poitrine, qu'il ait au contraire recours à l'espéce particuliere de charrue dont nous avons donné la description & la figure dans le troisiéme Volume, pour couper le gazon dont on veut faire le brûlis, & que nous avons secourue d'un rouleau à cercles tranchans dont on a pû voir aussi la description & la figure sur la même planche. Avec ces deux instrumens il aura du moins la facilité de lever le gazon & de le couper en pieces, d'une façon plus expéditive que par la méthode ordinaire. Mais cette charrue, malgré ses bons effets, n'est nullement comparable, dans le cas dont il est ici question, à celle à quatre coutres.

Suivant la méthode ordinaire, on ne peut couper ces sortes de terreins qu'en sillons qui portent au moins dix pouces de large, & c'est à ce défaut que l'on doit attribuer tous les désavantages qui en résultent. C'est à ce défaut que l'on doit le désavantage qu'il y a à être obligé d'attendre plusieurs années pour l'ameublissement suffisant du sol, & à voir encore les mauvaises herbes y végéter aussi vigoureusement que le bled; au lieu qu'en se servant de la charrue à quatre coutres, le sillon de dix pouces est coupé en quatre parties égales, de sorte que chaque partie n'a plus que deux pouces & demi de large, & que cette opération excellente perce même jusqu'au fond: car l'expérience prouve que les coutres, disposés suivant les instructions précédentes, coupent ainsi jusqu'à la profondeur du sol, quoiqu'elle soit de quinze à seize pouces.

Quel prodigieux avantage ne résulte-t-il pas de cette méthode, qui s'exécute avec autant de facilité que les labours ordinaires? car avant que le sillon soit tout-à-fait soulevé par le soc, il est ferme, & fait par conséquent une égale résistance à chaque coutre, de sorte que tous le pénétrent de part en part.

Cette divifion du fillon en quatre n'eft pas le feul avantage que cette charrue produife, elle produit le même effet que quatre labours.

Or on ne voit aucun de ces effets dans la charrue ordinaire; le fillon au contraire eft d'une épaiffeur fi grande que le monceau de terre eft extrémement lié & tombe tout entier, pour bien peu que le fol foit ferme.

Il n'eft donc plus douteux, d'après l'expérience, qu'un feul labour fait avec la charrue à quatre coutres, ne produife plus d'effet que plufieurs labours avec la charrue ordinaire, & qu'ainfi elle ne rende cinq à fix fois plus de fervice au Cultivateur. Si la terre eft d'une bonne conftitution, c'eft-à-dire, ni trop feche ni trop humide, la planche de terre ou verfoir en écartant les fillons les brife, & les réduit tellement en pouffiere, qu'à peine il refte dans tout le champ une motte un peu confidérable.

Nous avons fait voir dans la premiere Partie de ce Livre que le grand avantage du labourage confifte dans la divifion & l'ameubliffement des particules: or il eft bien évident, qu'après le labour fait avec la charrue à quatre coutres, un ou deux labours fimples doivent tellement ameublir la terre qu'elle doit être comme réduite en pouffiere; le fol eft rompu dans toute fa profondeur, & le gazon eft rompu en fi petites mottes qu'il fe pourrit fur le champ, & fait un nouvel engrais fur le terrein qui déja a été parfaitement amélioré par le labourage dont il eft ici queftion.

Le plus grand avantage des quatre coutres eft de vaincre le gazon le plus fort : & l'on fçait, par expérience, qu'il n'y a point d'inftrument connu dans le labourage avec lequel on puiffe en venir médiocrement à bout fans y employer beaucoup de tems ; au lieu qu'avec les quatre coutres on le fait tout à la fois & dans l'inftant. Lorfque le gazon eft coupé en grandes mottes, comme il doit néceffairement l'être dans l'ufage de la méthode ordinaire, ces mottes font creufes ; & comme l'air les frape de toutes parts, bien loin que le gazon fe pourriffe, il végéte ; lorfqu'au contraire elles font bien plus divifées, elles font beaucoup plus ferrées,& reçoivent par conféquent beaucoup moins d'air, ce qui fait que le gazon, loin de végéter, fe pourrit.

La longueur des racines eft encore un défavantage confidérable attaché à la méthode ordinaire ; parce qu'elles pouffent quand elles ont une certaine longueur ; ce qui n'arrive point avec la charrue à quatre coutres ; parce que non-feulement elle les jette hors de la terre, mais encore qu’elle les coupe en pieces si petites que s’il en reste dans la terre elles se pourrissent, & que celles qui se trouvent sur la superficie se flétrissent & périssent comme les autres. On peut employer les quatre coutres dans tous les tems auxquels on employe les autres ; mais celui dans lequel elle opére de plus grands effets est le tems humide ; pourvû que les chevaux ne s’embourbent point, on peut s’en servir dans la plus grande humidité. Nous osons dire qu’il n’y a pas de moyen plus assuré & qui soit moins dispendieux, pour mettre un terrein en labour, que cette méthode ; aussi conseillons-nous à tout Cultivateur d’avoir cette charrue, s’il veut que son terrein ne soit jamais hors de labour.

Mais il ne faut point se borner à mettre sous les yeux du lecteur tous les avantages de cet instrument, il convient de lui parler de ses désavantages ; car en effet il en a quelques-uns, quoiqu’à la vérité ils soient bien peu importans, si on les compare avec son utilité : il est plus difficile à tirer que la charrue ordinaire ; l’arbre en étant plus long, il se trouve plus sur le derriere, & devient par conséquent plus pesant & fatigue plus les chevaux.

Mais en ce cas il faut mettre un cheval de plus. Au reste on sent combien il seroit ridicule d’objecter ces petits inconvéniens pour contre-balancer les grands avantages qui résultent de l’usage de cet instrument : car il ne faut pas s’imaginer que sa pesanteur & la longueur de son arbre soient si considérables qu’il ne puisse être tiré avec autant de facilité dans un tems humide, que la charrue ordinaire peut l’être dans un tems sec sur le même terrein & à la même profondeur : s’il marche un peu difficilement, ce n’est que par rapport à la profondeur à laquelle il coupe ; or cette circonstance est d’un si grand avantage, qu’un Fermier seroit inconséquent s’il refusoit un cheval de plus pour se le procurer. La charrue à quatre coutres coupe, comme nous l’avons dit, jusqu’à seize pouces de profondeur ; ce qui fait une culture des plus favorables : mais il n’est pas toujours nécessaire de la plonger si profondément, & alors elle s’allegit beaucoup plus.

Il faut convenir que pour couper le gazon en quatre parties les chevaux ont plus de peine : mais quand le terrein est en bon état & que les coutres sont en bon ordre, les sillons se coupent avec beaucoup plus de facilité ; ainsi divisés, ils s’élevent plus facilement sur le versoir que lorsqu’ils sont entiers ; & par conséquent on gagne plus de ce côté que l’on ne perd de l’autre.

Il y a des endroits où l’on fait usage de la charrue à deux coutres avec un très-grand succès : or il eſt bien évident que l'effet doit être encore beaucoup plus favorable lorſqu'on ajoute deux coutres de plus. Nous oſons nous flater qu'après les régles & la deſcription que nous avons données & les figures que l'on verra dans le ſeptiéme Volume, notre Lecteur ſe trouvera ſuffiſamment inſtruit. Toutes les difficultés de cette charrue ſeroient d'une très-petite importance, ſi preſque tous les Charrons étoient moins ignorans : rien, par exemple, ne peut avoir aboli l'uſage de la charrue à deux coutres que l'ignorance de ces gens-là ; pour peu qu'elle fût conſtruite par un Méchanicien inſtruit, toutes les pieces ſeroient en proportion, & ſûrement elle reprendroit faveur, d'autant plus qu'elle eſt d'une utilité démontrée.

CHAPITRE LXXII.

Des avantages qui réſultent en général du labourage.

Nous avons conſideré le labourage comme la fonction la plus importante de l'Agriculture : auſſi avons-nous cru qu'il étoit de notre devoir de nous étendre beaucoup ſur tous les articles qui ont rapport à ce point eſſentiel, comme la fabrication & la forme des inſtrumens qui ſervent au labourage, les différentes façons de s'en ſervir, ſuivant que les différentes circonſtances l'exigent. Mais pour ne laiſſer rien à déſirer ſur cette partie, nous allons dans ce Chapitre expoſer toutes les régles générales que le Cultivateur ne doit jamais perdre de vuë.

Les labourages qu'on donne aux terres en jachere ſont d'un très-grand avantage. Tous les Auteurs ſont de cet avis : ainſi il n'eſt point de Cultivateur, Propriétaire ou Fermier, qui ne doive être aſſuré que les dépenſes qu'on fait en labourant rentrent avec uſure, par les produits que les terres ainſi cultivées rendent. Tous les anciens Auteurs diſent que l'avantage de la jachere conſiſte en deux choſes, la premiere d'expoſer beaucoup mieux le ſol au ſoleil & à l'air, en le retournant en forme de rayons ; la ſeconde de rompre les mottes, en remuant & retournant ſouvent la terre ; voilà auſſi le principe fondamental de la nouvelle culture avec la charrue à houe appellée le *Cultivateur*. Ainſi la nouvelle doctrine n'eſt pas, comme on le voit, auſſi nouvelle qu'on le penſe, & ceux qui

l'attaquent

l'attaquent ne peuvent être que mal-fondés dans les objections qu'ils lui oppofent.

M. *Thull*, homme de génie & d'une grande application, avoit lû tout ce qui avoit été écrit avant lui fur l'Agriculture ; guidé par les principes de la faine Phyfique , il adopta tout le bon qu'il avoit trouvé dans les différents Auteurs, & le porta à fa plus grande perfection. Son fyftême eft à la vérité nouveau ; mais les principes fur lefquels il l'a établi font auffi anciens que tout ce que nous pouvons connoître en fait d'Agriculture : ainfi mal-à-propos & fans fondement y a-t-il des perfonnes qui traitent fon fyftême de vifion ; les principes qu'il a font auffi vrais qu'anciens.

En labourant les terres en jachere , non-feulement on rompt & on expofe le fol aux rayons du foleil, mais encore on tue les mauvaifes herbes ; parce que les racines font retournées & fe flétriffent à l'air.

Le Cultivateur doit fur-tout bien prendre garde de ne pas herfer en hyver plus de terrein qu'il ne pourra immédiatement après en relever en rayons ; parce que le terrein contracte beaucoup d'humidité lorfqu'il eft à plat, & que la pluye le furprend en cet état ; il fe trouve d'une nature telle, qu'on a enfuite beaucoup de peine à le labourer. Et voilà le cas de la plûpart des terreins humides : ils fe couvrent d'une quantité prodigieufe de mauvaifes herbes, qui épuifent une très-grande partie de la nourriture. La plus fûre méthode eft donc de ne herfer l'après-midi qu'autant de terrein qu'on fe propofe d'en labourer le lendemain matin, ou de herfer (ce qui eft encore mieux) le matin le terrein qu'on veut labourer quelques heures après.

Si l'été précédent a été humide , le terrein eft naturellement couvert de mauvaifes herbes ; & en ce cas on doit le labourer de bonne heure en hyver, pour les faire mourir & pour amollir le fol.

On voit quelques anciens Auteurs faire mention d'une charrue conduite par un feul homme & tirée par un cheval : on peut la faire fur le modèle de la charrue à une roue ; elle eft légere & petite, mais, quoique jolie, elle ne peut être que d'un ufage très-borné ; car on ne peut uniquement s'en fervir que fur un fol léger & bien travaillé & dans le tems des femailles : cependant tout Cultivateur qui a un fol léger feroit très-bien d'en avoir une, attendu qu'elle produit fur des terreins femblables des effets merveilleux dans un tems humide.

On fe fert encore aujourd'hui, dit M. *Hal*, dans certains cantons de l'occident de l'Angleterre, d'une charrue qui n'a ni roue ni pied, elle est faite sur les principes que M. *Blith* a exposés dans son Ouvrage sur l'Agriculture ; mais, continue M. *Hal*, il s'en faut de beaucoup que cet instrument soit aussi avantageux que l'Auteur veut nous le persuader. Tout son usage se borne à un terrein facile & uni ; on s'en serviroit fort inutilement sur un terrein qui abonde en racines ou qui est irrégulier.

Si nous rapportons toutes ces particularités, ce n'est qu'afin que le Cultivateur fasse son choix, & adapte chaque instrument aux usages auxquels il le destine. On ne peut point nier que nous n'ayons mis bien exactement sous ses yeux les avantages & désavantages qui résultent de chaque instrument.

Le Docteur *Plot* & autres Ecrivains proposent de préparer avec la bêche le terrein que l'on destine au bled à-peu-près comme on prépare la terre des jardins. Il est certain qu'une semblable méthode auroit un succès heureux ; mais le produit égaleroit-il la dépense ? Les méthodes que nous avons déja indiquées & celles que nous indiquerons plus bas à l'article de la Charrue à houe, produisent les mêmes effets, ou peu s'en faut, & avec bien moins de frais & de peine.

Il y a deux cantons en Angleterre où par une nouvelle méthode on se sert en même-tems de la charrue & de la bêche ; on la pratique sur des sols profonds & légers : on laboure un sillon, & quelques ouvriers, suivant de distance en distance avec des bêches, creusent plus avant dans le sillon, & jettent la terre sur celle que la charrue a renversé : pendant qu'ils sont occupés à cette manœuvre, la charrue fait un autre sillon à une distance raisonnable ; les ouvriers y font la même besogne, pendant que la charrue renverse la terre de dessus le sillon dans la tranchée. Il est certain que cette méthode porte sur des principes incontestables, mais la maniere dont elle s'exécute est absolument absurde : nous n'en parlons que pour que le Lecteur puisse s'en former une idée : nous avons donné les moyens de se procurer les mêmes avantages avec beaucoup moins de dépense & de travail.

CHAPITRE LXXIII.

De l'avantage qu'il y a à mettre les pâturages en terres labourables & de labourer profondement.

LOrsque nous avons précédemment fait sentir combien il étoit important de garder une certaine proportion entre les terres labourées & les pâturages, nous n'avons parlé que très-superficiellement de l'avantage qui peut résulter de mettre ces dernieres en terres labourables ; nous ajoutons qu'il y a encore d'autres raisons qui doivent nous déterminer à cette pratique : les pâturages sont dans certains sols exposés à se gâter d'eux-même, quoique la terre y soit riche.

La mousse est le végétal & l'ennemi le plus dangereux des bons pâturages : il arrive que les terreins en sont quelquefois si couverts, que les bonnes herbes sont entierement étouffées : dans ce cas si les méthodes que nous avons données dans le Livre des Engrais ne suffisent pas pour détruire cette végétation pernicieuse, le Cultivateur doit nécessairement recourir au labourage. Cette ressource est infaillible, il n'y en a pas même de plus prompte dans ses effets. Après qu'on a labouré cette espéce de pâturages, on peut pendant quelque tems y faire venir quelques productions, & l'on peut ensuite les préparer pour l'herbe, elle y réussit parfaitement.

Le labourage est l'amélioration la plus sûre & la plus promptement efficace que l'on puisse faire dans un terrein stérile & négligé ; parce que, comme nous l'avons fait voir ci-dessus, on rompt & divise le sol, & que l'on détruit en même-tems les mauvaises herbes qui y sont ordinairement très-abondantes.

Il arrive quelquefois qu'un été humide couvre un terrein de mauvaises herbes, après le dernier labour qu'on lui a donné pendant la jachere pour le préparer à recevoir de l'orge. Il faut quand cela arrive remuer encore le terrein pendant l'hyver ; elles ne résistent point à cette opération ; on doit sur-tout avoir le soin dans ce labour de donner de l'élévation au rayon pour qu'il se conserve sec le reste de la saison ; c'est ainsi que par les effets de l'air & des gelées qui surviennent, le terrein se trouvera parfaitement bien préparé pour les semailles du printems.

L'ufage ordinaire des Cultivateurs eft d'employer conjointement le labourage & le fumier. La dépenfe de cette méthode n'eft
pas en effet bien grande. Suppofons un terrein qui eft hors d'état
de rapporter : voici en quoi confifte tout le travail pour le rendre
productif. On porte en Avril vingt charges de fumier par acre,
(& nous avertiffons que l'acre dont nous parlons eft d'un quart
moins grande que l'arpent de Paris :) nous fuppofons que le terrein a été déja mis en labour, c'eft pourquoi il faut outre le fumier donner encore deux labours, & par ce moyen le terrein fe
trouve tout préparé pour recevoir du froment en Octobre : on feme
deux boiffeaux par acre ; ainfi, en ajoutant les frais des réparations des clôtures, de la moiffon à la fomme des labours & du fumier, un acre produifant depuis vingt-cinq jufqu'à trente boiffeaux, il eft certain qu'on gagnera toujours depuis 12 jufqu'à 15 pour
cent : nous ne comptons point les frais de battre en grange, puifque
cette dépenfe eft toujours en proportion de la richeffe de la récolte, & que le *Dépiqueur* ou *Batteur* eft payé par boiffeau, & prefque dans toutes les Provinces du Royaume avec la denrée même.

Après cette récolte, fans qu'on foit expofé à de nouvelles dépenfes, le terrein eft très en état de rapporter deux autres récoltes,
l'une d'orge, l'autre de pois, ou autres grains femblables. Si ces
productions font de moindre valeur, les dépenfes qu'elles exigent
font auffi de beaucoup inférieures à celles que la culture du froment
demande.

Voilà en général à quoi fe bornent toutes les vûes du Fermier
lorfqu'il laboure ; quoique fimples & bornées, elles ne fuppléent pas
moins à fa fubfiftance, & quelquefois même à fon bien être :
car les dépenfes des travaux qu'il donne à fon terrein pour les trois
récoltes dont on vient de parler, ne peuvent monter tout au plus
qu'à 100 livres par acre, mefure que nous avons annoncée, ou à
127 liv. 10 fols l'arpent de Paris, & le produit eft relativement à
la première mefure de 186 & de 192 livres relativement à l'arpent
de Paris.

Il réfulte donc de ce calcul que toute perfonne qui confidérera un
peu l'utilité de l'Agriculture doit la regarder comme une occupation des plus avantageufes ; mais fi nous la confidérons fuivant les
nouveaux documens & bien pratiquée par des Cultivateurs intelligens, nous trouverons que le produit d'un terrein dont la culture aura expofé à de grandes dépenfes, fera plus fort fix, fept,
huit fois, & fouvent même davantage.

Or est-il rien qui doive plus déterminer certaines personnes à perfectionner un art qui deviendroit si avantageux au bien particulier & au bien général. Cette considération doit bien faire sentir aux Cultivateurs zélés combien il est utile & important d'approfondir les principes & d'y établir leurs opérations, puisque chaque connoissance qu'ils acquereront dans l'une ou l'autre branche de cet art, leur produira autant de revenu de plus.

Après toutes les observations que nous venons de faire sur le labourage, nous passons aux autres opérations qui perfectionnent cette générale & grande amélioration.

CHAPITRE LXXIV.

De la maniere de Herser.

L'Objet du labourage est de rompre la terre & de la diviser en petites mottes; en effet la charrue commence cet ouvrage en la coupant, en la faisant monter sur la surface & en l'éparpillant plus ou moins divisée suivant la nature du sol & la forme de la charrue. Cette opération quoique, comme l'on voit, la plus importante en Agriculture, n'est cependant point suffisante dans la préparation que les sols qu'on destine au froment exigent. Le hersage, & d'autres façons de rompre & diviser les mollécules doivent suivre le labourage, comme la herse succéde immédiatement à la charrue: nous allons en parler.

Anciennement on faisoit suivre la charrue par des hommes qui étoient armés d'instrumens qu'on appelloit haches, c'étoient des espèces de houes.

Ces ouvriers qui d'après cet instrument dont ils se servoient étoient appellés *hacheurs*, suivoient le premier labourage pour couper & hacher en piéces les grosses mottes, on employoit ensuite la herse; mais comme on a aujourd'hui considérablement amélioré la charrue, on ne se sert plus de cet instrument: on a proscrit cette préparation qui étoit trop dispendieuse. Cette opération se fait avec un instrument armé de pointes de fer qui, traîné sur la superficie rassemble les mottes, que la charrue n'a pas cassées, & les brise & les atténue.

On met ordinairement des chevaux à la herse; il en faut plus ou moins, suivant sa structure; c'est aussi suivant ces différentes proportions qu'elle rend plus ou moins de service; reste pour certain, qu'en général elle prouve l'avantage de briser le terrein & de faire monter à la superficie une bonne portion de la terre molle qui se trouve dans le sol.

On s'est servi jusques ici de différentes méthodes pour semer, selon les différents usages pratiqués dans différens cantons & suivant les différentes productions de la terre; car ceci doit en effet entrer pour beaucoup, comme nous le verrons plus bas, dans la considération du Cultivateur. Nous observerons ici en passant qu'outre l'utilité que nous avons déjà découverte dans la herse, qui est de rompre & diviser le terrein, elle a encore l'avantage de couvrir la semence.

On répéte le hersage deux ou plusieurs fois, dans la seule vue de diviser les motres; mais quand le bled est semé on y passe encore la herse pour le couvrir de terre. On doit faire cette opération avec soin, parce qu'elle doit remplir deux objets à la fois; car outre qu'elle sert à couvrir les semences, elle brise encore une fois les mottes & répand une espéce de poussiere fine sur les semences, qui leur sert de puissant véhicule dans leur développement.

De même que l'action du labourage répond à celle de la bêche dans le jardinage, de même aussi le hersage répond à l'action du rateau. En effet, la charrue n'est autre chose qu'une espéce de bêche tirée par des chevaux, & la herse qu'un composé d'un certain nombre de rateaux attachés & tirés ensemble.

Plus le sol est léger, & ses parties par conséquent détachées, plus la charrue le rompt parfaitement & moins la herse devient nécessaire; mais il n'est point de terrein, quel qu'il soit, dont la préparation ne soit plus parfaite après qu'on y a passé la herse pour couvrir la semence; car sans le hersage la semence qu'on jette parmi les mottes reste presque toute découverte & abandonnée à toutes sortes d'insectes qui la dévorent, ou si elle pousse elle se trouve dépouillée de terre molle; de sorte que languissante & foible, elle est incapable de pénétrer les mottes dures qu'elle rencontre en son chemin; elle languit donc dans ce sol, qui, s'il eût été bien préparé, auroit été très-propre à la soutenir & à la nourrir; & voilà précisément la bonne qualité que le terrein acquiert par la herse.

Cependant il faut bien prendre garde de ne pas trop compter fur les effets de cet inftrument : il y a des terreins qui exigent pour être rompus & divifés des efforts bien plus puiffants. Si nous faifons cette obfervation ce n'eft que parce qu'elle eft d'autant plus néceffaire que plufieurs Cultivateurs donnent dans cette erreur, & qu'ils font la victime de l'illufion qu'ils fe font. On néglige fouvent de donner un labourage affez fort, affuré que l'on eft, dit-on, que la herfe achevera d'atténuer affez la terre. Lorfqu'ils ont jetté les femences ils paffent la herfe, & n'ignorant point qu'il eft abfolument néceffaire de bien rompre les mottes & qu'ils n'ont pas affez rempli cet objet avec la charrue, ils viennent au fecours par deux ou trois herfages : ce qui eft plus pernicieux que favorable, parce que le terrein eft fi foulé & durci par les pieds des chevaux qu'il devient inhabile à toute production quelconque.

Nous avons, à la vérité, dit ci-devant qu'il eft des fols qui demandent d'être foulés dans certaines faifons pour acquérir la fermeté qui leur manque ; mais cette méthode (nous l'avons en même tems obfervé) n'eft point généralement favorable, & c'eft ici le cas où elle devient funefte.

CHAPITRE LXXV.

Des différentes fortes de Herfes.

Comme le herfage fuit immédiatement le labourage, il eft vraifemblable que la herfe fut inventée d'abord après la charrue ; elle étoit comme la charrue, brute & mal conftruite au commencement, & ainfi que celle-là celle-ci a été de tems en tems améliorée de plus en plus par l'induftrie de certains Cultivateurs intelligens. Nous la confidérerons dans les différentes formes qu'on lui a données, dans les divers changemens qu'elle a fubi, & nous ferons fentir fon utilité dans fon état le plus fimple & dans fon état de la plus parfaite amélioration qu'on y ait fait jufques à préfent.

La herfe commune eft fi connue qu'il n'eft pas befoin de la décrire, elle eft compofée de petites poutres qui fe croifent & qui font armées de cloux de fer dans certains endroits du Royaume, & en d'autres de chevilles de bois faillantes. Nous n'avons rien a recommander au Cultivateur fur ce fujet, que de la faire conftruire ferme & solide ; il faut sur-tout bien veiller à ce que les cloux ou dents de fer soient fortes & bien assurées & que pendant qu'on la fait marcher elle passe également sur le terrein.

La grande herse diffère principalement de celle-là par sa grosseur & la solidité de sa construction. Elle est plus forte, & à tous égards, plus propre au service. Elle est composée de huit poutres disposées en croix comme dans la herse commune ; elles portent sept pieds de long & quatre pouces & demi en quarré ; les cloux ou dents de fer sont grosses fortes & massives ; elles sont deux fois plus épaisses & une fois & demie plus longues que celles de la herse commune. Le bois qu'on y employe doit être du frêne. Il faut toujours se servir d'un bon ouvrier ; car si les piéces ne sont pas bien jointes ensemble elle se dérangera sur le champ dans le travail ; les jointures doivent en être fermes & les dents bien assurées ; alors elle devient un instrument très-utile : les dents doivent être placées à la même distance qu'à la herse commune.

On sent bien que le grand usage de ce grand instrument est, non pas de couvrir la semence, mais de rompre & atténuer les parties de la terre ; car la premiere opération doit se faire soudain après qu'on a semé avec une herse legere, la derniere exige qu'on mette trois chevaux & quelquefois davantage sur les terreins qui sont extrêmement forts ; son poids & la longueur de ses dents, la plonge profondément dans le sol, elle a par conséquent plus de force pour rompre les mottes que la herse commune ; elle est la plus propre aux espèces de terreins durs & tenaces ; elle y est jugée d'un si grand secours, que les Cultivateurs les plus expérimentés, assurent que ses effets sont égaux à ceux d'un labour.

Cependant nous avertissons de ne pas se fier aux propriétés de cet instrument, au point de négliger les labourages nécessaires ; parce que, vérité incontestable, jamais la herse ne vaut la charrue ; mais lorsqu'elle succéde aux labours, & dans certains terreins au rouleau, elle produit des avantages considérables.

Il y a encore un autre instrument appellé en Anglois *drag*, & que nous rendons par le mot de *croc* ; nous n'en avons vû dans le Royaume que deux dans la Province de Guyenne ; son effet est le même que celui de la herse. Cet instrument ne diffère en effet de la grande herse que par son poids & la grossiereté de sa construction. Il est certain que la grande herse est plus propre à faire remonter sur la superficie les mottes, & à les briser, ainsi cette invention devient inutile.

Il eſt compoſé de huit poutres très-fortes, dont chacune porte huit pieds de long; elles ſont placées en croix, mais à des diſtances plus grandes que celles de la herſe; les pointes qui ſont très-groſſes & très-longues, ſont auſſi plus ſpaciées : cet inſtrument, d'ailleurs très-incommode, ne peut marcher qu'avec quatre chevaux, ſouvent même eſt-on obligé d'en ajoûter un cinquiéme que l'on attele en fléche, ce qui fait que la marche en eſt inégale & irréguliere. Si cet inſtrument a, à la vérité, l'avantage de plonger profondément & de faire remonter beaucoup de terre, la grande diſtance qui regne entre les pointes, fait que beaucoup de mottes leur échapent & que par conſéquent elles reſtent entieres.

Le principal uſage qu'on peut, & qu'il convient de faire en effet du croc, ou *drag*, eſt de préparer un terrein nouvellement ouvert avec la charrue à travers ſon gazon. L'orſqu'en pareil cas le ſol eſt riche & le gazon dur, il n'y a rien de plus difficile que de mettre un ſemblable ſol en préparation & de l'ameublir.

Nous avons déjà, dans l'article du labourage, expliqué les difficultés de cette opération, & nous avons conſeillé de ſe ſervir de la charrue à quatres coutres. Nous avons ici parlé du croc ou *drag*, pour exécuter cette méthode ; nous avertiſſons cependant de ne pas s'y liver ; car il n'y a ſouvent rien de plus défavorable.

Lorſqu'un terrein de cette eſpèce a été ouvert avec la charrue, ſuivant la maniere ordinaire, les ſillons étant larges, le gazon y eſt par longues bandes & continue d'y végéter. Or pour obvier à cet inconvénient il faut les briſer. Anciennement on eſſayoit de le faire, en croiſant le labour, & aujourd'hui on a prétendu en venir à bout avec le *drag* ; mais aucune de ces méthodes n'a eu du ſuccès.

Quant à l'ancienne méthode que l'on mettoit en uſage pour remplir cet objet, c'eſt-à-dire avec la charrue, elle eſt défectueuſe ; les ſillons ſont trop légers & trop dégagés pour pouvoir oppoſer une réſiſtance convenable au coutre ; ils s'élévent ſur le devant de la charrue, & s'entaſſent en mottes, & alors le gazon loin de tendre à la putrefaction, continue, au contraire, de végéter, & trahit tout l'objet du labourage.

Quant à la méthode du *drag*, ou croc, elle eſt encore plus défectueuſe. On eſt en uſage de le traîner à travers le champ pour briſer les ſillons & mettre les gazons en piéces ; mais elle ne peut point réuſſir, ces ſillons ſont fermes & tenaces & demandent qu'on ſe ſerve de quelque inſtrument tranchant pour être diviſés : or puiſqu'on ne peut point en venir à bout par le labour croisé qu'on faisoit anciennement, il est bien évident que les dents du *drag* ne peuvent être qu'impuissantes, puisqu'elles n'ont point de tranchant, & en général, quoique quelques endroits soient brisés par cet instrument, la plus grande partie des gazons s'entasse & de grands espaces de terre restent souvent entiers dessous.

Le *drag*, d'après toutes ces observations, devient donc un instrument très-inutile. Si nous en avons fait la description, ce n'est que pour ne laisser rien à désirer, & que par la connoissance que nous avons donné de tous les instrumens qu'on employe pour herser, le Cultivateur choisisse le plus utile & le plus avantageux; ainsi si l'on suit notre conseil on s'en tiendra à la herse commune pour les terreins légers, & à la grande herse pour les terreins fermes.

Passons maintenant à une autre sorte de herse, puisque l'usage lui donne ce nom : on s'en sert sur les terreins à herbes. Nous parlerons ensuite de la construction & de l'usage que l'on fait de celle qu'on appelle *herse à femoir*.

Celle que l'on employe sur les terreins à herbes n'est pas composée ainsi que les autres, de poutres & de pointes, mais d'un bois plus léger, & de quelques buissons, aussi lui a-t-on donné le nom de *herse à buisson*; on s'en sert pour étendre avec égalité le fumier ou l'engrais sur le terrein, elle est d'une très-grande utilité.

Nous avons dans le second Livre, en parlant des engrais, nommé ceux qu'il faut employer sur les pâturages ; quel que soit celui que le Cultivateur met en usage il faut aussi-tôt qu'on l'a étendu sur le terrein y envoyer des femmes & des enfants qui travaillent à bon marché, & les charger de ramasser les pierres, les branches séches & autres saletés quelconques mêlées avec l'engrais, & dès aussi-tôt que cette besogne est finie, on herse avec la herse à buisson & l'on répand & distribue parfaitement l'engrais qu'on a jetté.

Avec quelque soin qu'on répande à la main l'engrais, un grand nombre de mottes restent sans être brisées, ce qui fera qu'il sera plus épais dans un endroit que dans l'autre. Il sera donc de l'intérêt du Cultivateur que tant la terre que l'engrais, soient parfaitement brisées, que celui-ci soit répandu & distribué également, & c'est précisément l'effet que la herse à buisson produit.

Si l'engrais est fin, comme le sont en effet les fonds des meules de foin, du fumier bien pourri & autres choses semblables, on peut y passer la herse immédiatement après les avoir répandus ; le herfage fuffira pour bien les rompre & les diftribuer également ; mais fi l'engrais a beaucoup de confiftance, comme par exemple la vafe des étangs, il faut le laiffer fur le terrein pendant quelques jours & après que le foleil en a crevaffé les mottes, on profite de la premiere pluye, & l'on fait ufage de la herfe à buiffon.

Après avoir donné l'ufage de cet inftrument, il convient de parler de fa conftruction, qui eft affurément la plus fimple du monde : rien en effet n'annonce tant la fimplicité de l'ancienne culture que cet inftrument, confideré tel qu'il étoit dans fon commencement ; quoiqu'il ne foit pas beaucoup dégroffi par les améliorations modernes qu'on y a faites.

Elle confiftoit dans fon origine en une aube-épine fraîchement coupée, que l'on chargeoit un peu, pour qu'elle preffât contre terre. On s'en fert encore dans bien des endroits, & lorfqu'on s'y prend bien, on en tire un auffi bon fervice que des autres. Voici la façon de s'en fervir.

Il faut prendre une aube-épine à feuilles étroites, parce que cette efpéce eft ordinairement beaucoup plus garnie de pointes que l'épine à feuilles larges, on coupe une grande branche que l'on applatit autant qu'il eft poffible avec une planche ; les branches qui ne veulent pas plier doivent être coupées ; on les fourre dans le corps du buiffon dans les endroits qui paroiffent le moins garnis ; on y fourre auffi d'autres branches de haye pour l'épaiffir ; il faut bien lier en-dedans les branches qu'on y ajoute, & quand la furface eft plate, bien remplie, & bien hériffée, il faut encore la coucher par terre, & y attacher par-deffus deux ou trois bonnes groffes pieces de bois pour la rendre ferme & plus pefante.

On attele un feul cheval au bout de la branche, & on la traîne ainfi fur le terrein ; par ce moyen on répand uniformément l'engrais.

Voilà la forme de la herfe à buiffon prife dans fon origine, & telle que les Auteurs les plus anciens nous la décrivent, & vraifemblablement la maniere dont on s'en fervoit lorfqu'on inventa de préparer des terreins pour des pâturages.

Les changemens qu'on y a faits la rapprochent un peu plus de la herfe commune ; mais la partie effentielle en eft toujours la même ; puifqu'en effet l'opération fe fait auffi avec des buiffons naturels.

On couche une vieille porte par terre ; on prend garde furtout qu'elle ne foit pas pourrie, & que toutes fes parties tiennent bien enfemble ; on coupe des branches d'épine noire : on choifit les plus

N n ij

garnies & les plus hériffées ; on les attache à la porte avec des cloux ou avec des cordes ou autrement , jufqu'à ce que toute la furface foit bien couverte, bien hériffée ; on retourne enfuite cet inftrument , & les épines fe trouvant deffous , il rend le fervice qu'on en attend.

On obfervera furtout que les traits du cheval foient attachés au milieu de la porte, afin qu'il tire également la herfe fur tout le terrein : cet inftrument eft plus pefant que l'autre ; la porte fait exactement le même effet que produit la charpente des autres herfes, & les buiffons le même effet que leurs dents. Lorfque nous donnons la préférence à l'épine noire fur l'épine blanche, c'eft parce qu'elle eft plus tenace, & que fes pointes font plus dures & plus fortes.

Il n'y a que la nature de l'engrais qui doive déterminer le Cultivateur à donner la préférence à l'une ou à l'autre de ces deux herfes : la premiere a l'avantage d'être facile dans fa marche, & la feconde celui d'être pefante & forte : lorfque l'engrais eft d'une efpéce tendre, la premiere vaut mieux : quand il eft d'une efpéce dure & que les mottes font plus raffemblées, & ont par conféquent plus befoin d'être divifées, la derniere doit être préférée.

CHAPITRE LXXVI.

De la Herfe à femoir.

CEtte herfe-ci eft d'une forme particuliere & d'une invention très-moderne. La charrue à femoir eft une des meilleures améliorations qu'on ait faites dans l'Agriculture ; & la herfe qu'on y a jointe, n'a fervi qu'à l'améliorer encore.

Voici la véritable façon d'en faire ufage : lorfqu'on a élevé comme il faut les fillons & qu'ils ont acquis affez d'humidité à la crête, on les herfe une fois en long & enfuite on les enfemence avec la charrue à femoir. Un feul herfage eft ordinairement fuffifant ; mais enfin c'eft au Cultivateur à décider, par l'infpection de l'ameubliffement, s'il l'eft ou ne l'eft pas : dans le dernier cas il doit le répéter.

Si, après avoir ainfi herfé une fois , on voit que les crêtes des fillons ne font pas de niveau, & qu'ils font par conféquent peu propres à l'opération du femoir, qui doit paffer par-deffus & qui doit atteindre à une certaine profondeur , il faut donner un second herfage , & même un troifiéme , jufqu'à ce que les fillons foient bien nivelés.

Le terrein étant ainfi parfaitement préparé , on y met la charrue à femoir ; on fait des rayes où la femence tombe, & la herfe qui eft attachée derriere le femoir pouffe la terre devant elle & les remplit.

Le herfage que l'on fait fur les fillons, pour s'y fervir enfuite du femoir , doit fe faire avec la herfe ordinaire ; car la herfe du femoir ne fert qu'à couvrir la femence dans les petites tranchées ou rayes où elle a é é dépofée par le femoir.

Cette obfervation étoit ici abfolument néceffaire , pour donner une idée claire & nette de la fonction de cet inftrument. On nous entend a avec plus de facilité quand nous traiterons plus amplement de la nouvelle méthode, & principalement de la defcription fuivante.

Cet inftrument confideré relativement à fa grande utilité eft très-fimple : on ne l'employe jamais feul ; il fait toujours corps avec la charrue à femoir ; il confifte en deux brancards , par lefquels il eft attaché aux deux côtés de la charrue, & en une planche de traverfe fixée aux deux brancards, & en deux dents de bois qui paffent dans la traverfe.

Il eft néceffaire de donner ici particuliérement les dimenfions de cette herfe , comme faifant partie de la charrue à femoir ordinaire pour le froment. La herfe qui tourne fur les brancards couvre la femence , & voici comment elle eft conftruite.

Les brancards font deux pieces de bois étroites & plates, dont les bouts font attachés aux brancards de la charrue en-dedans par deux fortes chevilles de fer qui traverfent tout à la fois les deux bouts des brancards, de la herfe & de la charrue, & qui font arrêtées dans la partie extérieure de ces mêmes brancards avec des écroues & des vis : il faut obferver que les chevilles foient quarrées dans leur partie qui traverfe les brancards , pour qu'elles foient fermes , fixes , & qu'elles ne puiffent point varier ; mais il faut les arrondir vers la *tête*, afin que la herfe puiffe fe mouvoir librement fur elles. On coupe en arrondiffant les autres bouts des brancards de la herfe, & on les fait paffer par la planche de traverfe, qu'on appelle la *tête de la herfe*, par deux trous qu'on y a pratiqués exprès & qui y font arrêtés derriere avec des chevilles ; afin qu'une des dents de la herfe puiffe defcendre pendant que l'autre monte, par-tout où le terrein eft inégal. Les deux dents font deux pieces plates de bois ;

on les paſſe par la traverſe ou *tête* à la diſtance de vingt-deux pouces l'une de l'autre ; on les arrête au-deſſus de la tête avec des chevilles ; chaque dent doit être renforcée par en bas d'un morceau de bois ; on doit leur donner un peu d'inclinaiſon, afin que ſi elles s'arrêtent à quelques mottes, elles ne les pouſſent pas devant elles, & qu'elles paſſent par-deſſus.

Il faut donner aux brancards une longueur convenable & telle que le jeu de la herſe ne puiſſe point être gêné, & qu'elle ſe meuve ſans faire élever les ſocs ou coutres, & afin qu'elles ayent plus de liberté on courbe vers leur milieu les brancards de la herſe.

Par la diſtance de vingt-deux pouces qu'on donne aux deux dents de cette herſe, chaque dent paſſant à trois pouces & demi en-dehors de chaque raye ou tranchée, la remplit de terre & couvre la ſemence ; l'inclinaiſon qu'on doit toujours leur donner en-dehors porte d'autant plus de terre ſur la ſemence.

Lorſque cet inſtrument eſt trop léger, on attache une pierre au milieu de la traverſe ou tête, ou bien on fait dans cette partie une boëte de planches qu'on remplit de terre ou d'autre matiere maſſive & peſante pour l'aſſujettir : on peut auſſi faire une herſe triangulaire avec pluſieurs dents, pour s'en ſervir dans les eſpaces pratiqués ſuivant la méthode du *Cultivateur*.

Il eſt beaucoup de terreins & de circonſtances où la herſe, qui fait une partie de la charrue à ſemoir, eſt très-ſuffiſante pour couvrir la ſemence ; mais il en eſt d'autres auſſi où cet inſtrument ne réuſſit point : ainſi un Cultivateur intelligent a la prudence de ne point proſcrire abſolument en faveur d'une nouvelle méthode, les anciennes qui peuvent être utiles.

Il peut, par exemple, ſe trouver des circonſtances où l'on peut appeller très-à-propos la herſe commune au ſecours de la herſe à ſemoir pour recouvrir les ſemences.

Dans les terreins durs & tenaces qui ont été enſemencés tard, s'il arrive que la terre ſoit humide elle ſe colle aux coutres ou aux ſocs, & alors non-ſeulement le mouvement de la charrue eſt gêné, mais encore les tranchées rêſtent en partie découvertes, quoique l'on ait herſé avec la herſe à ſemoir. On voit bien que dans une circonſtance ſemblable, il convient d'ôter cette herſe & de lui ſubſtituer la commune ; quand on l'a ôtée, il eſt bon qu'un homme, un *curon* à la main, ſuive la charrue pour dégager les ſocs & les coutres de la boue qui s'y attache & qui embarraſſe leur action : ſi on veut encore ſe ſouſtraire à ce changement & améliorer la herſe du femoir, il faut que les dents foient de fer au lieu d'être de bois, & que les brancards foient placés à l'extrémité de la planche loin des coutres de la charrue ; parce que par ce moyen on peut les nettoyer quoique la herfe y tienne, & alors les dents couvrent infailliblement les femences.

Dans ce cas il doit y avoir deux coutres ou focs à quatorze pouces de diftance l'un de l'autre, & la herfe remédie à tous les inconvéniens du terrein : il en réfulte même un autre avantage, c'eft qu'elle le retourne.

Voilà à-peu près le moyen de rendre la herfe à femoir propre dans tous les cas à remplir l'objet qu'on fe propofe. Toutefois nous recommandons comme un excellent ufage, pour le froment en particulier, de paffer fur le terrein une herfe ordinaire après la herfe à femoir ; rien n'ameublit & n'arrange mieux le terrein.

Pour bien remplir un objet de cette importance, il eft bon de fe fervir de deux herfes jointes enfemble, comme on le pratique ordinairement dans bien des circonftances : on les fait le plus légeres qu'il eft poffible ; on lie en deux endroits, afin qu'elles marchent de niveau, la piece de bois qui les unit enfemble.

Il n'y a pas de meilleure précaution que de herfer tout le terrein quand il eft difpofé par fillons, autrement ils font trop amincis vers leur crête. Deux herfes ainfi jointes marchent auffi-bien de niveau qu'une feule.

On ne doit jamais herfer les fillons en croifant, à moins qu'on ne veuille les niveler pour les labourer en croix, & donner aux fillons une largeur différente de celle qu'ils avoient auparavant.

C'eft par cette façon de herfer qu'on peut baiffer les fillons trop élevés ; on ne rifque point de fouler le terrein, parce que le cheval en tirant ces deux herfes légeres marche toujours dans le bas fillon qui eft entre-deux.

CHAPITRE LXXVII.

Du Rouleau.

L E rouleau eſt, comme les méthodes précédentes, une méthode qui remonte à un tems auſſi reculé. Dans le tems même qu'on ne connoiſſoit point l'utilité de cet inſtrument commode, connu ſous le nom de Rouleau ou de Cilindre, on faiſoit uſage d'autres inſtrumens, quoique très-imparfaits, pour briſer les mottes de terre & imiter par-là l'action du rouleau. On s'en ſert même encore aujourd'hui ſous le nom de *maillets*, & en certains endroits ſous celui de *matteuils*. Mais l'inſtrument qui fait l'objet de ce Chapitre, leur eſt ſi ſupérieur qu'on devroit par-tout en faire uſage. Comme il eſt des circonſtances qui exigent qu'on herſe avant d'enſemencer, & qu'il en eſt d'autres qui demandent qu'on ne le faſſe qu'après, il en eſt de même du rouleau : on s'en ſert en effet quelquefois avant de herſer & quelquefois après ; mais le plus ſouvent entre les deux herſages que l'on donne à certains terreins.

Le grand avantage du labour eſt de rompre & diviſer le ſol ; par-tout où il y a des mottes de terre ſeche & friable, le rouleau eſt l'inſtrument le plus propre à les briſer ; auſſi ne devroit-on s'en ſervir que ſur de ſemblables terreins ; mais le propre du Cultivateur eſt de s'obſtiner dans ſon ignorance, & faute de ſçavoir diſtinguer les cas dans leſquels une méthode peut être favorable, de ſe porter des préjudices conſidérables.

Dans un terrein ſemé d'orge le rouleau a encore une autre utilité ; non-ſeulement il rompt les mottes, mais encore il unit le terrein & nivele toute la ſuperficie, & le rend propre à la fauchaiſon.

Dans l'ancienne Agriculture, lorſqu'on avoit enſemencé la terre & couvert la ſemence avec la herſe, on avoit la coutume de paſſer ſur le terrein un gros bloc de bois à tête ronde & peſante ; on caſſoit avec cet inſtrument les mottes échapées aux pointes de la herſe. Lorſque après cette opération on s'appercevoit qu'elles n'étoient pas ſuffiſamment briſées, on profitoit de la premiere pluye qui ſurvenoit, & on repaſſoit tout le champ avec une eſpéce de gros marteau, & on tâchoit de perfectionner l'opération. Ce dernier

inſtrument

instrument au lieu de la tête ronde de l'autre, étoit composé d'une piece platte de planche d'environ un pied en quarré & de l'épaisseur de deux pouces, qui étoit obliquement attachée à l'un des bouts de son manche qui étoit le même que celui des maillets: on le faisoit ordinairement avec du bois de frêne ou de quelque autre bois tenace & dur, & par les coups qu'on en donnoit sur les mottes, on brisoit celles qui ne l'avoient pas été suffisamment par le marteau ou battoir précédent. Cet instrument n'est point absolument inconnu dans le Royaume, on s'en sert encore dans un pays de la Généralité d'Ausch, appellé le *Gavarret*.

Voilà quels étoient & les moyens & les instrumens dont on se servoit dans l'ancienne Agriculture. On [voit qu'ils ont été bien suppléés par le rouleau; mais nous devons un avis au Cultivateur, il en est de cet instrument comme de la herse, on peut fort bien le rendre nuisible en en faisant un usage mal entendu. Comme l'effet du labour est de diviser le terrein, il est certain que le rouleau en brisant les mottes remplit parfaitement cet objet; mais il faut observer qu'il le remplit quand on s'en sert sur les sols & dans les saisons qui conviennent, autrement il doit nécessairement produire un effet opposé à celui qu'on en attend.

Ainsi quand la terre est d'une nature tendre & la saison séche, il est certain que le rouleau par sa pression brise parfaitement les mottes; si au contraire on s'avise de rouler cet instrument pesant par un tems pluvieux & humide sur un terrein tenace, l'opération loin de le briser ajoûtera encore à sa tenacité & par-conséquent le terrein par un effet contraire devient plus compacte, au lieu d'acquérir la divisibilité & la légereté qu'on se proposoit de lui donner.

Cet usage est encore plus préjudiciable lorsqu'on le pratique après que la semence est jettée; parce qu'alors le rouleau réduit le sol en grosses mottes massives & pesantes, que le jet tendre du grain ne peut pas percer, & le rend si dur tout autour, que les petites fibrilles ne peuvent s'y ouvrir un passage.

Enfin le rouleau remet exactement le sol dans le même état dans lequel il étoit avant qu'il ne fût labouré.

Tout terrein fort & tenace quand il a été rompu & divisé par le labourage, n'est plus dans son état naturel; & depuis l'instant que le labourage est fini il s'affaisse insensiblement sur lui-même & retourne à son premier état, & voilà ce qui peut arriver de plus malheureux au Cultivateur. Or combien donc ne seroit-il pas

Tome III.

blâmable s'il donnoit des travaux au terrein qui ne peuvent que le ramener à un état naturel ? c'est cependant ce que l'on fait lorsqu'on passe le rouleau sur un terrein ferme & tenace dans un tems humide & après qu'il est ensemencé.

Il résulte donc des premiers principes que nous avons établis sur la germination, & de la connoissance exacte que nous venons de donner de cet instrument & de ses effets, que toute son utilité se borne aux terreins légers, & qu'il faut même l'y employer pendant un tems sec, & que le service qu'on peut en tirer dépend de l'employer dans les intervalles que l'on met entre l'un & l'autre herſage.

Pour un terrein d'orge il est très-avantageux, après l'avoir ensemencé, d'y passer avec prudence le rouleau ; son utilité devient dans ce cas évidente, parce qu'en unissant & nivelant le terrein il le rend propre à être fauché.

Voilà les deux avantages que l'on retire du rouleau ; mais il faut n'en faire usage que sur les terreins légers & dans les saisons les plus séches.

Pour bien s'en servir à propos il faut, quand le terrein a reçu un labour, lui donner la herse : elle rompt beaucoup de mottes dans le fond du sillon ou les fait remonter ; alors on passe le rouleau qui achéve l'opération de la herse, c'est-à-dire qui brise les mottes que les pointes de la herse ont fait remonter, & prépare parfaitement le terrein à un second labourage. Cet usage successif que l'on fait de la chatrue, de la herse & du rouleau, est la méthode la plus assurée pour rompre un terrein dur, & lui donner la facilité de fournir des sucs aux plantes que l'on lui confie.

De tout ce que nous venons de dire, il résulte que le rouleau peut être quelquefois utilement employé sur les terreins durs ainsi que sur les terreins légers ; mais qu'il faut en faire usage avec beaucoup de prudence & d'intelligence ; car pour peu qu'on perde de vuë les documens qu'on vient de lire, on risque de trahir ses espérances.

CHAPITRE LXXVIII.

Des différentes fortes de Rouleaux.

IL y a des rouleaux de différentes formes & qui font faits de différentes matieres. Il y a des rouleaux fimples ; il y en a qui font armés de pointes ou de tranchans. On fe fert pour les jardins de rouleaux de pierre ou de fer ; pour les champs les rouleaux font de bois, à l'exception du rouleau court dont on fe fert dans la nouvelle culture ; ceux de fer ou de pierre doivent être bannis des champs, parce qu'ils comprimeroient trop les terreins, de quelque nature qu'ils foient, par leur énorme pefanteur.

Le rouleau dont on fe fert pour les champs, eft fait du tronc d'un bon gros arbre, il faut lui donner environ huit pieds de long, & l'unir par tout, le plus qu'il eft poffible : on y attele un ou deux chevaux, fuivant fa pefanteur & fuivant la nature du terrein.

Outre cette efpéce, qui eft celle généralement en ufage dans l'Agriculture ordinaire, il y en a un autre dont on fe fert pour la nouvelle culture, il eft uni comme l'autre, mais d'une autre forme ; il n'eft pas de bois, au contraire, il eft de pierre : il n'eft pas fi grand que celui des champs ni fi petit que celui des jardins ; il eft monté de façon à être traîné par un feul cheval. Il eft très-facile à conftruire, il doit porter tout au plus trois pieds de long & avoir deux pieds fix pouces de diamettre ; conftruit fuivant ces dimenfions, il pefe ordinairement mille ou onze cents livres : il eft fi court qu'on le conduit avec facilité & comme l'on veut, & par fa forme il répond en effet très-bien à l'ufage qu'on en fait après le *Cultivateur*, ou dans ce qu'on appelle la nouvelle culture, parce qu'on peut avec beaucoup d'aifance le faire repaffer dans les efpaces que la nouvelle méthode exige qu'on laiffe, & où certainement le rouleau ordinaire ne pourroit paffer.

Toute la ftructure de cet inftrument eft très-fimple, puifqu'elle confifte en deux jambages ou brancards, dont un bout reçoit les effieux du rouleau & qui font joints par deux traverfes près de la pierre ; voilà en quoi confifte toute cette machine ; on met une couple de chevilles à l'autre bout ; elles fervent à atteler le cheval.

On doit faire les deux traverfes d'un bois paffablement fort, il faut les affurer aux brancards avec des chevilles ; les extrémités des effieux de la pierre ne doivent pas faillir hors la furface extérieure des brancards, parce qu'elles accrocheroient & par conféquent offenferoient les plantes, puifqu'il eft vrai qu'on fait paffer le rouleau entre les rangs ; c'eft pour la même raifon que les bouts des brancards doivent être derriere les effieux tournés un peu en-haut.

Si par hazard quelque Fermier veut mettre en ufage un rouleau fait fur ce plan, qu'il ne perde point de vûe l'avertiffement que nous lui avons donné ci-deffus, touchant les préjudices qui peuvent réfulter de l'ufage du rouleau, quel qu'il foit ; qu'il fe rappelle toujours qu'il ne doit s'en fervir que par un tems le plus fec ; parce que celui-ci, furtout, peut faire par fon poids beaucoup plus de mal qu'aucun autre inftrument de cette forte.

Il eft bien vrai qu'employé dans une faifon convenable, il fait la double fonction de la charrue & de la herfe, il réduit les mottes en pouffiere, de forte que les plus petites pluyes qui furviennent en font l'entiere diffolution.

Le rouleau dont il eft ici queftion eft d'une grande utilité dans un tems parfaitement fec, pour préparer le terrein pour des navets. Lorfque, comme il arrive vers le milieu de l'été, la terre eft entaffée en mottes énormes, on n'a qu'à y paffer ce rouleau, il les caffe & les brife au point que l'on peut aifément labourer & herfer le terrein & le rendre propre à être enfemencé.

Dans les méthodes ordinaires de labourer, le rouleau garni de pointes eft excellent pour réduire dans un été fec le terrein le plus opiniâtre.

Lorfqu'on ne peut par aucun autre moyen préparer un terrein pour des navets, ce rouleau, fuivi de la grande herfe, telle que nous l'avons décrite dans le Chapitre précédent, eft infaillible. Nous y avons auffi parlé & donné la figure d'un rouleau particulier dans l'article du brûlis. La feule chofe que nous ayons encore à recommander fur ce dernier inftrument, c'eft de le rendre affez pefant & de lui donner des lames affez fortes & affez tranchantes. On en tirera de grands avantages, outre celui pour lequel il eft inventé ; & en effet par-tout où il faut couper en travers des fillons longs & tenaces, il n'y a pas d'inftrument plus favorable que celui-ci.

CHAPITRE LXXIX.

Des grands avantages du Rouleau.

APrès avoir, dans les deux Chapitres précédents, rendu compte des différentes façons de se servir de cet instrument, en avoir donné les différentes formes & constructions, & avoir prévenu contre les erreurs dans lesquelles on pourroit se laisser entraîner par l'usage de cet instrument, nous devons faire connoître tous les avantages qui résultent de l'usage de cet instrument, que peut-être on n'a pas encore assez connu non plus que les inconvéniens qui y sont attachés.

Le plus grand inconvénient que le rouleau puisse occasionner, c'est de presser trop & de durcir le terrein ; mais qu'on se rappelle qu'il est des terreins d'une nature si légére & si détachée, que la compression du rouleau donnée dans un tems convenable, au lieu de leur porter préjudice, doit au contraire leur être très-avantageuse.

Nous avons fait sentir tout l'avantage que les moutons procurent à certains sols légers en marchant & piétinant lorsqu'on les y parque ; ces terreins lorsqu'ils sont d'une nature grumeleuse sont souvent rendus si légers par le tems, qu'ils sont incapables de soutenir les racines des productions qu'on leur confie : or on voit bien que dans ce cas l'usage du rouleau est d'autant plus avantageux qu'il presse & fixe le sol.

Cette opération est si nécessaire dans bien des endroits, que, quelque soin qu'on se donne pour bien labourer & préparer le terrein, si l'on néglige l'usage du rouleau, on se prive, au moins, d'une bonne moitié de la récolte. Tels sont les sols crayeux, les sols de terre glaise blanche, & quelques autres de cette espéce.

L'orge est la production pour laquelle on se sert plus communément du rouleau ; mais si l'on sçait saisir les bons momens & s'en servir comme il faut, il est d'un usage également utile pour les féves, les pois & autres productions semblables : nous n'en exceptons pas même le froment. Enfin le rouleau est très-utile à plusieurs fins, puisqu'en même tems qu'il affermit & renforce le terrein, qu'il le conserve & le garantit, il favorise les productions,

Autre avantage que l'on trouve en ufant de cet inftrument ; il détruit les infectes & écrafe la limace rouge. Cet animal fe multiplie à l'infini dans les nouvelles plantes & les dévore de toutes parts, les pois principalement font leur mets favori ; ils y font du dégât depuis qu'ils commencent à pouffer jufques au tems de les moiffonner ; on s'apperçoit de la quantité prodigieufe de ces animaux au commencement du printems, fur-tout quand le tems eft chaud & pluvieux ; ils font principalement le matin leurs plus grands ravages, parce que dès que le jour commence à poindre ils rentrent dans la terre.

Nous affectons ici de faire connoître le préjudice que cet animal porte aux récoltes, afin que le Cultivateur prenne tous les moyens poffibles pour le détruire.

De-là il faut conclure qu'afin que le rouleau faffe fon effet fur ces infectes, il n'y a pas de faifon & d'heure plus propres pour l'employer utilement, que le printems & de grand matin, parce que c'eft dans cette faifon & à cette heure que la limace eft à la picorée.

Cependant nous renouvellons au Cultivateur de bien fuivre les précautions que nous lui avons confeillées, & de bien prendre garde fur-tout de s'équivoquer fur la nature & le tempéramment de fon terrein ; fi aucune de ces circonftances ne s'oppofe à l'ufage du rouleau, il verra tout à la fois périr l'ennemi de fes productions, fon terrein raffermi & propre à les foutenir.

Nous obferverons encore qu'heureufement pour le Cultivateur, le tems dans lequel la limace eft le plus abondante eft la faifon même dans laquelle il fe fert du rouleau pour remplir d'autres vuës ; parce que les productions font alors plus en état de le fupporter, ce qu'elles ne peuvent point faire lorfqu'elles font plus avancées.

On employe ordinairement le rouleau au commencement du mois d'Avril, la plus fûre méthode eft de le paffer deux fois fur ce qui eft femé dans des terreins légers, on commence l'opération avant la petite pointe du jour.

Dans les fols fecs & légers, les racines du bled font fujettes à fe fécher & brûler dans les grandes féchereffes ; la raifon en eft bien fenfible : cette terre eft fi légére & fes parties font fi détachées, qu'elles ne peuvent point fe coller autour des racines ; de forte que l'air y entre librement & que le Soleil les déffeche. On voit bien par conféquent que dans un cas femblable l'ufage du rouleau ne peut être que très-avantageux, parce qu'il preffe & refſerre la ſurface & la rend égale à la ſurface des ſols les plus forts.

En donnant du rouleau au bled pendant qu'il eſt encore tendre, on lui donne une nouvelle préparation, parce que cet inſtrument briſe les petites mottes de terre, & l'on ſçait que cet article eſt un des plus importans du labourage.

Cependant, nous ne ceſſerons de le répéter, le Cultivateur doit bien prendre garde qu'en ſe ſervant mal-à-propos du rouleau il ne ſe porte beaucoup plus de préjudice que d'utilité. Nous l'avons averti de ne pas employer cet inſtrument ſur des ſols tenaces pendant des tems humides; & ce dernier point-ci eſt ſi important, que s'il s'aviſoit, même ſur des ſols légers, de faire uſage du rouleau dans un tems humide, il gâteroit abſolument ſa récolte; car ſans compter les mauvais effets de l'inſtrument elle ſouffriroit encore beaucoup du piétinement des chevaux.

On doit laiſſer le bled atteindre un certain dégré de croiſſance avant que de le rouler; c'eſt-à-dire qu'il faut attendre que les feuilles ſoient fortes; mais non pas que la tige ſoit en tuyau, ou pour mieux dire dure, & quoique la limace ne ſorte qu'avec les tems humides, il faut cependant attendre le tems ſec pour, en ſe ſervant du rouleau, l'exterminer.

Quand un terrein léger a été roulé il devient ſi ſerré autour des racines du bled qu'il eſt en état de ſoutenir la tige à meſure qu'elle pouſſe; au lieu qu'autrement elle s'arrache par la racine & ſe renverſe; mais cette opération doit ſe faire avant que les tiges ayent une certaine hauteur; car pour peu qu'on commence à les appercevoir en tuyau le rouleau les caſſe ou y fait un étranglement dont elles ne reviennent jamais.

C'eſt pourquoi le froment qu'on a ſemé dans un ſol fort léger ſupporte le rouleau en Octobre & en Novembre, & quelquefois en Janvier, Février & Mars. Tout cela depend du dégré de croiſſance qu'il a acquis. Quand on fait cette opération en hyver on ſe met à couvert des mauvais effets des gelées, comme quand on la fait dans le printems elle empêche ceux de la ſéchereſſe, qui ne ſont pas moins défavorables.

Il y auſſi des précautions à prendre quand on veut rouler l'orge: il faut bien ſe garder de le faire quand elle eſt trop jeune, parce que la preſſion de chaque motte de terre pouvant écraſer une feuille, la détruit, & que la racine n'étant que très-peu forte, ne peut point la renouveller; mais ſi d'un autre côté on la roule trop tard, le même inconvénient que nous avons conſeillé d'éviter pour le froment arrive, les tiges font caffées & la plante détruite.

Enfin toutes les obfervations que nous venons de faire fur cette partie du labourage, ne fervent qu'à faire voir qu'il n'y a guere de point qui exige tant de difcernement pour fe fervir avantageufement du rouleau fur les bleds.

Si nous avons mis fous les yeux du Lecteur les avantages qui en réfultent, nous croyons avoir fuffifamment établi les précautions qu'il faut prendre pour ne pas s'en fervir à fon détriment. La nature du fol, le dégré de croiffance des plantes, la qualité du tems, font des circonftances auxquelles il faut faire une finguliere attention : lorfqu'elles en permettent l'ufage, les avantages qu'on tire du rouleau font confidérables ; mais quand elles s'y oppofent le préjudice qui en réfulte ne l'eft pas moins.

Le rouleau eft d'une auffi grande utilité fur un terrein à pâturage que fur un champ femé de bled. On choifit pour cette opération le mois de Mars, il fert à écrafer les nids des vers, les fourmillieres, & à applatir les élévations que les taupes font ; il établit & raffure la terre autour des racines des herbes, & nivele parfaitement la fuperficie ; tout ce qu'il faut obferver dans cette opération relativement aux pâturages, c'eft qu'il faut que le rouleau foit extrêmement pefant.

QUATRIEME

QUATRIEME PARTIE.

Des différentes manieres de femer.

CHAPITRE LXXX.

De la maniere de femer en général.

Uelque critique trouvera peut-être à redire à l'ordre que nous gardons, principalement dans ce Livre important, dans les opérations qui ont un rapport intime au labourage; mais fi l'on veut bien fe repréfenter qu'elles ne font pas limitées à certains tems marqués ni à un feul & même ufage, on ne peut pas nier que le même procédé ne réponde à différentes fins & qu'il ne foit également praticable quoiqu'en différents tems, & qu'ainfi notre marche loin d'être blâmable ne foit au contraire juftifiée par elle-même.

En effet on paffe le rouleau, fuivant certaines circonftances, avant qu'on enfemence, & fuivant d'autres, après qu'on a enfemencé. Dans le premier cas, le rouleau fert, comme les autres préparations que l'on pratique en ce tems, à rompre & divifer le terrein, dans le dernier à détruire les infectes, à affurer la terre autour des tiges des plantes, & à applanir le terrein. L'ufage de la herfe eft fujet aux mêmes variations : en certains cas elle fert à rompre & préparer la terre à recevoir la femence, & en d'autres à la couvrir. Nous pourrions donc, fans nous écarter de l'ordre méthodique, traiter l'article qui regarde l'art de femer avant ou après ces opérations. Si nous les avons fait marcher devant, ce n'eft que parce qu'étant une fois bien connues, nous ne nous diftrairons plus ; lorfque des manieres communément ufitées de femer, nous pafferons à la grande & excellente méthode que l'on appelle le femoir, & qui nous conduira néceffairement à l'article du *Cultivateur*, & de-là à la façon de faire la récolte & de la retirer, suivant la méthode que nous nous sommes proposé de donner.

Nous sommes entrés dans des détails très-instructifs, lorsque nous avons procédé à la plantation des arbres ; nous avons sur-tout beaucoup insisté sur le choix qu'il falloit faire de la graine. L'intérêt du Cultivateur exige le même soin dans les semences qu'il doit jetter sur son terrein ; toutes les précautions que nous avons recommandées pour les plantations, sont d'une égale utilité dans les semailles ; aussi renvoyons-nous notre Lecteur à cette par-tie, que nous avons traitée le mieux qu'il nous a été possible, pour nous garantir des répétitions.

La premiere & la plus importante des considérations se borne à l'es-péce de la semence, & à observer qu'elle soit bien saine. Nous donnerons des avis avantageux sur ce point, ainsi que la façon de la tremper pour augmenter & animer sa végétation. Quant à pré-sent nous nous bornons à considérer la maniere d'ensemencer.

Nous voudrions (& c'est ici un point absolument négligé quoi-que très-important) que l'on prît toujours la semence d'un autre terrein. Rien de plus favorable que de jetter du bled produit par un sol pauvre sur un sol plus substantiel. Dans les endroits même où la semence ne différe point du tout, & où le terrein est le même, l'expérience prouve qu'il est avantageux de la changer ; c'est ainsi que deux Cultivateurs éloignés de quarante ou cinquan-te lieues l'un de l'autre, trouvent un avantage réciproque en faisant cet échange.

Le bled venu sous un climat froid réussit mieux sur un terrein dont la situation est plus chaude ; ainsi tous nos Cultivateurs qui sont au midi du Royaume trouveroient des avantages considéra-bles à prendre leurs semences dans les pays Septentrionaux ; il en est de cette circonstance comme de celle où l'on porte la semence d'un terrein pauvre dans un qui est plus riche.

Lorsque le sol qu'on doit ensemencer est sec, il faut choisir un tems humide, si la semence est d'une nature à pouvoir sup-porter l'humidité ; dans les terreins humides, au contraire, il faut préférer un tems sec.

Le tems ne sçauroit être trop humide pour semer du froment, pourvû que les chevaux & les instrumens du labourage ne s'em-bourbent point ; le seigle au contraire demande un tems absolu-ment sec, il pousse & végéte vigoureusement sans pluye ; au lieu que si l'on séme le froment par un tems sec, il sera sous terre six semaines ou davantage sans paroître, s'il ne tombe pas de la pluye.

En général le bled d'été vient mieux lorsqu'il est semé par un tems sec : il faut seulement en excepter l'avoine noire ; elle demande beaucoup d'humidité, & ne végéte qu'imparfaitement privée de ce secours.

Le froment non-seulement reste sous terre sans pousser, si la saison est séche, mais encore il s'en perd la plus grande partie ; ainsi il est toujours très-prudent d'attendre un peu après la saison ordinaire des semailles, plutôt que de semer son froment en pure perte.

Quant à la maniere de semer : elle differe selon les circonstances ; aussi s'annonce-t'elle sous différentes dénominations. On appelle semer sous le sillon, lorsqu'on jette la semence dans le bas sillon & qu'on laboure par dessus la semence un haut sillon pour la couvrir ; quelque fois on herse le terrein & l'on seme du froment ou du seigle avec la main en élargissant le bras, ou, pour ainsi dire, à large jet ; il est d'autres Cultivateurs qui sement à un seul jet, c'est-à-dire à l'extension naturelle du bras, d'autres à double jet, c'est-à-dire qu'ils rétrécissent le bras & doublent le mouvement, ensuite on laboure le terrein sur la créte du sillon haut : quand le terrein est sec il est des personnes qui labourent le terrein de façon que le côté du sillon s'éléve & que le bas sillon est plus large ; après cette opération, on seme le froment ou le seigle & l'on passe la herse : dans des terreins forts & tenaces, on seme près de la surperficie ; la maniere de semer sous le sillon est la plus avantageuse dans les sols plus légers & plus détachés ; mais toutes ces méthodes & beaucoup d'autres par lesquelles on seme à la volée, sont très-imparfaites ; ainsi nous n'en parlerons plus ; leur grande imperfection nous conduit naturellement à la méthode excellente du semoir, par laquelle on remédie à tous les défauts des méthodes ordinaires ; aussi nous proposons-nous d'en parler amplement, & nous tâcherons de déterminer le Cultivateur à en faire usage par les raisons établies sur les expériences que nous lui donnerons.

CHAPITRE LXXXI.

De la profondeur à laquelle il faut semer.

NOus voyons que dans toutes les façons de semer prati-quées généralement jusqu'à préfent, le bled eft jetté à la vo-lée, & par conféquent au hazard ; c'eft en effet le répandre irrégulie-rement & fans aucune précaution ; de-là l'inconvénient de le couvrir à des profondeurs inégales : or il n'eft point de Culti-vateur qui ne convienne que le bled végéte mieux à une telle profondeur qu'à telle autre, & que plus régulierement il fera femé, plus il doit néceffairement végéter. L'objet de la nouvelle cul-ture par le femoir eft de diftribuer le bled convenablement & régulierement, & de le couvrir de la façon la plus favorable à fa vé-gétation, & cette méthode eft étayée de l'expérience.

On fçait que toutes les plantes ne veulent point être femées à la même profondeur : il y en a qui demandent plus d'humidité & par conféquent d'être plus couvertes pendant quelles font enco-re dans la terre ; il en eft auffi qui fe pourriffent à des profon-deurs où d'autres végétent très-parfaitement.

Veut-on fe convaincre de cette vérité ? on n'a qu'à faire l'ex-périence fuivante : faites une tranchée de deux pieds de long, & qu'à l'une de fes extrêmités elle ait deux pieds de profondeur, & qu'à l'autre, au contraire, elle foit horizontale au refte du ter-rein, par là on voit qu'elle eft en pente ; qu'on répande le long du fond de cette tranchée toutes fortes de femences, & qu'on y re-jette légérement la fouille pour les couvrir, & remplir par-tout la tranchée jufqu'au niveau du terrein ; il réfultera de cet effai qu'au-cune des femences qui regardent effentiellement le Fermier ne montera, fi elle eft à plus de neuf pouces de profondeur ; il y en aura qui poufferont fort bien à fix pouces, & d'autres qui fe trouveront à la même profondeur ne viendront point du tout, on en trouvera même qui ne poufferont pas, à moins qu'elles ne foient à un ou deux pouces de la fuperficie.

Par des expériences femblables, nous ferons voir que des femences de la même efpéce peuvent être jettées plus profondément dans des terreins légers que dans des terreins forts ; elles fervent auffi à prouver que certaines saisons & certaines températures favorisent beaucoup plus le développement des semences que d'autres.

Nous éprouvons que la chaleur & l'humidité sont deux grands véhicules pour accélerer la germination & la croissance des semences. On remarque que la même espéce de semence qui aura été jettée à une trop grande profondeur poussera & réussira si la saison est analogue à ces deux circonstances, tandis que si le tems eût été sec & particulierement frais, elle seroit restée dans la terre sans se développer.

Il arrive dans certains cas que les semences se moisissent & se corrompent quand on les couvre trop profondément; mais cet inconvénient n'est pas général, car l'expérience prouve qu'elles resistent dans certains terreins pendant vingt ans sans être endommagées ni gelées; de sorte que si après ce tems on retourne la terre, & que l'on porte ces semences vers la surface, elles germinent & végétent avec vigueur.

Il paroît par certains exemples que nous avons sous nos yeux, que la semence de certaines plantes reste encore plus long-tems dans la terre; dans l'Isle d'*Ely*, on ne renverse jamais la terre d'un fossé sur son banc, qu'il n'y vienne sur le champ de la moutarde, quoiqu'il n'y en ait point eu auparavant sur le terrein ni même aux environs. On observe qu'aux environs de *Chelsea*, l'*érysinum* ou moutarde des hayes, y pousse de la même façon dès qu'on retourne la terre à la profondeur de deux pieds; il faut nécessairement que la semence de ces plantes ait été long-tems auparavant ainsi enterrée, & qu'elle s'y soit conservée saine jusques à ce que portée vers la surface, elle germine & pousse; l'air est un véhicule immédiat pour la végétation des plantes, il est d'une plus grande nécessité aux unes qu'aux autres; mais aucune ne peut croître si l'air n'entre & ne coopére à sa végétation à un dégré analogue à sa nature.

Le Cultivateur connoissant à ce point la nature des semences, se trouvera en état d'en conserver de chaque espéce dans un état sain pendant long-tems, en les enterrant convenablement: il verra aussi pour son utilité que chaque espéce exige dans un sol passable un dégré de profondeur qui lui est particulier, propre, & le plus favorable à son développement. Dans la pratique il ne doit jamais perdre de vue ces régles; il doit varier les dégrés de profondeur selon la nature du sol qu'il ensemence, & pour ne point s'équivoquer sur un point si essentiel, nous lui conseillons de semer un peu plus profondément que la régle n'exige dans un terrein très-léger, & pas si profondément dans un sol tenace & fort : on trouve la raison de cette méthode dans ce que nous venons de dire ; car l'effet de l'air est certainement bien plus puissant au même dégré de profondeur sur des sols légers que sur des terreins forts & tenaces.

Mais il ne suffit pas au Cultivateur d'avoir acquis cette connoissance générale relativement aux semences, il faut encore qu'il s'attache à la considération des différentes espéces, & qu'il examine bien scrupuleusement quelle profondeur il doit donner à chacune.

Pour remplir cet objet, Mr. *Thull* propose l'usage d'un instrument qu'on appelle Jauge ; en effet il est très-propre à indiquer la profondeur exacte qu'il convient de donner à chaque semence.

CHAPITRE LXXXII.

Méthode pratique pour trouver la profondeur qui convient aux semences.

ON doit donner à une semence quelconque le dégré de profondeur à laquelle elle vient & végéte le plus vigoureusement. Nous avons dit que chaque semence demandoit son dégré de profondeur particulier & analogue à sa nature, jettée dans un sol passable, & cette profondeur doit être un peu plus grande dans un sol léger, & un peu plus petite dans un sol plus fort ; lorsqu'une semence a moins de profondeur que sa nature ne l'exige, elle se défféche ; quand elle est semée trop profondément elle reste enterrée ; de sorte que si la profondeur qu'on lui donne est de beaucoup trop petite ou trop grande, il n'y aura point du tout de végétation : ainsi les plantes ne végétent qu'à proportion de l'erreur plus ou moins grande dans laquelle le Cultivateur peut tomber à cet égard.

Voici de quelle façon Mr. *Thull* fait les jauges dont il se sert pour déterminer la profondeur qu'il convient de donner aux semences. Sciez, dit-il, douze bâtons de trois pouces de diamétre, faites un trou dans chacun & faites entrer dans ce trou une cheville faite en forme de cône ; donnez à la premiere cheville un demi pouce de longueur, à la seconde un pouce, & ainsi en augmentant chaque cheville de demi-pouce de plus que celle qui la précéde, de sorte que la derniere ait six pouces de long.

Quand les jauges font ainfi préparées, que le terrein eft bien renverfé, bien rompu & bien ameubli, il faut unir la fuperficie. On
fait enfuite vingt trous avec la jauge d'un demi-pouce dans un
rayon, en tirant pour cet effet un cordeau à travers le terrein. On
a quelques femences choifies, on en met vingt dans les vingt trous
qu'on comble fans élever la terre au-deffus du niveau, & l'on fiche
fa jauge au bout du rang. On voit bien que par là les femences ne
feront qu'à un demi-pouce de profondeur; on laiffe la jauge pour
reconnoître le rayon : on fait le même ufage des onze autres jauges,
& après avoir fait vingt trous avec chacune & y avoir mis vingt grains,
on les comble auffi & l'on laiffe chaque jauge au bout de fon rayon.

On remarquera quelle eft la femence qui pouffe la premiere,
laquelle vient avec le plus de vigueur, & celle qui ne fe montre
point du tout; par-là on connoîtra à quelle profondeur il faut la femer dans les champs; c'eft fur ce principe que porte toute la nouvelle culture à femoir. On voit donc combien l'origine de cette
amélioration eft fimple & fondée fur la raifon.

Il faut donc après avoir fait cet effai fur toutes les femences qu'on
doit répandre dans fes domaines, & par-là avoir connu la profondeur la plus favorable à chacune, faire ufage de la nouvelle
culture à femoir : il faut obferver que quand l'avoine noire eft femée
trop profondément, elle ne monte prefque point du tout ; mais que la
plûpart des femences, fi elles font trop à plat, font expofées à être
altérées, parce qu'il y en a une partie qui ne pouffent point de racines, & que celles qui en pouffent ne végétent que très-pauvrement.

En général, lorfque l'on feme en hyver, le grand danger eft de
porter les femences trop avant en terre, comme en été au contraire
on rifque beaucoup de ne pas leur donner affez de profondeur : il faut
fur-tout fe donner bien de garde de femer trop profondément fur
les terreins forts & fermes, comme auffi fur les terreins légers de
femer trop à plat.

Or par les jauges le Cultivateur peut marcher en fûreté, puifqu'il
n'a qu'à effayer fes femences fur le terrein qu'il doit enfemencer,
& comme en fe fervant bien du femoir, il eft affuré de donner la
même profondeur à toute la femence, il eft comme impoffible
que le fuccès ne réponde point à fes foins.

Il eft donc bien évident que le meilleur parti qu'il y ait à prendre pour parvenir à la véritable connoiffance de la profondeur qu'il
convient de donner à chaque femence fur chaque terrein, c'eft de
faire l'expérience : mais lorfqu'on veut s'épargner cette peine &

qu'on fçait parfaitement la profondeur convenable dans un endroit, on peut un peu varier en d'autres fuivant que les fols font
plus légers ou plus fermes.

On tire encore un autre avantage de l'expérience des jauges;
elle fert en effet à inftruire exactement le Cultivateur de la bonne
ou mauvaife qualité de fes femences; & c'eft affurément un point
très-important, puifqu'on n'avoit jamais pû en établir la certitude.
Le bled qu'on deftine à femer peut avoir des défauts qui échapent à
l'œil, & que l'on n'a jamais pû découvrir par les effais ordinaires.
S'il eft bien fain & bien conditionné, pourquoi en femeroit-on
plus qu'il ne faut? n'eft-ce pas furcharger le terrein d'une femence
qui eft en pure perte? Mais au contraire, s'il n'eft pas des mieux
conditionnés, la raifon veut qu'on en féme davantage, fans quoi la
récolte eft pauvre: ainfi par les jauges & les réfultats de cette expérience, on eft comme affuré de la conduite qu'on doit tenir
relativement à la profondeur que les différentes femences demandent fur différents fols.

Après avoir trouvé les profondeurs auxquelles les femences germinent, on doit avoir l'attention de marquer celle qui réuffit le
mieux: cette régle fervira de bouffole infaillible. On obfervera
cependant qu'il ne faudra point toujours exécuter la chofe à la rigueur;
car les femences qui fe développent à de plus grandes profondeurs ne
veulent cependant point être exactement jettées à la grande profondeur qu'elles font en état de fupporter, & particulierement le
froment dans un terrein dont le fond eft humide.

Les principes que nous avons établis démontrent évidemment
que l'humidité tranfiroit les racines qui font encore trop tendres,
& que par conféquent la croiffance en feroit prefque totalement
interceptée: or l'objet unique du Laboureur eft affurément de voir
fes graines pouffer & venir à bien.

Il faut encore obferver quelques différences à l'égard des profondeurs: elles tiennent à la nature du terrein, comme nous
avons eu l'attention de le faire fouvent remarquer ci-deffus; elles
tiennent auffi à la façon différente dont le terrein eft arrangé, comme, par exemple, en fillons, ou à plat; & enfin elles tiennent encore beaucoup à la faifon dans laquelle on feme. Or nous tomberions dans les détails les plus minutieux, fi nous voulions nous
attacher à détailler les régles qu'il convient d'obferver relativement
à chacune de ces circonftances: nous fommes obligés de nous
abandonner fur ce point à la raifon, à l'intelligence & à l'expérience

rience des Cultivateurs ; d'ailleurs on fent combien il feroit difficile de prefcrire des régles adaptées à chacune de ces circonf- tances ; l'atmofphere fait varier les tempérammens des terreins autant que celui des hommes ; c'eft pourquoi tout fe borne ici à recommander que l'on tienne un milieu raifonnable, en fuppofant toujours le fol, la faifon, & toutes autres circonftances, comme autant d'accidens qui ne font pas décidément favorables ni déci- dément défavantageux ; voilà toute la conduite que nous avons tenue & d'où partent les principes pratiques que nous avons éta- blis, & auxquels nous avons joint les raifons qui peuvent détermi- ner le Cultivateur à s'arrêter avec attention à toutes ces différences néceffaires ; nous ofons efpérer que pour peu qu'il les favorife de fa confiance, il diftinguera comment & dans quels cas il doit varier & s'écarter de la rigueur de la régle ; en vain voudrions-nous pouffer plus avant notre marche dans cette connoiffance, nos ef- forts feroient très-impuiffans.

En établiffant les meilleurs préceptes que l'expérience ait pu nous fournir, nous n'avons point prétendu exiger qu'on s'y attache opiniâtrément : l'objet de tout Auteur qui écrit doit être, non pas d'ôter la liberté de penfer à fon Lecteur, mais de le guider pour le faire penfer d'une façon avantageufe : à Dieu ne plaife qu'é- blouis des fuffrages dont on nous honore, nous en faffions le funefte ufage qu'en font les Auteurs qui n'écrivent que pour eux-mêmes : indignes du titre fatisfaifant de Citoyen, nous corromprions l'uti- lité qui peut réfulter de nos obfervations ; utilité qui pour nous eft d'un prix à qui tout céde.

Ainfi, pour peu qu'on veuille éclairer notre marche, on voit que dans cet ouvrage nous tâchons d'établir fur de bonnes raifons les documens que nous donnons ; nous dirigeons notre Cultivateur avec tout le foin & toutes les lumieres dont nous pouvons être capables. Quand le Fermier nous aura bien entendu, c'eft à lui de mettre nos avis en pratique fuivant la fituation, la nature, & autres circonf- tances de fes propres affaires, & du terrein qu'il cultive.

CHAPITRE LXXXIII.

Du Ray-gras.

NOus fommes obligés de terminer ce volume par le ray-gras; les erreurs qui fe font gliffées en France fur cette herbe, même parmi nos plus grands Cultivateurs, nous forcent à quitter pour un inftant l'ordonnance de notre ouvrage, pour déffiller les yeux à ceux qui pourroient s'être dégoûtés de la culture de cette plante par le peu de fuccès qu'ils ont eu, & pour encourager les perfonnes qui voudront la cultiver. Il a paru un mémoire de Mr. de l'Ifle de la Société Royale de Paris, dans lequel ce fçavant Affocié lui déclare une guerre ouverte, peu récompenfé qu'il a été des foins qu'il a mis à la cultiver. Suivant ce Mémoire il paroît que ce n'eft point au vrai ray-gras, dont le véritable nom eft *Darnel* & en latin *Lolium*, qu'il a donné cette culture fi fuivie & fi louable dans un Citoyen auffi zélé que lui : mais en effet au rie-graff, qu'en François on peut appeller la *fauffe orge*. Cette plante, la plus nuifible de toutes qui croît fur les bords des chemins a un épi barbeux comme l'orge; ainfi comme il y a toute apparence que c'eft à celle-ci que Mr. de l'Ifle a donné les foins qu'il regrette avec tant de raifon, la guerre qu'il déclare à l'excellente plante que nous allons décrire eft des plus injuftes.

Cette plante eft des plus avantageufes; elle eft de toutes les herbes celle qui nourrit le mieux les moutons & les beftiaux, & celle qui réfifte le plus parfaitement à la rigueur de l'hyver : il n'y en a point qui fe propage avec plus de facilité. En François on devroit l'appeller *faux froment* : on en verra la raifon dans la fuite: il y en a de deux fortes, dont l'une appellée blanche, parce que les nœuds qui font dans fa tige par intervalle font blancs, & l'autre rouge, parce que les nœuds font de cette couleur. Le ray-gras blanc devient plus grand que le rouge; mais celui-ci réfifte mieux aux injures du tems, croît plus promptement & pouffe beaucoup plus de feuilles.

Plufieurs Cultivateurs fe font trompés à l'égard de cette herbe, & il n'eft point étonnant que quoique Mr. de l'Ifle ait pris beaucoup de précautions pour fe procurer de la véritable graine, il

ait été trompé en Angleterre par ceux qui lui en ont envoyé ; puisqu'il est certain que cette erreur n'est pas entiérement détruite
dans ce pays ; il s'y trouve même encore des Cultivateurs qui en
recommandent beaucoup la culture, tandis que l'on devroit la
détruire autant qu'il est possible ; ainsi rien de plus vrai & de plus
certain que ce que l'Auteur *des élémens du Commerce* & Mr.
Duhamel rapportent du véritable ray-gras.

Cette plante croît à la hauteur d'un pied & demi : ses racines
sont extrêmement multipliées & se croisent, elles sont blanchâtres
& forment une espèce de touffe fort épaisse : ses feuilles sont nombreuses & d'un beau verd, étroites & pointues comme celles de
l'herbe commune des prairies, mais beaucoup plus courtes.

Les tiges sont nombreuses, rondes, vertes & fermes, & ont des
nœuds vers la racine : chaque tige est surmontée d'une espéce d'é-
pi long & mince contenant les semences qui ont à peu près la
figure du bled, mais qui sont plus petites.

Voilà la description du ray-gras, tel qu'il croît sans culture aux
bords des sentiers & dans les pâturages : il ne subit d'autre changement quand il est cultivé, si ce n'est que ses feuilles deviennent
plus nombreuses & sa tige plus haute, & ce dernier article n'est
point avantageux au Cultivateur ; parce que plus la tige s'éléve plus
elle durcit & devient par conséquent moins utile. On peut le
semer seul ou avec du treffle ou telle autre herbe artificielle que
l'on voudra : nous ferons seulement observer ici, qu'il ne réussit pas si bien quand on le seme seul que mêlé.

Tout sol convient au ray-gras, ce qui doit lui faire reprendre
faveur ; il prospére sur un sol argilleux, froid, humide, aigre ;
il ne craint ni la sécheresse de l'été, ni les gelées, ni les pluyes de
l'hyver. Le ray-gras est d'une ressource infinie pour les bestiaux,
quand les autres fourages manquent. On ne peut point leur en
donner de meilleur pendant l'hyver, & comme sa végétation est
accélérée & prompte, on peut en nourrir les moutons dès le commencement du printems : c'est pour eux une nourriture saine
qui corrige même les mauvaises qualités des autres herbes, qui
obvie à beaucoup de maladies & qui enfin entretient les chevaux
en très-bon état.

Les récoltes que produit le ray-gras sont toujours abondantes,
parce qu'il n'y a rien dans un sol quelconque, ni dans l'atmosphe-
re, qui puisse lui nuire : plus il est mangé de près, plus il repousse
avec vigueur ; ses tiges sont aussi tendres & nourrissantes que les

jeunes feuilles & repouſſent auſſi-tôt après qu'elles ont été mangées.

Pour peu qu'on en mêle avec le trefle rouge ou mieleux qu'on ſeme, il corrige ſa mauvaiſe qualité. Quand le Cultivateur veut jouir d'une récolte de plus pour nourrir ſes beſtiaux dès l'ouverture du printems, il faut qu'il ſeme avec le trefle rouge trois boiſſeaux de ray-gras par acre ; s'il veut ſe procurer un pâturage parfait & qui dure au point de ne pas en voir la fin, il n'a qu'à ſemer beaucoup de ray-gras ſur une petite quantité de trefle.

Si le ſol eſt plus ſec qu'humide, le ray-gras, le trefle à houblon ou houblonné, & le trefle rouge réuſſiſſent très-bien enſemble ; & afin que le pâturage ſoit très-riche, il faut ſemer autant de trefle rouge que de trefle houblonné, & mettre huit meſures de plus de ray-gras.

Le ray-gras détruit toutes les mauvaiſes herbes qui viennent naturellement parmi l'herbe commune, il détruit même les orties.

Il fait un excellent fourage, mais il faut avoir l'attention de le faucher préciſement lorſque les épis commencent à ſe former ; les racines n'étant point épuiſées par les épis, pouſſent de nouveau avec une promptitude étonnante, & produiſent une autre récolte que l'on fait manger ſur le terrein par les beſtiaux.

Si l'on a beſoin de ſemence, il faut laiſſer la plante ſur pied juſqu'à ce qu'elle ſoit parvenue à ſa parfaite maturité, ce qu'on connoît par la dureté de la tige : après qu'on l'a fauché, il faut le battre à l'inſtar du bled ; mais nous avertiſſons que lorſqu'on veut en faire du foin, il faut bien ſe donner de garde de le laiſſer auſſi long-tems ſur pied, parce qu'il eſt trop ſec & trop dur ; & c'eſt à ce point-ci que l'on doit une attention particuliere, & que ceux qui ſe déclament contre cette plante admirable n'ont ſans doute point eue ; il eſt certain que devenant ligneux par la trop grande ſechereſſe, les chevaux le rejettent ou ne le mangent qu'avec répugnance. D'ailleurs, en ſuppoſant que le ray-gras dont M. de l'Iſle parle fût le véritable ray-gras dont nous faiſons ici l'éloge, il reſteroit toujours à ſçavoir s'il a eu la précaution que nous recommandons ; & c'eſt préciſement ſur ce point que ce grand Cultivateur ne nous inſtruit pas. Les prétendues roſées que l'on lui a dit être ſi fréquentes dans la Province de Kent, & auxquelles il attribue les bonnes qualités que l'on trouve à cette herbe dans ce pays, y ſont-elles donc confinées & n'en oſeroient-elles paſſer les barrieres ? Il ſeroit abſurde de le croire & encore plus de le dire. D'ailleurs quels ſont les principaux avantages que M. *du Hamel* & l'Auteur des *Elémens du Com-*

merce trouvent à la culture de cette plante ? N'eft-ce pas ceux de braver la nature des fols & des climats ? Il n'eft donc ici queftion que de ne plus s'équivoquer fur la plante même & de ne pas prendre l'une pour l'autre, de la cultiver comme nous l'avons prefcrit, & de la moiffonner fuivant la méthode qu'on vient de voir, nous répondons de l'abondance & de la bonne qualité de fon produit ; voilà ce que nous avions à faire obferver fur un Mémoire dont la doctrine auroit pû d'autant plus s'accréditer & par conféquent dégoûter de cette culture, que la perfonne dont il nous vient eft plus recommandable par fon zéle, par fa bonne foi, & par fon fçavoir.

A V I S.

Nous avons renvoyé une partie des planches à la fin des tomes VII & VIII ; parce qu'elles appartiennent au labourage, & comme ces deux volumes n'auront uniquement pour objet que cette partie la plus importante de l'Agriculture, nous avons cru que le Lecteur les y verroit avec plaifir, plutôt que d'être obligé de rétrograder au fixieme volume.

Il nous refte à nous juftifier du retardement de cette livraifon ; rien n'eft plus facile, & nous ofons efpérer que le Public, qui continue de nous traiter avec bonté, trouvera nos raifons plus que fuffifantes. Notre Imprimeur eft Imprimeur du Parlement. On fçait combien il a été & combien il eft encore occupé par l'affaire qui regarde les Jéfuites. De quarante ouvriers qu'il a, il n'a pû en détacher feulement deux pour favorifer notre zéle & le défir que nous avons d'être exacts ; mais à l'avenir nous ne ferons plus expofés à ces évenements. Nous avons deux Imprimeurs, & l'on peut compter que la livraifon prochaine fe fera au plus tard, vers la fin du mois d'Août.

Bornés comme nous le fommes du côté de la fortune, & n'étant fecourus d'aucune part, nous nous voyons obligés de prier, quoique malgré nous, les perfonnes qui nous font l'honneur de nous confulter fur quelque point d'Agriculture, de vouloir bien affranchir. On ne fçauroit, en vérité, croire combien les ports de lettres qui nous ont été ainfi adreffées pour nous demander des avis, font difpendieux. Un Ouvrage comme celui-ci expofe à des dépenfes fi grandes, que nous fommes obligés de faire cette violence à notre caractere......

Fin du Tome III.

PLANCHE PREMIERE

Pour le cinquiéme Livre qui fait le troisiéme Tome.

FIGURE PREMIERE.

A. Taureau à qui l'on fait voiturer des pieces de bois pour l'accoutumer à la charrue. *B.* Ane qui faute une Jument. *C.* Jument qui eſt dans une tranchée, pour qu'elle ſoit à la hauteur de l'Ane. *D.* Homme qui contient la Jument.

FIGURE SECONDE.

E. Homme qui lave le Mouton. *F.* Homme qui mene un Mouton pour le tondre. *G.* Le Tondeur.

PLANCHE SECONDE

pour le cinquiéme Livre.

FIGURE PREMIERE.

A A. La Tremie. *B B.* Le grand Tuyau par lequel la graine deſcend, & paſſe enſuite à d'autres tuyaux latéraux dont chacun porte la graine dans chaque auge. *C C C C. D D.* Toits à Cochons. *E E E E.* Angar où les Cochons ſe retirent, & que l'on fait aux côtés d'une piece de terre que l'on a enſemencée de treffle ou de feves pour les engraiſſer.

FIGURE SECONDE.

A A A A. Foſſe aux Lapins. *B B.* Deux mâles enchaînés près de leur auge. *C C.* Les autres ſont des Lapines qui ſe promenent dans la foſſe.

Fig. 1ere.
D C
Fig. 2me
G F E
Kalmandiver Sculp.

Planche 2.de pour le 5.me Livre.
Fig. 1.ere
Fig. 2.me
E E E E
B
C C C C
B B
Chahnandrier Sculp.

TABLE
DES CHAPITRES
Du troisiéme Volume.

SECONDE PARTIE.

Des Oiseaux.

TROISIE'ME PARTIE.

Des Poissons.

LIVRE VI.

PREMIERE PARTIE.

Des parties des Plantes.

SECONDE PARTIE.

TROISIE'ME PARTIE.

Des instrumens d'Agriculture & de leurs différents usages.

DES CHAPITRES. 315

QUATRIE'ME PARTIE.

Des différentes manieres de femer.

Fin de la Table du Tome III.

LE GENTILHOMME

CULTIVATEUR.

TOME QUATRIEME.

LE GENTILHOMME
CULTIVATEUR,
OU
CORPS COMPLET
D'AGRICULTURE,

T**RADUIT** de l'Anglois de M. H**ALL**, & tiré des Auteurs
qui ont le mieux écrit sur cet Art.

Par Monsieur DUPUY DEMPORTES, *de l'Académie de Florence.*

---

*Omnium rerum ex quibus aliquid acquiritur, nihil est Agriculturâ melius, nihil uberius,
nihil homine libero dignius.* Cicer. liv. 2. de Offic.

TOME QUATRIEME.

A PARIS,

Chez
{
P. ALEX. LE PRIEUR, Imprimeur du Roi, rue S. Jacques,
P. G. SIMON, Imprimeur du Parlement, rue de la Harpe.
DURAND, Libraire, rue du Foin.
BAUCHE, Libraire, Quay des Augustins.

A BORDEAUX,

Chez CHAPUIS, l'aîné.

M. DCC. LXII.
Avec Approbation & Privilége du Roi.

LE GENTILHOMME

CULTIVATEUR.

Continuation du Livre sixiéme & de la quatriéme Partie.

CHAPITRE PREMIER.

De la quantité de semence que l'on jette en suivant la culture ordi-
naire, & de celle qu'on employe avec le semoir.

OUS avons à la fin du précédent Volume consi-
deré les différens dégrés de profondeur qu'il con-
vient de donner aux semences. Nous avons aussi
examiné, mais superficiellement, les différentes
quantités qu'il faut en répandre suivant les différens
dégrés de leur bonté ou défectuosité ; il nous reste à
présent à décider une question qui est d'une très-grande conséquence, c'est de déterminer la quantité de chaque espéce de semence qui convient à une certaine quantité de terrein.

Et c'est assurément un des points les plus importans pour le Fermier ; attendu que le prix de la semence, principalement dans certaines espéces de grains, fait un article très-considérable ; nous
ajoutons encore qu'il peut porter préjudice à sa récolte, en en ré-
pandant sur un terrein ou une plus petite ou une plus grande quantité
qu'il n'est capable d'en nourrir. Il est donc essentiel de trouver la
véritable proportion, & de le garantir de l'une ou de l'autre de ces
deux extrémités.

Or on ne peut parvenir à cette fin qu'en suivant cette nouvelle

Tome IV.   A

culture, parce que feule elle porte fur des principes certains &
appuyés de l'expérience : au lieu que cette partie eft dans l'ancienne
culture, pour ainfi dire, abandonnée au hazard, & par conféquent très-incertaine.

Suivant la maniere de femer à la main, par exemple, on ne peut
de quelque façon qu'on le faffe éviter les inconvéniens : car les
mains de tous les hommes ne fe reffemblent point pour la grandeur ; fi tel homme l'a plus grande, il y contiendra plus de femence, & cependant une poignée eft parmi les Cultivateurs ordinaires toujours regardée comme telle, n'importe la main grande
ou petite qui la répand.

D'ailleurs n'arrive-t-il pas prefque toujours que la femence différe beaucoup pour la groffeur? Or fi les grains font plus gros, il
eft certain qu'ils feront en plus petit nombre, comme s'ils font
petits ils feront plus nombreux dans la même mefure : cependant
c'eft le nombre des grains qui feul mérite la confidération du Cultivateur dans la maniere d'enfemencer.

Mais ce n'eft pas encore le feul inconvénient qui réfulte de la
méthode ordinaire de femer à la main ; il en eft un autre dont les
effets ne font pas moins défavantageux : le voici ; fi le champ n'eft
qu'imparfaitement labouré & par conféquent mal ameubli, comme
il n'arrive que trop fouvent, la terre eft entaffée en mottes, de
forte que toute la fuperficie n'eft qu'un compofé de petits monticu-
les & de cavités : or on voit bien qu'alors, avec quelque égalité que
la femence forte de la main du Laboureur qui la répand, la plus
grande partie tombe dans les intervalles ou creux, de forte qu'elle
fe trouve très-inégalement répandue ; par cette même raifon les
tiges pouffent en certains endroits par paquets, tandis qu'elles man-
queront abfolument en d'autres. On doit donc fentir par cet inconvénient combien défectueufe eft la maniere ordinaire de femer ;
car dans les endroits même où les plantes font fi nombreufes, elles
fe volent réciproquement la nourriture, en manquent à la fin &
végétent avec langueur, le terrein n'étant point en état de leur en
fournir la quantité néceffaire.

C'eft donc une des plus grandes améliorations que l'on pût faire
dans l'Agriculture que d'inventer un moyen de remédier à cet inconvénient. Cette découverte fi utile confifte dans une charrue à
femoir ; avec cet inftrument on diftribue & répand la femence
comme il convient pour l'avantage du Laboureur ; & les parties
du terrein qu'on laiffe à vuide, ne font en cet état que d'une façon
très-utile.

D'ailleurs l'expérience prouve tous les jours qu'il faut dans la méthode ordinaire beaucoup plus de femence ; parce que une partie eſt enterrée trop profondément & qu'elle ne peut point pouſſer, que l'autre reſte ſur la ſuperficie & y pouſſe d'une façon à ne venir jamais à bien, ou bien qu'elle eſt mangée par les oiſeaux, ſur-tout par les pigeons qui ſont très-voraces, comme nous l'avons déja fait voir ; de ſorte que le Cultivateur qui ſeme à la volée eſt expoſé à une plus grande conſommation de femence ; ce qui fait encore un objet qui aſſurément mérite ſa conſidération.

Or quoique cet excédent de femence ſoit au détriment du Cultivateur, il ne peut cependant s'y ſouſtraire ſans ſe porter un préjudice notable, en mettant en uſage la méthode ordinaire : peut-on donc lui rendre de ſervice plus marqué que de lui donner le moyen de ſauver cette dépenſe, & de le mettre en état d'en fournir au terrein avec égalité la quantité ſuffiſante ; de ſorte qu'il n'ait que le nombre de plantes qui lui conviennent, & que chacune tire parti de chaque particule de terre : voilà, du moins nous le penſons, le véritable objet de la bonne culture. Or ce point de perfeẛtion n'eſt point du reſſort de la méthode ordinaire, ce n'eſt qu'avec la charrue à femoir qu'on peut l'obtenir ; ce qui aſſurément va être démontré par le détail de cette opération.

Par la nouvelle méthode la femence tombe dans des tranchées qui ſont ouvertes à diſtances convenables, on l'y couvre exactement à la profondeur qu'on juge le plus favorable à ſa plus parfaite croiſſance : d'ailleurs comme par cette méthode on la couvre plus certainement qu'avec la herſe, de ſorte qu'il n'y a preſque point de grain qui reſte à découvert, on n'a point femé pour les oiſeaux.

En faiſant uſage du femoir toutes les ſortes de femences ſont répandues dans le terrein à la profondeur qui eſt le plus favorable à la végétation de chaque eſpéce, & hors d'atteinte des inſectes dont les plus voraces cherchent leur nourriture vers la ſurface : il ne reſte donc d'ennemis à combattre que le petit nombre de ceux qui creuſent à une certaine profondeur pour dévorer les graines ; de ſorte que ſi nous pouvions mettre entierement le Cultivateur à couvert de cet accident, nous oſerions lui répondre de chaque graine, en ſuppoſant toutefois que la femence fût naturellement d'une qualité exquiſe.

De-là l'on voit auſſi combien il importe de faire uſage de la précaution que nous avons preſcrite dans le choix des femences. Comme le femoir n'en laiſſe tomber préciſement que la quantité néceſſaire & convenable, il faut abſolument prendre ſoin que la qualité en ſoit bien choiſie & bien bonne ; car autant il y aura de grains qui manquent par ce défaut, autant moins le terrein en aura la quantité qu'il demande.

C'eſt ici exactement où l'eſſai des jauges vient très-à-propos au ſecours du Cultivateur.

Par exemple, il a acheté ſon bled de ſemence, il en a ſemé vingt grains dans vingt trous, & les a couverts également ; on voit bien que dans cet eſſai tous les grains jouiſſent du même avantage : il faut alors qu'il examine s'ils ont tous germé, ou s'il y en a qui ayent manqué. En partant de cette obſervation, il ne lui reſte plus qu'à proportionner en enſemençant ſon champ la quantité de ſemence, & d'ajouter autant de grains de plus qu'il y en a qui ont manqué.

On ſent bien que nous n'exigeons point qu'on ſuive cette régle avec une exactitude ſcrupuleuſe, (parce que de vingt grains le nombre des bons ou des mauvais n'eſt pas toujours égal ;) mais du moins la régle que nous preſcrivons ici peut toujours ſervir de guide, & nous faire éviter de tomber dans l'inconvénient du trop ou du peu.

Nous avons obſervé que la charrue à ſemoir diſpoſe la ſemence par rangs, & les parties qui compoſent cet inſtrument ſont diſpoſées de façon qu'il s'adapte aux différentes circonſtances ſuivant la nature des ſemences que l'on jette : ainſi il y en a qu'on met en ſimples rangs, il y en a d'autres diſpoſées en rangs doubles : on voit des Cultivateurs qui quelquefois raſſemblent trois ou quatre rangs ; ils laiſſent pour intervalle des eſpaces de ſix, ſept ou huit pouces, & ont l'attention de laiſſer des intervalles plus grands entre chaque plate bande, ou chaque rangée de rangs : ils obſervent le même ordre dans tout le terrein, quant même les rangs ſeroient ſeuls.

Il réſulte néceſſairement de ces eſſais qu'en ſuppoſant la ſemence parfaitement conditionnée, il en faut beaucoup moins en faiſant uſage de la charrue à ſemoir qu'en ſuivant la méthode ordinaire. Qu'on ne conclue point de ce que nous diſons que par cette nouvelle méthode le terrein ne puiſſe pas nourrir autant de plantes que par l'ancienne ; au contraire, pour peu qu'on porte un œil attentif, il en nourrit une quantité beaucoup plus conſidérable, à cauſe de la régularité avec laquelle elles croiſſent par la méthode nouvelle : car on ne peut pas nier que dans l'ancienne façon de ſemer le vent ne diſtribue les ſemences au hazard, malgré toute l'égalité avec laquelle elles peuvent sortir de la main de celui qui seme. Il faut encore ajouter que la herse les entraîne très-irrégulierement d'un endroit à l'autre ; il se forme donc des tas, ce qui fait un obstacle à la végétation ; nous ne répétons point ici les autres désavantages inséparables de l'irrégularité du terrein. Qu'on observe, ceci est important, que quoique plusieurs tiges poussent dans ces tas, la plûpart ne végétent qu'avec langueur & périssent ; & qu'à cet inconvénient on ajoute celui qui résulte des places vacantes qui restent inutiles, parce qu'elles ne peuvent point être labourées pendant que les productions sont dans leur croissance, & l'on se rendra à la supériorité du semoir.

Comme dans cette culture-ci le bled vient régulierement, les tiges ne se portent point de préjudice les unes aux autres ; & les espaces étant pratiqués avec régularité, on peut les labourer pendant que les plantes croissent ; avantage si grand qu'il n'y a que la pratique qui puisse bien en faire sentir tout le prix.

Il est donc bien constant qu'un terrein peut supporter plus de plantes lorsqu'elles sont placées régulierement que lorsqu'on seme à la volée, & que s'il arrive qu'il y en ait moins, elles ont l'avantage, par la parfaite croissance qu'elles acquiérent, de produire de plus abondantes récoltes, & mieux conditionnées ; puisqu'en effet elles reçoivent une nourriture plus abondante. Car il est certain, & l'expérience prouve, que par la culture de la charrue à semoir & du *Cultivateur* toutes les particules du terrein fournissent aux plantes la partie de suc nourricier qu'elles contiennent, soit celles qui soutiennent immédiatement leurs racines, soit celles des espaces ou intervalles pratiqués entre les plate-bandes.

Rien de plus important pour le Cultivateur que de se bien instruire sur cette matiere ; c'est de la connoissance qu'il aura acquise que dépendent le principe & le succès de la nouvelle méthode. Observation certaine : mettez cinquante grains dans le même trou, ils ne produiront pas tant qu'un seul grain bien cultivé : plusieurs grains mis ensemble ne peuvent que se nuire par les larcins réciproques qu'ils se font ; ils s'affament & périssent, tandis qu'au contraire un grain de bon froment bien choisi, bien semé, suivant les régles de la nouvelle méthode & dont on anime & aide la croissance par des labours qu'on fait autour de ses racines, rend un si grand nombre de grains dans le tems de la moisson qu'il faut l'avoir vû par soi - même pour le croire.

Nous avons observé que les Cultivateurs en général n'ont ja-

mais examiné avec une exactitude paſſable la quantité de ſemence qu'il convient de donner à tel ou tel terrein : du moins
oſons-nous aſſurer qu'ils ne mettent point une aſſez grande différence entre la quantité qu'il convient d'en donner à un terrein
riche & celle qui eſt propre à un terrein pauvre ; & l'on conviendra
aſſurément que le peu de l'un peut être encore le trop pour l'autre.

Quel avantage en effet peut-on trouver à ſurcharger un ſol pauvre ; & y a-t-il de pratique plus préjudiciable que de ne pas confier aſſez de ſemence à un terrein très-riche ? Deux abus également
dangereux, & également favoriſés par l'ancienne culture,
& que nous allons tâcher de détruire en indiquant les différentes
quantités relatives à la différente qualité des ſols.

CHAPITRE II.

*De la différente quantité de ſemence relativement aux différentes
natures des ſols.*

IL eſt des endroits où l'on ſeme dix boiſſeaux ou environ d'orge
ſur une acre de terrein, ſans conſidérer la nature du ſol, ni ſi
la quantité de la ſemence lui eſt proportionnée. Si le terrein eſt
pauvre, on lui donne plus de fumier ; s'il eſt riche, on lui en
donne moins ; & dans l'un & l'autre cas la quantité de ſemence eſt
la même. On laboure une fois la terre, enſuite on la fume, & l'on
ſeme à la volée, on paſſe la herſe par-deſſus ; & voilà toute l'opération terminée.

Or on voit bien que lorſque la terre a été laiſſée ainſi quelque
tems après le labourage, elle eſt devenue dure, & que l'effet de la
herſe doit y être très-peu puiſſant ; & il eſt bien vrai-ſemblable qu'il
y a au moins la moitié, pour ne pas dire les trois quarts de la ſemence qui n'entrent point dans la terre, & qui ſont néceſſairement
en pure perte.

Tels ſont les effets d'une méthode ſi vicieuſe ; rarement le ſuccès dément-il ce que nous avançons. Si l'été eſt ſec on ſe voit
réduit à l'affligeante extrémité de ne pas cueillir quelquefois la moitié de la ſemence, & dans les tems même les plus favorables rarement
la récolte rend-t-elle quatre pour cent : ce produit eſt aſſurément
bien peu conſidérable ; mais on eſt content, parce que la main-d'œu-

vre eſt à bon marché, & que le payſan vit durement. Cependant quelle différence entre cette culture & la nouvelle méthode ? En ſuivant celle-ci toute la ſemence a la même profondeur, tout profite également, & tout concourt à une abondante récolte.

Il faut donc quand on veut mettre en uſage la pratique, que nous propoſons avec d'autant plus de confiance, qu'elle eſt appuyée des plus heureuſes expériences, que le Cultivateur avant que de déterminer la quantité de ſemence, ſoit par boiſſeaux, ſoit par livre, comme c'eſt l'uſage en certains endroits, examine avec attention la groſſeur des grains, parce qu'il ſeroit expoſé à s'équivoquer, attendu qu'un plus grand nombre de grains, qui ſont petits, forment le même poids qu'un plus petit nombre quand ils ſont gros. Nous avouons que cette même erreur peut ſe gliſſer dans le ſemoir ſi on ne porte une attention particuliere.

Or pour s'aſſurer ſur ce point, on n'a qu'à péſer une once de ſemence & en compter les grains ; on en peſe enſuite un boiſſeau & en ſupputant par le premier nombre trouvé dans l'once, on vient à bout, ou peu s'en faut, de trouver celui des grains que le boiſſeau contient ; d'après cette connoiſſance on parvient par la régle de *trois* à proportionner la quantité de ſemence à la quantité de terrein ; mais il faut qu'on obſerve encore à quelle diſtance on veut mettre les rangs les uns des autres. Si l'on n'a en vuë que de diſpoſer le terrein en rangs ſimples, il ne faut que conſidérer quelle grandeur on veut donner aux intervalles, ſi au contraire on veut faire des rangs doubles, triples, &c. on doit calculer les eſpaces qu'on doit donner entre les rangées & ceux qu'on veut donner aux intervalles, parce que plus on fera de rangées dans une meſure quelconque de terrein, plus il faudra employer de ſemence.

Mais il ne ſuffit pas de porter juſques là cette conſidération, on doit encore l'étendre plus loin. Il faut examiner le produit d'une plante annuelle de moyenne groſſeur, & celui d'une plante perpétuelle de la plus groſſe eſpéce : car on doit être aſſuré que les plantes perpétuelles acquierent la croiſſance la plus parfaite par la culture faite avec la charrue à ſemoir, ſur-tout lorſqu'elle eſt bien combinée avec la culture du *Cultivateur.* Nous entendons ici par plantes annuelles, le bled, l'orge, l'avoine, &c. qu'il faut ſemer tous les ans, & par perpétuelles, le ray-gras, la luzerne, le ſain-foin, &c. & même les hayes, qui une fois ſemées repouſſent tous les ans.

Qu'on obferve, fur-tout, dans tous les cas la proportion que nous avons indiquée, en ne perdant jamais de vue les documens que nous venons de donner : il eft beaucoup plus avantageux de difpofer le terrein par rangées fimples pour les plantes perpétuelles, au lieu qu'il l'eft plus de les multiplier, comme de trois en trois ou davantage, felon leur nature, pour les plantes annuelles : enfin le triple rang eft en général le procédé le plus favorable à leur croiffance, pourvû qu'on mette les rangs à fept pouces de diftance les uns des autres, & que les intervalles entre les rangs foient de cinq pieds.

Il eft beaucoup de cas dans lefquels il faut paffer fur le terrein, foudain après que les plantes ont commencé à pouffer, pour les élaguer & n'en laiffer qu'un nombre convenable, laiffant celles qui pouffent plus vigoureufement : or fi l'on prévoit par la nature du terrein qu'on foit obligé de mettre cette méthode en pratique, on doit néceffairement donner un peu plus de femence qu'il ne paroît néceffaire. En général, cette méthode eft bonne & nous confeillons d'en faire ufage.

Mais afin que le Cultivateur fe guide avec encore plus de certitude, il n'a qu'à femer quelques rangs de plantes annuelles un peu plus dru que les autres, & voir fi elles réuffiffent mieux ou moins bien que les autres, par là nous le renvoyons à fa propre expérience & le mettons en état de décider par lui-même de la bonté ou imperfection de notre méthode.

CHAPITRE III.

Des avantages que la culture à femoir reçoit de la charrue appellée le Cultivateur.

LA raifon veut que le femoir, dont nous vantons tant ici les avantages, diftribue plus ou moins de femence, ou pour parler plus clairement, un plus grand ou plus petit nombre de grains dans chaque tranchée, à proportion de la nature de la plante. Voyons comment on pourroit parvenir à cette amélioration fi néceffaire.

En général, on parvient par la connoiffance de la nature de la plante à connoître la diftance que l'on doit donner aux grains

dans

dans les rangées ou petites tranchées : or on en vient à bout par la quantité de femence que l'on confie à cet inftrument, comme on le verra lorfque nous parlerons de fa conftruction. Pour bien déterminer ce point important, il faut d'abord examiner quelle place une plante faine & vigoureufe, femée d'une façon ordinaire, ou fuivant la méthode nouvelle, peut occuper ordinairement dans fa croiffance naturelle ; cette connoiffance bien exactement acquife, on doit ajufter le femoir, de façon qu'il laiffe un intervalle entre les grains, en les fuppofant tous d'une bonne qualité, ou qu'il laiffe un intervalle proportionné au dégré de leur altération plus ou moins grande.

D'abord le Cultivateur ordinaire eft furpris au premier coup d'œil qu'il porte fur une terre enfemencée avec le femoir & deftinée à être entretenue avec le *Cultivateur*, à caufe des grands efpaces vuides qu'il apperçoit, il les regarde comme un terrein oifif; mais il fe trompe : qu'il remarque la croiffance des plantes qui végétent dans les rangées, il verra qu'elles ne doivent cette grande vigueur qui leur manque dans la culture ordinaire, qu'à ces grands intervalles qu'il a d'abord regardés comme autant de terrein perdu : car l'expérience prouve que plus fréquemment le *Cultivateur* y paffe, les retourne & les ameublit, plus ils fourniffent de nourriture aux racines des plantes qui font dans les tranchées.

On remarque, dans le tems de la moiffon, que par cette méthode chaque grain de froment, rend depuis vingt jufques à trente tiges, au lieu qu'en fuivant la culture ordinaire il n'en rend tout au plus que trois : or fi ces vingt-cinq ou trente tiges de plus, étoient éparfes & répandues également dans les intervalles, il eft certain que le terrein paroîtroit entiérement bien couvert ; elles font auffi abondamment nourries dans les tranchées que fi elles végétoient dans les intervalles, par conféquent quelle que foit l'apparence, l'effet doit être tout au moins égal.

Voilà les tiges comptées. Examinons à préfent les épis ; l'expérience prouve encore que chaque épi fe trouve mieux garni que ceux qu'on obtient par la culture ordinaire, donc le nombre des tiges rendent la production égale dans cette partie, de quelque façon qu'on l'ait cultivé : la fupériorité de l'épi rend la production plus belle & la récolte plus abondante : ajoûtons encore qu'il eft démontré que le froment en eft beaucoup plus farineux & qu'il ne peut par conféquent que gagner fur l'autre, relativement au prix.

A la vérité, suivant la méthode ordinaire, le terrein paroît extrêmement bien couvert; mais toutes ces plantes ne peuvent y trouver une nourriture suffisante : or il est bien impossible de leur en fournir par le labourage après qu'elles sont sorties de la terre : elles doivent donc se faire des larcins réciproques, s'affamer; de sorte, que les unes meurent absolument, les autres sont malades & languissantes, & qu'aucune en général, n'a cet air de santé & de vigueur que l'on remarque dans celles qui sont cultivées suivant la nouvelle méthode; celles-ci reçoivent de tems en tems une nouvelle nourriture en labourant les intervalles. On voit donc bien que leur vigueur & le produit qu'elles rendent, quoique le nombre des grains semés par la culture ordinaire soit de beaucoup plus grand que celui des grains que l'on jette dans les rangées, compensent, & même avec usure, le grand nombre de ces autres petites plantes languissantes qui ne sont, à proprement parler, que des avortons. Nous ne rapportons rien qui ne soit appuyé des essais les plus évidens & le plus souvent répétés. Nous avons observé que sur un terrein divisé en parties égales & exactement de même nature, celle qui avoit été cultivée suivant la méthode ordinaire rendoit un produit trois, quatre, & même souvent cinq fois plus foible que celui de la piéce cultivée suivant la nouvelle.

Nous ajoûtons encore que les avantages d'une telle culture ne se bornent pas seulement aux grains qu'on a semés, ils s'étendent même jusques aux hayes. On remarque en effet qu'une haye d'aube-épine qui sépare deux champs, vient quatre fois plus vîte qu'une autre de la même espéce dans un autre endroit, & qu'elle donne beaucoup plus de bois.

Il faudroit donc être bien entêté de l'ancienne méthode pour ne pas convenir qu'on ne peut attribuer la différence qu'on vient de voir qu'à la nouvelle, par laquelle on remue & renverse souvent le terrein; on peut donc regarder les expériences citées ci-dessus, comme autant de preuves qui démontrent que cette méthode de labourer souvent le terrein est des plus favorables à la végétation d'une plante quelconque.

On observe que les hayes qui sont à portée de profiter de ce labourage poussent avec plus de célérité leurs branches & en plus grand nombre, & ce cas-ci ressemble parfaitement à celui du bled, qui, comme nous venons de le faire observer, pousse un grand nombre de tiges, ce qui démontre l'utilité de cette métho-de, non-seulement quant au bled, mais encore relativement aux plantes que nous avons appellées perpétuelles : car les arbres même en tirent des secours très-efficaces. Mais, dira-t-on, il est naturel de croire que la charrue passant près des hayes coupe beaucoup de leur racines, de même qu'il doit résulter le même inconvénient de l'usage du *Cultivateur*, relativement au bled. Nous avouons qu'on objecte là un fait qui est constant, & c'est de ce point que nous partons, pour prouver qu'il n'est rien de plus avantageux que la nouvelle méthode. Il est certain que les racines du bled s'étendent en partie dans les intervalles, & que quand on appelle le labourage avec le *Cultivateur* au secours elles s'y répandent beaucoup plus facilement, jusques même à occuper tous les intervalles quoiqu'ils ayent cinq pieds de largeur ; cet instrument ne peut donc en y passant que couper les racines du bled & celles des hayes ; mais qu'on apprenne d'après l'expérience qu'il ne résulte de cet inconvénient que beaucoup d'avantages pour la végétaion des plantes ; les racines des plantes & des arbres, semblables à l'hydre imaginaire ou au polype réel, se multiplient d'autant plus qu'on les coupe ; l'expérience prouve & la saine physique dicte, que les racines coupées sont beaucoup plus propres que les anciennes à pomper le suc nourricier : en effet on remarque, & il n'est rien de plus facile que de s'en convaincre, qu'une racine coupée en produit une quantité infinie de nouvelles si on la couvre de terre ; si cette terre est remuée souvent ces nouveaux rejettons poussent librement & plus au loin. De-là on doit conclure, que bien loin de porter aux plantes quelque préjudice en coupant quelques unes de leurs racines, on favorise au contraire leur végétation : car enfin que fait-on en coupant ces racines si ce n'est multiplier les bouches & donner par conséquent aux végétaux la faculté de pomper une nouvelle nourriture.

Il est des Cultivateurs, qui animés par l'épargne de la semence se sont enfin déterminés à faire usage du semoir, sans se servir du *Cultivateur* & sans laisser des intervalles pour retourner fréquemment la terre, & ils réussissent beaucoup mieux que ceux qui suivent à la rigueur l'ancienne méthode ; mais nous le répétons ici, on ne doit point séparer le *Cultivateur* du semoir ; puisque c'est aux effets de ce premier instrument que l'on doit rapporter la plus grande partie des avantages qui résultent de l'usage du dernier.

CHAPITRE IV.

Du changement des semences.

COmme nous n'avons parlé qu'en passant de l'avantage qui résultoit du changement des semences, nous nous déterminons à insister ici un peu plus sur un objet si important, & en même tems si universellement négligé : rarement, en effet, le Cultivateur s'en occupe-t-il : rien qui traverse plus la végétation que cette négligence ; il en est des grains comme des arbres ; si l'on se rappelle ce que nous avons observé sur cet article, on sentira combien il est important de semer sur une piéce de terre de la semence d'un autre terrein, plutôt que d'employer pour l'ensemencer du même grain qu'elle a produit. Lorsque nous avançons une méthode, jusques ici inconnue, ce n'est que parce qu'elle est étayée de l'expérience. Voyons les raisons qui viennent à notre appui.

Tout parle en faveur de cette méthode : la graine de lin qu'on appelle en Agriculture *linette*, acquiert sa parfaite maturité en Angleterre ; cependant on la tire de la Flandre. En France même, où tout concourt à favoriser particulierement la croissance de cette plante, on a l'attention de tirer de la Flandre toute la semence dont on a besoin pour ensemencer les terres : car il ne faut point se faire illusion. En vain prétendroit-on en Angleterre & en France semer de la linette du pays ; on perd une très-grande partie des avantages qui résultent de l'usage de la linette de Flandre.

Cette pratique si peu accréditée en France a pris tellement faveur en Angleterre que les Fermiers de plusieurs cantons changent toutes les années, non-seulement leur semence de bled ; mais encore les semences de beaucoup d'autres productions, & tous déclarent qu'ils y trouvent de grands avantages.

Quant aux graines de certaines plantes des pays étrangers, il y a des raisons bien simples qui prouvent les avantages qui doivent résulter de cette méthode : en effet, il y a des végétaux qui ont une végétation bien plus vigoureuse & plus parfaite en certains endroits qu'en d'autres : or par-tout où la végétation sera plus vigoureuse la graine sera mieux conditionnée : or on ne peut nier qu'une plante ne soit plus vigoureuse dans son pays natal que dans un autre, quoiqu'elle paroiffe d'abord s'accommoder de tout autre pays.

Toute plante qui languit fournit des graines très-imparfaites, toute graine altérée ne peut produire qu'une plante imparfaite. Cette raifon eft plus que fuffifante pour prouver qu'une plante doit avoir une végétation pauvre & languiffante fi elle eft élevée dans un pays qui lui eft étranger, & que d'un autre côté les plantes peuvent végéter parfaitement, quoiqu'élevées hors de leur pays natal, lorfque la graine que l'on feme vient de ces mêmes plantes cultivées dans leur pays natal. En fuivant de près cette obfervation, on fent toutes les améliorations que l'on peut faire dans notre Agriculture, relativement à ce point.

Outre cette différence, qui eft l'effet de la différence des climats fous lefquels les graines font venues, il eft évident qu'elles peuvent encore fouffrir quelque altération de la part de la nature du fol dans le même pays, & que par conféquent elles peuvent encore devenir plus parfaites fur un efpéce de fol que fur un autre : dans un fol pauvre les végétaux font d'un tempérament foible & d'une taille baffe, ils ne font que languir : il eft donc bien naturel de conclure que comme les plantes y font foibles leurs graines doivent l'être auffi : car enfin régle générale, toute plante qui eft altérée, n'importe comment, ne peut produire que de la graine qui ne l'eft pas moins. Nous ofons même avancer qu'il n'y a prefque point de principe de vie : donc elles ne peuvent point produire des plantes auffi bonnes & auffi vigoureufes que les graines qui viennent des plantes robuftes de la même efpèce cultivées dans le même pays.

On a vû avec quels foins nous nous fommes attachés à inftruire le Cultivateur fur l'article des arbres, & combien nous l'avons exhorté à choifir lui-même fes graines avec beaucoup de précaution. Nous lui avons recommandé de les cueillir fur des arbres bien vigoureux : il n'eft perfonne qui éléve des pépiniaires qui ne fçache que la graine des arbres languiffants ne produit que de pauvres arbres : or fi l'expérience prouve cette obfervation dans les grands végétaux, pourquoi en douteroit-on relativement aux petites plantes, qui fûrement vû leur délicateffe doivent encore plus en reffentir les effets.

C'eft fur ce principe que Mr. *Thull* veut que toute femence foit tirée d'un terrein plus riche que celui fur lequel on doit la répandre, ce qui doit contredire le fyftême utile que nous avons établi, c'est de transplanter les arbres d'un sol pauvre dans un sol riche, comme l'on fait dans les pépinieres : de-là on peut conséquemment avancer contre nous que cette régle s'étend généralement à tous les cas. Nous avouons que cette objection paroît d'abord tranchante ; mais, tout bien considéré, le systême de Mr. *Thull* est fondé à l'égard du bled ; on ne peut & l'on ne doit considérer que sa premiere pousse, c'est une plante annuelle : or on ne peut point nier que l'on ne doive s'occuper de la rendre plus forte & plus vigoureuse.

De ces observations résultent les raisons qui doivent déterminer le Fermier à tirer sa semence d'un sol plus substantiel que le sien : d'ailleurs nous lui avons observé dans l'article des semences, qu'il n'est rien de plus favorable que de les changer, seulement dans la seule vue de les changer, & en effet la raison vient à l'appui de cette méthode.

Les mauvaises herbes traversent beaucoup la végétation du bled ; il en est qui se plaisent dans tel sol, d'autres dans tel autre : leurs graines se mêlent avec le bled : & comme il est certain qu'elles pousseront dans leur sol favori, le Fermier en semant de son propre grain seme en même tems une certaine quantité de ses graines : au lieu qu'en échangeant son bled avec celui d'un autre Cultivateur dont le terrein est différent, on remédie à cet inconvénient ; de sorte que les deux peuvent se procurer par cet échange des avantages réciproques ; mais nous supposons que les deux semences sont également bien conditionnées.

Supposons, par exemple, que de deux Fermiers l'un ait à cultiver un sol léger & sablonneux, & l'autre un sol dur & glaiseux, la semence venue du premier est chargée de semence de souci ; cette graine jettée avec le même bled sur le même terrein produira une quantité prodigieuse de cette mauvaise herbe ; mais qu'on la jette sur un sol glaiseux elle y pourrira : de même les mauvaises herbes dont la nature est analogue à celle des sols glaiseux périssent dans un sol sablonneux : ainsi en supposant le bled pour la semence de la même valeur, chacun de ces deux Fermiers a l'avantage de se débarrasser d'une quantité de mauvaises herbes.

Mr. *Thull*, qui voudroit que toutes les améliorations faites & à faire fussent absolument dépendantes de sa méthode, prétend que le changement de semence n'est point nécessaire, si l'on n'a pour objet que d'avoir du grain plus beau, & de détruire les mauvaises herbes qui affectent les terreins sablonneux ou glaiseux ;

puiſque , dit - il, le Cultivateur les détruit ſi efficacement : on ne
peut aſſurément niér que cet inſtrument ne ſoit très-propre à la
deſtruction de tous ces mauvais végétaux ; mais on ne doit point
conclure de là que le changement de ſemence ne ſoit d'une très-
grande utilité : car il ne faut pas s'imaginer que les mauvaiſes
herbes ſoient le ſeul inconvénient attaché à l'ancienne façon de
ſemer.

Nous convenons avec cet Auteur que le grain d'un terrein cultivé ſuivant la nouvelle méthode eſt plus beau & mieux conditionné que celui d'un terrein cultivé ſuivant la méthode ordinaire ; mais malgré cet aveu nous ne ceſſerons d'exhorter à ne pas reſemer le même grain ſur la même pièce de terre ; parce que l'uſage,
appuyé de l'expérience, prouve que le changement en eſt très-
avantageux. Nous ne conſeillons point non plus de choiſir toujours
le grain le plus beau & le plus gros : il faut ſur-tout bien obſerver,
lorſque l'on fait uſage du ſemoir, que les grains ſoient à peu près
de la même groſſeur ; mais il n'eſt pas abſolument néceſſaire qu'ils
ſoient gros ; leur ſanté & leur bonne qualité ſuffiſent. En effet on
remarque que du froment très-petit, mais ſain & bien plein, produit de très-belles tiges ; & en cela, ſi l'on ſe rappelle ce que nous
avons dit, on verra l'avantage clair & net qui en réſulte pour le
Cultivateur : les petits grains occupent plus de terrein puiſqu'il y en
a un plus grand nombre dans une meſure déterminée , & que nous
avons prouvé qu'il falloit eſſentiellement s'attacher au nombre pour
ſemer régulierement.

CHAPITRE V.

Du prétendu changement d'eſpéce , & de l'orge de Patney.

ON obſerve que toutes ſortes de plantes dégénerent dans des
ſols qui ne conviennent point à leur nature ; elles y végétent avec langueur, ou périſſent, ſoit par rapport à la nature
du climat, ſoit par rapport à celle du ſol qui ſe trouve même ſous
ce même climat ; penſer qu'une plante ſe change en une autre,
parce que le climat ou le ſol ne lui convient pas, quoi de plus
abſurde ? Pour peu qu'on connoiſſe les principes de l'Agriculture,
on ne croira jamais que le froment puiſſe ſe changer en ſeigle par

la mauvaise qualité du sol. Ce que nous voyons seulement, c'est qu'une plante sans dégénérer de son espèce s'altere de plus en plus, & perd de sa qualité suivant que le sol & le climat sont plus ou moins propres à lui fournir la nourriture qui lui convient. Voilà ce que l'on peut & ce que l'on doit entendre par *dégénération*, (qu'on nous passe le terme) & ce qui arrive réellement. On a beau dire, un grain de froment en quelque terrein qu'il se trouve, & de quelque façon qu'il soit cultivé, ne peut produire qu'une tige & un épi de froment ; se trouve-t-il sur un bon sol bien cultivé ? il pousse beaucoup de tiges & autant d'épis bien garnis ; mais est-il semé dans un terrein pauvre & mal cultivé ? il n'a qu'un jet bien foible & un épi qui s'en ressent.

Ainsi quand le Fermier semant du froment y trouve du seigle après l'avoir moissonné, faussement s'imagine-t-il que quelques grains ont dégénéré au point de se changer en seigle & aussi faussement, croit-il avoir trouvé un véritable changement d'espéce ? mais tout l'obscur de ce mystere consiste en ce qu'il y avoit réellement du seigle mêlé parmi le froment qu'il a semé ; par exemple, qu'il ôte une certaine quantité de froment de l'épi, qu'il le seme dans un terrein aussi pauvre qu'il voudra, les plantes en seront foibles & languissantes à la vérité, mais tout le produit ne sera que du froment sans qu'on y trouve le moindre grain de seigle. Il résulte donc que tous ces changements, qui tiennent du miracle, ne sont qu'imaginaires, pour peu qu'on les examine attentivement ; par conséquent toutes ces prétendues dégénérations des graines étant examinées à fond, se réduisent à ce qui suit.

Les graines de différentes plantes utiles ont été portées par la culture à l'état de perfection où nous les voyons aujourd'huy ; les plantes qui en viennent étant bien cultivées, répondent à tous égards aux bonnes qualités qu'elles leur communiquent ; or cette culture consiste à leur donnner un terrein bon, bien préparé, & bien ameubli, & à les y répandre avec régularité ; en effet, c'est à cette excellente culture que l'on doit la perfection où l'on a porté jusqu'à ce jour les grains, c'est elle seule aussi qui peut la leur conserver : dans leur état naturel ils étoient pauvres, & si on les néglige, ils le redeviennent ; voilà ce qu'on appelle dégénérer, & qui n'est autre chose que retourner à son premier état : mais quel que soit le dégré de dégénération auquel on les laisse parvenir, il n'arrive jamais un véritable changement d'espéce.

La chaleur & l'humidité sont les deux puissans véhicules qui
accélerent

accélerent la croiſſance des plantes ; elles différent ſelon les différens climats & les différens ſols ; les différens dégrés de chaleur ſe
réglent ſur la différence des climats, ceux de l'humidité ſe déterminent ſur la différence des ſols ; cependant on obſerve qu'un
ſol agit ſouvent comme un climat ; car on ne peut nier que la
différence de chaleur ne ſoit conſidérable ſuivant la différence des
ſols ; en effet on trouve autant de différence de chaleur entre un
champ ſablonneux & un autre champ glaiſeux, quoique l'un &
l'autre ſoient ſitués dans le même pays, qu'il y en a entre des pays
éloignés de pluſieurs dégrés ; l'effet de cette variété eſt évident
dans ce que l'on appelle changement d'eſpéces parmi les grains.

Peut-être nous ſçaura-t-on quelque gré de donner ici connoiſſance
de l'orge de *Patney*, autrement appellée orge précoce, que quelques-uns ont regardée comme très-différente de l'orge commune,
quoiqu'en effet elle ne ſoit que la même, mais d'une croiſſance
différente.

Patney eſt une ville ſituée dans *Wiltshire* ; les champs des environs ſont des ſols ſablonneux. Or nous avons fait obſerver que les
ſables ſont naturellement chauds, ainſi que les glaiſes ſont naturellement froides. Si l'on ſeme de l'orge commune dans les environs
de cette ville, il eſt certain qu'elle mûrit plutôt que par-tout ailleurs;
on obſerve que cette graine conſerve ſa vertu pendant trois ou quatre
générations. Cette orge ainſi cultivée, d'orge commune qu'elle
éroit, devient l'orge de *Patney*, ou l'orge précoce. Si on la ſeme
dans un ſol léger & paſſablement chaud, elle mûrit quinze jours ou
trois ſemaines plutôt que la commune, & la ſemence qui en provient conſerve cette propriété pendant trois ou quatre années ; mais
la ſeme-t-on dans un ſol glaiſeux & froid ? elle ne produira que de
l'orge ordinaire : ainſi l'on peut à ſon gré faire tantôt de l'orge de
Patney de l'orge commune, & tantôt de l'orge commune refaire
de l'orge de *Patney*.

Quoique cette orge ne ſoit point accréditée en France, & que nous
ne connoiſſions point de pays où l'on la cultive, nous croyons devoir un avis aux Cultivateurs François qui voudroient en entreprendre la culture, de ne pas s'y livrer avec trop de chaleur : cette
orge eſt d'une vie plus courte que l'orge commune, elle eſt plus tendre, plus molle, & plus mauvaiſe ; comme il lui faut moins de
tems pour acquérir ſa parfaite maturité, on pourroit bien ſe laiſſer
éblouir ; mais nous avertiſſons que ceux qui s'en entêrent, y perdent
beaucoup ; rien en effet de plus délicat que cette plante ; car s'il

Tome III. C

survient la plus petite gelée après qu'on l'a semée, elle périt entierement : cet accident à la vérité n'est pas bien ordinaire, puisqu'on
la seme fort tard ; mais toujours est-il vrai de dire qu'il est possible, & que quand il arrive, le dommage est très-considérable. Si
elle est battue de quelque vent froid, ou de quelque sécheresse,
elle n'y résiste pas comme l'orge ordinaire. Enfin si l'on fait un essai, par exemple, qu'on ensemence dans un même jour un champ
d'orge ordinaire, & un autre d'orge de *Patney*, en supposant que
les deux champs soient égaux à tous égards, on verra que l'orge
commune produit une récolte plus abondante, & qu'elle dédommage
avec usure du peu de tems de plus qu'elle reste sur le terrein. Nous
avons cru devoir faire cette observation en faveur des Cultivateurs zelés qu'un appas si séduisant pourroit éblouir. Ainsi nous
finissons ce Chapitre en faisant remarquer qu'il est très-peu de circonstances qui puissent déterminer à semer de cette orge ; puisqu'en général la perte est très-certaine & très-considérable.

CHAPITRE VI.

De l'effet des sols sur la croissance des plantes.

ON voit donc que le sol agit de la même maniere qu'un climat différent, en ce qu'il change, pour ainsi dire, pour quelque tems la nature du grain ; il en est de même de tous les autres
changemens qui arrivent dans les graines, dans le froment, &
autres bleds distingués par les Cultivateurs sous différentes dénominations. Il faut encore observer que l'exposition peut concourir
à l'action du sol ; par exemple, un sol léger & sablonneux passablement à l'abri, portera plus promptement à sa parfaite maturité une semence quelconque, qu'un terrein froid, dur & glaiseux, exposé au Nord. La partie d'une montagne dans l'Orient qui
est exposée au Sud, est très-propre à la végétation des plantes Indien-
nes ; & celle qui est exposée au Nord, est très-avantageuse aux
plantes de l'Europe. Tous ces exemples ne servent donc qu'à prouver que d'autres causes que le climat peuvent produire les mêmes
effets. Quand on connoît les principes de ces changemens, on n'est
plus sujet aux erreurs vulgaires qui séduisent le Cultivateur à son
grand désavantage. Lorsqu'on lit pour s'instruire, & qu'on établit la

pratique fur les principes, on fçait le cas que l'on doit faire de ces prétendus changemens, puifque l'on fçait à quoi l'on doit les attri-buer. On peut faire l'application de ce que nous venons de dire fur l'orge de *Patney*, & l'étendre jufques à toutes les autres graines.

Le lin de Flandres a plus de qualité que le lin du refte du Royaume. Si l'on tire la linette de ce pays, on aura un lin auffi parfait ; mais la graine qui viendra de cette femence tranfportée de fon pays natal, rendra la feconde année un lin d'une qualité inférieure, & la graine de celle-ci un lin encore beaucoup plus inférieur, & elle dégénérera ainfi, jufqu'à ce qu'enfin on eft obligé de revenir à la linette de Flandres.

Or il eft évident que cette *dégénération* ne peut être attribuée qu'à la différence de chaleur & d'humidité, & non à la différence abfolue de la fubftance terreftre qui fert de nourriture à la plante ; car on voit bien que la premiere année le fol eft auffi favorable qu'en Flandres à la croiffance du lin, mais que la graine n'arrive pas dans le refte du Royaume à ce degré de perfection qu'a la femence dont il eft formé ; ce qui eft le fuprême degré de la perfection de la croiffance d'une plante, & ce qui prouve que tous les pays ne conviennent point au lin par rapport à la différence de chaleur & d'humidité.

Voilà à peu près les raifons que nous pouvons donner d'un tel changement ; mais peut-être attribuons-nous à la nature du pays des effets qui ne doivent l'être qu'à la négligence des Cultivateurs. Il ne refte donc pour fortir de cette incertitude qu'à bien examiner fur les lieux la nature du fol dans lequel on cultive le lin le plus fin en Flandres, & la maniere dont on le traite ; enfuite on s'attache à choifir un terrein exactement de la même nature, qu'on cultive de la même maniere ; peut-être n'aura-t-on plus befoin de tirer la linette de Flandres, ou du moins ofons-nous affurer que fa bonne qualité durera un plus grand nombre d'années, ainfi que l'orge de *Patney*, lorfqu'on la feme fur des terreins femblables à ceux des environs de cette ville, mais qui dégénére en orge commune auffi-tôt qu'on la feme fur un fol différent. Si nous avons ici parlé du lin, ce n'eft que comme d'un exemple dont nous avions befoin pour répandre un plus grand jour fur la caufe des *dégénérations*, auffi nous réfervons-nous d'en traiter plus amplement à l'article du Lin.

Il réfulte donc bien évidemment de ces exemples & d'autres

semblables rapportés ci - deſſus, que la nourriture de toutes les plantes eſt la même, que la ſeule différence qu'il y ait conſiſte en ce que quelques ſols abondent plus en nourriture que d'autres, & que certaines plantes ſuivant leur différente nature en attirent plus ; il n'y a donc point de plante qui ſelon la vigueur de ſes racines ne vole de la nourriture à celles qui l'environnent, & un ſol qui dans un tems eſt propre pour une ſorte de végétation, le ſera toujours, pourvû qu'on l'entretienne dans la même vigueur par des apprêts convenables.

C'eſt ſur ces faits ſuffiſamment démontrés qu'eſt fondée la grande amélioration que l'on tire de l'uſage du ſemoir & de la charrue à houe, ou *Cultivateur*, dont nous avons donné l'explication.

Nous avons prouvé ſuffiſamment que la nourriture de toutes les plantes eſt la même : par conſéquent quand une eſpéce de terrein a été épuiſée, il n'y a plus moyen de l'enſemencer de quelque autre production ; il vaut donc beaucoup mieux la préparer convenablement, & lui redonner un bon cœur pour y reſemer du froment : or on remplit exactement cet objet par le ſecours de la nouvelle méthode, ſans perdre du tems par une jachere générale, ce qui, comme on le voit, produit un avantage conſidérable.

Nous avons fait obſerver comment une piece de terre plantée en bois taillis peut fournir tous les ans une coupe ; nous ferons également voir comment une piece de terre deſtinée à du froment ou tout autre bled, peut auſſi produire chaque année une récolte. Il eſt évident que l'avantage que le Fermier trouve en changeant les productions, ne dépend point des différentes nourritures des eſpéces particulieres, mais bien d'autres cauſes, comme de la quantité du ſuc nourricier laiſſé dans le terrein par la premiere production qu'on lui a confiée, & de la quantité qu'exige la production qui lui ſuccéde, & enfin du degré de bénéfice que le terrein tire du labourage ; car nous avons prouvé invinciblement qu'il n'y a point dans la terre des ſucs particuliers à telles ou telles plantes.

En effet nous voyons que toutes les eſpéces de plantes qui viennent ſur le même ſol, prennent la même nourriture : c'eſt en partant de ce principe que nous conſeillons d'améliorer la nature du ſol par des labours plus fréquens, au lieu de changer de production ; point important que nous allons traiter ſous l'article de la Charrue à ſemoir, qui a ſi juſtement pris faveur.

CHAPITRE VII.

Du Semoir & du Cultivateur.

NOus avons dans les Chapitres précédens donné une connoiſ-
sance ſi exacte & ſi claire des principes de la végétation ,
qu'il n'eſt pas poſſible qu'on ne comprenne à préſent tous les
grands avantages qui peuvent réſulter de la nouvelle méthode
bien exécutée que nous propoſons : elle eſt ſi ſupérieure à l'ancienne que les Cultivateurs même , qui n'en ont mis en uſage
qu'une partie, conviennent de ſa ſupériorité par le grand bénéfice
qu'elle a produit ; cependant ils n'ont employé que le ſemoir. Que
ſeroit-ce donc ſi, comme les régles l'exigent, ils avoient en même-tems fait uſage du *Cultivateur ?* En effet il faut, pour tirer
tous les avantages prodigieux & poſſibles de cette méthode , employer l'un & l'autre inſtrument. Mais pour ne laiſſer rien à déſirer
ſur cette amélioration , nous allons expoſer le plus clairement
qu'il nous ſera poſſible en quoi elle conſiſte.

La charrue à ſemoir eſt dans les champs ce que ſont dans les jardins
la bêche & la façon d'y ſemer, & la culture du *Cultivateur* n'eſt autre choſe que la culture des pépinieres employée au profit des
bleds. Or nous avons dit , & tout le monde le ſçait, que la maniere
de cultiver les jardins eſt ſupérieure à celle des champs , mais
à la vérité plus diſpendieuſe : il eſt donc d'une utilité démontrée
de la tranſporter, autant qu'il eſt poſſible, aux champs. Il en eſt de
même quant à la culture des pépinieres.

On jette ſur les terres labourées le bled à la volée, & on le
couvre à des profondeurs inégales ; dans les jardins au contraire
on ſeme les graines dans des petites rayes ou tranchées alignées
& qui ſont d'une profondeur partout égale, & favorable à la nature des plantes qu'on y cultive : or on remplit, ou peu s'en faut ,
les mêmes vuës dans les champs, par le méchaniſme de la charrue à
ſemoir ; pour cela on ſe ſert d'une charrue qui fait des tranchées
auſſi profondes qu'il convient de les faire, pour favoriſer le prompt
développement & accroiſſement de chaque graine. Les ſemences
ſont répandues dans ces rayes ſuivant la quantité convenable, &
chaque grain eſt également couvert ; de ſorte qu'on peut dire que

la méthode pratiquée pour les jardins, se trouve transportée aux champs, qu'elle y est même exécutée plus exactement, & que, ce qui est bien remarquable, on laboure, on seme, & l'on herse tout à la fois; ce qui est un avantage de plus que cette méthode a sur celle des jardins.

Lorsqu'on a semé suivant l'ancienne méthode, on ne peut plus donner, à cause des tiges qui sont éparses irrégulierement, aucun secours à la plante; les molécules dela terre qui doivent nécessairement s'affaisser, & par conséquent ne point donner la nourriture suffisante, ne peuvent plus être divisées, ameub'ies, & leurs surfaces renouvellées; les mauvaises herbes sont en pleine possession du terrein, leur accroissement ne pouvant être traversé; il est vrai qu'on remédie en quelque sorte en certains endroits à ce dernier inconvénient par le sarclage; mais outre que cette ressource ne peut être que très-dispendieuse, il en résulte de très-grands dommages; parce que l'on coupe souvent avec le sarcloir autant de plantes utiles que de mauvaises herbes, ce qui ne peut en effet manquer d'arriver; puisqu'il est vrai que dans les endroits mêmes où cette méthode est le plus accréditée, on en confie l'exécution à des femmes & à des enfans: d'ailleurs ce sarcloir, par la crainte qu'on a de déraciner le bled, ne plonge pas profondement, de sorte qu'on ne fait qu'égratigner la terre, & par conséquent qu'étêter les mauvaises herbes, & nullement attaquer leurs racines.

Suivant la nouvelle méthode, au contraire on laisse des intervalles entre les rangs; qu'ils soient simples ou doubles, n'importe, & ces intervalles peuvent aisément être labourés; de sorte que non-seulement on fait la guerre aux mauvaises herbes, mais encore on donne aux utiles une nourriture nouvelle & plus abondante; & cette méthode-ci n'est précisément autre que ce que l'on pratique dans les pépinieres où les arbres sont plantés par rangées.

On a déjà vû comment une terre bien ameublie donne passage aux racines; nous avons aussi comme démontré la maniere dont les racines coupées en ameublissant la terre se multiplient. Nous en avons assurément donné toute la théorie; l'avantage, que tout le monde sçait par pratique, qu'on retire de creuser entre les racines, prouve autant qu'on puisse le désirer, que tout ce que nous avons avancé là-dessus est fondé sur des principes incontestables.

Ainsi lorsque le semoir & le *Cultivateur* sont employés ensemble, les semences jettées régulierement & dans la quantité convenable au terrein, acquierent une croissance prompte & vigoureufe, d'autant plus qu'elles n'ont pas plutôt percé la fuperficie, qu'on leur donne des labours fréquens dont le propre eft de former de nouvelles furfaces des molécules, & en coupant leur racines de nouvelles bouches, qui fe multiplient en proportion de la fréquence des labours & qui pompent une nourriture nouvelle & plus abondante ; de forte qu'on peut avancer qu'elles jouiffent de tous les principes de fertilité répandus dans le cœur & fur la fuperficie du fol. Tel eft cette méthode admirable ; tout y eft une véritable régularité, au lieu que dans l'ancienne on ne voit que confufion, tout enfin n'y eft que pur hazard.

CHAPITRE VIII.

Ce que c'eft que femer avec la charrue à femoir.

S Emer au femoir n'eft, fuivant ce que nous avons déjà dit, autre chofe que difpofer les femences régulierement dans des rayes & les couvrir d'une quantité de terre proportionnée à la profondeur à laquelle elles font femées pour leur plus prompt & plus parfait accroiffement. Nous avons donné l'idée des jauges pour trouver les différentes profondeurs : nous donnerons dans les Chapitres fuivants la defcription de l'inftrument dont on fe fert pour faire cette opération.

On fait avec la charrue à femoir des rayes à des diftances régulieres & à la profondeur qu'on juge la plus favorable à la femence que l'on jette ; le femoir les répand également dans les petites tranchées & les recouvre de terre ; ces deux opérations s'exécutent enfemble, & avec la plus grande précifion.

Le femoir eft la piéce importante de cet inftrument ; il remplit la fonction de l'homme qui féme à la main & à la volée, mais d'une façon, comme on doit le fentir, bien plus réguliere & plus précife ; car il ne laiffe échaper les grains que les uns après les autres, de même qu'il les reçoit par le méchanifme d'un cylindre qui lui eft adapté.

Cette difpofition qui ne doit dans les terres labourées fe faire qu'avec cette charrue, a, outre tous les avantages dont nous avons déja parlé, l'utilité finguliere de faire pouffer toute la femence enfemble, deforte qu'il n'eft guéres poffifible aux mauvaifes herbes d'y croître. Comme le bled ou toute autre production quelconque monte par rangées, on apperçoit aisément dans les intervalles qui les séparent les mauvaises herbes, de sorte qu'on peut aisément les détruire : d'ailleurs quelques voisines qu'elles soient des rangées, elles ne sont jamais en-dedans ; avantage qui assurément n'est pas à mépriser ; au lieu que dans la méthode ordinaire elles ont le tems de pomper la partie substantielle qui est dans le terrein avant même qu'on puisse les découvrir, pour les arracher ensuite, si l'on a le tems, les facultés & l'adresse de le faire au sarcloir, sans porter un préjudice notable au bled, ce qui, comme nous l'avons fait observer ci-dessus, est presque inévitable, soit par rapport au piétinement des sarcleurs, soit par rapport à leur inattention, soit enfin parce que quand même ils éviteroient les deux premiers inconvéniens, ils ne font qu'étêter les mauvaises herbes & donner par conséquent plus de force à leurs racines.

Il y a plusieurs sortes d'herbes qui dans leur première pousse ressemblent au bled ; il faut alors les laisser pousser jusqu'à ce qu'on puisse les reconnoître, ce qui porte un très - grand préjudice à la végétation de ce dernier ; au lieu que quand on a ensemencé avec le semoir, toute plante qui paroît hors de la rangée, quelque ressemblance qu'elle puisse avoir avec le bled, doit & peut être arrachée facilement comme étrangere à nos vuës.

On voit donc bien que par le secours du semoir on place les semences dans la terre d'une maniere à leur en faire tirer tous les avantages possibles, & que l'on découvre en même-tems toutes les mauvaises herbes qui leur auroient dérobé une partie de leur nourriture. Par les intervalles pratiqués entre les rangs on remue autant que l'on veut la terre pendant l'accroissement des plantes, & nous avons fait sentir les avantages considérables qui en résultent, mais qui sont étrangers à toute autre méthode.

Nous ajouterons encore, que comme avec le *Cultivateur* on renverse les mauvaises herbes, on les enterre, elles se pourrissent, & forment une espéce d'engrais qui sert de véhicule aux molécules, & fournit par conséquent au terrein une nouvelle nourriture au lieu de l'épuiser.

Voilà les effets particuliers de la charrue à semoir, qui, quoique très-utile par elle-même, tire encore beaucoup d'avantages de la charrue appellée *Cultivateur;* aussi ne cesserons-nous de blâmer ceux qui font usage séparément de l'un ou de l'autre de ces instrumes.

CHAPITRE

CHAPITRE IX.

Du Cultivateur.

LA deſtruction des mauvaiſes herbes & la diviſion des molécu-les du ſol ſont les deux ſortes d'avantages que la terre reçoit du labourage, on ne les obtient par aucune méthode ſi parfaitement que par le *Cultivateur*; il eſt donc préférable à toute autre. La char-rue prépare la terre, mais voilà tout; car on ne peut point s'en ſervir dans la méthode commune après que les productions ont percé la ſuperficie; cependant on ſçait, & nous le répétons encore, qu'el-les peuvent tirer plus d'avantage du labourage, quand elles ont per-cé la ſuperficie, qu'elles n'en reçoivent de la préparation que le labourage qui a précédé les ſemailles, leur donne. En effet, en ſuivant de près les effets de la méthode ordinaire, on voit bien que la terre eſt préparée, rompue, & rendue légere; mais auſſi on s'ap-perçoit qu'après que les plantes ont percé, elle s'entaſſe naturel-lement en mottes, & devient plus compacte: or il n'eſt pas douteux que les végétaux demandent plus de nourriture quand ils ont acquis un certain accroiſſement & un certain degré d'élévation, que quand ils ont à peine dépaſſé la ſuperficie. Cependant dans la pra-tique ordinaire elles en ont moins, puiſqu'il eſt certain que le ſol de-vient moins ameubli depuis qu'il eſt enſemencé, & conſéquemment moins propre à fournir de la nourriture. L'effet du *Cultivateur* eſt directement contraire, puiſqu'il fournit réellement plus de nour-riture lorſque les plantes en ont plus beſoin. C'eſt par ces circonſ-tances avantageuſes que ce labourage-ci différe du labourage com-mun, plutôt que par la forme de l'inſtrument avec lequel ſe fait cette opération; puiſque labourer n'eſt autre choſe que préparer la terre pour l'enſemencer, & que la labourer avec le *Cultivateur* n'eſt que la remuer pendant que la production eſt dans ſa croiſſan-ce & tend à ſa maturité.

Pour bien parfaitement qu'une terre ſoit labourée avant que d'être enſemencée, les mauvaiſes herbes y pouſſent toujours avec vigueur; car quoique leurs racines ayent été détruites par le labourage, leurs ſemences ſont portées ſur le terrein par le vent, & plus il eſt ſubſ-tantiel, plus elles y végétent avec vigueur. C'eſt ici le cas où nous

Tome IV. D

devons avertir le Cultivateur de ne pas se faire illusion ; les herbes qui sont les plus mal-faisantes ont des semences garnies d'un duvet qui leur sert d'ailes, de sorte que pour peu qu'il fasse de vent elles se portent à de grandes distances; telles sont le chardon, le pas-d'âne, & plusieurs autres d'une nature également nuisible.

Quelque soin qu'on se donne en labourant un terrein avant que de l'ensemencer, on ne peut le garantir de ces ennemis dangereux ; c'est pourquoi il faut nécessairement avoir quelques secours efficaces pendant la croissance des plantes. Dans la méthode ordinaire il n'y a que le sarclage, mais nous en avons fait voir les dépenses, la défectuosité & le danger. Quand au contraire la terre est ensemencée avec le semoir, & disposée par intervalles, il est aisé de passer entre les rangs, & de faire une guerre efficace aux mauvaises herbes ; donc cet avantage est d'autant plus évident qu'il est même moins dispendieux. Si nous voyons les herbes beaucoup plus profiter lorsqu'on les transplante avec soin, ce n'est que parce qu'en les arrachant on coupe les extrémités de leurs racines, & qu'on les met ensuite dans une terre nouvellement labourée ; on sent bien que cet usage n'est point praticable en bien des cas : qui voudroit en effet entreprendre de transplanter un champ de bled ? Cependant on peut se procurer le même avantage en se servant du semoir après avoir disposé le terrein par rangs & par intervalles réguliers, & du *Cultivateur* en labourant entre les rangs ; on voit bien que par cette méthode on ne peut manquer de couper les extrémités des racines, & de donner une terre nouvellement labourée aux nouveaux jets qu'elles poussent.

Il est des Cultivateurs qui en suivant la nouvelle méthode se privent eux-mêmes d'une partie de ces avantages, par la crainte qu'ils ont de s'y livrer entièrement ; ils jettent leur grain avec le semoir dans des rangs qui sont à un pied & demi de distance l'un de l'autre, & ils ouvrent ensuite la terre légerement entre ces rangs avec le *Cultivateur*. Cette méthode imite en quelque façon celle des jardins, elle est, nous l'avouons, avantageuse, mais pratiquée exactement suivant les régles que nous avons données, elle le sera beaucoup plus.

Lorsque le froment est semé par triples rangées distantes de sept pouces l'une de l'autre, & qu'on laisse un intervalle de sept pieds entre les rangs, alors le bled empêchera lui même les mauvaises herbes de pousser dans les intervalles de sept pouces ; & si on laboure profondément les intervalles qui sont entre les rangs avec le *Cultivateur*, la récolte est deux fois plus abondante.

CHAPITRE X.

Des avantages qui réfultent du labourage profond qu'on donne avec le Cultivateur.

LE verfement léger que l'on fait de la terre entre les rangs ne fert qu'à favorifer actuellement la production préfente, fon effet ne s'étend pas plus loin : d'un autre côté, le labour profond dans les intervalles de cinq pieds eft une efpéce de jachere ; & fi l'on donne avec attention cette culture elle fert d'engrais, quoique dans bien des occafions il foit néceffaire de mettre enfemble en ufage ces deux moyens.

Le labour profond entretient toujours la terre humide, & lui donne une préparation propre à retenir & à s'imbiber des rofées & des petites pluyes. Plus un terrein eft labouré, mieux il profite des avantages des pluyes, & plus par conféquent il eft propre à la végétation. Un terrein dur eft ou fec, ou noyé d'humidité ; car il retient trop long-tems les pluyes, & acquiert par-là tant de fraîcheur qu'il tranfit les racines des productions ; au lieu que la terre bien labourée & bien ameublie diftribue avec égalité l'humidité qu'elle reçoit.

L'expérience appuyée d'un fuccès conftant vient à l'appui de tout ce que nous difons ici d'avantageux fur le labour profond donné avec le *Cultivateur* ; qu'on enfemence, par exemple, de froment un fol pauvre, & quand on y verra les tiges & les feuilles jaunâtres & languiffantes, qu'on laboure une partie du champ à côté du froment avec la charrue à houe ou *Cultivateur*, on verra les tiges reprendre une couleur de fanté & une air de vigueur comme fi on l'avoit arrofé ; il fe foutiendra dans cet état à proportion qu'on lui donnera des labours.

Nous devons faire remarquer que fi l'on veut obtenir tous les avantages qui réfultent de cette méthode, & éviter l'endommagement des plantes, il faut préparer fon terrein d'avance par des labours fréquens & profonds : car fi la terre eft dure, comme elle doit l'être lorfqu'elle n'eft qu'à demi labourée, la charrue à houe la caffe fouvent, la fend, ou l'arrache d'entre les racines, quand on la plonge profondément. Lorfqu'au contraire le fol a eu les bonnes préparations prefcrites, il ne peut jamais réfulter que de grands

avantages au lieu d'inconvéniens des labours profonds que l'on donne avec le *Cultivateur* ; parce qu'elle tombe légerement de quelque côté qu'on la tourne.

La même raison qui prouve l'utilité de remuer la terre par rapport à la nourriture qu'elle envoye aux plantes qui croissent à côté,
ou pour mieux dire que leurs racines vont y pomper, prouve aussi
que cette utilité sera d'autant plus sensible que le labour sera plus
profond, pourvû qu'on ne dépasse pas le bon sol ; parce que les végétaux étendent en long & en large leurs racines, & qu'ils les plongent aussi à une certaine profondeur ; de sorte que les intervalles
qui sont entre les rangs étant remués & ameublis à huit pouces de
profondeur, fournissent une certaine quantité de nourriture que
les plantes n'auroient point eu sans ces labours : or si la terre est réduite à un degré convenable d'ameublissement à seize pouces de
profondeur, pourvû toutes fois que le sol y ait des principes propres à la nutrition des plantes, il est bien évident que les végétaux qui sont dans les rangs recevront le double plus de suc nourricier. Voilà la différence qu'il y a entre des labours simples & légers donnés avec la charrue à houe dans les rangs distans d'un pied &
demi les uns des autres, & les labours profonds donnés aux doubles rangs, separés par des intervalles de cinq pieds, & même
davantage.

On voit par-là combien il est nécessaire de laisser des intervalles si grands : pour peu qu'on se rappelle les principes que nous
avons établis, on secouera bien-tôt le préjugé qui lute depuis si
long-tems contre cette nouvelle méthode, dont les avantages sont
indicibles.

Conseille-t-on aux Fermiers de semer par triple rang, ils se prêtent assez volontiers à cette idée ; mais qu'on leur parle de laisser des
intervalles de cinq pieds, ils ne peuvent pas soutenir cette propo-
sition, parce qu'ils croyent que ce terrein est en pure perte. Mais
nous nous proposons de leur prouver de la maniere la plus évidente
qu'il n'y a point de méthode par laquelle un terrein soit plus abondant. Pour qu'ils nous entendent parfaitement, commençons par
bien examiner & considérer les rangs.

On peut construire la charrue à semoir d'une maniere propre à
ensemencer un grand nombre de rangs à la fois à peu de distance
les uns des autres ; mais cette pratique n'est pas celle qui produit
le plus d'avantages. Il est des Cultivateurs, sur-tout beaucoup de
Fermiers, qui seulement occupés du soin d'épargner la semence

se sont pliés à l'usage du semoir, sans se servir du *Cultivateur*.

Mr. *Thull* avoit pratiqué cette méthode long-tems avant eux; mais enfin il y renonça; il vit que la charrue à semoir & celle à houe étoient deux améliorations inséparables, & que pour tirer tous les avantages possibles de l'une & de l'autre, les rangs qu'on ensemence avec le semoir ne doivent jamais être trop près les uns des autres.

Il y a des plantes, nous le ferons voir dans la suite, qui réussissent mieux disposées en rangs simples avec de grands intervalles; il y en a d'autres dont la végétation est parfaite, quand elles sont par triples rangs près les uns des autres & séparés ensuite par de grands intervalles; dans ce cas-ci les rangées doivent être distantes de sept pouces les unes des autres, & les intervalles d'une largeur considérable.

Quand les plantes, ainsi disposées, ont atteint une certaine hauteur, leurs sommités s'entremêlent si bien qu'on diroit qu'il n'y a qu'un seul rang large, & dans ce cas nous les appellerons tous ensemble un seul rang & lorsqu'on nous verra parler des intervalles on aura le soin de se rappeller que nous entendons les espaces ou intervalles qui sont entre ces rangs.

C'est la nature des plantes qui doit indiquer au Cultivateur la plus ou moins grande distance qu'il doit donner: les plus grandes exigent les intervalles les plus espacés.

Chaque intervalle qu'on doit labourer au *Cultivateur* doit être au moins de deux pieds & demi pour les plantes de la plus petite espéce, & de cinq pieds pour toutes les espéces de bled; des intervalles plus petits suffisent dans le jardinage, parce qu'on n'y fait usage que de la houe à la main qui ne plonge pas bien profondément; au lieu qu'afin que la charrue à houe coupe à une profondeur considérable, il faut de grands espaces, parce que les racines pénétrent plus loin & trouvent plus de nourriture à pomper.

Peut-être enfin que les Cultivateurs les plus entêtés de l'ancienne méthode, feront la paix avec la nouvelle lorsqu'ils apprendront que malgré la multiplicité des intervalles de cinq pieds qui se trouvent, par exemple, dans un acre de terrein, les tiges seront plus nombreuses que dans un terrein de la même mesure ensemencée suivant l'ancien usage: nous les renvoyons au calcul & à l'expérience qu'ils peuvent en faire pour se convaincre qu'il n'y a point réellement de terrein perdu par les intervalles.

Or quand même les épis ne seroient égaux que par le poids & la bonté, le produit seroit égal, parce qu'il y en a au moins autant en fuivant une méthode qu'en fuivant l'autre ; mais ils font plus beaux & plus graineux, par la nouvelle ; donc le produit eft plus grand, donc elle mérite la préférence.

Lorfque les intervalles font labourés au *Cultivateur*, les racines y pénétrent aifément, donc la récolte fur une piéce de terre ainfi travaillée, quoique moindre en apparence, eft réellement plus abondante qu'en fuivant toute autre méthode ; donc quoiqu'une partie paroiffe n'être point occupée, il n'y a point en effet de particule qui ne ferve aux progrès de la végétation ; parce que comme les racines des plantes qui font dans les rangs pénétrent dans les intervalles, elles s'y étendent de tous côtés, les rempliffent entierement, & y puifent une furabondance de fuc nourricier qui accélere & augmente leur végétation.

De toutes les expériences qu'on a fouvent répétées & variées pour déterminer au vrai le gain ou la perte que l'on fait par la méthode des intervalles, il a réfulté que plus les intervalles qu'on laiffe font efpacés pour donner la facilité de labourer la terre à une plus grande profondeur, plus les récoltes font abondantes.

On a fait dans le même champ l'effai des intervalles larges & des étroits fans appeller au fecours ni des uns ni des autres le fumier ; en d'autres parties de ce même champ on a fumé fans avoir recours à la charrue à houe, il s'eft trouvé que ces parties ne rendoient point une récolte à beaucoup près fi abondante que celle de la nouvelle culture, & que les endroits où les intervalles étoient les plus larges ont produit plus que toutes les autres parties ; donc les labours faits à la charrue à houe font préférables au fumier par deux raifons bien fenfibles : d'abord cette opération coûte moins & produit davantage, enfuite plus les efpaces font grands, plus les avantages du *Cultivateur* font confidérables : mais après tout ce ne font ici que des généralités qui ne doivent point déterminer le Cultivateur dans tous les cas particuliers : car on nous verra lui confeiller dans certaines occafions des intervalles petits, & en d'autres des engrais avec les labours faits au *Cultivateur*.

CHAPITRE XI.

De la différente apparence des productions.

IL arrive souvent, & même presque toujours, que le froment semé à la maniere ordinaire a d'abord autant d'apparence que celui qui est semé au semoir & qui est entretenu avec le *Cultivateur*; mais vers l'été le premier décline, tandis qu'au contraire, le dernier fait des progrès prodigieux, quoique la semence & le terrein soient les mêmes : il est certain, comme nous l'avons déja dit, que la nouvelle culture produit des récoltes beaucoup plus abondantes.

Lorsque les intervalles sont suffisamment larges, on peut passer plusieurs fois le *Cultivateur* pendant la croissance des plantes ; on fait approcher au premier labour la charrue assez près des rangs, mais moins au second, & ainsi aux autres, jusqu'à ce qu'enfin elle ne marche plus qu'exactement au milieu de l'intervalle ; autrement on risqueroit de faire trop éclater les terreins dans les rangs, & d'arracher trop de grandes racines, lorsque la production auroit atteint une certaine hauteur.

Il n'y a rien de plus favorable à la végétation que d'arracher aux plantes leurs petites racines ; mais rien de plus contraire que de leur en arracher de grosses, quand elles ont acquis un certain degré d'accroissement ; aussi ne faut-il alors que remuer & ameublir par le *Cultivateur* le milieu des intervalles. On y trouvera de petites racines qui étant arrachées par le labour en pousseront une très-grande quantité : or ces jets sont autant de trompes par lesquelles les plantes attirent la nourriture qu'elles trouvent abondamment : de sorte qu'en partant de ce principe on voit par quel méchanisme le milieu de l'intervalle labouré souvent, renforce considérablement les plantes.

Mais un autre avantage bien considérable, c'est qu'outre que la nouvelle culture fournit beaucoup plus de suc nourricier que le fumier, son effet dure beaucoup plus, ce qui devient un objet assez important pour mériter la considération du Cultivateur ; en effet bien loin que le terrein s'épuise, plus on y fait succéder différentes productions avec des intervalles bien larges & bien labourés, plus il abonde en principes ; on remarque que la derniere est toujours meilleure que les précédentes, sans qu'on soit obligé de ranimer le terrein avec du fumier ni par le secours de la jachere ; car le labourage avec la houe produit les mêmes effets, parce que pendant que les intervalles fournissent du suc aux plantes qui sont dans les rangs, ils en reçoivent d'un autre côté pour les années suivantes.

Suivant la méthode ordinaire, on est obligé de changer de production les années qui suivent la récolte du bled, parce que le terrein s'appauvrit : suivant la nouvelle, au contraire, loin de s'épuiser il s'enrichit tous les ans.

Lorsqu'on a fumé un terrein il produit la premiere année ; mais il faut que l'année suivante la production qu'on y fait venir soit d'une espéce inférieure, parce que le sol ainsi préparé s'appauvrit de plus en plus ; mais par les secours de la nouvelle culture comme il devient de plus en plus abondant en principes, en raison des faces multipliées des molécules il est propre tous les ans à la végétation du froment.

Tous les changements de production à faire dans les champs ainsi cultivés se réduisent à ce point-ci. Le premier grain que l'on jette doit être de l'espéce la plus inférieure, & ainsi d'année en année on jette des semences d'un plus grand prix, jusqu'à ce qu'enfin on soit parvenu au froment : cependant on peut en général préparer le terrein dès la premiere fois pour cette espéce de grain, & il continuera de lui être propre en le cultivant avec soin.

Plus les intervalles sont larges plus il est aisé de diviser la terre ; on ne peut donner d'intervalle plus petit que celui de quatre pieds huit pouces, si l'on veut retourner deux bas sillons un peu profonds ; autrement on risque de renverser un des sillons, quelquefois même les deux sur le rang qui est à côté, ce qui cause un dommage considérable ; certaines plantes, à la vérité, comme du sain-foin qui est bien venu, & autres semblables, qui peuvent supporter que la terre en soit emportée par la herse, résistent à cet inconvénient : mais on a beau dire, elle n'ont pas une végétation si vigoureuse.

Nous avons fait observer que l'on doit adapter la pratique à la situation particuliere ; ainsi tous les avantages vrais dont on vient de voir le détail, ne doivent point passer par-dessus toutes les circonstances du terrein en faveur de la nouvelle culture, notre dessein n'est point d'entraîner aveuglément le Cultivateur. Si son

terrein

terrein eſt ſec , friable & ſitué horiſontalement, la nouvelle méthode ne peut que lui être très-favorable ; ſi ſes terres ſont des
glaiſes tenaces & fortes, le ſable eſt le premier apprêt qu'il convient
de leur donner ; enſuite quand on les a réduites à la nature d'argile ſablonneuſe , on peut faire uſage du *Cultivateur ;* mais ſi les
terres ſont ſituées en pente rapide , il faut néceſſairement s'en tenir
à l'ancienne méthode : il eſt certain que dans les terres ordinaires , telles qu'elles ſont aujourd'hui diſpoſées, le Cultivateur ne
peut point ſuivre cette méthode ; mais il y a tout lieu d'eſpérer que
la prévention établie contre cette amélioration diminuera de jour
en jour , & que la pratique des clôtures prenant faveur , les Particuliers & le Miniſtère ouvriront les yeux ſur les avantages qui réſultent d'une culture établie ſur des principes que tant d'expériences ont rendu évidents.

Après avoir ainſi fait voir combien il eſt important de ſe ſervir conjointement du ſemoir & du *Cultivateur,* il convient de faire bien exactement connoître les inſtrumens dont on ſe ſert dans
cette nouvelle méthode , & la maniere de s'en ſervir pour la
culture des différentes productions, objet que nous remplirons
à la fin de ce volume par la deſcription qu'on trouvera immédiatement avant les planches. Nous avertiſſons même que nous ne décrirons point le ſemoir de Mr. *Thull,* quoiqu'il ſoit dans la planche, puiſque les mauvais effets de ſes ſoupapes l'ont fait juſtement proſcrire ; nous décrirons les nouveaux ſemoirs ; mais nous
nous fixerons entierement à celui du Sr. *Jouet;* nous n'en connoiſſons point de plus parfait & par conſéquent de plus utile.

CHAPITRE XII.

De la Charrue à houe appellée le Cultivateur.

NOus avons , dans l'article du ſemoir , fait ſuffiſamment
connoître cet inſtrument , pour qu'on puiſſe nous entendre
lorſque nous ſerons obligés d'en nommer quelque partie , en parlant de la maniere d'en faire uſage ; quoique notre deſſein ſoit
d'épargner au Lecteur l'ennui des deſcriptions , nous ne pouvons
nous empêcher d'entrer un peu dans celle de la charrue à houe
ou *Cultivateur,* inſtrument peu compliqué & par conſéquent très-
aiſé à entendre.

Tome IV.   E

Nous en donnons la figure, afin que tout Lecteur qui connoît déja la charrue ordinaire, ait une connoiffance parfaite de celle-ci ; l'arbre & la partie poftérieure font les mêmes ; la reffemblance eft en effet fi grande, que l'arbre d'une charrue commune coupé & viffé à la planche du *Cultivateur* avec fes propres brancards, forme un vrai *Cultivateur*.

Cependant nous confeillerons toujours de faire à neuf cette charrue-ci. Le foc depuis fa partie antérieure jufques à l'élargiffure de fon fer doit porter deux pieds & un pouce de long, & de ce point jufqu'à l'extrémité de la pointe dix pouces & demi ; voilà la mefure la plus avantageufe de fon deffous. Quant à la planche, on doit lui donner deux pieds fept pouces & demi de longueur, fur neuf pouces de largeur, & deux & demi d'épaiffeur. On viffe les brancards à la planche de la même maniere que l'arbre ; on pratique dans le centre de la planche une noix, dans la partie inférieure de laquelle il y a un crochet où l'on attache un des chaînons de la chaîne courte du balancier. Les parties inférieures des brancards font au niveau de la planche ; ils doivent être recourbés en-dehors jufqu'à la diftance d'un pied de la chaîne. Les noix ou entailles pratiquées dans le balancier fervent à attacher les traits des chevaux. Plus les brancards font courts depuis la barre de traverfe, pour peu qu'ils foient affez longs, mieux la charrue remplit l'objet qu'on fe propofe.

Cet inftrument, quoique fimple, eft excellent ; on le fait aller plus ou moins profondément en changeant les chaînons de la chaîne des brancards ; ce changement produit exactement le même effet dans le *Cultivateur*, que le changement que l'on fait des chevilles dans les différens trous pratiqués dans la charrue commune. Pour nous faire mieux entendre, nous avons fait graver féparément l'arbre avec fa mortaife & fes trous, ainfi que la planche qui par fes trous & lignes pointées indique la maniere différente de placer l'arbre. Les quatre trous qu'on verra pratiqués aux deux extrémités de la planche, font ceux où l'on viffe les brancards.

On pratique auffi ordinairement neuf trous dans cette même planche pour changer la fituation de l'arbre, & pour donner à la charrue une marche droite & réguliere ; nous avertiffons cependant que ce point-ci dépend beaucoup de la façon dont le conducteur tient les bras ou manches. Le femoir & le *Cultivateur* étant à préfent fuffifamment connus, nous allons paffer à la pratique de la nouvelle méthode pour laquelle ils ont été inventés.

CINQUIEME PARTIE.

*Des avantages qu'on retire du Semoir & du Cultivateur, &
qui sont rendus sensibles par trois sortes de productions.*

CHAPITRE XIII.

*De la maniere de faire venir des Navets au Semoir & au
Cultivateur.*

LA théorie du semoir & du *Cultivateur* étant bien établie,
nous allons dans ce Chapitre & dans les deux suivans, la
réduire en pratique, & faire voir tout l'usage qu'on peut faire de ces
deux instrumens dans les champs. Prenons les navets, le froment,
& le sain-foin, comme la racine la plus utile, le bled le plus précieux, & l'herbe la plus fine des artificielles ; comme nous devons
parler séparément de chacune de ces productions dans une des Parties de cet ouvrage, nous ne les considérons ici que comme des
exemples pour faire connoître la pratique de cette espéce de culture & son excellence.

Il y a plusieurs sortes de navets distingués par leurs différens
noms, selon leur figure & leur couleur. Il y a le navet rond ordinaire, le navet long, & le navet jaune.

C'est à celui-ci qui sert de fourage aux bestiaux que nous nous
arrêtons. Ce n'est que depuis peu qu'on s'est mis en usage en Angleterre de cultiver cette racine dans les champs ; les avantages
qu'on en retire sont si considérables, qu'il est étonnant que le
Cultivateur François ne tourne point toutes ses attentions vers
une production dont le bénéfice augmente considérablement lorsqu'on la traite suivant la nouvelle méthode.

Il n'y a point de sol où les navets végétent plus vigoureusement
que dans un sol léger & chaud ; & comme la méthode du semoir &
du *Cultivateur* est parfaitement analogue à la nature de ce terrein,
on ne doit pas être surpris de nous voir la recommander, principa-

lement pour les navets. En suivant la façon ordinaire de femer à la main, on donne deux livres de graine par acre.

On feme les navets dans deux faifons ; au printems pour avoir de la graine dans la même année; & au milieu de l'été pour fournir du fourage aux beftiaux en hyver.

Ce qu'on feme pour avoir de la graine, eft peu de chofe en comparaifon de l'autre faifon. On refeme une partie de cette graine, & on mêle le refte avec la graine de choux pour en faire de l'huile.

Quant à la femaille que l'on fait au milieu de l'été, il faut labourer la terre dans le mois de Mai, & la laiffer ainfi pendant le mois de Juin, enfuite on feme, & l'on enterre la graine avec la herfe. Voilà à-peu-près la façon dont on cultive les navets fuivant la méthode ordinaire, & ils fe trouvent propres à nourrir les beftiaux dans le fort de l'hyver, & au commencement du printems.

Suivant cet ufage ils font fujets à être mangés par la mouche, outre que le terrein veut être fouvent enfemencé de nouveau.

On voit que cette pratique qui eft la feule que les Cultivateurs ordinaires connoiffent, eft fujete à beaucoup d'inconvéniens. Voyons à préfent fi la méthode du femoir & du *Cultivateur* n'eft pas mieux entendue, & s'il n'en réfulte pas de plus grands avantages.

Si le Cultivateur, qui veut effayer notre méthode fur les navets, veut réuffir, il doit d'abord choifir un terrein convenable. Le fol léger, fablonneux, chaud, & un peu humide, eft de tous celui qui favorife le plus cette production, comme le fol crayonneux eft de tous celui qui la traverfe le plus ; on remarque cependant que fecourue d'une bonne culture, elle réuffit paffablement partout.

Lorfque le terrein eft à plat & fans profondeur, les navets, ni les carotes, ni les autres racines n'y réuffiffent pas fi bien que fur un fol profond, & comme la terre ne nourrit la plus grande partie des plantes qu'en raifon de la divifion de fes parties, on voit qu'il n'y a pas de méthode fi efficace pour les navets que celle que nous indiquons, puifqu'elle eft de toutes celle qui remue, renverfe la terre plus profondément, & la divife mieux.

C'eft pourquoi quand on deftine une piece de terrein à des navets, ou à toute autre production, il faut la labourer auffi profondément qu'il eft poffible, la rompre & la divifer, pour qu'elle fourniffe du fuc nourricier. Si le fol eft naturellement léger, il réuffit affez bien par lui-même ; fi au contraire il eft fort & tenace, il faut avoir recours à d'autres méthodes pour l'ameublir, car à moins qu'on ne le porte à un certain degré de fineſſe, les navets n'y acquiérent jamais une croiſſance parfaite.

Les Auteurs qui prétendent que le labourage produit tous les effets des engrais, ſe contentent de recommander qu'on renverſe & travaille bien le terrein ; mais comme notre objet n'eſt pas de donner dans le ſyſtême, mais au contraire d'être utiles au Fermier, nous conſeillerons toujours de joindre le ſecours des engrais à ceux de la nouvelle méthode lorſqu'on a à traiter un ſol dur & tenace.

Il faut les choiſir analogues, & les adminiſtrer dans la quantité convenable ſuivant les inſtructions que nous avons données. Lorſqu'après cette opération on a fait d'un ſol dur & tenace un ſol léger & bien ameubli, il faut procéder à la culture du *Cultivateur* pour ſemer des navets.

Nous allons nous faire entendre par un exemple. Suppoſons un Cultivateur dans la néceſſité de faire venir des navets, n'ayant cependant que de la terre glaiſe, il eſt certain qu'ils périront ſur ce ſol, parce qu'il eſt froid & tenace ; au lieu que s'il y répand du ſable de riviere, juſques à en faire une eſpéce d'argile, le ſol deviendra leger & ſec. Ce changement fait dans ce terrein, & la culture du Cultivateur jointe au ſecours de cet engrais, les navets auront une végétation parfaite.

Il y a d'autres ſols qui peuvent avoir beſoin d'autres ſortes d'engrais, comme nous l'avons déja fait voir : c'eſt donc au Cultivateur à commencer par améliorer ſon terrein avec les engrais convenables, & à le préparer enſuite pour la production qu'il lui deſtine. Il eſt certain que par les navets il ſera récompenſé de ſes peines & de ſes dépenſes.

Mais comme il arrive quelquefois que l'on n'a point la commodité de ſe procurer la quantité de l'engrais néceſſaire pour changer la nature de ſon ſol, il faut y ſuppléer par la fréquence des labours.

La fin de Mai juſqu'au commencement d'Août eſt le tems le plus favorable pour ſemer des navets qu'on deſtine au fourage d'hyver. Plus le ſol eſt chaud, plus on eſt libre de les ſemer tard ; mais il n'en eſt pas de même dans les ſols froids, il convient de s'y prendre de bonne heure.

Le grand déſavantage des ſols crayonneux pour les navets conſiſte en ce qu'ils y viennent fort lentement, ce qui au commencement de leur croiſſance leur eſt fort pernicieux ; parce que ce végétal devient la proye de beaucoup d'inſectes, juſques à ce qu'il foit parvenu à pouffer fes feuilles rudes. On remarque que le navet traité fuivant la nouvelle culture pouffe plus rapidement que traité fuivant l'ancienne : il eft donc de toutes les productions celui qui en tire le plus d'avantage , puifqu'il acquiert plutôt des défenfes contre les infectes dont nous venons de parler.

Dans les fols fablonneux chauds le navet pouffe promptement, & eft par conféquent plutôt hors de danger : par le fecours du *Cultivateur* on ameublit la terre de façon qu'elle reçoit les rofées en fi grande quantité, que les racines ne manquent jamais d'humidité, ce qui les entretient toujours dans une végétation vigoureufe.

Suivant la nouvelle méthode une once de graine fuffit pour enfemencer autant de terrein qu'une livre fuivant l'ancienne. Nous ajoutons que dans celle-ci on eft même obligé de couper prefque tous les navets qui viennent comme au hazard , au lieu que dans la premiere toute la graine qu'on a jettée vient à bien.

CHAPITRE XIV.

De la façon dont on doit difpofer les navets.

LE navet eft une plante forte à groffes racines que l'on doit femer avec la charrue à femoir par rangs fimples ; la meilleure diftance qu'on puiffe donner à ces rangs doit être de fix pieds. Les grands intervalles allarment d'abord le Cultivateur ; mais nous avons fait voir que les plantes en tirent de très - grands avantages.

On a effayé de femer des navets à triples rangs : Mr. *Thull* qui en a fait l'expérience n'a point réuffi ; il a auffi effayé d'en femer par rangs fimples avec des intervalles de trois pieds feulement , mais le fuccès n'a pas répondu à fon attente.

Le même Auteur a obfervé qu'un champ enfemencé de cette maniere produifoit une quantité beaucoup plus confidérable de navets qu'un terrein voifin de la même étendue qui avoit été enfemencé avec des intervalles de fix pieds ; mais que ceux de ce dernier étoient beaucoup fupérieurs à ceux du premier. Quand ces intervalles font bien travaillés avec le *Cultivateur*, & à une bonne profondeur, les plantes ne fouffrent jamais de la féchereffe, parce qu'à force de renverfer & d'ameublir la terre on la rend fufceptible des rofées, & qu'étant toujours humide elle donne une fraîcheur continuelle aux racines.

En Languedoc on a pour ufage de ne laiffer que quatre pieds d'intervalle entre les rangs des vignes où l'on laboure avec une efpéce de charrue à houe tirée par des bœufs; cette pratique a conduit les payfans dans ce pays, où l'on fe fert aujourd'hui du *Cultivateur*, à faire les intervalles pour les navets de la même largeur; mais on remarque qu'ils n'approchent pas de beaucoup ni de la groffeur ni de la qualité des navets d'Angleterre cultivés par intervalles de fix pieds.

Il faut femer les graines à une plus grande ou moindre profondeur fuivant qu'on jugera le tems devoir être fec ou humide après les femailles faites avec le femoir; car lorfqu'il furvient des pluyes, elles pouffent avec vigueur quoiqu'elles ne foient qu'à peine couvertes de terre: au lieu que dans un tems fec rien n'accélere tant la végétation, que de leur donner une certaine profondeur: elles y trouvent une efpéce d'humidité, parce que cette partie du fol n'eft pas fi expofée au foleil que la furface.

Un des plus grands avantages du femoir confifte en ce que l'on peut faire couler les femences dans les tranchées à différentes profondeurs; de forte que quelque tems qu'il faffe après qu'on a femé, on eft certain qu'une partie pouffera: & cela eft fi vrai, qu'on a tous les jours l'occafion d'obferver que s'il furvient des pluyes, les femences les moins profondes pouffent les premieres, & que fi au contraire il furvient une féchereffe, celles qui ont le plus de profondeur paroiffent les premieres.

En fuivant ce principe on fe procure le double avantage d'avoir deux pouffes de navets dans le même champ. D'ailleurs nous avons fait voir qu'il n'y a point de plante plus fujette à des accidens dans fa jeuneffe: or fi une partie eft détruite, l'autre refte & épargne la peine de femer de nouveau, ce qui affurément eft encore un avantage qui mérite l'attention du Cultivateur; on peut fe le procurer encore en femant de la vieille graine mêlée avec la nouvelle, parce que la premiere eft plus long-tems à pouffer que la derniere: ceux qui connoiffent la nature de l'infecte qui ronge les navets, fentent tout l'utile de notre obfervation.

Les infectes qui font le plus de mal font de petites mouches qui viennent comme en nuées, & qui par-tout où elles tombent rongent les productions jufqu'aux racines: elles partent & s'en vont après le ravage fait. Comme ce n'eft précifément que dans fa jeuneffe que le navet eſt expoſé à cet accident, il faudroit qu'il y eut bien du malheur pour que les nuées de ces inſectes arrivaſſent préciſément dans le tems que les deux productions ſont en danger. Si au contraire elles attendent que les feuilles rudes ſoient venues, les navets ſont ſauvés : or en ſuivant la nouvelle méthode, ils le ſont en très-peu de tems, puiſque, comme nous l'avons dit, elle fait accélérer la pouſſe.

Lorſque le tems eſt favorable, que toute la ſemence a pouſſé, qu'il n'eſt arrivé aucun accident, la quantité des navets eſt trop grande, parce que ſans doute on aura eu la précaution d'en ſemer plus qu'il n'en doit venir, ſuppoſant qu'il y en aura de perdus ; il faut alors les éclaircir, le plutôt ne ſera que le mieux, & pour le faire d'une façon avantageuſe, il faut arracher ceux qui paroiſſent le moins vigoureux ; on ſent bien qu'il ſeroit inutile de les laiſſer, parce qu'ils épuiſeroient la terre, & qu'ils traverſeroient réciproquement leur végétation.

Il n'eſt rien de plus avantageux que de les éclaircir à dix pouces de diſtance l'un de l'autre. Lorſqu'ils paroiſſent avoir gagné quelque force en feuille, il faut mettre la charrue à houe dans les intervalles, ſoit pour donner de la nouvelle terre, ſoit pour détruire les mauvaiſes herbes.

CHAPITRE XV.

Des régles que l'on doit obſerver dans les labours que l'on donne aux Navets avec le Cultivateur.

PLus on approche la charrue des rangs ſans les endommager ; plus le labour eſt utile ; on peut l'approcher beaucoup plus près quand les plantes ſont jeunes, que lorſqu'elles ont acquis une certaine croiſſance. Quand on paſſe enſuite le *Cultivateur*, & qu'on laiſſe auprès des rangs quelques mottes que le ſoc n'a point rompues, on fait alors marcher le long des rangs un homme qui avec un croc ou quelque autre inſtrument à la main les retourne ; le terrein étant ouvert partout, elles ſe rompent ſi aiſément qu'un travailleur ordinaire avance beaucoup. On ne ſçauroit croire combien cette pratique favoriſe la production, elle eſt en tout point préférable à celle d'y mettre la charrue de trop près, parce

que

que les plantes étant déja grandes, les racines, comme nous l'avons
déja dit, feroient altérées.

Il convient pour beaucoup de plantes femées au femoir par rangs
fimples de labourer alternativement les intervalles ; cette méthode eft même préférable par-tout où les mauvaifes herbes ne
rendent pas le grand labourage néceffaire. Deux labours donnés
ainfi ne font pas plus difpendieux qu'un feul, & l'avantage qui en
réfulte eft le même. En effet la plante qui tire une nourriture
abondante d'un côté n'a pas abfolument befoin d'en tirer autant
de l'autre ; à cette raifon s'en joignent d'autres qui n'établiffent
pas moins l'utilité de cette pratique ; car fi en approchant de trop
près la charrue on a coupé une trop grande quantité de groffes racines, ce n'eft du moins que d'un côté que le mal s'eft fait ; d'ailleurs
celles de l'autre reçoivent un fupplément fuffifant de nourriture,
jufques à ce que les racines coupées ayent été remplacées par
d'autres.

Lorfque le terrein eft ferme, on peut approcher davantage la
charrue des navets, fans craindre de caffer ou ébranler leurs
racines.

Pendant que les navets font encore petits, il faut furtout bien
prendre garde de ne point laiffer de fillon ouvert auprès d'eux,
parce que la terre fe deffécheroit ; mais lorfqu'ils ont gagné trois
mois, & qu'ils avancent vers l'automne, il n'y a plus rien à craindre ; non-feulement parce qu'ils font plus forts, mais encore parce
que la terre devient naturellement plus humide. Lorfque les
gelées commencent à fe faire fentir, il faut auffi prendre la même
précaution, de crainte que leurs racines ne foient frappées des injures du tems. C'eft la faifon dans laquelle les navets font femés qui
doit déterminer le Cultivateur à labourer les intervalles alternativement. Si les navets ont été femés tard, la premiere méthode
eft excellente ; fi au contraire ils font femés de bonne heure, les
mauvaifes herbes ne prenant point ordinairement le deffus, la méthode de labourer tous les intervalles devient néceffaire.

Il eft étonnant de voir la groffeur qu'acquierent les navets par
cette culture ; ils font ordinairement l'un portant l'autre du poids
de huit livres ; on en a même vû qui pefoient quinze livres. Par-là
l'on voit combien eft avantageufe cette plante traitée avec le *Cultivateur*, puifqu'elle fert de nourriture aux beftiaux dans le fort de
l'hyver, & dans le printems jufqu'à ce que l'herbe ait acquis une
certaine croiffance ; pour cet effet, comme on ne les arrache qu'à

mesure que l'on en a besoin, il faut souvent les laisser jusqu'à ce que la saison de semer du bled soit trop avancée, ou qu'elle soit entierement passée: cette objection est assurément très-forte & très-bien fondée contre la culture des navets suivant la méthode ordinaire; mais suivant celle du *Cultivateur*, elle tombe d'elle-même, puisque le terrein des intervalles peut être ensemencé, que les navets peuvent rester en terre, & qu'ils ne peuvent que retirer un nouvel avantage des labours répétés qu'on donne pour le bled.

Les vaches aiment beaucoup les navets, ils augmentent beaucoup le lait, & lui donnent de la qualité. Les moutons les mangent avec avidité; cette nourriture est très-salubre pour eux; mais il faut les leur donner frais, petits, & tendres, autrement ils n'en font pas beaucoup de cas.

La méthode de travailler avec la houe à la main les navets, est une fort pauvre ressource; cette opération se fait ordinairement avec tant de négligence, qu'elle n'est guéres profitable; au lieu de bien rompre le terrein par ce labour, à peine enleve-t-on la moitié de la surface, encore même cette partie de terre enlevée ne sert-elle qu'à couvrir les mauvaises herbes, que nous recommandons d'arracher avec tant de soin; de sorte qu'en suivant cette culture, au lieu de les détruire on ne fait que favoriser leur accroissement.

La premiere méthode qu'on a pratiquée en se servant du semoir dans la culture des navets, consistoit à les semer horizontalement; on sent qu'elle étoit très-défectueuse, puisque nous avons fait voir qu'en les semant sur des sillons élevés, & qu'en se menageant la faculté d'approcher la charrue près de ces sillons, & de labourer profondément sans rien endommager, ils sont plus beaux & de meilleure qualité; au lieu qu'en suivant l'ancienne méthode les jeunes navets sont souvent enterrés par la terre qui retombe par-dessus le côté gauche de la charrue. Ce n'est qu'après des expériences qui se confirment journellement qu'il est prouvé que les navets que l'on seme horizontalement avec des intervalles de trois pieds, toutes les autres choses supposées égales, rendent moitié moins de profit que ceux que l'on seme en sillons avec des intervalles de six pieds.

Mais voici encore un nouveau moyen de porter plus loin les avantages de cette méthode. Il faut en semant au semoir laisser tomber dans les tranchées qui doivent alors avoir quatre pouces de profondeur la moitié de la semence, & l'autre par-dessus la terre qui a recouvert la premiere; & si à cette attention on joint celle de mêler de la vieille graine avec de la nouvelle, on aura quatre pousses différentes de navets l'une après l'autre; de sorte que l'on a quatre ressources pour une contre les ravages que les mouches peuvent faire. Si les navets sont sujets à être mangés par les insectes, la graine a du moins la propriété de rester enterrée profondément, & de pousser aussi parfaitement; de sorte qu'en mêlant les semences, & en semant à deux différentes profondeurs, il vient de nouveaux navets tous les quinze jours.

Lorsque toutes ces précautions ne sont point suffisantes, on peut passer le *Cultivateur* entre les navets quand on les voit dans un grand danger. Par ce moyen on enterre une grande quantité de ces insectes; on peut encore au pis aller planter un nouveau rang, sans donner aucune autre préparation au terrein.

Lorsque le terrein a été bien préparé & bien ameubli, on peut passer le rouleau sur un champ de navets ensemencé au semoir. Nous avons déja, en parlant de cet instrument, fait sentir les grands avantages qu'on en retire; de tous celui de détruire les insectes n'est pas le moins digne de notre attention.

Nous sçavons bien que les Cultivateurs ordinaires ont recours au rouleau lorsqu'ils voyent les progrès que les mouches font sur les navets : mais ils ne s'apperçoivent point qu'en détruisant ces insectes ils portent préjudice à la plante ; parce qu'il affermit tellement le terrein que les navets, qui, comme nous l'avons dit, demandent un terrein léger, ne peuvent point percer ; au lieu qu'en se servant du semoir on est à couvert de cet inconvénient; parce que si le rouleau resserre le sol en détruisant les insectes, le *Cultivateur* qu'on a la faculté d'y passer ensuite le rompt & le divise suffisamment : on doit surtout avoir le soin de passer le rouleau en croisant les sillons, après que le terrein est ensemencé ; on peut ensuite éclaircir les navets avec un sarcloir, & passer le *Cultivateur*, que le tems soit sec ou humide ; s'ils ont été un peu arrêtés par la compression du rouleau, ils poussent sur le champ avec d'autant plus de vigueur après cette opération.

CHAPITRE XVI.

De la quantité de femence qu'il faut jetter , & des avantages de cette production.

EN général deux ou trois onces , ou tout au plus quatre , de femence suffisent pour enfemencer une acre de terrein. Suivant l'ancienne méthode au contraire , quoique nous ayons dit qu'il n'en falloit que deux livres , il est beaucoup de Cultivateurs qui en employent jufqu'à quatre.

Lorfque les navets font femés par rangs fimples avec des intervalles de fix pieds , on peut laiffer les fillons plus hauts que lorfqu'on les feme par doubles rangs , parce que dans le premier cas il y aura plus de terre dans les intervalles.

Lorfqu'on a femé des navets par rangs à fix pieds de diftance , on peut y femer du froment ; de forte que par cette même raifon on peut femer des navets entre des rangs d'orge ou d'avoine ; il faut alors faire les rangs d'autant plus larges que le terrein eft pauvre & dépouillé de principes.

Voici la façon dont on doit fe conduire quand on veut femer du froment entre les rangs de navets. Il faut à la S. Michel , lorfque les navets font dans leur grande croiffance , élever en labourant un fillon au milieu de chaque intervalle & y femer le froment ; alors on arrache les navets pour le printems & on les fait manger aux beftiaux.

Il faut , lorfqu'on veut éclaircir les navets , faire attention à ceux qui paroiffent venir vigoureufement , que le Cultivateur appelle *maîtres navets* : on en laiffe deux enfemble s'ils font près l'un de l'autre , & on leur donne tout-à-l'entour un plus grand efpace de terrein ; s'il y en a trois , on arrache celui du milieu.

Lorfqu'on les a femés tard , les labours alternatifs dont nous ayons parlé ci-deffus fuffifent quelquefois. Mais il n'en eft point de même pour ceux qu'on a femés de bonne heure , il eft abfolument indifpenfable de leur donner un fecond labour. Il y a un inftrument , dont on fe fert en Angleterre & qui eft ignoré en France , très-propre pour rompre la terre , que le *Cultivateur* ne touche point au bord des rangs : on le fait à deux , & même fouvent à trois dents : celui - ci eſt le meilleur ; mais on ne doit en faire uſage qu'après que les navets ont acquis une certaine groſſeur.

Lorſque les intervalles ſont labourés alternativement, c'eſt-à-dire qu'on ne laboure qu'un côté des rangs, on peut plonger beaucoup plus profondément la charrue & la porter plus près du rang ; parce qu'il eſt, comme nous l'avons dit, ſoutenu de l'autre côté ; mais on ne pratique cette eſpéce de labour que lorſque les navets ſont petits ; en tout autre tems il ſeroit dangereux. On obſervera dans le dernier labour de laiſſer au milieu de chaque intervalle une tranchée bien profonde.

Cette méthode a un avantage conſidérable ſur l'ancienne, en ce que la production eſt plus en état de réſiſter à la ſéchereſſe : le labour à la main ne peut pas être aſſez profond pour parer cet accident, qui fruſtre ſi ſouvent les eſpérances du Cultivateur ; au lieu que la charrue à houe rompt le ſol à une profondeur aſſez conſidérable pour que la plante ait toujours une humidité convenable.

Nous avons déja conſeillé les engrais dans les terres qu'on deſtine aux navets. M. *Thull* même, cet ennemi déclaré du fumier, en approuve l'uſage pour cette plante, puiſqu'il avoue que les engrais & les labours joints enſemble rompent & ameubliſſent le terrein en moins de tems que les labours ſeuls : & cet article-ci devient important pour les navets, parce qu'ils croiſſent en fort peu de tems.

Nous ajouterons en finiſſant ce Chapitre une obſervation propre à faire revenir ceux qui croyent que les intervalles dérobent du terrein : les Cultivateurs ordinaires qui s'entendent le mieux à la culture des navets, en laiſſent ordinairement trente par perche quarrée quand ils ſont ſemés ſuivant l'ancienne méthode ; au lieu que lorſqu'on les a ſemés au ſemoir avec des intervalles de ſix pieds, on peut en laiſſer quarante-cinq, & que chaque navet eſt beaucoup plus gros qu'aucun des trente ; on a même remarqué qu'on pouvoit en laiſſer juſqu'à ſoixante : or en les comptant ſeulement à cinq livres peſant chacun, la production ſe trouvera de 640 boiſſeaux par acre.

Comme les navets que l'on ſeme tard dans un terrein pauvre ne deviennent point gros, il faut en laiſſer un plus grand nombre : par ce moyen on ſe dédommage de la groſſeur qu'ils ne peuvent point acquérir.

CHAPITRE XVII.

De la maniere de faire venir du froment avec le femoir & la charrue à houe ou Cultivateur *, c'eſt-à-dire par la nouvelle méthode.*

DE même que les navets pouſſent & réuſſiſſent mieux femés par rangs ſimples à cauſe de la grande étendue de leurs racines, le froment végété avec plus de vigueur femé par triples rangs, pourvû qu'on ait l'attention de laiſſer des diſtances ſuffiſantes entre chaque rangée. On vient de voir la ſupériorité de cette culture ſur l'ancienne relativement aux navets ; mais elle eſt bien plus conſidérable relativement au froment.

Plus une plante demande par ſa nature de reſter de tems dans la terre , plus elle demande de nourriture ; or le froment y reſte trois fois plus de tems que les bleds du printems, puiſqu'on les feme l'automne précédent.

Il n'eſt point de Cultivateur qui ignore que le froment demande beaucoup de nourriture, parce qu'il eſt long-tems à acquérir ſa parfaite croiſſance ; auſſi n'en eſt-il point qui ne fume ſon terrein pour la fournir. Rarement feme-t-on du froment dans une terre ſans l'avoir ainſi engraiſſée & labourée : mais le déſavantage de cette méthode conſiſte en ce que cette abondance de ſuc nourricier ſe trouve dans le même tems, ce qui fait que la plante devient vorace , & qu'après avoir ſubitement abſorbé toute cette ſubſtance elle devient affamée , parce qu'elle n'en trouve plus la même quantité dans le tems même qu'elle en a le plus beſoin. Il vaudroit donc bien mieux la lui fournir par degrés, & de tems en tems à meſure qu'elle croît : or c'eſt ce qu'on ne peut point pratiquer dans la culture ordinaire ; au lieu que par le *Cultivateur* on remplit parfaitement cet objet. De-là l'on doit conclure qu'il n'y a point de méthode qui ſoit plus analogue au froment ; la raiſon & l'expérience viennent à l'appui : on obſerve en effet que les récoltes de froment faites ſur le même terrein, ſont beaucoup plus abondantes lorſqu'il a été traité ſuivant la nouvelle méthode que ſuivant l'ancienne.

On prépare le ſol en automne pour le froment ; mais n'eſt-ce pas au printems qu'il a beſoin d'une nourriture beaucoup plus abondante ? car c'eſt dans ce tems qu'il commence à pouſſer rapidement :

mais alors le terrein est presque entierement retombé dans son premier état d'*inameublissement*, dans lequel il étoit avant qu'on ne l'eût préparé.

Lorsqu'on veut préparer son terrein pour du froment suivant la nouvelle méthode il faut mettre toute son attention à le dégager de l'herbe ; quoique les autres mauvaises herbes puissent être détruites par cette nouvelle pratique, il n'en est pas de même de l'herbe ordinaire, qui est si pernicieuse qu'une seule touffe altére & détruit même l'espace de trois ou quatre pieds ensemencé de froment.

Il faut pour semer du froment au semoir qu'on leve les sillons droits & égaux : pour cet effet, on en marque quelques-uns tirés au cordeau & l'on continue les autres ; mais si la piéce est d'une forme si irréguliere qu'on ne puisse point labourer les sillons en droite ligne la premiere fois, il faut semer horizontalement.

Un acre de terrein ne contenant dans sa largeur que onze ou douze sillons de six pieds, il convient de les faire en long, à moins qu'il n'y ait quelque raison qui oblige à suivre une autre direction, comme quand le terrein est en pente un peu roide ; dans ce cas, il faut, contre la régle que nous avons prescrite dans la pratique ordinaire, faire les sillons en montant & en descendant ; car si on les tiroit transversalement, on ne pourroit point s'y servir du *Cultivateur*.

Quant à la hauteur des sillons qu'on éleve, il n'y a que la nature du terrein qui doive guider le Cultivateur ; mais comme le froment réussit toujours mieux lorsque le terrein est sec, la hauteur qu'on leur donne ordinairement est d'un pied ; lorsqu'avec cette élévation ils sont étroits & que les bas-sillons sont profonds de chaque côté, les eaux des pluyes humectent suffisamment le terrein, & au lieu de noyer les productions par leur séjour, elles s'écoulent facilement.

Plus le sol est profond plus commodément on éleve les sillons, & plus le terrein est humide plus on doit leur donner de hauteur ; on ne doit point dans les sols moins profonds donner aux couches une si grande élévation, parce qu'il ne resteroit plus de terre végétale dans les intervalles ; au reste, quelle que soit la hauteur qu'on donne il faut bien prendre garde de faire la crête des sillons aussi étroite & aussi pointue pour le froment que pour les navets, parce que le premier demande d'être semé par triples rangs, au lieu que les rangs simples sont beaucoup plus favorables pour la végétation des navets.

De même qu'il est absolument nécessaire de mettre cette différence dans la maniere de semer au semoir du froment, on doit
aussi en mettre une très-grande dans la façon de le cueillir ; il
faut couper les tiges raz de terre, méthode impraticable dans
l'ancienne culture, mais très-aisée dans la nouvelle, parce que
les plantes s'élévent régulierement & ensemble dans leurs rangs.

Quand la récolte est faite, il faut aussi-tôt qu'il est possible
mettre la charrue ordinaire dans le terrein & l'approcher aussi
près qu'on le peut du chaume, & renverser deux grands sillons
dans le milieu des intervalles, si l'on a laissé par le labour à
Cultivateur, dans le milieu de chaque grand intervalle, la tranchée aussi profonde qu'il convenoit : par cette opération on forme un sillon par-dessus l'espace où étoit la tranchée.

Mais si au contraire on n'a point donné à la tranchée la profondeur convenable, il faut faire un sillon au milieu, ce qui avec
deux autres que l'on fait près des rangs ou couches, forme trois
sillons dans chaque intervalle ; on continue les labours autant que
le tems sec dure ; ensuite on les finit en retournant les parties du sol
où étoit le froment vers les nouveaux sillons ; ce qui se fait ordinairement à deux grands sillons, & ces derniers qui completent
les rangs peuvent être labourés par un tems humide.

Il faut quelquefois faire un plus grand nombre de sillons lorsqu'on veut faire des rangs ou couches de six pieds bien élevés ;
ainsi quand le milieu des intervalles est fort large & bien profond, il faut donner six sillons à tout le rang ou couche, encore
même doit-on ne pas les faire bien petits ; la saison même fait
une circonstance qui mérite l'attention du Cultivateur : car si la
terre molle est fort séche il s'en écroulera encore davantage après
que la charrue y aura passé.

Lorsqu'après que les couches sont faites pour le froment le tems
sec continue, dure trop & qu'on ne peut point le semer, & que
le chaume n'est point renversé, il faut dans ce cas faire un sillon
profond au milieu de chaque couche, & continuer ensuite de labourer toute la couche à quatre sillons de plus, ce qui lui donnera beaucoup plus d'élévation ; par cette méthode on remue toute la terre des couches.

Nous avertissons que ce que nous venons d'indiquer est un des
points le plus important dans la culture à semoir.

La meilleure façon est de ne renverser le chaume sur les couches qu'immédiatement avant que de semer, particulierement lorsque

que les labours font donnés de bonne heure ; autrement on s'en-
leveroit la facilité de faire paffer la charrue fur les fillons, ce qui
peut devenir indifpenfable par une trop longue fécherefle, opération
que l'on fait en ouvrant un ou même deux fillons au milieu, enfuite on releve de nouveau les couches ; lorfqu'elles font devenues par ce traitement affez humides vers la crête, on laboure
les anciennes partitions en montant vers ces mêmes couches, on
les herfe une fois en long, & l'on feme au femoir.

Lorfque nous recommandons de labourer les anciennes partitions en montant vers les nouvelles couches, ce n'eft que pour
foutenir la terre de celles-ci & l'empêcher de s'écrouler quand on
herfe & que l'on feme.

Les couches traitées fuivant cette méthode, font de beaucoup
plus avantageufes que les couches ordinaires de la même hauteur ;
parce que, faites comme elles le font fur des tranchées ouvertes,
elles ne fe forment depuis le fommet jufqu'à leur bafe, que de bonne terre nouvellement labourée ; au lieu que les couches ordinaires, quoiqu'affez profondes, ne gagnent guéres de terre labourée
dans le dernier labour qu'on leur donne.

Toutes les fortes de femences femées dans un tems & fur un
terrein fitué de façon qu'il peut être ameubli en partie par la charrue, reuffiffent parfaitement ; il n'en eft pas de même du froment, il doit fupporter la rigueur de l'hyver ; par conféquent le
terrein s'appefantit davantage fur la plante lorfque le tems eft un peu
humide pendant les femailles.

En général nous recommandons de labourer par un tems fec,
& de laiffer enfuite le terrein jufqu'à ce qu'il devienne humide,
principalement lorfqu'on fuit la nouvelle méthode. Si cette humidité fi néceffaire n'arrive point dans quelques femaines, on ne
doit point s'impatienter, il faut l'attendre : cependant il faut bien
fe donner de garde de tomber dans l'une ou l'autre extrémité ;
car nous ne prétendons point que le terrein foit fi fec qu'il foit réduit
en pouffiere, ni fi humide qu'il foit comme de la bouillie. La charrue à femoir craint l'une ou l'autre de ces deux extrémités.

On remarquera avec nous que le froment eft un grain d'efpéce
fort finguliere : il eft trop tendre pour être femé dans un tems fec,
qui cependant eft propre au feigle : il faut que la terre le ferre étroitement pendant l'hyver, fi l'on veut affermir fes racines ; au printems au contraire, il faut qu'elle foit divifée & tendre, afin que
les racines puiffent pouffer avec liberté. Cette obfervation porte

fur l'expérience ; il n'y a pas de moyen plus sûr pour lui procurer ces avantages que de le femer au femoir fur une terre bien rompue & ameublie , & qui a acquis enfuite un peu d'humidité , & de la rompre enfuite dans le printems avec le *Cultivateur*.

Lorfqu'après la pluye le terrein a acquis un degré d'humidité convenable au froment, il faut le herfer avec deux herfes légeres tirées par un cheval, qui marche dans le bas fillon entre deux rangs. Cette opération fera fouvent très-fuffifante, parce que le fillon vient d'être rompu en rendant le terrein uni & de niveau pour le femoir.

Si le terrein fur lequel on doit mettre du froment eft labouré fec, on peut femer au femoir le froment en tout tems, pendant que la faifon de femer, fuivant la méthode ordinaire, dure ; nous prévenons cependant qu'il eft beaucoup plus avantageux de femer au femoir plutôt qu'on ne le fait dans l'ancienne culture : enfin la faifon de femer fuivant la nouvelle façon, dure depuis la récolte jufques au mois de Novembre ; ainfi on voit qu'on a bien le tems d'attendre que la terre ait reçu quelqu'humidité.

Lorfqu'on feme au femoir de bonne heure, on épargne beaucoup plus de femence que lorfqu'on feme tard ; parce qu'il n'eft pas fi fujet à périr pendant l'hyver. Il faut auffi bien examiner la nature de fon terrein, pour lui donner la quantité de femence qui lui convient. Il eft certain qu'il en périt pendant l'hyver beaucoup plus dans un terrein pauvre que dans un fol riche. Il faut donc facrifier une plus grande quantité de femence dans le premier pour remédier à cet accident.

Lorfqu'on enfemence au femoir de bonne heure une piece de terre riche on donne moins de femence, parce qu'il eft comme très-certain qu'il n'y a point de grain qui ne pouffe & qui ne vienne à bien : ainfi on voit qu'en fuivant cette méthode on a à la vérité peu de plantes, mais beaucoup de tiges & beaucoup d'épis ; de forte que la quantité de la femence n'entre que pour très-peu de chofe dans la dépenfe & les frais de culture. D'ailleurs il faut, comme nous l'avons déja dit, faire beaucoup d'attention à la forme du froment ; car c'eft le nombre des grains, & non leur groffeur, qui doit déterminer la quantité ; parce que l'expérience prouve que les plus petits grains produifent des tiges, des épis, & du grain auffi gros que les plus gros grains qu'on pourroit avoir choifi pour femer.

Seize pintes de froment de moyenne groffeur, mefure de Paris, fuffifent pour enfemencer avec le femoir foixante-quinze perches de terrein qui abonde en principes ; ainfi vingt - quatre doivent suffire pour enfemencer une même étendue d'un fol ordinaire. Nous le répétons encore, il eſt de la derniere importance de proportionner la quantité de femence à la nature du terrein & à la qualité du tems : car ſi l'on feme le bled trop dru on riſque de le voir ſe renverſer, & ſi on le feme trop clair, il devient fort ſujet à la nielle : nous avertiſſons de ces deux extrémités afin qu'on ſe tienne ſur ſes gardes, & nous oſons dire qu'avec les documens que nous avons donnés, on peut ſe conduire avec confiance ſur ce point important.

Quant à la profondeur que le froment demande, on peut lui en donner depuis un demi-pouce juſques à trois pouces : lorſqu'on lui en donne trop, il eſt expoſé aux vers pendant l'hyver; au lieu qu'il ne les craint point lorſqu'il n'eſt point femé trop profondément ; parce que ces inſectes craignant l'intempérie de cette faiſon, s'écartent pour leur conſervation autant qu'ils peuvent de la ſurface.

Il y a des oiſeaux qui attaquent le froment lorſqu'il commence à percer la ſuperficie. Ces animaux qui l'aiment beaucoup l'apperçoivent avant le Fermier : il faut avoir l'attention de les écarter autant qu'il eſt poſſible pendant une dixaine de jours; parce qu'après ce tems écoulé ils n'y touchent plus.

Plus on feme tard le froment, plus il eſt expoſé aux ravages que font ces animaux ; car ſi on le feme immédiatement après la récolte, ils ne font point de cas de ce jeune froment, parce qu'il y en a beaucoup en graine répandu ſur la terre.

CHAPITRE XVIII.

Du nombre des rangées qu'il convient de faire pour bien femer le froment.

IL convient à préſent, pour ne pas nous écarter de l'ordre méthodique que nous avons gardé juſqu'à préſent, de paſſer à une conſidération non moins importante que les deux précédentes ; elle conſiſte à ſçavoir le nombre des rayes ou rangées qu'il convient de faire.

Nous avons obſervé qu'on peut faire le femoir propre à femer par rangs ſimples, ou par rangs doubles, triples, ou par rangs plus ou moins nombreux. Nous avons fait remarquer que les ſimples ſont plus

favorables à la végétation des turnips ou gros navets : mais la question n'est pas si décidément éclaircie relativement au froment.

On a fait des expériences sur ces différentes façons de semer : il n'y
a donc que par leur résultat que nous pouvons nous décider. Il y
en a qui ont semé en un rang, & qui ont laissé des intervalles propres à recevoir librement le *Cultivateur ;* d'autres en plusieurs
rangs, avec peu ou point d'intervalle ni d'espace entre eux ; deux
extrémités aussi défavorables l'une que l'autre. Nous avons remarqué
que la construction du semoir à trois rangs est très-favorable ; il y
a cependant des personnes qui préférent de ne semer qu'à deux rangs ;
& en effet il est des circonstances dans lesquelles cette méthode est
plus avantageuse.

Mais régle certaine, on ne doit point se départir de l'un ou l'autre
de ces deux partis ; c'est-à-dire, qu'il faut semer par doubles ou
triples rangs, & qu'il n'y a que la nature du terrein qui doive faire
donner la préférence à l'un ou à l'autre : si l'on préfére le triple
rang, il faut faire les rangées ou rayes distantes de dix pouces ; si
au contraire l'on seme en deux, on ne doit les mettre qu'à sept.

Lorsqu'il n'y a que deux rayes, on en approche plus aisément
pour détruire les mauvaises herbes ; mais il y en vient moins
lorsqu'elles sont triples : il est vrai qu'on ne peut pas les arracher sans
s'exposer à altérer la production, ce que l'on ne doit point tant
craindre dans les rangs doubles. Il résulte de cette instruction que
le Cultivateur doit considérer que si son terrein est sujet aux mauvaises herbes, toutes les autres circonstances étant égales, il doit
préférer les doubles rangs ; que si au contraire il n'en est pas beaucoup affecté, il faut donner la préférence aux rangs triples.

Quant aux doubles rangs, nous avons encore à observer qu'on ne
peut pas si aisément se servir de la houe à la main dans des distances de sept pouces que dans celles de dix, & que la quantité de terrein qu'il faut travailler avec le *Cultivateur* est plus considérable.

Il faut moins de profondeur de terre molle sur la couche pour le
rang double que pour le triple : observation qui peut encore servir
de guide relativement aux circonstances particulieres dans lesquelles un Cultivateur se trouve.

On doit nécessairement donner pour les triples rayes six pieds de
largeur aux couches ou rangs : il n'en faut point tant aux doubles ;
parce qu'on peut parfaitement nettoyer & travailler à la main les
distances qui sont entre les rayes, & que la terre des intervalles se
travaille beaucoup plus aisément.

Il faut encore obferver que l'on peut faire les intervalles entre les doubles rayes dans un terrein riche & profond beaucoup plus étroits que dans les terreins pauvres, particulierement lorfqu'on feme par triples rayes ; les intervalles les plus larges font par conféquent les plus favorables au froment femé par triples rayes fur un terrein pauvre ; d'ailleurs plus le fol eft riche & profond, moins on eft expofé à travailler entre les rayes ; fi l'on appelle à fon fecours les engrais, les travaux & les foins diminueront encore. De-là on doit conclure que bien loin d'oppofer directement la nouvelle méthode à l'ancienne, on doit au contraire les réunir.

L'effet de la charrue à houe eft un article très-important ; c'eft pourquoi on n'y doit employer qu'un Laboureur bien expérimenté : les intervalles ne doivent jamais être trop larges quand on veut, comme en effet on le doit, labourer au *Cultivateur* à deux fillons fans laiffer quelque partie dans le milieu fans être labourée. Un bon Laboureur fçait qu'en racourciffant la planche de la charrue & en courbant les fléches autant qu'il eft poffible, il peut labourer avec le *Cultivateur* dans des intervalles beaucoup plus étroits qu'on ne fe l'imagine d'abord, fans endommager le froment.

Lorfqu'on feme par rangées doubles, on fait ordinairement quatorze couches dans une acre : alors on ne pratique qu'une diftance entre les deux rangées ; elle eft de dix pouces. Cette méthode approche la nouvelle culture de l'ancienne ; & comme nous confeillerons toujours de les joindre autant qu'il fera poffible, nous exhortons à herfer la terre avec la herfe ordinaire après l'avoir enfemencée : par-là on couvre ceux des grains que la herfe à femoir auroit pû laiffer à découvert.

Rien de plus aifé que de travailler à la main avec la houe ; mais il faut bien prendre garde que les ouvriers qu'on employe ne labourent point trop légerement : il faut fur toutes chofes éviter de tourner la terre vers le froment ; parce qu'il pourroit être étouffé étant auffi jeune qu'il l'eft lorfqu'on fait cette opération.

On doit donner aux houes qu'on employe à cet ufage un fer de fept pouces de long ; elles doivent être minces & d'un fer bien trempé. En général ce travail n'eft pas couteux, & d'ailleurs les ouvriers fe fervent d'outils qui leur appartiennent.

Lorfque le froment eft femé par triples rayes, les houes avec un fer de quatre pouces de long doivent être préferées.

Sur des couches baffes, lorfqu'il y a trois rayes, celle du milieu eft pauvre ; fur les couches hautes au contraire, elle eſt auſſi abondante en principes que les autres. Mais à la vérité il reſte à ſçavoir ſi elle ne s'enrichit point au détriment des deux autres : il ſe pourroit bien en effet que celles-ci perdiſſent à proportion que celle-là gagne. M. *Thull* l'a cru ainſi ; en conféquence il a préféré la méthode des doubles rayes aux triples. A-t-il eu raiſon ou tort ? c'eſt au Cultivateur à décider, non par de grands raiſonnemens, mais par le réſultat des eſſais faits ſur différentes terres.

On peut ſemer les pois avec le même ſemoir que le froment, s'il eſt fait pour ſemer à doubles rayes, pourvû qu'on ſubſtitue un cylindre dont les crans ou caſes ſoient plus grandes. Cette méthode eſt en effet préférable à toute autre ; on peut jetter la terre ſi avant ſur les pois, par le ſecond labour donné avec le *Cultivateur*, que les deux rayes n'en forment plus qu'une. Lorſqu'on ſeme de l'orge, les trois rayes ſont préférables ; mais il n'eſt point avantageux de faire ſuccéder du froment à l'orge, à moins qu'on n'ait donné entre ces deux productions une jachere : on doit obſerver la même régle après qu'on a ſemé l'avoine ; parce qu'il en reſte toujours ſur le terrein quelques grains qui réſiſtent à l'hyver, qui pouſſent parmi le froment, & qui par conféquent portent préjudice à ſon prix lorſqu'on veut le vendre.

CHAPITRE XIX.

De la maniere de labourer le froment avec le Cultivateur.

SI nous n'avons point dans le Chapitre précédent décidé à laquelle des deux façons des rangées doubles ou des triples on doit la préférence, ce n'eſt que parce que les deux méthodes réuſſiſſent fort bien, & que d'après tous les eſſais qui ont été faits juſqu'ici, il eſt très-difficile de décider quelle eſt réellement la plus avantageuſe. Mais enfin quelle qu'on ſuive de ces deux méthodes, l'uſage du *Cultivateur* eſt toujours le même, quoique la façon de ſe ſervir de la houe à la main ſoit différente.

Le premier labour au *Cultivateur* doit tourner le ſillon du côté oppoſé à la raye ; & ſi le tems eſt humide pendant qu'on le fait, on peut faire paſſer la charrue près de la raye ſans craindre de porter quelque préjudice ; ſi au contraire le tems eſt ſec, on doit en tenir la charrue un peu éloignée.

Quant au tems dans lequel il convient de donner ce labour, le plus favorable eft, lorfque le froment a pouffé trois ou quatre feuilles; mais fur-tout qu'on ne le donne jamais qu'après qu'il en a pouffé au moins deux. Si l'on a femé de bonne heure, il faut le faire avant ou au commencement de l'hyver, & toujours fuivant la qualité des feuilles; mais lorfqu'on a enfemencé tard, on peut différer ce labour, qui eft le premier, jufques au printems.

Qu'on prenne bien garde fur-tout, & qu'on fuive de l'œil dans cette façon les Laboureurs qu'on employe. C'eft exactement de ce point que dépend en plus grande partie le fuccès; qu'on les faffe paffer autant qu'il fera poffible près des rayes fans altérer le bled, & qu'on faffe plonger bien profondément la charrue, en prenant cependant garde d'atteindre au-deffous du bon fol.

Si l'on s'apperçoit enfuite en vifitant fes terres que le premier fillon n'a pas été fait affez près des rayes, ni affez profond, il faut faire un fecond fillon au fond du premier; & fi cela n'eft point praticable après le premier labour, il fuffit de le faire avant qu'on n'ait au printems retourné la couche de l'autre côté. Il n'eft pas moins important d'avoir toujours des fillons retournés, pour faire pendant l'hyver des couches au milieu des intervalles.

On ne doit point craindre d'expofer les rayes aux gelées en labourant la terre de l'autre côté au commencement de l'hyver : car l'expérience a prouvé que plus la charrue paffe près des rayes, plus les plantes pouffent vigoureufement. La raye, le labour fait de cette façon, fe trouve, pour ainfi dire, perpendiculaire; l'eau s'en écoule, & l'on fçait que la terre féche ne s'affecte pas fi facilement de la gelée que la terre humide. C'eft ainfi que l'on garantit les plantes pendant l'hyver : on jette dans le printems la couche du milieu de l'intervalle fur les plantes; or cette couche ayant refté pendant tout ce tems dans une efpéce de jachere, abonde en principes.

Auffi-tôt que les gelées ont paffé & que le tems peut le permettre, il faut retourner les intervalles une feconde fois, & c'eft ce qu'on appelle, *le labour du printems.* On doit alors, comme nous l'avons déja obfervé, jetter la couche du milieu de l'intervalle aux deux côtés des rayes par deux fillons, & auffi près qu'on le peut, fans cependant couvrir le froment.

Après ce labour on doit fe conduire fuivant les circonftances, & fuivant la nature du terrein & la qualité du tems. La principale attention qu'on doit avoir, c'eft de ne permettre jamais que les mauvaifes herbes acquierent une certaine hauteur dans les intervalles, & de n'y jamais laisser la terre long-tems sans la remuer.

Voilà les deux régles principales qui doivent servir de boussole au Cultivateur dans ses ouvrages pendant l'été : elles doivent lui servir à connoître combien de labours les intervalles exigent. Il se souviendra principalement de ne jamais labourer profondément près des rayes en été quand les plantes ont acquis une certaine croissance ; comme de labourer le milieu des intervalles aussi profondément que le sol le lui permettra. Il faut sur-tout dans le dernier labour tourner la terre vers le froment, ensorte qu'il reste dans chaque intervalle une tranchée large & profonde.

On vient de voir en quoi consistent les travaux de la nouvelle culture. Que l'on choisisse les doubles ou triples rayes, il est toujours certain que les avantages du semoir & du *Cultivateur* se montrent par les récoltes plus abondantes qu'on obtient, que par toute autre méthode.

Au lieu de deux ou trois tiges on en compte depuis trente jusqu'à quarante, produites par le même grain ; dans l'ancienne culture, au contraire, plusieurs tiges n'ont point d'épis ou n'en ont que de fort foibles & peu graineux.

En effet, l'expérience prouve que de tous les moyens dont on peut se servir pour avoir des épis fournis d'un grain gros, plein, & farineux, le labour donné avec le Cultivateur est le plus infaillible ; mais il faut que cette opération se fasse précisément dans le tems que le froment vient de fleurir, parce que toute la substance nutritive que ce labour fournit en multipliant & en renouvellant les surfaces des molécules, se porte directement au grain, de sorte qu'il n'est point étonnant que la récolte se double & même se triple.

CHAPITRE XX.

De l'avantage qui résulte immédiatement des grands intervalles.

NOus avons dit que la plus grande partie des Cultivateurs rejettoient la méthode des grands intervalles qu'il faut né-cessairement laisser pour faire les labours avec le *Cultivateur*; il est vrai que ce préjugé paroît d'abord fondé, parce que le plus grand nombre des Agriculteurs ignorant les principes de la végéta-tion & le méchanisme des parties qui composent les végétaux, croit que ce terrein est en pure perte : or on voit combien il est impor-tant de les faire revenir d'une erreur qui leur est si préjudicia-ble; aussi va-t-on nous voir partir de ce principe pour établir nos raisons & nous attacher à les appuyer toujours de l'expérience.

Nous voyons que le froment est susceptible d'une prodigieuse aug-mentation ; les observations incontestables que nous avons fai-tes le démontrent ; si l'on nous demande comment cette plante peut être portée à ce dégré d'augmentation, notre réponse sera bien simple; certainement ce ne peut être qu'en lui fournissant plus de suc nourricier : or il n'y a que deux moyens d'y parvenir ; le premier consiste à rendre la terre plus riche, c'est-à-dire, à lui donner plus de principes de fertilité; le second à lui donner plus d'étendue, & par conséquent plus de divisibilité, afin que les raci-nes puissent s'y répandre avec plus de facilité : par le premier, on entend bien que nous prétendons parler du fumier & des autres en-grais, par le second des intervalles larges qu'il faut laisser, afin que les labours au *Cultivateur* puissent y être pratiqués aisément; le succès du dernier est plus assuré sans le secours du premier, que ne l'est celui du premier s'il n'est secouru du dernier; mais rien de plus éton-nant que les effets qu'ils produisent lorsqu'on les employe tous deux ensemble.

On voit donc bien qu'en laissant des intervalles larges entre les doubles & triples rangs de froment, on obtient une récol-te beaucoup plus abondante avec beaucoup moins de travail & de semence qu'il n'en faut suivant l'ancienne culture : ajoûtons en-core l'avantage qu'on trouve à ne point donner de jachere.

S'il y a des Cultivateurs aſſez obſtinés pour ſuppoſer que les racines du froment ne s'étendent point juſques au milieu de ces intervalles , nous avons aſſez prouvé le contraire pour ne plus nous appeſantir ſur ce point ; quand même on pourroit nous en convaincre, cette objection ne ſeroit pas ſi triomphante qu'on pourroit le croire ; car nous ne demandons abſolument cette grande largeur que pour pouvoir y faire paſſer commodément les inſtrumens ; d'ailleurs on jette par le dernier labour que l'on donne la terre vers les rayes, & on laiſſe un eſpace vuide au milieu de l'intervalle ; de ſorte qu'on doit convenir que les rayes en tirent alors tout le bénéfice ; n'eſt-ce pas dans ce tems qu'elles en ont le plus de beſoin ? dans ce moment d'accroiſſement aucune partie de la terre de l'intervalle n'eſt éloigné de plus de dix-ſept pouces des plantes qui ſont dans les doubles rayes ou au - delà de deux pieds de la raye du milieu, quand on a ſemé à triple rangs : or il eſt certain qu'il y a des filamens des racines du bled qui s'étendent juſques là ; de ſorte que la plante profite pour nourrir ſon épi du ſuc abondant & nouveau que cette terre nouvellement labourée fournit.

Nous avons dit qu'on peut faire dans un terrein bien profond les intervalles plus étroits que dans un terrein qui l'eſt moins ; mais encore faut-il qu'ils ſoient du moins aſſez larges pour pouvoir y faire paſſer les inſtrumens propres à ameublir & à renouveller les ſurfaces des molécules, c'eſt pourquoi le Cultivateur doit ſe comporter avec aſſez de prudence, pour que l'intervalle ait une largeur & une profondeur ſuffiſantes.

On ſupplée à la jachere & au fumier par le *Cultivateur* ; mais il faut laiſſer une ſuffiſante quantité de terre à vuide pour pouvoir la travailler ; c'eſt pourquoi il eſt d'une néceſſité indiſpenſable de donner aux intervalles une largeur & une profondeur ſuffiſantes ; car ſi on les fait ſi étroits, qu'on puiſſe à peine avec la terre qu'on en tire former les crêtes des couches, il eſt certain qu'il n'y en a pas aſſez pour la nourriture des plantes, pour bien fréquents & exacts que ſoient les labours : qu'on ne ſe faſſe point illuſion, il faut que la quantité ſe joigne à la qualité de la terre ſi l'on veut que les productions viennent à bien ; & puiſque la terre n'eſt pas ſi diſpendieuſe que l'engrais, pourquoi ne pas épargner l'un en donnant ſuffiſamment de l'autre aux productions par la multiplicité & renouvellement des ſurfaces des molécules, qui ſont l'effet immédiat & inſéparables de la fréquence des labours ?

On nous objectera fans doute qu'on voit par expérience que ces labours que l'on fait dans les intervalles fervent à l'accroiffement des mauvaifes herbes ; nous avouons qu'il n'eft rien de plus vrai ; mais on doit convenir auffi que cet inconvénient tourne même à l'avantage du terrein & des productions ; puifque par d'autres labours on les déracine avant qu'elles n'ayent acquis leur parfait accroiffement, & que coupées & expofées aux intempéries elles tombent en putrefaction , deviennent un engrais par excellence , & reftituent avec ufure à la terre les larcins qu'elles lui ont fait.

Ainfi comme il eft évident que la nouvelle culture produit des récoltes beaucoup plus avantageufes fur le même fol que celles de la culture ordinaire & que c'eft avec beaucoup moins de dépenfe ; il eft donc démontré que ces avantages ne font que le réfultat de la parfaite divifion des molécules occafionnée par les labours donnés au *Cultivateur* ; la neceffité de donner aux intervalles une largeur convenable à cette efpéce de charrue eft donc également fenfible, puifque fi on les fait trop étroits on ne peut point donner aux plantes ce fecours admirable ; il refte donc à fouhaiter que les Cultivateurs convaincus de cette vérité reviennent de leur préjugé & n'ayent plus cette répugnance outrée qu'on leur voit pour une méthode, qui bien exécutée fuivant des documens infaillibles , devient pour eux une fource de richeffes bien plus réelles que celles qui viennent du Perou & qui féduifent tant de gens ; mais tous les avantages du femoir & du *Cultivateur* ne fe bornent point aux feuls froment , avoine & orge, ils s'étendent encore jufqu'au fainfoin, comme on va le voir dans la façon de s'en fervir, dont nous allons donner le détail dans le Chapitre fuivant.

CHAPITRE XXI.

De la maniere de cultiver le fain-foin avec le femoir & avec le Cultivateur.

NOus examinerons dans un des Chapitres fuivans la nature & les propriétés du fain-foin : fi nous en donnons ici la culture au femoir & au *Cultivateur*, ce n'eft que comme un exemple bien convaincant des avantages confidérables & prefqu'illimités qui réfultent de cette méthode.

Les grands avantages du fain-foin font l'effet de la longueur de fa racine ; elle plonge à une profondeur confidérable : voilà fon avantage particulier ; il n'y a pas de façon de le cultiver qui lui foit favorable que la nouvelle culture ; pour peu que l'on porte d'attention & de foin dans la nouvelle culture que nous confeillons de pratiquer à l'égard du fain-foin, il réuffit fur le terrein le plus fec & le plus pauvre ; mais nous avertiffons que le meilleur & le mieux conditionné ne vient que fur le fol le plus abondant en principes.

Nous obferverons encore au Cultivateur qui veut s'adonner à la culture de cette plante, qu'il faut bien préparer la terre & avoir l'attention de le femer bien régulierement, autrement il reuffira très - peu.

Il eft encore très-important d'indiquer à quelle profondeur il convient de le femer ; il faut dans un terrein médiocre le couvrir d'un demi pouce d'épaiffeur & dans un fol fec & léger lui donner un peu plus de profondeur ; mais rien de plus dangereux que de l'enterrer trop profondément ; il n'y a point en effet de femence qui fupporte moins une trop grande profondeur ; ainfi c'eft de l'attention qu'on portera à ne pas lui en donner ni trop ni trop peu que dépend fa végétation.

Quant à la quantité de femence qu'il faut jetter fur une acre avec le femoir, elle monte ordinairement à un boiffeau ; ce qui fait vingt grains ou environ par pied quarré de terrein.

Lorfqu'on eft obligé d'acheter la femence, il faut bien prendre garde ; elle fe trouve fouvent défectueufe : or pour peu qu'elle le foit, il eft certain qu'on ne voit que de mauvaifes herbes pouffer vigoureufement, malgré tous les foins qu'on puiffe fe donner.

Quant à la saison, l'ouverture du printems est la meilleure & la plus favorable pour le semer. Le tems le plus généralement reçu est le commencement de l'hyver; mais c'est une erreur très-grande; elle le seroit encore plus si on le semoit pendant les chaleurs & les secheresses de l'été.

Il réussit parfaitement bien quand on le seme seul, quoiqu'en général on le mêle avec de l'orge ou de l'avoine; mais cette méthode est mauvaise: il y a des personnes qui le mêlent avec du treffle ou du rey-gras; pratique des plus préjudiciables: ainsi nous avertissons qu'il n'a jamais une si belle & si vigoureuse végétation que lorsqu'on le seme sans mêlange.

Nous ne doutons point que le Cultivateur, qui est dans l'habitude de semer le sain-foin suivant l'ancienne culture, ne soit surpris de la quantité de semence que nous avons indiquée; puisque pour une acre on en employe sept ou huit boisseaux; & qu'au contraire nous n'en exigeons qu'un dans la nouvelle culture, encore même n'en demandons-nous cette quantité que par rapport aux mauvaises graines qui y sont mélées: car une bien plus petite mesure rendroit également une abondante récolte, si la semence étoit bien triée & bien pure.

En général il n'y a point de plante qui puisse être plus clair-semée que celle-ci; elle plonge ses racines à une grande profondeur, & les répand à une grande distance; or peu de tiges qui ont, une abondante nourriture rendent plus de profit qu'un grand nombre qui s'affament réciproquement. La hauteur ordinaire de ses tiges est de deux pieds ou un peu plus; mais quand elles sont écartées les unes des autres, elles montent jusques à six pieds,

L'expérience prouve que sa racine augmente en longueur & en grosseur à proportion qu'elle est plus clair-semée: plus ses tiges sont nombreuses sur une piece de terre, plus elles sont petites & grêles,

Lorsque le sain-foin est clair-semé, il se soutient sans aucun autre secours, acquiert chaque année une nouvelle force & augmente en produit; pendant que d'un autre côté un plus grand nombre de tiges cultivées souvent par des Agriculteurs sans principes & sans connoissance produisent bien moins, & exigent même des engrais pour ne pas totalement dépérir.

Quant ce ne seroit que la précision avec laquelle il faut semer ce fourage, on conçoit aisément la supériorité du semoir sur la méthode ordinaire. On voit par expérience que lorsqu'on seme trop dru: les plantes se suffoquent, meurent, & ne produisent point:

or par le femoir on eft beaucoup moins expofé à cet inconvénient, parce que les racines ont plus d'efpace pour s'étendre des deux eô-tés, quoiqu'elles foient femées affez dru dans les rayes ; pourvû toutefois qu'on donne une largeur convenable aux intervalles, d'au-tant plus que le fain-foin eft de toutes les plantes celle qui deman-de des intervalles les plus efpacés.

Lorfqu'on donne aux tiges une diftance convenable, la feconde pouffe monte immédiatement après qu'on a coupé la premiere ; au lieu qu'il faut qu'il furvienne une pluye après qu'on a fauché, lorfqu'on a femé fuivant la méthode ordinaire. Le véritable moyen de ne pas fe tromper, c'eft de faire enforte qu'il n'y ait que cent tiges par perche quarrée de terrein.

Si on feme de bonne heure dans le printems, avec l'attention de labourer enfuite les intervalles, on aura, pour peu que la faifon foit favorable, une récolte en été ; au lieu qu'on ne doit point s'y at-tendre en fuivant l'ancienne culture : voilà donc un avantage bien fenfible qui réfulte de la nouvelle, auquel il faut encore ajouter, que les racines ayant le tems de fe renforcer, puifqu'on les étête de bon-ne heure, pouffent avec d'autant plus de force l'année fuivante.

Dans bien des terreins, traités de la maniere ordinaire, le fain-foin ne produit qu'une récolte par an ; au lieu qu'en exécutant les documens que nous avons donnés, on lui fait rendre deux récol-tes abondantes.

Il n'y a point de plante à laquelle le *Cultivateur* foit fi favorable : on remarque qu'un fainfoin ainfi traité croît plus dans quinze jours, que celui qui eft traité d'une façon ordinaire en fix femaines ; & que le premier eft frais, verd & fort, au lieu que le dernier eft affamé, jaunâtre, & prefque fané.

On peut de ces obfervations générales fe faire des régles in-variables pour bien traiter cette plante fi utile : qu'on en faffe l'ef-fai, & l'on verra leur fuccès auffi certain que l'expérience fur la-quelle elles font fondées eft vraie.

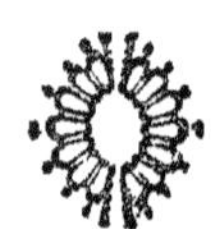

CHAPITRE XXII.

De la maniere de femer le fain-foin.

LA meilleure & la plus avantageufe façon de cultiver le fain-foin au femoir & au *Cultivateur*, eft de le femer par doubles rayes, avec des intervalles de deux pieds & demi. Les côtés doivent être labourés alternativement. Il n'eft rien de plus évident que l'avantage de cette culture ; elle fait végéter vigoureufement cette plante fur des terreins très-pauvres, & lui fait produire deux bonnes récoltes ; au lieu que fuivant l'ancienne, on n'en obtient qu'une, encore même eft-elle bien modique.

Le fain-foin n'exige point autant de labours avec le *Cultivateur* que toute autre plante : lorfque le terrein eft bon, il s'en paffe pendant trois ans ; mais fi le terrein eft pauvre, il faut en donner plus fouvent. Dès-que l'on s'apperçoit que la plante tend à fe faner, on n'a qu'à faire un labour, elle reverdit & prend une nouvelle vigueur. Il faut furtout bien prendre garde de couvrir avec la terre de la charrue les plantes quand elles font encore tendres & jeunes ; mais il n'y a plus de danger dès qu'elles font parvenues à un certain accroiffement.

Nous avons recommandé de bien préparer la terre, & nous devons ajouter que le refte de la culture exige qu'on fe comporte avec beaucoup de précautions. Il faut d'abord purger le terrein de toute autre herbe, le bien rompre par le labour, & prendre bien garde que les dents de la herfe du femoir fuivent exactement le foc, pour bien couvrir la femence.

Il ne faut point faire ufage d'autre herfe après que le fain-foin eft femé, encore moins faut-il faire ufage du rouleau : mais ceux qui, contre la bonne méthode, fement le fain-foin avec l'orge doivent paffer le rouleau, & ce n'eft précifement qu'à caufe de celle-ci. Mais nous le répétons encore, ce mélange ne réuffit pas fi bien que lorfqu'on feme le fain-foin feul.

L'on doit écarter de cette plante les beftiaux pendant qu'elle eft encore petite : il faut dans le premier hyver lui donner un petit engrais de fuye ou de cendres ; rien n'eft plus favorable à fon accroiffement : on eft bien payé de cette dépenfe par la récolte qui fuit.

Il est si vrai qu'on doit donner pour la culture du sain-foin la préférence à la nouvelle méthode, que l'on verra par l'expérience que
la dépense ne va point à la vingtiéme partie de ce qu'il en coûte par
l'ancienne méthode, & que la récolte est double.

Nous avons observé qu'il faut moins de labour au sain-foin qu'à
toute autre production quand on met en usage la nouvelle culture :
& nous ajoutons qu'il réussit parfaitement semé avec le semoir,
sans qu'on soit obligé d'y joindre les labours faits avec le *Cultivateur*. On peut le semer pour y travailler avec la houe à la main, ou
même le laisser sans cette culture ; & dans l'un & l'autre cas le semoir
est toujours préférable à l'usage ordinaire, qu'on appelle à la volée.

Il faut lorsqu'on seme le sain-foin pour le labourer à la houe à
la main donner aux rayes seize pouces de distance, & que celui
qui travaille avec la houe écarte les tiges l'une de l'autre d'environ
huit pouces ; mais surtout que les gens qu'on employe à ce travail
ayent l'attention de laisser les tiges les plus vigoureuses, quand
même il arriveroit dans certains endroits qu'elles ne soient pas à
cette distance, pourvû qu'à cette attention ils joignent celle de laisser au-delà d'elles un peu d'espace pour qu'elles puissent étendre
leurs racines, & prendre la quantité de nourriture dont elles ont
besoin.

Mais quand on ne veut point le travailler ni à la houe à la main
ni avec le *Cultivateur*, il faut alors le semer par rangs simples
à huit pouces de distance, sans employer plus de semence que lorsqu'on met seize pouces de distance. En suivant l'une ou l'autre méthode, on se procurera une récolte honnête. Mais on juge bien par
tout ce que nous avons dit combien peu elle doit approcher de
celle que produit la nouvelle culture mise entierement en usage.

CHAPITRE XXIII.

Des grands avantages du semoir & du Cultivateur.

NOus venons de mettre sous les yeux de notre Lecteur les
principes de la nouvelle méthode, toutes les façons dont elle
peut s'exécuter, & les effets qu'elle produit sur les navets, le froment
& le sain-foin : nous osons présumer que le Cultivateur le moins
intelligent n'a rien plus à désirer sur la connoissance de cette culture :

ture : nous terminerons donc cet article par un détail abrégé de ſes grands avantages : on verra enſuite s'il eſt poſſible qu'on mépriſe ainſi , par obſtination ou négligence, une culture qui tripleroit les revenus du Royaume.

Pour bien ſe convaincre de cette vérité, il faut conſidérer quatre articles principaux dont la connoiſſance doit entrer néceſſairement dans l'objet du Cultivateur. La dépenſe qu'on fait pour les productions , leur valeur, les cas fortuits, & l'état dans lequel le terrein ſe trouve après les récoltes.

Si le profit que rend une production ſe déterminoit par le prix qu'elle a au marché , il eſt certain que celle qui ſeroit venue par la nouvelle culture auroit la préférence ſur celle qui auroit été traitée ſelon l'ancienne : mais il y a encore un avantage à conſidérer, c'eſt que la dépenſe eſt de beaucoup moins grande : ainſi la ſupériorité du ſemoir & du *Cultivateur* eſt déja dans ſon grand jour.

Que l'on calcule tant que l'on voudra, il eſt certain qu'en comparant les dépenſes & les articles les moins diſpendieux, il réſultera que la ſemence, les labours, la façon de ſemer, le ſarclage, & la moiſſon, qui s'opérent par les nouveaux inſtrumens , ne coûtent point la huitiéme partie de la ſomme des frais qui ſont inévitables dans l'ancienne culture : ainſi quand même le produit ſeroit inférieur dans cette culture là, le profit ſeroit encore beaucoup plus petit dans celle-ci; delà il eſt évident que l'avantage doit être bien plus grand, puiſque le produit eſt réellement bien plus conſidérable.

Que l'on conſidére d'un autre côté avec un œil moins prévenu la qualité excellente des productions, on conviendra de l'avantage qui eſt attaché à la nouvelle culture : d'ailleurs le froment le plus riche peut être cultivé continuellement ſur le même terrein ſans jachere & ſans changement de production ; non-ſeulement on fait produire au même ſol chaque année du froment bien conditionné & ſupérieur à celui de l'ancienne culture, mais encore on en fait rapporter aux ſols qui ne ſont nullement propres à cette production par rapport à la diſette de leurs principes , & ſans la dépenſe des engrais qui quelquefois abſorbent tous les profits.

La certitude d'une bonne récolte eſt encore un article qui doit mériter la conſidération de l'Agriculteur, puiſqu'il jouit en paix de l'eſpoir d'une bonne récolte ; il voit le parfait accroiſſement de ſes productions : ſuivant la méthode ancienne, il a

la douleur de voir ses tiges avorter entierement , ou des épis grêles peu garnis & languissants, ou s'ils sont vigoureux, accabler la
tige , & par-là lui arracher , pour ainsi dire , des mains le fruit
de ses dépenses & de ses sueurs ; dans la nouvelle culture au contraire, les épis ne sont jamais petits & foibles, parce que les labours que l'on fait dans les intervalles au moment qu'ils commencent à se remplir , leur fournissent une abondante nourriture,
les tiges sont aussi moins sujettes à se renverser , parce qu'elles sont
beaucoup plus grosses & beaucoup plus fortes.

Si enfin on examine la différence qu'il y a entre l'ancienne
& la nouvelle culture , relativement à l'état dans lequel le terrein se trouve après la récolte : on verra que cela ne souffre point
de comparaison ; dans la premiere, le terrein est épuisé ; dans la
seconde, au contraire, il est plein de vigueur ; un champ que l'on
a fumé ne peut produire du bled qu'une année , il faut l'année
qui suit lui confier une autre production , & l'année d'ensuite le
rafraîchir à grands frais ou lui donner la jachere, usage plus généralement reçu à cause de l'impuissance générale qui lie les bras
aux Cultivateurs les plus zélés. Voilà donc bien exactement &
sans esprit de partialité, l'état où l'on réduit le terrein par l'ancienne culture ; au lieu que par la méthode du *Cultivateur* & du semoir quand le terrein a produit du froment, il est encore en état
d'en produire , parce que les deux sillons sur lesquels on doit semer
peuvent être labourés aussi - tôt qu'on coupe le froment ; d'ailleurs on n'est point obligé de parquer les moutons. Lorsque le terrein doit rendre tous les ans une récolte, & qu'il n'a pas besoin
d'engrais , le Fermier qui suit cette méthode peut donner ses
labours en tems sec, & semer dans des tems humides ; il peut dans le
printems rafraîchir son terrein. Il en est de même de tous les autres
articles ; il trouvera un avantage également certain.

Le succès du *Cultivateur* est si évident, & il est si propre à fournir beaucoup de nourriture aux productions, qu'il s'est trouvé des
personnes se plaindre de ce qu'il les portoit à une trop grande hauteur. Cet aveu prouve l'excellence de cette méthode ; car toute culture qui fournit trop de principes de fertilité peut être menagée de
façon qu'elle n'en donne que la quantité convenable à la plante.
Il est vrai que le bled qui est trop élevé est sujet à bien des accidens ; mais nous le répétons , rien de plus facile que d'économiser
ces sucs.

On nous objecte que puisque la nouvelle culture enrichit un

terrein pauvre au point de lui faire rendre de grandes récoltes de froment, elle doit néceſſairement rendre un terrein naturellement riche trop abondant en principes : mais dans ce cas on ne ſe ſert du *Cultivateur* qu'autant qu'il convient, & l'on ne multiplie point tant les labours. D'ailleurs n'avons-nous pas déja répondu à cette objection, en recommandant de faire les intervalles moins larges dans un terrein riche que dans un terrein pauvre ?

On a fait bien des objections de cette nature ; mais elles ne ſervent qu'à faire voir qu'elles ne ſont que l'effet du préjugé, & qu'elles ne partent que de perſonnes qui ſont aſſez injuſtes pour décrier une méthode, plutôt que de la mettre à l'épreuve.

Mais il faut d'un autre côté convenir qu'il y a des Ecrivains qui ſont outrés dans les éloges qu'ils font de cette nouvelle culture. M. *Thull* lui même a donné, ainſi que pluſieurs autres après lui, dans cette extrémité : elle a aſſez d'avantages ſans qu'on ſoit obligé de la louer au détriment de la vérité.

Quant à nous, nous expoſons ſans partialité les vrais avantages qui réſultent de cette méthode, ſans avoir outré les déſavantages de l'ancienne. Nous avons donné le plus clairement qu'il nous a été poſſible, les principes ſur leſquels porte la premiere, pour reveiller le courage des Cultivateurs accablés de miſere au milieu des tréſors qu'ils ne ſçavent point mettre en valeur.

Si l'on nous demande laquelle nous croyons la plus avantageuſe, de la méthode ordinaire, ou de celle du *Cultivateur* ſans engrais, nous répondrons affirmativement en faveur de la derniere, & nous ajoutons qu'on obtiendra tous les avantages poſſibles en employant les engrais avec le *Cultivateur*.

Après avoir expoſé la façon de pratiquer la nouvelle culture & fait voir au Lecteur ſes avantages, nous entrerons dans le détail de la vie rurale. Cette diverſion que nous ferons pour ſuivre notre *original* contiendra des réflexions utiles, on y trouvera même des inſtructions importantes ſur l'Agriculture en général. Le Chapitre dans lequel nous allons entrer ſera diviſé par Articles : l'on peut le regarder comme un recueil de ſupplémens à la Préface, ou Proſpectus à tous les Livres précédens,

CHAPITRE XXIV.

ARTICLE I.

Lettre d'un Correspondant à l'Auteur.

MONSIEUR,

» L'amélioration des terres paroît si bien être d'un très-grand
» avantage pour toute une nation en général, d'une utilité sensi-
» ble pour les particuliers qui sçavent l'exécuter, qu'il seroit su-
» perflu & même impossible d'ajouter quelque chose à ce que
» vous avez dit sur un point aussi évident par lui-même.

» Quiconque augmente le revenu de sa terre, augmente ses
» richesses, & comme l'opulence du particulier est intimément
» unie, quoique par des liens malheureusement inconnus aux
» trois quarts des citoyens, qui ne s'occupent que de leur intérêt,
» à l'abondance de l'Etat, il est certain qu'en améliorant ses ter-
» res ont donne un être plus aisé à tout le corps de la nation. Ce-
» lui, dit un Auteur, qui a l'art de faire venir deux brins d'her-
« be là où il n'en venoit auparavant qu'un, fait un bien plus
» réel à l'Etat que tous les rafinemens de la politique la mieux
» combinée. »

Mais n'y a-t-il pas encore à ajouter à ces profits résultans de
l'amélioration des terres deux articles bien plus importans de la
vie, la santé & le contentement? Or les Paysans qui au lieu de vivoter ont la faculté de se nourrir pour vivre, ne sont-ils pas une
preuve bien convaincante, que la vie champêtre, paisible, quoique
pénible, est le fondement de ces deux biens, après lesquels tous les
hommes courent, mais dont le plus grand nombre s'écarte, guidé
par des principes absurdes & entierement contraires à son bien
être.

Qu'on examine avec attention le méchanisme du corps humain,
qu'on en considére scrupuleusement tous les ressorts, on sera
obligé de convenir que la santé du corps dépend d'une dissipation
du superflu des substances nutritives qu'on lui donne; or cette

diffipation n'eft, à proprement parler, que la tranfpiration ; celle-ci, tout le monde le fçait, eft l'effet du mouvement, & pour peu qu'elle foit interceptée, ou diminuée par l'inaction, il eft certain que le fuperflu, dont nous venons de parler, forme des engorgemens, auxquels la vie rurale & l'agitation ruftique nous dérobe. Les Payfans font-ils fujets à ces repletions, à ces engorgemens, d'où procédent tant de maladies qui ruinent les tempéramens les mieux conftitués ? L'homme fage, dit un Poëte, fçait fort bien que fa fanté dépend de l'exercice.

Peut-être eft-ce de la connoiffance de cette néceffité qu'eft venu le prétexte des chaffes du lievre, du renard, du cerf, du fanglier, &c. fi fatales à la plûpart de nos Gentilshommes de campagne, & fi préjudiciables à leurs voifins, qui les maudiffent continuellement.

En effet, ne devroit-il pas y avoir une police rurale qui tînt févérement la main à toutes ces chaffes, qui enlévent par les dégats que l'on fait au malheureux Payfan la plus grande partie du fruit de fes travaux & de fes dépenfes forcées ? Que ces hommes faits par leur naiffance pour élever les fentimens de leurs inférieurs, donnent tous les exemples poffibles d'humanité & d'amour du travail : voilà leur miniftere : s'en écartent-ils, ils ne font que des fardeaux dont la terre devroit fe décharger pour récompenfer les foins affidus que lui donnent des Cultivateurs zelés : mais ils font accablés à tous égards par ces petits Seigneuriaux, qui éloignés à jamais de la Cour par le peu de connoiffance qu'ils acquierent & par le peu d'utilité dont ils font à l'Etat, ont la témérité de trancher impunément des petits tyrans. Nous leur dirions volontiers, d'après un Auteur auffi refpectable, à certains égards que dangereux, & par conféquent méprifable à beaucoup d'autres : Petits Meffieurs, qui n'êtes grands que par les maux que vous faites, & qui portez une épée qui ne fut accordée qu'aux vertus de vos ancêtres dont vous n'êtes que les avortons. Ne parlez jamais d'eux ; vous vous couvrez de confufion. Sçavez-vous que la véritable pauvreté eft cent fois plus eftimable que les richeffes, qui ne vous appartiennent point ? Confieriez-vous votre argent à des Banquiers que vous verriez ne briller que du fonds d'autrui ? Quelle confiance & quel refpect voulez-vous que vous portent ces payfans, qui vous voyent vous targuer du nom de vos ancêtres, des vertus héroïques qui leur ont acquis la nobleffe, tandis que vous n'avez que les vices oppofés ? Croyez-nous ces demi-dieux dont vous montrez à tous les paffans les images, imitateurs fidelles de ces braves Romains, loin de ravager cent arpens de terrein pour attraper un lievre, ou tel autre animal quelconque, la charrue à la main labouroient leurs terres, les moiffonnoient, & par une influence utile, loin d'être les fleaux de leurs voifins, faifoient leur bonheur en occupant les uns, en encourageant l'induftrie des autres, en fe procurant ainfi qu'à leur famille un accroiffement d'aifance permanent, & enfin en augmentant continuellement les richeffes du pays.

Nous fçavons, & c'eft une malheureufe néceffité, que les impôts réels fur les fonds font des obftacles qui ralantiffent, & même anéantiffent le courage de plufieurs Cultivateurs, qui n'ofent ni étendre ni améliorer leur culture. Mais alors nous dirons que de deux maux la fageffe veut qu'on évite le plus grand : eh bien vos campagnes feront floriffantes, des Collecteurs bornés vous augmenteront au lieu de vous diminuer, & leur jaloufie vous punira de ce que vous avez ofé faire venir des épis plus nombreux & plus longs qu'eux. Mais enfin on a à préfent l'œil ouvert fur vous ; Meffieurs les Intendans vous regardent de puis quelque tems comme les peres nourriciers de la patrie : fi l'état violent où la guerre jette l'Etat exige qu'on vous faffe payer les connoiffances que vous avez acquifes fur le premier & le plus utile de tous les arts & fur les fueurs que vous coûte cette augmentation de productions, on ne vous laiffera point enlever tout, on vous permettra de vous en reffentir, & une paix defirée vous jettera tout d'un coup dans une aifance qui fera le bonheur de votre vie, de vos enfans, & celui de l'Etat.

Un bon Gentilhomme vrai citoyen, peut-il avoir de fpectacle plus agréable que des terres bien diftribuées, en bon ordre, & bien entretenues en hayes ; & en vérité fon revenu augmenté du double par des voyes moins difpendieufes de la moitié, & qui ne montent peut-être pas à ce que coûtent la nourriture d'une meute, de plufieurs chevaux de chaffe & l'entretien de quelques pieces d'eau, ne lui donneroit-il pas une fatisfaction bien plus réelle & plus folide ?

Et en effet fi notre Nobleffe vouloit un peu s'adonner à la culture au lieu de courir à la campagne après des liévres, & dans la ville après des plaifirs non-feulement frivoles, mais encore qui tendent à la diffolution, elle feroit plus nerveufe, plus robufte, plus aifée, & à tous égards plus utile à l'Etat. L'on ne verroit plus tant d'anciennes Maifons tomber en décadence & faire place à l'opulence mal-acquife, qui avec un front d'airain & traînée dans des chars dorés acheve de les écrafer.

Nous ajoutérons que tels font les plaifirs qu'on goûte dans l'innocente vie de la campagne, qu'ils font du nombre de ceux qu'on peut fe rappeller, ils ne font point fuivis des remords ; auffi voudrions-nous qu'afin que cette vie utile ne fût pas tout-à-fait inconnue à notre haute Nobleffe , puifqu'elle a l'attention de donner aux enfans des maîtres dans les arts frivoles, elle eût du moins celle de leur en donner en Agriculture, pour qu'ils euffent quelques principes des améliorations qu'ils pourroient faire dans les terres qu'on leur laiffe.

A Dieu ne plaife que nous prétendions impofer la loi aux Gentilshommes de faire leur occupation continuelle de l'Agriculture, ni de conduire eux-mêmes la charrue ; nous demandons feulement à ceux que leur fanté & leurs affaires retiennent à la campagne, qu'ils employent leur tems perdu d'une maniere plus utile, plus innocente , & beaucoup plus réfervée fur l'article de la chaffe.

Les améliorations naturelles des biens peuvent être confiderées fous trois points de vuë , comme des bâtimens convenables & toujours proportionnés à la nature , à la quantité des terres & à la fomme de leur produit , la diftribution des terres & leur divifion pour fe procurer autant de fortes de productions qu'il fera poffible, & les clôtures, fans faire aucun mêlange d'engrais ordinaire avec le fol.

En fecond lieu, par les améliorations artificielles , comme la chaux, le fel, le brulis, foit des végétaux , foit de la terre, & par toutes fortes d'herbes artificielles, & quantité d'autres chofes à-peuprès de la même nature, dont une partie a déja paffé fous nos yeux, & dont l'autre fera dans la fuite l'objet de notre attention.

Enfin par les méthodes anciennes & celles qui ont été perfectionnées, comme le fumier, les labours, & les traitemens analogues aux différens terreins.

Ce feroit ici le lieu de rapporter toutes les inftructions, autant utiles que familieres, qu'on trouve dans *Serrez*, fur la conduite que doit tenir le Cultivateur à fa maifon de campagne ; mais nous n'entrerons point dans ce détail, puifqu'on peut les reduire à ces pointsci ; beaucoup de mœurs , d'activité & d'intelligence.

On peut réduire ce que nous entendons par améliorations naturelles aux articles fuivans.

Des bâtimens commodes, mais dont l'entretien foit peu difpendieux.

Couper les grands terreins en portions plus petites.

Les entretenir de bonnes clôtures , & multiplier autant qu'il
est possible les abris.

Se procurer de l'eau , & la porter autant qu'on le peut , à peu de
frais , dans tous les endroits du domaine qui en ont besoin.

Saigner les terres trop humides , & les dessécher au degré propre à la germination des plantes utiles.

Distribuer les terres labourables , & les prés en proportion ,
que l'un n'excéde point l'autre , afin qu'on ait de quoi nourrir les
bestiaux suffisans pour labourer , & engraisser les terres.

Faire des chemins commodes. Cet article-ci si négligé est cependant un point important , puisqu'il facilite le transport des denrées.

Enfin nous parlerons de la variation que le tems cause dans la
valeur de la plûpart des terres ; observation qui sûrement peut être
d'une très-grande utilité. Voilà en précis le tableau des articles qui
vont passer sous les yeux de nos Lecteurs.

ARTICLE II.

Des Bâtimens commodes.

Nous ne nous étendrons point sur la maniere de bâtir , &
sur les dépenses que l'on doit faire : ces deux articles dépendent des différentes situations, des différens prix des materiaux,
& de la main-d'œuvre dont le prix varie beaucoup. Nous aurons occasion d'en parler lorsque nous traiterons de la maison du Fermier.

Nous ferons seulement observer ici que le gros bois de charpente fait la dépense principale des bâtimens , & que par conséquent plus les pieces du bâtiment sont vastes , plus elles sont dispen-
dieuses. Pour toutes les opérations de la Ferme les bâtimens longs &
étroits sont aussi bons que les bâtimens courts & larges : or les premiers coûtent moins ; il est vrai qu'il faut de l'espace lorsqu'on
veut étendre le bled pour le nettoyer. Nous parlerons dans la suite
de l'utilité de cette méthode.

Mais le Fermier ayant , comme il arrive souvent , de la place dans
la grange pour battre le bled , & une porte au sud-ouest , il a presque toujours du vent pour nettoyer son bled , & par conséquent
il ne faut guéres s'occuper du soin de faire le bâtiment ci-dessus plus

large:

large : & fi par hazard le vent lui manquoit, il pourroit aifément y
fuppléer avec une vanne à la main.

Quant à la façon de placer les beftiaux , il ne faut guéres leur
donner plus d'étendue que celle que nous avons indiquée dans la
conftruction de la Ferme. Moins ces animaux font raffemblés dans
les étables, mieux ils fe portent. Nous ajouterons que moins la
piece aura d'étendue, moins la charpente en fera difpendieufe.

Quant aux granges qu'on faifoit anciennement d'une grandeur prodigieufe , on fçait le peu de cas qu'on en fait aujourd'hui avec raifon : on voit les Fermiers qui ont un peu d'intelligence refufer d'en
faire ufage, fçachant bien que leur foin eft plus doux & leur froment
mieux nourri quand on met l'un & l'autre en tas en plein air, que
quand on les enferme entre quatre murs. Il y a même des endroits où
l'on commence à ne plus attacher les beftiaux pendant la nuit en
aucun tems de l'année, & l'on s'en trouve bien.

Mais le point le plus important, c'eft le bénéfice que le propriétaire de la Ferme fait, tant par la facilité avec laquelle tous
les ouvrages s'exécutent, que par le bon ordre dans lequel fa Ferme
eft entretenue. Lorfque les bâtimens font placés dans l'enceinte
& à portée des gens de la Ferme, au lieu d'être à de grandes diftances, ou qu'ils font fitués dans des endroits bas dont on tire avec
beaucoup de peine & à grands frais les engrais qu'on y a apportés, il
eft certain que les terres fituées en des endroits élevés fe reffentent
toujours un peu de cette difficulté, & que par conféquent elles
s'appauvriffent infenfiblement.

Lorfqu'au contraire les bâtimens font fitués de niveau & au
centre, les engrais ne peuvent jamais fe perdre, & tous les tranf-
ports s'en font avec beaucoup de facilité & moins de dépenfe.

Mais il ne faut point perdre de vue ce que nous avons dit au Chapitre de la Ferme. Avant toutes chofes il convient de choifir la
fituation la plus falubre, foit pour fa propre maifon, foit pour celle
du Fermier, ou des Cultivateurs qu'on a à fes gages : dans l'Agriculture, comme dans tout autre art, la fanté eft le point principal.

Il eft en général très-peu de terres, pour peu confidérables qu'elles foient, auxquelles on ne puiffe faire quelqu'un de ces changemens avantageux avec peu de dépenfe.

On devroit, par exemple, dans les grands pâturages & dans les
communes conftruire, à frais communs, des murs pour les mettre
à l'abri du vent ; d'ailleurs ces abris fervent à garantir les beftiaux &
les moutons des ouragans ; rien de plus infaillible que les avantages

de ces murs ; & l'on a tout lieu d'être furpris de voir cette méthode fi peu pratiquée en France.

La conftruction utile de cette efpéce de clôture eft très-peu difpendieufe : d'ailleurs dans les terreins qui ne font pas bien fpacieux, on défait ce mur, & on le tranfporte d'un endroit à l'autre ;
on l'établit enfin en peu de tems par-tout où l'on veut.

On fait une efpéce de toit qui peut être utile en différentes occafions, foit pour couvrir en été une quantité de foin nouveau en
attendant qu'on puiffe faire un gros tas, ou même pour couvrir
le tas jufqu'à ce qu'il foit achevé : par-là on obvie à beaucoup de préjudice que les pluyes portent ; & en effet il eft bien rare que la moiffon du foin ne foit endommagée par les pluyes d'une ou d'autre façon avant qu'on ne l'ait mis en meule : les gerbes du bled font
également expofées, & peuvent être également garanties.

On peut fe fervir de vieilles tentes goudronnées, de même que
de clayes fufpendues fur le tas & qui fe croifent : cette dépenfe n'eft
point abfolument bien grande ; puifqu'il n'eft point de Cultivateur qui n'ait dans fa Ferme quelqu'un de fes gagiftes qui ne puiffe
en faire.

Et pourquoi en effet ne feroit on pas ufage en été de ces bâtimens légers & mobiles pour nos chevaux & pour les autres beftiaux ; ils leur ferviroient d'abri contre les chaleurs violentes &
contre les autres injures de l'air, comme ils le garantiroient en
hyver des gelées & des froids exceffifs.

Nos corps & ceux des beftiaux fe reffemblent fans doute à beaucoup plus d'égards que le vulgaire ne fe l'imagine ; ne fommes-
nous pas en effet fujets aux mêmes maladies, & ne fommes-nous
pas également fenfibles au froid & à la chaleur, aux vents aigus,
&c ?

On s'apperçoit fur le champ des mauvais effets que la grande chaleur produit fur les vaches par la qualité de leur lait : outre qu'ac-
cablées de chaleur, elles portent de grands dommages dans les pâturages en cherchant des abris, & par conféquent en foulant le
terrein.

Il faudroit qu'un ouvrier fût bien peu verfé pour ne pas fçavoir
conftruire des abris femblables : nous en avons fait de différentes
façons, dont nous allons communiquer l'idée.

ARTICLE III.

De la maniere de diſtribuer convenablement la Ferme & les Terres.

IL n'y a rien de plus avantageux que de raſſembler, autant qu'il eſt poſſible, les terres que l'on deſtine à telle ou telle production : il n'eſt point de Cultivateur, qui, pour peu expérimenté qu'il ſoit, ne convienne que deux acres de terrein réunies enſemble, valent autant que cinq demi-acres ſituées en différens endroits : il n'eſt point rare de voir en effet quantité de portions de terre, tant en plein champ qu'en bons prés, étant réunies enſemble & entourées de bonnes clôtures, valoir ſouvent le double & quelquefois le triple de ce qu'elles valoient auparavant, particulierement auprès des grandes villes, ou dans les Provinces où les prés ſont rares.

On obſervera ſurtout que pour peu qu'on puiſſe avoir commodément de la pierre à chaux dans un terrein, on doit en faire les clôtures : on jouit immédiatement des avantages qui ſont inſéparables de cette façon d'enclorre. On donne ordinairement au mur deux pieds de largeur ; il ne faut point faire de foſſé ni d'un côté ni de l'autre ; il n'y a aucune perte de terrein.

Nous ajouterons encore une obſervation bien importante en faveur de cette méthode, qu'il n'y a point dans cette clôture, ainſi que dans les autres, des racines voraces qui ſe portent juſques aux plantes du champ & leur volent leur nourriture, point de branches qui dégouttent ſur elles, enfin point d'inconvénient de cette eſpéce que ceux qui ſont contre les clôtures objectent ordinairement. D'ailleurs une autre avantage qui n'eſt pas moins digne de l'attention d'un Cultivateur, c'eſt que comme la chaux eſt naturellement un engrais, de ſemblables murs fourniſſent des principes au terrein juſques à vingt ou vingt-quatre pieds autour d'eux, & qu'ils pompent le nitre répandu dans l'air ; car on obſervera que quand on renverſe un de ces vieux murs il en ſort une odeur de ſalpêtre.

Il y a des Fermiers qui ſe déchaînent contre ceux qui labourent plus près des hayes que de ſept à huit pieds, diſant que l'on ne trouve auprès des hayes que tout au plus la moitié du produit que le milieu du champ fournit.

K ij

Cette obſervation mérite l'attention de ceux qui par la ſituation de leur terrein viſent principalement à la culture du bled ;
alors on fait les champs fort larges.

Lorſqu'il s'agit de planter une haye , on doit toujours, comme
nous l'avons déja dit , donner la préférence à l'épine blanche : ſi
le terrein eſt bon , elle parvient dans quatre ou cinq ans , & la haye
morte , s'il y en a , ſert à garantir la nouvelle , juſqu'à ce qu'elle ait
acquis un accroiſſement propre à la garantir des animaux.

M. *Hal* dit avoir planté un jour une haye de cette eſpéce , avec
de forts réjettons qui avoient environ un pouce de diametre : » Je
» les ai mis , dit l'Auteur , à huit pouces l'un de l'autre , & les ai
» étêtés à huit ou neuf de terre. Quelques-uns que j'ai laiſſé aller
» pour eſſayer ce qu'ils deviendroient , ont pouſſé cette année
» à la hauteur de ſix pieds , & tous enſemble ont formé bientôt une
» haye qui , bien taillée & bien entretenue , a fait une haye de
« quatre pieds de hauteur ſur trois pieds de largeur. Il eſt vrai, ajou-
» te l'Auteur , que je les avois plantés dans un ſol neuf.

» J'ai eu à-peu-près le même ſuccès avec quelques buiſſons d'é-
» pines que j'ai tranſplantés dans la même vue, les étêtant à pro-
» portion de l'altération que je croyois que les racines avoient
» ſoufferte par la tranſplantation ; le ſuccès a ſurpaſſé même mes
» eſpérances.

» J'avoue que cette façon de planter l'épine blanche n'eſt pas
» ordinairement miſe en pratique , mais je ne puis m'empêcher de
» croire , par la nature de ce buiſſon , que l'uſage qu'en a fait un
» Gentilhomme de ma connoiſſance , ne ſoit auſſi raiſonnable
» que praticable.

» Je l'ai vû planter dans deux acres de terrein pluſieurs rangs
» d'épine blanche garantis par une eſpéce de clôture : ces épines
» étant parvenues lui fourniſſent , pour ainſi dire , annuellement
» ſa proviſion ; de ſorte que lorſqu'il veut enclorre une nou-
» velle piece , il en prend une certaine quantité de la hauteur
» d'environ trois pieds , en fait un nouvel enclos où l'on ſeme
» du bled ſans y faire venir après une autre production , & au bout
» de la ſeconde année l'enclos eſt parfaitement bien formé.

» On voit aſſurément qu'un eſſai ſemblable n'eſt pas bien diſ-
» pendieux ; on a des rejettons à bon marché ; on les plante à neuf
» pouces les uns des autres. Si on éleve l'épine de ſemis , alors elle
» ne vient que dans le courant de la ſeconde année. Il y a une mé-
» thode priſe ſur une expérience de M. *Newton* , & publiée par

„ M. *Bradley*, qui fait pouffer la femence dès le premier prin-
„ tems : pour cet effet on la met dans du fon de froment, que l'on
„ tient chaud, & que l'on humecte un peu de tems en tems. J'en ai
„ fait l'expérience, elle m'a réuffi. Mais nous obferverons à nos
„ Lecteurs que fi on lui donne trop d'humidité , on rifque de la
„ voir tomber en putréfaction. »

Nous ne fommes pas fi portés pour l'épine noire, parce qu'elle
répand trop au loin fes racines : elle les porte jufqu'à vingt ou
vingt-trois pieds de diftance de fa tige : nous confeillons donc de
ne point s'en fervir, non plus que du pommier fauvage, quand on
veut faire des hayes ferrées ; ils fe tachent tous deux. Il eft vrai que
l'aubepine fe tache de même, auffi-tôt après qu'on l'a taillée ; mais la
moindre pluye ou quelques jours diffipent ces taches, qui n'ont pas
le tems de lui porter préjudice. L'épine eft naturellement fi dure
qu'elle pouffe dans des endroits où fort peu d'arbres peuvent à peine
végéter : on peut en faire ufage ou en haye haute ou en forme
d'arbres, plantée en rang pour garantir les champs des vents froids.
J'ai vû une femblable haye pouffer entre des ormes , & qui, bien
taillée, avoit l'air d'une clôture entiere, & bien ferrée de quarante
pieds de hauteur.

Quant à l'ufage que certains Cultivateurs veulent établir de
divifer les terreins à pâturages en petites parties, il y en a qui prétendent qu'un enclos de dix acres contiendra & nourrira auffi-bien
autant de beftiaux que quatre enclos de trois acres chacun : les
raifons qu'ils donnent confiftent en ce que dans ces petits terreins
les beftiaux les parcourent plus vîte, les piétinent par conféquent
davantage & foulent l'herbe, dont ils ne veulent point enfuite manger ; au lieu que dans les pâturages plus étendus ils ont plus d'efpace pour fe promener & pour paître, que les endroits foulés ont
plus de tems de fe rafraîchir par les pluyes ou par les rofées, qu'il
y a plus de perte de terrein par les hayes & foffés, que les beftiaux fe
dégoutent & ne fe foucient même pas de l'herbe venue fous les arbres d'où la pluye doit néceffairement dégoutter ; & en effet elle
peut contracter une mauvaife qualité fur les feuilles, en ce qu'elles font, comme nous l'avons dit, l'organe de la tranfpiration des
arbres, qui fe déchargent par cette voye des parties qui font mêlées
avec le fuc nourricier, & qui ne leur font point analogues , qui même
quelquefois leur font contraires ; d'ailleurs on trouve plus facilement
de l'eau dans un endroit fpacieux , & il plaît plus, à caufe de fon
étendue, aux beftiaux, qui aiment naturellement à avoir de la liberté,

On peut répondre à cette observation, qui ne laiſſe pas d'être importante , qu'en diviſant dix acres en quatre parties & laiſſant ſix pieds pour la haye & le foſſé, on ne prend qu'environ la ſixiéme partie d'un acre ; que s'il y a un peu d'eau, on peut la conduire facilement.à deux ou trois petits enclos après qu'on a laiſſé manger en premier celui qui en a ; qu'on peut tenir bas les arbres & les hayes afin que l'herbe ne s'aigriſſe point, ou que ſi on les laiſſe croître , leur produit rendra l'équivalent pour dédommager ; que quand on fait manger tour-à-tour ces petites diviſions, la premiere ſe rétablit admirablement avant qu'on ne ſoit obligé d'y remettre les beſtiaux. On ne ſçauroit en effet ſe repréſenter les avantages qui réſultent de ces petits enclos : il ſeroit à ſouhaiter que chaque Ferme en eût cinq ou ſix , un de trefle où l'on feroit entrer les cochons pour les faire ſouper , un de bonne herbe où l'on mettroit une ou deux vaches pour avoir du bon lait & du bon beurre , les autres ſeroient enfin pour un cheval ou deux qui ſe trouveroient prêts & repus au moment qu'on en auroit beſoin, tandis qu'on laiſſeroit les autres paître , ſur les turnips , le trefle , ou l'herbe : on pourroit même en réſerver un de trefle ou de turnips pour y engraiſſer des beſtiaux , ou les nourrir dans le tems auquel ordinairement tous les autres fourages manquent.

Nous avons déja tant parlé des bons enclos & des abris, que nous nous contentons de dire ici qu'ils ſervent à nous aſſurer la jouiſſance des productions que nous faiſons venir ſur notre terrein, & qu'ils maintiennent (ce qui eſt le plus grand bien) la paix avec le voiſinage : ils tiennent chauds nos terreins & nos beſtiaux : il eſt ſi vrai qu'ils contribuent à la conſervation des premiers , qu'il y a des pays où l'on dit en forme de proverbe, qu'une haye chaude , ſerrée & haute fait la moitié de la nourriture des beſtiaux ; ce qui certainement peut s'appliquer auſſi juſtement aux abris pratiqués dans le terrein, qu'aux enclos qui l'entourent.

Les eaux doivent être l'objet de l'article ſuivant : lorſque les terres ſont ſituées près des rivieres ou des ruiſſeaux, ou qu'elles ſont élevées au-deſſus, l'avantage d'arroſer les prés pendant les ſécherefſes eſt conſidérable, & n'eſt pas moins aiſé à obtenir. L'eau eſt ductile, on la conduit facilement d'un endroit à l'autre. Dans le voiſinage des grandes villes, par exemple, il y a beaucoup de prés qu'il convient de faucher vers le milieu de l'été, & qui doivent leur fertilité étonnante aux eaux dont on les inonde dès qu'on en a retiré le foin. Pour remplir cet objet, on ouvre en différens endroits les bancs de terre qu'on a ci-devant élevés & opposés aux flots pendant la croissance de l'herbe ; de sorte qu'il n'y a rien qui enrichisse tant la prairie que ces eaux successives qui y entrent jusques au printems suivant , tems auquel on reléve de nouveau ces bancs pour garantir l'herbe.

Par-tout où l'eau vient d'un terrein riche & où elle est impregnée des boues de quelque ville, rien de plus avantageux & de plus favorable aux terres. Cela est si vrai que quand on n'a pas cette ressource nous conseillons de mêler quelqu'engrais dans l'eau commune , de bien remuer ce mêlange pendant qu'elle coule & passe ; par ce moyen on porte les parties les plus subtiles des engrais aux racines de l'herbe : mais enfin si l'on ne peut pratiquer ni l'un ni l'autre, par exemple dans les grandes sécheresses , il est toujours très-avantageux d'arroser les prés avec de l'eau commune.

Mais le point le plus important, & qui mérite le plus notre attention , c'est de pourvoir à l'eau , qui ordinairement manque dans les terreins calcareux , sablonneux, & dans les graveleux, qui, quoiqu'ils reçoivent , ainsi que les autres , leur portion des pluyes & des rosées , sont si poreux & si ouverts, qu'ils laissent passer au fonds toute l'humidité sans qu'ils en retirent le moindre avantage.

Dans les terreins de cette nature , il y a des mares qui fournissent aux bestiaux: mais s'il n'y en a point , il est très-peu d'endroits où l'on ne puisse pratiquer dans les bas des bassins où l'on conduit les eaux des pluyes des hauteurs voisines. La construction de ces bassins est à peu près la même que celle que nous avons donnée pour les étangs : on se sert de glaise & on pave le fond, afin que les bestiaux ne le crevassent point avec leurs pieds : il faut aussi enduire de glaise jusqu'à l'épaisseur de six pouces au moins, les parois des tranchées qui servent de conduit. Quand on prendroit la même précaution pour le fond , l'opération n'en seroit que meilleure; parce que les eaux peuvent trouver dans leur chemin des veines de terrein sablonneux ou graveleux, & qu'elles se perdroient avant que d'arriver au reservoir.

Comme l'humidité excessive est aussi préjudiciable qu'une grande sécheresse ; nous allons donner la maniere de faire des saignées & d'épuiser les eaux répandues, soit dans le cœur du terrein, soit sur sa surface. On ne doit regarder tous ces documents-ci que comme des additions à ceux que nous avons déjà donnés.

L'important de cette opération est de trouver l'endroit le plus bas du terrein par lequel on puisse éconduire les eaux, & d'y ouvrir une tranchée large & affez profonde , d'où on en fait partir de petites de traverfe & couvertes; comme nous l'avons indiqué dans un de nos précédens volumes.

La plus folide façon de faire ces petites faignées de traverfe confifte à leur donner près de deux pieds de profondeur, & dans le fond tout au plus trois pouces de largeur. On les remplit enfuite d'épines ou de quelqu'autre brouffaille que l'on recouvre enfuite avec des gazons; dont la verdure eft en deffus.

Dans les terreins où il fe trouve une certaine quantité de pierres, on y fait de petits creux où l'on jette des petites pierres à un pied de profondeur que l'on recouvre également de brouffailles & de gazon.

Autre methode fort aifée & peu difpendieufe que l'on peut pratiquer dans certains terreins ; on fait des goutieres très-petites de la largeur tout au plus de quatre ou cinq pouces : elles portent en bas les eaux. On obferve même que fi on les fait à une profondeur plus grande que celle des racines de l'herbe, elles deffechent fort bien un terrein, même glaifeux.

Nous ne pouvons guéres donner des regles sûres pour proportionner les terres labourables & les terres à pâturages. Nous n'avons donné précédemment que des inftructions vagues. En effet, comment feroit-il poffible de déterminer ce point, principalement en fuivant la nouvelle culture , par laquelle le Cultivateur peut tenir ou plus de terres labourables, ou plus de terres en herbes artificielles ou naturelles fuivant fa volonté ; puifqu'il n'eft plus dans le cas de fe priver d'un attelage qu'il juge lui être néceffaire , ni des vaches qu'il trouve à propos d'entretenir pour fe procurer le laitage , ni enfin de tous les autres beftiaux qu'il entrevoit devoir lui rendre quelque profit.

Tout ce que nous pouvons dire au Cultivateur & qu'il peut regarder comme une régle générale , c'eft de ne jamais avoir plus de terrein en labourage ou en pré, qu'il ne peut en cultiver parfaitement.

Il eft plus avantageux pour lui de n'avoir que deux acres bien cultivées de bon bled que fix de mauvaifes ou médiocres, parce que les dépenfes & les peines font égales.

Le même raifonnement a la même force quant aux foins. Il vaut mieux mettre en jachere le terrein : il fe préparera infenfiblement & acquerera affez de principes pour rendre enfuite de bonnes récoltes foit en foin foit en bled.

ARTICLE

ARTICLE IV.

De la maniere de faire de bonnes routes.

NOus n'avons pas besoin de faire sentir ici la nécessité des bonnes routes. Elle est démontrée : il n'est personne qui ignore qu'on peut doubler pour ainsi dire la culture quand les routes d'un domaine sont bonnes & faciles. Rien en effet ne décourage plus le Fermier que de se voir à chaque instant en danger de perdre un bon cheval ou un bœuf, ou de voir ses voitures fracassées par les ornieres terribles que l'on voit dans la plûpart des terres. D'ailleurs mettons l'utilité à part, & fixons-nous à l'agréable ; est-il rien de plus déplaisant pour un Gentilhomme que de ne pouvoir sortir à la premiere pluye sans voir son cheval s'embourber, & quelquefois se donner des écarts qui le rendent impropre à tout service ? Il est bien étonnant qu'en France nous soyons obligés de reprocher à la noblesse cette négligence : on a bien à la vérité une attention particuliere à se pratiquer une belle avenue, mais jamais on ne tourne ses regards sur les petites routes que le Fermier est obligé de suivre pour porter les engrais aux champs & pour rapporter sa moisson à la ferme. Ceci, on l'entend bien, ne regarde que les Seigneurs : mais nos simples Gentilshommes de campagne, qui toujours dans les horreurs de la misere passent leur pitoyable vie à tirer des coups de fusil, ne rougissent-ils pas de l'inutilité dont ils sont à l'Etat par l'impuissance où ils se trouvent de se procurer un peu d'éducation & par-là de devenir utiles ? bonheur solide auquel ils ne parviendront jamais, s'ils ne tournent leurs regards sur tous les articles qui peuvent rendre la culture & l'exploitation de leurs domaines plus aisés aux Fermiers. Or il est certain que la facilité des routes en est l'ame. Opposera-t-on une fortune bornée ? faux prétexte : le Fermier concourra toujours à cette amélioration, puisqu'il en aura le premier la jouissance : d'ailleurs la main d'œuvre est-elle donc si chere en hyver dans certains cantons du Royaume ? Ne sait-on pas que les enfans, qui dans cette saison sont à charge au paysan infortuné, seroient trop heureux si on les occupoit pour leur nourriture ? la plus grande partie de ces routes ne peuvent-elles point être faites par les villageois ? il n'est donc queſtion que du ſalaire dû à une perſonne intelligente & qui ſache les conduire, afin que les travaux ſoient d'une utilité & d'une durée égales. Mais ſi, au lieu de chaſſer depuis le lever juſqu'au coucher du ſoleil, ces Gentilshommes ſi orgueilleux de leur nobleſſe s'appliquoient à la lecture de quelques livres propres à les inſtruire ſur un point qui les regarde de ſi près, cette dépenſe ne ſeroit-elle point épargnée, & les payſans guidés par des perſonnes qu'ils ont toujours devant leurs yeux, & avec leſquelles ils vivent, ne ſe prêteroient-ils pas avec plus de joye à une amélioration auſſi importante?

La tranquillité de l'eſprit, la ſûreté pour les hommes, les chevaux & les voitures, le tranſport des denrées qu'on fait avec facilité, & le tems qu'on ménage, article conſidérable dans l'Agriculture, dédommagent avec uſure des premieres dépenſes. Nous ajouterons qu'à meſure qu'on ſe reſſent de l'utilité de cette amélioration on s'encourage & on s'étend juſqu'aux grandes routes; de-là une vie toute nouvelle que prend un canton iſolé & abandonné auparavant à lui-même & à ſa miſere; de-là une nouvelle ſource de richeſſes pour les habitants; de-là enfin une vie plus active & plus heureuſe, & une population par conſéquent beaucoup plus nombreuſe.

Quant aux grandes routes, nous n'avons rien à deſirer dans certaines provinces du Royaume, où, ſuivant *l'ami des hommes*, on a pouſſé cette attention juſqu'à porter préjudice à l'Agriculture. Ne vaudroit-il pas mieux qu'au lieu de lui faire tant de larcins inutiles on ſe fût appliqué, avec les dépenſes que ces grands chemins monſtrueux ont coûté, à multiplier les petites routes de traverſe, pour ouvrir des communications avec des pays pour ainſi dire inconnus, dans le centre même du Royaume? mais c'eſt le propre de la Nation de toucher en tout aux deux extrêmes. Le mal ſera-il donc toujours incurable? point du tout: il ne faut qu'un Miniſtre qui, acceſſible aux perſonnes éclairées, écoute leur conſeil, les examine avec un eſprit de patriotiſme, & tienne la main à l'exécution. Avec la guerre on ne peut guéres ſe livrer à des objets de cette eſpéce quoique très-importans. Eſpérons tout de la paix.

Ces Romains, que l'on nous cite en tout pour exemple, & qu'il faut ſe donner de garde d'imiter en bien des choſes, nous doivent ſervir de modele en ce point-ci: toujours occupés de la facilité de mettre en mouvement leurs troupes, ils s'attachoient princi-

palement aux bonnes routes: nous fommes encore aujourd'hui forcés d'admirer quelques-uns des chemins qu'ils ont fait conftruire.

On ne croira qu'avec peine combien un bon paveur, dit M.
Hal, peut avancer une chauffée dans un jour, » je n'éxagere point,
» dit cet auteur véridique, quand même je dirois qu'il peut en
» faire plus de cent vingt ou trente pieds. J'ai eu, continue le
» même auteur, un valet qui fecouru d'un payfan & d'un at-
» telage, a fait dans un pays de pierres à chaux une nouvelle
» route d'environ huit pieds de large & de quatre vingt-dix de
» long dans un feul jour, en pavant les deux côtés de près de
» deux pieds avec de groffes pierres, & en élevant le milieu
» avec ce qu'on appelle du gravier de pierre à chaux, qui,
» pourvû qu'on n'y marche pas tout de fuite, fe lie & fe durcit
» en peu de jours comme un rocher, & fur lequel les chevaux
» marchent plus affurés que fur les pavés faits de groffes pier-
» res.

M. *Cooper* de *Leicefter*, qui s'eft rendu célebre par les belles routes qu'il a faites dans cette province, obferve que le gravier de
riviere n'eft pas fi propre à cette opération que celui qu'on tire
des entrailles de la terre. Cependant dans les endroits où l'on a
le premier plus commodément & à moins de frais, on fera de
bonnes routes fi on le mêle avec un fol fablonneux.

On trouve dans certains endroits une efpéce de gravier fin,
doux & fubtil, mélé de glaife, de marne ou de fable. On a beau
le mettre beaucoup plus épais, à peine la route fe foutient-elle
pendant un an. Cependant on remarque d'après l'expérience,
qu'il y a certains graviers fins qui après avoir été tamifés, comme
on le pratique pour les jardins, font propres à faire des routes
auffi bonnes & auffi durables, que de quelqu'autre matiere qu'on
les faffe.

M. *Hal* avoue avoir tiré toutes ces particularités d'un manufcrit
de M. *Cooper*, qui n'a jamais été imprimé.

ARTICLE V.

Des changemens avantageux que les herbes artificielles ont produit en Angleterre, & qu'elles produiroient dans tout autre pays.

IL eſt ſi vrai que l'utilité des prairies artificielles eſt conſidérable & digne de l'attention de tous les Cultivateurs, que tous les bas-prés, qui étoient autrefois à un prix exhorbitant, ſont tombés conſidérablement depuis qu'on a trouvé l'art de former des prairies artificielles ſur les terreins qui ſont dans une ſituation quelconque.

Il faut cependant convenir qu'un bas-pré voiſin de quelque riviere, qui vient d'une montagne compoſée de pierre à chaux, eſt un treſor ineſtimable : on a toujours dans ces ſortes de terreins de l'herbe tendre pour engraiſſer les beſtiaux. Par cet exemple que la nature fournit, on ſent combien il eſt aiſé de l'imiter quand on a de la chaux dans ſon domaine. Bien des cantons de l'Angleterre étoient avant cette découverte obligés de faire leur proviſion de bœuf ſalé pour l'hyver ; puiſqu'en effet on tuoit fort peu de ces animaux, même dans les grandes villes ; au lieu que depuis les améliorations que l'on fait avec la chaux, on trouve du bœuf dans tous les bourgs & villages pendant toute l'année.

Juſqu'ici nous avons fait paſſer ſous les yeux du Lecteur tous les différens ſols qu'on peut trouver dans le Royaume, & les différentes méthodes qu'on met ordinairement en pratique pour les améliorer avec des fumiers de toutes les eſpéces , de même qu'avec la chaux, le ſel, &c. nous nous flattons d'avoir ſuffiſamment répandu de jour ſur ces articles ; nous nous ſommes de même aſſez étendus ſur la maniere de labourer , de ſemer, de herſer & de rouler. Il eſt donc queſtion d'éxaminer à préſent les différentes graines, herbes, & les différentes racines.

Mais avant d'entrer dans ce détail, il nous paroît convenable de donner une idée de l'ancienne méthode qu'on mettoit en pratique pour le labourage, & de la moderne qui devoit la faire proſcrire. Le Lecteur ayant acquis cette double connoiſſance, ſera en état de juger par la comparaiſon de leurs différens avantages & déſavantages, & de ſe preſcrire des régles de conduite relativement à ſon terrein,

ARTICLE VI.

De l'ancien Labourage.

Par l'ancienne distribution des terres, on voit que sur trois ans il n'y a qu'une année qu'on destine au froment; de sorte que sur six ans, on n'en recueille que deux récoltes; il y a par conséquent deux années de jachere, & deux autres années en différens grains. Or dans l'espace de six ans la consommation augmente en raison de la propagation; les deux années de jachere doivent donc faire un vuide dans la quantité de froment & autres grains nécessaires à la subsistance des hommes. Il faut encore ajouter la certitude de la fertilité de la production pour chaque année dans laquelle les terres sont employées, ce qui seroit absurde; puisque les cas fortuits sont multipliés à l'infini. Le nombre des morts ne monte point à celui des naissances; il reste donc un surplus de vivans, qui sont à la charge de la société par la difficulté de subsistance qui doit nécessairement résulter de l'anciene méthode : aussi voyons-nous que la population non-seulement se resserre de jour en jour dans une sphere plus étroite, mais encore que les individus qu'elle nous fournit sont mal constitués, ne font que vivoter, & passer subitement d'un état de langueur au dépérissement.

Les Anglois frappés de cette vérité, établie sur une expérience si funeste à la société, ont depuis près de cent ans secoué le joug de la tradition; revenus des erreurs de leurs ancêtres, ils ont cherché des améliorations propres à les faire jouir tous les ans de leurs terres. Cependant l'ancienne méthode subsiste encore dans quelques cantons de l'Angleterre; mais il est vraisemblable que son regne touche à sa fin, & nous avons lieu d'espérer qu'elle aura le même sort en France, puisque l'on prend tous les moyens possibles pour encourager l'Agriculture. Au reste peut-être bien que cette méthode que nous blâmons étoit utile dans son origine : comme il est à présumer que les Conquérants, suivis d'une multitude & secourus d'armées extrêmement nombreuses, firent, ainsi que les Romains le pratiquoient du tems de leurs conquêtes, la distribution des terres & qu'ils en assignerent pour récompense une portion à un chacun : ces parcelles ainſi diviſées étoient ſans doute deſtinées à trois ſortes de productions triennales, telles qu'on les voit encore ſubſiſter aujourd'hui ſuivant l'ancienne méthode. Et comme vrai - ſemblablement on ne connoiſſoit pas l'excellence des engrais artificiels, & que les naturels n'étoient pas en aſſez grande quantité, on crut ſuppléer à ce défaut par le tems de la jachere : les deſcendans de ces peuplades, guidés par les mêmes principes, ne pouſſerent pas plus avant leurs découvertes. On tâchoit de vivre, on attrapoit les deux bouts de l'année, & on recommençoit ainſi toutes les années pour les finir de même. Ainſi cette alternative de productions triennales fut la ſeule bouſſole de la méthode dont, à la honte de la France, on n'a point encore pu ramener le plus grand nombre de ſes Cultivateurs.

Mais enfin lorſqu'on eut decouvert que la chaux avoit une propriété ſinguliere pour produire du bon bled, & qu'on s'en ſervit dans les endroits où l'on pouvoit s'en procurer commodément, on trouva plus de facilité à engraiſſer les champs de bled, & le fumier ne devint plus ſi néceſſaire.

Quoique le bled fût autrefois ſemé dans des terreins enclos, & bien plus ſouvent encore depuis les dernieres améliorations qui réſultent du treffle & du turnips; cependant on donna toujours & l'on donne encore aujourd'hui la préférence aux champs ouverts; parce qu'en effet ils produiſent un bled d'une qualité plus parfaite, qu'il eſt beaucoup plus doux & beaucoup moins ſujet à la nielle & aux autres ſaletés. L'expérience a auſſi fait voir que le bled voiſin des hayes n'eſt pas ſi abondant que celui qui vient dans le milieu de l'enclos, nous en dirons la raiſon. D'ailleurs les champs ouverts profitent plus des influences du ſoleil, ſont moins expoſés aux oiſeaux, & il y a bien moins de ſoins à avoir pour les clôtures, qui ne ſe trouvent ordinairement qu'aux terreins qui joignent d'autres champs & qui ſervent à les en ſéparer.

Mais comme il n'y a guéres de méthode qui ne ſoit ſujette à quelque inconvénient, celle des champs ouverts a les ſiens : ſur-tout lorſqu'ils ſont diviſés en parcelles appartenantes à différents propriétaires : le Cultivateur ſe trouve alors dans une eſpéce de ſervitude ; il eſt obligé de labourer toujours dans le même ſens ; jamais il ne peut labourer en travers ; ce qui, comme nous l'avons déjà fait voir, eſt très-déſavantageux ; d'ailleurs s'il veut vivre en paix avec ſes voiſins, il faut qu'il obſerve les même tems & ſaiſons pour le labourage, pour la ſemaille, &c.

La profcription prefque générale de l'ancienne méthode chez les Anglois, vient de l'introduction des herbes artificielles étrangeres depuis environ quatre-vingt-dix ans. On a fenti tout l'avantage de femer ces herbes & les turnips, & particulierement le treffle, dans les enclos & même dans les champs ouverts.

Avec les turnips & le treffle combien de terreins de très-peu de valeur & qui ne produifent qu'une petite herbe languiffante, pourroient rendre des récoltes abondantes, non-feulement en herbes artificielles, mais encore en froment & autres bons grains. On a remarqué que les terreins tant ouverts qu'enclos, qu'on jugeoit autrefois très-favorables par le fecours des labours, ont été confidérablement améliorés en y femant du treffle & du turnips, que l'année qui étoit deftinée à la jachere eft au contraire très-avantageufement employée en treffle & en turnips, qui paffablement traités rendent ordinairement une bonne récolte, & qui loin de caufer quelque dépenfe, préparent au contraire le plus favorablement le terrein pour le bled. La culture de ces deux productions & d'autres herbes artificielles ont fait changer de face à l'Agriculture. Dans les endroits où l'on a introduit l'ufage de femer du treffle, d'autres herbes artificielles, des turnips & autres racines, on a donné à l'Agriculture le nom de nouvelle culture. On en doit l'invention à *Dom Jofeph Lucatello* qui en fit l'effai d'abord en Allemagne, enfuite en Éfpagne.

A R T I C L E VII.

De la nouvelle Culture.

Es avantages de cette méthode mis dans leur vrai jour & comparés avec ceux de l'ancienne, font fi grands, qu'en vérité il n'eft guéres poffible qu'on ne lui donne la préférence. Elle mérite donc à tous égards la confidération de toute perfonne qui prend quelque intérêt à l'Agriculture; or qui eft-ce qui n'en a point directement ou indirectement à un art dont dépend la fubfiftance de tous en général ?

Après avoir expofé clairement l'état de l'ancien labourage, nous allons tâcher de donner des idées fuccintes mais claires du nouveau: mais comme il admet quantité de changemens tant des différens tes fortes des femences , des différentes qualités qu'il convient de femer , que des changemens qu'il faut faire chaque année , il renferme beaucoup plus de régles qui ne font pas fi aifées ni fi familieres que celles de l'autre.

Il y a en effet dans cette nouvelle méthode tant de différentes fortes de femences de plus qui doivent fe fuccéder dans le cours du labourage, que le Cultivateur fe trouve plus dans la liberté avantageufe de varier & changer fes productions ; de forte qu'il n'eft pas dans la néceffité, comme il étoit dans l'ancienne culture, de répéter la même efpéce de production dans un fi petit nombre d'années.

Nous difons qu'en fuivant cette méthode , on peut pendant fix années confécutives fe procurer fix récoltes différentes fur le même terrein fans perdre les deux années de jachere ; de forte que dans l'efpace de douze ans on fe procure onze ou douze productions auffi parfaites , chacune dans leur efpéce, & moiffonnées avec auffi peu de peine & auffi peu de frais, que les quatre productions dans fix ans ou les huit dans douze le font, fuivant l'ancienne culture dans les champs ouverts.

Pour établir cette vérité fi utile nous donnerons deux ou trois façons de la pratiquer. Suivant une façon , le tour du froment vient deux fois de quatre en quatre ans comme on va le voir.

Premiere année , du froment.

Seconde année , des feves, des pois, ou de l'avoine.

Troifieme année , du treffle ou du turnips.

Quatrieme année , du froment.

On eft fort le maître de varier quant aux feves, pois ou avoine ; on peut encore omettre le treffle, fi on le juge à propos.

Suivant une autre façon , qui paroît même préférable , le froment , l'orge , ou autre grain doivent fe fuccéder l'un à l'autre une fois dans fix ou fept ans. Ce qui fe pratique de la maniere fuivante.

Premiere année , du froment.

Seconde année , des feves, des pois, ou de l'avoine.

Troifieme année , une de ces trois productions.

Quatrieme année, du turnips.

Cinquieme année , de l'orge.

Sixieme année du treffle ; enfuite on revient au froment ou à quelqu'autre des productions précédentes , par laquelle le terrein doit être préparé de nouveau ; ou , fi on l'aime mieux, on peut continuer

tinuer le treffle pendant deux années de fuite, il réuffit fort bien.

En faifant venir du treffle deux années des fix, le Cultivateur peut choifir des fix autres productions celle qui convient le plus à fon fol, ou celle qu'il juge lui être le plus néceffaire.

En fuivant une femblable méthode, il perçoit trois riches récoltes, & une de pois ou de feves, une de turnips & une ou deux de treffle en fix années ; au lieu qu'il ne peut en avoir que quatre dans le même efpace de tems en fuivant la diftribution de labourage de l'ancienne culture. La nouvelle a donc fur l'ancienne dans l'efpace de fix ans l'avantage de deux productions de plus ; ce qui en fuppofant la qualité égale, forme un gain confidérable, que l'on facrifie en fuivant l'ancienne.

Toutes ces différentes productions, dont nous venons de parler, peuvent encore être variées de différentes façons, comme nous le verrons dans la fuite, pour éviter de refemer trop-tôt la même efpéce fur le même terrein ; attendu que fans cette précaution on fe donne de fort minces récoltes, non-feulement en grains, mais encore en herbes & en racines ; auffi nous verra-t-on recommander fréquemment d'éviter cette méthode défectueufe. Il faut au contraire avoir grand foin de changer fouvent les grains, les herbes & les racines d'un endroit du terrein à l'autre, jufqu'à ce que par le cours des labours le terrein foit de nouveau préparé pour recevoir la même femence & en fournir une récolte abondante. On fent, nous en fommes perfuadés, tout l'embarras d'une pratique femblable : ne feroit-ce pas en effet rendre un fervice bien marqué au Cultivateur que de lui épargner de tels foins, & de lui procurer en même-tems tous les avantages qui en réfultent ? Oui fans doute : or rien de plus aifé. La nouvelle culture exempte de toutes ces attentions.

Le changement du terrein & de la femence eft fi important, que nous ne fçaurions trop recommander de faire attention à cet article dans le cours du labourage. M. *Hal* dit avoir connu un bon Laboureur, qui, après avoir moiffonné une abondante récolte de froment, enfuite une de féves, & après celle-ci une de pois, hazarda de femer encore du froment, qui réuffit parfaitement : mais, continue le même Auteur, fon terrein étoit pour lors en bon labour, & il n'ignoroit pas fans doute que les féves & les pois font deux productions très-propres à préparer le terrein pour le froment ; il jugea en homme intelligent qu'il étoit encore à tems de femer du froment avant que fon terrein s'appauvrît par quel-

qu'autre production : d'ailleurs rien ne garantit tant le froment
de deux ennemis qu'il a fans ceffe à combatre & fous lefquels il
fuccombe ordinairement, que la féve.

La vrilliere & l'orobanche qui fe plaifent beaucoup avec cette
production, fortent avec vigueur dans un champ enfemencé de
féves ; la derniere de ces plantes nuifibles, nous l'avons déja dit
dans le Chapitre où nous en avons fait la defcription, ne fe nourrit
qu'aux dépens de la féve, puifqu'il eft certain qu'elle lui fert de
berceau ; car elle ne prend pas fa nourriture de la terre, mais bien
de la plante fur la racine de laquelle fa femence fe dévelope. La
vrilliere n'eft pas abfolument de la même nature ; elle reçoit fon
accroiffement immédiatement de la terre ; mais comme la féve
pouffe une tige forte & élevée, elle s'y accroche & fi entortille
fi intimément, que femblable au lierre elle étouffe fon appui : comme ces deux plantes ne montent en graine que long-tems après les
feves, on les détruit en arrachant celle-ci ; & le froment femé fur un champ où l'on vient de cueillir cette production, trouve
le terrein non-feulement préparé, mais encore déchargé entierement de ces deux herbes nuifibles, qui n'ont pas eu le tems de
monter en graine pour fe perpétuer.

Pour peu que le Cultivateur réfléchiffe d'après tous les documens que nous avons fait paffer fous fes yeux, il fera en état de
varier les différentes femences des grains, des herbes & des racines
que nous avons déja nommées, pour fe procurer, en donnant de
bons labours, de bonnes & différentes récoltes, qui fe fuccéde-
ront ; il pourra même, s'il veut, s'en procurer de treffle pendant
deux années ; d'ailleurs par ce terme il retardera d'une année la
récolte du froment, ainfi que de toutes les autres fortes de grains,
d'herbes & de racines ; & par-là le terrein fe trouvera plus imbu
de principes pour le retour de cette production.

A la grande variété de différentes productions qui peut naître
des différentes efpéces des grains & des herbes dont nous avons fait
mention, le Cultivateur peut encore ajouter plufieurs autres changemens, foit en femant du feigle, du froment de Mars, des lentilles, ou autres grains femblables, fuivant la nature de fon fol & les
circonftances où il fe trouve : avec toutes ces efpéces de productions
il peut tellement les varier, qu'on ne fçauroit aifément fe l'imaginer, furtout lorfque le terrein a été marné ou engraiffé avec de la
chaux, &c. Ces variations vont tellement à l'infini, que la même
production ne reprend fon tour qu'après beaucoup d'années.

Mais un Cultivateur judicieux se donne bien de garde de pousser cette méthode trop loin : on pourroit le faire quelquefois vraisemblablement avec avantage ; mais les Cultivateurs aiment mieux, & avec raison, employer une partie du terrein qu'ils ont en labour en herbes artificielles ou en herbes naturelles, & entamer quelque nouveau terrein pour du bled. (Car enfin, on ne peut guéres penser qu'un Cultivateur ait son terrein tout à la fois en labour :) par ce moyen il peut varier ses productions comme il veut, & donner à ses différentes pieces de terres autant d'années de repos qu'il le jugera nécessaire, avant de les remettre dans une nouvelle suite de récolte de grains, en suivant un nouvel ordre dans son labourage.

On est en général beaucoup plus porté à la culture des grains, & principalement du froment, parce qu'il est de toutes les productions la meilleure, & de tous les grains celui qui est le plus profitable : mais c'est une illusion dont nous espérons de ramener notre Lecteur, en lui faisant voir qu'il résulte de plus grands avantages de cultiver d'autres grains, & des herbes, que du froment qui se succéde, sans qu'on donne au terrein le tems de rassembler la quantité des sucs nourriciers qui sont nécessaires à ce grain, soit en lui donnant de fréquens labours, soit en lui fournissant les engrais les plus propres à diviser & à attenuer ses mollécules ; autrement il est certain qu'après un calcul exact des frais & des travaux, le froment rend si peu de profit que quelquefois le Cultivateur ne se trouve point en état de faire rentrer ses dépenses & le prix de la location.

Pour convaincre de la vérité de ce que nous venons de dire touchant la différence du profit qu'on retire du froment qu'on reseme trop-tôt sur le même terrein, & de l'avantage qu'il y a au contraire à donner au terrein le tems de prendre de nouveaux principes de fertilité nécessaire à ce grain, nous calculerons les profits respectifs qu'on peut raisonnablement attendre des récoltes de froment dans vingt ans, lorsqu'on en seme tous les quatre ans ou tous les cinq ans dans cet intervalle de tems, pendant lequel plus l'intervalle que l'on mettra entre les récoltes sera long, plus abondantes elles seront.

Dans le premier cas, on aura cinq récoltes de froment dans l'espace de vingt ans, il y aura donc trois années d'intervalle entre chacune que l'on employera à porter des engrais sur le terrein & à l'améliorer. On ne peut guéres supposer que le terrein produise au-delà de cent foixante boiffeaux dans l'efpace de vingt ans, c'eft-à-dire trente-deux boiffeaux chaque année qu'on aura enfemencé le terrein de froment. (a)

Dans le fecond cas, on n'aura que quatre récoltes de froment dans le courant des dites vingt années ; mais fuivant la même culture, on a un quatriéme du tems de plus ; par conféquent en fuivant la régle de proportion, le terrein fera d'un quatriéme de plus, mieux préparé, & rendra une récolte d'un quatriéme de plus abondante, ce qui rendra quarante boiffeaux tous les quatre ans, & ce qui fera en effet la même fomme de boiffeaux de froment dans ledit efpace de vingt années.

Ce calcul eft fi fimple & fi conforme à la raifon que M. *Hal* l'ayant propofé à quelques Fermiers judicieux, il leur a fait avouer qu'il fe rapportoit exactement au cours de leurs travaux, & qu'ils lui ont affuré qu'en général les récoltes font plus ou moins abondantes, fuivant le plus ou moins de tems qu'on laiffe écouler avant qu'on ne refeme fur le même terrein la même efpéce de grain.

Or, en fuppofant les profits égaux dans les quatre & dans les cinq récoltes de froment pendant le courant des dites vingt années, il eft certain que dans les quatre récoltes on trouve un avantage confidérable, puifqu'on fauve entierement la femence & le labourage d'une année ; & comme il eft vraifemblable qu'on peut continuer le treffle l'année qu'on fe difpenfe de femer du froment, ou qu'on peut du moins femer du turnips ; cette récolte & les dépenfes qu'on a épargnées doivent monter au moins à la fomme de foixante livres.

De ce que nous venons d'obferver, on doit conclure que de toutes les améliorations particulierement les modernes, en tant qu'elles font relatives au bled & aux beftiaux, le turnips & le treffle font celles dont l'avantage eft le plus fenfible & le plus démontré, puifqu'elles fourniffent une quantité prodigieufe de fourrage pour les beftiaux, & qu'elles donnent une fi bonne préparation au terrein, que dans les endroits où l'on fçait en faire ufage avec intelligence, on n'eft jamais, ou bien rarement obligé de perdre l'année de jachere : ces deux récoltes méritent donc que nous en parlions à fond.

Le froment étant la production la plus eftimée & celle qui rend ordinairement le plus de profit, & de l'autre côté le treffle & les turnips donnant au terrein les préparations les plus favorables pour

____
(a) Boiffeau d'Angleterre qui pefe 64 livres.

ce grain, nous confidérerons ces trois productions comme les trois principales & les trois plus excellentes efpéces : nous comprendrons dans nos obfervations non-feulement tous les ufages qui ont rapport à l'ancienne méthode de les cultiver, mais encore les altérations & les améliorations caufées par la nouvelle culture, & nous ajouterons quelques réflexions fur la méthode qui exige qu'on feme moins de bled & à des diftances plus grandes qu'on ne le pratique communément. Nous parlerons des différentes compofitions d'engrais qu'on a découvertes & qui font très-favorables aux terreins à bled, à herbes, & à racines ; & nous n'oublierons pas de dire encore quelque chofe, quoiqu'accidentellement, de la maniere d'enfemencer le terrein avec le femoir.

Nous ferons remarquer tous les inconvéniens qui font, pour ainfi dire, inféparables de la nouvelle culture ; car envifagée par tous fes côtés, il n'eft pas douteux qu'elle n'en ait qui font défavantageux, ainfi ce fera au Lecteur à fe décider fur les bons ou mauvais effets qu'il y découvrira.

Par-tout où la nouvelle méthode prendra le deffus, elle doit néceffairement porter préjudice au canton voifin qui ne l'aura point adoptée : car, comme nous l'avons démontré, on peut, en la mettant en pratique fur la même quantité de terrein de même nature, fe procurer un quatriéme de grains, d'herbes & de racines dans l'efpace de fix ans de plus que les Cultivateurs qui fuivent l'ancienne méthode. Ceux-ci ne peuvent donc point entrer en concurrence avec ceux-là, qui poffeffeurs d'un quatriéme de plus peuvent baiffer en gagnant toujours beaucoup, d'un huitiéme la valeur de leurs denrées ; ceux de l'ancienne culture ne pourront donc que perdre confidérablement pour fe défaire de leurs productions, puifqu'ils feront obligés de les abandonner au même prix des autres. Or on n'a qu'à calculer en remontant aux principes que nous avons établis, les frais des labours, des engrais, la quantité de terrein, les deux années de jachere, & en faire une fomme, & la comparer avec celle des frais des labours de la nouvelle culture, on trouvera que les Cultivateurs du canton voifin, qui fuivent l'ancienne, ne peuvent que fe ruiner, tandis que les autres s'enrichiffent.

On peut encore faire l'application de cette remarque aux terreins élevés, & aux vallées : pour peu qu'on adopte notre fyftême & qu'on le pratique fuivant nos enfeignemens, les herbes artificielles qu'on peut faire venir fur les hauteurs & qui font des fourages abondans & excellens, doivent néceffairement faire baiffer le prix des herbes naturelles des vallées. Voilà, nous dira-t-on, deux objections triomphantes qui anéantiffent ce que nous voulons établir. Illufion toute pure ; elles ne peuvent tout au plus que donner des allarmes falutaires à certains Cultivateurs : il n'eft donc queftion que de rendre notre méthode générale, puifqu'elle eft d'autant plus évidemment utile & avantageufe qu'elle allarme par fes bons effets ceux qui par obftination & fans principes fe déchaînent contre elle : alors la concurrence étant égale, les productions baifferont de prix ; elles feront plus abondantes, & rendront la même fomme, que fi plus rares, elles avoient plus de valeur. La confommation augmentera en raifon de l'abondance, & l'Etat aura plus de reffources ; puifqu'elles ne peuvent être toujours qu'en raifon des reffources & de l'aifance des fujets. Sort-on de ce rapport, l'Etat n'eft plus qu'une machine dont les refforts font dans une tenfion violente, & qui tend néceffairement à fa diffolution.

Mais, nous objectera-t-on encore, que deviendra cette abondance qui n'eft à proprement parler qu'un furcroi de mifere dans certains cantons du Royaume ifolés, fans débouché & fans communication. Il faut, continue-t-on, prêcher cette doctrine à ces heureux habitans, qui voifins des villes peuvent hardiment rifquer les dépenfes & les travaux, affurés qu'ils font du débit avantageux & facile de leurs denrées. Autre erreur qui n'eft pas plus fondée : dans ces pays ifolés les terres, les dépenfes pour la nourriture, les gagiftes, tout enfin eft à un prix de beaucoup inférieur. Qu'on calcule & qu'on compare, il eft certain que les profits fe trouveront toujours en raifon réciproque. D'ailleurs fi tel eft l'état de certains cantons du Royaume que les habitans y périffent de mifere au fein même de l'abondance, qu'ils envoyent leurs gémiffemens aux pieds du Trône, que le Miniftere attendri par leurs larmes ouvre enfin les yeux, & que les canaux foient ouverts ; les rivieres ne manquent point : que les routes de communication foient frayées ; notre foldat pendant la paix s'énerve par un libertinage, qui n'a d'autre principe que fon inaction ; enfin que le pere & les enfans, c'eft-à-dire, le gouvernement & les fujets concourent réciproquement par toutes les voyes imaginables au bonheur & au bien être de tout le corps en général ; que l'on détruife furtout cette diffonnance odieufe, qui nous fait voir les richeffes & le bonheur raffemblés dans le plus petit nombre, tandis que la multitude dans l'inanition périt accablée fous le poids de ces grands coloffes que la terre porte avec peine & fans doute à regret.

Confidérons maintenant les différentes fortes de grains, d'herbes & de racines. Commençons par le froment, puifqu'il eft vrai qu'il eft de tous les grains le plus eftimable.

Le froment eft en effet d'une utilité fi générale qu'on ne fçauroit trop en recommander la culture ; auffi l'appelle-t-on le roi des grains. Ainfi après l'avoir confidéré en général , nous parlerons de fes différentes efpéces, de leur culture & de leur produit. En fuivant cet ordre , le Lecteur fe trouvera inftruit de la nature de ce grain, & de tout ce qui peut y avoir rapport.

ARTICLE VIII.

Du Froment en général.

IL y a trois raifons principales qui peuvent rendre une chofe très-eftimable, fon utilité réelle , la facilité avec laquelle on peut fe la procurer , & la bonté de fa nature.

Quant au premier article, il n'eft pas befoin de s'y arrêter ; fon utilité eft en effet fi fenfible & fi connue que la plus grande partie de l'univers le regarde comme l'ame & le foutien de la vie. Il eft encore remarquable, que le froment vient dans tous les pays & fous tous les climats fur des fols fi différens , qu'il n'y a prefque point d'endroit où l'on ne puiffe & où l'on n'en faffe en effet venir ; ce qui prouve bien que ce grain a été de tout tems deftiné par la Providence à faire la principale nourriture des hommes.

Quant au fecond, deux chofes doivent faire ici l'objet de notre confidération ; le labour ordinaire & la dépenfe néceffaire pour avoir une récolte de froment , & la quantité qu'on peut généralement en attendre.

Pour ce qui regarde le labour & la dépenfe, l'un & l'autre font fi bien connus du Cultivateur, qu'ils ne le découragent point : il eft fi rempli de l'idée du profit qu'il efpére en retirer, qu'il s'abandonne avec facilité à la culture. Nous en parlerons quand nous traiterons des préparations qu'il convient de donner à cette production : cependant en partant d'une eftimation générale & en fuppofant que deux années de rente, les cas fortuits, le labour, les engrais, la femence , la façon pour enfemencer, le farclage & la récolte montent à cent trente cinq livres ; & que le Cultivateur recueille trente-six boisseaux, il sera payé de tous ses travaux & frais, & aura vingt-sept ou vingt-huit livres de profit clair & net, sans compter la paille, dont nous employons la moitié à payer le batteur en grange.

ARTICLE IX.

De la quantité du produit du Froment.

SI nous-portons nos regards sur la grande quantité de froment que les récoltes ont autrefois rendues & dont de nos jours même, nous avons eu lieu d'être surpris dans certaines occasions; si nous considérons l'abondance qu'on doit attendre de ce grain lorsqu'il est bien cultivé sur un terrein qui lui est analogue, on verra certainement que nous n'avons point exagéré le profit que nous avons dit résulter d'une acre de terrein ensemencée de froment.

Les exemples rapportés par Pline viennent fort à propos à notre appui : aussi nous permettra-t-on de les rappeller. » Rien, dit cet Auteur, n'abonde plus que le froment qui est le principal soutien » du genre humain. On a vu un seul boisseau en produire cent » cinquante ; on en envoya autrefois à Auguste un grain qui avoit » environ quatre cents tiges, & à Neron un qui en avoit trois cens » cinquante.

Nous n'avons pas besoin de remonter à des tems si reculés pour avoir des exemples de la fertilité extraordinaire du froment : puisqu'en Angleterre même, dit M. *Hal*, M. *Evans* a tiré d'un seul grain quatre vingt épis dont les uns avoient soixante & les autres soixante dix grains, de sorte qu'un seul grain en avoit rendu environ quatre mille ; de sorte que M. Evans retira environ deux cents huit boisseaux d'une acre de terrein composée d'environ soixante-quinze perches, la perche de vingt pieds, les grains semés à la distance de dix pouces l'un de l'autre.

M. *Hamilton* rapporte qu'en faisant l'essai de la sauce de M. *Martimer*, il y eut peu de grains qui percerent la superficie, mais que ceux qui parurent poufferent si vigoureusement qu'il compta jusqu'à quarante tiges produites d'un seul grain : chaque épi étoit long & contenoit du grain fort gros. Cette sauce consiste en fiente de pigeon, & en nitre mêlés avec de l'eau. Il avoit semé les grains à dix pouces de distance l'un de l'autre.

Il y a eu beaucoup d'autres exemples de cette fertilité qu'il est inutile de rapporter ; il suffit de dire , que dans le pays de *Cheshire*, en Angleterre les terreins bien labourés & bien cultivés , rendent par acre depuis soixante quatre jusqu'à quatre-vingt boisseaux. *Miller* rapporte comme un cas très-fréquent, des grains de froment qui rendent depuis huit jusqu'à dix tiges. En Angleterre en effet il n'est pas bien rare, de voir une acre de terrein produire depuis quatre-vingt jusqu'à quatre-vingt seize boisseaux.

Les différents calculs que l'on verra dans la suite des produits des grains semés à différentes distances, donneront au Cultivateur une idée plus juste de l'espérance, qu'il peut se former de la récolte d'une acre de terrein différemment semée, que tous les exemples que nous pourrions rapporter. Nous ajouterons seulement ici l'exemple de M. *Yelverton* en Irlande qui remporta le prix. On verra les avantages dont on peut jouir en traitant son terrein , suivant la méthode que ce Cultivateur mit en usage. Il remporta le prix en 1742. une acre de terrein lui produisit six cent soixante huit *Stones* & onze livres de froment. Un stone fait huit livres à Londres & douze à *Hercford* ; en prenant cette derniere livre , on trouve qu'une acre d'environ soixante-quinze perches mesure de Paris a rendu 8027 livres de froment.

D'abord au lieu de se servir de la semence venue sur le même terrein , il la changea, il la fit tremper dans une sauce la veille du jour qu'il devoit la répandre , il la saupoudra avec un crible d'une chaux séche.

Voici la recette: prenez de la chaux de Roche & du sel de mer mettez-les ensemble dans un grand vase , versez ensuite une suffisante quantité d'urine , remuez jusqu'à l'entiere dissolution du sel & de la chaux: continuez ainsi de tems en tems pendant vingt-quatre heures, faites couler la liqueur dans un autre vase pour vous en servir dans le besoin.

Il faut y laisser le grain depuis le soir jusqu'au matin immédiatement avant qu'on le seme.

Le propre de cette liqueur est de détruire la saleté & un insecte pernicieux qu'on appelle le petit ver rouge , qui altére considérablement les grains , particulierement dans les vieux terreins riches.

Il est vraisemblale que par ce mêlange la chaux & le sel corrigent l'urine, qui employée seule, comme bien des curieux l'ont ob-

<table><tr><td>*Tome I V.*</td><td>N</td></tr></table>

fervé, arrête la croiſſance du froment. Nous l'avons auſſi remarqué : mais il eſt vrai que le froment croît, pourvû qu'on mêle
l'urine avec une égale quantité d'eau pure.

Après avoir ainſi donné une idée générale du froment, nous
allons maintenant le conſidérer d'une maniere plus particuliere
& plus détaillée, nòus le prendrons depuis ſon origine dans la
graine & nous le ſuivrons dans tous les états différents qu'il ſubit
avant que d'acquérir ſa parfaite maturité.

D'abord nous conſidérerons ſa nature, ſa texture, & la façon
dont il croît, enſuite le ſol qui lui eſt le plus favorable, la maniere dont il faut le préparer pour qu'il contribue le plus à ſa croiſſance la plus vigoureuſe & la plus prompte, comment il en faut
préparer la ſemence pour chaque eſpéce de terrein, quel traitement
eſt le plus convenable au terrein & à la plante pendant qu'elle eſt
ſur pied, comment il faut ſoigner le froment après qu'on l'a récolté.

Mais avant que d'entrer dans tout ce détail, il convient d'en
donner une deſcription, d'en faire connoître les différentes ſortes,
& d'indiquer celles qu'on cultive le plus ordinairement, & qui
méritent en effet la préférence.

Le froment eſt une plante élevée & mince : ſes feuilles tiennent de la nature de l'herbe ordinaire ; au bout de la tige eſt un
épi un peu plus ou moins péſant, ſuivant qu'il eſt plus ou moins
garni : ſa racine eſt fibreuſe, ſa tige eſt canelée, c'eſt-à-dire,
évuidée en dedans. Dans l'épi chaque coſſe eſt compoſée de deux
feuilles, ou valvules de forme ovale, & qui contiennent trois
fleurs. Chaque fleur eſt de même compoſée de deux valvules ; l'extérieure eſt concave, l'intérieure platte. Dans cette fleur ſont trois
filaments avec des houpes un peu poudreuſes qui ſont fendues au
bout. Dans le centre de ces filaments eſt placé le rudiment du
grain ; de celui-ci s'élevent deux filaments garnis au bout d'une
eſpéce de plume ou de duvet & qui contiennent la pouſſiere mâle ou
germe qui féconde le grain, qui meurit enſuite par degrés ; les
deux valvules des fleurs le retiennent, juſqu'à ce qu'il ſe ſépare
de ſon envelope par le tems ou par la force.

Les différentes ſortes de froment ſont les ſuivantes, que nous
donnons ſous le même nom que M. *Hal.*

1. Froment blanc ou rouge ſans coſſes.

2. Froment rouge appellé en certains endroits froment de Kent.

3. Froment blanc.

4. Froment barbu à épi rouge.

5. Froment conique.
6. Froment gris.
7. Polonian-froment ou froment de Pologne.
8. Froment à plusieurs épis.
9. Froment d'été ou froment de Mars.
10. Froment appellé orge nue.
11. Froment à six rangs.
12. Froment à long épi.

Toutes ces variations ne sont tout au plus que des changemens accidentels arrivés & non en effet des espéces différentes. Il y en a qui sont d'une très-petite importance. Nous n'avons donné toutes ces différences, que pour qu'on n'eût point cette omission à nous reprocher dans un ouvrage comme celui-ci.

Les cinq premieres espéces viennent communément en Angleterre ; mais la premiere, la quatrieme & la cinquieme méritent la préférence ; parce qu'elles rendent plus de fleur de farine. On préfére à toutes, le froment conique, parce qu'il a un épi plus fort & un grain plus plein.

Il est des Cultivateurs, qui préférent le blanc par raport à la grande blancheur de son épi ; il en est d'autres qui aiment mieux le froment barbu parce qu'ils le croyent moins sujet à la nielle : mais il n'y a point d'observation sûre qui vienne à l'appui de cette opinion.

Le *Polonian*-froment ou froment de Pologne, n'est plus si cultivé qu'il l'étoit autrefois. Nous ne savons pas la raison qui peut avoir déterminé à abandonner cette espéce ; il est certain cependant qu'elle est bonne en ce qu'elle est très-farineuse & qu'elle résiste plus que les précédentes aux différentes intempéries des saisons.

Le froment à plusieurs épis n'est point cultivé ni en France ni en Angleterre ; il ne l'est qu'en Italie & en Sicile. Il a des tiges qui portent jusqu'à sept épis. Ce qui a proscrit cette espéce de chez nous, c'est sans doute parce qu'elle est fort sujette à se renverser, par conséquent à s'étrangler & à ne point rendre de récolte.

Le froment d'été ou de Mars se seme dans le printems, & acquiert sa parfaite maturité aussitôt que celui d'hyver. Quoiqu'il ne rende point autant de fleur de farine que ce dernier, il mérite toute notre attention puisqu'il est par sa nature très-propre à suppléer au défaut de l'autre.

La dixieme espéce appellée orge nue, est presque ignorée en France, nous pourrions peut-être même dire entiérement : car nous ne connoiſſons point de canton où on la cultive. Sans doute qu'on n'en fait point de cas, parce que la fleur de farine qu'elle rend eſt d'une qualité bien inférieure. Cependant on devroit ne pas entiérement la proſcrire; parce qu'elle a l'avantage d'être dure, de réſiſter beaucoup aux intempéries & de végéter avec vigueur dans tout ſol quelconque.

La onzieme eſpéce, froment à ſix rangs eſt rare. Elle a les épis extrêmement courts; chaque épi a ſix rangées de grains. Il feroit fort avantageux, quoiqu'on en diſe, de la perpétuer, & d'en animer la culture; ſi elle a l'épi péſant elle n'a point la tige fort longue. Ainſi elle n'eſt pas bien ſujette à ſe renverſer.

La douzieme ſorte eſt cultivée en différens cantons de l'Angleterre & en quelques endroits de la France. Ce grain eſt aſſez long mais moins plein; il rend une plus grande quantité de paille, & a les coſſes auſſi longues que celles du ſeigle.

Il y a encore d'autres variétés.

1. Le froment à coque d'œuf, c'eſt celui qui ſe plaît le plus dans les ſols légers, & qui végéte le mieux, mêlé avec le ſeigle, dont on fait du méteil, attendu qu'il acquiert en même tems ſa maturité.

2. Le froment à double épi. Il eſt de tous celui qui réuſſit le mieux dans une terre péſante & ténace, ou dans un ſol argilleux.

3. Le froment rouge ou de Kent.

4. Le froment à grandes barbes qui végéte auſſi parfaitement dans les glaiſes ténaces & péſantes.

5. Le pollard-froment blanc.

6. Le froment appellé de la St. Pierre.

Le froment à *coque d'œuf* eſt le meilleur en ce qu'il fournit la fleur de farine la plus blanche & qu'on en fait le meilleur pain. Sa végétation eſt aſſez favorable dans les ſols argilleux ou dans les argiles graveleuſes, calcineuſes & ſablonneuſes. Il ſe plaît cependant beaucoup plus dans les terres légeres, & acquiert ordinairement ſa maturité de bonne heure.

Quant au froment rouge de la St. Pierre. On peut dire, que comme le froment eſt le Roi des grains, celui-ci eſt le Roi des froments; il vient le plus parfaitement dans les vallées les plus riches ou glaiſes bleues. On en voit dont la tige porte cinq pieds de hauteur: il eſt cependant des Cultivateurs qui le cultivent dans les argiles féches des hauteurs & même dans certains graviers que l'on a bien préparés: le grain en eſt fort long & preſque auſſi gros que des noyaux de cerife ; mais il eſt ſujet à ſe renverſer ; c'eſt pourquoi on doit le ſemer un peu plus tard.

Le froment jaune de la St. Pierre a la paille blanche & l'épi rouge. La fleur de ſa farine eſt preſque auſſi blanche que l'autre eſpéce du même nom. Sa végétation réuſſit dans les ſols calcaires, dans les graveleux, dans les glaiſes & autres terreins plus pauvres que ceux qu'il faut choiſir pour l'autre froment du même nom.

Le *perky* eſt une autre eſpéce de froment de la S. *Pierre* qui a la paille & l'épi blancs, le grain d'un rouge jaunâtre plus rond que celui de la St. Pierre; il mériteroit de prendre faveur en France, puiſqu'il vient parfaitement dans les ſols calcineux & graveleux pourvû qu'ils ſoient bien préparés; il a auſſi l'avantage de n'être point ſujet à la nielle, d'être plus dur, il demande même dans un ſol paſſable beaucoup moins de préparation que celui de la St. Pierre; Il réuſſit auſſi quoiqu'on le ſeme tard: on ne lui donne qu'un labour lorſqu'on le ſeme, après les herbes artificielles, ou les pois, ou les féves, ou enfin après les turnips

Le froment blanc a la paille blanche, l'épi épais & de la même couleur, le grain gros. Il vient plus dru que celui de la St. Pierre & eſt beaucoup moins ſujet à la nielle: il a deux ou trois petites pailles qui le garaniſſent des mouches. Il pouſſe avec vigueur dans des enclos & des ſols pauvres, graveleux ou calcineux, ou argilleux & legers. Pour qu'il réuſſiſſe bien il faut le mêler avec du froment rouge jaunâtre de la St. Pierre. Il peſe moins; mais il rend plus de fleur de farine que le *perky* & que le froment de la St. Pierre. Sa végétation eſt paſſable dans les vallées, dans les ſols fermes & dans les terreins ſecs.

Le froment gris, ou de *Dukbill* ou de *Dugdale* a différens noms: il a un grain d'un brun noirâtre formé en eſpéce de goutiere, plus gros que celui de tout autre froment. Sa paille eſt ſi tranchante qu'elle bleſſe la bouche des chevaux: on le ſeme ordinairement dans les vallées, dans les argilles humides bien engraiſſées: il périt ſur un ſol pauvre: il eſt ſujet à ſe renverſer.

Lorſqu'on le ſeme ſur un terrein bien préparé, il abonde beaucoup. La fleur de ſa farine eſt d'une qualité très-commune, elle eſt extrêmement péſante.

Le froment conique eſt un excellent froment; ſa farine eſt d'une excellente qualité. Il y a encore une autre eſpéce de froment appellé le froment de Perſe. Il a cinq têtes ſur une ſeule tige, une au milieu auſſi longue que les épis de notre froment, & deux de chaque côté de la longueur d'environ un pouce. M. *Hamilton* en a femé en Ecoffe dans un des fols les plus froids qu'il a. Avant que de le femer, il l'a mis dans de la chaux vive préparée quelque tems avant avec du fumier de cheval & avec de la terre tirée du fol dans lequel il devoit le femer ; il a eu le plaifir de le voir acquérir fa parfaite maturité.

Tous les Cultivateurs conviennent que de ces efpéces de froments les unes réuffiffent dans des terreins forts & ténaces, & d'autres dans les fols légers ; de forte qu'on voit combien il eft important d'adapter fon froment à fon fol, ou de travailler fon fol autant qu'il eft poffible d'une façon à le rendre propre au grain qu'on veut y femer : fi l'on rempliffoit parfaitement cet objet, il eft certain qu'on feroit furpris de voir un Cultivateur varier fes efpéces fuivant la variation des fols qui fe trouve fouvent dans la même piéce de terre. En effet ne voit-on pas dans un enclos pour bien petit qu'il foit, des terres fablonneufes d'un côté & des terres fermes de l'autre avec des fols humides & marécageux au milieu ? Nous convenons qu'une attention de cette nature éprouveroit au commencement la patience du Cultivateur : mais auffi quand il arriveroit au tems de la récolte & qu'il la verroit furpaffer de beaucoup celle de fes voifins, ne fe trouveroit-il pas bien agréablement dédommagé d'un foin qui dans le fond n'augmente pas fes travaux & qui ne demande qu'une attention plus fcrupuleufe.

Après avoir donné une idée générale des différentes fortes de fromens & des fols qui favorifent le plus la végétation de chacune, nous allons les traiter plus particulierement. Examinons d'abord comment il végéte.

ARTICLE X.

De la végétation du Bled.

ON a pour acquérir des idées exactes de la végétation du bled, fait des expériences fur différentes fortes de femences ; on a fait végéter fans le fecours de la terre au grand air des femences de différentes efpéces. Voici le procédé.

On met la graine fur une petite couche de laine que l'on étend fur une plaque trouée en plufieurs endroits, au deffus de l'ouverture d'un grand vafe rempli d'eau claire ; la laine fait ici la fonction de la terre & nourrit la graine.

M. *Hall* dit avoir fait lui-même cette expérience. » J'ai, dit cet » Auteur, pris un pot bien percé comme une paffoire que j'ai » placé dans un grand vafe à peu près plein d'eau ; on fait, con- » tinue le même Auteur, que la chaleur du foleil attire en l'air » une quantité confidérable d'eau qui par conféquent doit paffer » par les trous du pot : ce qui entretient la laine humide. L'ex- » périence prouve également que l'eau qui s'eléve ainfi emporte » avec elle les particules les plus foudivifées & les plus atténuées » de la terre qu'elle contient.

Quelques jours après, la femence commence à végéter, les racines à s'étendre vers l'eau dont cependant elles tirent moins de fuc qu'elles n'en tireroient de la terre. Cependant la plante prof- père, fur-tout fi on a l'attention de renouveller fouvent l'eau.

J'ai comparé, dit M. *Hall*, cette façon de placer la femence fur de la laine avec celle de la femer dans la terre, & j'ai trouvé que la progreffion du dévelopement étoit à peu près la même.

Quand une graine a été huit jours dans la terre, le fuc dont elle s'eft imbibée a paffé dans le bourgeon, & l'a fait croître.

Ce bourgeon eft toujours fitué dans une des extrémités de la grai- ne, & la partie la plus voifine de la furface forme la racine de la plante ; d'un autre côté la partie qui approche le plus la fubftance intérieure de la graine, c'eft-à-dire le centre, fert à la forma- tion de fa tige & de fa tête.

La fubftance des graines en général n'eft autre chofe que deux lobes, unis par une enveloppe commune dont la ftructure eft plus ou moins folide & a plus ou moins de confiftance. Ces lobes dans la végétation fe féparent & fervent de feuilles féminales à la plante. Leur fonction finie ils fe fanent & périffent ; parce que la plante n'en a plus befoin : rien de plus aifé à expérimenter que ces ob- fervations : on en voit foudain la vérité, fi on en fait l'effai fur des féves ou fur des pois.

Le bourgeon du bled femé dans la terre commence ordinairement dans vingt-quatre heures à crever fon envelope & à fe dégager ; après quoi il pouffe fa racine & fa tige. Cependant nous avertiffons qu'il eft quelquefois plus de tems.

La racine eft d'abord comme enfermée dans une efpéce de bour- fe à travers laquelle elle pouffe ; peu de jours après on voit à fes côtés paroître deux racines, qui percent l'envelope dans laquelle elles étoient enfermées.

Ces trois racines font comme velues & garnies d'un grand nombre de filaments qui embraffent & s'entortillent au tour des petites molécules de terre qu'ils rencontrent à mefure qu'i's pouffent. Par cette adhéfion intime ils attirent tout le fuc néceffaire à la nutrition de la plante.

Quant à la tige, elle pouffe en haut en ligne perpendiculaire. Il eft des Auteurs qui ont voulu rendre raifon de l'exhauffement perpendiculaire de la tige & de la defcente de la racine. Mais c'eft en vain ; il n'eft rien dans la nature dont on puiffe moins donner des raifons plaufibles ; en effet, comment expliquer ce procédé de la végétation ; puifqu'il eft abfolument contraire aux loix de la gravitation.

Dans cinq ou fix jours le bled commence à pouffer une petite pointe verdâtre hors de la terre. Cette petite pointe qui n'eft autre chofe que la tige commencée, eft un compofé de feuilles repliées l'une fur l'autre tout au tour du rudiment de l'épi, qui pendant un tems affez confidérable eft invifible, logé qu'il eft dans le cœur.

Quoique la premiere feuille de cette efpéce de touffe de petites feuilles s'ouvre un peu vers la pointe, la partie inférieure refte toujours fermée & roulée dans l'envelope, d'où toutes les parties de la plante s'élevent.

Peu de jours après l'envelope commence à dépérir & la bourfe qui renfermoit les racines tombe après avoir fait fes fonctions.

Lorfque les feuilles font déployées à un certain dégré, on peut appercevoir diftinctement les premiers traits ou l'efquiffe imparfaite de quatre tubes qui forment la tige, & découvrir dans le fond le bourgeon de l'épi.

Du premier nœud, qui eft le plus voifin de la racine, s'éleve une feuille qui fait la fonction d'enveloppe pour un fecond tube : au troifieme nœud paroît une autre feuille qui envelope le quatrieme tuyau & l'épi.

L'interftice entre le premier nœud auprès des racines & le fecond, eft dès-lors beaucoup plus grand que celui qui fépare le fecond nœud du troifieme. C'eft fur ces tubes ainfi joints, ou pour mieux dire entés l'un fur l'autre, que l'épi s'éleve. On peut le diftinguer aifément à fes grains ronds & tranfparents qui reffemblent à autant de perles.

A la fin l'épi s'élance hors de fon envelope qui le garantiffoit de l'air, & les différents petits facs deftinés à contenir les grains commencent à fe dilater. Ces

Ces facs qui ne font que de petites loges , pouffent de petits filaments extrêmement minces & applatis qui reçoivent la poufſiere des petites houpes d'en haut & qui n'eſt autre chofe que le germe qui fert à féconder le bourgeon qui acquiert enfuite par dégrés fa parfaite maturité.

Lorſque ces bourgeons ont dilaté dans ces petites loges cette fubſtance farineuſe , à laquelle ils font unis par pluſieurs filaments, qu'on peut proprement appeller racines féminales, l'envelope & les premieres feuilles qui avoient attiré de la terre & de l'air les fucs proportionnés à la delicateſſe de la ſtructure de la tige commencent à déperir. Alors la tige qui a acquis une certaine conſiſtance commence à agir plus puiſſamment par elle-même , elle tire des feuilles leurs fucs nourriciers pour en enrichir l'épi qu'elle porte.

N'y a t-il pas lieu d'admirer un épi ſi précieux, foutenu d'une tige ſi haute & ſi grêle fans autre fecours & fans abri expofé en plein champ à l'impétuofité des vents & n'en être que rarement renverſé ?

Cependant cette tige toute mince qu'elle eſt , a une ſtructure ſi artiſtement faite, qu'elle peut fe conferver pendant pluſieurs mois fans être endommagée.

Quatre nœuds femblables à autant de ligatures la rendent auſſi ferme qu'il eſt néceſſaire, fans cependant lui ôter cette flexibilité qui fait qu'elle réſiſte aux ouragans en paroiſſant céder à leur violence: ainſi agitée par les moindres fluctuations de l'air, elle eſt, par une propriété élaſtique qu'elle a toujours, capable de reprendre fa poſition perpendiculaire auſſi-tôt que l'air la laiſſe en repos. Y a-t-il, rien en effet plus digne de nos regards que cette fo-êt d'épis agités légerement par le zephir ? Les coups de vent qui fe fuccédent les uns aux autres les font plier, & leur font imiter en tout fens les flots de la mer. Tel eſt le fort de l'homme qu'il n'admire point ce qui frappe fréquemment fes regards, & qu'il eſt comme dans l'extaze lorſqu'il a fous les yeux un objet qu'il n'a jamais vû , quoique de très-peu d'importance.

L'épi eſt conſtruit avec autant d'art & de fageſſe que la tige. Les grains y font rangés les uns audeſſus des autres à diſtances égales, afin qu'ils reçoivent chacun leur égale portion de nourriture. Ils font auſſi tous également enveloppés de membranes aſſez épaiſſes pour les mettre à couvert des rayons ardents du foleil. Ils font ſi étroitement ferrés que les rofées ni les pluyes ne peuvent y féjourner; ce qui en effet les feroit germer.

Quelques-unes de ces envelopes fe terminent en autant de pointes de différentes formes, qui, suivant l'opinion de plusieurs Auteurs, sont de petits canaux ou conduits destinés à introduire une quantité suffisante d'air dans chaque loge, ou calice comme parlent les botanistes : suivant d'autres Auteurs ces pointes servent de palissade contre l'incursion des oiseaux.

Comme toutes ces opinions ne sont que des conjectures, on nous permettra de donner la nôtre. Nous croyons que ces pointes en barbes du bled n'ont d'autre ministere que de rompre les grosses goutes de pluye qui, poussées par un vent impétueux porteroient un préjudice notable à l'épi. Par la résistance qu'elles opposent ces goutes sont divisées & écartées & ne forment plus sur la plante qu'une espéce de rosée ou de brouillard épais. Elles ne peuvent par-conséquent point pénétrer dans le calice des grains, qui sûrement se pourirroient pour peu que l'humidité y séjournât.

Enfin voici le procédé de la nature dans la végétation des plantes.

Le premier jour que le grain est semé, il s'enfle un peu, & la cosse s'entrouvre dans plusieurs endroits. Le corps de la plante se gonfle, le germe s'ouvre & grossit : les racines commencent à s'étendre ainsi que le *placenta* ou la feuille seminale se détache & se crevasse,

Le second jour, la cosse étant percée la tige ou le sommet de la paille future, paroît au dehors, & pousse vers en haut.

Le troisieme jour, la pulpe de la feuille conglobée ou ronde se gonfle par le suc qu'elle a reçu de la terre qui fermente. La tige de blanchâtre qu'elle étoit d'abord devient verdâtre. Les racines latéra'es le deviennent aussi & poussent, & les racines perpendiculaires deviennent plus longues & chevelues; ce chevelu n'est qu'un composé de fibres qui en sortent; ce chevelu pend des côtés des racines principales, & s'entortille autour des mollécules du sol comme le lierre; de-là il devient frisé. Il pousse deux autres racines au-dessus des laterales.

Le quatrieme jour, la tige montant vers en haut forme un angle droit avec la feuille seminale, les dernieres racines poussent en avant, & les trois autres en grossissant deviennent plus chevelues & embrassent étroitement avec leurs filament les mollécules de terre, & dans les endroits où elles rencontrent quelque vuide, elles se réunissent & forment une espéce de Retz. La feuille alors est devenue plus molle, & si on l'écrase on verra qu'elle rend un suc blanc & douceâtre comme la crême.

Le cinquieme jour, la tige montant toujours pousse une feuil-

le ftable & ferme qui eft verte & un peu repliée ; les racines deviennent plus longues : on y apperçoit une efpéce de tumeur qui
eft le rudiment d'une autre racine qui doit pouffer. La coffe extérieure fe détache & la feuille feminale commence à fe faner.

Le fixieme, cette feuille ferme dont nous venons de parler
s'étant détachée, la tige monte, la coffe y tenant toujours comme
une écorfe ; & la feuille feminale fe ride & fe fane entiérement.

Enfin, après l'onzieme jour la feuille feminale, qui tient encore
à la plante eft prefque corrompue : elle eft creufe en dedans ;
le *mucus* ou la fubftance blanche de la graine continuée jufqu'au
nœud ombilical forme une cavité. Toutes les racines en venant en
pouffent latéralement de nouvelles. La feconde feuille fe fane
& fes veficules fe vuident. Les efpaces d'entre les nœuds deviennent plus longs ; de nouveaux germes paroiffent, & la racine du
milieu devient plus longue deplufieurs pouces.

Un mois écoulé, la tige & lesracines devenues plus longues,
on voit paroître de nouveaux bourgeons au premier nœud, &
de nouvelles tumeurs s'élever qui pouffent enfin en forme de racines.
La vigueur des racines qui pouffent eft en général en raifon de
la bonté du fol & de la diftance à laquelle le grain peut s'étendre.
Miller dit avoir vu une racine s'étendre à plufieurs pieds. M.
Hall croit en avoir trouvé qui s'étendoient jufqu'à près de deux pieds.

Dans le cours ordinaire de l'Agriculture on trouve quatre, cinq,
fix tiges ; & chaque épi étant paffablement bien conftitué rend depuis trente jufqu'à quarante grains.

Le même Auteur a compté quelquefois jufqu'à huit tiges venues
d'un feul grain femé à la façon ordinaire ce qui fait environ trois
cent grains pour un. Mais, dit cet Auteur, cela tient du prodige.
Nous aurons occafion d'en parler encore, lorfque nous comparerons
les différents produits de différents terreins, & des femailles
faites à différentes diftances fur le même terrein ; nous allons parconféquent paffer aux préparations du terrein pour le froment.

ARTICLE XI.

Comment il faut préparer le terrein pour du Froment.

CEt article-ci étant de la derniere importance pour le Cultivateur, nous lui devons une attention particuliere & un détail bien circonstancié ; parce que par la nouvelle culture on traite
tout différemment toutes les opérations, & plus particulierement
encore parce que l'on vient d'introduire tout nouvellement différentes façons de procéder, qui méritent d'être mises sous les yeux
du Lecteur dans leur vrai point de vûe.

La méthode ordinaire de préparer un terrein pour du froment
consistoit autrefois en trois, quatre & même cinq labours &
à le fumer quand il étoit nécessaire. Cette méthode réussissoit
à la vérité assez bien pourvû qu'on eût attention à la nature du sol,
aux différentes saisons, & aux tems qu'il faisoit : car on a découvert d'après des expériences souvent répétées que les gelées &
les neiges influent beaucoup sur un terrein à bled, tant à l'égard du
labourage nécessaire, que de la richesse certaine que la neige lui
donne lorsqu'elle sejourne sur la superficie.

La gelée qui ne va qu'à un certain dégré rend le terrein plus
léger ; de sorte que les labours produisent un effet bien plus sensible & plus puissant sur le terrein, & par conséquent bien plus favorable à la végétation du froment. Cela est si vrai que si les gelées continuent, elles rendent le dernier labour superflu, ou très-
inutile à certaines espéces de sols, comme tout Cultivateur un peu
expérimenté en convient. *Miller* prétend même qu'un terrein qui
a essuyé une forte gelée éxige pendant le cours de plusieurs années moins de labours qu'il n'en éxigeoit auparavant.

La gelée rend le terrein non-seulement plus léger, mais encore
plus susceptible des influences de l'air qui certainement porte dans
le sol des sucs riches & abondants, & qui d'ailleurs détache & polit
les mollécules d'une façon toute singuliere : car quoiqu'il soit difficile pour ne pas dire impossible, de savoir ce que c'est que l'air,
de le décrire & de déterminer en quoi consiste son action ; il est
cependant indubitable qu'il agit puissamment & avantageusement
sur les mollécules de la terre : le bénéfice que la terre en retire est
en effet si grand que quelques Auteurs & plusieurs Cultivateurs ex-

périmentés prétendent, que les grands avantages que la terre retire de fréquents labours ne consistent qu'en ce qu'ils la rendent
plus propre à s'imbiber des principes de fertilité qui sont inséparables de l'air & des rosées. On peut aisément se convaincre de
cette vérité en faisant attention à la fertilité qu'une terre acquiert
sans le secours des engrais lorsqu'on la laisse en friche ou en
jachere. On voit assez fréquemment des terres en labour épui-
sées & rendues de nouveau fertiles, en les laissant seulement incultes pendant quelques années.

Comme une subtilité convenable de la terre est absolument
nécessaire pour que les racines tendres puissent en pénétrer les
mollécules; on voit qu'on peut remplir cet objet sans le secours
de beaucoup de labours.

Et en effet tous les naturalistes les plus expérimentés assurent que
la pluye, les rosées & l'air sont impregnés de particules qu'il est
aisé de rendre visibles, & qui agissent merveilleusement sur la
terre & sur les végétaux. Nous avons déjà donné le moyen facile
de faire l'expérience: on n'a qu'à prendre une certaine quantité
d'eau de pluye & la laisser réposer pendant quelque tems dans
un vase, on trouvera le fond tout couvert d'une terre végétale dont
l'efficacité est étonnante pour la végétation.

Quant à l'air, il n'est personne qui démontre si parfaitement jusqu'où peut aller son action, que le Docteur *Hales* & M. *Boyle*: ce
dernier fait voir jusqu'à quel nombre de lieues un pouce d'air peut
être rarefié.

Nous voyons le grand effet de l'expansion de l'eau quand on l'é-
chauffe dans la machine pour élever l'eau par le secours du feu:
l'eau mêlée avec l'air, & autres particules actives, doit donc agir
avec beaucoup de force dans les tuyaux capillaires des plantes,
quoiqu'elle ne soit dilatée que par celle de la chaleur ordinaire que
le soleil leur donne.

Des pois dans un pot à-peu-près rempli d'eau, font soulever, après
l'avoir pompée & s'en être imbibés, un poids énorme. De-là l'on
peut voir la force avec laquelle ils se dilatent en se gonflant. C'est
vraisemblablement de ce même méchanisme que la nature se sert
pour pousser la tige d'une plante vers en haut, & pour mettre la
radicule du pois & d'autres grains, avec les fibrilles qui en sortent,
en état de pousser & de pénétrer dans la terre.

Ces expériences prouvent la force expansive avec laquelle les
racines fibreuses des plantes poussent dans la terre: moins de ré-

fiſtance ces filamens tendres trouvent dans la terre, plus ils y font de progrès.

Le Docteur *Woodward*, & d'autres avec lui concluent de-là, comme nous l'avons nous-même dit ci deſſus, qu'un des principaux avantages qui réſultent du labourage, de la jachere, des tranchées, du herſage, & du mélange de la chaux, & de pluſieurs autres compoſitions, eſt de détacher & d'ameublir la terre, afin que les racines pouſſent avec plus de facilité, & qu'elle s'impregne d'autant plus aiſément des roſées, des pluyes, & de l'air, qui eſt d'une utilité ſi étonnante à la végétation : car l'air a autant de force & ſe dilate autant que l'eau, comme pluſieurs expériences le prouvent.

Il faut cependant reſtraindre cette vérité générale à de jůſtes limites : il convient en effet de conſerver au terrein une certaine conſiſtance ou fermeté analogue au grain qu'on veut y ſemer ; ſans cette précaution le froment ou autres grains n'ayant point leurs racines aſſurées ſe renverſeroient. Pour obvier à cet inconvénient, les Cultivateurs un peu entendus paſſent le rouleau, & même quelquefois parquent les moutons ſur un champ enſemencé de froment : or cette pratique vient à l'appui de la vérité & de l'utilité de cette obſervation.

Si l'on venoit une fois à bout de fixer le degré de conſiſtance convenable à tous les grains, & le degré de la richeſſe de l'engrais qui leur convient à chacun, le labourage ſe feroit avec plus d'aiſance, de certitude, de ſuccès, & conſéquemment avec plus de profit.

On a, il eſt vrai, porté ces connoiſſances en général à un degré à-peu-près ſuffiſant de certitude, quant à la nature des terres propres au froment, féves, & certaines autres productions. On a auſſi établi certaines régles aſſez ſûres pour préparer les terres avec une quantité convenable de marne, de chaux, de craye, de ſuye, & de cendres ; mais il reſte encore bien à déſirer à un Cultivateur intelligent qui preſſent juſques à quel degré d'amélioration l'Agriculture pourroit être portée : a-t-on encore en effet acquis la connoiſſance de cette proportion d'engrais, & qui doit varier ſuivant la multiplicité des qualités des ſols, les différentes températures de l'air, & enfin ſuivant les différentes expoſitions & ſituations ?

Cette grande difficulté, & dont la ſolution feroit la pierre filoſofale de la culture, nous conduit naturellement à une obſervation que nous devons faire : c'eſt de ne pas trop ſurcharger les terres d'aucune ſorte d'engrais ou d'amélioration quelle qu'elle puiſſe être. Une terre trop enrichie, & par conſéquent trop abondante en principes, ne produit jamais une abondante récolte en grains ; mais elle abonde en paille, ce qui aſſurément ne doit point remplir les vuës du Cultivateur : & c'eſt la raiſon pour laquelle un Agriculteur intelligent quand il ouvre un terrein riche, a l'attention de lui ôter, ce qu'on appelle le *tranchant*, en y ſemant d'abord de l'avoine avant que d'y ſemer du froment. On a vû en effet des perſonnes faire des pertes conſidérables pour n'avoir pas pris cette précaution, ſéduites qu'elles étoient par l'eſpoir d'une abondante moiſſon.

La marne, la chaux, la craye, le ſel, ſont par eux-mêmes des préparatifs excellens pour la terre à froment, lorſqu'on les adminiſtre avec intelligence & avec modération. Le principal avantage qui réſulte de ces ſortes d'engrais, c'eſt qu'ils n'apportent point dans la terre les ſemences d'aucune mauvaiſe herbe, ni d'inſectes ni vermines pernicieuſes, ni autres ſubſtances qui aigriſſent le terrein ; ils aident au contraire à la deſtruction de la vermine & adouciſſent le ſol en l'enrichiſſant.

Autre avantage de ces engrais : il conſiſte en ce que dans les différentes opérations de culture qu'ils exigent pour porter toujours au Cultivateur le plus grand bénéfice poſſible, ils lui donnent occaſion d'en retirer un avantage continué & permanent, ſans ſalir, pour ainſi dire, ſon terrein, ni le remplir d'herbes pernicieuſes.

Ainſi, par exemple, le trefle qui eſt un préparatif ſi admirable pour le froment, n'xige point aſſez de culture ni d'engrais pour que les mauvaiſes herbes annuelles ou autres puiſſent monter en graine, & par-là ſe multiplier dans le champ où elles ont pris naiſſance. Le terrein peut être amélioré ſans qu'on coure aucun riſque, ſi l'on veut y porter un peu de fumier fin vers la S. Michel & en Février ; comme le trefle eſt toujours coupé avant ce tems, ſoit qu'on le deſtine à fournir de la ſemence ou à du foin, cette moiſſon qu'on fait de bonne heure emporte avec elle les mauvaiſes herbes avant qu'elles ne ſoient montées en graine ; & comme le trefle a ſes ſommités grandes & élevées, il ombrage les mauvaiſes herbes, arrête leur exhauſſement, & les rabougrit ; dans le cas même que cet engrais eût porté quelque aigreur dans le cœur du ſol, ſes ſommités & ſes racines profondes l'adouciſſent & l'ameubliſſent avant qu'on n'en vienne aux labours qu'on doit faire pour le froment.

Nous pouvons dire que les turnips ont à-peu-près les mêmes propriétés : ils portent une abondance étonnante de principes dans le fol & le préparent parfaitement pour du froment ; leurs fommités larges ombragent les mauvaifes herbes & les contiennent ; d'ailleurs les labours qu'on doit néceffairement leur donner pour les bien cultiver, nettoyent parfaitement le terrein, pendant que les racines fe vendent ou enrichiffent le fol.

Les féves & les pois font auffi des préparatifs excellens pour le froment ; rarement arrive-t-il qu'une abondante récolte de ce grain ne fuccéde pas à une abondante moiffon de pois.

» Comme il n'eft point de nouveau procédé en Agriculture » dont un Cultivateur ne puiffe tirer des enfeignemens avanta- » geux, on trouvera celui qui fuit auffi fingulier qu'il nous a paru » furprenant, dit M. *Hal* : Un Fermier, continue cet Auteur, » commença dans le printems par enfemencer fon terrein par » rangs & des pois comme à l'ordinaire : ils étoient à environ » vingt pouces de diftance ; quand les pois eurent un peu pouffé, » il fema dans les intervalles des turnips ; & enfuite il laiffa re- » pofer les pois fur les fommités des navets : il arracha enfuite » les pois, & vendit une partie des turnips. Le vingt-deux du » mois d'Octobre fuivant, je vis qu'on labouroit ce terrein avec » deux attelages, dont un à fix chevaux faifoit un fillon d'onze » pouces de profondeur, & de douze de largeur ; l'autre qui » n'étoit qu'à deux chevaux, labouroit fur la défroque des pois » à la profondeur feulement de deux pouces, & les renverfoit » avec tous les turnips qui reftoient dans le fond du grand fillon.

» Ces turnips qu'on faifoit entrer dans les fillons étoient fort » gros ; les plus petits étoient pour le moins auffi grands que les » plus groffes pommes. Les valets me dirent que leur maître pen- » foit que les turnips valoient la moitié du fumier, & que fon » deffein étoit d'enfemencer ce terrein tel qu'il étoit, & de le » herfer après. Je n'apperçus point la moindre défroque des pois ni des » navets fur toute la furface du fol qui étoit déja labourée. »

M. *Hall* ne rapporte point le fuccès de ce procédé, parce que c'eft précifément dans l'année où fon ouvrage vit le jour. Mais nous pouvons affurer avec lui, que cette pratique dans laquelle on fait entrer toutes les reffources du *Cultivateur*, ne peut manquer d'avoir rendu une abondante récolte de froment.

Quoi qu'il en foit, tout Cultivateur judicieux peut tirer de cet effai des idées qui peuvent lui être d'une très-grande utilité relativement à plufieurs articles.

Les lentilles & plufieurs autres grains & herbes ne font pas moins
propres

propres à préparer parfaitement le terrein pour du froment, quand
on les fait entrer en terre à la charrue , ou qu'on les mange.
Tous ces préparatifs font très-favorables au froment, comme nous
le ferons voir plus particulierement lorfque nous en traiterons
féparément. Mais le froment ne fe plaît point après l'orge ordinaire qui rend le terrein trop léger & emporte beaucoup de fa
bonne qualité: car on remarque qu'il ne vient jamais à bien après
cette production , quoique le terrein foit en bon état.

Nous ne rapporterons ici qu'un article de plus, qui regarde le labourage, dans le détail duquel nous fommes fuffifamment entrés
ci-deffus , nous n'en dirons que ce qu'il eft néceffaire que le Cultivateur fçache d'une méthode que nous croyons tout-à-fait nouvelle de traiter ce grain.

Les Fermiers d'*Hertfordshire* en Angleterre donnent ordinairement cinq labours pour du froment; ils les font plus ou moins
profonds relativement à la nature des fols qu'ils ont à cultiver. Ils
difent tous, qu'il n'eft rien de plus défavorable que les labours donnés par un tems pluvieux ou pendant la neige.

La façon de labourer doit être variée fuivant les différentes natures des fols, de même que la façon de femer plus ou moins tard.
On dit proverbialement : *Semez de bonne heure & vous aurez du
bled , femez tard vous aurez de la paille.*

Il y a une autre régle générale qu'on dit conftante dans l'Agriculture : *Plus il y a d'intervalles , dit-on , d'un pied de diftance,
plus la récolte eft abondante.*

Cette régle eft d'autant plus admiffible que le fol eft plus parfaitement rompu & ameubli par la méthode des petits intervalles :
mais fi l'on feme auffi dru que fuivant la maniere ordinaire, les
grains tombent trop près les uns des autres, & par conféquent cette méthode s'écarte de la nouvelle, fuivant laquelle on feme
moins de grains & à des diftances plus grandes ; pratique qu'on préfére avec raifon à toutes les autres façons de femer.

Aux environs de *Dunftable* , Province d'*Yorck* , on laboure en
piquûres , c'eft-à-dire qu'on forme deux rayes l'une prefque contre
l'autre , & l'on feme fur la crête qui eft entre deux. Dans le Comté
d'*Effex* on pratique la même méthode avec fuccès : les Cultivateurs font cinq piquûres qui font une perche, & laiffent de deux en
deux piquûres un intervalle d'un pied.

Ils fement dans ces piquûres tout le long à la main : un Cultivateur
habitué à cette méthode feme pour deux attelages, dont chacun

laboure une acre & demie par jour. Après avoir fait les labours néceffaires, ils paffent une charrue tirée par un feul cheval le long
de chaque intervalle, qui renverfe la terre fine & le bled de chaque
côté fur la piquûre, & rend l'intervalle net.

Par cette méthode ils prétendent fe procurer, en menageant
cependant beaucoup la femence, les mêmes avantages qui réfultent
du femoir & du *Cultivateur.*

Pline confeille de labourer un terrein onze fois; ce que plufieurs
Agriculteurs trouvent fort furprenant : mais nous fçavons, dit
M. *Hall*, qu'il y a bien de bons Fermiers qui ont donné autant
de labours : auffi tôt qu'ils ont débarraffé le terrein de la récolte
de bled, ils y mettent fans ceffe la charrue : ils répétent les labours
tous les quinze jours, ou tout au plus de trois en trois femaines fi,
du moins le tems le permet, pour que leurs terres profitent du foleil, des pluyes & des rofées : ils exterminent par cette pratique les
mauvaifes herbes; de forte qu'on a vû des Cultivateurs venir à bout
de les détruire entierement Le bled eft encore beaucoup moins
fujet à la nielle, quoique la femence n'ait point été trempée. La
terre par ces fréquens labours devient fi molle & fi douce qu'un
homme avec deux chevaux laboure très à fon aife une acre &
demie par jour; de forte qu'il a encore moins de peine que ceux
qui ont un attelage plus fort, & un garçon pour conduire & faire
marcher les chevaux.

ARTICLE XII.

Comment on doit préparer le Froment relativement aux terreins.

CEt article a deux objets : le premier regarde la forte de femence qu'on doit avoir, & la quantité qu'il en faut jetter ; le
fecond roule fur la maniere de la répandre.

Quant au premier, nous avons déja indiqué la quantité ordinaire
de femence de froment qu'on doit donner à une acre de terre : tous
les Cultivateurs qui ont adopté la méthode de femer au femoir ap-
prouvent qu'on feme beaucoup moins de grain qu'on ne fait ordinairement fur une acre ; puifqu'en effet cette façon approche plus de
la méthode nouvelle, qui d'un autre côté procure des avantages
d'autant plus grands à la femence qu'elle eft plus expofée aux influences du foleil, à l'air & à la pluye, & qu'elle jouit d'un plus

grand efpace pour pouffer & étendre fes racines, autant d'avantages principaux qu'on fe propofe d'obtenir par cette méthode, fans
compter encore celui d'épargner de la femence : mais il faut cependant avoir égard au tems de la femaille, parce qu'un quart
de boiffeau rendra moins en Septembre qu'après. Comme auffi
on obfervera qu'il faut un quart de plus qu'à l'ordinaire par acre
dans un terrein graveleux & nouvellement ouvert ; fur d'autres terreins il faut faire entrer en compte les dommages caufés par la vermine, qui fouvent dévore la femence, ou l'emporte, comme,
par exemple, la fourmi, & un certain nombre de grains qui reftent à découvert, expofés à la rigueur des tems.

Les calculs qu'on verra dans la fuite du produit, auquel on doit
raifonnablement s'attendre du froment femé à différentes diftances,
donneront une idée affez claire pour qu'un Cultivateur puiffe régler fa conduite fur la maniere ordinaire, & les façons différentes de femer fon bled.

Mais pourquoi ne peut-on pas éclaircir le froment avec la houe
à la main à telles diftances que l'on veut auffi-bien que les turnips? La même raifon qui juftifie cette pratique à l'égard de cette
racine, n'eft-elle pas affez convaincante pour la juftifier à l'égard
du froment?

Pourquoi n'ofe-t-on point fe hazarder à arracher avec la houe
ce qu'on peut appeller le froment fuperflu, quoique l'on trouve par
l'expérience que cette opération eft très-propre à détruire les mauvaifes herbes & à rafraîchir le froment? Certainement en labourant à huit ou neuf pouces de diftance, on ne rifque point de le
rendre trop clair femé ; d'ailleurs par ce moyen on efpace le froment
comme fi les diftances avoient, ainfi que quelques-uns l'exigent,
dix ou douze pouces de largeur.

D'ailleurs, en fuppofant qu'on arrachât du froment fuperflu, pourquoi ne le tranfplanteroit-on pas dans les endroits vuides, cas affez
fréquent, ou même dans un terrein nouveau qu'on tiendroit tout
préparé pour cela?

Un ouvrier habile tranfplanteroit avec une Truelle plufieurs
centaines de plantes en moins de tems & à moins de frais qu'on
ne fe l'imagine ; car qu'on ne s'y trompe pas, le froment réfifteroit
fort bien à la tranfplantation. Nous difons de fe fervir d'une
truelle, parce qu'en ouvrant la terre elle n'affermit point tant les
parois des trous que la fiche qui les comprime de tous côtés ; de
forte que cet inftrument eft préférable, parce qu'il la laiffe plus lé-

gere & plus détachée, & par conséquent plus propre à recevoir l'insertion des racines du froment.

Il n'est pas de Cultivateur qui ne sçache que le froment dans certaines occasions ne souffre point d'altération quand on le coupe ou fauche dans des saisons convenables ; on sçait de même qu'il ne s'altere point par le parquement des moutons, pourvû qu'on le fasse avec intelligence ; il est même des occasions dans lesquelles il est très-avantageux d'y passer le rouleau. M. *Hall* dit qu'il sçait qu'il peut être transplanté, pourvû qu'on fasse cette opération avec prudence dans les saisons convenables & dans des terreins qui conviennent. Un homme seul peut en très-peu de tems en transplanter une acre, en mettant les plantes à un pied de distance.

Ce que nous proposons n'expose point à de grands risques, au lieu que si l'opération réussit, le profit est considérable : qu'on en fasse l'essai en petit : en Agriculture ilne faut point négliger les plus petits documens, parce qu'ils peuvent conduire à de grands avantages.

Quant au choix du froment pour la semence, l'on peut dire, à la honte de nos Cultivateurs, qu'il y en a très-peu qui portent à cet article toute l'attention qu'il mérite. Le succès de la culture du froment dépend cependant beaucoup plus qu'on ne se l'imagine de ce point, que nous assurons être un des plus importans.

Tout le monde convient que le bled venu sur la terre vierge, comme on l'appelle, ou sur un terrein nouvellement ouvert est le meilleur de tous. Par-tout où on ne peut pas s'en procurer avec une certaine facilité, on doit tirer de la semence de quelqu'endroit éloigné au moins une fois dans deux ans ; ou si on la tire du voisinage, que ce soit au moins d'un terrein différent.

M. *Yelverton* qui, comme nous l'avons dit, remporta le prix en Irlande, avoit tiré sa semence d'Angleterre ; mais de quelque part qu'on la tire, qu'on ait toujours le soin de la choisir bien nette : on préfére ordinairement les grains les plus gros & les plus beaux de l'espéce ; parce qu'ils produisent les plus gros & les meilleurs épis, & en plus grand nombre. Cette régle s'étend jusques aux grains, à tous les végétaux, & même jusqu'aux animaux.

Une autre attention non moins utile & nécessaire. Elle consiste à bien nétoyer la semence de toutes les mauvaises herbes, de toutes les saletés & des grains piqués ou gâtés. On ne sauroit croire combien cette attention pour être un peu impatientante, épargne d'embarras dans la suite, soit parce que par-là le terrein reste net, soit parceque le bled n'est point sale, qu'on l'ait trempé ou non dans quelque compofition. Comme l'ufage des fauces s'accrédite de jour en jour, nous allons en parler.

ARTICLE XIII.

De la maniere de tremper la femence du Froment.

COmme la méthode de la trempe regarde non-feulement le froment, mais encore quantité d'autres fortes de grains, nous en traiterons féparément après avoir fini l'article qui concerne le froment. Nous ne ferons donc ici que confidérer quelques recetres particulieres pour l'amélioration de ce grain.

Nous avons déjà parlé de la compofition que M. *Yelverton* mit en ufage: nous ne dirons qu'un mot de celle du Colonel *Plummer*. Quant à beaucoup d'autres fauces qu'on a tant vantées & vendues à fi haut prix, nous n'en parlerons point: il eft cependant à propos de dire quelque chofe de celle qu'on eut la hardieffe, qu'on nous paffe le terme, de préfenter & de vendre au public à Paris en 1759. fix livres la bouteille. Tout céde à la nouveauté; l'efprit prétendu éclairé ainfi que le plus borné fuit le torrent; n'eft-il pas à la vérité bien honteux que dans la capitale d'un Royaume comme la France, où tout n'eft que lumiere, on ait laiffé ainfi impunément tromper le Public. Jamais le Charlatanifme n'eut plus beau jeu: on n'a qu'à promertre des chofes merveilleufes on eft affuré de faire foule. Quoi en effet de plus féduifant que ce que l'Auteur de cette liqueur fi funefte à la végétation annonçoit! Une bouteille verfée dans la femence de bled devoit augmenter du double le produit d'une acre; le grain devoit venir net & être prefervé de la carie en exécutant les préparations qu'il indiquoit : c'etoit la pierre philofophale qu'on avoit trouvé. Rien de plus vrai en effet rélativement à l'Auteur qui vendoit, mais rien de plus faux pour l'acquéreur : des perfonnes de marque fe tranfporterent vers la fin du printems dans les campagnes à quelque diftance de Paris où l'on avoit fait l'effai de cette fauce miraculeufe. On fut furpris de l'abondance du bled dont elles étoient couvertes : mais eft-ce dans cette faifon que des Cultivateurs éclairés & que des perfonnes qui ont un peu de bon fens s'avifent de décider de la récolte ? C'eft par l'épi que l'on juge &

non par l'herbe : rien en effet quelquefois de plus pauvre dans cette saifon qu'un terrein cultivé au *Cultivateur*, & rien de plus abondant dans le tems de la moiffon Si ces mêmes perfonnes s'étoient tranfportées fur les lieux pour voir recolter ce même bled fi beau auparavant en apparence, elles auroient été bien furprifes de le voir pourri & ne produifant qu'une pouffiere noire qui étouffoit le batteur. Qu'on confulte M. *Marqué*, Seigneur *Dubuiffon*, à deux lieues de *Cheroy*,& beaucoup d'autres Cultivateurs zelés fur l'efficacité de cette fauce, tous répondront qu'elle n'a d'autre propriété que d'être très-funefte aux femences.

A R T I C L E   X I V.

De la façon de tremper le Froment du Colonel Plummer.

L Avez d'abord votre froment dans trois ou quatre eaux, & remuez le bien chaque fois que vous le changez d'eau ; ôtez-en avec une écumoire les grains qui furnagent, verfez de l'eau dans un baquet où il y ait un robinet. Faites y diffoudre du fel jufqu'à ce que vous voyez un œuf y furnager, ajoutez deux ou trois livres d'alun bien pulvérifé, & remuez la liqueur autant qu'il vous fera poffible. Faites y tremper le froment pendant trente ou quarante heures ; cette fauce eft fans effet fi vous l'en retirez avant cet intervalle de tems. Otez le froment précifément la nuit avant que vous ne le femiez, tamifez par-deffus un peu de chaux détrempée.

M. *Bradley* obferve que beaucoup de Cultivateurs trempent leur froment dans des fauces, & qu'il eft cependant rempli de beaucoup de faleté ; parce qu'ils ne font pas leur fauce affez forte, ou qu'ils ne l'y laiffent pas affez de tems.

Suivant un Auteur moderne, il faut faire tremper le froment pendant trente heures dans de l'eau de pluye où l'on a fait diffoudre du fel marin jufqu'à ce qu'un œuf y furnage ; il veut qu'on repande enfuite le froment par terre ou fur un parquet, qu'on y mêle de la chaux en poudre en remuant toujours jufqu'à ce que les grains foient couverts de chaux au point qu'ils ne tiennent plus enfemble ; pour lors, ajoute cet Auteur, on peut fe promettre avec certitude une excellente récolte.

Il y a beaucoup d'autres recettes. Une fur-tout que M. *Ellis* vante; elle confiste à dissoudre trois livres de couperose dans dix ou douze pintes d'eau bouillante; remuez jusqu'à ce que tout soit dissour, versez ce mélange chaud sur deux ou trois boisseaux de froment autant d'eau de marre qui fera surnager le tout de quatre pouces. Et après avoir remué suffisamment, vous pouvez en écumer toutes les graines des mauvaises herbes, les grains piqués de froment, qui occasionnent une espéce de nielle.

La graine doit tremper dans cette liqueur pendant douze heures, après quoi on l'ôte, & l'on répand dessus de la chaux le matin immédiatement avant de semer.

Si on ne seme pas immédiatement après avoir ôté la graine de la sauce, il faut bien prendre garde de ne pas la laisser long-tems entassée; car cela lui est préjudiciable à tous égards.

ARTICLE XV.

De la façon de semer le Froment.

NOus avons déjà assez amplement parlé de la façon de semer le froment; cet article ne contiendra donc que quelques particularités sur cette matiere.

La véritable saison pour semer le froment commence en général vers la mi-Septembre & continue jusqu'au commencement de Décembre. Mais il est des espéces de froment & des circonstances particulieres qui veulent qu'on seme dans des tems différents. Nous l'avons déjà fait observer en parlant des différentes espéces de froment.

Mais en général, il faut avoir beaucoup égard à la nature du terrein & au tems. Car quoiqu'on puisse ensemencer un terrein sec dans un tems humide, mais non quand l'humidité domine trop, un terrein ferme & humide ne doit être ensemencé que dans un tems favorable, de crainte que la graine ne se perde par la trop grande fermeté ou par les crevasses, comme il arrive fréquemment: on pourra cependant en quelque façon remédier à cet inconvénient, du moins nous le croyons, avec un peu de soin; comme nous le ferons voir plus à découvert lorsque nous parlerons encore de la maniere de tremper le froment.

Tous les Cultivateurs conviennent que quand la terre est molle & fraiche elle est plus propre à recevoir la semence.

Nous ne parlerons pas ici de la façon de femer au large ou à la volée, elle n'eft malheureufement que trop connue: mais la façon de femer le froment à la main, & celle de le femer le long des piquûres, comme nous l'avons dit ci-deffus, & comme l'on feme communément les pois, n'eft pas fi commune, quoiqu'elle approche le plus de celle de femer par rangs, ou de femer conformément à la nouvelle méthode: ce qui nous refte à confidérer ici a pour objet de favoir comment le terrein & le froment doivent être traités pendant que la plante eft fur pied.

ARTICLE XVI.

Comment on doit cultiver le Froment pendant qu'il eft fur pied.

LE premier foin du Cultivateur roule principalement fur la propreté des tranchées de traverfe qui fervent de goutieres, & fur la netteté des intervalles. On fe fert dans bien des endroits pour cette opération d'une petite charrue, qui fe tire aifément avec un cheval, & qui eft conftruite de façon qu'on renverfe la terre de deux côtés; de forte que les intervalles font unis & nets, & que les eaux s'écoulent avec facilité.

Il nous refte encore trois chofes à confidérer fur ce point ; premierement, ce qu'il faut pratiquer lorfque le froment eft trop avancé & trop élevé, ce qui l'expofe à fe renverfer & à dépérir ; fecondement, ce qu'il convient de mettre en ufage lorfque, pauvre & languiffant, il demande quelque fecours ; troifiemement, comment on peut le tenir dégagé des mauvaifes herbes, qui font ordinairement l'effet infaillible d'une mauvaife culture, & fouvent les productions du fumier mêlé & qui fe trouve rempli de ces jeunes herbes ou de leurs femences. Il eft certain qu'alors le Cultivateur aura toute la peine imaginable à les tenir plus baffes que le bled & qu'il lui faudra au moins un an de travail pour les détruire. Cette contagion, nous l'appellons ainfi, porte un préjudice d'autant plus confidérable, que les femences de ces mauvaifes plantes font répandues de tous côtés par les vents, qu'elles reftent fans fe putrifier dans le fol pendant plufieurs années, & pouffent lorfqu'on laboure plus profondément qu'à l'ordinaire ou trop près des hayes.

Lorfque le froment monte trop, on fe détermine quelquefois à le faucher,

faucher, quelquefois à le faire manger, & quelquefois à y parquer les moutons, suivant que les circonstances l'exigent. Ce dernier expédient sert non-seulement à remédier à cet inconvénient, mais encore favorise beaucoup le terrein par l'amélioration que la fiente & l'urine y apportent, par la chaleur & l'espéce de sueur dont ces animaux en impregnent la superficie quand ils se couchent, & par leur piétinement qui en divise & raffine les mollécules. Ces deux derniers avantages, quoique bien sensibles, ont cependant paru si peu importants à quelques Auteurs modernes, qu'ils n'ont point daigné en faire mention.

Quant au second point, dont l'objet est de raffraîchir le terrein quand il est pauvre & affamé, le parquement des moutons est de toutes les améliorations celle qui le remplit le plus parfaitement. On peut aussi y répandre quelques boisseaux de suye, de poussiere de fiente de pigeon. On peut encore faire un mélange de terre & de fumier.

ARTICLE XVII.

De la maniere de sarcler le Froment.

QUoique dans un des Chapitres précédents nous ayons fait sentir tous les désavantages du sarcloir, cependant comme dans l'ancienne culture on n'a point d'autre moyen de faire la guerre aux mauvaises herbes qui étouffent le bled, il est certain que cette méthode a de grands avantages, pourvû qu'on la fasse exécuter par des personnes intelligentes, & qui ayent à cœur les intérêts de ceux qui les mettent en œuvre : le sarclage pendant que le bled croît, lorsqu'on peut couper ou arracher les mauvaises herbes, sans porter préjudice au froment, lui est non-seulement très-favorable dans ce point, mais encore il ameublit, rend le terrein net & doux, & le met en état de profiter des influences de l'air & du soleil, & de s'imbiber des pluyes & des rosées.

Le sarclage est une culture absolument nécessaire, attendu que dans le moment on arrête les mauvaises herbes, & que par ce moyen on les empêche de monter en graine & d'infecter le terrein : mais ce n'est qu'un secours momentané, & non un remede efficace, puisqu'il ne va point jusques à la racine du mal, qu'il faut chercher bien plus profondément.

Nous avons ci-deſſus parlé des avantages que le froment retire de la houe à la main. ,, J'ai vû, dit M. *Hall*, le ſuccès de cette ,, opération; car avec cet inſtrument on coupe non-ſeulement ,, les mauvaiſes herbes, mais encore on détruit les racines de ,, celles qui ſont annuelles, & l'on empêche que les perma- ,, nentes ne faſſent tant de ravage pendant l'été.

Mais on ne doit pas s'attendre à un parfait ſuccès par un ſeul labour à la houe à la main, non plus que d'un ſeul ſarclage; à moins qu'on n'ait la patience de travailler pluſieurs années de ſuite à détruire les herbes, & qu'on n'ait l'attention d'éviter tout ce qui peut favoriſer leur accroiſſement, comme de porter du fumier avec de mauvaiſes herbes ſur le terrein, &c. Malgré tous ces ſoins on voit encore ſouvent de mauvaiſes herbes végéter lorſqu'on a labouré plus profondément qu'à l'ordinaire, ou auprès des hayes; on doit alors penſer que les ſemences ont été apportées par les vents ou les oiſeaux, & qu'elles ſe ſont logées dans les crevaſſes de la terre par la chaleur, ou dans d'autres endroits ſemblables.

Et cette remarque eſt en effet conforme aux obſervations de M. *Ray*, & autres Auteurs éclairés, qui obſervent que beaucoup de ſemences pouſſent après avoir été gardées pendant pluſieurs années, qu'il y en a des eſpéces qui, enterrées bien profondément, ont végété quatorze ans après, dèsqu'elles étoient rapportées au grand air.

Pour obvier à cet inconvénient, il faut d'abord obſerver qu'il y a en général deux ſortes de mauvaiſes herbes, les annuelles & les perpétuelles, c'eſt-à-dire, qui ſubſiſtent pluſieurs années.

Quant aux annuelles, il eſt aiſé de s'en garantir, en ſe donnant le ſoin d'empêcher qu'elles ne montent en graine ſur le terrein qu'on veut en délivrer, & en prenant garde dans les environs : il faut auſſi porter ſes ſoins à la compoſition des engrais dont on l'enrichit, de peur qu'ils ne ſoient infectés des ſemences qui végéteroient ſur le champ; ſi l'on en voit paroître, il faut les détruire à force de remuer la terre, & les expoſer aux ardeurs du ſoleil ou à la rigueur des gelées : enfin il faut prendre pour objet principal de les empêcher de monter en graine chaque fois qu'on en découvre.

Il étoit autrefois d'uſage de retourner des chemins de gravier en hyver pour détruire les mauvaiſes herbes; mais on a découvert qu'il étoit plus avantageux de le faire en été. Il en eſt de même quant au labour que l'on donne pour les détruire dans les grandes chaleurs dans les champs.

Quant aux mauvaiſes herbes perpétuelles, la même méthode

peut procurer à-peu-près le même avantage momentané ; mais comme elles reviennent , aussi souvent qu'on les coupe , il n'y a point d'expédient plus efficace pour les détruire que de les déraciner avec la bêche ordinaire, de les exposer aux ardeurs du soleil ou à la rigueur du froid, ou encore de les herser, & de les brûler ensuite , ce qui produit l'effet desiré.

Dans les endroits où l'on peut facilement se procurer de l'eau salée, on peut en faire usage avec succès, principalement si l'on veut détruire les mauvaises herbes sur les tas de fumier, ou dans les différentes compositions d'engrais ; mais il faut bien prendre garde de ne pas en mettre une trop grande quantité, de peur de saler trop le terrein, & d'empêcher l'accroissement du bled ou de l'herbe pendant quelque tems.

Quoique nous ne puissions pas absolument fixer la quantité d'eau salée, ou de mer, qu'on doit mettre sur le fumier, nous croyons cependant pouvoir conseiller au Cultivateur d'en répandre un muid sur la quantité d'engrais qu'on destine à une acre de terre.

Nous avons ci-dessus vanté les avantages qui résultent de l'usage des engrais, tels que la marne, la chaux, la craye, &c. relativement aux mauvaises herbes, attendu que ces substances n'en produisent point. Nous avons aussi fait mention des avantages des herbes artificielles & des turnips ; parce qu'ils donnent occasion au Cultivateur de fumer, & qu'ils empêchent les mauvaises herbes de croître, ou du moins lui donnent l'occasion de les détruire avant que le tems de semer le bled ne soit arrivé.

Dans les endroits où l'on a semé le froment au semoir à des distances convenables, il n'est pas bien difficile de les nettoyer avec la houe à la main ; mais il faut bien avoir l'attention de secouer les mauvaises herbes & de les placer de façon qu'elles ne puissent point revenir : ce qui arrive souvent lorsqu'on marche dessus, ou qu'on les coupe simplement, & qu'on ne les jette point hors du champ.

ARTICLE XVIII.

De la maniere de traiter le Froment après qu'on l'a moissonné.

NOus avons observé dans bien des Provinces qu'on négligeoit beaucoup le bled dans le champ; c'est-à-dire, qu'on ne portoit pas les soins qu'il exige. Les Cultivateurs en général croyent que tout est fait lorsque le bled est coupé; & ils sont dans une erreur qui leur porte beaucoup de préjudice. Nous ne pouvons donc nous dispenser de parler ici des différentes manieres de traiter le bled pendant qu'il est encore sur les champs: ces manieres varient; dans les parties Septentrionales on a une façon, dans les Méridionales on en a une autre.

Dans les pays Septentrionaux on fait deux rangées avec huit gerbes, que l'on met debout & qui sont bien serrées, qu'on couvre ensuite de deux autres grosses gerbes à demi-ouvertes, qui servent d'abri comme une couverture de chaume: par cette méthode on garantit le bled pendant dix ou douze jours du tems ordinaire, & dans le cas où il survient quelque pluye abondante, il n'y a que les deux côtés extérieurs des deux gerbes, dont le toit est formé, qui souffrent. Cette méthode est bonne, on peut même la pratiquer pour le reste de l'année, quand on n'a point de quoi loger le bled.

Dans les Méridionaux, on dresse en deux rangs douze ou vingt gerbes sans les couvrir. On prétend par-là, dit-on, blanchir le froment; mais s'il arrive quelque pluye violente, ou un tems humide qui dure, le bled souffre extraordinairement.

Il est des Cultivateurs qui, si leur bled est sec, l'emportent aussitôt qu'il est coupé. Cependant l'usage le plus généralement accrédité est de le laisser pendant quelque tems dans les champs, pour l'adoucir, le rendre plus blanc, & pour qu'une partie qui n'a pas encore atteint sa parfaite maturité mûrisse, & pour achever de faire périr les mauvaises herbes qui sont parmi le bled, & qui lui porteroient préjudice dans la grange: telle est par exemple la vrilliere qui a le funeste avantage de conserver long-tems son humidité, & qui entortillée autour de la tige jusqu'à l'épi, s'échauffant quand le bled est entassé, pourrit la paille & donne au grain un gout de moisi, quelquefois même le corrompt entièrement.

Malgré la variété des fentiments fur cet article, il eft certain , & nous l'affurons avec tous les bons Cultivateurs, qu'il ne convient point de retirer fi promptement le bled des champs, qu'il vaut au contraire beaucoup mieux pécher par l'autre extrémité ; comme dit le proverbe : *il vaut mieux perdre du bled dans les champs que dans la grange.*

Il eft enfuite queftion de l'entaffer bien ferré dans la grange, ou de le mettre en pile dehors. Dans les deux cas il eft très-difficile de le garantir de la vermine ; pour obvier autant qu'il eft poffible à cet inconvénient, il n'y a pas de façon plus favorable que de le mettre fur des poteaux ou fur des pierres couvertes d'autres qui font faillantes des deux côtés. Le bled ainfi placé peut fe conferver fain & bon pendant plufieurs années. Il y a des endroits où l'on fait les tas de bled ronds. C'eft en effet, la figure la plus folide contre les vents & les tempêtes ; au lieu que les tas faits en quarré ayant des angles font beaucoup plus expofés à toute l'impétuofité des vents, & aux fuites qui en font inféparables.

Cependant malgré toutes ces précautions, il refte un ennemi bien dangereux à repouffer. Les fouris trouvent le moyen de s'introduire dans les tas, on les apporte même quelquefois des champs avec les gerbes. Il s'agit donc d'abord de favoir s'il y en a pour leur déclarer la guerre par une pâte que nous indiquerons en fon lieu ; voici la maniere de le découvrir : on pouffe des perches de frêne bien avant dans le tas ; elles en aiment l'écorce : de forte qu'après les avoir retirées, on éxamine fi elles font rongées : plus la perche aura l'écorce tendre plus elle eft propre à faire faire cette découverte.

Il eft certainement néceffaire de couvrir le bled ou de le mettre à couvert jufqu'à ce qu'on puiffe l'enfermer. Cependant on le néglige fouvent, ce qui porte un préjudice dont on pourroit aifément fe garantir à peu de frais avec les couvertures portatives dont nous avons déjà parlé.

Lorfque l'on veut battre en grange, il faut choifir un tems fec & chaud, ou la gelée ; car quoique l'on tienne les granges auffi bien fermées qu'il eft poffible, on remarque que le bled quitte beaucoup plus aifément fon enveloppe dans ce tems. Que l'on prenne bien garde fur-tout de ne pas caufer quelqu'altération dans le bled en le laiffant trop long-tems fur un pavé humide après l'avoir battu.

La façon de nettoyer le bled varie beaucoup ; dans les pays où l'on bat le bled en grange le plus grand nombre des Cultivateurs le

jette d'un bout de la grange à l'autre; on le nettoye enfuite avec
des vanes à la main; en d'autres pays où l'on met les gerbes en
pile expofées à l'air, on vanne le bled en le jettant au vent avec
une pêle de bois : le vanneur a le foin en le jettant de former
une partie de cercle, ce qui fait que le vent emporte les coffes,
& que le bled qui ne les a pas laiffées & qui tombe par conféquent en épi fe trouve fur le bord du côté de cette pile allongée en
quart de cercle. Auffi eft-ce de toutes les façons la meilleure.
Lorfque le vent manque on a une efpéce de vane avec des voiles
qui tournent fur un axe, & qui en agitant l'air forment affez de vent
pour cette opération que M. *Ellis* préfére, mais fans raifon. En fe
fervant au contraire du vent, un homme, qui jette le bled & un
garçon qui, avec un ballet léger paffe à chaque pêlée fur la crête
de la pile, peut féparer les pailles & les groffes coffes que le vent
n'a point emportées, quand les bouffées ne font pas toutes de la
même force; cet homme, difons-nous, vanne & nettoye facilement vingt feptiers par jour. Cette méthode eft généralement accréditée en Guyenne & en quelques autres cantons méridionaux du
Royaume; on ne fe contente point enfuite de le cribler, on le lave, &
le fait paffer à plufieurs eaux pour le decharger entiérement des
grains piqués & noirs qui s'y trouvent & de la pouffiere. Après
qu'on l'a ainfi lavé on l'expofe au foleil fur des toiles jufqu'à ce qu'il
foit bien fec, ayant le foin de le remuer de tems-en-tems. On pref-
fent, que lorfqu'on veut donner cette préparation qui ne contribue
pas peu à faire le pain beau & falubre, il faut choifir un beau jour
pour n'être point expofé à le laiffer pendant la nuit dans l'humidité.
C'eft pourquoi il faut pouvoir s'affurer de le faire fécher entiérement le même jour qu'on le lave.

Toutes ces opérations achevées, on envoye le bled au marché ou
on le renferme; les trois quarts & demi des Payfans font dans le
Royaume forcés à prendre ce parti, trop heureux ceux d'entre
eux qui font en état de l'y envoyer, & qui ne font pas prévenus par
les Collecteurs. C'eft ici l'occafion de peindre les horreurs dont
ces infortunés fe trouvent accablés; à peine leur donne-t-on le
tems d'effuyer leur front encore tout dégoutant par les fatigues
d'une moiffon, précédée de peines & de dépenfes, & faite dans les
allarmes, qu'on s'en empare pour la vendre au prix courant, &
quelquefois, nous le difons à la honte de l'humanité, à un prix
bien au deffous & tel qu'un Collecteur croit devoir le fixer conformément à fes intérêts. Ce n'eft point ici une imputation qui foit l'ef-

fet de l'humeur, nous avons été témoins de cette manœuvre odieufe. Un Collecteur faifant faifir & acheter pour fon compte par
un homme dévoué à fa cupidité, mettoit au bled un prix bien inférieur à celui du jour courant ; parce que le Payfan, éloigné des
lieux de marché, ne pouvoit dans l'inftant en être inftruit ; n'ayant
que fes larmes & fes gémiffements à oppofer à cet ame de fer
il fe voyoit enlever les fruits de fes travaux, de fes allarmes, &
de fes avances ; ils devenoient la proye d'un fcélérat, qui fous le prétexte de faire payer le Roi, mettoit impunément à contribution
la foibleffe de ces malheureux.

Cette tyrannie, établie depuis fi longtems, & contre laquelle
cette portion de l'Etat la plus utile & en même tems la plus mal traitée, réclame avec tant de juftice, n'a pu encore faire parvenir fes
gémiffemens, non-feulement jufqu'au trône, mais même jufques
aux Intendans de Province, qui ne pouvant tout voir par eux-mêmes, font obligés de fe fervir des yeux des élections, & coopérent
innocemment à cette iniquité, mal inftruits qu'ils font par elles :
d'un autre côté les Receveurs fe tenant toujours fur leurs gardes,
en doctrinent fi bien leurs fubordonnés, qu'ils ont toujours raifon
vis-à-vis de l'Intendant. Mais la preuve la plus trenchante que nous
puiffions donner de cette malverfation eft précifément la plus fimple. La finance d'une recette des tailles, par exemple, eft de cent
quarante ou cinquante mille livres. Par quel prodige, qui ne tienne point au détriment du païfan & des taillables, rend-elle depuis
dix-fept jufqu'à dix-huit mille livres par an ? Seroit-ce le denier
que le Roi accorde pour la perception ? mais il eft aifé de démontrer que fi le Receveur fe bornoit en honnête-homme à ce prix de
fes travaux, la finance de fa charge ne lui rendroit qu'à peine le
cinq pour cent. Mais laiffons ces fangfues, ou, pour mieux dire
avec l'ami des hommes, cette vermine qui ronge la racine, la feuille
& le fruit de l'arbre économique de l'Etat. Venons à l'avantage
qu'un Cultivateur aifé & intelligent peut retirer de la fufpenfion
de la vente de fon bled.

Le bled acquiert ordinairement un tiers en fus de fon prix ordinaire, quelquefois même la moitié, fi une récolte manque. Or, on
a obfervé que cela arrive ordinairement tous les quatre ou cinq
ans ; & c'eft en effet, en parlant de cette obfervation, qu'on fait
des années communes pour établir le produit fixe des biens.
Qu'on fe rappelle cette fameufe, mais fatale année, fous le minif-
tère du cardinal de Fleury, pendant laquelle les nations étrangè-

res nous ont vendu le même froment le double de ce qu'ils l'a-
voient acheté.

Lorsqu'Auguste eût fait de l'Egypte une province Romaine, il
tourna tous ses soins à nettoyer le lit & les canaux du Nil, qui s'é-
toient engorgés par la négligence des rois d'Egypte : il chargea les
troupes de cette opération.

Lorsque l'Empereur Severe mourut, on trouva du bled dans
les magasins publics pour sept ans : on consommoit cependant tous
les jours soixante-quinze mille boisseaux pour six cent mille habitans qu'il falloit nourrir.

Il y a beaucoup d'autres exemples que l'on pourroit prendre
dans l'antiquité, mais un qui est plus moderne fera sans doute plus
d'impression.

Après la bataille de Blenheim, si fatale à la France, les Généraux
François se présenterent au roi pour recevoir ses ordres sur le
moyen de recruter & de rassembler de nouvelles forces. Le roi
demanda si ses magasins étoient pleins : on lui répondit qu'oui.
Il ne donna point d'autre ordre, si ce n'est qu'on eût un soin particulier pour bien les entretenir en cet état. On sentit bien-tôt
après l'effet de cette précaution : une chereté générale étant surve-
nue, les provisions pour ses troupes étant abondantes : les recrues
abonderent : les troupes grossissoient à vue d'œil dans le camp.
On ne prit personne de force.

On voit par ces traits combien il est important & de la sagesse du
gouvernement de garder le bled ; combien il est non-seulement possible, mais encore facile de faire des provisions pour beaucoup d'années : c'est ce qui fera le sujet de l'article qui suit.

Mais avant que de finir celui-ci, qu'on nous permette une dis-
gression en faveur de nos Cultivateurs infortunés, & en faveur
de l'agriculture elle-même. Nous ne pouvons nous empêcher, toutes
les fois que notre ouvrage nous donne l'occasion d'entendre leurs
gémissemens & de voir leur misère, de céder à l'intérêt que nous
y prenons & d'implorer pour eux & la paternité du monarque & la
sagesse des ministres.

Par le moyen que nous avons donné au commencement de notre ouvrage, pour l'encouragement de l'Agriculture, nous trouvons celui de soulager les Cultivateurs & de les mettre à couvert
des vexations des Collecteurs & des Receveurs. En effet, si pour
l'embellissement de Paris on a accordé une loterie, pourquoi
n'en obtiendrions-nous pas une pour le soulagement de la patrie

de

de l'Etat la plus néceſſaire, puiſque ce n'eſt que par elle que les autres ſubſiſtent? L'utile doit avoir le pas ſur l'agréable; toutes les nations ſages & éclairées n'ont jamais perdu de vue ce principe fondamental d'une adminiſtration bonne & ſolide: auroit-on mépriſé notre moyen parce qu'il eſt ſimple? Nous avons une plus juſte idée de ceux qui entrent directement ou indirectement dans l'adminiſtration. Cependant d'après les fonds que notre loterie auroit rendus, il eſt bien évident qu'on pourroit, en en groſſiſſant le capital, acheter à un prix honnête, ou, pour mieux dire, au prix de l'année commune, au malheureux païſan une partie de la récolte; par-là il rempliroit la ſomme pour laquelle il eſt employé dans l'état des tailles & autres impoſitions, & il éviteroit les frais qui achevent de l'accabler: ce bled ſeroit verſé dans les magaſins publics, & on attendroit pour le vendre le tems où cette denrée gagne. Qu'on ne prétende point ici nous objecter ni les frais de magaſinage ni les autres dépenſes. Les moyens que nous donnerons pour la conſervation des bleds répondront à cette objection & l'anéantiront: nous demandons ſeulement que dans la vente qu'on fera on affecte de diminuer d'un pour cent en faveur des habitans malaiſés, & des familles nombreuſes, le prix courant. La loterie gagnera deux ou un & demi, ce qui groſſira ſon capital, & le pauvre ſe trouvera ſoulagé pendant toute l'année. Nous diſons même que la caiſſe d'une telle loterie deviendroit dans la ſuite une corne d'abondance & une reſſource conſidérable dans certaines criſes fâcheuſes où l'Etat pourroit ſe trouver.

ARTICLE XIX.

De la façon de conſerver le Bled.

IL y a différentes façons de conſerver le bled. On peut conſidérer ce point important, ou relativement aux magaſins publics, ou relativement aux magaſins des particuliers.

On n'a pu encore parvenir à faire entreprendre quelque choſe pour les magazins publics; cet article important eſt combattu par les partiſants outrés de l'exportation; bornés dans leurs ſpéculations, & ne voyant point que cette voye infaillible d'animer l'Agriculture & d'enrichir l'Agriculteur eſt fermée en France, ils tournent tous leurs regards fur cette branche, & veulent qu'on la pratique malgré tous les obftacles qui la traverfent. Mais que le Gouvernement ne fe conduife, par exemple, aujourd'hui, que par les avis lumineux de ces profonds politiques, qu'on ouvre toutes les barrieres des provinces, tous les ports, que cette exportation enfin non-feulement foit permife, mais encore encouragée comme en Angleterre; qu'arrivera-t-il? la concurrence avec les autres nations fera toujours à notre défavantage, au moins de deux ou trois pour cent: puifque le taux de l'argent eft en France à 5. & même à 6. encore eft-il très-difficile d'en trouver; tandis que communément en Hollande, & en Angleterre il eft à trois ou tout au plus à trois & demi pour cent; voilà donc deux ou deux & demi pour cent que notre Agriculteur perdroit s'il entroit en concurrence avec ces deux nations; nous ajouterons encore le prix du fret qui eft beaucoup plus haut en France que par-tout ailleurs: les magazins publics, quant à cette branche du commerce, ne pourroient donc nous être favorables, qu'autant que notre Agriculture, devenue plus floriffante, nous fourniroit d'abondantes récoltes, qui feroient un fuperflu pour le Royaume, tandis que les nations nos rivales fouffriroient la difette: deux circonftances qui n'arrivent que fort rarement enfemble, & fur lefquelles il feroit donc abfurde de compter.

Dans l'état actuel de notre Agriculture, les magazins publics ne peuvent & ne doivent être confidérés que comme des approvifionnements que l'on voudroit oppofer aux années de difette, feulement pour la fubfiftance du Royaume. Voilà nos vues que nous voudrions faire adopter, pour deux raifons; la premiere, parce qu'on mettroit le Cultivateur de la derniere claffe, à couvert des vexations en lui achetant fa denrée à un prix honnête; la feconde, parce que l'on ne verroit plus ces années terribles, où la famine par des ravages affreux fait du plus beau Royaume de l'Europe un féjour de larmes, de gemiffements & d'horreur.

Varron affûre que le bled fe conferve bien pendant cinquante ans, lorfqu'on le met en épi dans des fouterrains couverts de tous côtés de paille, & dont on ferme bien exactement l'entrée afin que l'air ne puiffe point y pénétrer: cette méthode eft encore mife aujourd'hui en ufage par ceux qui envoyent du bled en Amérique dans des tonneaux qui font très-exactement fermés: fans cette précaution le germe s'évaporeroit, & l'on femeroit envain le bled, il ne germeroit point.

Il y a une autre façon de le conserver. C'est d'abord de bien le nettoyer, de le bien sécher & de le bien remuer tous les quinze jours pendant six mois. Après cette attention il n'éxige guéres plus de soins.

Si on parvient à le conserver ainsi pendant deux ans, on peut
se flatter de le garder quarante, cinquante & même cent ans en
le mettant dans des fosses couvertes de planches bien fortes &
qui se joignent bien ; ou , ce qui est encore plus sûr , en couvrant
la surface du tas d'un peu de chaux vive , sur laquelle on jette ensuite,
avec beaucoup de ménagement, un peu d'eau ; il se forme ainsi
une croute impénétrable non-seulement à tout insecte quelconque ,
mais encore à l'air.

A Livourne , par exemple , on le conserve parfaitement dans des
endroits pratiqués & ménagés dans les murs de la ville : on les
tient bien exactement fermés , & les loges qu'on y pratique sont si
bien enduites de chaux que pas un insecte ne peut y vivre.

Quant à la façon de conserver de certaines provisions de bled
pendant quatre ou cinq ans, ce qui suffit pour les particuliers ,
on a expérimenté qu'il n'étoit nécessaire que de le mettre en meules ou tas élevés sur des bazes enduites de bois ou de pierres
pour empêcher les souris d'y atteindre & de s'y loger.

Il est vrai qu'en le conservant de la sorte, le Cultivateur est privé de la paille. Mais il est des pays où cette considération ne
doit point avoir lieu , vû les grands avantages que l'on trouve à garder du bled, sur-tout dans les pays qui n'ont que ce revenu , où les
pailles ne sont pas absolument estimées , parce qu'il ne s'en fait
point de consommation.

Il y a des Cultivateurs en Angleterre , qui le mettent après qu'il
est battu dans de la paille hachée au milieu d'une meule de bled.

Mais la méthode la plus efficace consiste à avoir un magazin à trois
étages élevés sur des pilastres enduits, comme nous l'avons dit
ci-dessus, pour les meules de bled ; dans ces endroits on peut toutes
les fois qu'il est nécessaire , le transporter avec aisance d'un étage
à l'autre par le secours des poulies placées pour cette manœuvre;
& par ces déplacements aussi fréquents qu'on le veut , le bled se
conserve net , doux, & sain autant de tems qu'on le désire.

De quelque méthode qu'on se serve pour la conservation du
bled, il faut sur-tout mettre tous ses soins à tenir le lieu bien net,
& à couvert de toute humidité & de toute exhalaison, odeur,
ou vapeur quelconque. La moindre humidité le fait moisir , & la
moindre odeur désagréable lui donne un mauvais goût.

Pour peu qu'on ait obfervé les odeurs, on doit avoir remarqué la célérité avec laquelle elles fe communiquent d'un corps à l'autre pour peu qu'ils foient voifins, comme nous le dirons plus bas en traitant de la maniere de tremper le grain. Mais pour le bien conferver il faut le mettre bien fec dans le magazin ; c'eft pourquoi on ne l'emmagazine qu'après le mois de Mars. Tous les Cultivateurs expérimentés le pratiquent ainfi.

Toute la confervation du bled fe reduit donc à trois chofes principales, à le renfermer bien fec & bien fain, à le garantir de l'air, de l'humidité, & à le préferver de la vermine.

Quant à la vermine, il eft effentiel de laver les murs, & les planchers avec de l'eau où l'on aura fait infufer des herbes & des drogues ameres ; l'abfynthe, le vinaigre & le fiel des animaux rempliffent parfaitement cet objet ; rarement voit-on des vers ou autres infectes dans les endroits enduits de ces différentes drogues. Les cendres du chêne verd répandues fur le plancher tuent les mites.

Nous avons déjà parlé de l'efficacité de la chaux détrempée.

ARTICLE XX.

Calcul par lequel on indique la femence de Froment dont on doit fe fervir lorfqu'on feme à différentes diftances, & le produit que l'on peut raifonnablement attendre de chaque différente methode.

Omme les mefures du Royaume varient à l'infini & que ce détail nous entraîneroit trop loin, nous avons cru devoir dans le calcul dans lequel nous allons entrer, non en tenir à la mefure Angloife, fur laquelle chaque Cultivateur pourra faire fa fupputation. Le boiffeau pefe en Angleterre foixante-quatre livres, ce qui fait trois fois le boiffeau de Paris & quatre livres en fus. L'acre d'Angleterre contient quatre mille huit cents *yards* & quelques pieds quarrés : *l'yard* eft une mefure qui porte deux pieds neuf pouces huit lignes mefure de Paris, c'eft-à-dire qu'elle a neuf pouces quatre lignes de moins que l'aune de Paris : mais pour éviter l'embarras des fractions, nous fuppoferons que l'acre contient cinq mille *yards* complets qui font à enfemencer : nous fouftrairons pour les intervalles, pour les parties du terrein infertiles, & pour les autres accidents mille *yards*, il en reftera donc quatre mille qui produiront du bled. Il faut ne point perdre de vue que nous n'entendons parler ici que des méthodes anciennes & ordinaires qui font en ufage dans l'Agriculture.

Or une once de froment contient ordinairement fix cents grains, & la livre portant feize onces contient conféquemment neuf mille fix cents grains : & comme feize livres font le quart du boiffeau Anglois, il contient néceffairement cent cinquante-trois mille fix cents grains.

Dans un acre de froment femé à douze pouces de diftance, en jettant de la femence pour cinq mille *yards*, on confommera quarante-cinq mille grains, qui ne pefent pas tout-à-fait cinq livres, ou la douzieme partie du boiffeau.

Mais quand on feme les grains à huit pouces de diftance il faut le double de femence, c'eft-àdire dix-huit grains par *yard*, qui font quatre-vingt dix mille grains, qui ne font pas tout-à-fait le quart du boiffeau Anglois.

Quand on feme à fix pouces de diftance, il faut trente-fix grains pour un *yard*, & cent quatre-vingt mille grains pour un acre fuivant le calcul précédent.

Lorfqu'on feme à quatre pouces de diftance, il faut quatre-vingt-un grain par *yard*, & par acre quatre cents cinq mille grains qui ne font pas encore les trois quarts d'un boiffeau, & en comptant cent cinquante-trois mille grains pour le quart d'un boiffeau, & deux boiffeaux & demi de froment qu'on employe ordinairement pour enfemencer une acre, on trouve qu'il faut un million cinq cents trente mille grains de froment pour une acre. Ainfi il y a à peu près quatre grains fur chaque quarré de quatre pouces, c'eft-à-dire prefque un grain à chaque efpace quarré de deux pouces, ou quatre pouces cubiques.

Le produit du froment lorfqu'il a paffablement réuffi, eft communément de feize pour un, & certainement il l'emporte fur celui qu'on en tiroit autrefois ; puifque Ciceron & Pline nous apprennent que dix pour un étoit le produit le plus fort, & que le produit ordinaire n'étoit que de huit.

Les épis de bled contiennent ordinairement depuis trente jufqu'à quarante grains, en prenant pour produit ordinaire le quarante pour un & en comptant douze tiges pour chaque grain de bled femé à un pied de diftance; ce qui eft tout le bénéfice que l'on peut attendre fans le fecours du *Cultivateur*; & en comptant quatre mille *yards*, comme nous l'avons établi ci-deffus, qui rapportent du bled ; alors chaque tige produifant quatre cents quatre-vingt grains, il y aura en tout trente fix mille fois quatre cents quatre-vingt grains, qui font dix - fept millions deux cents quatre-vingt mille ; & comme l'on compte fix cents quatorze mille quatre cents grains dans un boiffeau, il n'y aura pas quatre boiffeaux femés en une acre, les grains étant à un pied de diftance, même avec le produit fuppofé de douze tiges par chaque grain, & de quarante grains par chaque épi.

Lorfque l'on feme le bled à huit pouces de diftance, il faut le double de femence, c'eft-à-dire dix-huit grains par *yard* : huit tiges provenant de chaque grain, le nombre des grains montera à foixante & douze mille, qui multipliés par trois cents vingt grains produits par huit tiges rendront vingt deux millions & quarante mille, ce qui fait environ un quart de plus que ce que nous avons fuppofé être le produit des grains femés à un pied de diftance.

Lorfqu'on a femé le bled à fix pouces de diftance, en fuppofant que chaque grain produife fix tiges, on obtiendra cent quatre-vingt mille grains ; c'eft-à-dire, trente fix fois cinq mille.

En fuppofant qu'il y a quatre mille *yards* qui produifent du bled, & que fur chaque *yard* on ait femé trente-fix grains, & que chaque tige ait quarante grains ; deux cents quarante-fois trente-fix multipliés par quatre mille rendront trente - quatre millions cinq cents & foixante grains, ce qui fait un tiers de plus que l'on n'en recueille quand on a femé à huit pouces de diftance.

Lorfqu'on a femé le bled à quatre pouces de diftance, & qu'on fuppofe quatre tiges produites par chaque grain pour quatre mille *yards*, on aura quatre-vingt-une fois quatre mille grains de fe-mence qui produiront du bled. Alors il y aura en tout trois cents vingt-quatre mille grains de femence, qui multipliés par cent foixante, nombre produit par chaque grain qui rend quatre tiges, lefquelles portent chacune quarante grains, rendront cinquante-cinq millions quatre-vingt-quatre mille, ce qui eft à peu-près un tiers de plus que le produit du grain femé à fix pouces de diftance, & trois fois autant que celui du bled dont les grains font femés à un pied de diftance.

Si nous voulions entrer dans un détail plus étendu, & confidé-rer les femences jettées plus dru qu'à quatre pouces de diftance, nous tomberions dans l'incertitude des diftances, qui eft infé-parable de la maniere ordinaire de femer, à laquelle on doit ap-pliquer tous ces calculs. Nous avons fait voir ci-deffus la quantité que le bled femé à diftance, & cultivé au *Cultivateur*, produit.

Qu'on ne s'imagine point cependant, que nous ayons préten-du donner ces calculs comme parfaitement exacts. Nous avons tâ-ché de les rapprocher de la vérité, uniquement pour donner une idée générale de la recolte qu'on peut efpérer, de la méthode de femer le bled à différentes diftances. Nous avons effayé de les raffembler & de les établir fur quelques principes d'Agriculture affez bien fondés, & fur quelques regles de proportion, qui dans bien des occafions peuvent guider, & qui, nous ofons l'efpérer, fe-ront de quelque utilité au Lecteur.

Or fi ces calculs font affez raifonnablement établis, comme en effet ils le font, il faut avouer que l'ufage de femer à la main par piquûres, dont nous avons parlé ci-deffus à quatre, cinq, ou fix pouces de diftance & par rayes, doit être une des meilleures méthodes qu'on puiffe donner en général. Car quelque chofe qu'on puiffe dire de la grande étendue de quelques racines de froment, foit horizontalement foit perpendiculairement, quatre ou cinq pouces d'efpace qu'on leur donne de chaque côté doivent fuffire; à moins que nous ne nous attachions aux obfervations du Doc-teur *Hales*, d'après lefquelles il prétend, que les plantes tirent leur nourriture d'une très-grande profondeur, avantage dont cer-tainement elles pourroient jouir, même dans les plus petites dif-tances, leurs racines y étant pouffées par l'action de la chaleur du foleil, par l'air fupérieur, & par la chaleur intérieure de la terre. Nous porterons ci-après quelques regards plus fcrupuleux fur cette doctrine.

Il y a un avantage, qui peut réfulter de la tranfplantation du froment, & qu'il n'eft point hors de propos d'ajouter à ce que nous avons déjà dit ci-deffus fur ce fujet. Par cette opération le fer-mier fe procure la commodité de donner à fon terrein, où il doit apporter le bled, l'avantage de plus de labours & de repos, & tout le bénéfice qu'il retire dans l'hyver, des gelées & des neiges que tous les Cultivateurs expérimentés regardent comme très-favorables à la terre: en effet le Docteur *Beal* fait bien voir tout le bénéfice qui peut en revenir.

» Je demande fouvent, dit cet » Auteur, aux jardiniers fi toutes » les efpéces de fol fe fertilifent mieux & plus promptement par » l'influence du foleil que par la gelée, ils repondent tous una-» nimément que la gelée & la neige agiffent plus prompte-» ment & portent une plus grande abondance de principes. Une femblable tranfplantation peut, fuivant toutes les apparences, être très-avantageufe pour le froment même : puifque quand il végéte avec trop de vigueur, il faut le faire manger ou le faucher, fans quoi point de recolte. Or il n'eft rien qui foit plus propre à arrêter cette grande végétation que la tranfplantation : la pratique des jardiniers vient à l'appui de cette méthode. Lorfqu'ils ont de jeunes arbres qui pouffent trop vigoureufement ils les levent de terre, les laiffent quelques inftants les racines expofées à l'air & les replantent immédiatement après à la même place. Par-là on fait une efpéce de fufpenfion dans la végétation, & l'arbre ne s'en porte que mieux : il en feroit de même du froment.

ARTICLE XXI.

De la façon de tremper le Froment ou autres grains.

Nous commencerons d'abord par l'expofition des avantages qui réfultent de cette pratique & enfuite nous confidererons les différentes façons de l'exécuter.

Il eft certain que de la trempe du froment & d'autres femences réfultent les avantages fuivans. La trempe fait certainement germer toute la femence & la fait croître & monter également, & confequemment toute la recolte murit en même tems.

Or l'expérience prouve que l'accroiffement du bled eft inégal quand la femence n'a point été trempée ; parce qu'il y en a une partie tombée dans des endroits où elle croît promptement, tandis que l'autre refte en d'autres endroits long-tems dans la terre avant que de pouffer : & fi une longue féchereffe fuccéde aux femailles, il y a plufieurs fortes de grains comme l'orge, par exemple, & autres qui avortent entiérement ou du moins pouffent fi foiblement qu'ils tombent en langueur & que la recolte manque.

Le fecond avantage produit par la trempe, confifte en ce qu'elle garantit la récolte des oifeaux & de la vermine, de la faleté & même de la nielle.

Le troifiéme enfin confifte, en ce que les femences trempées s'impregnent des parties de la fauce & qu'elles en tirent des principes de fertilité, du moins de la chaux qu'on jette ordinairement fur les femences après qu'elles font trempées peu de tems avant qu'on les feme & auxquelles elle fe colle intimément.

avant

Or il est hors de doute que le sel & la chaux, qui sont les drogues qui entrent ordinairement dans presque toutes les sauces,
fertilisent le terrein. Il est également certain que la vermine ne
peut résister ni à l'un ni à l'autre.

On sait par l'expérience qui se fait journellement dans l'œconomie domestique, que le sel garantit des vers & de la corruption
les provisions que l'on fait. On observe même, que la fumée d'un
chauffour garantit tous ceux qui y travaillent de toute sorte de
vermine. Qu'on fasse un essai, que l'on détrempe un peu de chaux
dessous un arbre quelconque attaqué des chenilles, on les voit
tomber à la première fumée qui s'éleve.

La seule chose qui reste à savoir, la voici: une pareille trempe faite avec de la saumure ou autre liqueur, où l'on aura mis
de la chaux, suffit-elle pour garantir à l'avenir le froment de la
vermine & autres saletés; & l'une ou l'autre de ces méthodes ani-
me-t-elle l'accroissement de la plante?

Nous répondons qu'on a des preuves incontestables de la durée des effets que produit un corps odoriférant sur un autre,
pour peu de tems qu'il le touche ou qu'il l'avoisine. Il en est de
même pour le goût: pourquoi ne voudroit-on pas que les saumures,
la suye, la chaux, la couperose, & particuliérement le souffre &
autres drogues de la même nature, produisent le même effet sur les
plantes dont la semence en a été impregnée? D'ailleurs l'usage des
trempes est si général parmi les Cultivateurs qu'il faut nécessairement qu'il en résulte des avantages solides.

Nous convenons sans doute qu'on peut faire des récoltes abondantes, soit qu'on trempe la semence soit qu'on ne la trempe
point. Le conseil que l'on donne d'entretenir le terrein bien net
& de le bien labourer, est certainement très-sage & très-utile;
il doit être mis en pratique partout Fermier raisonnable soit qu'il
trempe ou non sa semence.

Plusieurs Cultivateurs combattent vivement la méthode de semer la quantité ordinaire de bled & donnent la préférence au semoir: mais si l'on seme peu de grain, il faut donc mettre tout
en usage pour garantir cette petite quantité de la voracité des oiseaux
& des insectes. Personne certainement ne peut nier qu'une bonne
sauce ne fasse germer le grain: or cet avantage a une réalité convaincante: on ne peut s'en flater certainement si cette préparation n'est faite comme il faut: car la façon pratiquée par certains
Cultivateurs de verser un peu d'urine ou de saumure sur les se-

mences loin de favorifer leurs vues, leur eft au contraire très-oppofée, parce qu'une partie des femences étant arrofée pouffe plus promptement que l'autre qui ne l'a pas été. De là on doit conclure que toute la femence doit être également trempée fi l'on veut obtenir une germination égale de tous les grains. Auffi, comme c'eft le premier avantage qu'on fe propofe & qu'en effet on doit avoir en vue, recommandons-nous expreffément de remuer à différentes reprifes la femence pendant qu'elle eft dans la trempe ou fauce.

Il eft des Cultivateurs fans doute bien peu intelligents & auffi peu expérimentés, qui lavent & relavent la femence dans de l'eau pure avant que de la tremper dans une fauce quelconque: point de méthode plus mal entendue: car la femence imbibée de cette eau ne peut plus fe charger que de fort peu de liqueur, quelquefois même elle n'en prend point du tout. C'eft fans doute cet inconvénient qui avoit réduit le Colonel *Plummer* & autres Cultivateurs à la néceffité de donner à leurs fauces une force fi extraordinaire, que fi on les employoit fans auparavant laver les femences dans de l'eau pure, elles feroient brûlées ou ne germeroient point, ou du moins ne produiroient que du bled qui fe réduiroit en pouffiere. Telle eft vrai-femblablement la nature de cette fauce annoncée il y a quelques années au Public avec tant de confiance, & dont tant de perfonnes ont fait l'effai à leur grand préjudice: au lieu qu'on n'a qu'à efpérer des effets les plus avantageux & les plus infaillibles des autres liqueurs moins fortes, dans lefquelles on trempe les grains que l'on feme foudain après qu'ils en font imbibés.

L'autre avantage non moins important qui réfulte de la trempe, confifte en ce que les grains légers, piqués ou défectueux, & les autres fe féparent beaucoup plus aifément de la femence. L'eau falée eft fpécifiquement plus péfante que l'eau pure; ainfi tous les grains légers furnagent beaucoup mieux dans ces fauces pourvû qu'on ait l'attention de remuer à différentes reprifes; de forte qu'on les enléve beaucoup plus aifément avec l'écumoire, fans emporter la bonne femence.

Il y a des Auteurs, qui craignent que beaucoup de grains ne crevent fi on les feme ainfi trempés par un tems humide ou peu de tems avant la playe. On peut aifément prévenir cet inconvénient en familiarifant pour ainfi dire par dégrés les femences avec l'humidité, & en les femant enfuite avec le fol dans lequel on les aura précedemment humectées. M. Hal dit l'avoir essayé dans plusieurs cas avec succès. Quand une fois on sait le dégré d'humidité que chaque semence peut supporter, on ne risque rien : ce que nous indiquons ici est ordinairement pratiqué par les Cultivateurs pour accélérer la germination du semis : en effet, ils mettent la semence dans un tonneau avec de la terre & ils ont le soin d'arroser de tems-en-tems, après quoi ils levent cette graine avec la terre & la sement sur des couches. Nous observerons en passant que toutes les semences doivent être bien avancées par les sauces, & qu'il y en a en effet de bien fortes puisqu'il y a des jardiniers qui, après avoir donné la préparation à la graine, la sement & en cueillent dans l'espace de quelques jours une salade.

Qu'on ne croye point que la trempe des semences est une méthode nouvelle, elle étoit connue du tems de Virgile & cel'e de les garantir de la vermine par des sauces l'est depuis long-tems. Le Sieur *H. Plat* dans son Jardin *d'Eden* parle de la chaux pulvérisée & mêlée avec le bled avant de le semer, pour le garantir des Corneilles & des autres oiseaux, & il demande ensuite si la chaux ne seroit point propre aussi à en accélérer la germination ; dans un autre endroit, il conseille de faire tremper les pois dans l'eau un jour ou deux avant que de les semer. Ailleurs il croit qu'il seroit avantageux de les tremper dans du lait, dans l'esprit de vin, ou de l'eau dans laquelle on a laissé long tems infuser du fumier, ou des cendres de bois neuf.

L'usage des sauces est aujourd'hui reconnu si utile que presque tous les Cultivateurs se servent d'une ou d'autre liqueur ou composition suivant les différentes sortes de grains.

Mais comme ces sauces varient considérablement, tout l'intérêt consiste à savoir choisir suivant les espéces des grains & des sols ; ce qui n'est pas absolument facile.

Il est certain que l'objet qu'on se propose en trempant la semence, est de lui communiquer un goût qui soit désagréable aux oiseaux & aux insectes, & de la charger d'un véhicule qui accélére sa végétation.

Pour rendre à l'usage de tremper les semences toute la justice qu'il mérite, nous allons considérer d'abord les raisons qui doivent déterminer à croire que la sauce garantit la semence quand elle est semée, & ensuite les expériences réitérées & les résultats qu'elles ont produits.

Il est certain que toutes les créatures ont une connoissance

de ce qui leur convient & de ce qui leur eſt nuiſible ; il ne l'eſt
pas moins que leur inſtinct leur fait éviter le dernier ; comme on
peut aiſément s'en convaincre en mettant autour des plantes de la
ſuye, qui pendant qu'elle eſt fraiche en écarte la vermine.

Il eſt également certain, qu'il y a des choſes qui ſont fatales à
certains inſectes ou à certains animaux, & qui cependant n'affectent point les autres.

La chaux détrempée, le ſel, la fumée & le ſouffre ſont mortels pour certains inſectes ; l'huile de thérébentine, & la fumée de
tabac tuent les teignes, ſans cependant qu'elles affectent les
hommes ni les autres animaux. Lorſqu'on frote des meubles avec
de la laine de mouton qui a encore ſa graiſſe naturelle, on arrête les progrès des teignes ; mais elle n'incommode perſonne ſi on
en excepte l'odeur de la laine qui n'eſt pas agréable.

Or comme cette laine produit cet effet, ne doit-on pas conclure
qu'elle doit opérer bien plus efficacement contre la vermine quand
les moutons ſont parqués & qu'ils ſont couchés ſur le terrein ?

Il n'eſt perſonne qui ne ſache que le parquement des moutons
eſt une reſſource preſque infaillible pour détruire les limaces &
les vers. Ceci mérite l'attention des Cultivateurs curieux.

La fumée de ſouffre flétrit les feuilles, mais à une ſi grande diſtance que c'eſt plutôt par la chaleur que le ſouffre enflammé rend
que par ſa fumée : elle eſt preſque mortelle pour tous les animaux.

De là on doit conclure qu'on peut s'en ſervir avec ſuccès contre
la vermine, pour garantir le bled lorſqu'on eſt obligé de l'envoyer
loin. Le Docteur *Hales* dit que le ſouffre eſt propre à la deſtruction de pluſieurs eſpéces d'animaux. En effet, ſes effets ſur-
prenants ſont incroyables aux perſonnes qui ne les connoiſſent pas.
Il y a lieu d'eſpérer qu'on lui en découvrira encore à l'avenir.

Il y a des Cultivateurs qui mettent de l'arſenic dans leur
ſauce prétendant qu'il en réſulte un grand bien. Pratique déteſta-
ble : il eſt bien étonnant cependant que la plante appellée *caſſada*
par les Anglois & par les François la *caſſave* ou *manyoque* ſoit
un poiſon lorſqu'elle n'a point eu de préparation, & qu'elle faſſe,
après qu'elle eſt préparée comme on va le voir, un pain dont les
Améicains ſe nourriſſent. La caſſave eſt un arbriſſeau qui vient à
la hauteur de cinq ou ſix pieds, dont la tige eſt ligneuſe, tortueuſe,
noueuſe, fragile & moëlleuſe : il produit deux ou trois racines groſſes comme la cuiſſe d'un homme, & qui ſouvent péſent depuis ſoixante juſqu'à ſoixante-dix livres. C'eſt de ces racines que l'on fait

du pain de la maniere qui fuit. Après qu'on les a arrachées, on les grate avec des rapes de cuivre ou de fer blanc à peu près femblables à celles dont on fe fert pour le fucre; mais elles font d'un pied de large fur deux pieds de long. Lorfqu'elles font ainfi rapées, on les met dans des facs de toile forte & claire, & enfuite fous une preffe, afin d'en exprimer le fuc qui eft un poifon trèsdangereux; car fi un animal en boit ou mange il créve fur le champ. Le fuc étant ainfi exprimé, il refte une matiere qui reffemble à de la farine; on la laiffe fécher au foleil, on la garde pour s'en fervir quand on veut & pour la tranfporter fans qu'elle fe gâte; d'autres la mettent fur de grandes platines de fer, qui viennent de Suede, dont les Chapeliers fe fervent à faire leurs chapeaux: on y fait un feu affez moderé.

De toutes nos obfervations il doit donc réfulter qu'une fauce convenable fert à garantir la femence pendant qu'elle eft en terre, foit en détruifant les infectes, foit en donnant aux grains un goût qui ne leur plaît point; comme cela arrive en effet lorfqu'on répand fur le grain de la fuye, de la chaux ou autres chofes ameres, dont il fe forme une efpéce de croute. En effet aucun infecte ne l'attaque tant que la fuye conferve fon amertume, & que la chaux ne perd point fa propriété.

Toutes les drogues qu'on employe féparement ou mêlées enfemble pour préparer les femences telles que le fel, la chaux, la fuye, la couperofe, le nitre, la fleur de fouffre, l'eau de fumier, le fel marin, l'urine &c. ont la propriété de détruire tous ces petits animaux, ou du moins d'en garantir les femences: on leur reconnoît encore la propriété d'empêcher que le bled ne foit chargé de faleté; quoique la raifon & l'expérience qu'on en fait tous les jours le prouvent, nous en parlerons plus bas. Paffons à un autre point qui n'eft pas moins avantageux.

La femence trempée dans une fauce bien compofée, s'y abreuve de principes de fécondité qui font fans doute dans les drogues dont on la compofe ou dans la chaux dont on faupoudre le grain, & qui s'y trouve collée dans le tems qu'on le féme.

L'ufage dans lequel on eft de donner des engrais au terrein pour accélérer & augmenter la végétation des femences & des plantes, rend cette vérité inconteftable; tous les Fermiers conviennent que l'on tire des avantages particuliers de cette pratique.

Pour peu qu'on fuive fcrupuleufement la marche de la végétation, on remarquera qu'il eft également certain, qu'il eft des sortes d'engrais qui favorisent la végétation & l'accroissement de certaines graines & plantes beaucoup plus que la végétation d'autres.

. Quoique cette vérité ne puisse point être traversée par quiconque est un peu versé dans l'Agriculture, nous jugeons cependant à propos d'ajouter un exemple ou deux pour la mettre dans un plus grand jour. La fiente de pigeon est sans contredit plus abondante en principes que le fumier de vache. Une charge d'excréments d'individus qui vivent d'animaux, augmente beaucoup plus la végétation qu'une charge de fumier d'animaux qu'on nourrit avec de la paille. La preuve en est si évidente qu'il n'est point nécessaire d'y rien ajouter.

Ces vérités étant établies & par conséquent reçues, il nous reste à faire voir que la façon usitée de tremper la semence pendant un court espace de tems, peut lui communiquer non-seulement des principes; mais encore la mettre à couvert de la voracité des ennemis qui l'environnent. Ce n'est point ici une opinion nouvelle, elle n'est tout au plus que renouvellée d'après plusieurs Auteurs respectables.

» Je crois, dit le Chevalier *Hugues-Plat*, qu'on peut préparer le » bled si parfaitement en l'imbibant de l'élixir philosophique, qu'il » réussira supérieurement sans le secours d'aucun autre engrais » dans le sol le plus stérile & le moins propre à cette production. »

Si nous en croyons, comme nous le devons en effet, le Chevalier *Digby* dans son Jardin *d'Eden*, nous admirerons un grain d'orge qui trempé & arrosé avec de l'eau dans laquelle on dissout du salpêtre, produit deux cent quarante-neuf tiges qui rendent dix-huit mille grains. On voit un autre Cultivateur dans les Transactions Philosophiques vol. IV. partie II. p. 310. qui ayant trempé & semé trois grains d'orge en a eu trois plantes, dont l'une a produit soixante tiges, l'autre soixante cinq, & la derniere soixante sept, chaque tige ayant un épi garni de quarante grains pour le moins.

Beaucoup d'autres exemples modernes viendroient, si nous le voulions à l'appui de cette vérité; mais arrêtons-nous seulement aux jardiniers, qui mettent à couvert de tout doute ce que nous avançons, en faisant venir des salades & de la verdure en très-peu de tems.

Car enfin cette croissance si accélérée & si prompte doit être attribuée ou au simple développement de la semence ou à l'effet de quelque composition convenable & adaptée à cette fin. Car si la plante pouvoit ainsi végéter & croître promptement sans le secours de quelque composition, elle croîtroit toujours de même, ce que cependant nous ne voyons point arriver. Concluons donc que des compositions convenables données aux végétaux seulement pendant un peu de tems, peuvent leur communiquer & leur communiquent en effet une faculté fertilisante, faculté dont l'efficacité & le pouvoir s'étendent même jusqu'à la végétation & à l'accroissement des arbres.

Ce que nous venons de faire observer, ne peut donc que déterminer à croire qu'une sauce, quoique donnée pendant un très-petit espace de tems, peut communiquer aux végétaux une propriété de fertilisation si constante qu'elle contribue long-tems à leur végétation.

Si l'on arrête ses regards curieux sur bien des effets qui sont permanents, de ces impressions faites en très-peu de tems, on aura lieu de se convaincre de la vérité de ceux que nous venons de faire passer sous les yeux du Lecteur.

Nous voyons la célérité avec laquelle l'aiman appliqué à l'aiguille lui communique pour longtems sa propriété magnétique.

Nous savons, & tout le monde le sait ainsi que nous, qu'un petit bourgeon de houx nuancé de différentes couleurs, espéce dont nous avons parlé dans le livre des clôtures, enté à un grand houx verd, agira si puissamment que celui-ci de verd qu'il étoit deviendra nuancé de toutes ces différentes couleurs quoique le petit bourgeon meure.

On a observé d'après plusieurs expériences, & il a été bien évidemment prouvé par le Docteur *Keill*, que la végétation d'un arbre (ajoutons du bled & des autres plantes) diminue très-peu le poids de la terre dans laquelle il vient. Le fameux Bayle ayant pris de la terre & l'ayant pésée y mit deux plantes qu'il arrosa avec de l'eau de source; l'une à la fin de sa végétation se trouva péser trois livres & l'autre quatorze, & la terre fut à peine diminuée. M. *Vandhelmont* ayant fait sécher deux cênt livres de terre y planta un saule pésant cinq livres, qu'il arrosa avec de l'eau de pluye ou de l'eau distillée & qu'il couvrit d'un couvercle d'étain. Au bout de cinq ans l'arbre & toutes les feuilles qu'il avoit portées pésoient cent soixante neuf livres trois onces, & il trouva que le poids de la terre n'étoit diminué que d'environ deux onces.

Il résulte de ce qu'on vient de voir & de toutes ces expériences, que la trempe aide l'air & les rosées qui contiennent naturellement beaucoup de principes, à faire dilater la semence qui n'est pas développée & la préparent mieux à profiter des influences des pluyes, du soleil, de l'air, & des rosées.

Mais enfin de quelque façon que la fertilisation de la semence s'opére, soit en la trempant, soit en la saupoudrant, soit enfin en lui donnant des sauces simples, soit en lui en donnant des composées, on ne peut révoquer en doute que les grains & les plantes ne tirent de très-grands avantages de l'une ou de l'autre de ces méthodes : & c'est ce que nous avions à prouver.

Il nous resteroit donc encore à examiner si les sauces dont on se sert communément sont propres à remplir l'objet des Cultivateurs, & à indiquer celles dont on peut vraisemblablement tirer les plus grands avantages.

Cette recherche nous jetteroit dans un détail trop étendu, puisqu'il faudroit que nous fissions passer sous les yeux de nos Lecteurs les différentes recettes, ou qui ont été données au Public ou qui sont pratiquées par un certain nombre de particuliers sans avoir été communiquées, & de faire voir les avantages ou désavantages qui résultent de chacune en particulier. Pour éviter cet inconvénient nous en ajouterons seulement à celles que nous avons rapportées ci-dessus deux ou trois qui sont fort accréditées pour la semence du froment. Nous nous réservons de parler de certaines sauces, dont on peut faire usage pour d'autres semences, lorsque nous traiterons de ces productions en particulier.

Ainsi comme les expériences qu'ont fait les précédents Auteurs célébres que nous venons de citer, pour savoir si la végétation emportoit beaucoup de terre pour la nourriture & l'accroissement des plantes, nons donnent occasion de faire quelques réflexions sur ce point important, nous ferons précéder l'article qui doit en être composé à celui des recettes.

ARTICLE XXII.

Réflexions sur la dépense que la terre fait pour la nourriture & l'accroissement des Plantes.

SI l'on part des observations que l'on vient de voir, & des expériences què le Docteur *Keilt*, M. *Boyle*, & principalement M. *Vanhelmont* ont faites, on croira être en droit de nous objecter que la terre seule n'est point l'unique nourriture des végétaux, & qu'au contraire elle ne fait, ainsi que le Soleil, l'air, les rosées & les pluies,

pluies, que concourir à la nutrition des Plantes. Car en effet, si un arbre qui ne pese que cinq livres quand on le plante, en pese soixante-neuf & trois onces au bout de cinq ans, sans que le terrein soit diminué d'au-delà de deux onces, il paroît bien vraisemblable que la terre non-seulement n'a point fait tous les frais de la nutrition de cet arbre, mais encore qu'elle n'y est entrée que bien foiblement.

Mais on doit se rappeller que nous avons répondu que la terre étoit la nourriture universelle des végétaux, à ceux qui veulent admettre la multiplicité des sucs nourriciers & soutenir que chaque Plante a le sien qui n'est point propre à la nutrition d'une autre. D'ailleurs il n'est point impossible de répondre à cette objection. La terre végétale qui est ce qu'on appelle le suc nourricier, est exactement à l'égard des végétaux ce qu'est à l'égard du corps humain cette liqueur spiritueuse qui circule dans les nerfs, & que l'on appelle esprits animaux.

L'air, le Soleil, les Rosées & les pluies servent à diviser les mollécules & à les atténuer de façon, que secourues de parties aqueuses, elles acquiérent cette liquidité nécessaire pour enfiler les vaisseaux & les filiaires des végétaux. Car, que l'on réduise l'eau commune à ce que l'on appelle l'eau élémentaire, c'est-à-dire qu'il n'y ait plus de corps étranger, il est certain qu'elle ne pourra jamais servir à la nutrition d'une Plante quelconque, pas même d'aucune de celles qui ne paroissent d'abord que se plaire dans l'eau & se nourrir de cette substance. Il n'est point de Cultivateur qui, secouru d'un Artiste, ne puisse faire cette décomposition & s'assurer par des expériences réitérées de la vérité de notre doctrine: L'air n'est qu'un fluide; qu'on le décompose il ne sera en effet que cette même eau élémentaire, mais plus volatilisée; il en sera de même des rosées & des pluies; le Soleil ne porte point de corps dans la terre ni dans les végétaux, il ne fait qu'exciter la fermentation & par conséquent la division des substances tant naturelles qu'artificielles dont la terre est composée; quant à la lumiere à qui M. *Home*, & d'après lui une Société d'Artistes, de Commerçans & d'Agriculteurs, ont voulu faire jouer un rolle dans la végétation, nous ne toucherons point cet article, il est si singulier que nous ne pourrions nous empêcher de tourner en ridicule des principes semblables & ceux qui les mettent au jour. Nous respectons tout ce qui porte le caractere du zèle; parce qu'il est certain que si les productions qu'il dicte ne font pas utiles dans toute leur étendue, elles renferment au moins quelques connoissances vraies dont il peut résulter quelqu'avantage.

Tome IV.   T

Les Rosées ne sont que des particules d'eau évaporées par le Soleil, & élevées jusques à un certain dégré ; après le coucher du Soleil elles se condensent & retombent ensuite sur la terre, entraînées par leur propre poids, ou si l'on veut, comprimées par l'air supérieur. Or nous avons fait voir que cette évaporation ne se fait point sans emporter des particules de terre extrêmement subtiles ; elles retournent donc par la rosée dans la terre.

Les eaux des pluies, nous l'avons fait observer, sont chargées de particules de terre végétale ; on peut en faire l'expérience, en gardant, lorsqu'il pleut, de l'eau dans un vase & en l'y laissant quelque tems. On verra qu'elle dépose dans le fond des parties terrestres extrêmement fines & déliées. Donc la terre en profite quand il pleut.

Tous ces différens secours que la terre reçoit la dédommagent des pertes que lui fait faire la végétation : il n'est donc point étonnant que le volume & le poids de la terre diminue si peu en proportion de la Plante qu'elle nourrit.

D'ailleurs les feuilles, qui, comme nous l'avons déja remarqué, sont les vaisseaux excrétoires des Plantes, ne laissent pas aussi, en aspirant l'humidité, les rosées & les pluies, de porter de la terre végétale dans le corps des Plantes. Aussi y a-t-il des Auteurs qui ont cru qu'elles se nourrissoient autant par cette voie que par celle des racines ; ce qui cependant n'est pas absolument vrai.

Nous conclurons donc de toutes ces remarques, qu'il n'y a rien d'étonnant dans les résultats des expériences faites par les Auteurs que nous avons cités ; puisque nous pourrions encore ajouter aux moyens que la nature a donnés à la terre pour réparer les frais qu'elle fait pour la nutrition des Plantes, celui des feuilles & des branches séches qui tombent, qui se putréfient, & qui par conséquent font un nouveau secours pour elle.

ARTICLE XXIII.

Recette de Couperose.

METTEZ un robinet à un baquet, versez-y deux ou trois boisseaux de froment, prenez ensuite deux ou trois livres de Couperose, jettez-les dans dix ou douze pintes d'eau bouillante : remuez jusqu'à ce qu'elle soit dissoute.

Laiſſez un peu refroidir cette liqueur, verſez-là pendant qu'elle eſt encore chaude, ſur le froment. Un quart-d'heure après verſez-y encore autant d'eau de fumier bien pourri, par ce moyen, en remuant aſſidument le froment, vous pourrez écumer tous les grains piqués ou altérés de froment & tous les autres mauvais grains.

Laiſſez la ſemence dans cette liqueur pendant douze heures; ſi vous êtes preſſé, l'eſpace de ſix heures ſuffit. Survuidez enſuite le tout bien proprement, & ſaupoudrez ſur le champ votre ſemence de chaux bien pulvériſée & ſemez le même matin. Cependant ſi vous pouvez la laiſſer ſécher pendant douze heures avant que de la ſaupoudrer, vous ne ferez que remplir mieux vos vues. La même liqueur peut encore être très-efficace pour tremper d'autre froment en y ajoutant une livre ou deux de Couperoſe.

Autre Recette fort accréditée chez quelques Cultivateurs de l'Angleterre.

Verſez ſur le ſoir une certaine quantité d'eau dans un baquet muni d'un robinet, verſez cinq boiſſeaux de froment pour deux acres, remuez-le bien & écumez en tous les grains altérés : ſoutirez l'eau par le robinet & ôtez le froment.

Verſez enſuite plus d'eau dans le baquet, ajoutez deux livres ou deux livres & demie de ſel & de la pierre à chaux à proportion, c'eſt-à dire deux ou trois livres. On remue juſqu'à ce que l'un & l'autre ſoient diſſouts. Verſez le froment dans cette liqueur, remuez bien le tout & laiſſez repoſer juſques au lendemain matin.

Vuidez enſuite l'eau & étendez le froment pour le laiſſer égouter & même ſécher; ſi vous trouvez que la ſemence n'a point pris aſſez de chaux, pulvériſez-en de nouvelle & répandez-la deſſus avec un tamis.

Autre Recette.

Jettez du Sel de mer dans de l'eau de pluie juſqu'à ce que vous voyez un œuf y ſurnager. Faites tremper votre ſemence dans cette liqueur pendant trente heures; ſi vous l'y laiſſez moins de tems vous ne jouirez pas de l'effet de cette ſauce.

Après avoir ôté votre ſemence, étendez-la ſur un plancher bien uni. Répandez par-deſſus de la poudre de chaux détrempée, mêlez bien cette poudre juſqu'à ce que tous les grains ſe détachent les uns des autres, & qu'ils deviennent comme candis. Semez tout de suite.

On voit dans les tranſactions philoſophiques les expériences ſuivantes. Un particulier mit en 1699 un grain d'orge & un grain de froment dans de l'eau de ſoufre, un pois, un grain de froment, un grain d'orge & un grain d'avoine dans de l'eau d'alun, autant de chaque ſemence de chaque eſpèce dans une ſolution de ſel de tartre ; autant dans le *caput mortuum* de ſel *Ammoniac* diſſout dans de l'u-rine ; autant dans une ſolution de Sel de *Mars* ; autant dans une ſo-lution de *Salpêtre* ; autant enfin dans une ſolution de *Noſtoc* ou *Stangelly*, ou *étoile gelée*.

Il trempa ainſi ces grains pendant cinq jours & cinq nuits, & les ſema dans un jardin dont le ſol étoit bas, contre un mur ſitué au Nord en plein Soleil le vingt-ſept du même mois après une nuit plu-vieuſe. Il ſema auſſi un pois, un grain de froment, un d'orge & un d'avoine qui n'avoient point été trempés.

Le 10 du mois d'Avril ſuivant il trouva que quelques grains com-mençoient à pouſſer.

Le pois, le grain d'orge & celui de froment trempés dans le ſoufre pouſſerent enſemble.

Le pois trempé dans l'eau d'alun étoit fort gros & gonflé, mais il ne germoit pas. Les grains d'orge, de froment & d'avoine avoient percé la ſuperficie.

Le pois trempé dans la vieille ſolution de Sel de Tartre avoit pouſſé à demi : le grain de froment avoit à peine germé, mais l'orge & l'avoine avoient tout-à-fait dépaſſé la ſurface.

Le pois, le grain de froment, d'orge & d'avoine trempés dans le *caput mortuum* du Sel Ammoniac, d'iſſout dans l'urine avoient pouſſé tous enſemble, de même que le rang voiſin des grains trempés dans la ſolution de Sel de Mars.

Le pois & le grain de froment dans la ſolution de Salpêtre avoient pouſſé à demi, & l'orge & l'avoine tout-à-fait.

Les grains qui avoient été trempés dans l'étoile gelée, appellée Anglois *Noſtoc*, n'avoient point du tout pouſſé ; à peine avoient-ils germé.

L'orge & l'avoine trempées dans l'urine avoient pouſſé, mais le pois & le froment avoient à peine germé.

Mais à ſon grand étonnement, le pois, le froment, l'orge & l'avoine, qui n'avoient point été trempés, avoient tous pouſſé auſſi vîte qu'au-cun des grains ſecourus de la ſauce, à l'exception cependant du froment qui n'avoit pouſſé qu'à moitié.

Tous ces différens grains trempés différemment avoient été semés à un doigt de profondeur; il avoit fait un très-beau tems pendant celui de leur végétation.

Notre Curieux conclut de toutes les observations que cette différente germination lui avoit fait faire, que l'eau d'alun est directement opposée à la nature des pois, & par conséquent retarde leur végétation: mais qu'elle est assez analogue à la nature du froment, de l'orge & de l'avoine.

Que la solution de Sel de Tartre n'est nullement favorable à la végétation des pois ni du froment; mais qu'elle est assez analogue à celle de l'avoine & de l'orge.

Que l'eau de Salpêtre n'a aucune, ou du moins n'a pas cette grande vertu qu'il en espéroit.

Et que ces sauces n'avançoient aucune de ces semences dans leur végétation, mais retardoient celle de la plûpart. Il les leva toutes à l'exception de trois épis d'orge, dont nous avons ci-dessus rapporté le produit & dont nous rapporterons encore quelques particularités lorsque nous traiterons de l'orge.

Dans ces différentes expériences les semences avoient trempé pendant cinq jours & cinq nuits, ce qui est beaucoup plus de tems qu'à l'ordinaire.

Pour nous nous croyons qu'il y a plus lieu d'être surpris de ce que quelques-uns de ces grains sont venus que de ce que quelques-uns ont manqué. Car les semences réussissent lorsqu'on les trempe quelques heures, ou un ou deux jours, selon leur nature & la force de la liqueur. Mais on en perd tous les avantages, si on les fait tremper plus long-tems.

Il est certain, & la raison & l'expérience le prouvent, que les semences qui dans cet essai ont germé & poussé auroient beaucoup mieux réussi si chacune avoit séjourné moins de tems dans la liqueur qui lui est analogue. On pourroit donc s'attendre à un bon succès, en faisant avec intelligence quelqu'une de ces compositions, ou en les variant.

L'urine, comme on vient de le voir dans l'exemple précédent, réussit passablement; mais dans plusieurs essais que M. *Hall* dit avoir fait, elle a, loin de favoriser, traversé la germination du froment & de plusieurs autres semences.

On peut en dire à peu près autant de la pratique de fumiger deux fois le froment avec du soufre. Au lieu qu'il végéteroit parfaitement si on le semoit soudain après l'avoir fumigé une fois, & il y a d'autant plus lieu de le croire, que suivant des expériences faites depuis ce tems, tous les grains trempés pendant cinq jours dans de l'eau de soufre, sont venus ensemble.

Comme le soufre par son odeur forte & permanente, & par la violence de ses effets, pourroit communiquer une certaine activité dont on pourroit tirer des avantages en faveur de la germination, & qu'il est prouvé par l'expérience qu'il contribue efficacement à la conservation du bled & du pain; les Artistes devroient faire sur ce minéral divers essais. Mais il faut, en les faisant, prendre garde à soi, parce que les effets du soufre, en le travaillant, sont dangereux.

Monsieur *Hall*, dans les expériences qu'il a faites, dit avoir tenu les semences depuis douze jusqu'à vingt-quatre & trente-six heures dans la même liqueur & les avoir différemment semées, suivant la différence des tems auxquels il les a ôtées de la sauce; il a remarqué en général que le froment, les *Turnips*, la graine de choux & quantité d'autres graines germent parfaitement après avoir été trempées dans l'eau de la mer, & dans l'eau fraîche salée au dégré de celle de la mer; opération bien aisée, puisqu'il ne s'agit que de dissoudre un once de sel commun dans une pinte d'eau commune; parce que deux livres d'eau de mer contiennent une once de sel, comme plusieurs expériences le prouvent.

Dans les expériecces que le lecteur vient de voir, le curieux dont nous avons parlé paroît surpris de ce que les semences qui n'avoient point été trempées aient pu germer & pousser aussi promptement que celles qui avoient été secourues du véhicule de l'une ou de l'autre sauce; mais on ne doit point en être surpris si l'on considere qu'il les sema après une nuit pluvieuse : car l'on a observé que les semences que l'on fait tremper un jour ou deux avant de les semer dans un tems humide n'en germent pas plus promptement. M. *Hall* croit que c'est l'effet de l'eau pure qui étant plus subtile, pénétre plus promptement & plus facilement dans le corps de la semence que les sauces qui sont ordinairement épaissies par les diverses drogues qu'on fait entrer dans leur composition.

Peut-être que par le trop long séjour que les semences avoient fait dans la sauce, les pores s'étoient bouchés & engorgés, & que par conséquent la végétation étoit interceptée. Mais enfin nous avouons qu'il est très-difficile de déterminer quelle est la meilleure façon de tremper les différentes semences; la connoissance du sol, de la saison de l'année, de la nature des graines & des semences, des différentes drogues & de la dose, & du tems qu'on doit faire tremper, est l'unique ressource qu'on ait pour se conduire avec quelque certitude sur ce point, qui est, comme on le voit, très-important. Mais malheureusement nous n'avons pas encore acquis une suffisante connoissance de toutes ces circonstances qui entrent cependant pour beaucoup dans la bonne culture.

Il n'y a même rien encore de décidé, ni de convenu sur la façon de tremper le froment dans l'eau de la mer, ni sur le tems que l'on doit le laisser tremper. Il est des Cultivateurs qui, par exemple, croient que le sel que l'eau de la mer contient, est très-suffisant pour animer & accélérer la végétation & remplir toutes les autres indications que nous avons dit être fort bien remplies par certaines sauces; il en est d'autres qui exigent que la sauce soit chargée de sel au point qu'un œuf y surnage; ce qui, comme on le voit, rend l'eau beaucoup plus salée que ne l'est celle de la mer. D'autres encore veulent qu'on en mette davantage.

Il y a pour le moins autant de sentimens différens, & par conséquent autant d'incertitude sur le tems que la semence doit tremper: on a donné différentes règles: on a fixé même jusqu'au nombre des heures. Les uns prescrivent vingt-quatre, les autres quarante, ceux-ci trente-six, ceux-là trente-quatre heures. Nous ne parlons pas de la grande variété des drogues qu'on ordonne communément avec la sauce, ou sans sauce, ni des différentes façons de traiter les semences après les avoir ôtées de la trempe.

Il est des Cultivateurs qui croient qu'en mêlant de la chaux avec de la semence ils ne font que se procurer le moyen de mieux semer; cette réponse nous a été faite dans la vallée de Montmorency par un ancien Fermier qui a beaucoup de réputation.

Bien d'autres mélanges qu'on se procure aisément, produisent le même effet. Ainsi c'est une erreur. La chaux & le sel mêlés avec les semences, non-seulement les préservent par leur goût mordicant & âcre, tant que ces propriétés subsistent, mais encore les communiquent à la plante qui végéte, & produisent par-là dans la terre une fermentation qui aide la plante en lui développant des sucs propres à sa nourriture.

Il se peut fort bien que la chaux acquiere dans le chau-four assez de chaleur pour opérer pendant plusieurs jours; ainsi elle est incontestablement propre à détruire la vermine & à favoriser l'accroissement du froment.

Il n'est donc point douteux que si des Cultivateurs un peu aisés vouloient faire quelques expériences, & dans différens tems &

de différentes façons, ils ne portaſſent la façon de tremper les ſemences à une certitude très-utile pour le général des Cultivateurs :
peut-être même parviendroient-ils à découvrir le moyen de ne
faire prendre aux ſemences que la doſe de chaque drogue qu'on trouveroit la plus convenable à chaque eſpèce, & par-là on ſupprimeroit
beaucoup d'ingrédiens qui peuvent leur être préjudiciables.

En attendant cette heureuſe découverte après laquelle nous exhortons les Cultivateurs zélés à mettre tous leurs ſoins, nous avertiſſons que l'on ne doit point ſe ſervir de certains ingrédiens ſeuls,
qui ſont trop forts pour le froment, telle eſt l'urine quand ſon
action n'eſt point modifiée par quelque mêlange, & ſur-tout de
ne pas tenir les ſemences trop long-tems dans une ſauce quelconque, de peur qu'elle n'altére & ne brûle leurs principes végéta-
tifs. On peut aiſément ſe tenir en garde contre l'un & l'autre inconvénient, en eſſayant auparavant la compoſition dont on veut ſe ſervir, ou en faiſant les mêlanges ci-deſſus mentionnés en petites quantités, pour les faire enſuite plus ou moins forts, ſuivant le degré
que les réſultats des eſſais indiqueront ; on y laiſſera auſſi tremper les ſemences plus ou moins de tems ; par cette ſeconde expérience on trouvera auſſi l'eſpace de tems qu'il faut les laiſſer pour en
retirer tous les avantages poſſibles. Toutes ces attentions ne
ſont pas bien gênantes ; elles ſont encore moins diſpendieuſes.

Nous croyons n'avoir indiqué aucune recette ni aucune drogue
qu'on faſſe entrer dans les ſauces dont nous avons parlé, dont on ne
puiſſe ſe ſervir avec ſûreté, pourvu qu'on ſe rappelle que nous
avons fait ſentir en même tems le danger & les inconvéniens qui
peuvent en réſulter. Car, quoique toutes ces trempes ſoient pour
la plûpart généralement approuvées, nous avons cru devoir faire
obſerver qu'on peut y faire des changemens avantageux, quant à
la compoſition, & quant à la maniere de les donner aux ſemences.

Nous avons fait mention de quelques ſauces que M. *Hall* a eſ-
ſayées, & nous avons dit avec lui juſqu'à quel point on peut s'y fier.
Il ſeroit à ſouhaiter, & (en effet nous remarquons tous les jours
que l'on remplit nos vœux ſur ce point) il ſeroit à ſouhaiter que
tous les particuliers qui font des eſſais les communicaſſent, ſoit
qu'ils aient eu un bon ſuccès, ſoit qu'ils n'aient point réuſſi ; il eſt à
préſumer que toutes ces tentatives réunies produiroient des avantages réels & conſtans pour les Fermiers, pour les Propriétaires,
pour le Royaume, & enfin pour le genre humain.

La chaux & le ſel ſont ſans contredit des ſubſtances excellentes
pour

pour favoriser la végétation & pour défendre les semences. Il en
est d'autres qui ont la même propriété, & dont nous avons fait mention. Si jamais on peut parvenir à préparer le soufre de façon à le
rendre utile dans ces sauces, ou à pouvoir être employé seul, son
odeur & sa propriété de détruire la vermine semblent nous promettre qu'il pourra être employé aussi efficacement que toute autre substance quelconque.

ARTICLE XXIV.

De l'Orge.

L'Orge est généralement regardée comme le grain le plus utile après le froment. Ainsi nous nous faisons une loi d'en parler avec autant de soin & d'attention : le lecteur jugera combien cette Plante le mérite, après qu'il aura lu ce que nous avons à en dire.

C'est du succès du froment & de l'orge que dépendent généralement, dans les pays de bled, le payement des locations du Fermier, son bonheur & celui de sa famille. Le produit des autres
grains & autres productions est ordinairement destiné à payer les
impôts, à acheter les choses qui lui sont nécessaires, soit pour lui-
même, soit pour ses bestiaux, soit enfin pour d'autres provisions aussi
pressantes que sa propre subsistance : il n'est donc point étonnant de
le voir sacrifier ses principaux soins & ses principales dépenses à la
culture de ces deux espèces de grains.

L'orge a un gros épi, la cosse & la fleur ressemblent à celles du
froment. Mais les cosses sont plus rudes, le grain se gonfle au milieu,
& se termine ordinairement des deux côtés en pointe à laquelle la
cosse est intimément unie.

Le grand usage de l'orge est dans certains pays, d'en faire de la bierre, boisson assez connue, ainsi que la façon de la faire ; dont cependant nous donnerons un détail avant que de finir cet ouvrage.

On en fait du pain en certains pays, mais il faut convenir qu'il
est si grossier & si désagréable que peu de personnes peuvent en manger. Aussi en général est-il peu de personnes qui l'emploient à cet
usage. Le pain d'orge ne peut dans cette partie être qu'une ressource au
défaut de froment ; car lorsque ce grain-ci donne, il est certain qu'il y
a plus de profit à manger du pain de froment que du pain d'orge.

Aussi disons-nous que cette production est autant & même

plus utile en grain qu'en farine, attendu qu'elle peut servir à la nourriture des bestiaux & de la volaille, & qu'elle a la propriété de leur faire une chair ferme & une graisse blanche.

Mais elle est beaucoup plus utile de toutes les façons étant préparée en drèche ; car elle est alors si douce, & elle a une qualité si admirable pour engraisser, qu'il n'est rien qui l'égale. On en fait d'excellens breuvages pour les bestiaux & pour les chevaux. Il est bien étonnant que l'usage en soit ignoré en France. Or il n'est rien qui prouve plus évidemment l'existence de parties extrêmement spiritueuses dans ce grain, puisque ni la trempe ni l'opération de la sécher pour faire de la drèche ne peuvent lui donner une semblable propriété.

La grande consommation que les distillateurs en font, prouve évidemment que ce grain est très-spiritueux.

Tous les auteurs ne sont pas d'accord sur les sortes d'orges qu'il y a ; M. *Ray* en admet trois :

1. *Hordeum disticum*, orge commune.

2. *Hordeum disticum minus*, ou orge commune à plus petit grain.

3. *Hordeum polistichon*, orge d'hiver ou orge quarrée ; on la sème ordinairement fort épaisse.

M. *Lawrence* parle de quatre espèces remarquables d'orge.

1. L'orge à long épi, généralement fort estimée pour toutes sortes d'usages & pour toutes sortes de terreins.

2. L'orge de *Fulham* ou *Sprat*, qui est la sorte qui convient le plus à un terrein gras, parce qu'elle ne pousse pas en paille autant que l'orge commune, & qu'elle rend beaucoup plus.

3. L'orge de *Rathripe* ou *Hotspur*, qui mûrit plutôt que toutes les autres. Elle est par conséquent très-utile, puisqu'on peut la semer plus tard, & qu'elle acquiert une parfaite maturité dans des sols où les autres espéces peuvent à peine végéter ; on n'a pas besoin de fumer le terrein, soit avant de la semer, soit après l'avoir recoltée ; ce qui assurément est d'un très-grand secours dans l'Agriculture, & singulièrement depuis les améliorations que l'on fait avec les turnips ; de sorte qu'on peut les faire manger plus longtems & la semer plus tard que les autres. Nous en ferons bientôt sentir mieux les avantages lorsque nous traiterons des turnips. Les exemples de deux récoltes de cette orge dans la même année, sur le même terrein, ne sont pas rares.

4. L'orge d'Ecosse ; elle a à peu près la même propriété que celle du seigle, qui est de purger quand on en fait du pain.

Miller fait mention de cinq sortes d'orge :

1. L'orge commune à long épi.

2. L'orge d'hiver ou quarrée, que quelques-uns appellent grosse orge.

3. *Sprat* orge, ou *Batte-door orge*, comme M. *Ray* l'appelle.

Celle-ci, dit-il, est ordinairement cultivée auprès de Londres: mais sans faire attention, il ajoute, page suivante, que l'orge quarrée ou grosse est principalement cultivée dans le Nord de l'Angleterre & en Ecosse; qu'elle est plus dure que les autres sortes, mais qu'on la séme rarement au midi de ce royaume, quoiqu'on puisse la semer avec succès dans certains terreins froids, forts, glaiseux, sur lesquels les autres espèces ne viennent point si bien.

Les deux autres espèces cultivées en Angleterre, sont:

4. L'orge de *Rathripe*, dont nous avons déja fait mention.

5. L'orge nue qui fait du pain passablement bon, dont on fait de la drèche excellente, & qui fournit beaucoup.

La nature observe le même procédé dans la végétation de l'orge & de tous les grains du même genre, que dans celle du froment: nous en avons donné déja une idée assez exacte pour ne pas nous exposer ici à des répétitions; puisqu'il est vrai qu'on peut faire l'application de ce que nous avons dit de la germination du froment à celle de l'orge & des autres grains.

Nous nous dispenserons aussi de parler des différens usages auxquels on peut employer ce grain, puisque nous en avons déja fait mention ci-dessus; nous observerons seulement en général, que toutes les sortes d'orge demandent d'être semées par un tems sec, & à différens tems, selon la nature des sols dans lesquels on les séme, & selon l'espèce: on peut en général la semer depuis le commencement de Février ou plutôt en Mars & Avril; on peut semer l'orge de *Rathripe* au commencement de Mai: elle réussit parfaitement si elle est bien trempée.

L'orge est de tous les grains blancs celui dont les racines sont les moins profondes; & cependant elle est ferme & résiste fort bien aux vents.

Tous les sols où le froment réussit ne sont point favorables à l'orge: comme les sols argilleux & fermes, à moins qu'à force de labours on ne les ameublisse & atténue au même dégré que les terreins riches & aussi bien cultivés que pour tout autre grain quelconque.

Comme nous avons dit que l'orge pousse moins profondément ses racines que tous les autres grains blancs, nous croyons devoir prémunir notre lecteur contre l'opinion d'un auteur moderne qui avance que les grains & les herbes quelconques n'ont pas befoin d'au-delà de trois pouces de fol pour une végétation parfaite, opinion d'autant plus dangereufe qu'elle eft combattue & démentie par la raifon & par l'expérience. Comme nous ne trouverions pas peut-être d'occafion fi favorable dans le courant de cet ouvrage, qu'elle l'eft maintenant, de rapporter quelques particularités intéreffantes fur cet article, nous les placerons ici.

Nous avons dit, à l'article froment, que M. *Miller* a obfervé & fuivi les racines jufqu'à la profondeur d'un *yard*, ou de deux pieds fept pouces de Roi. M. *Hales* a fait auffi de fon côté des expériences très-curieufes fur la végétation. M. *Dumainbray* nous affure que lorfqu'il publia fes expériences, tous les fçavans de l'Europe furent furpris, quand ils les examinerent fcrupuleufement & qu'ils les trouverent très-conformes à la vérité.

L'évaporation de la terre eft dans une année de neuf pouces & un quinziéme, c'eft-à-dire un peu plus de neuf pouces, defquels il faut diftraire un peu plus de trois pouces & un quart pour l'élévation & la chûte journalieres des rofées. Il refte donc cinq pouces & trois quarts. Ces cinq pouces trois quarts déduits de la quantité des pluies qui tombent dans un an, il refte pour le moins feize pouces & près d'un quart de profondeur, pour donner à la terre l'humidité néceffaire à la végétation & pour fournir les fources & les rivieres.

Or fi l'on part des calculs ingénieux que M. *Hales* a fait fur la chaleur & l'évaporation en été, fur la petite quantité de rofée qui tombe dans ce tems, fur le peu d'humidité & de rafraîchiffement que tous les végétaux en général reçoivent des pluies qui par fois font très-rares dans cette faifon; & fi l'on confidere la quantité prodigieufe que la chaleur fait tous les jours évaporer, ou que les arbres tranfpirent, on conclura que les arbres, les bleds, enfin tous les végétaux feroient entiérement defféchés, s'ils ne recevoient de quelqu'autre part une humidité radicale, que M. Hales prouve ne pouvoir leur être fournie que par celle qui eft dans la terre à deux ou trois pieds de profondeur au-deffous des arbres; il eft vrai que feule elle ne feroit point fuffifante, mais fecourue des pluies & des rofées, elle fournit aux végétaux la quantité qu'ils en exigent pour une végétation vigoureufe & conftante.

La vérité de ces expériences étant établie, nous croyons que le lecteur recevra avec plaifir le foin que nous prenons de lui donner les réfultats de ces différens calculs; puifqu'ils font auffi utiles que curieux, que l'Agriculture peut en retirer de grands avantages, & que dans le courant de cet ouvrage nous aurons occafion de

l'y renvoyer. Voici les propres paroles de l'auteur à ce sujet. ,, Si
,, ces expériences & ces obfervations nous procurent quelque
,, nouvelle connoiffance de la nature des plantes, elles ne peuvent
,, manquer d'être de quelqu'utilité dans l'Agriculture, foit en recti-
,, fiant quelques fauffes notions, foit en nous mettant en état de don-
,, ner raifon des différentes fortes de cultures, dont la bonté a été éta-
,, blie par une longue expérience, foit enfin en nous faifant faire
,, de nouveauxprogrès.

Car plus nous pénétrons dans ce méchanifme concerté & admirable de la végétation, plus nous y trouvons de beauté & d'harmo-
nie, & plus auffi nous y trouvons des preuves évidentes de l'exif-
tence, de la puiffance & de la fageffe de l'être des êtres.

Le même auteur prétend que le mouvement des fluides contribue à l'accroiffement des végétaux, de même qu'à celui des animaux; ce qui le détermine à penfer que par la voie des recherches
on pourroit auffi faire dans la fuite des découvertes confidérables,
d'autant plus qu'il y a à plufieurs égards une véritable analogie entre les animaux & les végétaux.

Il a auffi fait des obfervations fur leurs différentes tranfpirations.
Il a trouvé qu'un homme tranfpire dans vingt-quatre heures, fuivant
le calcul du Docteur *Keilt*, environ trente-une onces, & les plantes vingt-deux onces. Donc un homme eft à cet égard à une plante comme cent quarante-un eft à cent.

Il a également découvert qu'il s'étoit évaporé d'un efpace circulaire d'un pied de diamétre vingt-fix onces d'humidité de plus, qu'il
n'en étoit tombé en rofée. De-là il conclut avec raifon que les végétaux périroient, s'ils ne recevoient pas quelque humidité foit
des pluies foit des entrailles de la terre; puifqu'il a remarqué que
l'évaporation eft quatre fois plus forte que les rofées qui tombent la
nuit; on ne peut point compter les pluies par un calcul exact,
puifqu'on ne fçait que trop par expérience qu'il s'écoule quelquefois beaucoup de tems fans qu'il pleuve.

M. *Hales* obferve encore que *Nic. Ecquius* a découvert qu'il s'é-
vaporoit dans le courant d'une année vingt-huit ponces d'eau. Or
on a découvert que l'évaporation de la terre eft à celle de l'eau comme treize à quarante, c'eft-à-dire moindre à peu près d'un tiers.

Nous ne fuivrons pas cet auteur dans tous ces calculs; nous entre-
rions dans un labyrinthe dont le plus grand nombre de nos lecteurs
ne fortiroit qu'avec peine : ils font plus faits pour les curieux
que pour les Cultivateurs fimples qui n'attendent de nous que des

obſervations d'une utilité ſenſible & facile : il ſuffit donc de dire que le réſultat des recherches de M. *Hales* ſert à prouver que vingt-deux pouces de pluie dans le courant de l'année ſuffiſent dans les plats-pays pour remplir tous les objets que la nature ſe propoſe dans la végétation.

Au reſte, nous en avons aſſez dit pour qu'il paroiſſe bien évident que ſouvent, pour ne pas dire toujours, l'évaporation en été excéde de beaucoup toutes les roſées & pluies qui tombent dans cette ſaiſon; & que par conſéquent la chaleur détruiroit toutes les plantes, ſi la nature n'y pourvoyoit pas par quelqu'autre voie.

Pour découvrir les réſervoirs d'humidité que la nature a formés dans les entrailles de la terre, M. *Halles* fit fouiller & renverſer trois pieds cubiques de terre à la profondeur de trois pieds. Lorſque ces trois pieds cubiques de terre eurent acquis le dégré de ſiccité qui les rendoit impropres à la végétation, il obſerva, en les peſant à différentes repriſes, que le premier pied qui étoit deſſus, avoit perdu ſix livres dix onces de cent quatre livres quatre onces qu'il peſoit auparavant; que le ſecond avoit perdu dix livres de cent ſix livres ſix onces & demie qu'il peſoit; que le troiſiéme avoit perdu ſix livres dix onces de cent onze livres cinq onces & trois gros qu'il peſoit, ce qui réuni monte à vingt-cinq livres deux onces. Le même auteur regarde cette humidité comme ſuffiſante pour la végétation dans les tems de ſéchereſſe, parce qu'il a remarqué que pluſieurs plantes pouſſent leurs racines fort avant dans la terre. Il fit l'expérience ſur le tourne-ſol, qu'il vit pouſſer ſes racines juſques à quinze pouces de profondeur, & qui par conſéquent devoit tirer, dans les tems de ſéchereſſe, l'humidité d'une profondeur beaucoup plus conſidérable que celle de ſa racine.

Si nous ſuivons le même auteur dont les recherches ſont ſi dignes d'un homme ſi célèbre, nous le verrons, après avoir calculé les dégrés de l'humidité, paſſer à ceux de la chaleur & nous donner des documens également utiles & curieux. Il en conſidere les différens dégrés pendant le cours de l'année, combien elle peut affecter les plantes, juſqu'à quel dégré elles peuvent la ſupporter, ſans être brûlées ou détruites.

Quant à la chaleur qu'elles peuvent ſupporter, il remarque qu'elles réſiſtent facilement à la chaleur de l'eau échauffée au point qu'on peut y tenir la main ſans la remuer. Il rapporte les différens dégrés ordinaires de chaleur en différens tems de l'année.

„ La chaleur ordinaire en Juillet eſt en plein midi, quand il fait un

„ jour ferein, d'environ cinquante dégrés ; & la chaleur de l'air à l'om-
„ bre eft un jour portant l'autre de trente-huit degrés.

„ Celle de Mai & de Juin eft depuis dix-fept jufqu'à trente
„ dégrés, & celle qui eft la plus favorable pour la végétation &
„ pour l'accroiffement des plantes.

„ Celle de l'automne & du printems peut être depuis dix
„ jufques à vingt dégrés, celle de l'hiver depuis le point de la ge-
„ lée jufques à dix dégrés.

Il obferve enfuite, qu'en Juillet la chaleur doit avoir une influence
confidérable à la profondeur de deux pieds, la nuit comme le jour.

„ Que la rofée par un jour chaud ne procure aucun avantage aux
„ racines, & qu'elle eft feulement pompée par la plante même.

„ Que la nature a revêtu les racines d'une efpéce de paffoire
„ épaiffe afin que rien ne puiffe y entrer, & qu'au contraire tout
„ puiffe promptement être emporté par la tranfpiration qui eft
„ la feule voie que les végétaux aient pour fe décharger de ce
„ qui leur eft étranger & fuperflu.

Puifqu'une tranfpiration abondante eft fi néceffaire à la fanté des
plantes, on peut hardiment avancer que beaucoup de maladies
viennent de la fuppreffion qui eft ordinairement caufée par un air
trop froid & trop rude.

On remarque que la fuppreffion de la tranfpiration dans les hommes eft portée quelquefois par l'intempérie & par des chaleurs violentes, fuccédées d'un froid qui faifit tout-à-coup, à un dégré fi
dangereux qu'il en réfulte des maladies mortelles. Celle des végétaux eft ordinairement interceptée par un air trop rude ou par un
fol ingrat ou par un défaut d'humidité radicale, & qui manque dans
les fols qui fe trouvent placés fur des couches de gravier ou de pierre.

Si l'on compare la racine & la tige d'une plante, on voit d'abord
la néceffité qu'il y a de couper plufieurs branches d'un arbre tranf-
planté, parce que la moitié de la racine étant coupée, ce qui arrive
toujours dans la tranfplantation des jeunes arbres, il eft évident
qu'il ne reçoit que la moitié de fa nourriture, & qu'il fe trouve
dans une pofition peu ferme.

Cette confidération, jointe aux expériences fréquentes qu'on a
occafion de faire, démontrent évidemment la néceffité de bien
arrofer les nouvelles plantations, quoiqu'en dife M. *Miller*, qui ofe
foutenir que rien ne leur eft plus préjudiciable.

ARTICLE XXV.

Comment il faut préparer le terrein pour de l'orge ; & la maniere de la tremper & femer.

L'Orge, comme nous l'avons dit ci-deffus, exige un bon labourage, & demande que le terrein foit auffi bien préparé que par tout autre grain blanc quelconque : en conféquence de ce principe qui étoit généralement établi, avant qu'on ne cultivât les turnips, on préparoit le terrein que l'on deftinoit à l'orge par une jachere, par un engrais analogue à la nature du fol & par plufieurs labours : cela eft fi vrai que les Cultivateurs dont le terrein eft fitué dans les vallées & qui ne cultivent point les turnips, pratiquent cette préparation, ou font parquer les moutons fur le terrein, ou y répandent une vingtaine de boiffeaux de fiente de pigeon par acre après que l'orge eft femée, & la font entrer dans le terrein avec la herfe.

Mais depuis qu'en quelques endroits du Royaume on a été frapé des grands avantages qui réfultent de la culture des turnips, on a reconnu que cette racine préparoit très-bien le terrein pour ce grain, de forte qu'on la féme immédiatement après les turnips.

L'attention & le foin d'avoir une bonne femence & de la bien nettoyer, eft reconnue fi néceffaire généralement pour les grains, qu'il eft fort inutile de le répéter ici. Le changement de femence tous les ans, ou une fois tous les deux ans, ou à la rigueur tous les trois ans, eft d'une utilité également démontrée. Et quant à l'orge, celle que l'on tire d'une argile courte & fablonneufe eft toujours la meilleure qu'on puiffe femer fur un terrein ferme, comme celle que l'on tire d'un terrein ferme, eft la meilleure qu'on puiffe femer fur un fol fablonneux.

Dans les fols extrêmement légers on peut femer l'orge de bonne heure en Mars ou peu de jours après. Mais dans les terreins fermes il ne faut point la femer avant le mois d'Avril, quelquefois même avant celui de Mai. Il eft vrai que lorfqu'on féme fi tard, fi la faifon n'eft pas bien favorable on rifque beaucoup d'avoir une mauvaife récolte ; il eft même certain qu'elle fera fort tardive, conféquemment expofée à beaucoup d'inconvéniens, particulierement

lorfqu'on

lorfqu'on a femé l'orge fans l'avoir trempée, & qu'il furvient une féchereffe. En pareil cas ce grain refte longtems expofé à la vermine ; la plante monte inégalement ; quelquefois, on pourroit dire
fouvent, elle ne monte pas du tout,

De la maniere de la tremper.

Quelle que foit la faifon dans laquelle on féme l'orge, une trempe
modérée ne peut produire que de très-bons effets, comme nous l'a-
vons fait obferver par beaucoup d'exemples que nous avons rapportés.

On peut la faire tremper de la même maniere que le froment.
Une des trempes que nous avons données favorifera beaucoup fa
croiffance.

Il y a des Cultivateurs qui la jettent & la tiennent pendant douze
heures dans l'eau falée au point qu'un œuf y furnage ; d'autres la jettent
dans de l'eau où l'on a fait détremper de la chaux ; d'autres enfin fe
contentent de la mettre dans de l'eau pure pendant quelques heures
& de la faupoudrer après l'en avoir ôtée avec de la chaux que l'on
tamife deffus jufqu'à ce que les grains ne tiennent plus enfemble.

L'orge que l'on appelle *Rathripe*, comme je l'ai dit ci-deffus, meurit de bonne heure ; il n'y a par conféquent rien à craindre de la femer
tard, puifqu'elle meurit fouvent dans trois mois, à dater du jour de
l'enfemencement : mais comme, en la femant tard, on s'expofe à tomber dans une faifon féche, elle demande plus que toute autre à être
trempée.

La quantité qu'on féme ordinairement pour l'orge eft depuis
quatre jufques à deux boiffeaux, fuivant le tems de la femaille,
l'efpece de grain & la nature du fol. Mais en fuppofant qu'on garde un jufte milieu & que l'on ne féme que trois boiffeaux qui venant à bien, rendent onze pour un, ce fera toujours un affez grand
avantage ; puifque l'on gagne onze pour un & que l'on épargne un
boiffeau de femence : ce qui eft fivrai, que même fuppofant qu'il n'y
ait que la moitié des trois boiffeaux qui viennent, & que l'orge
ne porte que deux tiges, la récolte rendra foixante boiffeaux ; ce
qui fait vingt fois la quantité de la femence jettée ; & nous avons
eu occafion de juftifier fouvent la vérité de ce calcul par des récoltes que nous avons vu fouvent y répondre, ce qui prouve bien évidemment que l'on féme toujours une trop grande quantité.

M. *Miller* croit que quatre boiffeaux excédent de beaucoup
la quantité qu'on doit femer. Son fentiment eft que l'on féme géné-

ralement trop de tous les grains. Si l'on trouvoit, dit-il, le moyen de garantir les femences de là vermine & de certains accidens, & fi la germination fe faifoit avec fûreté, il ne feroit pas bien difficile de fixer la quantité de femence qu'il faudroit jetter.

Plufieurs autres Auteurs paroiffent accéder à ce fentiment. Ils penfent que l'on féme trop dru. Nous avons déja mis fous les yeux du Cultivateur, à l'article *Froment*, différens calculs des produits qu'on peut raifonnablement attendre du grain femé à différentes diftances dans le cours de la culture commune; on peut en faire l'application à l'orge. Nous ne les répéterons donc point ici. Nous dirons feulement que la façon de femer par fillons & à la main peut être auffi & même plus avantageufe à l'orge, que toute autre méthode quelconque.

Nous avons parlé ci-devant de la façon de labourer & de paffer le rouleau ; cette derniere préparation eft fouvent abfolument néceffaire. Quand on la fait à tems & comme il faut, elle eft toujours favorable ; il faut faifir la premiere pluie qui tombe après que l'orge a été femée.

ARTICLE XXVI.

De la maniere de farcler & de recueillir l'orge.

IL n'y a point de grain qui foit plus fujet aux mauvaifes herbes que l'orge ; c'eft pourquoi il faut mettre tous fes foins à l'en garantir, ou du moins à la dégager de celles qui y font. La façon ordinaire de farcler le froment eft très-connue.

On farcle ordinairement en Juin ; & fi le bled eft alors clair-femé, un peu de fiente de pigeon, de pouffiere de drêche, ou quelqu'autre chofe de nature femblable fera d'un très-grand fervice.

Mais fi le terrein eft traité exactement fuivant la méthode nouvelle, il ne fera pas au moins chargé de mauvaifes herbes que l'on apporte fur le terrein avec le fumier, & quand on fait fuccéder l'orge aux turnips comme le pratiquent certains Cultivateurs intelligens, la préparation qu'on donne au terrein pour les turnips & les labours au *Cultivateur*, arrêteront la croiffance de toute herbe mauvaife ; nous ajoutons encore que les turnips, en ombrageant le terrein & traverfant par là la végétation des herbes inutiles, doivent conferver le terrein dans un état qui le garantît d'être épuifé par toute production préjudiciable. Mais fi malgré tout ce que nous promettons ici de la nouvelle culture, ce mal fubfiftoit, le Cultivateur peut retourner le fol deux ou trois fois vers le tems des gelées de l'hiver avant qu'il ne féme fon orge; nous donnerons la façon de le faire le plus avantageufement lorfque nous traiterons des turnips. Certainement on peut fe flatter de venir à bout par l'une ou l'autre de ces méthodes, de préferver ce grain & de le décharger des mauvaifes herbes, ce qui non-feulement favorife fon accroiffement, mais encore épargne beaucoup de peines & en facilite confidérablement la récolte.

La façon de la recueillir varie beaucoup. Il y en a qui la coupent, la lient, la fecouent pour en ôter toutes les faletés comme ils font au froment; parlà ils mettent la production à couvert de tous les accidens auxquels elle eft expofée lorfqu'on la laiffe fur terre aux injures de l'air.

Mais comme ce grain n'eft pas fujet à s'égrainer, il eft des Cultivateurs qui, au lieu de le couper à l'inftar du froment, le fauchent, opération, fans contredit, moins difpendieufe, puifqu'un homme peut en faucher deux acres dans un jour. En d'autres endroits on laiffe l'orge dans le champ pendant un ou deux jours & on la retourne enfuite : un ou deux jours après, fuivant que le temps eft favorable, les mauvaifes herbes étant defféchées, on la ramaffe, on l'accumule en meule comme le foin & enfuite on la voiture.

Il eft des cantons où l'on eft en ufage de la laiffer après l'avoir fauchée, jufqu'à ce qu'on eftime qu'elle eft féche, n'importe le nombre de jours; on la ramaffe enfuite après l'avoir retournée & on la charge pour la grange. On arrange les épis fur le timon, de façon qu'il fe forme en-deffous une efpéce de cavité à laquelle ils prétendent faire jouer le rôle de ventoufe pour donner paffage aux vents & pour la fécher.

Les Cultivateurs de *Chelfea* & de *Fulham* qui font extrêmement réputés pour la façon de traiter ce grain, l'entaflent fouvent dans des tems de féchereffe dès le matin, pendant qu'elle eft encore humectée de la rofée, pour y exciter une efpéce de petite fueur; ils eftiment même qu'une petite pluie qui tombe deffus lui eft très-favorable.

ARTICLE XXVII.

Du produit & des avantages de l'orge.

IL eſt des auteurs qui prétendent que le produit ordinaire de l'orge eſt de vingt ou vingt-quatre boiſſeaux par acre , qu'il monte
même quelquefois juſqu'à trente-deux. Ils entendent ſans doute
parler des terreins médiocres ; puiſqu'ils rapportent eux - mêmes
des récoltes de ce grain bien plus conſidérables qu'ils ont vû faire
ſur une ſemblable meſure de terrein.

Il eſt vrai que dans le cours ordinaire de l'Agriculture, trente-
deux boiſſeaux ſont ce que l'on peut eſpérer par acre des terreins
que l'on deſtine à cette production. Ainſi ſi l'on conſidere les peines ,
les dépenſes du fumier, des labours réitérés , & l'année de jachere ,
le produit n'eſt pas auſſi avantageux que bien des Cultivateurs
ſe l'imaginent, comme nous le ferons voir par les calculs ſuivans ,
dans leſquels nous fixerons les récoltes ordinaires à vingt-huit boiſſeaux , & mettrons pour année commune l'orge à quarante-qua-
tre ſols le boiſſeau, prix qui ne peut augmenter ſi celui du froment n'augmente point. Car on compte ordinairement l'orge
comme valant moitié moins que le froment.

Or tout le produit n'étant que de 63 liv. ſi l'on défalque de cette ſomme la miſe déhors , c'eſt-à-dire, la valeur de trois boiſſeaux
de ſemence 6 liv. 15 ſ. pour le labourage , l'enſemencement, le
herſage & le roulage 13 liv. 10 ſ. pour le ſarclage , les frais de la
moiſſon , pour le battement en grange, la paille étant de peu de
valeur , 9 liv. pour du fumier, ou autres engrais 22 liv. 10 ſ., pour
le loyer du terrein 9 liv. ce qui fait en tout 60 liv. 15 ſ. ; il ne reſtera au Fermier pour tout profit que 2 liv. 5 ſ.

Frais de ſemence , labour, herſage, ſarclage, fumier & loca-
    tions . . . . 60 l. 15 ſ.
Produit total de la recolte.. 63
Profit réel ſur lequel cependant il faut que le Fermier
    paye les impôts 2   5

Ainſi tout bien calculé , il ne reſte rien que la paille de profit
net , ou bien peu de choſe au-delà. Le profit qui réſulte ordinairement des pois & des féves eſt bien plus ſenſible & plus avantageux, comme nous allons le faire voir. Ajoutons que ces légumes

préparent parfaitement le terrein pour le froment ; au lieu que, comme tous les Cultivateurs en conviennent, l'orge l'appauvrit. Et si l'on calcule bien exactement, on trouvera que l'avoine, le treffle, ou le turnips récompenfent mieux les peines & les frais.

Cependant en donnant les améliorations pratiquées par la nouvelle culture, il eft certain que l'on trouvera un avantage bien plus confidérable à femer de l'orge, en fuppofant que le produit foit le même: car la perte de l'année de jachere en eft compenfée par une récolte de turnips qui paye la location, les engrais néceffaires & la main-d'œuvre. Par ce moyen on épargne des labours, & tout bien confidéré, on fauve la moitié de la mife, ce qui fait un profit de plus & bien clair pour le Fermier.

Ce qui fait très-fouvent une erreur confidérable, c'eft qu'un Cultivateur propriétaire ne porte point en compte la location : c'eft cependant une attention néceffaire, s'il ne veut point être dupe. Car c'eft en effet regarder comme profit ce qui ne l'eft pas. Il doit donc, pour fe rendre un compte bien exact & qui le mette bien en état d'établir la fomme réelle de fon revenu, mettre un prix à fes terres comme ne lui appartenant point, & comme s'il les avoit à ferme ou à rente.

On peut encore trouver un autre avantage qui n'eft pas moins digne que les autres de l'attention du Cultivateur dans la culture de l'orge en fuivant la nouvelle méthode ; C'eft que de tous les grains l'orge eft celui qui fe marie le mieux avec le treffle pour les femer enfemble, & que le treffle eft l'herbe qui prépare le plus parfaitement le terrein pour le froment, à très-peu de frais, & que le froment étant de tous les grains celui qui récompenfe le plus richement les peines & les dépenfes, on peut à jufte titre regarder cet avantage comme l'effet de l'orge

Il y a des auteurs modernes qui condamnent le mélange du treffle & de l'orge ; ils demandent qu'on féme la derniere feule dans le mois d'Août, s'imaginant que l'on perd une année. Mais c'eft une erreur ; puifqu'en femant le treffle avec l'orge dans le printems, on gagne autant de tems ; car femé avec l'orge il croit depuis le printems jufques en Août auffi bien que quand il eft femé feul, & le tout arrive dans la même année.

Quant à la bonté de la récolte du treffle, lorfqu'il eft femé avec de l'orge, nous pouvons dire d'après beaucoup d'informations, prifes des meilleurs Cultivateurs, qu'on ne peut s'attendre qu'à des récoltes très-abondantes d'un femblable mélange ; nous en avons vu nous-même, & particulierement une dont nous estimons qu'i convient de rapporter quelques particularités.

On ensemença de treffle, l'année derniere, un champ de douze acres, & dans le mois de Mai, on y jetta douze vaches, & un taureau, dix bœufs, huit genisses, cent moutons & trente cochons pour le faire manger. On les y tint jusqu'à la mi-été, c'est-à-dire pendant au moins six semaines, & l'on laissa le reste monter en graine.

Nous avons vu ce treffle dans le mois de Septembre ; ce mois écoulé, on en retira vingt-quatre charretées de treffle bien conditionné. Quoiqu'il soit assez difficile d'indiquer le montant de cette récolte, nous croyons pouvoir la porter à la somme de douze cens livres, sans compter le produit de l'orge , qui quelquefois est plus fort que celui que nous avons indiqué ci-dessus.

Miller avance que l'on voit communément dix, douze tiges & souvent davantage, venir d'un seul grain, & qu'il a compté jusqu'à soixante-dix tiges d'un seul grain qui avoit été transplanté. Nous avons vu ci-devant dans les expériences rapportées dans les transactions philosophiques, trois grains d'orge trempés & semés à la distance de deux pieds, produire, l'un soixante, l'autre soixante-cinq, & le dernier soixante-sept tiges, portant chacune son épi, dont chacun a rendu quarante grains & davantage, ce qui monte à sept mille six cent quatre-vingt grains, produits par trois. Cependant l'auteur ne prétend pas attribuer ce grand succès à la sauce dans laquelle on a trempé la semence, plutôt qu'à la bonté du sol & à la distance qu'on a mis entre les grains.

Mais si nous prenons avec *Miller*, en cavant au plus bas, dix tiges pour un grain, & vingt grains pour chaque tige ; & si nous supposons qu'un seul boisseau d'orge prospere dans cette proportion, on aura toujours deux cents boisseaux pour un dans un acre, ce qui feroit un produit auquel il seroit absurde de s'attendre, quelque bonne que soit la culture ; quoiqu'il soit vrai qu'on peut encore améliorer la culture telle qu'elle est aujourd'hui.

Mais si un tel produit est possible & que cependant on ne l'ait pas encore obtenu, il faut nécessairement que cela vienne de ce qu'on n'a pas de la bonne semence, & qu'on ne la traite pas comme il faut, ou qu'on ne lui donne pas assez de place dans le terrein pour y croître, ou que la preparation qu'on a donnée au terrein ne soit pas entierement favorable à l'orge.

Quant aux deux premiers inconvéniens , il est aisé d'y remédier par un peu de soin & d'attention , & avec peu de dépense de plus; & quant à la préparation convenable du fol, il faut lui donner toutes les façons possibles, foit qu'on féme dru ou clair, fuivant la méthode ordinaire, ou fuivant celle du fémoir, ou même fuivant celle des piqûres. Or de tels foins ne peuvent pas excéder de beaucoup les dépenfes qu'un bon Cultivateur fait pour donner de bonnes préparations au terrein qu'il deftine pour l'orge. Un écu fuffit pour fournir aux frais des fauces, ou pour rendre fon terrein plus ameubli par un labour de plus, & prefque même pour l'un & pour l'autre.

Miller rapporte que l'orge qui produifoit le plus de grain étoit tranfplantée. Nous avons parlé, à l'article Froment, des différens avantages qui réfultent de cette méthode. Nous en traiterons bientôt d'une façon plus étendue ainfi que des divers avantages que le froment en retire, & que vraifemblablement on peut, dans différens cas, appliquer à l'orge, à différentes autres efpéces de grains, à quantité de végétaux ainfi qu'au turnips.

Comme il eft impoffible de faire fentir & d'indiquer jufques à quel dégré un femblable procédé peut animer les femences des végétaux, nous exhortons les Cultivateurs curieux à faire des effais de toute efpèce. On remarque, par exemple, en Angleterre, que l'afperge qui vient d'elle-même dans les prés n'eft pas mangeable. Il eft donc bien vraifemblable qu'elle n'acquiert ce goût agréable qu'on lui trouve que par les tranfplantations & les différentes préparations que les Jardiniers lui donnent. Nous voyons les changemens que l'orge fubit lorfqu'on en fait de la drêche : Ceux qui arrivent dans la farine quand on en fait du pain, & ceux que le lait fubit quand on en fait du beurre & du fromage, par les préparations qu'on lui donne, s'ils n'étoient pas fi fréquemment fous nos yeux, certainement nous furprendroient.

Nous ajouterons, pour prouver les grands produits de l'orge, un exemple qu'un ami de M. *Platt* nous fournit. Il laboura vingt acres de terrein à herbe ; après ce premier labour il en donna un fecond en travers & herfa trois ou quatre fois pour détruire l'herbe ; il fema de l'orge au commencement de Mars : il recolta trois cents quelques boiffeaux par acre. Le *Sprat* orge, ou *difticum minus* a fouvent rendu depuis quatre-vingt jufqu'à quatre-vingt huit boiffeaux lorfqu'on l'avoit femée en Mars, pendant que d'autres fols n'en produifoient que depuis vingt-deux jufqu'à vingt-quatre.

Nous ajouterons encore, que dernierement on a vu un grand champ d'orge produire foixante-quatre boiffeaux par acre, ce qui veut dire plus que trois fois foixante boiffeaux, mefure de Paris.

Or ce produit, comme on le voit, mérite notre attention. Nous osons avancer que tout terrein qui est naturellement propre à l'orge, rendra toujours considérablement si on le traite suivant les règles d'une bonne culture.

ARTICLE XXVIII.

Du Seigle.

ON a toujours regardé le seigle comme le grain le plus propre à faire du pain après le froment. On ne l'emploie seul aujourd'hui que dans le tems de disette, parce qu'il a un goût désagréable pour ceux qui n'y sont point accoutumés, qu'il relâche trop, qu'il donne des coliques, & que le pain en est noir & lourd.

On se contente d'en mêler un peu avec du froment, parce qu'il empêche par une espece d'humidité qu'il a, que le pain ne se desséche. Mêlé il n'a point de goût désagréable, au contraire il rend le pain savoureux; Le seigle étoit autrefois, & est encore aujourd'hui d'autant plus cultivé, que l'on emploie à cette production tous les terreins peu abondans en principes, graveleux & sablonneux que l'on croit faussement ne pouvoir produire autre chose, ou même ne pas mériter l'attention du Cultivateur.

Le seigle commun ou seigle d'hiver demande une jachere d'été & exige en quelque façon plus de dépense & de peine qu'il ne rend en effet de profit, si on le compare aux grandes améliorations qu'on peut faire sur ces sols secs & sablonneux qui lui sont propres, & aux avantages qu'on en tire en les ensemençant de turnips ou d'autres diverses herbes artificielles, qui les rendent très-favorables à d'autres grains bien plus estimés; de sorte qu'on tire de ces terreins un parti bien plus avantageux en les traitant suivant les nouvelles améliorations que nous avons indiquées;

Il y a deux sortes de seigles:

1. Le seigle commun ou d'hiver:

2. Le seigle de printems qui est d'une bien moindre qualité.

La premiere espèce est celle dont on fait communément usage & que l'on séme ordinairement dans les sols secs & dépouillés de principes, où du bled supérieur ne peut point végéter.

La seconde, que l'on appelle petit seigle, demande d'être semée

mée dans le printems, à peu près dans le même tems que l'avoine. Ce grain pouffe ordinairement beaucoup en paille fi la faifon eft humide, & il eft ordinairement plus léger que l'autre. Cependant il peut être d'une bonne reffource dans les endroits où le froment & les autres productions d'automne ont manqué. Il a communément la même valeur que l'orge, c'eft-à-dire la moitié de celle du froment.

Il y a des cantons dans le Royaume où l'on féme du froment mêlé avec du feigle, & c'eft ce que l'on appelle méteil; alors ce mélange en hauffera le prix à proportion de la quantité de froment qui s'y trouve.

On peut en général regarder cette méthode comme très-défectueufe; tous les Cultivateurs un peu verfés dans l'art en conviennent, puifque le feigle acquiert beaucoup plutôt que le froment fa maturité, & que cependant on eft obligé de le laiffer jufqu'à ce qu'on puiffe les couper enfemble. Il réfulte de cette gêne que le feigle s'égraine & que l'on en perd une bonne partie. Ainfi malgré la propriété qu'il a de tenir le pain frais & de contenir beaucoup de parties fpiritueufes, nous n'approuverons jamais ce mêlange. Si les Cultivateurs veulent faire attention à la quantité de feigle qui fe perd en attendant la maturité du froment, nous fommes perfuadés qu'il n'en eft point qui ne profcrive cette méthode.

Comme la végétation du feigle eft plus prompte que celle de tout autre grain, on en féme auffi du commun dans le printems quand le froment manque; il réuffit auffi bien quelquefois que la feconde efpéce, qui, comme nous l'avons déja dit, eft très-propre à remplir cet objet, parce qu'elle a acquis fa parfaite maturité dans le tems ordinaire de la récolte. Il eft des Cultivateurs qui fément l'efpèce commune fort tard, & qui la renverfent avec la charrue pour fertilifer le terrein quand ils le deftinent à une meilleure efpèce de grain.

Mais on a encore des vues plus avantageufes lorfque l'on féme du feigle dans l'automne, c'eft d'avoir des provifions dans le printems pour les brebis & les agneaux, lorfque les turnips font finis, ou qu'ils ont manqué avant que les nouvelles herbes foient venues. Lorfqu'on a cet approvifionnement pour objet, on peut femer le feigle, foit fur du terrein préparé exprès, ou fur le terrein où l'on vient de récolter du froment, ou fur d'autres chaumes qu'on renverfe avec la charrue, ou même fur le terrein où les turnips ont manqué. Quelque traitement qu'on faffe au feigle, il réuffira toujours affez pour que le Cultivateur foit fatisfait, du moins s'il n'a en vue que de fe procurer la provifion dont nous venons de parler.

Tout Cultivateur qui veut faire un peu d'attention aux différens tems de l'année, peut se procurer aisément tous ces secours & se trouver toujours abondant en provisions. Les herbes ordinaires naturelles, & les différentes herbes artificielles, ou les turnips continueront jusques à la fin de l'année; il peut même compter que l'une ou l'autre de ces productions viendra à son secours dans le printems. Au lieu qu'en suivant le cours ordinaire de l'agriculture, pratiqué dans le Royaume, il n'a aucune de ces ressources. Mais en semant du turnips, du seigle, &c. il peut être sûr d'avoir des provisions abondantes pour ses bestiaux pendant tout le cours de l'année. Mais enfin, pour couper court, nous disons que de toutes les productions le turnips est celle qui est la plus utile & la plus propre à remplir cet objet, comme nous le ferons voir lorsque nous traiterons en particulier de cette production.

Voilà en effet le plus grand & le plus utile usage qu'on puisse faire du seigle. S'attacher à cette culture dans toute autre vue, c'est se donner beaucoup de soins, multiplier les dépenses qui sûrement en agriculture se présentent assez fréquemment, & fatiguer le terrein, qui déjà n'a que très-peu de principes pour une production, dont les profits sont extrêmement bornés, comme nous l'avons fait voir.

Mais puisque ce grain ne peut en quelque façon être de quelque utilité, que relativement à la nourriture des brebis & agneaux pendant le printems, pourquoi ne le séme-t-on pas avec les turnips? On répondroit par cette méthode d'autant plus à son attente, que le terrein sur lequel on veut semer le turnips est généralement mieux préparé, & en labour beaucoup meilleur, que celui qu'on destine au seigle, sur-tout lorsqu'on séme les turnips au sémoir, & que l'on les cultive suivant la méthode que nous donnerons dans le chapitre que nous réservons pour traiter de cette production.

On peut, dans les années d'abondance, donner du seigle à la volaille & aux cochons qui en font leurs délices, pourvu que l'on le moule, & qu'on leur en fasse une espèce de pâte. Mais il faut bien prendre garde, quant à la volaille, que ce régime seul lui porteroit préjudice, parce que le seigle est rafraîchissant & qu'il la relâcheroit trop, l'emmaigriroit & détruiroit en elle la faculté de la ponte ; &, quant aux cochons, il faut avoir le soin de leur donner après le seigle de l'eau & un peu de féves & de pois pour raffermir leur graisse, qui, sans cette précaution, seroit molle & presque liquide. On remarque même que le seigle administré de cette façon favorise toutes les manieres qu'on peut avoir de les engraisser.

Le feigle eft fort fujet à poufler en épi s'il lui furvient de l'humidité. Il eft foudain altéré fi des herbes vertes s'y mêlent ; c'eft pourquoi il faut avoir l'attention de le laiffer un peu de tems expofé dans le champ, pour empêcher que les mauvaifes herbes ne le faffent germer quand il eft dans la grange, ce qui lui donneroit un goût de moifi. Il faut donc l'enfermer bien fec, & cela auffi-tôt qu'on peut faifir le moment de le tirer du champ dans cet état.

Après qu'on a dépiqué ou battu le feigle, on affure, & cela eft vrai, qu'on peut très-bien le conferver en le mettant fur un plancher bien fec dans de la paille bien féche, parce qu'elle pompe toute l'humidité qui peut s'y trouver : cette méthode eft d'une égale utilité pour la confervation du froment & de plufieurs autres grains.

ARTICLE XXIX.

De l'Avoine.

ON regarde l'avoine fur le même pied que l'orge. Il eft des pays où on la met à une valeur inférieure, conféquemment on l'y cultive beaucoup moins. Cependant fi l'on confidere avec un peu d'attention les bonnes propriétés qu'elle a, les profits qu'elle rend, comparés avec le peu de dépenfe qu'elle exige, on trouvera qu'elle eft auffi utile que l'orge & qu'elle lui eft même fupérieure à certains égards ; ainfi les travaux, les dépenfes auxquelles l'une & l'autre expofent & la fomme de leur produits refpectifs comparés, on verra que l'avoine mérite la préférence fur l'orge & peut être fur tous les grains fi l'on excepte le froment.

Elle végéte affez bien dans tous les pays & prefque dans toutes fortes de terreins. Mais il eft des auteurs qui fe trompent bien groffierement, lorfqu'ils affurent que ce grain réuffit auffi bien dans un terrein pauvre que dans un qui abonde en principes : car il eft certain qu'il n'eft pas de fol qui puiffe être trop riche pour l'avoine, & que l'on fe feroit illufion fi l'on s'attendoit à une abondante récolte d'un terrein dépouillé de principes. Une preuve bien évidente que ce grain fe plaît dans des terreins pleins de fuc nourricier, c'eft qu'il eft le premier que l'on féme ordinairement dans les prés que l'on défriche pour ôter à ces terres ce qu'on appelle le *trenchant*, qui n'eft autre chofe qu'une trop grande abondance de principes de fer-

ti!ité qui feroit trop pouffer le froment en paille, & qui par-là
p iveroit le Cultivateur du fruit de fes travaux & trahiroit par conféquent fes grandes efpérances.

On diftingue l'avoine des autres bleds en ce que fes grains viennent
dans des efpéces de pannicules détachées les unes des autres.

Il y a trois principales fortes d'avoine :

1 L'Avoine commune ou blanche.

2 Les avoines noires ; elles font beaucoup plus eftimées dans certains endroits.

3 L'Avoine nue qu'on cultive beaucoup dans la province la plus
méridionale de l'Angleterre , qu'on appelle *Cornouaille*.

On peut encore en ajouter deux efpéces, qui font l'avoine brune
ou rouge foncé ; quelques auteurs l'appellent *rouge-grife*. Tous les
écrivains comprennent fous le nom d'avoine blanche la grande
avoine blanche de Pologne. Elle dégénere en peu d'Années en Angleterre , auffi l'y renouvelle-t-on de tems en tems ; elle eft fort fujette à la coulure lorfqu'il a beaucoup plu.

Il eft certain que l'avoine blanche a le grain plus gros & qu'elle
rend plus de farine que l'avoine noire ; mais la blanche exige auffi
un terrein plus riche & ne refifte pas fi bien au froid. Et quant à
toutes les autres qualités, fi l'on en excepte celle du produit, l'a-
voine noire non feulement ne le céde pas à la blanche, mais encore
elle lui eft fupérieure à certains égards.

Car fi, comme nous venons de le dire, l'avoine noire ne rend pas
autant de farine que la blanche, elle a du moins l'avantage de la
donner plus douce & plus blanche & par conféquent d'être plus
utile en général au Cultivateur dans le tems de difette du froment.
Quoiqu'en difent la plûpart des auteurs, on fait un ufage plus
étendu de la noire : on en fait du pain qui eft très-mangeable, &
nous ajouterons qu'elle n'eft pas fi affamée que les autres efpéces,
& que par conféquent elle n'altere & n'épuife point tant le terrein.
Auffi tous les bons Cultivateurs lui donnent-ils la préférence, d'autant plus qu'elle n'a pas befoin, comme les autres fortes, d'être
mêlée avec du froment pour rendre un pain falubre & agréable au
goût, quand elle eft bien préparée. Cette avoine ne fe plaît pas autant
dans un terrein marécageux, que M. *Lawrence* le prétend, puifque par les deux productions dont nous allons parler, il eft bien évident que les terreins oppofés lui font favorables.

M. *Hall* dit, ce font ici fes propres paroles, » J'ai effayé, il y a
» plufieurs années, pour voir comment l'avoine vient dans un fol

» riche J'ai fait ouvrir un pré très-riche de trois acres, fujet
» à l'humidité & fitué en pente douce, qui avec un feul labour
» & fans autre préparation & dans un été bien fec produifit des ti-
» ges qui étoient en général de cinq à fix pieds de haut, & qui
» avoient toutes de bons épis. Et quoique les avoines fuffent dans
» ce tems à un prix affez bas, ma récolte fut eftimée quinze livres
» fterling, *qui valent trois cents quarante livres dix fous de Fran-*
» *ce.* Quelques particuliers en conferverent quelques tiges qui
» avoient plus de fix pieds de hauteur, & qu'ils fufpendirent chez
» eux pendant plufieurs années dans leur fale de compagnie,
» comme une curiofité. Mon fol étoit glaifeux & la fuperficie
» étoit calcareufe.

» Dans ce même voifinage, continue M. *Hall*, on avoit femé
» des avoines noires pendant dix-fept années de fuite, on y avoit
» porté fouvent des engrais, & le terrein avoit rendu toujours d'af-
» fez bonnes récoltes jufqu'à la derniere : c'étoit un fol de pierre
» à chaux, fitué en pente douce ; il y a lieu de préfumer qu'il rece-
» voit quelques principes des terres, fituées au deffus, que les
» pluies lavoient, & qu'elles y alloient dépofer «. Or on voit bien
par le détail que nous venons de faire & qui peut donner des idées
profitables à un certain ordre de Cultivateurs, que les fols marécageux ne font pas, comme le prétend M. *Lawrence*, auffi analogues qu'il le penfe à la végétation de l'avoine. Car fi l'on obferve
qu'on a fait tantôt faucher & tantôt manger ces avoines venues fur
un terrein de glaife ferme, fitué en pente douce & couvert d'une
croute bien mince de chaux, & que l'on a malgré cela recolté
quantité de bonne avoine noire fur un fol de pierre à chaux qui,
comme on le fçait, eft une terre féche ; on verra clairement l'erreur de l'auteur ci-devant cité.

L'avoine nue étant battue, fe réduit en farine fans qu'on foit
obligé de l'envoyer au moulin ; mais elle n'eft pas d'auffi bonne
qualité que celle des autres avoines.

ARTICLE XXX.

Des usages de l'Avoine.

L'Avoine est un grain salubre & propre à autant d'usages que toute autre espéce de grain; ainsi, tout bien considéré, l'avoine étant le plus abondant de tous les grains & celui de tous qui exige le moins de culture, il est évident qu'il est le plus profitable après le froment, auquel on estime même qu'il n'est pas bien inférieur; elle a encore la propriété d'améliorer le terrein & d'y frayer pour ainsi dire, les voies de la végétation à d'autres espéces de grains.

Le pain d'avoine est extrêmement nourrissant. Il n'y a point assurément de nation plus laborieuse que les paysans d'Ecosse; ils resistent à leurs fatigues quoiqu'ils n'ayent pour toute nourriture que la farine d'avoine: ce qui prouve bien que ce grain est de tous, après le froment, celui qui a le plus de substance. Tous les paysans du Nord de l'Angleterre n'ont point d'autre pain & ne boivent que de l'eau. Les plus aisés d'entr'eux ont un peu de beurre ou de fromage & du petit lait ou du lait de beurre pour boisson; rarement mangent-ils de la viande, & ils n'ont d'autre boisson: cependant ils sont bien constitués & vigoureux & resistent parfaitement aux travaux même des carrieres.

Si l'on donne à l'avoine la préparation de la drêche, on en tire une bierre très-fine & très-délicate.

On nourrit toutes sortes de volailles & les cochons avec ce grain: il rend le lard doux & d'un goût excellent. Mais il faut avoir l'attention de donner aux cochons un peu de pois à la fin de ce régime, avant que de les tuer pour donner de la fermeté au lard.

On sçait combien ce grain est favorable aux chevaux puisqu'on en fait leur principale nourriture. Rien de plus salubre pour ces animaux qu'une avoine bien gardée jusqu'à ce qu'elle soit bien séche; on ne les voit point attaqués de ces maladies, souvent funestes, auxquelles cet animal est sujet, lorsqu'on le nourrit de féves.

On fait encore usage de l'avoine pour la nourriture des vaches & des brebis, il n'est point d'aliment qui les fasse tant abonder en lait. Elle donne beaucoup de force aux bœufs, & est très-propre à les engraisser. La paille est un bon fourrage que les bestiaux préferent à celle des autres grains. Elle est encore bien plus substancielle lorsqu'en battant l'avoine on frappe de façon qu'il n'y ait que le gros grains qui sortent de leur enveloppe, & que les petits & légers y restent. La farine d'avoine sert dans la cuisine ; la médecine en fait usage. Ainsi on voit toute l'étendue de l'utilité de ce grain, quoiqu'on lui donne une culture bien moins suivie, moins pénible & moins dispendieuse que celle que toutes les autres espéces exigent.

ARTICLE XXXI.

Des sols propres aux Avoines.

ON séme ordinairement quatre boisseaux d'avoine par acre, mais dans les pays où le terrein est pauvre & où le mauvais usage de jetter beaucoup de semence a prévalu, on en séme six & quelquefois même davantage.

Quant à la semence elle-même, on doit s'en procurer de la plus saine qu'on pourra trouver, & avoir l'attention de la changer au moins de trois en trois ans, c'est-à-dire, de la tirer de différens sols, comme nous l'avons conseillé dans l'article du froment : car cette méthode est si universellement avantageuse qu'il faut la mettre en pratique à l'égard de toutes sortes de grains. Nous ne voyons point encore que l'usage de tremper les avoines s'établisse : le lecteur verra ce que nous en pensons dans l'article des *trempes.*

On dit proverbialement, *qu'un homme alerte doit semer des avoines & un homme lent de l'orge*, ce qui signifie qu'il ne faut pas semer l'avoine si dru que l'orge.

On n'étoit point autrefois en usage de semer les avoines avant le mois de Mars. Mais on est revenu de cet abus ; on laboure dès le commencement de Février, & on séme l'avoine & l'on herse vers le milieu du même mois. On dit même aujourd'hui proverbialement, *plutôt en terre, plutôt dehors.* En effet, on voit par l'expérience que les avoines ainsi traitées acquiérent plutôt leur maturité.

Nous ne sçaurions trop conseiller de passer le rouleau quoique cet usage ne soit point encore pratiqué. Si l'on sçavoit les grands avantages que les habitans du Nord de l'Angleterre en retirent, il n'est point de Cultivateur qui négligeât cet avis.

ARTICLE XXXII.

Maniere de récolter les avoines.

IL y a plufieurs manieres de récolter les avoines, dont les unes font défectueufes, les autres au contraire très-avantageufes. Il eft certain qu'il y a des provinces en France où on les coupe avec autant de foin que le froment ; au lieu que dans quelques autres on n'y apporte pour ainfi dire aucun foin. Dans la Guyenne, par exemple, on laiffe l'avoine fans la lier pendant tout le jour, afin que toutes les parties de la gerbe, que l'on doit faire de plufieurs poignées, foient bien féches ; (car on obfervera que dans ce pays on n'eft point dans l'ufage mal-entendu de faucher les avoines) ils lient enfuite & forment des gerbes qu'ils rangent en tas & font un capuchon de deux gerbes que l'on met fur la partie fupérieure du tas, & qui les couvrent parfaitement. On laiffe ainfi ces tas pendant plufieurs jours fans qu'ils puiffent être endommagés ; en cas que le tems fe difpofe à la pluie, on faifit le premier jour fec pour les emporter ; de forte qu'en fuivant exactement cette méthode, il arrive très-rarement que les avoines foient altérées ; mais quand même on les enfermeroit mouillées, il eft certain qu'elles en fouffrent moins dans la grange qu'aucun autre grain quelconque: dans les pays Septentrionnaux, au contraire on fauche ce grain dont on ne connoît pas fans doute toute la valeur & tous les avantages ; on lie tout de fuite les gerbes, de forte qu'il n'a point le tems de fécher & qu'il eft chargé de beaucoup de mauvaifes herbes qui en altèrent confidérablement la paille par leur humidité & leur mauvais goût, & le grain par le mélange de leur graine. Comme on croit avancer beaucoup plus la befogne en fauchant l'avoine, on penfe épargner confidérablement, ce qui eft une erreur d'autant plus fenfible, qu'on n'a qu'à la faire couper comme le froment par des journaliers experts comme le font les Limoufins & les moiffonneurs qui viennent de l'Auvergne, & qu'on verra que le prix qu'ils mettent à leur travail n'excède point celui que le faucheur y met, que la dépenfe fera par conféquent égale & l'opération auffi-tôt finie, & que les avoines en feront plus belles, plus nettes, les pailles d'une meilleure qualité & qu'enfin les profits feront plus grands. Il faut entrer

en

en agriculture dans tous ces petits détails si l'on veut ne pas trouver à chaque instant des raisons de ne pas se rebuter par la comparaison des soins, des peines, des dépenses, avec la modicité des produits.

Nous devons, avant que de fermer cet article, avertir que si l'on diffère de semer l'avoine, comme cela arrive quelquefois, jusqu'au mois d'Avril, il faut avoir l'attention de faire bien entrer la semence en terre avec la herse. Il est en effet des terreins si humides que le Cultivateur est obligé d'attendre ce mois pour semer son avoine.

ARTICLE XXXIII.

Du produit & des autres avantages de l'Avoine.

Mr *Miller* parle des avoines comme d'un grain très-avantageux pour les Cultivateurs. Il dit que leur produit ordinaire est de vingt-cinq boisseaux pour un, & qu'il a même appris qu'il montoit quelquefois jusqu'à trente boisseaux par acre : cela s'appelle, dit M. *Hall*, connoître bien peu la fécondité de ce grain ; puisque, ajoute le même auteur, sur les terreins même très-médiocres on récolte ordinairement trente-deux boisseaux, & que quarante-huit boisseaux sur des terreins passablement fournis de principes font une récolte qui ne doit pas surprendre. On en a même après un seul labour recueilli jusqu'à quatre-vingt boisseaux sur un acre de terre.

„J'ai recueilli cent boisseaux d'avoine noire, dit encore M. *Hall*, „d'un acre, n'ayant donné qu'un labour sans avoir passé „le rouleau, & sans le secours d'aucun engrais quelconque. Il est „très-ordinaire d'avoir quarante ou cinquante tas sur un acre, „chaque tas qui contenoit vingt-quatre gerbes, les avoines étant „bonnes, & les gerbes étant remplies & de la grosseur ordinaire, „rendoient depuis un boisseau trois quarts jusqu'à deux boisseaux & un quart : de sorte qu'il n'est point étonnant de voir un „acre de bon terrein produire cent boisseaux. J'ai connu, ajou-„te cet auteur, un Fermier très-expérimenté qui avoit récolté „trois cents tas de très-bonne avoine noire sur un terrein sec „de pierre à chaux par la culture ordinaire, n'ayant donné qu'un „seul labour. J'ajouterai un exemple de plus, qui, quoiqu'il n'ait „rien d'extraordinaire pour moi, doit cependant tenir du miracu-

„ leux pour ceux qui s'imaginent que trente-deux boisseaux font
„ une bonne récolte. C'est un champ fort étendu & qui semé
„ d'avoine dans le pays d'*Esson* a produit soixante-quatre bois-
„ seaux par acre dans toute son étendue. Cette récolte avoit
„ succédé à une récolte de froment. Voici de quelle façon le
„ Fermier avoit traité son terrein.

„ Le terrein étant fort sec après la récolte de froment il mit le
„ feu au chaume & rendit son terrein bien net. Il donna ensuite
„ trois bons labours & laissa les sillons en dos arrondi pendant
„ tout l'hiver. Il l'ensemença d'avoine comme à l'ordinaire au
„ printems & en retira le produit dont je viens de parler.

„ On s'imaginera peut-être, continue M. *Hall*, que ces trois
„ labours doivent avoir beaucoup coûté (rien en effet de plus rare
„ qu'une telle culture pour les avoines) mais lorsqu'on entre-
„ tient le terrein dans un cours exact de labourage, un homme
„ peut en labourer avec deux chevaux deux acres ou au moins un
„ acre & demi par jour; ainsi l'on voit que cette opération ne peut
„ pas être bien dispendieuse; Puisque le cours des trois labours
„ pour un acre n'équivalent pas tout au plus deux jours. D'ail-
„ leurs, outre que l'on peut s'attendre à une bonne récolte de la
„ production qui doit suivre celle de l'avoine, c'est que ces
„ labours entretiennent le terrein bien ameubli & débarrassé des
„ mauvaises herbes; l'on sent combien d'avantages doivent
„ en résulter pour les productions suivantes.

Si nous nous en rapportons à un autre auteur, cité par M. *Hall*,
nous verrons encore se confirmer ce que l'on vient d'avancer. „ La
„ plûpart des Cultivateurs, dit-il, sément des avoines pour deux
„ raisons, d'abord parce qu'elles affoiblissent un terrein neuf,
„ c'est-à-dire, parce qu'elles lui ôtent le *trenchant*, ensuite par-
„ ce qu'elles procurent à un vieux terrein tous les avantages qui
„ peuvent résulter du changement de production; il ajoute que le
„ produit ordinaire d'un acre semé en avoine est de soixante-seize ou
quatre-vingts boisseaux quand le terrein est secouru de quelque engrais qui lui est analogue; de sorte qu'une récolte ordinaire d'avoine
excède de beaucoup une récolte d'orge, & que par conséquent
quand le terrein qu'on destine aux avoines reçoit les secours des engrais que l'orge exige, la récolte doit en être double, & qu'elles
méritent la préférence à tous égards, puisque le prix de l'une
& de l'autre est égal, ou peu s'en faut. Cette préférence paroîtra
d'autant plus juste que plusieurs Cultivateurs croyent que leur

produit eſt preſqu'égal à celui du froment. Nous allons en conſidérer tous les avantages pour ne pas faire illuſion à notre lecteur.

ARTICLE XXXIV.

Des véritables avantages des Avoines.

L'Avoine a trois grands avantages ſur tous les autres grains blancs. Le premier eſt de végéter & de produire paſſablement ſur des ſols où nul autre grain ne peut que languir & même ne pas germer ; le ſecond eſt d'être abondante lorſqu'on la ſéme ſur quelque bon pré ou terrein à pâturage que l'on ne fait qu'ouvrir : nous en avons déja rapporté des exemples ; de ſorte que ſans dépenſe de labour & d'engrais elle produit des récoltes qui ſurprennent : d'ailleurs on ſçait par expérience que cette production eſt celle qui de toutes prépare le plus parfaitement le terrein pour le froment, objet des plus importans pour tous les pays à bled ; le troiſiéme avantage de l'avoine vient de la bonté de ſa paille pour la nourriture des beſtiaux. Cet objet doit ſans doute entrer pour quelque choſe en ligne de compte, puiſqu'en effet ces animaux la préferent à toute autre paille ; car en effet, ſi l'on en excepte celle de froment, toutes les autres pailles n'ont aucune valeur. Celle de froment, il eſt vrai, eſt ſupérieure à celle d'avoine pour couvrir les maiſons ; mais du moins celle de l'avoine peut-elle ſervir au même uſage, puiſqu'elle dure pendant pluſieurs années. Et pour tout dire enfin, un bon Cultivateur doit regarder cette paille comme un des plus grands avantages qu'il retire de ce grain.

Si nous conſidérons les avantages qui réſultent en général des autres grains, nous pouvons avancer qu'il n'en eſt point que tout au moins elle n'égale. Premierement elle ſert au Fermier d'occaſion de varier ſes productions, qui eſt un très-grand avantage pour l'Agriculture en général & particulierement dans la nouvelle méthode. On remarque encore que ce grain ne porte aucun préjudice à aucun de ceux qu'on ſéme après lui : bien au contraire, il paroît favoriſer toute eſpèce de culture que la ſituation & le plus ou le moins de fertilité du terrein peuvent permettre.

Un autre avantage non moins digne de la conſidération du Cultivateur, c'eſt qu'on a le tems, après qu'on a fait la récolte de

quelqu'autre production, de laiſſer la terre s'améliorer par le repos qu'on lui donne & par les gelées de l'hiver, puiſqu'on ne ſéme
l'avoine qu'au printems ſuivant.

Enfin la graine eſt ſupérieure à beaucoup d'autres grains en ce
qu'on peut la ſemer avec des herbes artificielles, & que de ce mêlange dépendent preſque tous les avantages de la nouvelle culture.

Ecoutons un auteur moderne qui donne la préférence à l'avoine ſur l'orge. Voici les paroles dont il ſe ſert : » L'avoine eſt de
» tous les grains le plus propre à être ſemé avec quelque herbe,
» ſi le terrein eſt en bon labour; parce que les tiges de l'avoine
» ſe tiennent plus fermes que celles de l'orge & que par-là les her-
» bes ſont moins expoſées.

C'eſt avec raiſon que cet auteur obſerve, *ſi le terrein eſt en bon la-*
bour, puiſqu'il eſt fort rare qu'on lui donne autant d'engrais pour
de l'avoine quand on y ſéme des herbes artificielles, que pour l'orge, & que l'on doit s'attendre à une récolte inférieure d'herbes,
lorſque le terrein eſt dans un moins bon état. Mais la meilleure façon
qu'il y ait de juger de la ſupériorité de l'une ou de l'autre de ces
productions, c'eſt de voir quand les terreins ſont d'une égale bonté, laquelle réuſſit le mieux : nous terminons cependant cet article,
en diſant que l'avoine a aſſez d'autres avantages ſur l'orge, comme
on peut en juger par ce que nous en avons dit ci-devant, & par les calculs que l'on va voir.

ARTICLE XXXV.

Calculs du profit des Avoines.

NOus ne mettrons point dans ce calcul les récoltes d'avoine à soixante-douze ou quatre-vingt boisseaux, ce qui cependant arrive souvent. Nous les bornerons à quarante-huit, ce qu'on peut appeller encore une bonne récolte.

En estimant l'avoine un sixiéme moins que la valeur de l'orge, nous la comptons à vingt sous le boisseau; ainsi quatre septiers produiront quarante-huit livres, la paille payant les frais de la moisson. La mise dehors est telle qu'on va le voir : pour la semence sept livres dix sols; pour labourage, ensemencement, hersage & roulage, sept livres dix sols; pour fermage, neuf livres; pour l'engrais, quoiqu'il soit rare qu'on en donne aux terreins qu'on destine à l'avoine, onze livres quinze sous, de sorte que toute la mise dehors monte à trente-cinq livres quinze sous qui, déduites des quarante-huit livres, laissent de profit clair & net au Cultivateur treize livres cinq sous par acre Angloise qui contient environ soixante-quinze perches de l'arpent de France; de sorte qu'il est bien évident que les avoines méritent à tous égards la préférence sur les orges à l'égard des profits que le Cultivateur tire de l'une & de l'autre. Enfin il est assez ordinaire de voir l'avoine produire douze pour un : il est peu de grains qui produisent davantage.

Nous n'entendons parler que des avoines blanches dans ce calcul que nous venons de faire; il est des auteurs Anglois qui paroissent vouloir insinuer que les grands avantages de ce grain consistent en ce qu'il vient au Nord de l'Angleterre où aucun autre grain ne peut réussir. Il est important d'examiner cet article, pour que les Cultivateurs ne se découragent point, en quelque pays qu'ils soient situés, & pour leur faire voir qu'avec un peu d'intelligence & de prudence ils peuvent entreprendre la culture de toutes sortes de grains & de végétaux, en observant toutefois de ne pas se livrer trop légerement à des essais trop dispendieux.

»Pour prouver, dit M. *Hall*, que de petits essais peu dispen-»dieux conduisent souvent un Cultivateur actif & intelligent »à des découvertes considérables & très-souvent avantageuses,

» il n'y a qu'un très-petit nombre d'années que dans la parroiſſe
» d'*Athcover* près de *Cheſterfield*, dans le Comté de *Derby*, on ne
» cultivoit point du tout du froment, quoiqu'aujourd'hui la cul-
» ture de ce grain y ſoit la dominante. Cette innovation eſt dûe
» à une femme qui née dans un pays de bled, avoit porté ſon
» mari à faire quelqu'eſſai de froment, puiſqu'il y avoit dans ce
» pays de la chaux. Le mari y ayant conſenti, a eu un ſuccès qui a
» encouragé tellement tous les autres habitans, qu'aujourd'hui la
» culture du froment y eſt généralement établie.

Le bled, les végétaux doivent principalement leur bonne qualité à la nature du ſol, à la bonne qualité de l'air, à la ſituation favorable, aux abris & à une bonne chaleur; toutes ces circonſtances
ſe trouvent ſans contredit dans toutes les parties de ce royaume.
Pour donner une idée bien nette de la chaleur, nous donnons ici la
table des différentes quantités de chaleur dans différens endroits du
royaume, telles qu'elles ont été calculées par de très-ſçavantes
perſonnes; nous avons rapporté, pour épargner la peine à nos lecteurs d'en faire l'application, la table qui regarde le royaume d'Angleterre à celui de France. (*)

(*) Table de la quantité de chaleur du Soleil à midi, quand il est le plus élevé au Solstice d'Eté & vers les deux Equinoxes,

Degrés de Latitude.	Noms des Lieux.	Chaleur Juin 10.	Chaleur vers les Equinoxes.
SOLEIL vertical.	. . . .	100.....	100.
50.....	La pointe du Lizard ..	80....	36 $\frac{1}{2}$.
51 $\frac{1}{2}$...	Londres.	78....	32 $\frac{1}{3}$.
52 $\frac{1}{2}$....	Yelverton dans le Comté de Northampton.	76....	32 $\frac{1}{2}$.
53 $\frac{1}{2}$....	Lincoln.	75....	31.
55....	Newcastle. . . .	72....	29.
56....	Edimbourg. . . .	70....	28.
49.....	Paris.	81 $\frac{2}{3}$...	43 $\frac{1}{4}$.
48....	Orléans.	83....	44.
46 $\frac{1}{2}$..	Poitiers.	84 $\frac{1}{2}$...	45 $\frac{1}{2}$.
45....	Bourdeaux.	86 $\frac{3}{4}$...	47 $\frac{1}{4}$.
43 $\frac{1}{2}$...	Bayonne.	88 $\frac{1}{4}$...	49 $\frac{1}{4}$.
49....	Paris.	81 $\frac{2}{3}$...	43 $\frac{1}{4}$...
48 $\frac{1}{2}$...	Fontainebleau . . .	82 $\frac{1}{4}$...	44 $\frac{2}{3}$...
46 $\frac{1}{2}$...	Moulin en Bourbonnois.	84 $\frac{2}{3}$...	45 $\frac{1}{2}$...
45 $\frac{3}{4}$...	Lyon.	86 $\frac{1}{4}$...	47 $\frac{1}{4}$...
43 $\frac{1}{4}$...	Marseile.	88 $\frac{1}{2}$...	49 $\frac{1}{2}$...
49..:.	Paris.	81 $\frac{2}{3}$...	43 $\frac{1}{4}$...
49 $\frac{1}{2}$...	Metz.	81....	42 $\frac{2}{3}$...
48.....	Luneville.	82....	44....
48 $\frac{1}{2}$...	Strasbourg.	81 $\frac{3}{4}$...	43 $\frac{1}{2}$...
49....	Paris.	81 $\frac{2}{3}$...	43 $\frac{1}{4}$...
50....	Peronne.	80....	36 $\frac{1}{2}$...
50 $\frac{1}{2}$...	Lille.	79 $\frac{1}{2}$...	33 $\frac{1}{4}$...
51.....	Dunquerque. . . .	78 $\frac{2}{3}$...	30 $\frac{1}{2}$...

pour les différentes latitudes depuis 50 degrés jusques à 56 pour l'Angleterre, en commençant à la pointe du Lizard, & finissant à Edimbourg, & depuis 43 degrés & ¼ jusqu'à 51 degrés pour la France.

On suppose que le Soleil étant vertical, la chaleur est de cent degrés, & qu'à mesure qu'on avance vers le Nord, la chaleur diminue.

Le sçavant qui nous a fourni cette table & ces calculs, observe avec raison que quoiqu'elle marque la différence réelle de la chaleur méridienne du Soleil dans différentes latitudes, on n'y porte pas en compte le plus grand nombre d'heures que le Soleil est au-dessus de l'horison dans la latitude Septentrionale, plus que dans la méridionale qui est le point principal qu'on doit considérer ici. Il assure que pendant l'été entre les deux équinoxes, tems où les fruits meurissent, il y a au moins cent heures de Soleil de plus à *Durham* qu'à *Plimouth*; comme il seroit aisé, dit il, de le prouver par une table particuliere.

Il y a beaucoup d'autres circonstances auxquelles il faut avoir égard, qui sont en faveur des pays situés vers le Nord; circonstances qui peuvent les mettre au niveau ou même leur donner la supériorité sur certains pays plus méridionaux; on peut encore ajouter le nombre plus grand d'heures de Soleil dont les premiers jouissent au-dessus des derniers.

Autre avantage: les différentes & excellentes sortes de sols qu'on trouve fréquemment dans les pays Septentrionaux, que tout le monde convient être un article important, si on compare ces sols avec certaines autres espéces de sols qu'on trouve dans les pays méridionaux.

Autre avantage: c'est que dans les pays montagneux que l'on méprise ordinairement, il y a des vallées qui sont garanties de tous les vents par ces mêmes montagnes; elles sont si fertiles & leurs principes si augmentés par la réflexion de la chaleur du Soleil, par la position des montagnes, qu'elles sont aussi propres aux productions que les meilleurs pays méridionaux. Que l'on donne à ces terreins la même culture ils rendront d'aussi bonnes récoltes & d'aussi bonne heure que tout autre terrein différemment situé; & leurs productions seront d'une aussi bonne qualité que celles des pays méridionaux.

On avoit toujours regardé *Bunton* comme un endroit extrêmement stérile & situé de la façon la plus désavantageuse. On tiroit tous les légumes pour la subsistance des habitans & des voyageurs de plus de vingt lieues. Cet endroit si stérile autrefois est aujourd'hui si bien cultivé qu'il produit toutes les choses nécessaires pour la vie.

Ces exemples venant à l'appui de ce que nous avons dit ci-dessus,

prouvent

prouvent indubitablement que les pays du Nord font propres à la végétation des mêmes grains & des mêmes végétaux que bien des perfonnes croient ne pouvoir venir que dans les pays méridionaux.

Les terreins glaiſeux qui ordinairement font regardés comme les
plus défavorables à la germination du bled font cependant préparés
par une bonne culture, au point de produire le meilleur froment.

Tous les bons Cultivateurs font perſuadés qu'un ou deux dégrés
de latitude n'influent pas à beaucoup près tant fur les productions
que la nature & la fituation du fol ; & que fi l'on vouloit dans les
pays Septentrionaux cultiver des végétaux curieux, on les y feroit
venir parfaitement. Or cette obſervation doit avoir beaucoup
plus de force relativement au bled & autres végétaux qu'aux
fruits & aux végétaux qui font de pure curioſité.

Il réſulte de ce qu'on vient de dire que la plus grande & la plus
eſſentielle différence de chaleur pour meurir les fruits, le bled &
d'autres végétaux, vient principalement de la nature du fol &
de fa fituation ; comme, par exemple, d'un endroit fitué au côté
méridional ou Septentrional d'une montagne, ou fitué fur le fommet ou dans la vallée, ou à couvert ou expoſé aux vents, ou fitué dans
une glaiſe froide , ou fur un fablon fur un gravier chaud. Voilà
les principales circonſtances qui méritent toute l'attention du Cultivateur.

Car il eſt très-évident qu'un jardin dont le terrein eſt fitué en pente douce fur le côté Méridional d'une montagne reçoit plus de rayons
du Soleil que la même quantité de terrein, fitué en plaine, & que
le premier retire réellement plus d'avantage de la chaleur du Soleil
que n'en procurent quelques dégrés de latitude méridionale de
plus, *cæteris paribus ;* cette obſervation devient d'une conſéquence encore plus évidente fi le terrein fitué dans un pays méridional penche vers le Nord : il en eſt de même des glaiſes froides ou
graviers chauds ; fi le terrein eſt à l'abri des vents ou non.

Quant aux inconvéniens qui réſultent ordinairement de l'inégalité des faiſons, de la violence des vents & des changemens fu-
bits du tems, on ne peut pas dire qu'ils portent plus de préjudice
aux pays Septentrionaux qu'aux Méridionaux.

Toutes ces obſervations peuvent fervir non feulement à con-
foler les Cultivateurs qui font fitués au Nord ; mais encore à les
encourager à donner toute leur application, & à tourner toute
leur induſtrie vers la culture de leurs terres , puiſqu'en agiſſant
comme ceux dont nous leur avons mis fous les yeux les fuccès, ils

peuvent s'attendre à voir leurs dépenfes & leurs peines également récompenfées.

De-là ils peuvent tirer quantité d'inductions utiles, quant à la façon de traiter leurs grains & leurs racines, & quant aux avantages qu'ils peuvent retirer des qualités différentes de leurs fols & de leurs différentes fituations, foit qu'ils foient expofés au midi, foit qu'ils le foient au nord, & des abris qu'ils ont ou que l'on peut leur donner ; puifqu'on obferve ordinairement qu'un côté de terrein à bled qui a différentes fituations eft plus clair-femé que les autres. On peut en dire autant des fruits & des autres végétaux.

Nous revenons aux avoines puifqu'il nous refte encore quelques obfervations à faire fur la façon de les garder & de les conferver.

ARTICLE XXXVI.

De la maniere de garder les Avoines.

L'Avoine a encore un grand avantage, c'eft de fe conferver plus facilement que toutes les autres efpéces de grains.

Nous avons déja fait voir combien peu elle eft fujette à s'endommager fi on la retire dans la grange ou fi on la met en tas ; elle l'eft moins que les autres grains, parce que fa paille qui eft douce & féche ne fe moifit pas fi facilement.

L'avoine fe conferve auffi très-bien après avoir été batrue & gardée dans de la paille hachée, à moins qu'on ne l'enferme humide ou qu'on ne l'expofe à prendre un certain dégré d'humidité, qui gâte tout autre bled quelconque.

Mais la principale façon de garder la farine de ce grain dans les endroits où l'on s'en fert en guife de pain, c'eft de la mettre dans un coffre de bois où on peut la conferver pendant plufieurs années. Cette méthode eft fort en ufage, dans les pays où l'on fait le pain de cette farine.

CHAPITRE XXV.

Des Féves.

LA féve fut aussi estimée que connue des Anciens. M. *Ray* observe qu'il y a de grandes contestations entre les Botanistes, pour sçavoir si la féve des Anciens étoit la même que celle qu'on séme communément parmi nous. Puisqu'il paroît par ce que *Théophraste* & *Dioscoride* disent que la féve des Anciens étoit petite & ronde.

Cependant comme ce même auteur l'observe dans un autre endroit, il paroît incroyable qu'un légume si connu & d'un usage si commun ait été abandonné si longtems, & qu'on en ait substitué un autre à sa place sans que nous trouvions quelque auteur qui en fasse mention.

Mais nous pouvons conjecturer que la féve des Anciens, telle qu'elle est décrite par M. *Ray*, petite & ronde, & dont on faisoit anciennement un si grand usage, paroît plutôt ressembler à celle qu'on appelle aujourd'hui féve de *Magazan*, dont nous aurons occasion de parler, qu'à celle que nous semons ordinairement.

ARTICLE I.

Des différentes sortes de Féves.

IL y a deux principales sortes de féves. La petite féve ou féve commune des champs ou féve de cheval qu'on séme ordinairement dans les champs, & la grande féve de jardin de différentes sortes & de différentes couleurs, mais dont la plus grande partie est blanche, quelquefois rouge.

La féve a une fleur formée en papillon, qui est remplacée par une cosse longue, remplie de gros grains. Ses tiges sont fermes & creuses ; les feuilles viennent deux à deux. Les Fermiers ordinaires ne sément guéres en plein champ que les petites féves ou féves de cheval ; mais comme plusieurs espéces de féves, qu'on appelle de jardin, sont aujourd'hui cultivées dans les champs, & qu'elles peuvent avec plus d'avantage pour le Cultivateur être également traitées dans les champs, les unes & les autres méritent une place dans un ouvrage comme celui-ci, où l'avantage du Fermier doit être principalement ménagé dans tous les articles. En effet si l'on considere bien la chose, un jardin n'est qu'un petit champ bien cultivé, de même que ce que nous appellons un champ n'est autre chose qu'un grand jardin susceptible de tous les traitemens & de tous les soins qu'on donne à un jardin ordinaire, & ce champ vaste cultivé avec les mêmes soins & secondé d'un engrais proportionné produira à proportion non-seulement en féves mais encore en toute autre sorte de production.

Les sortes que l'on cultive ainsi, sont la féve commune des champs, la féve précoce qu'on appelle de Lisbonne ou de Portugal, qui est celle que les Jardiniers cultivent le plus ordinairement & qui de toutes est celle qui acquiert le plutôt sa maturité & que l'on estime beaucoup à cause de cet avantage. On la séme souvent en Octobre & en Novembre, elle ne demande pas tant de Soleil que de bons abris tels que les grandes hayes & les grands arbres qui sont favorablement placés, les donnent contre l'est, le nord & l'ouest. Car il n'est point de Cultivateur, pour peu intelligent & assidu qu'il soit à considérer les progrès de la végétation qui ne sçache que les végétaux souffrent beaucoup dans les saisons rudes lorsqu'ils sont exposés aux gelées ou qu'ils sont couverts de neiges & qu'ils restent ensuite à découvert pendant le dégel ; ce qui est l'accident le plus nuisible qui puisse arriver à tout fruit ou tel autre végétal précoce quelconque.

M. *Derham* observe que la neige conserve des corps en bon état pendant trente ans, & qu'elle garantit le bled contre les vents froids & perçans. Dans son histoire des grands froids de sept cent neuf, il remarque que bien de petits champs de froment s'étoient sauvés du grand froid dans les endroits où ils étoient garantis par des hayes bien épaisses & élevées, & sur-tout dans les parties qui étoient pendant le plus de tems couvertes de neige. » Les » champs, dit cet auteur, où le vent avoit dispersé la neige, » souffrirent beaucoup plus ; le meilleur froment fut récolté sur » des piéces situées en pente douce & exposées à l'Ouest ou au » Sud-Ouest, sur-tout lorsqu'elles étoient garanties du côté de l'Est » par quelque montagne ou par quelque bois qui mettoit la pro-

₥ duction à couvert des vents froids & perçants de l'Eſt & Nord-Eſt.

Pluſieurs autres Sçavans appuyent cette opinion, ils ont ob-ſervé que le vent d'Eſt eſt ſouvent plus préjudiciable dans le prin-tems après quelques jours favorables que toutes les gelées de l'hi-ver, puiſque par ces changemens ſubits du tems les vaiſſeaux des arbres & des plantes ſe criſpent & ſe reſſerrent, & enfin ſe bouchent. Le ſuc crud qui ne circule plus ſe change en une eſpéce de pus & de-vient dans les arbres & les plantes à peu près ſemblable à la matiere des angelures dans les jeunes gens. Ce mal attaque ſouvent & s'em-pare de toute la capacité du végétal, quelquefois auſſi il ſe fixe à quelques branches.

Or ce que nous venons d'obſerver avec cet auteur étant d'une très-grande conſéquence & pouvant être appliqué à différens cas, nous avons cru devoir en faire mention ici une fois pour toutes, tant pour l'avantage du fermier relativement aux champs que pour celui des particuliers relativement à leur jardin.

On ſemoit ordinairement autrefois des féves précoces & au-tres productions ſemblables contre les murs, pour leur procurer du Soleil; nous apprenons par les expériences de nos jours que cet-te méthode eſt ſouvent dangereuſe, & que par conſéquent il eſt plus avantageux de les ſemer contre les hayes; c'eſt pourquoi quand on veut bien remplir cet objet on fait tout autour des jardins des hayes de roſeaux bien entrelaſſés & qui ſont très-faciles & d'une prompte venue; cependant avec toutes ces attentions & en ſuppo-ſant qu'elles ayent tout le ſuccès que l'on deſire, elles ne vien-nent qu'environ une ſemaine ou dix jours plutôt que celles qu'on ſéme dans le printems & n'ont pas plus de qualité.

La petite féve d'Eſpagne vient d'abord après la féve de Liſbonne; elle eſt beaucoup plus douce & mérite par conſéquent la préfé-rence qu'on lui donne ſur l'autre.

La féve large d'Eſpagne eſt d'un grand produit, & comme elle eſt plus précoce que les eſpéces communes on l'eſtime beaucoup.

Il y a en Angleterre une eſpéce qu'on appelle féve de *Sand-wich*, elle vient d'abord après celle d'Eſpagne, elle eſt preſque auſſi groſſe qu'une autre eſpece qui vient dans le même Royau-me & que l'on appelle féve de *Windſor*; elle rapporte beau-coup; elle eſt dure & vigoureuſe: on peut par conſéquent la ſemer un mois plutôt que les autres.

Les féves noires & blanches deviennent fort vertes après qu'el-les ſont cuites, elles ſont douces, mais la ſemence eſt fort ſujette à dégénérer.

La féve de *Windsor* est sans contredit la meilleure de toutes pour la table , & quand on la cueille jaune elle est la plus douce & celle qui a le meilleur goût. Lorsque ces féves ne sont pas semées dru, qu'elles ont de la place, & un bon sol, elles rapportent beaucoup & sont fort grosses.

On séme cette espéce rarement avant Noël, parce qu'elle ne soutient pas si bien les gelées que les autres sortes, elle donne ordinairement en abondance dans le courant du mois de Juin & de Juillet.

La féve de *Magazan* est réputée la premiere & la meilleure des féves précoces que nous connoissions. Le grain en est beaucoup plus petit que celui des féves de cheval ; elle est donc celle qui ressemble le plus à la féve dont les Anciens font mention.

Si l'on séme ces féves en Octobre auprès d'une haye ou d'une palissade & qu'on releve la terre à mesure que leur végétation fait des progrès , elles donnent en Mai & donnent en abondance.

On les apporte des côtes d'Afrique. Cultivées en Angleterre, elles produisent des grains plus gros, mais elles ne mûrissent pas sitôt. Dans les parties méridionales de la France il est certain qu'elles seroient presqu'aussi précoces & d'une aussi bonne qualité que dans leur pays natal.

Toutes ces espéces différent assez sensiblement par leur forme. Elles veulent être semées dans des tems différens, & varient beaucoup pour le tems de leur maturité de même que pour le goût. Elles différent aussi dans le dégré de propriété qu'elles ont de resister plus ou moins aux rigueurs du tems. Tous les auteurs prétendent que toutes ces différences ne sont qu'accidentelles & qu'elles sont très-sujettes à dégénérer. C'est ce qui doit déterminer à se procurer de tems en tems de la bonne semence.

Il faut avoir l'attention de relever les féves dès qu'elles ont atteint deux pouces de hauteur ; ce soin doit être renouvellé deux ou trois fois dans leur croissance. Dans les tems rudes il faut les couvrir de fougere , de défroques de pois, ou d'autres choses légeres, mais qu'il faut enlever dès que le tems se radoucit.

Plus tard les féves poussent, moins il faut de semence & de soin. Lorsqu'on les séme tard il faut les mettre à de plus grandes distances. On peut semer celles de *Windsor* par rangs qui soient à la distance de deux pieds & demi l'un de l'autre, & mettre les grains dans les rangs à trois pouces de distance. Si on les met un peu plus éloigné on ne fera que mieux.

Il faut en ôter les mauvaises herbes avec beaucoup de soin, &
les relever de terre, & quand elles font en fleur, avoir soin de les
étêter. Par-là on fait groffir les coffes & l'on détruit les mouches
qui leur portent beaucoup de préjudice. Plus on les féme tard plus
elles demandent d'humidité. Il eft auffi très-avantageux de les
élaguer quand elles ont atteint un pied de hauteur.

Il eft certain que nous paroiffons d'abord nous écarter de notre principal objet, qui eft le laboureur; mais comme aujourd'hui
nous pouvons efpérer qu'on fera paffer la culture de ces féves jufques dans les champs, nous ofons nous flatter que cette raifon jufti-
fiera le détail dans lequel nous fommes entrés.

ARTICLE II.

De la femence des féves, de la façon de la tremper & de la femer.

NOus ne fçaurions trop fouvent faire obferver combien il eft important de bien prendre garde au choix des femences, fur-
tout quand on les tire des pays éloignés ou de chez l'étranger;
car, nous l'avons déja dit, on ne doit pas attendre une récolte feulement paffable d'une femence altérée ou tout-à-fait mauvaife;
& quand elle eft médiocre il faut en employer une plus grandé quantité pour compenfer les accidens.

On peut femer ou planter les féves de quatre façons différentes.

Anciennement on labouroit le terrein, on le laiffoit ainfi quelque tems, on femoit enfuite à la volée, & l'on tâchoit avec la herfe
de faire entrer la femence. Or cette méthode a été prefque toujours infructueufe, parce que la graine eft trop expofée aux oifeaux ou aux chaleurs du Soleil qui la defféche, parce qu'elle n'a
point affez de profondeur.

Actuellement on la féme en fillon, on la recouvre avec la charrue d'auffi peu de terre qu'il eft poffible. Il eft des Cultivateurs
qui, dans les terreins très-fermes, paffent la herfe après la pluye auffi-
tôt que les féves commencent à pouffer. Il faut avoir grande attention à ne pas labourer trop profondément de peur d'enterrer la
femence & de faire en forte qu'elle foit couverte de terre molle;
car tous les grains qui font dans des cavités fe moififfent & meurent.

Il y a quelqu'endroit en Angleterre où l'on se sert de la charrue à semoir ; mais quoique cette culture puisse convenir à quelques égards à cette espéce de grain, il y a des cas où elle n'est pas trop praticable, par exemple, dans un terrein bien ferme : d'ailleurs, la forme de la féve n'est pas propre à s'adapter au semoir. Lorsque nous parlerons de la culture des pois, nous ferons quelques remarques sur les objections qu'on peut faire contre cette méthode.

On plante aussi les féves à la main par rangs ; on fait des trous avec une espéce de fiche de bois à environ trois pouces de distance, bien entendu que le terrein a été auparavant bien préparé. On épargne beaucoup de dépense d'autant plus que les femmes sont en état de s'acquitter de cette fonction & que l'on n'emploie pas tant de semence en comparaison de celle qu'il faut jetter quand on séme suivant la méthode ordinaire. Mais nous voudrions bien que l'on préférât la truelle à la fiche, qui expose la semence à se trouver dans des cavités, au lieu que l'instrument que nous proposons laisse la terre plus dégagée autour des féves, ce qui leur donne la facilité de se déveloper & de pousser plus librement leurs petites racines en terre.

Il y a plusieurs façons de traiter cette plante pendant qu'elle est sur pied, soit avec la houe à la main, méthode très-usitée parmi les Jardiniers qui plantent les rangs à la distance qu'ils veulent, soit pour mettre d'autres productions dans les intervalles, soit pour donner aux racines des féves plus d'espace, ou enfin avec une petite charrue qu'on passe entre les rangs, & c'est celle dont nous avons parlé ci-dessus à l'article froment ; il y a encore une autre façon bien simple de dégager les féves des mauvaises herbes ; elle consiste à y faire entrer les moutons ; ils ne portent aucun préjudice & mangent toutes les herbes qui dérobent la nourriture de cette production.

Nous disons que l'usage de la truelle est à tous égards préférable ; puisqu'on donne la profondeur qu'on veut & qui convient à la semence, & que comme nous l'avons déja dit, elle se trouve entourée de terre bien divisée, dans laquelle les racines peuvent s'étendre en tout sens, & qu'au contraire avec la fiche on comprime de tous côtés la terre, ce qui forme un obstacle au dévelopement de la semence & à l'extension des racines qu'elle pousse.

Dans un terrein qui est préparé convenablement, on peut faire usage de la charrue ordinaire. Nous présumons que de semer à la main tout du long de la raye avec une charrue, comme nous

l'avons

l'avons dit ci-deſſus à l'article du froment, pourroît être également très-utile aux féves.

Quant à la façon de tremper les féves, on n'eſt guere en uſage de leur donner quelque trempe quand on veut les femer en plein champ; parce que la faiſon dans laquelle on les féme eſt ordinairement humide, & que par conféquent ſi on les faiſoit tremper on s'expoſeroit à les voir germer : mais elles ſupportent fort bien la trempe ; on la donne en effet à celles qu'on féme tard dans les jardins ; elles réuſſiſ-fent parfaitement bien.

Nous ne répéterons point ici ce que nous avons dit touchant la maniere de tremper en général ; nous y renvoyons le lecteur comme à la ſource de toutes les inſtructions dont il peut avoir beſoin fur cet article.

Nous nous bornons ſeulement à dire qu'on peut les faire tremper avec fuccès dans du lait tout pur ou dans du lait mêlé avec de l'eau, ou dans de l'eau qui s'épanche d'un tas de fumier, ou enfin dans de l'eau dans laquelle on a diſſout du crotin de mouton : on laiſſe dans ces eſpéces de liqueurs la femence pendant douze ou vingt-quatre heures, ſuivant que le tems eſt plus ou moins humide. Nous n'a-vons pas fait mention de la féve qu'on appelle haricot. Nous pré-venons ſeulement le lecteur, qu'il feroit fort dangereux de la faire tremper dans une trempe quelconque.

La quantité ordinaire de femence que l'on jette ſur un acre eſt d'environ trois boiſſeaux : mais on trouve aujourd'hui que cette quantité eſt exceſſive; depuis que l'on ſçait par expérience que plus la féve a de place, plus aiſément elle peut étendre ſes racines, re-cevoir plus de ſuc nourricier, & par conféquent être d'autant plus abondante en grain, qu'elle a d'ailleurs plus de facilité pour s'éten-dre en plein air pour ſe rafraîchir, & avoir plus de Soleil. C'eſt pour cette raiſon que, tant ſuivant la méthode du ſemoir que ſuivant l'opinion des perſonnes les plus entendues dans la culture des fé-ves, on ne doit pas les femer ou planter dans des rangs moins éloignés que d'un pied, & qu'elles ne doivent point être dans ces mêmes rangs moins diſtantes les unes des autres que de trois pou-ces. Le Laboureur peut aiſément proportionner ſes diſtances, quelle que ſoit la façon dont il les féme ; quand il a labouré le terrein il n'a qu'à fauter un ou deux ſillons pour qu'elles ſe trouvent femées par rangs. Par-là il a la facilité de les houer, de relever la terre contre leur tige, de répandre de l'engraisdans les intervalles en ſy laiſ-fant entrer les moutons pour qu'ils les étêtent avant qu'ellesne fleu-

<table><tr><td>Tome IV.</td><td>Bb</td></tr></table>

riſſent, ſi elles pouſſent trop en tige, ou ſi elles ſont infeſtées de la mouche qu'on appelle *Dauphin* qui y fait un ravage affreux, principalement quand elles viennent trop dru & dans des enclos étroits; il a enfin la facilité de parcourir de l'œil tous les pieds & d'examiner les progrès de l'orobanche, de lui déclarer la guerre, comme nous l'avons indiqué dans le chapitre que nous avons employé à faire la deſcription de cette plante & des ravages qu'elle fait dans les féves. Qu'on ſe rappelle toujours, cet article-ci eſt très-important, que ſi l'on n'eſt point attentif à les étêter, la mouche leur portera un préjudice notable, & que d'ailleurs on a l'avantage de les faire pouſſer en coſſe; les Jardiniers font cette opération avec des ciſeaux, on les étête juſques à environ deux pieds.

Nous rappellons encore à notre lecteur le ſoin de changer ſouvent ſa ſemence; & nous lui recommandons de ne jamais ſemer deux fois de ſuite des féves ſur le même terrein. La meilleure façon de changer la ſemence, c'eſt de porter celle d'un terrein ferme dans un terrein léger & *vice verſa*.

La ſaiſon ordinaire pour ſemer les féves des champs, eſt depuis la mi-Février juſqu'à la fin de Mars. Le terrein le plus fort veut être enſemencé plus tard, & ceux qui ſont d'une nature différente, plutôt, mais à proportion qu'ils s'éloignent de la nature du premier. Il faut auſſi avoir quelque égard au tems qu'il fait.

ARTICLE III.

Du ſol & de la façon de préparer le terrein pour les féves.

DE tous les ſols ceux qui ſont le plus humides ſont les plus favorables à la végétation des féves; elles réuſſiſſent mieux dans un terrein dont l'expoſition eſt ouverte, que dans les petits enclos où elles ſont fort ſujettes à la nielle & à la mouche dont nous venons de parler. Il n'eſt point de Cultivateur qui ne convienne qu'un terrein chaud & léger n'eſt point propre à la germination de ce légume; j'en ai cependant vu réuſſir dans des jardins dont le ſol étoit ſec & de pierre à chaux.

Nous croyons devoir faire obſerver qu'un ſol de pierre à chaux change le goût des féves & d'autres productions, & qu'elles y viennent plus douces que ſur un terrein ſablonneux ou autres certains ſols. »Je ne me ſouviens« pas, dit M. *Hall*, d'avoir lu dans

„ quelqu'auteur que les terreins à chaux ayent la propriété de pro-
„ duire des changemens dans le goût des Plantes. Je suis en état,
„ continue-t-il, d'en parler pertinemment, ayant des jardins tant
„ sur des sols de chaux que sur des sols glaiseux ; or les premiers
„ me donnent des productions beaucoup plus douces que les
„ derniers, quoique les panais & les carrottes que je récolte dans
„ mes jardins de glaise soient beaucoup plus gros. Quant aux féves,
„ l'eau dans laquelle on les fait bouillir n'a point cette odeur
„ désagréable que produisent les féves ordinaires des jardins ; &
„ elles ont un goût beaucoup plus doux que celles qui viennent sur
„ un terrein glaiseux. Mon terrein dont je parle est situé sur le som-
„ met d'une montagne.

Les vallées sont ordinairement plus favorables à la végétation des
féves, parce que les terreins froids & élevés se trouvent souvent d'u-
ne nature trop séche & trop légere pour cette espéce de légume,
principalement lorsqu'il survient des sécheresses, ou que le terrein
est labouré plus souvent qu'il n'est nécessaire. Les féves alors ne peuvent point se soutenir, ce qui n'arrive point dans les terreins
fermes qui reçoivent autant de labours qu'on veut leur en donner,
& qui sont également favorables à toute production.

Quant à la préparation du terrein, nous devons considérer deux
choses, lorsque le terrein vient d'être nouvellement ouvert pour
les y semer, ou quand on doit le préparer selon le cours du labourage, & qu'ensuite on les y séme ou plante.

Dans le premier cas on suppose que le terrein est dans un état convenable pour rendre une bonne récolte ; on suppose aussi qu'une
telle production sera utile en ameublissant & préparant le terrein pour une récolte de bled & pour étouffer les mauvaises herbes. Un auteur assure qu'on remplira ces deux objets & qu'on per-
cevra les récoltes les plus abondantes, si l'on veut se servir du sémoir & du *Cultivateur* qu'il met lui-même en usage pour remuer
le terrein entre les rangs des féves.

Nous avons dit ci-dessus qu'une charrue tirée par un cheval est
très-propre à détruire les mauvaises herbes. On fait une objection
importante contre cet usage. La charrue, dit-on, jette les mauvaises herbes sur les féves ; de sorte, ajoute-t-on, qu'on a ensuite plus
de peine à les en retirer que de les houer avec la houe à la main.

„ Je connois, dit M. *Hall*, un Fermier qui s'avisa de dépenser
„ seize livres par acre pour faire travailler les féves avec la houe
„ à la main, croyant ne pouvoir mieux remplir son objet, qui

„ étoit, non de se procurer une abondante récolte, mais de bien
„ préparer son terrein & de le tenir bien net pour l'ensemencer
„ l'année suivante de froment, sçachant d'ailleurs que les fé-
„ ves, bien loin d'appauvrir un sol, l'enrichissent au contraire :
„ car quoiqu'il rende d'abondantes récoltes de toutes ces
„ productions préparatoires, telles que les féves, il ne s'épuise
„ point, mais s'ameublit pour rendre également des récoltes
„ abondantes de bled. Ce Fermier avoit raison, en supposant que
„ le terrein fût nouveau & que l'on y eût répandu quelque com-
„ position d'engrais après l'avoir nouvellement rompu : on la-
„ boure ordinairement un semblable terrein de bonne heure
„ & on le laisse reposer en sillons jusques vers Noël, pour qu'il
„ profite des gelées de l'hiver ; ensuite on le laboure en plus pe-
„ tits sillons ou rayons. Deux labours l'ameublissent assez jus-
„ qu'à ce qu'on lui donne celui qui précéde immédiatement le tems
„ de l'ensemencer, & pour lors on fait les sillons peu profonds.

Nous avons assez expliqué la méthode ordinaire de labourer &
de semer dans une des parties de cet ouvrage pour que nous n'en
parlions plus.

S'il arrive qu'il soit nécessaire de faire quelque amélioration au
terrein pendant la croissance des féves, on peut y répandre quelque
composition d'engrais qui s'incorporera sur le champ au sol en le
détachant & en le remuant avec une charrue tirée par un cheval,
ou avec la houe à la main : mais il faut être un Cultivateur bien
négligent & bien mauvais pour ne pas avoir son terrein en bon labour au moins pour les féves.

M. *Hugues Platt* conseille de semer deux boisseaux de sel entre
les féves en différens tems. Pourquoi n'y répandroit-on pas du sable ou de l'eau de la mer. On sçait qu'il n'y a rien qui fertilise plus le
terrein & qui détruise plus efficacement les mauvaises herbes & la
vermine. „ J'ai vu, dit M. *Hall* dans *Cheshire*, verser de la sau-
„ mure sur les pavés pour détruire les herbes, & j'ai fait venir
„ un jour une charretée des ballayures d'une saline, que j'ai
„ fait répandre sur une partie de terrein fort rude ; elles détruisi-
„ rent tous les végétaux, comme fougere & autres herbes, &c.
„ Cet engrais doit enrichir le terrein pour l'avenir ; il deviendra
„ peu à peu fertile, à mesure que les gelées, les pluies, les nei-
„ ges, les vents & l'air pénétrant les sels, les altérent, comme
„ l'on voit que les marais salés détachés & séparés de la mer se
„ déchargent de la surabondance du sel & deviennent des terreins
„ très-excellens pour des pâturages.

On peut faire de petits essais de cette nature sans porter aucun préjudice au terrein. Et afin que l'on sçache la quantité de sel qu'il y a ordinairement dans l'eau de la mer, on peut être assuré que le sel qu'elle contient est un trente-deuxiéme, c'est-à-dire que deux livres d'eau rendront au moins une once de sel.

Il y a plusieurs autres choses qu'on pourroit encore rapporter à ce sujet, dont les unes se présentent à l'observation du lecteur & qu'il pénétrera en les combinant avec ce qui a été déja dit, & dont les autres nous occuperont dans l'article des avantages des féves.

ARTICLE IV.

Du produit & des avantages des féves.

UN Auteur, sans parler de certains avantages qui résultent de la nouvelle culture, fait monter le produit des féves à environ vingt boisseaux par acre, ce qui, en en déduisant trois pour la semence, fait environ sept boisseaux pour un. Il ajoute qu'aucun grain ne rend plus que la féve lorsqu'elle est bien cultivée. Il fait ensuite l'histoire d'une féve de cheval qui a produit quatre-vingt dix cosses qui ont rendu deux cent trente-deux féves, qui, l'année suivante ont produit douze pintes, lesquelles, l'année d'ensuite, ont donné une récolte de sept boisseaux & demi qui, semés l'année suivante en ont produit cent cinquante-huit.

Mais qu'est-ce que deux cent trente-deux féves produites d'une, en comparaison de trois ou quatre mille grains produits par un seul grain de froment ou d'orge ; ou , qu'est-ce que le produit de sept boisseaux de féves pour un , comparé avec dix pour un qu'on retire communément du froment, ou de douze & souvent davantage pour un qu'on retire ordinairement des avoines.

Il y a des Auteurs qui rapportent qu'un acre rend ordinairement trente boisseaux quand le terrein est bon & situé dans une vallée, & ils ajoutent qu'on peut augmenter ce produit de dix boisseaux par l'Agriculture moderne, si on la pratique & l'exécute bien.

Or en prenant les trente boisseaux pour une récolte commune & ordinaire , qui certainement peut être regardée comme fort honnête ; si l'on ôte trois boisseaux pour la semence, il en restera vingt-sept qui, estimés à deux Shellings par boisseaux , le Shelling valant vingt-deux fols fix deniers, & le boiffeau de Londres pefant deux tiers de plus que celui de Paris font deux livres cinq fols de France, ce qui, mefure de Paris, dont le boiffeau n'eft que la troifiéme partie & quelque chofe de moins de celui de Londres, feroit, argent de France, quinze fols le boiffeau.

Ainfi en confervant l'idée de la proportion de ces deux mefures & de ces deux monnoies, & en déduifant la location que nous mettons à huit Shellings, les trois labours à douze Shellings, le herfage, le labour à la houe à la main, & le farclage à huit Shellings, la paille ou la défroque ne méritant point d'être portée en compte, toute la mife-dehors fera d'une livre douze Shellings qui valent, monnoie de France, trentefix livres, laquelle fomme défalquée de deux livres fterlin & quatorze Shellings, fomme totale de la récolte, il reftera une livre fterlin & deux Shellings de profit net. Ainfi en prenant le tiers, & quelque chofe de moins de cette fomme, pour la convertir en argent de France, on verra que le Cultivateur François ne peut avoir que huit livres cinq fols de profit.

Mais peut-on comparer ce profit à celui que donne une récolt-ordinaire de froment ou d'avoine? Cependant dans le calcul que nous venons de faire nous n'avons rien alloué pour les engrais dont les féves peuvent avoir befoin, foit pour leur propre végétation, foit pour entretenir le terrein en bon état.

Cependant nous ne devons point paffer fous filence certains avantages qui réfultent de la culture des féves, foit qu'on la traite fuivant l'ancienne, foit qu'on la traite fuivant la nouvelle méthode.

Outre les profits que nous avons mis fous les yeux du Cultivateur, les féves donnent au Fermier la commodité de changer fes grains & par conféquent procurent fucceffivement des récoltes plus abondantes de froment, d'orge & de trefle, comme nous l'avons fait voir; puifqu'il eft inconteftablement prouvé que plus on tarde à refemer le même grain fur le même terrein plus la récolte en eft abondante.

Autre avantage : c'eft que l'on peut femer des racines entre les rangs, qui outre qu'elles ne traverfent point leur accroiffement, rendent des profits confidérables. On peut femer dans les intervalles, des carrottes, des turnips, des laitues & quantité d'autres plantes également utiles & profitables.

Il eft des Cultivateurs qui prétendent femer des pois entre les féves, & qui difent que leur végétation eft paffablement vigoureufe. Nous ne fçaurions approuver une femblable méthode : les pois s'entortillant autour des féves, la récolte de l'un & de l'autre ne peut être que médiocre. Cependant on peut fuivre cet ufage, pourvu que les rangs des féves foient à deux pieds de diftance.

Les turnips femés entre les féves réuffiffent parfaitement bien ; ils produifent encore un autre avantage, c'eft d'étouffer les mauvaifes herbes, ce qui favorife beaucoup l'accroiffement des féves.

Lorfque le terrein a été houé, foit à la main, foit à la charrue à houe à un cheval, ou que les féves ont été relevées de terre, on peut femer les turnips avec fort peu de peine & de dépenfe ; la terre fe trouve alors affez ameublie pour que les racines puiffent s'y faire jour. Il ne faut donc alors que paffer le rateau en guife de herfe pour couvrir un peu la femence, & l'on peut s'attendre à les voir réuffir.

Nous obfervons que fi l'on vouloit fe donner la peine de prendre des navets & de les tranfplanter à dix pouces ou à un pied de diftance des intervalles, cette opération, quoique peu difpendieufe, rendroit une récolte plus abondante, puifque les navets feroient trois & même quatre fois plus gros.

On croit généralement que la méthode de femer au fémoir ne convient gueres aux féves, tant par rapport à leur forme qui les empêche de tomber régulierement dans la raye ou rayon, que parce qu'elles demandent un terrein ferme, & que comme il eft d'ufage d'en femer beaucoup dans les vallées & que le terrein y eft ordinairement ferme, cette méthode ne s'y adapte point, comme l'avouent ingénûment ceux qui la défendent avec le plus de chaleur.

ARTICLE V.

De la maniere de recueillir les féves.

ON récolte ordinairement les pois & les féves en certains endroits de l'Angleterre avec des crochets, en d'autres endroits on les coupe à la façon des bleds blancs : en France on les arrache ; cette méthode détruit plus des trois quarts des avantages que nous avons fait voir, réfulter de ces productions, pour les productions qui leur fuccédent. Il eft certain qu'on emporte le chaume qui eft la partie de l'engrais la plus précieufe ; d'ailleurs en emportant les racines on ôte une partie de la terre la plus meuble du fol, qui

est celle qui est colée, soit au chevelu soit aux maîtresses racines,
au lieu qu'il vaudroit beaucoup mieux les faucher ou les couper
comme le froment ; par ce moyen on conserveroit un engrais puissant sur le terrein , & une terre qui au premier labour qu'on donneroit se détacheroit des racines, seroit meuble , & qui par conséquent feroit la partie du sol la plus précieuse, puisqu'elle est en effet
la plus substancielle : nous souhaitons que notre observation détruise un usage si préjudiciable.

Quant aux autres opérations que la récolte des féves & des
pois exige, elles se bornent à bien peu de chose. Il faut seulement
avoir le soin de les mettre en gerbes foiblement serrées en plein
champ pour que la paille & la cosse séchent. Sur-tout qu'on prenne
bien garde quand on les engrange de ne point leur laisser le moindre
soupçon d'humidité. Comme la cosse est en quelque façon char-
nue, elle la conserve beaucoup, & pour peu qu'elle s'échauffe elle
prend un goût de moisi qu'elle communique soudain au grain.

ARTICLE VI.

De la façon de conserver les féves.

LEs féves se conservent assez bien dans des sacs dans un grenier ordinaire, ou bien en tas dans leur propre paille bien séche,
& que l'on entretient avec soin dans cet état. Il y a des Cultivateurs en Angleterre qui les gardent dans des sacs de crin pour les
garantir des vers.

Quant aux sacs, nous ne sçaurions les approuver , la féve ne
sçauroit avoir trop d'air ; ainsi il est beaucoup plus avantageux de
la tenir en tas que l'on remue souvent & que l'on étend autant
qu'il est possible, afin que les grains ayent chacun à leur tour un nouvel air qui les dessèche & leur ôte ce goût échauffé qu'ils contractent
aisément, quand on les laisse long-tems en pile sans les remuer.

CHAPITRE

CHAPITRE XXVI.

Des Pois.

ARTICLE I.

LEs pois font aujourd'hui fi variés, qu'il devient néceffaire d'en parler féparément en diftinguant ceux qui font culti-ves par les Laboureurs de ceux qui le font par les Jardiniers. Aux environs des grandes villes le Laboureur féme en plein champ des efpéces de pois de jardin & les Jardiniers l'imitent; de forte qu'on peut regarder certaines efpéces comme communes entr'eux, & d'autres comme particulieres au Fermier; celles-ci feront l'objet de notre attention, ne prétendant point parler ici de ce qui a rap-port au jardinage, puifque nous le renvoyons dans notre plan au fupplément.

Il convient d'abord de faire voir au Cultivateur ce que c'eft que le pois, quelles font fes marques diftinctives, & quelles font fes variétés qui fe multiplient, pour ainfi dire, à l'infini, comme fi ces grains étoient d'une nature différente. Toutes ces variétés ne font que l'effet de l'induftrie & de l'art des Jardiniers. Mais un Na-turalifte un peu verfé regarde toutes ces différences comme acci-dentelles & non comme réelles.

Le pois eft une plante foible qui grimpe, il a des branches lon-gues & minces, & quantité de feuilles armées d'une efpéce d'a-grafes, par le moyen defquelles il s'accroche à tout ce qui l'envi-ronne pour fe foutenir. Les fleurs font de l'efpéce de celles que les Botaniftes appellent *papilionacea*, parce qu'elles reffemblent beau-coup au papillon. Elles font remplacées par des coffes qui renfer-ment les pois, qui font naturellement ronds, mais qui varient pour la groffeur & pour la couleur, felon l'efpéce ou la varia-tion accidentelle occafionnée par la culture.

La fleur du pois eft placée dans un petit calice verd, formée d'une feule feuille qui fe divife en cinq parties, dont les deux fupérieures font plus larges que les autres,

Tome IV,   Cc

La fleur elle-même est composée de quatre feuilles, l'une des-quelles est élevée, droite & fort large. Deux autres sont à côté, elles sont courtes & arrondies. Les Anciens appelloient la pre-miere *Vexillum*, les deux autres *Alæ*, la quatriéme feuille est au fond, elle est courte & comprimée; ils l'appelloient *Carina*.

En dedans de cette fleur se trouvent dix filamens, dont neuf sont courts & croissent ensemble. Le dixiéme est plus long & sé-paré des autres. Tous ces filamens sont à leur sommité arrondis en bouton.

C'est entre ces filamens que s'éleve le rudiment du fruit ou de la cosse, qui, pendant que la fleur y reste, est fort petit & applati ; de-là il s'éleve un fil membraneux, à côté du sommet duquel est une petite espéce de tête percée ou de coupe que la nature a faite pour recevoir la poussiere qui tombe des sommités arrondies des filamens.

Cette poussiere seconde les grains de semence , & quand la fleur est tombée ils s'enflent & le rudiment grossit en même tems & forme la cosse & le pois. Nous parlerons dans la suite de ces variétés occasionnées par la culture. Nous dirons seulement ici, qu'il y a quatre espéces de pois , qui par leur forme & par la maniere de prendre leur accroissement sont réellement distinctes par la natu-re, & non par l'art ou par les accidens occasionnés par la culture.

1 Le pois de jardin qu'on peut appeller le pois blanc, ou le pois qui vient avec quelques engrais.

2 Le pois des champs.

3 Le pois de mer.

4 Le pois à une simple feuille, ou Ervilia.

Le premier ou pois de jardin a des feuilles ailées , & plusieurs feuilles sur la même tige.

Le second ou pois des champs n'a qu'une fleur sur chaque tige ; le troisiéme ou pois de mer a une tige angulaire qui porte plusieurs fleurs; le quatriéme differe de tous les autres en ce qu'il a des feuilles détachées ou solitaires.

Chacune des feuilles qu'on appelle ailées, est composée de deux autres différentes feuilles qui sont solitaires. La premiere de ces es-péces de pois est celle que l'on cultive dans les jardins. La seconde est le pois que l'on cultive dans les champs, presque dans tous les pays : dans chacune de ces espéces qui sont réellement distinctes, il y a quantité de variétés. La troisiéme ou pois de mer vient d'elle même en Angleterre. On en trouve aussi sur les côtes de France

dans des crevasses de rochers absolument nuds & entre des cail-
loutages où il seroit très-difficile de trouver le moindre soupçon de
terre. La quatriéme espéce vient des isles de la Gréce & d'autres parties de l'Europe.

Ce qu'il y a de remarquable, c'est qu'en Angleterre dans les
tems des grandes disettes, les habitans voisins de la côte se nourrissent de ce pois. Ces mêmes habitans ont observé que cette espéce
de production n'abonde que dans les tems malheureux qui les né-
cessitent à s'en nourrir. Nous ne voudrions point assurer la vérité
d'une pareille observation, ce seroit trop nous rapprocher des faus-
ses idées des Anciens, qui cherchoient toujours à caresser leur
imagination par du merveilleux. Il est certain que nous ne sçavons
pas que les habitans de nos côtes en France ayent jamais eu recours
à ce pois. Cependant on voit bien combien il seroit important d'en
donner la connoissance & d'en conseiller l'usage pour ces tems infortunés, où la disette feinte de bled est occasionnée par la cupidité de
quelques particuliers, & affameles pays où ces monstres se trouvent.

Si l'on nous demande comment cette plante vient & pousse dans
des endroits où il ne paroît point de terre, nous répondrons que
c'est sans doute que sa racine plonge à une très-grande profondeur
où elle trouve de la terre qui lui fournit du suc nourricier. „Le
„produit de ce pois, dit M. *Hall*, est très-considérable, à en juger
„par le grand nombre de personnes qui s'en nourrissent dans le
„tems de calamité. Ainsi nous croyons qu'il seroit très-avanta-
„geux d'en essayer la culture. Nous avons dans le Royaume
„tant de côtes dépouillées, nues & abandonnées, où nulle pro-
„duction utile ne croît ; pourquoi ne pas y essayer cette plante ?
„quand même les soins de la culture ne la rendroient point ab-
„solument propre à la nourriture des hommes, ne pourroit-elle
„pas être d'un grand secours pour les bestiaux ?

A R T I C L E   I I.

Différentes espéces de Pois des champs.

NOus avons fait voir la nature des pois & quelles sont les différentes espéces réellement distinctes. Nous devrions maintenant entrer dans les détails de la culture que l'on donne à la pre-

miere efpéce. Mais comme cet article tient de plus près au jardinage qu'au labourage, nous le renvoyons au fupplément pour ne
nous occuper ici que des pois des champs, objet fans contredit
beaucoup plus important pour le Laboureur.

Les pois des champs, ainfi que ceux des jardins fe divifent en plufieurs efpéces, dont nous allons rapporter les principales.

1 Les pois blancs. Ils approchent le plus de la nature des
pois blancs communs des jardins, mais ils font plus petits & moins
délicats.

2 Les pois gris, c'eft une efpéce fort groffe & fort utile.

3 Le pois bleu des champs appellé dans bien des endroits le
pois de cochon, nom qu'on pourroit donner auffi au pois gris.

4 Le pois quarré, efpéce ordinairement très-abondante & qui
eft d'une très-grande reffource dans bien des endroits de la
Guienne, de l'Auvergne & du Limoufin.

Nous ne finirions point fi nous voulions rapporter toutes les variétés accidentelles qui fe multiplient à l'infini dans les quatre efpéces qu'on vient de voir.

Si les pois blanc, gris, bleu & quarré font parfaitement diftin-
gués les uns des autres, leur culture eft auffi différente : il eft vrai
que le terrein qui eft propre à une efpéce de pois blanc convient à
toutes les autres; il en eft de même des fortes différentes des gris
& des bleus.

Le pois blanc exige une forte de fol, le gris un autre; & le
bleu un autre : le pois quarré demande en général un fol un peu
plus fubftanciel ; parce qu'il abonde beaucoup en *farment* & en pois.
Cet article-ci mérite toute l'attention du Cultivateur, comme
nous le ferons voir dans la fuite.

Toutes les efpéces de pois blancs demandent le même fol que le
pois blanc commun; il en eft de même de toutes les efpéces de
gris & de toutes les efpéces des bleus : ainfi le Cultivateur n'a pas
befoin de s'attacher fcrupuleufement à la culture de ces diverfes
efpéces ; puifque le traitement & le fol que l'on donne à chaque efpéce commune conviennent aux différentes variétés qui s'y rapportent.

A R T I C L E   I I I.

Des sols propres aux quatre sortes de Pois des champs.

ON voit combien imparfaitement cette branche de l'Agricul-ture ainsi que celle des-féves a été traitée, soit par *Liger*, *Serrez*, soit par l'auteur de la *Maison Rustique*. Tous ces Auteurs qui se sont à peu de chose près copiés les uns d'après les autres n'ont point admis de différence dans les espéces, & les ont toutes réu-nies en une, ce qui forme une erreur d'autant plus dangereuse pour le Cultivateur, que chaque espéce demande une culture & un sol différens. Aussi faut-il convenir que les recherches de M. *Hall* sur tous les points qu'il a traités sont d'un scrupule & d'une exactitude bien louables, puisque nous allons en faire sentir toute l'utilité : on ne cesse de nous reprocher notre prolixité ; mais nous ne cesserons de prier nos censeurs d'examiner avec tout le soin possible des arti-cles qui paroissent être les mêmes & qui cependant contiennent des connoissances réelles & bien distinctes pour les gens de l'art. Il est bien différent de lire un ouvrage de cette espéce-ci en hom-me lettré, ou en homme qui ne lit les articles qu'à mesure qu'il veut les mettre en pratique. Ainsi dussions-nous encore subir la mê-me critique, nous ne nous écarterons point de notre original qui est la base de ce grand édifice ; delà on voit que nous reviendrons encore sur les erreurs des auteurs que nous venons de citer, pour établir plus lumineusement les documents de l'original Anglois.

Il y a, dit la Maison Rustique, plusieurs sortes de pois qui se ré-duisent à trois : la premiere espéce est de figure sphérique & d'une couleur un peu verte au commencement ; à mesure qu'ils appro-chent de leur parfaite maturité ils deviennent anguleux, blancs ou jaunâtres.

Les pois de la seconde espéce sont gros, anguleux ; de couleur variée blanche & rouge ; la cosse en est grande. Ceux de la troisié-me sont blancs, petits & n'ont que de très-petites cosses ou gousses. Ceux de la premiere & troisiéme se cultivent dans les champs. Au lieu que ceux de la seconde ne se cultivent que dans les jardins.

Suivant le même auteur, cette production demande une terre grasse & séche, ce qui implique contradiction, puisqu'il est cer-tain que les terres naturellement grasses ne sont jamais séches.

Si nous suivons encore la doctrine du même auteur, nous ne devons refemer que neuf ans après des pois fur une terre qui en a produit, autrement, dit-il, ils leveront bien, mais ils fécheront enfuite fans produire, c'eft-à-dire qu'ils avorteront. L'expérience & la raifon démentent cette méthode; puifque comme ce même auteur en convient, il n'eft point de production qui fatigue moins le terrein que le pois; il eft certain qu'on n'eft nullement tenu à refter fi longtems fans en refemer; au contraire il n'eft rien de plus avantageux que de faire précéder cette production à l'enfemencement de froment. Comme elle abonde confidérablement en petites branches elle rafraîchit le terrein, l'ombrage & lui donne une efpéce de jachere qui favorife beaucoup l'année d'enfuite la végétation du froment.

Ainfi chaque efpéce de pois des champs réuffiffant mieux fur fon fol propre & qui lui eft particulier, la premiere attention du Cultivateur doit fe porter vers cette connoiffance : car cette production eft à plufieurs égards très-avantageufe. Il faut donc commencer par bien connoître la nature de fon terrein & l'efpéce de pois qui lui convient; car dit M. *Hall*, ,, j'ai vu des champs produi-,, re d'abondantes récoltes d'une efpéce, & ne rien produire quand ,, on y en femoit d'une autre.

Il eft certain que bien des Cultivateurs regardent comme fort fingulier qu'il y ait une fi grande différence dans les efpéces de la même plante, relativement aux différens fols où elles fe plaifent. Mais point de replique à l'expérience : elle doit triompher de tous les raifonnemens.

L'efpéce blanche qui eft prefque de même nature que les pois blancs de jardin réuffit beaucoup mieux fur un fol qui reffemble le plus aux fols des jardins, il faut par conféquent les femer dans un champ dont la terre foit fine & abondante en principes. Une terre profonde & molle & une argile riche qui n'abonde point trop en fable, font les deux fols qui favorifent le plus la végétation des pois blancs.

Ils font d'une nature dure & ils aiment l'humidité, c'eft pourquoi la glaife leur eft auffi affez favorable.

Le pois bleu eft de même nature que le gris; mais il n'eft rien qui lui foit plus contraire que le froid & l'humidité. Donc il n'y a que le fol léger, fablonneux & fec qui puiffe lui être favorable.

Le pois quarré qui, relativement à l'ufage de la ferme mérite, pour ainfi dire, le plus la confidération du Cultivateur, demande un fol quelconque abondant en principes ; ceux cependant qui tiennent plus de l'humide que du fec font les plus analogues à fa nature.

Voilà donc les diftinctions des fols pour les quatre fortes de pois des champs bien établies. Nous permettons à préfent la comparaifon de la façon de traiter ces matieres de M. *Hall* avec celle de la Maifon Ruftique ; nous ne parlons point de *Liger* qui ne fait que glifler fur les articles de cette efpéce, & nous attendons avec une certaine confiance le jugement des perfonnes verfées dans l'Agriculture

Tous les pois blancs, de quelque efpéce qu'ils foient, demandent une terre molle, les gris un terrein glaifeux, & les bleus un fol fablonneux. Voilà tout ce qu'il faut que nos Cultivateurs fçachent. Mais comme il y a différentes fortes de fols qui conviennent particulierement aux efpéces particulieres, il y a auffi différentes efpéces d'engrais analogues aux différentes natures de ces efpéces.

En général le fumier eft l'engrais qui eft le plus favorable aux pois blancs, & il n'en eft pas de plus favorable au pois bleu que la chaux.

Après avoir fait préférer le fol glaifeux pour le pois gris, il y a des Cultivateurs qui pourroient être furpris de ce que nous recommandons la marne comme l'engrais que cette production aime le mieux ; mais nous avons fait voir dans le livre des engrais, que le proverbe accrédité contre la marne employée fur la glaife ne porte que fur une erreur.

Tout fol où l'on trouve paffablement de la glaife eft très-analogue aux pois gris, & l'on éprouvera, nous ofons l'affurer, que la marne eft un engrais le plus avantageux à cette efpéce de pois, qui améliore en même tems le terrein pour du froment.

Et c'eft ici le point important. Le pois fournit par lui-même nonfeulement une bonne récolte lorfqu'on le féme fur le terrein qui lui eft le plus propre, mais encore il favorife beaucoup d'autres vues du Cultivateur. Premierement par le fecours du pois on détruit fûrement les mauvaifes herbes ; fecondement il bonnifie le terrein fur lequel il a été femé, il y devient une préparation excellente à d'autres productions.

Il réfulte de cette obfervation établie fur les plus heureufes expériences que jufqu'à préfent on avoit négligé cette branche intéreffante de l'Agriculture, en n'obfervant point affez exactement de donner à chaque efpéce de pois un fol analogue à fa nature ; auffi les trois quarts des Cultivateurs ignorent-ils encore les grands avantages qui peuvent résulter d'une culture intelligente & suivie de ce légume. Dans quels auteurs en effet l'auroient-ils puisée; seroit-ce dans *Liger* qui a traité cette partie comme ne la traitant point, & comme ne l'estimant point digne de la moindre de nos attentions? Seroit-ce de *Serrez?* mais il n'en fait point seulement soupçonner les premiers principes. Seroit-ce enfin de cette fameuse *Maison Rustique* qui n'a d'autre avantage que d'avoir vu le jour dans un tems où l'Agriculture étoit absolument négligée? mais nous venons de faire voir que pour avoir voulu prendre un essor plus étendu sur cet article, elle a donné dans des erreurs marquées.

Au reste si l'on nous voit ici nous attacher à faire voir l'insuffisance de tous ces auteurs, ce n'est que pour rendre la justice qui est dûe à tous égards à M. *Hall*, que la basse jalousie qui ne voit qu'à regret le vrai mérite, a voulu faire soupçonner de les avoir pillés; si d'après ce qu'il nous apprend aujourd'hui sur cet art si utile il leur avoit fait des larcins, nous osons dire qu'il auroit dépouillé le plumage du Paon qui lui appartient, pour se couvrir de celui du Geai qui ne lui appartiendroit point.

Qu'un Laboureur, en variant ses productions, soit assez favorisé du hasard pour qu'il séme la véritable espéce de pois qui convient à son terrein, il verra tous les avantages qui résultent de cette production : mais non; on appellera cela *des années favorables*, & l'espérance de ces bonnes années le soutiendra dans cette culture négligée qui est si générale en France. Qu'il apprenne une fois pour toutes que cette récolte qu'il attribue à des causes inconnues peut être l'infaillible & constant effet de ses soins & de son application & encore plus des documens que nous lui donnons aujourd'hui.

Le pois gris produit également une récolte pleine sur les sols fermes que nous avons déja dit avoir un rapport si intime à sa nature, & cela sans les fréquentes jacheres qu'on est en usage de donner; car il en tient lieu par les raisons que nous avons déja dites. Il en est de même des autres, pourvu qu'on observe de leur donner la culture qui leur convient.

Quant aux engrais; que cette dépense n'allarme point : la récolte la fait rentrer avec profit. D'ailleurs on voudra bien observer que l'engrais dont on enrichit le terrein ne tourne pas seulement au profit des pois; puisqu'il est vrai de dire que l'on sçait d'après l'expérience qu'ils épuisent si peu le terrein, qu'il n'en a pas moins de principes pour la production suivante.

On remarque cependant que les pois acquierent en général
beaucoup

beaucoup plutôt leur parfaite maturité fur un terrein moins engraiffé. Mais on a beau dire, plus le terrein eft enrichi plus la récolte eft abondante. D'ailleurs, c'eft au Cultivateur à tirer de cette obfervation des inductions relatives à fa fituation & à fes vues.

Nous l'avons deja dit, le froment, le plus précieux de tous les grains, vient fi bien après les pois, & la faifon de le femer fe trouve fi naturellement après leur récolte, qu'on diroit qu'ils font faits pour fe fuccéder.

Auffi-tôt que les pois font coupés, il faut labourer le terrein à travers, il faut enfuite le herfer, & après l'avoir encore labouré au commencement d'Octobre, il faut femer le froment.

ARTICLE IV.

De la façon de femer les Pois.

DEux points importans doivent ici fixer nos attentions. Le premier roule fur la quantité de pois, proportionnée au terrein, & le fecond fur la façon de les femer.

Il faut d'abord établir pour méthode générale, que plus l'efpéce des pois eft groffe, à plus grande diftance il convient de les planter. La même méthode a lieu quant aux pois des champs, & c'eft delà que dépend le premier article.

On remarque qu'un bon terrein fait groffir confidérablement un pois grêle, & qu'un fol pauvre diminue confidérablement le pois qu'on y a femé & qui étoit naturellement gros.

Mais aujourd'hui, d'après ce que nous apprend M. *Hall*, nous ne pouvons être expofés à cet inconvénient, puifqu'il nous a donné la connoiffance des trois efpéces & celle des fols qui coniennent à chacune.

Il eft bon de faire encore obferver que le pois gris eft par fa nature la plus forte & la plus groffe de toutes les efpéces, que le blanc vient enfuite, & que le bled eft la plus petite plante de ces trois.

Nous avons remarqué qu'un bon fol eft en état de groffir les plus petites efpéces de pois, au point même de les rendre auffi gros que ceux qui le font naturellement plus & qui font femés fur un fol pauvre; ce qui peut être regardé comme une caufe des variations accidentelles que nous voyons tous les jours : mais il faut toujours s'en tenir à la régle générale que nous avons établie.

Tome IV.   D d

Il eſt très-important d'obſerver la groſſeur de chaque eſpéce pour proportionner le nombre des grains & la diſtance des interval-les. Si nous parlons de nombre, ce n'eſt que parce qu'en ſe ſervant de meſures il eſt très-facile de ſe tromper; parce que, par exemple, le pois gris étant le plus gros il remplit moins exactement le boiſſeau, ce qui fait une certaine différence mais non pas auſſi ſen-ſible qu'il le faudroit pour bien planter les pois dans les champs, relativement à la diſtance convenable : les Fermiers le ſçavent bien & proportionnent leurs meſures en conſéquence; mais rare-ment atteignent-ils le point qui convient; car ils ſément une trop grande quantité de la groſſe eſpéce.

La quantité que l'on ſéme ordinairement, ſuivant la méthode ordinaire, dans les pays où l'on entend le plus parfaitement la cul-ture des pois eſt deux boiſſeaux de pois gris par acre, trois boiſ-ſeaux de pois blancs & quatre boiſſeaux des bleus. Il y a là beaucoup trop de ſemence pour chaque eſpéce : il eſt moralement impoſſible que des pois ainſi ſemés au haſard rendent la récolte qu'ils produiroient s'ils étoient ſemés régulierement. Le tems de les ſe-mer differe auſſi ſuivant les eſpéces : mais ceci eſt plus relatif aux ſols auxquels on les adapte, qu'à la nature même du pois.

On ſéme le pois gris en Février, parce que venant dans un ſol froid & ferme il fait d'abord très-peu de progrès. Le temps propre pour ſemer le blanc eſt le commencement d'Avril: l'on peut ſemer le pois bleu environ quinze jours plus tard que le blanc. La mi-Avril eſt ordinairement la ſaiſon la plus convenable.

Pour peu que l'on ſe rappelle ce que nous avons dit au livre des ſols, on nous comprendra aiſément. Nous avons dit que le pro-pre des ſols ſablonneux eſt d'accélérer la végétation de tout ce qu'on leur confie; & par conſéquent quoiqu'on y ſéme tard les pois, ils réuſſiſſent parce que le reſte de la ſaiſon leur ſuffit pour leur accroiſſement; ainſi comme nous conſeillons de donner aux pois blancs un ſol moyen, c'eſt-à-dire, qui ne ſoit ni trop léger ni trop ferme, nous dirons auſſi qu'il ne faut point les ſemer ni trop tôt ni trop tard.

Voyons à préſent la maniere dont il faut les ſemer; & comme, ſuivant la méthode commune, le ſuccès dépend beaucoup de cet ar-ticle, & qu'on peut remplir mieux cet objet en ſuivant une meilleure pratique; nous en parlerons un peu amplement.

On ſéme ordinairement, ſuivant l'ancien uſage, le pois blanc fort au large, & on enterre la ſemence avec la herſe. Voilà pré-

eifément cette méthode fi incertaine, qui, comme nous l'avons
fait voir, eft très-défavorable au Cultivateur, au fol & à l'épargne
de la femence, ce qui eft très-contraire à toutes les productions
& principalement aux pois.

On féme ordinairement le pois gris fous le fillon ; il eft d'une nature fi dure qu'il fe foutient dans la terre pendant une bonne partie
de l'hiver.

On féme le bleu comme le blanc, excepté qu'il eft plus dru, on le
herfe de même ; voilà l'ufage le plus généralement fuivi : mais il
eft de tous le plus mauvais. Il n'y a point de meilleure façon de les
planter que celle que l'on a inventée à *Suffolk ;* on fe fert d'une efpéce de rateau de fer, dont les dents font paralleles au manche.
On fait feulement la piéce de traverfe un peu plus épaiffe qu'aux
rateaux ordinaires des jardins. On y paffe quatre, cinq jufques à fix
gros clous. Voici la maniere dont on s'en fert : un homme marche
devant avec cet inftrument, & une femme le fuit avec des pois ;
il pouffe le rateau dans la terre & preffe les dents ou clous en montant fur la piéce de traverfe. Ainfi il fait quatre, cinq ou fix trous
dans la terre, la femme jette un pois dans chacun & les laiffe ainfi.
La partie du champ étant femée, on y paffe légerement la herfe &
l'on couvre tous les pois en même tems.

On obfervera que l'homme doit marcher à reculons & en avant par
rangs, qui font à un pied de diftance. Mais il ne fe peut pas que
cette opération ne fe faffe irrégulierement.

Cette méthode eft très-expéditive, elle eft du moins préférable
à la pratique ordinaire de femer à la volée, en ce que toute irréguliere qu'elle eft, il s'en faut de beaucoup qu'elle le foit autant que
la méthode ancienne. Elle eft fufceptible de beaucoup d'améliorations, qui nous paroiffent très-faciles.

Il faut d'abord, lorfqu'on veut faire ufage de ce rateau, en avoir
trois felon les trois différentes efpéces de pois & felon les différentes diftances qu'ils exigent.

Celui qu'on deftine aux pois gris doit avoir fes dents placées à
cinq pouces de diftance, celui des blancs à quatre pouces, & celui
des bleus à trois pouces. Les dents du rateau avec lequel on veut
planter des pois gris, doivent être plus longues que celles des deux
autres. Les plus courtes font propres aux pois blancs. On fçait d'a-
près l'expérience que les gris demandent plus de profondeur, &
ceci eft un article important, puifqu'il eft queftion de mettre
les femences à couvert des attaques des fouris, des oifeaux & de
la vermine.   Dd ij

Nous voudrions que celui qui féme fît un ufage de fon rateau qui rendît les plantations régulieres ; il faudroit pour cela qu'il tirât, ainfi que les Jardiniers, un cordeau à travers le champ, & qu'il le fuivît exactement. Par ce moyen les rangs étant exactement droits, l'ouvrage deviendroit plus aifé lorfqu'il convient de paffer la houe dans les pois.

En fe donnant ces foins, les rangs font à des diftances égales & relatives à l'efpéce de pois qu'on plante.

Si l'on trouve que cette dépenfe-ci excéde celle de la culture ordinaire, on en fera dédommagé par la facilité avec laquelle on peut cultiver la production & la récolter.

Quant aux différentes diftances que nous avons indiquées pour chaque efpéce de pois, c'eft au Cultivateur à les fuivre plus ou moins exactement fuivant que fon terrein eft plus ou moins riche ; cet article mérite quelque confidération ; il n'eft rien de plus aifé d'après ce que nous venons de dire.

Il eft des cantons où l'on fuit dans les champs l'ufage des Jardiniers. On ouvre des trenchées tirées au cordeau & l'on couvre la femence avec la houe ; il eft certain que cette méthode eft fupérieure à celle de *Suffolk*, parce que la terre fe trouve plus légere auprès des femences : mais elle eft beaucoup plus difpendieufe, & celle de Suffolk qui ne l'eft point réuffit affez bien.

Voilà affurément toutes les façons dont on peut planter les pois en fuivant la culture ancienne ; voyons à préfent quel parti on peut tirer de la charrue à fémoir & du *Cultivateur*.

Nous avons fait voir combien de branches de l'Agriculture reçoivent des avantages confidérables de cette méthode. Il n'y en a point qui puiffe en retirer de plus grands que la culture des pois des champs, ni à laquelle cette charrue s'adapte mieux.

On vient de voir combien d'avantages réfultent de la houe de *Suffolk* & combien la plantation qui fe pratique à la façon des Jardiniers lui eft fupérieure. Or la charrue à fémoir remplit les deux objets en même temps, & la dépenfe eft de beaucoup inférieure.

Auffi ne cefferons-nous d'exhorter les Cultivateurs à donner la préférence à cette méthode, & de lui communiquer toutes les inftructions néceffaires pour l'y déterminer.

Si l'on nous a fuivi dans la defcription que nous avons faite de la charrue à fémoir & de la façon de s'en fervir, il ne faut que très-peu de réflexion pour l'adapter à toute production quelconque ; il n'eft befoin que de varier le cilindre & la grandeur des loges ou cafes dans lefquelles les femences tombent de la trémie.

Nous recommandons feulement au Cultivateur de veiller à la conftruction de l'inftrument, de femer fes pois en double rangs qui foient à un pied de diftance l'un de l'autre, & de donner des intervalles de quatre pieds entre chaque rang double... par-là les pois fe trouvent plantés bien régulierement, ils ont la terre légere, & bien ameublie; ils pouffent librement & font difpofés de la façon la plus heureufe pour les farcler & les récolter.

ARTICLE V.

De la façon de farcler les Pois.

COmme il eft vrai que chaque maniere de femer les pois exige une différente façon de les farcler, il convient de donner fur cette opération les inftructions convenables; mais on n'a dans ces différentes façons que le même objet en vue; ainfi nous les expoferons en peu de mots.

Lorfqu'on a femé les pois à la volée, il faut les travailler avec la houe à la main auffi-tôt qu'ils ont atteint une certaine hauteur, & avoir l'attenſion non-feulement d'arracher les mauvaifes herbes, mais encore d'élaguer les pois dans les endroits où ils font trop drus comme en effet cela arrive, quelque foin que le femeur fe foit donné pour femer uniformément.

Comme les pois font ronds & unis ils roulent plus aifément que toute autre femence; or nous avons fait voir combien le bled femé à la volée eft fujet à s'entaffer dans les cavités, tandis que d'autres parties du fol plus élevées n'en reçoivent point du tout, & par conféquent caufent un vuide très-fenfible dans la récolte. Or on fent bien que les pois étant de figure fphérique, doivent plus fe reffentir de cet inconvénient; c'eft auffi pour cette raifon que les pois femés au hafard font de tous les grains ceux que l'on voit le plus expofés à monter en paquets. On voit donc combien il eft néceffaire de les élaguer dans ces endroits, puifqu'il n'en eft pas dans lequel les plantes s'appauvriffent & fe nuifent plus les unes aux autres.

Auffi eft-il de la derniere importance pour le Cultivateur de donner bien fes ordres & d'avoir l'œil fur la manœuvre des gens qu'il emploie, autrement il doit s'attendre à une très-mince récolte.

Lorfqu'on les plante avec le rateau, appellé autrement la houe de *Suffolk* ; tout l'ouvrage des houeurs fe réduit à un feul point, c'eft d'arracher les mauvaifes herbes, & ils l'exécutent d'autant plus aifément qu'ils travaillent dans des efpaces réguliers.

De l'autre façon, c'eft-à-dire, par la houe à tranchée, on trouve le même avantage qui eft de travailler dans une place nette. Mais comme par cette méthode les femences ont été jettées au hafard, on doit commander aux houeurs d'élaguer les pois dans les rangs, lorfqu'ils en trouvent qui font trop drus.

Voilà les différentes méthodes que l'on met communément en ufage pour femer ou planter ce légume; l'avantage qui réfulte de l'opération de la houe ne fe borne point à la feule deftruction des mauvaifes herbes, elle a encore celui de préparer parfaitement le terrein pour les productions qui doivent fuccéder.

Dans la méthode du fémoir, on fait ufage de la houe à un cheval auffi-bien que de la houe à la main. Elle produit fur cette production un effet merveilleux ; ajoutons encore qu'il en réfulte pour la production qui doit fuccéder, les mêmes avantages que ceux de la jachere.

On a vu à quelle profondeur le pois de mer plonge fa racine pour prendre fa nourriture. Tous les pois en général la plongent auffi, & comme peu de plantes à racines fibreufes vont plus profond, il n'y en a guére non plus qui les étendent plus loin fous la fuperficie ; cette obfervation appuye ce que nous voyons toujours dans la pratique; c'eft qu'il n'y a pas de production que la culture au *Cultivateur* favorife plus évidemment que celle des pois.

Par la profondeur à laquelle le pois plonge fa racine, on voit jufqu'à quelle profondeur la terre peut être remuée ; or il n'y a pas d'inftrument plus propre à cette opération que le *Cultivateur* ; & comme les avantages de ce travail fait à la houe à la main qui ne rompt précifément que la fuperficie, font beaucoup inférieurs fur ce point, ils ne le font pas moins quant à l'amélioration du terrein pour les productions qui doivent fuccéder aux pois.

Lorfqu'on a femé les pois avec la charrue à fémoir en doubles rangs, & qu'on a fait paffer le *Cultivateur* dans les grands intervalles pour détruire les herbes & fournir de la nouvelle nourriture; il faut dans le même tems travailler avec la houe à la main entre les plantes ; cette opération ne doit être employée qu'une fois ; au lieu qu'on peut répéter l'autre auffi fouvent que les circonftances l'exigent ; & voici l'ordre de ce procédé.

Dès que les pois ont atteint quatre pouces de hauteur, il faut y mettre des ouvriers avec la houe à la main; comme ils n'ont qu'un très-petit espace de terrein à houer, un très-petit nombre suffira pour un champ fort étendu, puisqu'ils ne doivent exactement toucher qu'aux espaces qui font entre l'un & l'autre des deux rangées qui forment le rang : on réserve pour le *Cultivateur* les grands interval-les qui font entre les rangs, où le terrein est ordinairement couvert de nouvelles herbes mauvaises, parce que c'est alors qu'elles pouffent en abondance & croissentfort vîte, & qu'il est tems de les arracher.

Il faut donc dans ce labour, donné avec la houe à la main, s'attacher à nettoyer absolument ces petits espaces. Si cette opération est bien faite elle n'a point besoin d'être répétée. On ne doit point craindre le retour des mauvaises herbes. Immédiatement après les pois montent & se lient si bien entr'eux que les mauvaises herbes ne peuvent plus prendre de croissance dans les espaces.

Après ce labour on laisse pendant quelque tems le terrein à lui-même. Cette méthode de remuer & de rompre le terrein d'un côté, précisément autour des racines des jeunes plantes leur est très-avantageuse, parce qu'elles ne font encore qu'à une très-petite profondeur. Ensuite comme elles plongent beaucoup plus elles demandent un supplément de nourriture à des profondeurs plus considérables, ce que l'on leur donne par le secours des labours faits dans les grands intervalles avec le *Cultivateur*. Qu'on ne s'y trompe point, ce foin leur est absolument néceffaire, puisque c'est de ce nouvel instrument que vient cette si grande fertilité qui étonne ceux qui la voient pour la premiere fois.

On voit donc combien il importe de mettre le *Cultivateur* dans les champs, lorsque les mauvaises herbes ont atteint une certaine hauteur, & de le plonger auffi profondément qu'il fera possible pour les détruire & pour procurer aux racines la nourriture qu'elles exigent à mesure qu'elles cavent plus bas; on ne doit point craindre d'altérer les plantes en les approchant trop près.

Mais si l'on est curieux de se procurer une récolte plus brillante, on peut encore mettre les houeurs à la main & leur faire arracher les mauvaises herbes qui font aux côtés extérieurs de chaque rangée, comme ils les ont arrachées la premiere fois des côtés intérieurs. Il ne faut point qu'ils repassent sur leur premier labour, qui doit être borné ainsi que le dernier à la terre qui est en dehors de chaque rangée ou aux bords des intervalles sur lesquels la charrue à houe n'aura point pu opérer.

Ce que nous confeillons ici n'eft pas abfolument néceffaire, mais devient très-utile, puifqu'on en tire des avantages qui récompenfent au quadruple de la dépenfe.

Pendant que par ce fecond labour de la houe à la main on arrache les extrémités des racines courtes on coupe par le fillon que l'on fait avec le *Cultivateur* dans le milieu des intervalles les extrémités des racines plus longues qui s'y font portées, comme en effet elles y atteignent lorfque les pois ont acquis une certaine croiffance. De ces extrémités ainfi coupées fe forment fur le champ d'autres racines qui font autant de trompes propres à tirer le fuc nourricier de ces nouvelles furfaces que ces deux nouveaux labours ont donné à la terre; de forte que les pois ne peuvent que pouffer avec plus de force.

Si l'on veut donner trois labours *au Cultivateur* on doit fe conduire de la maniere fuivante.

On doit donner le premier peu de jours après le labour de la houe à la main; & les deux fuivans à des intervalles de tems égaux entre le premier labour & le tems auquel les coffes commencent à fe former.

Et dans ce cas le premier labour doit être fait auffi profondément que fi l'on devoit n'en faire qu'un; ceux qui fuivent ne doivent pas être fi profonds & doivent être faits exactement au milieu.

Nous ne doutons point qu'il n'y ait beaucoup de Cultivateurs qui fe révolteront à la vue de la dépenfe qu'occafionnent trois labours, fur-tout pour des pois. L'avantage en eft cependant fi évident par lui-même quand on regarde en gros tout le profit de cette récolte que nous n'avons pas befoin de nous arrêter plus long-tems fur ce point.

Lorfqu'on féme des pois on ne peut avoir que deux vues, la premiere d'en faire une récolte qui foit avantageufe; la feconde, de préparer le terrein pour le bled : or il eft certain qu'il n'y a point de moyen plus propre à remplir ces deux objets que celui que nous venons d'expofer; puifqu'on peut s'attendre à une récolte des plus abondantes, & qu'il n'y a pas de préparation pour le bled qui puiffe être plus favorable. Pour peu qu'on fe rappelle tous les principes-pratiques que nous avons établis, pour faire fentir l'utilité de la nouvelle culture on fera perfuadé de la vérité de ce que nous avançons ici touchant les pois.

ARTICLE

ARTICLE VI.

De la façon de recueillir les Pois.

LEs pois ayant acquis leur croiſſance, il faut les laiſſer parvenir à leur parfaite maturité. Le tems juſte de la récolte ne peut être exactement indiqué. Lorſqu'on plante des pois de jardin dans les champs, il faut les arracher à meſure qu'ils mûriſſent. Mais lorſqu'ils ne ſont point de cette eſpéce, il eſt de l'intérêt du Cultivateur de les récolter à la fois, & c'eſt dans ce cas-ci qu'il eſt important de connoître le vrai degré de leur maturité.

Lorſqu'on veut les cueillir à la main on emploie des femmes qui vont tous les jours les cueillir à meſure qu'ils mûriſſent. Mais cette méthode eſt bien diſpendieuſe ; il eſt cependant des Cultivateurs qui prétendent qu'elle eſt profitable.

Il faut que le Fermier ait l'attention d'examiner les pois depuis le tems qu'ils commencent à enfler. Depuis ce tems juſqu'à celui de leur maturité que l'on connoît à leur groſſeur & à leur dureté dans la coſſe, on doit aller ſoi-même viſiter toutes les parties de ſon champ & ouvrir des coſſes : tout, à la vérité, ne mûrira point enſemble, mais on découvre au moins par ce moyen le tems auquel la plus grande partie demande d'être récoltée.

Cependant, de quelque façon qu'on s'y prenne, on perd toujours quelque peu de cette production, ſoit qu'ils ſoient trop mûrs & qu'alors ils s'égrainent, ſoit qu'ils ne le ſoient pas aſſez & que par conſéquent ils ſe corrompent dans la coſſe : il faut donc ſe tourner vers le moyen, qui nous expoſe à moins de perte, & c'eſt celui de les cueillir moins murs, parce que du moins on a la reſſource de les laiſſer un peu plus de tems ſur le champ pour qu'ils ſéchent ; au lieu que ſi l'on veut attendre leur grande maturité il en reſte une très-grande partie dans les champs, ſoit en les arrachant, ſoit en les chargeant, ſoit enfin par les ſaccades qu'ils reçoivent lorſqu'on les tranſporte ſur la voiture dans la grange.

La meilleure façon de les recueillir, c'eſt de les arracher avec un crochet qui ait un bon trenchant monté au bout d'un long bâton. Un bon ouvrier fait beaucoup d'ouvrage dans un jour avec cet inſtrument ſur un champ enſemencé de pois ſuivant la méthode ordinaire ; il en fera par conséquent bien plus fur un champ enfemencé fuivant la nouvelle.

Lorfqu'on les a coupés il faut les laiffer fécher un peu fur terre, mais de façon qu'ils foient clair femés.

On les fait raffembler par petits tas, par-là on peut les laiffer quelque tems dans les champs fans craindre la vermine, & ils mûriffent fans fe répandre. On fe fert pour ces tas d'un crochet long ; on les entaffe fans les preffer, de forte qu'il y ait des clarieres, afin que les vents y paffent aifément, & que les eaux des pluies, s'il en furvient, s'égoutent avec facilité.

Après qu'on les aura ainfi laiffés dans les champs jufqu'à ce que les tiges & les coffes foient féches & que ceux qui font le moins mûrs foient devenus affez fermes, on peut les retirer ; ce qu'il faut faire avec beaucoup de précautions, afin qu'en les remuant ils ne s'égrainent point.

CHAPITRE XXVII.

Des Vefces.

ARTICLE I.

LA Vefce eſt une plante baſſe & grimpante, qui reſſemble beaucoup au pois par la façon de croître : mais elle eſt plus petite. Ses tiges font foibles & fe repofent fur la terre. Sa feuille eſt compofée de plufieurs paires d'autres plus petites feuilles ; elle eſt d'un verd pâle. Elle a de petits tenons pour grimper & s'attacher partout. Sa fleur reffemble par fa forme à celle du pois, mais elle eſt beaucoup plus petite ; elle eſt tranchée dans l'efpéce ordinaire d'une couleur pourpre, & de différentes couleurs dans les autres différentes efpéces. Les grains font envelopés de petites coffes ; ils font ronds & petits ; leur couleur varie felon celle des fleurs.

Il y a deux fortes de vefce, la blanche & la noire : on leur donne leur dénomination d'après la couleur de leur grain. En effet, elles ne différent guéres autrement. Ces variétés ne font, à proprement parler, qu'accidentelles ; la vefce blanche venant ordinairement de la noire ; de même que les fleurs communes bleues & rou-

ges de nos jardins produifent fouvent des graines blanches, de même auffi la fleur blanche eft la premiere variation qui arrive dans
la vefce, au lieu qu'elle eft purpurine dans les autres & que les graines font enfuite de la même couleur.

On peut femer l'une & l'autre efpéce dans les champs. La noire eft
cependant préférable parce qu'elle eft plus ferme & plus abondante.

On peut tirer un grand avantage de cette plante, pourvu qu'on
la féme comme il faut; elle prépare fort bien le terrein pour le
bled, & fon produit eft auffi fûr que confidérable: elle eft une fort
bonne nourriture pour les pigeons, & propre à bien d'autres ufages.

Nous avons fait voir les profits qui réfultoient d'un Colombier,
en fuivant les documens que nous avons donnés. Or par-tout où l'on
éléve des pigeons, il eft très-important de cultiver de la vefce.
D'ailleurs fa paille bien féchée fait un excellent fourrage pour
les beftiaux; de forte qu'à bien la confidérer, quoiqu'elle foit inférieure aux articles précédens on doit la regarder comme fort utile
& d'un grand profit.

A R T I C L E   I I.

Des fols propres à la Vefce & du traitement qu'ils exigent.

IL eft certain que fi la vefce demandoit un fol riche ou beaucoup de préparations, nous nous donnerions bien de garde
de vanter ici les avantages qui réfultent de fa culture, & de la
confeiller à nos Lecteurs. Mais comme les fols les plus pauvres
ont affez de principes pour fa végétation, fans le fecours même
des préparations fuivies qu'exigent les autres productions; nous
ne cefferons d'exhorter à en jetter fur des terreins ifolés & éloignés,
qui font d'une nature pauvre & infertile. On verra que les produits
excéderont de beaucoup le peu de foins que cette production demande. Nous ne portons point ici en ligne de compte la dépenfe, puifqu'il eft vrai de dire qu'il ne vaut point la peine d'en parler.

La vefce eft une plante dure & ferme qui tient beaucoup de la
nature des mauvaifes herbes; par conféquent elle peut réuffir fur
un terrein pauvre ou épuifé; & c'eft en cela que confifte le principal avantage de la culture de cette plante; car non-feulement elle
occupe du moins un terrein qui autrement feroit infructueux, mais
encore elle le prépare pour une production plus utile.

Quoique presque toutes les espéces de sols conviennent à la vesce, cependant elle est comme toutes les autres plantes : il y a des terreins qui lui conviennent plus que les autres ; & c'est à quoi le Cultivateur doit faire attention. Le grand nombre de productions dont on a introduit depuis peu de tems la culture, lui fournit la commodité de varier ses semences dans l'occasion ; il doit donc s'attacher à bien choisir & à bien adapter chaque espéce au sol qu'il croit le plus lui convenir. Ce soin est également dû aux productions de moindre valeur, s'il veut en retirer le double avantage qui peut en résulter.

L'argille sablonneuse est la terre la plus favorable à la vesce, Elle réussit parfaitement sur une terre molle, pourvu qu'elle n'abonde point en humidité, défaut ordinaire à cette espéce de terre. Elle réussit également sur un terrein sablonneux le plus dépouillé de principes. Elle produit des récoltes abondantes sur les terreins calcareux, qui n'ont pas même beaucoup de profondeur.

De-là on doit conclure qu'il n'est point de terrein plus contraire à la vesce que le sol humide & glaiseux : ceux qui s'adonnent beaucoup à la culture de cette plante trouvent qu'elle réussit beaucoup mieux sur des terreins montagneux que dans les vallées.

Après qu'on a fait le choix du sol & de la situation, il ne faut point beaucoup de préparation pour le rendre propre à recevoir la vesce.

En supposant que le champ où on doit la semer ait été considérablement épuisé par une récolte antérieure de bled, dans ce cas même on n'a pas besoin du secours des engrais, ni des labours répétés ; il ne faut que renverser le chaume, le faire entrer dans le sol avec la charrue, le laisser pourrir, & r'ouvrir la terre au printems pour semer la vesce. Ces espéces de productions, loin d'exiger de l'engrais, en servent elles-mêmes au terrein, & la vesce beaucoup plus parfaitement que les autres.

ARTICLE III.

De la façon de semer la Vesce.

LOrsque le terrein est prêt, il faut d'abord faire attention à la qualité de la semence ; & c'est ici le point sur lequel on doit le moins fe négliger. On ne fçauroit croire, nous le répétons fouvent, combien un femblable foin affure une bonne récolte.

Il faut que la femence foit achetée ou échangée à dix ou douze lieues de diftance. Nous nous fommes affurément bien attachés à faire fentir toute l'utilité de cette méthode ; fur-tout il faut préférer la femence qui vient d'un terrein dont la nature differe de celle du fol fur lequel on veut femer.

Ainfi fi le terrein eft une terre molle il convient de donner la préférence à une femence venue fur un fol argilleux ou fablonneux, & au contraire fi le fol eft fablonneux il faut prendre la femence d'un fol qui ne l'eft pas.

La femence de vefce qui eft d'une groffeur moyenne, qui eft ronde, pleine & pefante & qui a la furface liffe & luifante, eft la meilleure. Nous donnons tous ces fignes afin que le Cultivateur ne fe trompe point dans le choix ; attendu que s'il la choifit telle que nous la lui indiquons, il y en aura très-peu qui manque, & que fa peine fera au contraire abfolument perdue pour peu que la femence foit défectueufe.

Cette femence ne réuffit pas bien, à moins qu'on ne lui ait donné le tems d'acquérir fa parfaite maturité avant que de la cueillir, ni fi elle a eu de l'humidité en la gardant. Voilà en effet les deux défauts que le Cultivateur doit craindre le plus ; or en fuivant les inftructions que nous lui avons données pour choifir fes femences, on peut s'en garantir. D'ailleurs on remarquera avec nous que les grains cueillis avant leur maturité ne font jamais ronds, pleins & pefans, & fi ils ont été mouillés au point d'être altérés, ils n'ont point la furface liffe & ne peuvent même jamais la recouvrer. Ainfi il eft bien difficile qu'en faifant attention à tous ces fignes on puiffe fe tromper.

Voilà donc le moyen de procéder fûrement au choix de la femence ; tâchons à préfent d'en déterminer la quantité ; nous avouons que quant à la vefce la méthode commune d'enfemencer approche plus de la jufte quantité qu'il faut en répandre que relativement à tous les autres grains ; un boiffeau par acre fuffit. On rempliroit le même objet avec un peu moins ; parce qu'il en eft de la vefce comme des autres grains. On doit s'attendre à une plus grande récolte d'une certaine quantité de plantes bien vigoureufes que d'un grand nombre qui fe nuifent réciproquement en fe volant la nourriture qui leur eft néceffaire.

La mi-Février eft le tems le plus favorable pour femer ce grain, il ne demande pas beaucoup de peine ni de travail. Il suffit de remuer un peu le terrein : mais on doit avoir l'attention de ne pas en semer une plus grande quantité qu'on n'en peut couvrir dans le même jour. Si la semence reste exposée aux rosées de la nuit elle contracte une humidité, qui en fait périr la plus grande partie, & l'autre n'a qu'une végétation languissante.

En général les terreins pauvres sont plus favorables à cette plante que des terreins riches ; dans les premiers elle a de belles cosses, dans les derniers au contraire elle ne pousse vigoureusement qu'en tige & en feuilles. Il y a encore un autre inconvénient presqu'inévitable lorsqu'on la séme sur un terrein riche, principalement si l'humidité y abonde, c'est qu'elle est plus sujette à se renverser par rapport à la pesanteur de sa tige, & alors toute la récolte se pourrit.

On a pour usage dans certaines provinces de l'Angleterre de semer la vesce & les féves de cheval ensemble : elles viennent passablement de cette façon : mais il faut convenir qu'elles réussissent beaucoup mieux séparément. Il n'y a point de difficulté pour les recueillir ; car on peut les couper ensemble, lorsqu'elles ont atteint leur parfaite maturité, & il arrive ordinairement qu'elles sont mûres en même tems ; la grosseur de la féve & la petitesse de la vesce font qu'on les sépare aisément dans la grange avec un crible.

ARTICLE IV.

De la façon de moissonner & de recueillir la Vesce.

LA Vesce une fois semée n'exige plus aucun soin. On la voit pousser avec vigueur & étouffer par son accroissement & l'ombrage que sa tige & ses feuilles répandent, toutes les mauvaises herbes : il y a deux saisons pour la moissonner, l'une quand on veut la donner en verd en guise de fourrage aux bestiaux, l'autre quand on veut en cueillir la graine.

On peut continuer la premiere coupe pendant plusieurs semaines elle est un des fourrages les plus salubres ; la seconde au contraire se fait toute entiere à la fois lorsque la graine a acquis sa parfaite maturité dans la cosse, & pour le connoître exactement il faut pratiquer ce que nous avons recommandé au chapitre des pois.

La couper pour du fourrage est sans contredit la pratique la plus avantageuse. Quant au reste qu'on laisse acquérir sa maturité, c'est ou pour avoir de la graine ou pour nourrir des pigeons ; de forte que fi l'on a un colombier grand & bien peuplé cet article devient très-important.

Si les femailles font fuivies d'un tems favorable, on peut efpérer de couper la vefce dans le mois de Mai pour la donner dans l'écurie aux beftiaux , & quelquefois même elle peut fervir dans l'occafion de fourrage frais dans les champs.

Le plus grand avantage de toutes ces plantes fibreufes confifte en ce qu'elles couvrent le terrein, lui donnent de l'ombre & lui font prendre une efpéce de jachere. La vefce eft plus que toute autre propre à remplir cet objet, un des plus importans de l'Agriculture, & c'eft pour cette raifon que, quoique le Cultivateur foit maître de de couper en verd, nous lui confeillons, fi les circonftances le lui permettent, de la laiffer fur fon terrein jufqu'à ce qu'elle foit parvenue à fa maturité, pour qu'il profite plus long-tems de l'efpéce de jachere que cette production lui donne. En fuivant cette inftruction, fon champ reftant plus longtems couvert, les mauvaifes herbes y périront, le terrein s'amollira & fe rafinera à l'ombre de la tige & des feuilles, tandis que les racines ne tireront que très-peu de nourriture.

Lorfqu'on remarque que les coffes font defféchées & que la graine réfifte à la compreffion du doigt, il faut la cueillir. On la laiffe en petits tas dans le champ pour qu'elle féche avant qu'on ne l'engrange.

A R T I C L E   V.

De la maniere de conferver la Vefce.

Nous avons fait fentir la dangereufe facilité avec laquelle la vefce contracte l'humidité & s'altere jufqu'à fe moifir, fans qu'elle puiffe jamais, quelques foins qu'on lui donne, rattraper fon état de falubrité & par conféquent fa valeur : elle eft encore très-fujette à la vermine & à la mite ; lorfqu'elle eft attaquée de cette maladie, toute la graine eft piquée, légere, poudreufe, en un mot, fi imparfaite qu'elle n'eft plus utile.

Jufqu'ici voilà le Cultivateur inftruit de la façon dont il doit traiter cette plante depuis la femaille jufqu'au moment qu'il la moiffonne. Voyons à préfent les moyens de conferver la graine, foit pour la nourriture des pigeons , foit pour la femence de l'année fuivante, foit enfin pour en vendre.

Pour garantir la vefce des deux accidens auxquels nous avons dit qu'elle eft expofée, il faut principalement s'attacher à la bien faire fécher. Car comme l'humidité la fait moifir elle ouvre auffi le paffage à la petite vermine qu'on trouve ordinairement à la vefce humide , & que l'on n'y voit jamais quand elle eft bien féche.

Si l'air eft fort chaud, il fuffira de l'étendre & de la retourner fur le plancher pendant quelques jours; finon il faut la mettre fur un chauffoir , ou pour une plus grande commodité pour le Cultivateur, fur le four ; mais il faut prendre garde que la chaleur en foit tempérée ; autrement cette préparation feroit plus préjudiciable qu'avantageufe , parce qu'elle détruiroit dans la femence tous les principes de végétation, & toute la fubftance nutritive ; fans toutes ces précautions cette graine fe trouvant trop humide, elle donne des maladies aux pigeons ; trop féche elle ne les nourrit point, & dans l'un ou l'autre cas elle eft très-impropre à la végétation.

Lorfqu'on veut garder long-tems la vefce, il faut la mettre dans de grands barrils, que l'on met dans des endroits fecs & frais; alors elle eft en fûreté, le Cultivateur n'a rien à craindre. M. *Hall* dit en avoir vu que l'on avoit confervée ainfi bonne à tous ces ufages jufqu'à quatorze ans.

CHAPITRE

CHAPITRE XXVIII.

Des Pois chiches, de leur nature & de leurs espéces.

ARTICLE I.

LE pois chiche ainsi que les autres plantes de cette espéce est foible & a une racine peu considérable. Aussi ne pénétre-t-il pas bien avant dans la terre, ni ne s'étend-il pas bien au loin pour prendre la nourriture qu'il lui faut ; desorte qu'il n'appauvrit pas le terrein comme bien d'autres productions. Ses tiges sont nombreuses. La grosse espéce les porte longues de trois pieds, au lieu que la petite ne les a longues tout au plus que de deux.

Les feuilles ressemblent en général par leur forme à celles des pois & de la vesce, mais elles sont plus belles ; chacune est composée de trois ou quatre paires d'autres plus petites ; elles sont d'un beau verd avec des échancrures à l'extrémité : leur couleur varie suivant leur espéce ; car il y en a qui sont blanches, d'autres qui sont rouges, ou, pour mieux dire, brunes, la graine qui en vient est de la même couleur. Les cosses qui viennent après les fleurs sont de la même structure que celle des pois, avec cette différence qu'elles sont courtes, épaisses & arrondies en forme de mammelon, &, pour ainsi dire, soufflées. Chaque cosse ne contient ordinairement qu'un grain, ou tout au plus deux. Ces grains ne sont pas ronds, mais un peu pointus d'un côté. C'est sans doute de-là qu'il y a des personnes qui ont cru qu'ils ressemblent à une tête de bélier, & qu'ils ont appellé toute la plante : *Pois chiche de Bélier.*

On a tiré ce pois de l'Italie ; on en cultive aujourd'hui des espéces différentes dans les jardins, comme en Angleterre, en Espagne, en Portugal & dans les parties méridionales de la France. On les traite comme les autres pois & pour les mêmes usages. C'est sans doute ce qui a porté les Jardiniers à varier leurs espéces comme celles des autres pois. Mais comme nous n'avons ici pour objet que l'intérêt du Cultivateur proprement dit, qui doit les cultiver avec des vues différentes, nous glissons sur toutes ces distinctions très-peu nécessaires pour lui, & nous lui conseillons de ne faire usage

que de la petite & de la grande espéce, de celle d'été & de celle
d'hiver; parce qu'étant plus dures & plus fermes elles soutiennent
plus le froid. La petite étant plus délicate veut être semée dans le
printems.

Les espéces que l'on cultive chez l'étranger dans les jardins
sont la blanche, la noire & la rouge. Ce n'est pas qu'on les préfere aux autres pois; mais c'est qu'elles sont plus analogues à certains climats. Les Italiens conviennent que les pois d'Angleterre sont d'un meilleur goût & de plus grand rapport. Les Fermiers
ne doivent guéres compter sur le produit de ce légume; ils doivent
l'envisager différemment des Italiens. Ils ne peuvent en effet s'en
servir que pour nourrir leurs bestiaux avec les tiges, mais non
avec la graine, & pour enrichir leur terrein.

Or cette richesse qu'ils prétendent donner au sol, dépend en
partie des soins qu'ils se donnent pour détruire les mauvaises herbes & en partie du peu de nourriture que cette production demande, comme aussi de l'ombrage qu'elle donne à la superficie.

Ce dernier article est de la derniere importance : car quand une
piéce de terrein est légere, entiérement couverte & peu épuisée,
elle s'amollit & devient à peu de frais assez abondante en principes
pour fournir les productions les plus riches : aussi recommande-
rons-nous toujours de donner la préférence à la grande espéce de
pois chiches, parce qu'elle couvre mieux le terrein. Mais ce n'est
pas là le seul avantage qui lui est propre. Semée en automne elle
fournit un fourrage précoce pour les bestiaux dans le tems précisément que tous les autres manquent.

Cependant il est beaucoup de circonstances qui peuvent déterminer à donner la préférence à la petite espéce d'été; quant au tems
de semer, quant à la nature du fourrage & quant à la qualité du
terrein. Et en effet, on ne peut faire usage des instructions générales que nous donnons qu'autant qu'on se sera bien appliqué à nous
suivre dans la connoissance détaillée des sols, qui a fait l'objet
d'un livre entier & qui presque dans tous les auteurs, tant anciens
que modernes, fait à peine l'objet d'un Chapitre.

ARTICLE II.

Du sol propre aux pois chiches & de la préparation qu'il faut lui donner.

EN général tout Cultivateur doit regarder tous ces petits légumes d'un œil bien différent que les autres grains de prix, quant à la préparation du sol qui est ordinairement très-dispendieuse; puisque pour peu qu'on nous ait entendus, on doit bien voir que nous avons envisagé comme l'article le plus important de cette culture la préparation que ces différentes productions donnent naturellement au terrein pour tout autre grain de plus grande valeur.

Il y a plusieurs sortes de ces petits légumes, comme la vesce, le pois chiche, la lentille. Toutes ces productions étant bien traitées répondent au même but, & pousser différemment sur différens sols; c'est pourquoi le Cultivateur doit principalement s'attacher à connoître quelle est la sorte qui convient & qui s'adapte le mieux à chaque sol, pour jouir du double avantage d'enrichir son sol & de se procurer une récolte plus abondante. Ce qu'il y a de plus singulier & de plus avantageux dans ces productions, c'est que plus elles viennent grosses & plus elles fournissent de fourrage pour les bestiaux, plus parfaitement elles enrichissent le terrein pour la production qui doit les remplacer: ce que nous avons dit précédemment doit rendre très-intelligible ce que nous avançons, & qui paroît d'abord un paradoxe.

La vesce se plaît dans un sol sec; le pois chiche au contraire résiste & végéte fort bien sur un sol un peu humide. On dit en proverbe parmi les Cultivateurs *que jamais pluie n'a tué pois chiche*. La propriété qu'il a de supporter les pluies quand il est encore jeune le rend capable de se soutenir dans un sol transi d'humidité. On observera cependant qu'il ne faut point pousser la chose à l'extrême; car les pois chiches ne font que languir & dépérir dans les marais.

La terre douce & molle est de toutes celle qui lui est la plus analogue; il n'est pas nécessaire cependant de lui donner un terrein frais ou neuf. Il pousse très-vigoureusement sur un champ riche de cette espéce après l'orge ou tel autre bled qu'on y aura semé.

Un semblable sol peut être, comme nous l'avons dit, excellent pour la vesce. Mais il y a quelquefois des circonstances qui le rendent impropre à cette production & non à la végétation des

pois chiches : de même fi un fol mol & doux eſt couché ſur un gravier dur, il eſt bon pour la veſce, parce que l'humidité qui tombe
paſſe à travers la couche qui eſt deſſous le fol, après avoir fourni
aux racines une humidité ſuffiſante ; d'un autre côté fi un fol de
terre molle a en-deſſous un lit de terre glaiſe, la veſce n'y proſpéra-
ra point, parce que la glaiſe retient trop long-tems l'eau, & que
les racines de cette plante veulent être bien rafraîchies, mais non
inondées ; ce qui rend cette plante pauvre & jaune ; mais un ſemblable terrein ſervira le plus favorablement à la végétation du
pois chiche. On voit donc bien combien il importe de ſçavoir
faire cette différence. Autrement ſi l'on ſéme indifféremment ſur
un fol quelconque, on doit s'attendre à de très-mauvaiſes récoltes de l'un ou de l'autre de ces grains.

Après le fol de bonne terre molle l'argile ferme eſt ſans contredit
le meilleur terrein pour les pois chiches.

Les argiles peuvent être conſidérées comme des fols de différentes natures, ſuivant les différens mélanges qui entrent dans leur
compoſition. Pour être argiles il faut qu'elles contiennent des ſables, & un peu de glaiſe. Quand les premiers dominent elles forment ce que nous appellons des fols légers & chauds ; quand la
glaiſe au contraire y abonde, elles forment un fol ferme & tenace. Dans le premier cas le terrein eſt très-analogue à la veſce,
& dans le dernier la fermeté & la tenacité du terrein le rendent très-
favorable aux pois chiches.

Le choix des fols fait avec intelligence, la préparation en eſt
auſſi facile que peu diſpendieuſe ; il n'eſt queſtion que de quelque
différence dans la façon de les traiter.

Lorſqu'on ſéme ces fortes de productions immédiatement après
le bled, il ne faut que renverſer le chaume avec la charrue pour l'incorporer au fol. Il n'eſt point long-tems ſans ſe putréfier, de forte
qu'il fournit tout l'engrais néceſſaire.

ARTICLE III.

De la façon de semer les Pois chiches.

LA culture de ces petits légumes est un article considérable, quoiqu'ils ne soient point dans certains pays d'une grande valeur ; puisqu'on peut en faire venir dans l'année de jachere qui est une année inutile, en suivant l'ancienne culture. D'ailleurs lorsqu'on a l'attention de les faire manger sur terre avec un certain ordre, le terrein s'enrichit considérablement par le fumier & l'urine des bestiaux.

Il faut semer le grand pois chiche d'hiver dans la premiere semaine d'Octobre, ou à peu près, si l'on veut qu'il fasse une bonne racine, qu'il acquiere une bonne & forte tête, & qu'il résiste aux gelées. Il poussera à l'approche du printems avec tant de vigueur, qu'on pourra bientôt le faire manger sur terre, ou le couper pour le faire manger dans le ratelier.

On séme le petit pois chiche d'été vers la mi-Février. Les pluies qui surviennent ordinairement dans cette saison le font pousser ; de sorte que pour peu que le tems soit favorable, on peut le couper vers la fin de Mai, ou du moins au commencement de Juin, ou bien on peut le faire manger sur le terrein. Si l'on séme de bonne heure en Octobre le pois chiche d'hiver, il peut être si précoce qu'on en pourra nourrir les agneaux & les moutons. Or on sçait que c'est précisément dans cette saison que le fourrage, qui convient le plus à ces animaux, est si rare & si recherché, qu'il vaut bien la peine d'accélérer l'accroissement de celui-ci.

Le terrein préparé pour recevoir la semence, il ne faut que s'occuper du choix. Après ce que nous avons dit sur la vesce, il ne nous reste presque plus rien à dire sur cet article : il n'y a rien à craindre de la vermine ni de l'humidité ; voilà les deux points principaux sur lesquels le Cultivateur doit porter toute son attention. Or on le connoît quand la graine est poudreuse : il faut au contraire qu'elle soit luisante, pesante & sans poussiere pour être parfaite.

Venons à la quantité : il faut la varier suivant les différentes façons de semer, propres aux différens sols.

Si le sol est glaiseux ou d'une argile ferme, on doit le rompre avec la charrue ordinaire à roue, & la femence doit être jettée avec la main par rayons ; il faut avec la charrue la faire entrer dans la terre, il faut enfuite rendre le terrein uni avec la herfe, en laiffant feulement des bas fillons pour éconduire les eaux. Par-là on obvie aux accidens auxquels la femence du pois chiche eft expofée ainfi que celle de la vefce.

Lorfque le fol eft de terre molle avec un deffous convenable, nous confeillons de femer les pois chiches à plat après un labour & de les bien herfer.

Qu'on ait fur-tout égard à l'ufage auquel on deftine cette production avant que de la femer pour choifir la méthode la plus convenable. Il eft des Cultivateurs qui prétendent qu'il eft plus avantageux de les laiffer manger fur le terrein, d'autres qu'il vaut mieux les couper ; cette circonftance, fi le terrein eft d'une moyenne qualité, peut admettre une différence dans la façon de les femer. Ainfi fi la nature du terrein rend l'une ou l'autre de ces méthodes abfolument néceffaire, on doit s'y conformer ; c'eft-à-dire, que quand on les a femés fur des rayons, ou, pour mieux dire, en fillons, il faut les faire manger fur le terrein, parce qu'il eft très-difficile de les faucher, & qu'il vaut mieux les faucher quand on les a femés à plat.

Pour tout dire enfin il eft en général plus avantageux de les faucher. Les beftiaux foulent & détruifent plus qu'ils ne mangent. L'expérience prouve que le produit d'un acre fauché & donné au ratelier eft, finon fupérieur, du moins égal au produit de deux qu'on fait manger fur pied.

Les moutons même & les agneaux ne font pas moins de dégât que les gros beftiaux. Il eft vrai que le fumier, l'urine & la fueur de ces animaux, quand ils fe couchent fur le terrein, peuvent dans bien des cas compenfer le dommage : mais il n'en eft pas de même des chevaux. On obfervera fur-tout que dans les faifons humides il ne convient point d'y mettre les beftiaux quelconques, parce qu'ils détruifent beaucoup avec leurs pieds, & qu'on ne peut les y mettre qu'une fois ; au lieu qu'on peut faire manger la même production deux fois par les moutons & les agneaux dans le courant du printems.

Après avoir donné une idée fuffifante de la nature, de la maniere & des différences des labours, il convient d'en venir à la quantité proportionnée de femence qui varie felon les circonftances.

Lorfqu'on feme le pois chiche en rayons après le bled ou après l'orge, il ne faut en jetter de la grande efpéce d'hiver que deux boiſſeaux & demi par acre, & trois boiſſeaux de la petite eſpéce d'été. Lorſqu'on ſéme à plat, il faut en donner trois boiſſeaux de la grande eſpéce & deux & demi de la petite.

On a en vue dans la culture de la plûpart des autres grains leur produit en graine. Alors un petit nombre de plantes bien nourries ſuffit pour remplir cet objet, parce qu'elles donnent une meilleure récolte que des plantes plus nombreuſes mais qui ſont languiſſantes. Mais ici le Cultivateur ne s'attend point à des récoltes de cette nature. Le pois chiche remplit deux objets, le premier eſt de couvrir & d'adoucir le terrein; le ſecond, de rendre du fourrage pour les beſtiaux. Or on ſatisfait beaucoup mieux à ces deux articles lorſque le pois chiche vient bien dru. Mais ſi comme dans certains pays, par exemple dans quelques cantons de la Guienne, & principalement en Eſpagne & en Italie, on cultive cette production dans l'intention d'en retirer beaucoup de grain, il faut alors diminuer la quantité de ſemence indiquée ci-deſſus au moins d'un tiers.

Nous ajoutons même que l'on feroit beaucoup mieux de les ſemer avec la houe de *Suffolk* ou rateau à trois ou cinq dents, parce qu'alors on ménageroit beaucoup plus la ſemence, que les pois ſeroient régulierement plantés, & que la culture qu'ils exigeroient deviendroit beaucoup plus aiſée par la commodité des intervalles, & qu'enfin la plante trouvant beaucoup plus d'eſpace pour étendre plus au loin ſes racines, & pompant par conſéquent plus de nourriture, fourniroit beaucoup plus de grain qui ſeroit beaucoup plus beau.

A R T I C L E   I V.

Du traitement que les Pois chiches exigent, & de la maniere de les laiſſer ſur pied pour qu'ils pouſſent en graine.

SOit qu'on ſéme ce légume dans le printems, ſoit qu'on le ſéme en automne, il n'exige pas plus de ſoin dans un cas que dans l'autre. Dès qu'on l'a enterré avec la herſe il pouſſe avec une célérité & une vigueur qui ſurprennent. Si on le ſéme dru, il détruit toutes les mauvaiſes herbes. Ainſi dans l'un & l'autre cas il faut laiſſer agir la nature & attendre l'événement, ſe donnant feulement le foin de vifiter de tems en tems fon champ pour obferver quand eft-ce que la production eft affez faite pour la faire manger.

Le pois chiche d'hiver eft beaucoup plus précoce que celui d'été; mais celui-ci eft le fourrage le plus fain & le meilleur pour les agneaux qui le mangent préférablement à tout autre fourrage.

Cette derniere efpéce ne couvre point, il eft vrai, fi bien la terre que l'autre, ni ne la touche pas de fi près, ni ne donne point une récolte fi abondante en tige & en feuille, & cependant elle a des avantages fur l'autre; nous avons dit qu'elle vaut mieux pour le petit bétail, & nous ajouterons en fa faveur ce que peut-être peu de perfonnes ont obfervé, c'eft qu'elle pouffe beaucoup plus vîte que l'autre.

Nous avons remarqué qu'en général le pois chiche d'hiver réuffit mieux femé à plat & celui d'été femé en fillons. Nous répétons exprès cette obfervation parce que l'ufage a établi dans certains cantons la méthode oppofée. Le gros pois chiche eft le plus propre à être fauché, & le petit à être mangé fur le terrein, raifon de plus qui doit déterminer à le femer préférablement en rayons.

Quant aux avantages qui réfultent fur-tout dans ce Royaume de la culture des pois chiches, on voit par ce qui précède que le moindre de tous eft celui de les laiffer monter en graine. Il eft cependant indifpenfable d'en faire monter une certaine quantité; c'eft pourquoi, quoique cet article foit moins important que les autres, il faut y apporter la même attention que nous exigeons pour la femence des autres grains.

Si l'on a deux champs femés en pois chiches, le plus fec des deux eft celui qu'il convient de laiffer monter en graine. Si l'on n'en a qu'un il faut en choifir la partie la moins humide & la plus chaude. Il faut avoir le foin de l'enclorre pour empêcher les beftiaux d'y entrer.

Il faut encore, quand on laboure le champ pour l'enfemencer, montrer au Laboureur l'endroit où on fe propofe de laiffer monter en graine, & lui ordonner de le femer plus clair; on n'en met que la moitié de la quantité ordinaire. C'eft le feul moyen d'en retirer plus de grain & qui eft d'une meilleure qualité. Il eft encore bon de farcler une fois la piéce.

Après quoi on abandonne la production à elle-même jufqu'à ce que les grains ayent acquis leur parfaite maturité dans les coffes. On les recueille & on les bat après les avoir laiffé fécher.

Après qu'on a féparé la graine il faut l'étendre fur un plancher. Nous renouvellons encore ici l'avis que nous avons donné fouvent.

vent: c'eſt de changer ſa ſemence avec quelqu'autre Cultivateur
éloigné. La qualité de celle qu'on a cueillie quand elle eſt bien ſéche, fera connoître la qualité de celle que l'on prend en échange.

ARTICLE V.

De la façon dont on nourrit les Beſtiaux avec les Pois chiches.

LA partie du champ dont on veut tirer de la ſemence étant choiſie, le reſte doit être regardé comme du fourrage pour les beſtiaux; il eſt queſtion de ſçavoir le leur diſtribuer. Or c'eſt l'abondance de la production qui doit guider; pour bien s'y prendre, il
faut ſçavoir qu'il y a trois façons d'employer ce fourrage; 1°. en y
envoyant ſes beſtiaux pour le manger ſur pied; 2°. en le coupant
verd & en le leur donnant ainſi; 3°. en le laiſſant ſécher & devenir une eſpéce de foin. De quelqu'une de ces trois façons qu'on
l'emploie, c'eſt toujours un fourrage très-ſalubre & très-recherché.

En général les beſtiaux aiment mieux le manger ſur pied; mais
on en tire beaucoup plus de profit quand on le fauche en verd &
qu'on le donne à meſure qu'on le coupe; mais il eſt plus ſain quand
on le leur donne ſec; les beſtiaux l'aiment même beaucoup dans cet
état, & le préferent à beaucoup d'autres fourrages. Plus il eſt gros
moins il leur plaît; & plus il eſt petit, plus il eſt délicat.

Auſſi le petit pois chiche fait-il toujours le meilleur foin. Cependant la grande eſpéce, lorſqu'elle n'a point trop monté n'eſt point
à mépriſer; elle rend un foin qui eſt paſſablement bon.

Le Cultivateur, en ne perdant point de vue ces différens uſages
traitera ſa récolte en conſéquence; il la coupera dans des tems & en
quantités convenables, & ſe ſouviendra toujours que la valeur de
cette production dépend de l'âge & de l'eſpéce : il diſtribuera par
conſéquent en différentes portions ſon terrein pour en retirer le fourrage à meſure qu'il en aura beſoin, & réſervera la meilleure partie en
fourrage ſec, ſur-tout s'il a ſemé de la petite eſpéce; il prendra ſon
tems pour la couper & la laiſſer bien ſécher, article de cette récolte le plus intéreſſant quand les pois chiches ſont d'une eſpéce à
flatter le goût des beſtiaux.

Il peut encore pouſſer plus loin ſes conſidérations ſur cet article :
il peut voir & examiner en quel tems il ſera avantageux de donner

à ses agneaux les jeunes & tendres rejettons de pois chiches, & faire couper en conséquence une des meilleures parties de son terrein. Les tiges repoussent beaucoup plus promptement quand elles ont été fauchées que quand elles ont été rongées par les bestiaux lorsqu'on les y met. De cette façon le Cultivateur jouira, pour ainsi dire, d'un second printems pendant lequel les pois chiches rendent un fourrage tendre, délicat & sain pour ses agneaux, précisément dans un tems où il ne peut en avoir en aucune façon d'aussi bien conditionné.

Lorsqu'on a ainsi traité les pois chiches pendant l'été, on trouvera qu'on aura fait un très-bon emploi de son terrein. Mais il reste encore à jouir d'un plus grand avantage : car le terrein qui étoit auparavant dans un état d'épuisement & qui avoit besoin du rafraîchissement de la jachere, se trouve parfaitement rétabli par cette production qui y a acquis sa parfaite croissance & qui y a resté pendant tout l'hiver. Elle le fertilise tellement qu'il devient des plus propres à une production d'un plus grand prix, sans autre dépense & sans autre peine.

La nature & l'état dans lequel son terrein se trouve doivent le guider sur ce qu'il doit entreprendre à ce sujet : il a le choix de faire succéder aux pois le froment ou le turnips ; & si son intérêt exige qu'il ne séme ni l'un ni l'autre, il peut choisir de toutes les autres sortes de grains celui qui lui plaira le plus.

Lorsqu'une bonne piéce de terre est couverte d'une pleine récolte de pois chiches, elle est si molle vers la S. Michel, & si subtile qu'on peut y semer du froment avec la certitude d'y faire une excellente moisson.

Si l'on y séme des turnips un labour suffit : pourvu que l'on herse bien on peut s'attendre à une récolte précoce & abondante. Dans une des parties précédentes de cet ouvrage nous avons parlé des principales sortes de grains & plantes parmi lesquelles le Cultivateur peut choisir, suivant les circonstances ; nous parlerons dans la suite du *colsa*, espéce de chou, dont le produit est considérable : il ne réussit jamais mieux que lorsqu'on le fait succéder aux pois chiches.

Le pois chiche d'hiver est celui qui rend le plus de profit, comme nous l'avons déja fait voir, parce qu'il est fort précoce, qu'il donne du fourrage, & rend pendant que tous les autres manquent : nous avons aussi fait observer qu'il couvre mieux le terrein que l'autre espéce, & que par conséquent il lui donne une espéce de jachere beaucoup plus parfaite. Mais il est à propos de mettre aussi sous les yeux du lecteur les désavantages de cette plante, afin que l'on ne se détermine pas trop indiscrétement à lui donner la préférence sur l'autre.

Son grand désavantage porte sur l'incertitude de son succès; car il arrive très-souvent que tout le champ périt par les gelées. On voit très-souvent cette plante résister pendant tout l'hiver & périr en Février ou dans les premiers jours de Mars par les gelées qui surviennent après des jours chauds.

D'un autre côté, il faut observer que la semaille du printems est toujours sûre, & comme la rigueur du tems qu'il fait en Février, altére souvent les grains semés à la S. Michel, si même elle ne les détruit pas entierement, la semaille du printems poussant promptement, & n'étant pas ordinairement traversée, devance l'autre.

Il n'y a pas de meilleur fourage pour les chevaux que le pois chiche fauché; ils le mangent avec plaisir. Il produit d'abord dans ces animaux l'effet du fourrage verd; mais après quelques jours d'habitude, il n'est point de nourriture qui les entretienne mieux en chair.

Ce fourrage est également propre à engraisser les bêtes à cornes, particulierement les vaches, parce qu'en même tems qu'il les engraisse il les fait abonder en lait, qui n'a pas le mauvais goût qu'il contracte quelquefois lorsque ces animaux sont nourris de certaines autres herbes artificielles.

Il n'en résulte pas moins d'avantages d'en nourrir les brebis; elles s'engraissent & fournissent à leurs agneaux un lait nourrissant & délicat.

On ne connoît point encore assez toute l'utilité de cette plante; elle est de toutes celles qui ont été nouvellement mises en usage, celle qui mérite le plus l'attention du Cultivateur. L'Angleterre à peine commence-t-elle à connoître tout son prix qui est entierement ignoré en France. Cependant on peut assurer, qu'il seroit à souhaiter que l'usage en devint universel.

CHAPITRE XXIX.

Des Lentilles.

ARTICLE PREMIER.

LA lentille est une autre petite espéce de légume, dont le prix n'a pas été suffisamment connu dans l'ancienne Agriculture & qu'on ne connoît pas même assez aujourd'hui ; c'est une des plantes la plus profitable. Aussi allons nous mettre nos soins à faire sentir tous les avantages qu'elle produit, cultivée par des personnes intelligentes.

La lentille est de la même classe que la vesce & le pois chiche, elle approche plus de ce dernier qu'aucune autre production, parce qu'elle a une cosse également courte mais non pas si enflée, & que les grains n'ont pas cette figure remarquable que nous avons dit être ressemblante à la tête du bélier.

Elle est de tous ces légumes le plus petit. Sa racine est mince & grêle, ses tiges sont nombreuses & s'étendent beaucoup ; de sorte qu'elle ressemble au pois chiche en ce qu'elle couvre bien la terre, & que pour sa nourriture elle constitue le terrein en peu de dépense. Elle a par conséquent une propriété semblable pour l'amélioration de la terre ; il faut convenir cependant qu'elle est en ce point inférieure au pois chiche, parce qu'elle est plus petite.

Nous avons observé que la grande espéce de pois chiche répond plus parfaitement à cette fin que la petite. La lentille est de moindre valeur, relativement à cet objet, aux deux espéces, d'autant plus qu'elle est beaucoup plus petite. Cependant elle a ses avantages à certains égards.

Les tiges des lentilles montent à un pied & demi de hauteur. Leurs tiges sont foibles. Leurs feuilles sont composées de plusieurs paires d'autres qui sont plus petites ; elles sont d'un verd pâle : elles diffèrent de celles du pois chiche en ce qu'elles n'ont pas une grosse feuille au bout : à la place de cette feuille il y a un petit tendon ou espéce d'agraffe que la nature lui a donné pour qu'elle puisse s'accrocher à tout ce qu'elle peut rencontrer.

Leurs fleurs font petites & naturellement rougeâtres ; mais elles font quelquefois d'un pourpre foncé, & quelquefois blanches. Les coffes font petites & ne renferment ordinairement que deux grains.

Comme elle eft de la même nature que les pois chiches, elle fert auffi aux mêmes ufages. On peut la faire manger fur pied ou dans l'écurie : elle eft également bonne, foit qu'on l'emploie verte, foit qu'on l'emploie féche. Elle forme pour les chevaux un des plus excellens fourrages ; elle les engraiffe & les tient en vigueur. Mais il faut bien prendre garde qu'ils ne la mangent avec trop d'avidité en verd, elle leur donneroit des maladies. On peut parer à cet inconvénient en la leur donnant avec ménagement. Le plus fûr cependant eft de la leur donner en fourrage fec. Elle eft excellente en feuilles pour les vaches, & en fruit pour les moutons & pour les cochons. Une fois femée elle ne demande aucun foin, & fûrement la dépenfe de la femaille n'eft pas d'une bien grande conféquence. De forte que tout concourt à la mettre en faveur. Il y a donc lieu d'efpérer que cette culture s'étendra par-tout où la nouvelle culture s'eft accréditée.

A R T I C L E   I I.

Du fol propre aux Lentilles, & de la maniere de les femer.

IL eft certain qu'il n'eft rien de plus avantageux pour le Cultivateur que d'avoir des productions qui réuffiffent fur un terrein pauvre : fi l'expérience fait voir que les pois chiches réuffiffent fur un terrein épuifé par le bled, elle prouve auffi que la lentille profpere, comme nous l'avons dit, fur un fol dénué de principes.

Le pois chiche & la vefce ne produifent jamais fi bien que fur une terre molle ; mais la lentille végéte vigoureufement fur un terrein fablonneux, graveleux ou calcareux. Elle ne demande pas, ainfi que le pois chiche, de l'humidité. Par-tout où il y aura tant foit peu de fubftance, elle viendra à merveilles ; elle rend d'excellentes récoltes dans les fols argileux les plus affamés, & elle les laiffe confidérablement améliorés.

Le terrein demande fort peu de préparation : on féme les lentilles dans le printems. Comme elles font plus petites que les pois chiches, elles font auffi plus tendres ; il faut donc ne pas les femer de trop bonne heure. La mi-Mars est le tems le plus favorable à cette semaille. On peut cependant, à toute rigueur, les semer à la fin de ce mois ou au commencement d'Avril.

Nous avons fait remarquer que cette plante étant si petite & ne couvrant pas parfaitement la terre, ne l'enrichit pas si bien que les autres espéces de légumes : on peut par conséquent les semer avec de l'avoine ou de l'orge : ce mélange répond à plusieurs objets. L'avoine & les lentilles mêlées viennent très-bien ensemble : comme elles parviennent à peu près en même tems à leur maturité, on peut les cüeillir & les battre ensemble. Après quoi il est très-aisé de les séparer en les jettant en l'air comme pour les vanner. L'avoine étant plus légere va plus loin que la lentille, qui par son poids & sa forme ronde & lisse sur laquelle l'air n'a point de prise, tombe en chemin.

Lorsqu'on la séme avec de l'orge on la sépare de même, & pour peu qu'on porte d'attention en les vannant, on en viendra facilement à bout.

Il faut, pour semer des lentilles, les choisir pesantes, lisses & luisantes, vrais signes de leur bonne qualité. On fera toujours très-sagement de changer la semence avec des Cultivateurs éloignés & qui ont un terrein différent. Il est bon & même très-essentiel de mettre en usage les différentes façons de les semer, suivant l'emploi qu'on veut en faire. Il est fort avantageux de les faire manger sur pied ; mais il ne l'est pas moins de les recueillir en grain, & c'est en ce point-ci principalement qu'elles sont préférables aux pois chiches, parce que les cosses sont infiniment plus nombreuses, & que le grain est non-seulement plus abondant, mais encore d'un prix bien supérieur.

Comme les lentilles ne couvrent pas beaucoup le terrein, & que ce n'est pas sous ce point de vue que le Cultivateur doit principalement les considérer ; il est certain qu'on feroit plus sagement de les cultiver entierement suivant la nouvelle méthode, elles poussceroient très-parfaitement sur le sol le plus pauvre, étant semées au sémoir & cultivées avec le *Cultivateur*. Cependant il ne faut pas toujours la préférer ; au contraire nous conseillons, suivant l'occasion, de préférer l'ancienne méthode.

Le point qui reste principalement à considérer au Cultivateur, c'est avant que d'ensemencer son terrein de lentilles, de sçavoir à quel usage il destine cette récolte. S'il se propose de les faire manger en verd, ou sur pied, ou séches, il doit les semer suivant la métho-

de ordinaire, comme nous l'avons fait obferver, pour les pois chiches. Mais s'il tourne toutes fes vues vers le grain, il doit abfolu-
ment préférer de les femer au fémoir, de façon qu'il puiffe |enfuite
les cultiver au *Cultivateur.* Par cette méthode on verra qu'il faut
beaucoup moins de femence.

On jette ordinairement un boiffeau & demi par acre lorfqu'on les
deftine au fourrage : lorfqu'au contraire on vife à la quantité de grain
& qu'on les féme au fémoir, il en faut moitié moins, & on aura une
plus abondante récolte que fi on en avoit employé un boiffeau & demi.

Lorfqu'on les féme au fémoir, la troifiéme femaine de Mars eft
la plus favorable à cette opération ; il faut les mettre par doubles rangs qui foient diftans d'environ huit pouces, & pratiquer
des intervalles affez grands, pour que l'on y puiffe commodément
faire ufage du *Cultivateur.* En fuivant cette méthode, le produit en
eft beaucoup plus confidérable fur un terrein pauvre.

A R T I C L E   I I I.

De la maniere de cultiver les Lentilles, & de leurs ufages.

LOrfqu'on féme la lentille à la volée, il n'eft pas befoin de lui
donner, après qu'on l'a femée, quelque culture, attendu
qu'elle vient fort dru, & que par conféquent elle étouffe toutes les
mauvaifes herbes. Mais lorfqu'on la féme au fémoir, il faut au moins
une fois paffer le *Cultivateur* dans les intervalles après que les mauvaifes herbes ont fait leur premiere pouffe. On l'abandonne enfuite à elle-même jufqu'à ce qu'elle ait acquis fa parfaite maturité :
on la coupe enfuite, on la fait fécher dans les champs par petits tas,
& enfin on la bat en grange, fi c'eft l'ufage dans le pays d'engranger les grains.

Lorfqu'on a femé la lentille fuivant la méthode ordinaire avec
de l'orge ou de l'avoine, il faut attendre que l'une ou l'autre foient
mûres. Mais il en faut faire manger la plus grande partie fur pied,
ou la faucher pour la faire manger dans l'étable aux beftiaux.

On remarque qu'elle ne repouffe pas fi vigoureufement que les
pois chiches ; mais auffi elle fournit beaucoup plus dans la premiere récolte. Quelqu'objet qu'on fe propofe, il eft certain que la
meilleure méthode eft de la couper féche. Les bœufs, les vaches

& les chevaux l'aiment beaucoup en fourrage fec ; il n'y a point pour ces animaux de nourriture plus fubftancielle. Mais il y a un tems pour la couper qu'il faut obferver pour chaque animal.

Le meilleur tems pour la vache & le bœuf eft quand la coffe commence à fe remplir ; pour les chevaux au contraire il faut attendre qu'elle foit prefque mûre. Il faut bien fe donner de garde de la laiffer fur pied jufques à fa parfaite maturité ; parce que la tige & les feuilles ont alors perdu une grande partie de leur qualité ; au lieu qu'auffi-tôt que le grain devient gros & bon , elles fervent de foin & de grain.

Ce légume eft encore d'une très-grande reffource pour le Cultivateur dans fon ménage , il eft fort falubre & agréable.

Lorfqu'on a fait venir de l'orge & des lentilles enfemble , on peut les moudre & en faire une efpéce de pain qui eft très-favorable à la fanté & affez gracieux au goût. En paille elle donne aux vaches une abondance étonnante de lait. Il n'y a pas même de fourrage qui lui communique un meilleur goût & une meilleure qualité. Elle eft de toutes les plantes celle qui favorife le plus les brebis dans la nourriture de leurs agneaux.

CHAPITRE XXX.

Du Bled Sarrazin.

ARTICLE PREMIER.

LE bled Sarrazin eft un bled d'une efpéce toute différente de ceux dont nous venons de parler. On le cultive de la même maniere quoiqu'il foit d'une valeur bien inférieure : cependant il a , ainfi que les autres , la propriété d'améliorer le terrein.

Le Sarrazin eft une plante qui s'éleve perpendiculairement & qui eft affez belle. Sa tige eft roide , ferme & ronde qui pouffe vers fon extrémité fupérieure plufieurs branches. Ses feuilles font larges, fourchues en bas près de la tige , pointues par en-haut , d'un verd pâle & fouvent jaunâtres. Ses fleurs font placées aux extrémités des branches & forment de groffes touffes ; elles font petites & blanches. Sa graine eft de forme triangulaire , affez groffe & brune en-

dehors

dehors avec une efpéce de petit noyau blanc en-dedans. Chaque fleur de ce bled n'eft qu'une petite feuille blanche divifée en cinq parties, elle n'a point de calice. Plufieurs Botaniftes ont donné à cette fleur le nom de calice, & difent que ce bled n'a point de fleur proprement dite : en dedans de ce calice ou de cette fleur il y a plufieurs petites maffes rougeâtres qui renferment un fuc fort doux, tel qu'il y en a dans prefque toutes les fleurs, en plus grande ou plus petite quantité ; elles forment ce qu'on appelle le *Nectarium* de la fleur. Dans le centre il y a huit petits prolongements ou fils très-minces de la longueur de la fleur, qui à leur extrémité font chargés de petits boutons ; entre ces fils on trouve le rudiment de la graine, qui a trois corps prefqu'imperceptibles & filandreux, & qui à leur extrémité font touffus ; ils fervent à faire tomber la pouffiere des petits boutons aux fommets des autres fils, pour faire mûrir la graine. Chaque fleur eft fuccédée d'un grain, & la fleur fert elle-même à le couvrir, & c'eft fans doute par cette raifon qu'on l'appelle calice ; parce que les calices des plantes reftent toujours avec la graine, mais jamais avec la fleur.

Ce bled nous vient de l'Orient ; il y a des pays où on en fait du pain. Il y a des auteurs qui l'appellent *Trionum :* ils n'en difent pas grand chofe, & ce n'eft pas fans raifon ; car il paroît qu'ils n'entendent pas même la fignification du mot.

Il y a deux objets qu'on peut fe propofer en femant du Sarrazin, l'un fon grain, puifqu'il n'eft pas abfolument à méprifer, étant propre à en faire du pain, l'autre fon engrais qui rend le terrein capable de recevoir du froment ou du feigle ; car il n'eft rien en effet qui améliore plus parfaitement le fol que d'y enterrer ce bled lorfqu'il a acquis un certain degré d'accroiffement.

A R T I C L E II.

Du fol propre au Bled Sarrazin, & de la maniere de le femer.

CE bled vient fur les terreins les plus ftériles, & voilà en quoi confiftent tous les avantages qui réfultent de cette culture. Le terrein le plus fec & le plus mauvais lui fournit affez de nourriture. A-t-on de la bruyere, du gravier tout nud, des terreins pierreux & où les éclats de pierre forment, pour ainfi dire, toute la furface ; le bled Sarrazin y pouffe avec affez de vigueur ; il n'exige d'autre précaution que de le femer fort tard ; de forte que cette production qui au premier coup d'œil paroît méprifable , mérite la confidération du Cultivateur à bien des égards.

Tout ce que nous demandons , quand on eft déterminé à en femer dans des terreins qui ne rapportent rien , dans la vue feulement de les améliorer , c'eft d'avoir l'attention de fe procurer de la bonne femence.

Il faut pour cela la choifir bien faine , bien féche & d'une couleur brillante. Au refte, c'eft de toutes les femences celle où on rifque le moins.

La quantité qu'on féme doit être relative à la fin pour laquelle on le cultive : car le cultive-t-on pour avoir du grain , on doit s'attacher à fe procurer des plantes bien nourries & bien vigoureufes ; mais le féme-t-on dans la feule vue d'en engraiffer le terrein & par conféquent de l'enterrer dans le fol ? pour lors, plus il y aura de plantes plus on remplira fon objet.

Lorfqu'on en féme pour en avoir le grain , un boiffeau par acre fuffit ; au lieu que quand on le deftine à l'autre ufage, il en faut au moins quatre boiffeaux par acre.

Il eft de tous les bleds celui qui veut être femé le plus tard. On peut le femer au commencement de Mai, mais on fait encore mieux lorfqu'on ne le féme que vers le milieu ou la fin de ce mois.

Comme ce bled nous vient d'un climat extrêmement chaud, il ne peut point fe familiarifer avec le froid. D'ailleurs , fa végétation & fon accroiffement font fi prompts qu'on n'a pas befoin de le femer plutôt.

Une fois femé il n'exige aucun foin particulier. L'ufage ordinaire eft de le labourer & herfer de la façon la plus légere & de le couvrir enfuite ; il pouffe, quelque tems qu'il faffe. Que la faifon foit pluvieufe ou féche , n'importe ; il répond toujours aux vues de celui qui le cultive.

Quand il eft coupé une fois il en croît plus vîte. L'efpéce de terrein que l'on lui donne ordinairement ne favorife point la végétation des mauvaifes herbes, défaut inféparable des terreins riches ; elles n'y pouffent pas fi vîte ; de forte que ce bled étant d'une végétation prompte gagne bien vîte le deffus & les étouffe ; c'eft ainfi qu'il continue de croître jufqu'à ce qu'il fleuriffe, à moins que l'intérêt du Cultivateur n'exige qu'il le renverfe avec la charrue & l'incorpore au fol.

ARTICLE III.

De la façon de traiter le Bled Sarrazin & de son usage.

LE Sarrazin est un bled utile, non-seulement quant au grain dont, comme nous l'avons dit, on fait du pain, & à l'engrais qu'il donne au sol quand on l'y incorpore, mais encore quant aux bestiaux qui effectivement le mangent bien ; & c'est là le point le plus avantageux de cette production, parce qu'on l'engrange dans un tems où tous les autres fourrages sont rares, l'herbe étant brûlée par la chaleur, & le bétail à corne manquant ordinairement de bon fourrage frais vers la fin de l'été qui est le tems auquel on le récolte. Il est précisément alors en fleur, & les vaches l'aiment beaucoup ; il est pour ces animaux une nourriture aussi substancielle que saine, & leur donne beaucoup de lait qui est d'assez bon goût. On observe qu'il n'y a point de meilleur beurre ni de meilleur fromage que celui qu'on fait d'un semblable lait.

Si le Fermier destine cette production à cet usage il doit la semer plus dru que quand il la séme pour avoir le grain, mais non pas si dru que quand il veut en engraisser son terrein. Deux boisseaux & demi par acre rendent beaucoup pour la nourriture des bestiaux. On peut, après que les vaches ont mangé le bled Sarrazin, en renverser le chaume, & le terrein sera en état de produire du seigle, mais ne rendra pas une récolte aussi abondante que si elle avoit été entierement renversée avec la charrue ; opération qui est sans contredit la meilleure pour favoriser le froment.

Lorsqu'on a ce dessein, il faut laisser le Sarrazin jusqu'à ce qu'il ait poussé en fleur, mais non jusqu'à ce qu'il ait monté en graine. Il faut le prendre dans cet état pour en faire un engrais des plus riches.

Quand on l'a semé pour en avoir le grain, & qu'on a, comme nous l'avons recommandé, jetté beaucoup moins de semence ; il est plus fort & il mûrit fort bien. C'est alors que l'on doit être attentif à saisir le moment de la maturité pour le couper & l'engranger.

Il est de tous les grains celui qu'on peut laisser plus longtems sur pied pour lui laisser acquérir sa parfaite maturité : car il n'y en a point dont le grain tienne si fortement à son calice.

On le fauche pour le recueillir, on le laisse quelque tems exposé en plein champ avant que de le retirer. On ne risque rien : lorsque les tiges font devenues fouples & les grains fermes, on l'enleve pour le battre en grange. On en retire ordinairement cinquante boiffeaux par acre d'un terrein médiocre & beaucoup plus, s'il a plus de principes.

Ce grain eft excellent pour les cochons, ils l'aiment beaucoup & s'en engraiffent. La volaille l'aime auffi, & dans certains pays les pauvres gens en mangent. On en fait des efpéces de gâteaux en y mêlant un peu de farine de froment. Le Sarrafin eft auffi un excellent fourrage pour les chevaux; mais il faut le broyer avant que de le leur donner; autrement, comme la peau en eft tenace & dure, il pafferoit dans leur eftomac fans leur faire aucun bien. Les beftiaux en mangent auffi la paille; mais elle n'eft pas à beaucoup près auffi nourriffante que le grain.

CHAPITRE XXXI.

Du Maïs ou Bled de Turquie.

ARTICLE I.

LE maïs, appellé *Ivion* ou bled d'Inde ou de Turquie, ou enfin dans certains endroits du royaume, bled d'Efpagne, & en Gafcogne *Turquet*, eft un bled dont la tige reffemble à celle du rofeau, elle parvient fouvent à fix pieds de hauteur, & quelquefois à plus, quelquefois auffi à beaucoup moins, fuivant les différens terreins fur lefquels on le cultive. Sa tige eft remplie tandis qu'elle eft tendre d'un fuc miéleux qui eft affez agréable au goût. Il ne vient point en épi comme les autres bleds; fes grains font raffemblés en forme pyramidale le long & tout autour d'un gland de fubftance fpongieufe dont les calices fe deffèchent & deviennent farineux à mefure que les grains approchent de leur parfaite maturité.

Il y en a de deux fortes, l'une eft dure, on la mange au lieu de pain, après l'avoir fait griller, ou bouillir dans l'eau; l'autre tendre & d'un goût délicieux. On cultive actuellement en Efpagne la premiere efpèce; & c'eft de ce pays que l'on a tiré la culture de cette plante, à qui pour cette raifon on a donné le nom de Bled d'Espagne : ce bled est à tous égards très-recommandable, soit par son abondance, soit par sa salubrité, soit enfin par les ressources dont il est au défaut du bled : on fait d'excellens mets de la farine, comme des beignets, de la galette, des biscuits. On en fait un pain excellent. Bouilli dans un chaudron d'eau, il s'en fait une espéce de bouillie dont le paysan fait d'autant plus de cas qu'il trouve cet aliment non-seulement très-nourrissant, mais encore très-salubre, puisqu'il n'y en a point qui soit si opposé aux obstructions.

Il y en a de différentes couleurs, du bleu, du rouge, du noir, du blanc, du pourpré, ou, pour mieux dire, du bigarré de différentes couleurs. Ces variétés ne tiennent qu'à l'épiderme du grain ; car la farine est généralement la même ; c'est-à-dire d'un blanc qui tire un peu sur le jaune ; le grain est ordinairement gros comme un pois commun ; il a l'épiderme fort lisse & luisant, il est de figure sphérique d'un côté seulement, & plat du côté par lequel il tient au calice de l'épi ou gland.

On en cultive beaucoup dans différentes provinces du royaume, mais non en autant qu'il seroit à souhaiter : ce bled qui ne demande point une culture des plus suivies est d'un très-grand secours, comme nous le ferons voir dans la suite. Il est d'une abondance singuliere ; nous avons souvent vu un seul grain produire quatre, cinq jusqu'à six épis ou glands, dont chacun portoit au moins cent cinquante grains, il y en a qui en ont jusqu'à deux & trois cents.

ARTICLE II.

De la culture du Maïs & des sols qui lui conviennent.

QUoique nous ayons dit que le maïs ne demande point une culture aussi suivie que les autres grains, nous sommes obligés cependant d'avertir ici que l'on ne doit point tant la négliger qu'on le pourroit croire : les mauvaises herbes traversent considérable-ent l'accroissement de sa tige ainsi que de son gland.

Les sols les plus propres au maïs sont les sols gras & fermes. Il croit cependant sur les terres légeres & sur celles même où les autres bleds du premier ordre ne peuvent que végéter languissamment ; ces sols un peu secourus de quelqu'engrais qui leur soit analogue, payent avec usure les dépenses, par rapport aux différens ufages & propriétés que l'on connoît à cette efpéce de production.

Il faut donner un labour ou deux fi l'on veut fe procurer une bonne récolte. Nous voudrions qu'on le femât au fémoir; mais c'eft ici le cas où nous donnons la préférence à la houe de *Suffolk* ou rateau à cinq clous. Il y a un abus généralement établi dans certaines provinces: on le plante à la fiche & l'on met jufques à trois grains dans chaque trou, outre qu'en fuivant cette pitoyable méthode on dépenfe beaucoup plus de femence qu'il n'en faut, fi les trois grains germent & pouffent, on doit, d'après les principes que nous avons établis, prévoir que ces trois tiges doivent néceffairement fe porter préjudice. D'ailleurs nous avons dit que la fiche refferre les parois du trou, de forte que cette terre devient très-inutile & en quelque façon contraire aux petites racines de la plante, qui tendres & extrêmement affinées & délicates n'ont pas affez de confiftence & de fermeté pour s'y ouvrir un paffage, il faudroit donc dans cette méthode même effentiellement défectueufe préférer la truelle pour les raifons que nous avons dites ci-deffus.

Lorfque l'on féme pour fourrage il faut avoir le foin de bien ameublir le terrein & de le mettre à plat. On jette le maïs à la volée; alors, bien loin de porter préjudice au terrein il le bonnifie par l'ombrage qu'il forme & par la fraîcheur qu'il répand fur la fuperficie.

Mais le féme-t-on pour le récolter en grain, la culture la plus avantageufe eft de le mettre par rangs de cinq rangées, diftantes l'une de l'autre au moins de dix pouces ou d'un pied, ce qui eft encore mieux, & laiffer entre les rangs des intervalles de cinq pieds pour y faire paffer au moins deux fois le Cultivateur pendant l'accroiffement de la plante : on choifit pour ces deux labours le tems auquel les herbes commencent à pouffer avec une certaine vigueur dans les intervalles; & l'on met une fois, pendant le tems qui s'écoule entre ces deux labours, des farcleufes qui, avec un farcloir armé d'un petit crochet, arrachent & tirent toutes les herbes parafites qui ont pouffé entre les rangées.

Si l'on féme fuivant l'ancienne méthode pour récolter en grain, un boiffeau de femence, fuffit pour un acre; fi au contraire on féme dans la vue de faire manger la tige en fourrage, deux boiffeaux & demi font abfolument néceffaires pour la même mefure. Mais fi l'on féme avec le fémoir dans la premiere vue, demi boiffeau fuffira; il en faudra encore moins en fe fervant de la houe de Suffolk, attendu que nous avons à recommander expreffément de ne mettre qu'un grain dans chaque trou; mais on observera aussi que la culture n'en sera pas aussi aisée pendant que la plante est sur pied, que quand on a semé au semoir; parce que les tiges ne sont pas plantées si régulierement avec ledit rateau.

Comme cette plante craint les froids, il faut la semer en Mars; afin que les fraîcheurs du mois de Septembre ne l'empêchent point de parvenir à sa parfaite maturité.

Lorsque l'on veut fumer un terrein que l'on destine à cette production, il faut choisir le mois de Janvier, & avoir le soin, si le tems est humide, de répandre tout de suite le fumier sur le terrein, pour l'incorporer quelques jours après au sol. S'il est gras & qu'il ait dessous, comme il arrive ordinairement, une couche de glaise, on peut alors lui administrer un fumier mêlé de fiente de vache & de cheval migeoté pendant quelque tems dans la fosse au fumier avec les urines des animaux de la ferme. Si au contraire le terrein est sec, léger, & dépouillé en quelque façon de principes, le fumier de vache mérite la préférence.

Nous avons dit à l'article Orobanche, combien cette plante étoit nuisible aux haricots & au bled de Turquie; nous avons indiqué des moyens infaillibles de l'extirper & de la détruire, nous y renvoyons nos lecteurs, leur recommandant de ne point perdre de vue ce soin; il est important pour la culture dont il est ici question.

ARTICLE III.

Des usages du Maïs.

NOn-seulement on fait du pain excellent, salubre & nourrissant du maïs, puisque toute l'Amérique, les Indes, la Turquie & l'Espagne s'en nourrissent; mais il est d'un usage admirable dans la Médecine. Les Sauvages en font un spécifique infaillible contre les maladies aiguës. On en donne même avec confiance dans presque toutes les maladies. Il faut convenir cependant qu'en France on ne lui connoît guéres cette excellente propriété, ou que du moins on fait semblant de l'ignorer pour des raisons que tout le monde peut soupçonner; mais qu'on nous permettra de passer sous silence.

Nous découvrons encore un très-grand avantage dans cette

plante, c'eſt qu'on tire de ſa tige un miel d'une fort bonne qualité quand elle eſt encore jeune & tendre, c'eſt-à-dire avant que le grain n'aît acquis ſa parfaite maturité.

Autre avantage encore plus digne de la conſidération du Culti-vateur ; il conſiſte en ce que les beſtiaux en aiment beaucoup les feuilles & la tige, ſoit en verd ſoit en ſec, & qu'il n'eſt point de plante qui communique un goût plus agréable au lait des vaches qu'on en nourrit. Les bœufs les mangent avec appétit, & comme la tige eſt groſſe & pleine de ſuc, le laboureur en tire un tout autre avantage que des autres fourrages, en ce qu'elle ſert à faire ruminer cet animal plus longtems pendant qu'il travaille ; or tout le monde ſçait que ce n'eſt que par cette faculté que cet animal réſiſte plus longtems au travail & aux grandes chaleurs que le cheval, que la na-ture a privé de cette reſſource. Auſſi ferons-nous valoir, quand nous en traiterons, cet article important contre ceux qui ſe ſont portés les défenſeurs déclarés de la préférence qu'on doit donner au cheval pour le labour. Ce qui aſſurément, après un calcul bien ſimple que nous mettrons ſous les yeux du lecteur, ſera démontré abſurde.

Les moutons en ſont friands pendant l'hiver ; mais pour qu'ils trouvent ce fourrage encore meilleur, il faut avoir l'attention de l'arracher avant qu'il ſoit parvenu à ſa maturité ; il y a même une reſſource quand on le laiſſe trop durcir, il n'eſt queſtion que d'y verſer de l'eau en forme d'arroſement avant que de le leur donner.

On fait de la farine du maïs une pâte dont on engraiſſe la vo-laille, & principalement les chapons ; elle leur donne une chair courte & tendre, & une graiſſe ferme qui eſt d'un goût admira-ble. Dans le pays de Breſſe on ne connoît preſque point d'autre mé-thode pour les engraiſſer.

Le cochon s'en engraiſſe parfaitement bien, le lard acquiert par ce régime une fermeté & un goût exquis.

Lorſque l'on ſémie le maïs dans la vue d'en faire un fourrage verd, il faut l'arracher auſſi-tôt que le gland commence à ſortir de la tige, ce qui eſt indiqué par une eſpéce d'épi frangé qui eſt au ſommet & qui ne produit point : on ne ſçait pas trop à quel uſage la nature le deſtine. On obſervera que ce fourrage doit être man-gé dans l'étable & non ſur pied, il y auroit trop de perte à eſſuyer du piétinement des beſtiaux ſi l'on les faiſoit entrer dans le champ.

La façon de ſe procurer la ſemence la mieux conditionnée, c'eſt de choiſir les glands les plus gros & les plus garnis, d'en lier cinq ou ſix enſemble, & de les ſuſpendre ainſi par paquets à des

clous

clous au plancher du grenier. On ne les égraine que quand on veut
les femer. On ne bat point ordinairement le bled de Turquie, le
travail en feroit trop pénible & le fléau altéreroit d'ailleurs la
graine ; cette opération fe fait à la main avec un gland qu'on a eu
la patience de dépouiller avec les doigts. Egrainé qu'il eft il fert enfuite à féparer les grains des autres glands en le preffant contre
un peu tranfverfalement.

Ce grain détefte l'humidité, elle lui eft abfolument contraire.
Il faut le tenir dans un lieu fec & même un peu chaud, rarement,
pourvu qu'on ait eu l'attention de le faire bien fécher avant que de
l'enfermer, eft-il fujet à fermenter.

Quand on engrange pour le fourrage d'hiver des tiges qu'on
laiffe monter en graine, il faut avoir le foin de les lier en efpéce
de petits fagots & de les fufpendre ; fi on les laiffoit à terre elles
pomperoient l'humidité & contracteroient un goût de moifi qui
répugneroit ; les beftiaux n'en voudroient point.

ARTICLE IV.

De la façon de le récolter, foit en verd, foit en fec.

Lorfqu'on laiffe monter en graine le maïs, il faut, quand on le
récolte, l'arracher & avoir le foin de bien fecouer les racines
qui dépofent une terre fine & bien ameublie, ce qui ne peut être
qu'au grand avantage du fol. Il faut, après la premiere pluie qu'il
fait après qu'on l'a arraché, donner un labour pour incorporer au
fol les feuilles féches qui font tombées depuis que la plante ten-
doit à fa maturité ; par ce foin on dédommage le terrein de la dépenfe qu'il a faite en faveur du maïs ; car nous avertiffons que
lorfqu'il monte en graine il plonge précifément dans le terrein à
la même diftance que le bled, & que par conféquent il l'appauvrit ;
au lieu qu'en fourrage il fuit la loi commune à tous les végétaux,
qui eft de plonger à proportion que la tige s'éleve, & que comme on le coupe longtems avant fon parfait accroiffement, fes racines n'ont pas eu le tems d'atteindre cette partie du fol où celles du
bled fe portent pour prendre leur véritable nourriture.

D'ailleurs nous avons encore à recommander une pratique qui,
comme nous l'efpérons, détruira un abus d'autant plus grand, que
le fol perd beaucoup & que les beftiaux n'y gagnent rien. On ar-

rache ordinairement le maïs que l'on donne en verd , au lieu que l'on devroit le faucher ; & ce n'est que pour cette raison que nous avons recommandé de le semer à la volée & à plat. En le fauchant le chaume & les racines qui restent sur le sol l'engraissent, pourvu qu'on ait le soin de le renverser, & l'on sçait par expérience que les bestiaux les rejettent.

Si l'on veut encore mieux empêcher que la grande quantité de nourriture que cette plante consomme, lorsqu'on la laisse monter en graine, ne porte point tant de préjudice au sol, on peut y semer de distance en distance des lentilles ou des haricots ; comme les tiges de ces deux plantes sont extrêmement rameuses elles ombragent le terrein & lui donnent une espéce de jachere qui répare la perte qu'il fait.

Avant que de finir ce Chapitre , nous ne pouvons nous empêcher de proscrire encore une fois la fiche dont on se sert pour semer le maïs. Nous avons assurément fait assez sentir le défectueux de cette méthode.

Nous observerons que l'on peut encore le semer comme les Jardiniers sément les pois de jardin. Il est certain que cette espéce de plantation forme un coup d'œil très-agréable & qu'elle est utile. C'est au Cultivateur à voir, relativement au pays où il se trouve, si elle est plus ou moins dispendieuse que les autres.

Il ne faut faire moudre le maïs qu'à proportion qu'on en emploie la farine : elle est fort sujette à se gâter en vieillissant.

CHAPITRE XXXII.

Du Millet.

ARTICLE I.

NOus ne connoissons point de grain qui soit plus petit que le mill ou millet : cette plante qui dans plusieurs pays du Royaume est d'une très-grande ressource, comme dans le Bearn, dans la Gascogne, dans l'Armagnac, ainsi qu'en Italie & en Espagne, a été négligée par tous les auteurs qui ont écrit sur l'Agriculture, il n'y a que la Maison Rustique qui en ait écrit en abrégé l'utilité & les avantages, sans avoir du tout parlé de sa culture.

Le millet est rond, luisant & ferme, il est jaune ou blanc, il a pour envelope de petites cosses extrêmement minces & tendres. Il a des feuilles semblables à celles des roseaux ; il croît jusqu'à la hauteur d'environ un pied & demi ou de deux pieds. Sa tige est assez grosse, cotonneuse & nerveuse, son épi a une chevelure éparse & croît par bouquets aux sommités des branches.

Il y a trois sortes de millets, le petit, le gros & le noir. De ces trois le petit est celui à la culture duquel on doit préférablement s'attacher. Il multiplie beaucoup, puisqu'un seul grain, suivant l'auteur de la Maison Rustique, produit trente ou quarante tuyaux. L'humidité ne lui convient point autant que le même auteur le prétend : il paroît qu'il ne connoît point la nature de cette plante, qu'il dit aussi craindre beaucoup le Soleil, puisque, selon lui, elle se plaît beaucoup à l'ombre ; nous ferons voir son erreur.

Le millet, bien différent du bled de Turquie, ne souffre aucune altération du froid, de la neige ni des pluies ni du vent. Il mûrit, nous parlons ici du petit, quinze jours plutôt que les deux autres espéces ; aussi est-il moins exposé aux incursions des oiseaux & autres accidents ; il ne tire point tant de suc que le millet à gros grain.

Quant au millet noir, il croît parmi celui dont nous venons de parler, mais on le distingue à sa feuille qui n'est point si large. Sa tige acquiert beaucoup plus de hauteur, c'est pourquoi on peut aisément, en sarclant l'autre avec soin, couper celui-ci que l'on donne à la volaille pour l'engraisser.   Ii ij

Le gros millet eſt d'un grain beaucoup plus grand ; c'eſt celui qui ſert de nourriture aux oiſeaux. Il eſt d'une nature encore plus analogue à la ſéchereſſe des ſols que les trois eſpéces demandent. Il n'eſt pas ſi ſuſceptible d'altération que les autres : mais il fatigue plus la terre.

ARTICLE II.

Des ſols qui conviennent au Millet, & de la façon de les traiter.

LEs ſols les plus favorables à cette plante ſont ſans contredit les ſols ſablonneux & légers. Elle croît paſſablement dans ceux qui ſont le moins ſubſtanciels & où tout autre plante ne pouſſeroit que foiblement.

Comme les ſols légers ſont d'un ameubliſſement facile, ils conviennent beaucoup au millet qui demande une terre extrêmement diviſée : màis il faut, autant qu'on le peut, le ſemer après une légere pluie ; ou ſi cette reſſource manque, il faut le ſemer ſur le déclin du jour, pour que la ſemence profite de la roſée de la nuit ; ſon germe ſe développe plus aiſément. Ordinairement un ſeul labour ſuffit en ſuppoſant que l'on lui donne un ſol tel qu'il l'exige ; mais ſi on le met dans un terrein qui ait un peu de conſiſtence, il en exige deux & enſuite le herſage, parce que, comme nous l'avons dit, la terre doit être bien ameublie. On ne ſçauroit croire combien on jette trop de ſemence en le ſemant ſeul. Un Cultivateur intelligent prend un peu de la terre du ſol ſur lequel il doit ſemer ſon millet la diviſe autant qu'il peut & la mêle parties égales avec le millet, & la jette auſſi uniformément qu'il lui eſt poſſible. Par cette méthode on épargne beaucoup de ſemence, & les tiges ſont plus vigoureuſes & les épis plus graineux.

Rien de plus certain que ce que l'auteur de la Maiſon Ruſtique n'annonce que conjecturalement. Le millet verd empêche que la vermine n'attaque le froment quand on en ſéme ſur un terrein qui a l'année précédente produit du millet. Il eſt vrai que les vers s'attachent aux racines de cette plante & qu'ils s'en nourriſſent fort bien pendant un ou deux ans. Mais auſſi cette propriété eſt détruite par un très-grand déſavantage, c'eſt qu'elle les multiplie & que la production qui ſuccéde en eſt infeſtée.

Il eſt ſi peu vrai que cette plante exige des terreins gras, ou couverts d'arbres, comme l'annonce la Maison Rustique, que l'on ne voit autre chose dans les cantons stériles & découverts de la Gascogne, du Bearn & de beaucoup d'autres pays. L'humidité lui est au contraire très-pernicieuse: ce n'est pas cependant qu'elle ne profite beaucoup des pluies ; mais comme les eaux passent subitement à travers les sols légers & sablonneux elles ne servent qu'à rafraîchir la plante & à lui laisser en passant quelques particules de terre végétale dont elles sont chargées.

Le millet est très-sujet à engendrer de l'herbe qui lui porte beaucoup de préjudice ; c'est pourquoi, comme nous l'avons dit, il faut, autant qu'on le peut, le clair-semer, pour se procurer une plus grande facilité de le sarcler. Cette opération se fait lorsque la plante a acquis à peu près neuf ou dix pouces de hauteur, & avant, mais avec beaucoup de précaution, si l'on s'apperçoit que les mauvaises herbes gagnent le dessus.

A R T I C L E III.

Du tems de récolter le Millet, & comment on le récolte.

LE millet acquiert plus facilement sa maturité que les autres grains en ce que sa cosse est extrêmement mince, & que d'ailleurs il est ordinairement semé dans des endroits fort couverts. Il faut bien se donner de garde d'attendre qu'il soit entiérement sec pour l'arracher, attendu qu'il s'égraine facilement, & qu'on en perdroit la plus grande partie, soit en l'arrachant, soit en le portant dans la grange.

Il y a des pays où on le fauche : mauvaise méthode, sur-tout si l'on veut ensemencer l'année suivante le terrein de quelque grain précieux. On laisse par cet abus la vermine qui attaque la production nouvelle, si, comme il arrive quelquefois, la racine & le chaume du millet se sont pourris. D'ailleurs, quand même le contraire arriveroit, l'année qui suivroit la seconde production, le terrein regorgeroit de vers qui rongeroient entiérement la semence que l'on lui confieroit.

Il vaut mieux l'arracher & avoir l'attention de bien secouer les racines avant que de les tirer du champ pour faire tomber la terre qui y est attachée. On le transporte & on l'expose quelque tems aux

rayons du Soleil pour qu'il féche entiérement : enfuite on le bat &
on en expofe encore le grain au Soleil ; afin qu'il ne lui refte point
le moindre foupçon d'humidité. Ce foin négligé , il fe gâte & fermente facilement.

Il faut fur-tout fe donner bien de garde de le laiffer dans fon épi
pour bien fec qu'il foit, comme cette plante eft fort cotonneufe
& fpongieufe elle pompe l'humidité & la communique au grain.
Cette production, quoiqu'oubliée de tous les Ecrivains, mérite beaucoup toutes les attentions que nous recommandons, fi l'on fent
tous les avantages qui réfultent de fa culture, & que nous allons
mettre fous les yeux du Cultivateur.

ARTICLE IV.

Des ufages du Millet.

LE payfan des pays que nous avons cités, font du pain de millet ;
il eft affez bon , mais il faut qu'ils le mangent chaud : ils en font
auffi une efpéce de bouillie qui eft affez bonne & affez nourriffante.

On en nourrit la volaille. Les poulets & les chapons engraiffés
avec ce grain font d'une graiffe & d'un goût exquis. Ce bled, s'il
étoit cultivé généralement en France, feroit, ainfi que celui de
Turquie, d'une très-grande reffource dans le tems de difette de
froment. On en donne la paille en guife de fourrage au bétail. Il
eft vrai qu'il préfere celle du millet noir.

D'ailleurs cette plante n'épuife pas autant qu'on le penfe le terrein, pourvu qu'au lieu de la faucher on l'arrache, & que comme
nous l'avons recommandé, on fecoue les racines avant que de
tranfporter la récolte dans la grange.

Le millet a encore un avantage qui mérite quelque confidération , il vient aifément, il n'expofe point aux dépenfes des engrais , il fe multiplie à l'infini, puifqu'il ne tire fon nom que de
fa grande multiplication. Il fe conferve bien , pourvu qu'il foit cueilli fec. Il devient donc d'un très-grand fecours lorfqu'on fe trouve
dans la privation des autres grains.

Nous obferverons , avant que de finir ce chapitre, que ceux qui
fauchent le millet au lieu de l'arracher, croient fe procurer deux
avantages confidérables, le premier qui eft, comme nous l'avons

dir, de fournir à la vermine qui s'accroche à la racine, dequoi vivre fans qu'elle ait befoin d'attaquer les productions que l'on fait venir dans le champ après la récolte du millet; le fecond, c'eft que le chaume renverfé fert d'engrais. Comme nous n'attaquons ni ne voulons établir aucune méthode par opinion, nous laiffons aux Cultivateurs intelligens le foin de juger par l'expérience laquelle des deux eft la préférable. Cependant nous ne pouvons nous empêcher de dire, que comme le chaume du millet eft cotonneux, il ne peut guéres être un engrais bien riche pour un fol de la nature de ceux que l'on deftine naturellement au millet.

CHAPITRE XXXIII.

Du panis.

ARTICLE I.

LE panis que l'on cultive auffi dans les pays de Bearn, de Gafcogne, de Bigorre & d'Armagnac, a une paille, des feuilles & des racines qui reffemblent au millet. Mais fa chevelure eft bien différente; elle porte un pied de long, & loin d'être auffi éparfe, elle eft au contraire entaffée & fournie de grapes fort épaiffes qui ont une grande quantité de grains velus & qui ordinairement font d'un beau jaune.

ARTICLE II.

Des fols convenables au panis, & de la façon de le traiter.

LE panis ainfi que le millet fe plaît beaucoup dans les terres féches & chaudes; qu'elles foient fablonneufes ou pierreufes, n'importe, pourvu qu'elles ayent un peu de fubftance; elles font propres à fa germination. Le froid lui eft extrêmement contraire. Il y en a de trois fortes, celui dont nous entendons parler uniquement ici, le panis fauvage dont on ne fait aucun ufage, & le panis des In-

des qui entre dans la composition du chocolat & dont on ne pratique point en Europe la culture.

Le traitement que cette plante utile exige est le même que celui
du millet ; les mêmes attentions que nous avons recommandées
pour semer & récolter ce dernier, doivent être pratiquées à l'egard
du panis. Il est de la même nature & pour le moins aussi utile.

ARTICLE III.

Des usages du Panis.

ON fait du pain de sa farine, qui est encore plus substanciel &
d'un goût plus délicat que celui du millet, qui laisse dans la
bouche un goût cuisant & qui relâche un peu le ventre, ce qui le
rend moins nourrissant que le pain de panis. Il donne beaucoup plus
de fermeté à la chair & à la graisse des animaux qu'on en nourrit. Sa
paille sert de fourrage aux bestiaux : il est d'une très-grande ressource pour les paysans de quelques cantons des provinces méridionales du Royaume ; la culture devroit en être plus étendue ; on
ne verroit point tant de misere dans certains recoins de plusieurs
provinces où le paysan, expirant pour ainsi dire de faim, n'est tout
au plus qu'un squelete ambulant.

CHAPITRE XXXIV.

Du Bled barbu.

CE grain est à peu près une espéce de millet dont les tiges s'élevent à la hauteur de huit ou neuf pouces : il est ovale & beaucoup plus gros que le millet commun ; il croît dans les pays chauds :
on ne le cultive guéres dans ce Royaume ; le millet commun
étant aussi avantageux & étant beaucoup plus délicat, soit pour
les hommes, soit pour les animaux qu'on en nourrit. Au reste, tous
les procédés sont absolument semblables. Ainsi après avoir lu la
culture du millet on peut parfaitement se conduire dans celle du
bled barbu.

CHAPITRE

CHAPITRE XXXV.

De l'Escourgeon.

ARTICLE I.

CE bled-ci ressemble beaucoup à l'orge précoce dont M. *Hall* n'estime point qu'on doive entreprendre la culture, parce que, dit-il, il est rare qu'elle résiste aux frimats de l'hiver. *L'Escourgeon* que, selon la Maison Rustique, on appelle aussi *Secourgeon*, & par corruption *Soucrion* & *Sucrion*, ou *Orge quarrée*, *Orge d'automne*, en plusieurs endroits *Orge prime*, & en d'autres, *Orge chevalin* est une espéce que l'on séme en automne & dont l'épi est à quatre rangs. Elle mûrit avant toutes les autres espéces de grains; Et c'est en cela qu'elle est en effet très-avantageuse pour les pauvres qui sont au dépourvu & n'ont pas de quoi se nourrir jusqu'à la nouvelle moisson : on en fait du pain assez passable, pourvu qu'on la mêle avec du froment. Elle est excellente pour les chevaux, soit en herbe soit en fourrage sec : il n'y a pas de nation qui en éprouve plus l'utilité & qui en connoisse si bien les avantages, relativement à cet article-ci, que les Espagnols : ils en font la nourriture ordinaire de leurs chevaux.

ARTICLE II.

De la façon de traiter ce Bled, & des sols qui lui conviènnent.

CE Bled consomme beaucoup de nourriture : aussi ne se plaît-il bien que dans un sol gras qui tient cependant plus à la sécheresse & à l'humidité, si l'on en croit du moins l'auteur de la Maison Rustique ; parce qué, continue le même, la trop grande humidité lui est contraire, comme à l'orge commune. C'est aussi ce qui nous engage à prévenir le lecteur contre ces documens. Car les terres légeres & séches peuvent aussi favoriser la germination de ce grain. Les foins qu'il exige de la part du Cultivateur, font les mêmes que ceux que l'on donne dans la culture des autres orges. On en confomme beaucoup dans le Périgord & le Limoufin : on le féme avant l'hiver. Les Normands, les Bourguignons & les Picards en font beaucoup de cas, parce qu'ils le coupent en verd pour le donner aux chevaux, & qu'il fait encore deux ou trois pouffes avant le mois d'Août.

ARTICLE III.

Des avantages & défavantages de l'Efcourgeon.

ON vient de voir une partie des avantages qui réfultent de ce grain ; voyons les défavantages qui y font attachés. Cette production rarement réuffit fi les gelées font fortes & continues. Mais même en fuppofant qu'elle peut les braver, elle ne peut fe conferver au-delà d'un an. Auffi faut-il avoir l'attention de n'en conferver chaque année que la quantité dont on peut avoir befoin pour femer. Quand on la coupe en verd on en laiffe un petit canton qui monte en graine. Les fauces un peu fortes dont nous avons parlé ci-deffus font excellentes pour cette plante qui, ainfi trempée, réfifte mieux & plus longtems aux rigueurs de l'hiver.

Les Flamands en font une très-grande confommation en grain, parce qu'ils en font leur biere ; en France au contraire on fe fert pour cette boiffon de l'orge commune. Auffi eft-elle fans contredit beaucoup plus délicate.

CHAPITRE XXXVI.

De l'Yvroye.

ARTICLE I.

QUoique l'yvroye soit une mauvaise herbe, nous en parlons d'abord pour donner au Cultivateur les moyens d'en décharger le froment, ensuite pour lui apprendre à en tirer tout le parti possible.

L'yvroye est une espéce de chiendent dont la tige monte à la hauteur de deux ou trois pieds par tuyaux qui sont presque aussi gros que ceux du froment ; ils sont réunis par quatre ou cinq nœuds, de chacun desquels sort une feuille étroite, verte, grasse, canelée, embrassant le tuyau par sa base. Ces tuyaux portent à leurs sommités des épis longs d'un pied & d'une figure particuliere ; car ils sont divisés en plusieurs petites rangées alternativement, de maniere que chacune paroît un petit épi en paquet, composé de fleurs à étamines qui sortent du fonds d'un calice écailleux. Lorsque ces fleurs sont passées il leur succéde des graines plus menues que celles du bled, peu farineuses & de couleur rougeâtre. Ses racines sont fibreuses. L'yvroie croît ordinairement parmi le froment & l'orge. On l'appelle en françois zizanie. Le nom d'yvroie lui a été donné parce que le pain & la biere où l'on en met une trop grande quantité enyvrent & causent des maux de tête. Il y a des Botanistes, & l'Auteur de la Maison Rustique avec eux, qui prétendent qu'elle s'engendre de grains de froment & d'orge semés dans des lieux trop humides, ou que des pluies trop abondantes putréfient & corrompent ; parce que, ajoute l'Auteur de la Maison Rustique, on a remarqué que ce changement n'arrive que dans les années pluvieuses, principalement lorsque les pluies abondent dans le mois de Mai ; c'est alors, dit l'Auteur cité, que le grain se forme dans les épis, & que la grande humidité le saisit & le change en yvroie ; par la même raison aussi, cette plante abonde-t-elle plus dans les sols de terre forte & humide que dans ceux de terre légere ; rarement même en voit-on dans les terreins pierreux, parce qu'il n'arrive presque jamais qu'ils aient assez d'humidité pour opérer ce changement.

Kk ij

Par la raison contraire, continue ce même Auteur, lorsque l'année est séche, & principalement quand la sécheresse continue pendant tout le mois de Mai, il arrive ordinairement que le mauvais grain en rapporte de bon, & que l'yvroie qu'on séme la même année se change en bon froment; prodige qui est bien plus fréquent & plus sûr, suivant cet Ecrivain, lorsqu'on la séme sur un sol sec, léger ou pierreux que quand on la séme dans une terre forte & humide; parce que la sécheresse du fond & de l'année ayant chassé l'humidité & purifié la masse du grain qui étoit bon dans son principe, il agit & se multiplie comme auparavant. C'est une expérience, assure cet Auteur, qu'il a faite bien des fois, & la chose ne manque pas, dit-il, d'arriver lorsque le fonds & l'année y sont propres.

Nous avons cru devoir rapporter mot à mot l'opinion de la Maison Rustique pour garantir le lecteur d'une telle erreur. Si l'Auteur avoit semé de l'yvroie pure sur quelque terrein qu'il eût jugé à propos de choisir, il l'auroit vue conserver toujours sa nature & ne jamais subir ces changemens qui, comme nous l'avons déja fait voir, ne peuvent point arriver.

Rien de plus absurde que son raisonnement. Ignore-t-il donc que la véritable putréfaction décompose les corps, & que s'il étoit vrai que l'humidité, comme cela arrive quelquefois sur les terreins humides, eût putréfié le froment, il n'y auroit aucune germination quelconque, & que le grain seroit entierement perdu. Nous ne nous attacherons point davantage à combattre une opinion si peu fondée, attendu que notre lecteur n'a qu'à consulter le chapitre qui traite de la dégénération & des prétendus changemens des grains, il sentira toute l'inconséquence du raisonnement qu'il vient de voir.

ARTICLE II.

Des usages de l'Yvroie.

AU reste, quoique cette production soit en général plus nuisible que profitable, on peut du moins en tirer, dans le cas où il est impossible de la détruire absolument, quelque parti. On en met dans la biere une dose convenable pour lui donner de la force & du montant. La volaille l'aime beaucoup. Elle est très-propre à animer sa multiplication; quand les poules ne pondent pas & qu'el-

les font refroidies on leur en donne, mais avec modération ;
c'eſt-à-dire qu'il convient d'en mettre un tiers ſur deux tiers d'orge : on verra que ce régime les remettra en train de pondre, &
que cette graine d'ailleurs, à bien des égards auſſi mépriſable que
nuiſible, peut être de quelque utilité. Quand on la ſéparée de l'orge ou du froment, il faut avoir l'attention de la faire bien ſécher
pour qu'elle ne ſe moiſiſſe point, ou qu'elle ne contracte point quelque mauvais goût qui répugneroit à la volaille.

CHAPITRE XXXVII.

Des Lupins.

ARTICLE I.

VOici une autre eſpéce de pois qu'on appelle lupins : cette
plante eſt une eſpéce de pois ſauvage ; elle n'a qu'une tige, mais
forte & dont les feuilles ſont velues, molles, un peu blanches, &
diviſées en ſept parties. La fleur eſt d'un verd pâle qui tend au bleu.
Les gouſſes ſont reſſerrées & dentelées tout au-tour, un peu longues comme celles des féves. Elles contiennent cinq ou ſix grains
de figure ſphérique s'applatiſſant vers le milieu. Il y en a qui ſont
verds, il y en a de jaunâtres, les uns & les autres ſont fort amers.
Le fruit ſort du milieu de ſa tige : ſes racines ſont quelquefois jaunes : elles ſont fort écartées les unes des autres.

Aux environs de Madrid il y a une eſpéce de lupins ſauvages : ils
ſont fort abondans. Il n'y a point de plante dont la fleur flatte plus
la vue que cette ſorte de lupins, elle eſt d'un rouge incarnat, quelquefois auſſi elle eſt bleue.

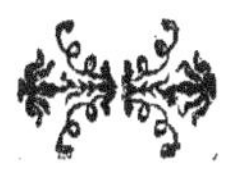

ARTICLE II.

Des sols favorables aux Lupins, & du traitement qu'ils demandent.

LEs lupins n'exigent presque point de culture ; les terres les plus maigres leur fournissent autant de principes qu'il leur en faut : les terreins secs & sablonneux sont les plus analogues à leur nature : on ne donne qu'un seul labour pour toute culture : on les séme en Février ou au commencement de Mars.

Quelque léger que soit le labour qu'on donne, & de quelque maniere qu'on les séme, il n'est pas besoin du sarclage. Il seroit non-seulement inutile, dit l'Auteur de la Maison Rustique qui nous fournit tout cet article, mais encore dangereux, parce que, ajoute-t-il, pour peu qu'on touche aux racines on fait périr la plante. Il ne peut rester aucune mauvaise herbe dans le voisinage des lupins. Bien des Cultivateurs en sément dans leurs vignes pour qu'ils en attirent toute l'amertume qui leur est familiere. Il ne faut point beaucoup les couvrir de terre.

Les lupins fleurissent en trois tems différens depuis le mois de Mai jusques au mois d'Août. A la fin de Septembre ou au commencement d'Octobre ils sont dans leur parfaite maturité.

ARTICLE III.

Du tems auquel il convient de cueillir les Lupins.

IL faut avoir arraché les lupins avant que les gelées ne viennent, & ne les cueillir qu'après qu'il a plu, parce que dans le tems sec ils quittent facilement la gousse, s'égrainent & se perdent.

Pour garder & conserver les lupins il faut plus de précautions que pour la conservation des autres légumes. Il faut, au lieu de les mettre au grenier, les retirer dans quelqu'endroit bien sec & clos, & même s'il est possible, un peu exposé à la fumée ; afin qu'ils ne contractent aucune humidité ; pour peu qu'ils soient humides, les vers s'y engendrent aussi-tôt.

ARTICLE IV.

Des usages des Lupins.

LEs lupins servent de nourriture aux bœufs pendant l'hiver; mais il faut qu'ils soient trempés dans de l'eau salée, on les fait ensuite cuire. On en donne aussi aux chevaux, après les avoir lavés dans plusieurs eaux pour leur ôter leur première amertume. Ils sont très-propres à engraisser le bétail, & ils portent comme engrais de grands principes de fertilité dans les terres où on les sème. En Italie & en Espagne on estime beaucoup les lupins, parce qu'on les trouve très-utiles, soit pour amender les terres, soit pour nourrir les bestiaux, soit pour la nourriture même des hommes : car on en fait du pain dans le tems de cherté. Les Italiens les font griller & les mêlent avec leur caffé : la culture en est fort accréditée en Avignon, en Dauphiné & en quelques endroits de la France.

La défroque ou paille des lupins est un excellent engrais pour la vigne : on l'enterre comme un vrai fumier au pied, quand on lui donne le labour de la S. Jean : ou bien on la brûle, & les cendres servent à fumer les vignes. On en met ordinairement une poignée ou deux au pied de chaque souche.

Pour peu qu'on fasse attention aux différens usages de cette plante, on voit qu'elle devient dans l'Agriculture un article assez important pour que chaque Cultivateur s'attache à la cultiver. Le peu de frais, & le peu de travaux qu'elle exige la rendent recommandable.

Il est même des Cultivateurs qui la regardent comme un engrais si efficace qu'ils en sèment dans la seule vue de renverser toute la production lorsqu'elle a jetté sa derniere fleur pour l'incorporer par un labour au terrein. Ils disent qu'il n'y a point d'amendement plus avantageux, 1°. parce qu'elle porte des principes dans le sol, 2°. parce qu'étant même pourrie, elle traverse la végétation des mauvaises herbes.

CHAPITRE XXXVIII.

*Moyens pour les Cultivateurs qui n'ont pas une grande quantité
de Bled, de le conserver dans des sacs.*

LA planche que nous donnons pour le grenier ventillateur, ne
pouvant, à proprement parler, être utile que pour les grands
magasins d'armée, ou pour des magasins des villes & pour certains
particuliers qui sont en état d'en faire la dépense & qui recueillent
une grande quantité de bled, nous avons cru devoir donner des
moyens aux petits Cultivateurs de conserver la petite quantité
qu'ils en ont & qu'ils mettent ordinairement dans des sacs ; si l'on
peut se procurer des sacs de crin, on réussira beaucoup mieux, &
les effets du petit ventillateur que nous avons à proposer seront plus
assurés, parce que l'air passe mieux à travers les crins qu'à travers les
fils de la toile dont on fait ordinairement les sacs.

La petite machine dont il est question, est si simple que nous n'a-
vons point jugé nécessaire de la faire graver.

On place, avant que de verser le bled dans le sac, un tuyau de
fer blanc qui prend depuis le fond du sac & qui s'élève un demi-
pied au-dessus ; c'est contre ce tuyau qu'on lie bien exactement
la bouche du sac après qu'on l'a rempli.

Ce tuyau dont l'orifice inférieur doit être fait en forme de chemi-
née ou de ventouse, c'est-à-dire, qui doit être plus large que l'orifice supérieur au moins de six pouces, doit se terminer en forme de
pyramide vers le haut. On soude latéralement d'autres petits
tuyaux qui aboutissent de ce centre à la circonférence & qui vont
toujours en s'élargissant à mesure qu'ils en approchent. On sent par-
là qu'ils jouent le rôle de ventouse, on les met à la distance de
six ou huit pouces l'un de l'autre, suivant que le grain du bled est
grand ou petit. S'il est grand, six pouces suffisent, si au contraire
il est petit comme l'est le froment conique dont nous avons parlé,
la distance de huit pouces est absolument nécessaire.

On place dans le sac, à mesure qu'on y verse le bled sur les tuyaux
qui vont aboutir à celui du centre, de petites clisses qui forment de
petites cloisons à jour & qui donnent passage à l'air qui se répand
dans le bled qui se trouve entre les cloisons ; la premiere cloison
remplie

remplie de bled , on met une autre cliſſe, & on en verſe de nouveau juſqu'à ce que l'on ſoit parvenu à l'autre rang des tuyaux latéraux, & l'on continue ainſi juſqu'à ce que l'on ait rempli le ſac.

Ces tuyaux doivent être percés tout-autour à la diſtance d'un demi pouce. Tous ces petits trous ainſi multipliés portent l'air dans le bled & l'empêchent de s'échauffer.

On a auſſi l'attention de placer chaque ſac ſur quatre briques épaiſſes de trois ou quatre pouces, afin que l'air paſſe par-deſſous ; & l'on a le ſoin de répandre tout-autour du ſac des feuilles de pêcher & d'abſynthe bien ſéches pour empêcher la vermine, que le plancher peut produire , d'en approcher.

Nous conſeillons de répandre dans le froment à meſure que l'on le verſe dans le ſac, des feuilles de pêcher ; mais il faut qu'elles ſoient entiérement ſéches ; ſans cette précaution elles porteroient plus de préjudice qu'elles ne feroient de bien.

Pour ſe mettre encore plus en ſûreté contre l'attaque de la vermine , on peut avoir chez ſoi une certaine proviſion d'une infuſion d'abſynte, & avec un goupillon on peut de tems en tems arroſer légerement chaque ſac.

On obſervera ſur-tout que les ſacs ſoient au moins à la diſtance d'un pied l'un de l'autre, & qu'ils ne ſoient point appuyés contre les murs du grenier. On ne ſçauroit croire combien les murs peuvent porter de préjudice.

Il y a encore un moyen pour les Cultivateurs qui recueillent une certaine quantité de bled & qui ſe trouveroient gênés ſi pour le conſerver ils étoient obligés de faire conſtruire un grenier ventilateur. On a deux greniers l'un ſur l'autre : on pratique dans le ſupérieur, au milieu du plancher une petite trape à peu près de la grandeur de celle que l'on voit dans la planche du grenier. Elle s'ouvre en-deſſous du plancher par le moyen d'un petit fer que l'on tire, alors le bled tombe à travers un crible dont les trous ſont beaucoup plus grands que le grain de bled , dans le grenier qui eſt au-deſſous , où l'on a à quatre ou cinq pieds de hauteur un ſoufflet d'une certaine grandeur proportionnée à celle du grenier. Le tuyau du ſoufflet eſt adapté à une petite caiſſe de bois bien exactement fermée , dans laquelle on met une petite terrine ou un vaſe quelconque rempli d'eau où l'on fait infuſer de l'abſynte. L'air envoyé dans cette caiſſe par le ſoufflet, s'empreint des parties de cette liqueur & ſort par un tuyau placé au côté oppoſé de celui du ſoufflet

& se porte sur le bled à mesure qu'il tombe par la trape du grenier supérieur.

Qu'on ne nous objecte point la dépense de cette opération ; il ne faut tout au plus qu'un ou deux hommes pour ventiler une très-grande quantité de bled ; attendu qu'on peut faire aller le soufflet par une machine à peu près semblable à un tourne-broche.

Mais comme il faut remonter quinze jours après ce mêm' bled à l'autre grenier, on pratique, pour éviter la peine & le travail, une trape assez grande dans le plancher qui le sépare, pour donner passage à un sac que l'on tire par le secours d'une poulie qui est fixée au plancher supérieur du grenier le plus élevé.

Quand on veut rendre cette ventilation encore plus parfaite, on suspend au-dessous de la petite trape par où l'on fait passer le bled, une barre de fer qui tient par un bout au plancher, & qui par l'autre supporte une planche faite en espéce de parasol qui doit avoir un pied & demi de circonférence. Le bled, à mesure qu'il sort de la trape, tombe dessus & s'éparpille de façon qu'il n'y a pas un seul grain qui ne soit frapé de l'air du ventilateur. On peut appeller, par rapport à sa forme & à son effet, cette piéce de bois le champignon, & réellement elle produit le même effet que le jet d'eau qui porte ce nom.

CHAPITRE XXXIX.

De la Carie du Bled.

L E Bled est fort sujet à une maladie qui est l'effet des rosées qui surviennent le matin dans les étés secs, & il est encore plus sujet à la carie quand les étés sont froids & humides : lorsque le froment est carié son grain n'est en partie ou en entier autre chose qu'une poudre noire, d'un goût & d'une odeur très-désagréables. Il n'est rien qui lui soit plus funeste que cet accident. La couleur & la qualité de la farine en sont très-altérées. Quelquefois cette maladie n'affecte qu'une partie : mais quelque peu considérable que paroisse le ravage qu'elle fait, il est toujours de la prudence du Culti-vateur de l'éviter. Quels soins & quelles attentions ne doit-il pas en effet pour la conservation d'une récolte qui lui coûte tant de pei-nes & tant de dépenses & achetée encore plus chérement par les allarmes que lui causent l'intempérie des saisons pendant qu'elle est sur pied.

Combien ne lui importe-t-il donc pas d'acquérir pleinement la connoissance des causes dont les effets peuvent porter quelque altération notable dans son bled? Or jusqu'ici, s'il n'a eu pour se guider que les Auteurs qui ont écrit sur l'Agriculture, il est certain qu'il n'a pu au contraire que s'égarer. On les voit tous attribuer aux insectes qui se logent sur les épis, la nielle, les effets pernicieux des rosées du méteil, & la carie. M. *Bradley* accuse les vents de l'Orient de nous apporter des insectes qui causent ce dommage en déposant sur le grain des liqueurs corrompues qui se mêlent avec les sucs du froment & qui leur communiquent leur corruption. M. *Turberville* a fait voir à la Société Royale qu'il y avoit de ces insectes dans tous les bleds cariés.

Il est certain que par-tout où il y a de la corruption on trouve ordinairement des insectes ; mais il est bon de prévenir le Cultivateur que tous ces Auteurs ont pris l'effet pour la cause. Les petits vers qui viennent des œufs des mouches logés dans la viande putréfiée n'occasionnent point la putréfaction ; de même les insectes que l'on trouve dans le bled carié ne causent point cette carie : voilà l'état réel de décadence de tout ce qui existe, état qui fait qu'avec le tems les substances deviennent une nourriture propre à ces petits animaux, & c'est ce qui les attire. Leurs œufs imperceptibles & innombrables voltigent dans l'air, la plus grande partie périt sans éclorre : mais il y en a toujours quelques-uns qui se logent dans des endroits commodes, qui y vivent, s'y propagent & y perpétuent le mal.

Il est d'autres auteurs qui attribuent la carie à la trop grande richesse du sol. Tel est le sentiment de *Mortimer*. *Blaglave* au contraire prétend que la carie est l'effet de la maigreur & de la pauvreté du terrein. *Worlidge*, & après lui un Auteur très-moderne à qui nous sommes redevables de ce goût que la France a pour l'Agriculture, l'attribue aux végétaux putréfiés dont on se sert comme engrais. D'autres enfin rejettent cet accident sur la semence cariée qui doit, disent-ils, produire nécessairement une récolte infectée de la même corruption.

Or parmi tant de sentimens, l'Agriculteur qui n'est que praticien d'après les documens de ses peres aussi bornés que lui sur cette matiere, se trouve très-embarrassé pour choisir. Nous allons lui donner des connoissances simples mais sûres par lesquelles il pourra découvrir, en faifant lui-même l'application, la caufe de ce mal. Ce n'eſt pas tout, nous ofons lui promettre les moyens d'en garantir fes productions.

CHAPITRE XL.

De la caufe réelle de la carie.

SI l'on examine avec un efprit de recherche & d'utilité la nature du bled carié, on verra que la carie fe forme par dégrés. Quand elle eſt complette, la fubſtance intérieure du bled eſt auſſi noire que de l'encre, d'un goût & d'une odeur très-défagréables. Elle eſt fi mal-faifante qu'elle caufe des maladies à ceux qui mangent du pain de bled carié. Alors on n'a qu'à écrafer le bled & le tremper dans de l'eau; on voit tout de fuite un nombre innombrable de vermiſſeaux furnager & qui font vivants. Lorfque la carie n'eſt point parvenue à ce grand dégré de malignité, la fubſtance intérieure du bled n'eſt pas totalement gâtée, il n'y a que la partie extérieure qui foit tacherée de noir. Voilà donc deux cas bien différens. Dans le premier, le Cultivateur perd toute fa récolte. Dans le fecond, nous allons lui préfenter le moyen de tirer parti de fon bled.

Ces deux différens dégrés de la maladie étant connus, il faut, autant qu'il eſt poſſible, fe rappeller toutes les circonſtances des précédentes récoltes & les comparer avec celles de la récolte préfente. Que l'on fe rappelle qu'il y a eu certaines faifons qui ont occafionné la carie du bled, & d'autres où ce mal a fait très-peu de progrès; & l'on remarquera avec nous que dans le premier cas il eſt certain que les années avoient été froides & humides, & qu'au contraire dans le fecond elles avoient été féches & chaudes.

Cette expérience fuivie avec fcrupule & une fois bien établie, on ne peut point nier qu'un été froid & humide ne foit la principale caufe de la carie. L'Angleterre eſt plus fujette à cette maladie que tout autre pays connu, parce que les étés y font très-fouvent humides. En Egypte au contraire on n'a aucune connoiſſance de la carie, parce qu'il n'y pleut jamais. En Italie même il eſt très-rare d'y voir le bled attaqué de cette maladie; de forte qu'on ne voit point d'Ecrivain Romain faire mention de la carie, mais feulement de la nielle & des rosées pernicieuses du matin auxquelles leurs récoltes étoient aussi sujettes que les nôtres.

Il faut donc que le Cultivateur observe bien ses récoltes & celles de ses voisins. S'il se donne ce soin, il peut être assuré qu'il trouvera beaucoup de bled carié lorsque les étés sont humides, & plus encore dans les sols pauvres où l'humidité abonde.

Il est certain, l'expérience le prouve, que la maigreur & l'humidité du sol concourent avec la froideur & l'humidité des étés à la carie du bled ; & c'est par des observations semblables & non par des lectures infructueuses que l'on découvre la véritable cause de cette maladie qui fait tant de ravages. Les Auteurs qui se sont bornés à la théorie n'ont écrit que des conjectures, plus propres à égarer qu'à éclairer. Ainsi en supposant que l'humidité est la véritable cause du mal ; le remede en est aussi-tôt connu ; il consiste à mettre tous ses soins à dessécher le terrein autant qu'il est possible, à le cultiver & à lui donner des engrais convenables ; car on doit être persuadé que tout ce qui appauvrit le sol est un principe infaillible de carie, & qu'au contraire tout ce qui l'enrichit, la détruit entiérement.

CHAPITRE. XLI.

Où l'on prouve que l'on prévient la carie par la bonne culture.

NOus avons déja fait voir que la fréquence des labours & l'usage des engrais étoient les deux moyens les plus infaillibles de mettre la terre en état de fournir une nourriture abondante aux productions que l'on lui confie. Mais les labours contribuent plus que toute autre opération à prévenir la carie du bled. Nous prions de regarder tout ce que nous avançons comme établi sur l'expérience. Tout cet ouvrage n'est que pratique. Nous avons vu des terreins où, malgré tous les soins imaginables que l'on prenoit de la semence & toute l'attention que l'on portoit au choix des engrais, la carie affectoit la récolte ; & ces mêmes terreins fréquemment labourés n'en ont plus été infectés.

Comme cette maladie vient ou d'une humidité trop abondante, ou d'une trop grande maigreur du sol, ou d'une semence mal choisie ; il faut remédier à ces trois défauts, principalement quand on

eſt réellement convaincu que tout ce qu'on met en uſage pour prévenir la carie ne peut qu'enrichir & améliorer le terrein : voilà l'unique moyen de ſe procurer une récolte auſſi nette qu'abondante. Or
nous avons déjà indiqué tous les différens amendemens qui peuvent convenir aux différens ſols maigres & pauvres, & nous avons
donné les moyens de deſſécher les terreins humides. Nous ne rappellons donc ici cette attention que pour qu'on la mette en pratique
relativement à la maladie dont nous parlons.

Comme les fréquens labours ſont de toutes les préparations
que l'on donne à la terre, la plus propre à l'enrichir & à prévenir
la carie ; la charrue, déſignée ſous le nom de *Cultivateur*, & la
nouvelle culture ſont deux puiſſans remedes contre ce mal : &
cela eſt ſi vrai, que les expériences fréquentes qu'on a faites prouvent invinciblement que les terreins traités *avec le Cultivateur*
ſont beaucoup moins ſujets à la carie que ceux que l'on prépare ſuivant l'ancienne méthode : mais comme pour amender un terrein,
il faut mettre en uſage les engrais auſſi bien que les Labours, il faut
donc, lorſqu'on voit que l'humidité eſt la cauſe principale du mal,
donner la préférence aux engrais les plus ſecs & les plus chauds, &
proſcrire entiérement ceux qui ſont gras & humides ; & voilà en
effet la raiſon pour laquelle les fumiers frais & nouveaux, loin
d'être avantageux, ſont au contraire préjudiciables aux terreins
ſujets à la carie. Il n'en eſt point qui ſoit plus favorable à ces ſols
que la chaux.

L'expérience, dit M. *Hall*, vient à l'appui de cette remarque ;
« car, dit-il, ſuivant le rapport des Cultivateurs expérimentés,
» le comté de *Darby* en Angleterre eſt le canton de ce Royau-
» me le moins ſujet à cette maladie, parce qu'on y fait un grand
» uſage de la chaux. Les terreins voiſins des grandes villes y ſont
» les plus ſujets, parce que l'on s'y ſert de fumier nouveau pour
» amender.

CHAPITRE XLII.

De quelle importance il est de bien choisir la semence pour prévenir la carie.

NOus avons fait observer, qu'il résulte toujours de pauvres récoltes d'une même semence jettée toujours sur le même terrein. Or tout ce qui tend à l'appauvrissement de la récolte contribue considérablement à la carie. Il est assurément bien facile de changer la semence du froment, puisqu'il est vrai de dire que les Cultivateurs des différens cantons trouvent des avantages réciproques à l'échange. Il n'est donc question que d'établir entr'eux la bonne foi dans ce commerce, afin que, sans avoir besoin de se déplacer, ils s'envoient réciproquement le froment le mieux conditionné. Voilà le seul moyen d'entretenir cet échange si avantageux aux uns & aux autres.

On a cru que des grains cariés produisoient des grains affectés de la même maladie ; mais c'est une erreur : ils ne germent point ; l'expérience prouve que les grains affectés se brisent & se divisent dans le sol en même tems que ceux qui sont sains & bien conditionnés, s'enflent, se développent & poussent leurs premieres racines ; ce n'est donc que dans ce tems que le mal se communique à la production toute tendre qui vient d'éclore : lorsqu'elle commence à pomper la nourriture qui lui est nécessaire, les grains cariés lui fournissent des sucs infectés, ce qui rend toute la récolte sujette & même affectée de cette contagion.

De-là nous inférons que la principale attention consiste à ne point employer des semences où l'on découvre quelque grain carié ou tant soit peu taché, quelque bien lavée qu'elle soit.

M. *Worlidge*, & avec lui d'autres anciens Ecrivains recommandent le changement de semence comme un moyen infaillible contre la carie. M. *Tull* le propose comme un remede certain contre cette maladie. Mais malgré le sentiment de ces messieurs, nous croyons devoir avertir notre lecteur, que des expériences très-souvent répétées nous ont prouvé que le changement de semence est une méthode à la vérité très-utile mais très-impuissante contre la carie, à moins qu'on ne mette en même tems en usage les autres attentions que nous venons d'indiquer: car, nous l'avons déja dit M. *Tull* eft un Ecrivain ardent, mais féduifant, qu'il faut lire avec précaution, autrement on rifque de payer chérement l'exécution des documens qui font répandus dans fes ouvrages. Il ne néglige rien pour convaincre fon lecteur de l'efficacité du changement de femence contre la maladie dont nous parlons. Mais à tous ces rai-fonnemens nous oppofons la force toujours triomphante des expé-riences répétées plufieurs fois & en plufieurs endroits différens.

La premiere chofe à laquelle il faut avoir attention dans le choix de la femence du froment, c'eft le fol d'où on l'a tiré. Celui que l'on prend fur un fol fablonneux ne doit point être employé fur le même terrein ni fur aucun autre de la même nature : celui qu'on tire d'un fol qui abonde en argile eft le meilleur qu'on puiffe femer fur un fol loameux, fablonneux, & même fur un fol argileux.

Mais quant aux fols argileux, il faut confidérer leurs différentes couleurs. Sans cette précaution on agiroit comme fi l'on femoit le même froment fur le même terrein, ce qui détruiroit entiére-ment tous les avantages qu'on a lieu de fe promettre du change-ment de femence, lorfqu'il eft fait fuivant les connoiffances que nous avons ci-deffus données.

Le froment par exemple, qu'on a tiré d'une argile blanche, doit être femé fur un fol d'argile rouge, & celui que l'on tire de l'argile noire, fur un fol d'argile jaune, & par la même raifon le froment ve-nu fur une argile jaune eft propre à enfemencer une argile noire, & celui qu'on a cueilli fur une argile rouge n'eft pas moins analogue à la noire ; c'eft ainfi, qu'avec les préparations ci-deffus mention-nées, on mettra fes récoltes entiérement à couvert de la carie.

L'ufage de cette méthode ne fe borne point à la nouvelle culture, elle eft auffi utile en fuivant l'ancienne, fi l'on veut éviter la ca-rie ; parce qu'en femant fouvent le même grain fur le même ter-rein, la récolte s'affoiblit & le grain dégénere ; & quand le fro-ment perd fa vigueur, l'inclémence des faifons le rend plus fufcep-tible de carie ; mais dans la nouvelle méthode ce changement d'efpéce de grain n'eft pas néceffaire, pourvu que l'on tire la fe-mence de quelqu'autre endroit. La raifon, la voici : c'eft que par la nouvelle culture la récolte ne fe trouve jamais deux fois de fuite dans le même endroit, quoique le champ foit femé dix années confécutives de la même efpéce de grain ; » nous pouvons, dit M. » *Hall*, affurer d'après des expériences fouvent répétées, que, » quoique l'on féme le même champ tant que l'on voudra, il » n'y

> n'y aura pas un épi affecté de la carie, pourvu toutefois que cha-
> que année on tire la nouvelle femence de quelqu'autre endroit.

CHAPITRE XLIII.

De la maniere de préparer la femence pour éviter la carie.

LOrsqu'on féme de bonne heure le froment & qu'on l'a bien trempé avant que de le jetter fur le terrein, il eft certain qu'il eft beaucoup moins fujet à la carie, parce que le tems renforce le froment & que la trempe lui donne de la vigueur.

De toutes les recettes de trempe que l'on trouve dans les diffé-rens auteurs, il n'y en a que deux qui foient propres à accélérer & fortifier la croiffance des plantes, le fel & la chaux; auffi confeil-lons-nous de rejetter toutes les autres.

Il faut donc que le Cultivateur verfe la femence du froment dans un bacquet & qu'il jette deffus une bonne quantité d'eau & qu'il la remue bien avec un bâton. Après qu'il l'aura laiffée repofer, il en ôte cette eau & les grains légers qui furnagent. Il faut encore ver-fer de l'eau nouvelle & bien remuer. Cette opération doit être répétée jufqu'à quatre fois & même plus s'il eft néceffaire, jufqu'à ce qu'enfin l'eau que l'on fait couler, forte auffi claire & tranfpa-rente que quand on l'y a verfée. Par ce moyen le froment fe trou-ve bien trempé, bien nettoyé & déchargé de tous les grains piqués ou altérés.

Cette préparation donnée: voici comment on doit préparer la fau-ce : on jette une quantité fuffifante d'eau dans un bacquet où l'on a mis un robinet, & l'on y ajoute du fel jufqu'au point qu'a-près fa diffolution l'eau foutienne un œuf fur la fuperficie. Pour don-ner à la faumure la force requife, il faut ajouter encore autant de fel qu'on en a mis auparavant en remuant bien le tout, afin que le fel fe diffolve. Il faut donc, pour ne pas fe tromper dans la quanti-té de cette addition, pefer le fel qu'on a mis auparavant, afin d'en donner la feconde fois une égale quantité. Le tout étant bien dif-fout, on y jette le froment & l'on remue bien : on le laiffe dans cet-te fauce deux nuits & un jour, enfuite on l'en ôte & on le fau-poudre d'une chaux paffée par le tamis, alors on féme.

CHAPITRE XLIV.

De la maniere de nétoyer le Bled carié.

ON commence d'abord par ôter les épis qui font entiérement pourris & réduits en poussiere noire, & l'on se comporte à l'égard des autres de la maniere suivante : on jette le bled dans un vaisseau proportionné à la quantité de bled qu'on veut nétoyer, & l'on jette par-dessus de l'eau en abondance en remuant bien le tout. On renouvelle l'eau jusqu'à ce que toute la noirceur soit ôtée. On étend ensuite le bled sur des draps & on l'expose au soleil ; on le retourne de tems en tems jusqu'à ce qu'il soit bien sec. Après quoi on peut s'en servir sans danger pour en faire du pain & non pour semer, car pour peu qu'il y eût resté de carie, toute la récolte en seroit endommagée. Nous avertissons que le pain d'un froment carié est très-nuisible à la santé, mais que quand la carie n'est pas complette & que l'on a séparé les grains qui sont les plus corrompus & séparé des grains sains la carie qui s'y étoit attachée, on peut en manger le pain sans courir aucun risque bien sensible.

Il est des endroits où l'on trempe le froment dans de l'eau pendant plusieurs heures, on le lave bien en le frottant entre les mains pour en ôter la noirceur ; & comme l'eau a pénétré le corps du grain, le Soleil & l'air ne suffisent pas pour le sécher ; c'est pourquoi on le met dans une espéce de four pour le sécher de la même maniere que la drêche... Dans les pays méridionaux du Royaume on le lave ainsi, & comme l'air & le Soleil suffisent pour le sécher, on n'a pas besoin d'avoir recours au four ; cette méthode peut être au contraire très-utile & très-favorable dans les pays Septentrionaux de la France.

Tout Cultivateur qui achete du froment pour ensemencer ses terres doit l'examiner avec soin : la vue & le goût lui en découvriront les défauts. Le bon & beau froment est luisant & n'a qu'une même couleur. S'il est obscur & si les grains ont des nuances différentes, il est suspect. D'ailleurs le bon froment à un goût savoureux que l'on ne peut point lui donner, quelqu'artifice que l'on emploie en le lavant, fauçant & remuant.

Nous voudrions, & l'on ne sçauroit croire combien il en résulteroit d'avantages, que l'on joignit à cette attention celle de de-

mander fur quelle efpéce de fol le bled que l'on achete pour femer
a été récolté. On a beau recommander ce foin aux Cultivateurs,
ils le négligent : mais enfin nous fommes parvenus à faire adopter
cette méthode à quelques Fermiers, qui cédant à nos inftances
ont avoué qu'ils étoient fort fatisfaits d'avoir été dociles.

Les Laboureurs en Flandre ont une autre façon pour nettoyer leur
bled carié ; ils ont une grande machine creufe faite avec des plaques d'étaim pofées dans un cadre de bois. Ces plaques font percées de petits trous qui reffemblent à ceux d'une rape. Lorfque
leur bled eft beaucoup affeété de la carie, ils le trempent & le lavent avec foin dans de l'eau, & après l'avoir un peu féché ils le
mettent dans cette machine qu'on fecoue bien. Par ces fecouffes les
taches noires font en partie emportées par les petits gratoirs qui
débordent les trous & en partie cachées ou effacées. Ils vendent
enfuite ce froment dont on fait du pain ; ce qui occafionne fouvent des maladies ; c'eft pourquoi, lorfqu'on achete du bled dans ce
pays il faut bien l'examiner. Pour peu qu'on apperçoive que la peau
ou la coffe du grain eft déchirée en certains endroits, il faut bien
fe donner de garde de l'acheter. Les entrepreneurs pour les armées
devroient bien prendre garde à ce que nous recommandons ici.
Les maladies qui nous emportent tant de foldats n'ont très-fouvent d'autre principe que la mauvaife qualité des farines que l'on
emploie pour leur fubfiftance.

CHAPITRE XLV.

De la diftinétion & de la différence qui eft entre le froment fain &
celui qui eft altéré, & de la différente maniere de les traiter pour
les conferver dans le Grenier ventilateur.

SI dans le tems de la moiffon on a enlevé du champ le froment
bien fec, fans nielle ni carie, & s'il a fuffifamment fué dans
la meule ou dans la grange pendant cinq ou fix mois, & s'il a enfuite été battu & bien nettoyé, on peut le conferver pendant plufieurs années dans le grenier ventilateur, par le fecours des ventilations ordinaires données de tems en tems & avec intelligence.

On peut pendant les deux ou trois mois du printems, avant que
les grandes chaleurs de l'été n'arrivent, le ventiller une fois par

femaine, parce que dès que ces chaleurs commencent à fe faire
fentir, il eft à propos de le ventiller auffi fouvent que le vent eft
favorable. Il faut auffi brûler une fois par mois de la fleur de foufre
dans les chambres baffes. Pendant l'automne, l'hiver & le printems fuivans il fuffira de le ventiller deux ou trois fois par mois
fans brûler du foufre. Mais pendant le fecond été il faut donner
deux ou trois ventilations par mois, & deux fumigations de
foufre pendant cette faifon. Dans le fecond automne une ventilation par mois fuffit. Il n'en faut pas davantage dans les feconds
hiver & printems. Deux ventilations par mois font néceffaires
dans le troifiéme été, après quoi le bled ne court plus aucun rifque.

Il eft à propos d'ouvrir pendant la premiere & deuxiéme année les trapes, principalement une ou deux fois pendant l'été
pour examiner l'état & la qualité du bled. Comme l'humidité ou
les vapeurs de l'intérieur des piles s'élévent vers la fuperficie, on
peut régler le nombre des ventilations qui font néceffaires fuivant que l'on trouve la fuperficie féche ou humide.

Quand le froment eft confervé ainfi pendant plufieurs années il
produit une farine qui a beaucoup plus de qualité que celle du froment provenant du même champ & de la même récolte & que l'on
fait moudre auffi-tôt après qu'il a été battu ; il eft même à tous
égards préférable pour enfemencer, puifqu'il eft certain qu'il n'eft
nullement fujet à la carie.

Lorfque le froment que l'on enleve du champ dans le tems de la
moiffon eft mal fain, il faut premierement le nettoyer, enfuite le faire
fécher fur un four en lui donnant une chaleur égale à celle du Soleil, jufqu'à ce que l'on trouve que le grain eft un peu dur fous la
dent ; on l'étend alors fur le plancher pendant quelques heures
pour le faire refroidir ; enfuite on en remplit des facs à moitié & on
les tourne en tout fens fur le plancher, on les frote avec les deux
mains afin de détacher la poudre noire qui eft attachée au grain ;
enfuite on vanne le bled, après quoi on l'entaffe dans le grenier
ventilateur à la profondeur de dix ou douze pieds où on le traite enfuite de la même façon que le froment fain.

Nous obferverons ici que cette efpéce de froment eft très marchand lorfqu'on en veut faire du pain : mais que ce feroit violer
la bonne foi que de le vendre comme propre à être employé
pour femence, parce que pour peu qu'on connoiffe les principes
de la germination on doit fentir que le four doit avoir affoibli fa
qualité végétative. D'ailleurs une femence qui a été altérée, quel-

ques remédes qu'on y apporte pour lui redonner de la qualité, rend toujours une récolte foible, peu abondante, altérée & par conséquent de peu de valeur.

Nous ajouterons ici des connoiffances utiles fur cette maladie & que nous devons au mémoire précis mais précieux de M. *Duplessis*, lu à la Société Royale d'Agriculture de la Généralité de Paris. C'eft un larcin que l'utilité publique juftifie, puifque dans notre plan nous nous fommes donné le droit de prendre par-tout tout ce qui nous paroîtroit avoir un rapport utile à l'Agriculture. Jufqu'ici nous n'avons pas été fort expofés à faire de femblables aveux.

On entend par carie, dit M. Dupleffis, cette maladie du bled dans laquelle l'épi confervant fa forme ordinaire, le grain qui conferve auffi la fienne à peu près, fe trouve plein d'une pouffiere noire & vifqueufe au lieu de l'être de farine. Cette pouffiere s'attache aux grains qui n'ont pas fubi la même métamorphofe, porte la contagion dans les champs qui en font enfemencés & fe multiplie par une efpéce d'inoculation fouterraine pernicieufe à nos moiffons.

C'eft avec raifon que M. Dupleffis dit que cette définition étoit néceffaire pour bien diftinguer cette maladie que bien des Cultivateurs confondent avec une autre dont le bled eft fouvent affecté. Mais quant à la prétendue vifcofité, nous croyons devoir dire que cette pouffiere n'a au contraire rien de gluant ni de vifqueux puifqu'elle fe détache avec tant de facilité que le moindre vent la porte au loin & étend ainfi cette contagion : la derniere maladie que l'on confond avec la carie a bien quelqu'analogie avec celle-ci dont on propofe le remede, en ce que l'épi vient également noir ; mais elle en differe, continue le même Obfervateur, en ce que l'épi qui en eft attaqué fe détruit totalement : on le croiroit brûlé, & la partie de la tige qui auroit du grain refte nue & dégarnie. Cet accident qui n'arrive jamais qu'à un très-petit nombre d'épis & qui n'eft point contagieux, n'eft d'aucune importance, & c'eft ce dont nous ne convenons point. Toutes les mauvaifes qualités, comme nous l'avons fait voir, fe communiquent : il ne faut donc point regarder comme peu important tout ce qui par la communication peut altérer plus ou moins la récolte. Cette maladie que M. Dupleffis regarde comme un accident de peu de conféquence, eft défignée fous le nom de charbon, & tout le monde fçait que lorfque le Cultivateur s'apperçoit que cette maladie eft dans fes récoltes il en eft très-allarmé & c'eft avec raifon, comme nous le faisons voir dans le livre que nous deftinons aux maladies des plantes.

La chaux, ajoute M. *Dupleffis*, telle qu'on a coutume de l'employer pour le bled que l'on veut femer, fuffit pour garantir de la carie à quelques circonftances près, de l'obfervation defquelles dépend toute la réuffite. Le point effentiel eft de faire fubir au bled une forte fermentation avec la chaux, de quelque maniere qu'on la lui ait donnée. Mais il faut s'affurer, autant qu'il eft poffible, qu'aucun grain n'a manqué d'être bien trempé de lait de chaux, & qu'il ne peut s'en imbiber davantage; quoique chacun puiffe à cet égard fuivre fon ufage ordinaire, voici le moyen de remplir cet objet qui a paru le plus facile dans l'exécution.

On eft affez dans l'ufage d'employer autour de Paris pour chaque muid de femence un minot de chaux au comble. On confeille ici d'en employer un & demi ou même deux pour chaque muid, fi le bled que l'on veut femer eft fort noir, c'eft-à-dire, fort taché de cette poudre noire que fournit le bled carié qu'on nomme vulgairement la clocque & qu'on a reconnue contagieufe par les expériences les plus sûres & les plus répétées d'après celles de M. *Tillet*, aux foins duquel on doit cette découverte.

On peut mettre à la chaux cinq ou fix muids de bled & plus tout à la fois. S'il y avoit même quelqu'avantage, ce feroit pour la plus grande quantité. On choifit la chaux la plus nouvelle & la plus vive: on la jette dans des cuviers ou dans des tonneaux défoncés par un bout, dans lefquels on a mis d'avance ce qu'il faut d'eau feulement pour détremper la chaux: on la laiffe bien bouillir & faire tout fon effet, enfuite on la délaye le mieux qu'il eft poffible en agitant le fond des cuviers ou tonneaux avec de forts bâtons; après quoi on ajoute la quantité d'eau qu'on jugera proportionnée à la quantité de bled qu'on veut mettre à la chaux: cette quantité d'eau peut aller pour chaque muid à trois ou quatre demi-queues, mefure d'Orléans; (la demi-queue contient, à fort peu de chofe près, fix pieds cubes d'eau) elle peut paffer, fi le bled que l'on prépare eft fort fec; s'il ne l'eft pas, la quantité d'eau peut être beaucoup moindre. On en jugera par un premier effai. On peut au refte fe fervir d'eau de puits, de mare, de fontaine ou de riviere indifféremment & fans la faire chauffer.

Quant à l'eau de puits, nous croyons, fauf le refpect que nous devons à M. Dupleffis, qu'elle doit être profcrite; elle eft crue

plus que toutes les autres eaux, ainſi elle ne peut que traverſer
l'action de la chaux. Nous obſerverons cependant que bouillie
elle peut être employée.

On ſépare ordinairement deux ou trois ſetiers de bled du tas qu'on
ſe propoſe de préparer pour ſemence, on les met dans une place
du grenier dans laquelle on puiſſe agir librement ; deux hommes,
(& par préférence un droitier & un gaucher) ſe feront face l'un à
l'autre, ſe mettant chacun à ſa main & ayant chacun une pelle ;
ils commenceront à former de ces deux ou trois ſetiers de bled une
petite pile ronde dont le ſommet ſe terminera en pointe, un troiſiéme homme aura puiſé avec un ſceau du lait de chaux dans les cuviers ou tonneaux qu'on aura ſoin de remuer pour que la chaux ne
ſe dépoſe pas au fond, & en arroſera peu à peu le ſommet de la petite pile que les deux autres travaillent à former : dès qu'elle ſera
faite les deux hommes recommenceront à l'attaquer par le bas
en pouſſant leurs pelles l'une contre l'autre, & les renverſant à
côté pour en former une nouvelle pile dont on arroſe toujours peu
à peu le ſommet ; de façon qu'il tombe alternativement ſur ce
ſommet deux pelletées de bled qu'on y jette à la fois, & environ
la valeur d'un demi ſetier, ou tout au plus d'une chopine, meſure de Paris, de lait de chaux. On continuera la même manœuvre, en changeant toujours de place la petite pile, & l'arroſant
toujours juſqu'à ce que le bled refuſe d'en prendre davantage. On
va dire plus bas ce qu'il faut en faire. On retire du tas de bled
deux ou trois nouveaux ſetiers, qu'on travaille de même que les
premiers, & on continue juſqu'à ce que le bled qu'on veut préparer pour ſemence, ait ſubi la même opération.

Auſſi-tôt que chaque petit tas de bled a pris ſa ſuffiſance de lait
de chaux, on le retrouſſe contre le mur & par préférence dans un
des coins du grenier pour former des deux, quatre ou ſix muids,
c'eſt-à-dire, de la totalité du bled mis à la chaux pour ſemence, une
ſeule groſſe pile, qu'on tient la plus haute & la plus droite qu'il
eſt poſſible. On laiſſe cette maſſe de bled ainſi entaſſée dans un des
coins du grenier deux jours au moins ſans y toucher. On pourroit, ſi le bled étoit fort noir, la laiſſer trois jours ſans aucun
danger ; mais quand il ne l'eſt que peu, deux ſuffiſent.

Les deux jours paſſés, on commence par tirer tout le tour du tas
de bled depuis le haut juſqu'au bas, environ un pied d'épaiſſeur ;
on le dreſſe en pile dans un autre coin du grenier, & on le recouvre de ce qui reſte du premier tas, afin que le dehors de ce premier

tas fe trouve enfermé à fon tour au centre de la nouvelle pile & fubiffe le même dégré de fermentation. Au bout d'environ vingt-quatre heures on répand le bled par tout le grenier & on le remue tous les jours jufqu'à ce qu'il foit bien fec.

Plufieurs expériences faites fur différens terreins en différentes faifons & avec les bleds les plus infectés de cette pouffiere noire & graffe ont fait voir que le moyen de s'en préferver, qu'on propofe, étoit infaillible & toujours fuivi du fuccès.

On doit pourtant prévenir, obferve l'Auteur du Mémoire, que la premiere fois qu'on le mettra en ufage, on pourra trouver encore quelques épis, mais en trop petit nombre pour faire le moindre tort, foit en quantité foit en qualité, au bled qu'on récoltera. Ce ne fera qu'un refte de contagion communiqué par les fumiers, ce qui fera bien confirmé, parce qu'on ne trouvera point d'épis de bled noir dans les champs qui auront été parqués, dans ceux qui auront reçu la fiente de pigeon, ou qui n'auront eu aucun engrais, enfin qu'il ne s'en trouvera que dans ceux qui auront reçu des fumiers provenants de pailles de bleds infectés de noir, & que la quantité de ces épis, quoique trop peu confidérable pour marquer, fe trouvera pourtant plus grande à proportion que ces fumiers fe feront trouvés moins confommés.

On peut enfin, dit cet Auteur, fe faire un objet d'économie utile d'acheter pour femences le plus beau des grains, le plus exempt de mauvaifes graines, mais le plus taché de noir qu'on puiffe trouver, parce qu'il coûte à peu près un quart de moins que celui qui n'eft point taché, fans compter l'avantage du changement de femences.

Voilà mot pour mot ce Mémoire, qui contient des documents utiles & une pratique fûre pour les cantons qui feroient abfolument infectés de cette maladie & qui ne fe pourroient pourvoir ailleurs de femences bien choifies, ce qui cependant paroîtroit bien extraordinaire. Mais en tout autre cas, il eft certain que ce feroit s'expofer bien imprudemment fi l'on fuivoit l'objet d'économie que l'Auteur fe propofe en confeillant d'acheter des femences infectées. Nous difons au contraire, & nous l'avons affez fait voir, qu'on ne fçauroit être trop fcrupuleux fur le choix de la femence, puifqu'il eft démontré que plus elle eft parfaite plus elle rend de belles & faines productions ; ainfi M. Dupleffis voudra bien nous permettre de lui repréfenter que ce n'eft que dans le cas cité ci-deffus que fes recherches peuvent être pratiquées utilement, & que dans tout autre le Cultivateur fe feroit illufion s'il ne s'attachoit

point

point au contraire à choiſir ſes ſemences, dut-il les payer un prix exhorbitant, pouvant ſe promettre d'un terrein bien préparé & analogue la récompenſe d'une ſemblable dépenſe. Si M. Du-pleſſis avoit calculé les frais de ſon opération, & s'il les avoit com-parés avec le quart qu'il dit qu'un bled bien choiſi coûte de plus, il auroit vu que les avantages qu'il propoſe par ſon Mémoire s'éva-nouiſſent & que celui du changement de ſemence tombe né-ceſſairement. Si l'on ſe rappelle ce que nous avons déja dit & prou-vé, on ſera convaincu de cette vérité; ce que nous devons encore dire ſur les maladies des plantes, ne ſervira pas peu à l'établir.

Mais il eſt eſſentiel, on le répéte ici, dit l'Auteur, de laiſſer tout le tas de bled deux jours au moins ſans y toucher, quelque violente fermentation qu'il éprouve; des expériences faites à deſ-ſein de s'en aſſurer, ont fait voir qu'à l'égard de la faculté de ger-mer il n'en recevoit pas la moindre altération. Il n'eſt pas indiffé-rent non plus de changer de place pluſieurs fois les petites piles de bled qu'on travaille l'une après l'autre, & de ne les mouiller de chaux que peu à peu: le bled s'en imbibe davantage & la fermenta-tion s'en fait mieux.

Nous obſerverons ſur cet article que dès que l'on cite des expé-riences, nous devons nous taire, quoique nous puſſions dire que cette fermentation ne peut qu'altérer le germe, comme M. *Hall* le ſoutient & le prouve par des expériences fréquentes : ainſi nous nous bornons à laiſſer au Cultivateur le choix de toutes ces nou-velles méthodes en lui conſeillant toujours de porter en compte les frais de main-d'œuvre & les riſques, pour ſe déterminer à la fin à une méthode ſûre, aiſée & peu diſpendieuſe, telle que celle que l'Auteur Anglois indique.

CHAPITRE XLVI.

Autre maniere de conserver le bled quelque - tems dans des sacs, lorsqu'on n'a pas la commodité des greniers à conservation.

MOnsieur *Hales* propose encore un autre moyen bien moins dispendieux que celui que nous avons indiqué pour la conservation du bled dans des sacs. Il faut, dit-il, prendre une canne creuse ou roseau de la longueur d'environ quatre pieds, & y fixer une cheville pointue de bois par le bout d'enbas, afin de pouvoir la pousser plus aisément jusqu'au fond du sac & en boucher en même-tems le trou inférieur, il faut percer tout le contour de cette canne de petits trous de la grandeur d'un huitiéme de pouce, éloignés les uns des autres d'un demi pouce vers le bas, & à plus grande distance à mesure que l'on remonte vers l'ouverture du sac; de sorte, que ces trous doivent se trouver dans cette partie au moins à un pouce de distance les uns des autres. C'est ainsi que l'on donnera au bled inférieur sa portion de nouvel air. On fixe un tuyau de cuir au bout supérieur de la canne, on le fait ordinairement long de dix pouces; on le tient tendu par des fils d'archal qu'on place de distance en distance dans son intérieur; au bout supérieur de ce tuyau on fixe une faucette de bois pour recevoir le bout du tuyau d'un gros soufflet.

Un gros soufflet de cuisine introduit trois pintes d'air à chaque coup; mais en supposant qu'il n'en fournisse que deux pintes, on trouve qu'à raison de soixante-quatre coups par minutes, on peut fournir dans l'espace de deux minutes une quantité d'air égale à la capacité d'un sac qui contient douze boisseaux mesure de Paris. Les interstices qui se trouvent entre les grains de bled forment la septiéme partie de l'espace occupée par ledit bled, & ces interstices sont remplis d'air, en sorte qu'on introduit une égale quantité d'air nouveau parmi le bled en moins de vingt coups de soufflet.

Si après qu'on a mis du bled dans des sacs on y renouvelle ainsi l'air chaque troisiéme jour pendant un quart d'heure, la sueur qui lui est si nuisible sera tellement desséchée en peu de tems, qu'on pourra le garder en sureté pourvû qu'on ait l'attention de renou-

veller ce foin de tems en tems, car fi on le gardoit long-tems fans
renouveller l'air, on auroit de la peine à détruire le mauvais goût
qu'il contracteroit par cette méthode : il vaut donc bien mieux,
pour éviter cet inconvénient, renouveller l'air fouvent auffitôt
que l'on a verfé le bled dans les facs. Il faut auffi avoir le foin
de les placer à une certaine diftance l'un de l'autre, afin que les
chats puiffent paffer librement, ce qui empêche les fouris & les
rats de les ronger ; mais nous confeillons de s'en tenir au moyen
que nous indiquons pour fe garantir de ces animaux. On peut
par cette méthode, qui eft à la portée des Cultivateurs les plus
bornés, tant du côté de l'intelligence, que du côté de leur fortune, conferver toutes les autres femences auffi bien que le bled.

CHAPITRE XLVII.

*Contenant des Lettres, par lefquelles on confulte l'Auteur, & les
réponfes qu'il a faites, avec un article qui lui a été demandé & qui
roule fur le moyen affuré de fe préferver & de détruire les fouris
qui ravagent les champs.*

LETTRE ECRITE A L'AUTEUR,

*Pour le confulter fur la nature & les propriétés d'une efpece de marne qu'on lui
a envoyée.*

A Vaugency ce 16 Mars 1762.

MONSIEUR,

Je fuis pénétré de reconnoiffance de l'empreffement avec lequel vous venez à mon fecours. C'eft mon fils qui a pris la liberté
d'aller interrompre des occupations cheres au public, pour vous
expofer les ravages que les fouris font dans mes champs, & vous
demander les moyens de me débaraffer de cette dangereufe vermine.

Je vais répondre aux queftions que vous avez la bonté de me
faire.

Les fouris qui nous défolent font de l'efpéce de celles dont M.
Buffon donne la defcription fous la dénomination de campagnoles ;

leur tête est grosse, la queue courte & le poil roux. Il y en a aussi quelques-unes de celles qu'on appelle musette, ou musaraigne, j'en ai
pris une dans une souriciere. Voilà Monsieur les especes d'ennemis
que j'ai à combattre, mais c'est principalement la premiere qui
abonde.

Le sol en ce pays est crayonneux, terre legere & en plaines
totalement découvertes, conséquemment, terrein très-sec, &
suivant ce que vous me faites l'honneur de me dire, naturellement plus sujet à ces animaux qu'un terrein humide ; cependant voici la premiere fois, depuis six ans que je suis propriétaire du fond que je fais valoir, que j'entends parler de ce fléau,
parce que le peu est compté pour rien.

L'usage dans tout le pays est d'enterrer le grain à la charrue,
& conséquemment sous le sillon. Il est fondé cet usage sur ce que
ces sols legers sont sujets à déchausser les plantes, principalement lors que les Hivers se prolongent dans les mois de Mars &
d'Avril, & que les alternatives de gelées pendant la nuit & de
dégels pendant le jour sont fréquentes. Après les semailles j'ai
soin de faire passer la herse en long & en travers, & ensuite le
rouleau, moyennant quoi, ma terre est déja applatie & affaissée
à un certain point avant que les plantes paroissent, mais elles croissent en sillons.

J'ai remarqué dans les incursions que font les souris dans mes
champs, qu'elles ont deux manieres de travailler ; les unes se
coulent entre deux terres & font des traînées en tout sens qui sont
très-apparentes, la terre étant soulevée dans toute leur longueur,
& les voûtes sont percées à des distances plus ou moins éloignées,
par les issues qu'elles se pratiquent pour aller au but; les autres se
contentent d'adopter un canton où elles pratiquent des terriers,
comme font les lapins, qui ont plusieurs bouches, & leurs chemins sont tracés extérieurement entre deux sillons, & aboutissent
ordinairement d'une bouche à l'autre; elles font amas de verdure
qu'elles emportent dans les terriers; l'on en trouve souvent des
amas à l'entrée des trous où elles déposent aussi leurs crottes, à la
maniere des lapins. Les seigles où ces terriers sont pratiqués sont
absolumen détruits, ou peu s'en faut.

J'ai environ 50 Journeaux de sain-foin qui sont semés depuis
quatre à cinq ans, & dont le sol est conséquemment bien affaissé;
ils sont criblés des trous de ces animaux qui y travaillent des deux
manieres que je viens de décrire, & qui ont porté le ravage jusqu'à

couper de très - grosses racines. C'est en partie de là qu'elles se font jettées sur les fromens.

J'en ai une piéce d'environ 30 arpens où elles commençoient dès le mois de Janvier, ce froment a été enterré à la charrue comme les seigles ; les gelées, les verglas, les neiges , ne nous ont point quittés depuis le commencement de Février jusqu'au 10 de Mars. La neige a séjourné pendant plus de trois semaines à l'épaisseur de quatre à cinq pouces : j'espérois qu'une saison si rigoureuse , & plus encore la fonte de ces neiges inonderoit les terriers , & feroit créver ces méchantes bestiolles , mais j'ai la douleur de les retrouver encore.

Je vais donc Monsieur profiter de vos avis, & dès aujourd'hui que l'on commence les semailles des avoines, parce que l'intempérie de la saison n'a pas permis de s'en occuper plutôt; je les fais semer sur le terrein labouré & hersé, & recouvrir à la herse. Si l'année est seche, elles pourroient courir le risque de mal réussir , mais je vais faire faire les labours plus profonds qu'à l'ordinaire , pour entretenir par là plus de fraîcheur dans le sol.

. Je vais aussi pratiquer la recette , quoique vous me préveniez, qu'eu égard au tempéramment du sol & à la façon dont mes grains ont été semés, je ne dois pas en espérer grand succès : tout mon embaras est de savoir, si je trouverai chez les droguistes de Chaalons de l'ellebore blanc, il ne croît point dans ce pays ; le noir y abonde, mais vraisemblablement il ne suppléeroit pas. J'aurai soin aussi dans les chaleurs d'avoir toujours une provision de cette pâte, & d'en introduire des morceaux dans tous les trous que je rechercherai. Je ne manquerai point, Monsieur, de satisfaire en partie à la reconnoissance que je vous dois, en vous faisant part de la réussite de mon opération.

Je vous serai redevable à plus d'un égard ; les deux premiers Vol. de l'Ouvrage dont vous enrichissez le public , m'ont donné bien des connoissances que je n'avois pas, ils m'ont confirmé dans la persuasion que les terres crayeuses ne sont point infertiles, contre l'opinion, que l'abandon dans lequel on les laisse n'a que trop établie. La haute Champagne n'est stérile que parce qu'on ne la cultive pas. Ils m'ont appris à faire usage de plusieurs natures d'engrais auxquels je n'avois point pensé ; tels sont les cornes des animaux & les chiffons de laine. J'ai mis à contribution les Tanneurs de Chaalons qui se débarassent en ma faveur des sabots, des pieds, des peaux qu'ils apprêtent & qu'ils jettoient dans la Marne. Plusieurs

Maréchaux me font ramasser les parures des pieds des chevaux qu'ils ferrent, & mon Tailleur m'a déja fourni une assez bonne quantité de chiffons de laine; ceux de linge n'étant pas suffisants dans le Royaume pour l'aliment des Papeteries, il est plus difficile d'en ramasser.

Je ne connois point le loam, j'imagine que c'est un mélange de terre & de sable; j'ai sondé ici de tous les côtés, j'ai fait faire des fouilles de plus de 20 pieds, je n'ai trouvé que de la grêve, de la craye dure, de la craye molle, du crayon, un mélange de craye & d'ochre, pas le plus petit grain de sable. La grêve dont j'ai l'honneur de vous parler n'est elle-même que de la craye; à l'inspection elle ressemble parfaitement à du sable de riviere un peu gros, pour la forme & la couleur; mais prenez-en un grain, il se casse dans les doigts & ne présente qu'une craye très-blanche: la nature de cette grêve est d'être brûlante, les arbres souffrent & même périssent quand leurs racines y pénétrent. Nous avons une espéce de sol, fort commun dans le pays, qui n'est qu'un mélange de cette grêve & de terre naturelle; l'avoine y réussit, & avec des amendemens, les bleds y fructifient, mais les fumiers n'y sont pas si durables que dans les autres sols, sans doute parce que les interstices que laissent entr'elles les molecules grossieres, opérent la filtration des sucs, ou facilitent l'évaporation.

Je lis actuellement votre troisiéme & votre quatriéme Vol. j'y puiserai de nouvelles connoissances pour former des pepinieres & travailler à former des enclos, que je crois plus nécessaires dans nos pays secs & découverts, que par-tout ailleurs; mais c'est un ouvrage de longue haleine que je ne puis faire qu'avec économie & peu-à-peu.

J'ai éprouvé encore un autre fléau dans mes fromens; je me promenois dessus dans le mois de Janvier, j'apperçus beaucoup de plantes mortes; j'en tirai plusieurs qui vinrent sans résistance, elles étoient coupées au-dessus de la cime entre deux terres, je crois que ce dommage a été causé par des vers, & je l'attribuois aux fumiers; mais j'en ai vû autant sur un autre champ qui n'a point été fumé, & qui depuis quatre années étoit chargé de sain-foin. Dans ces endroits affectés, je ne vois point de traces extérieures ni de trous de souris.

Je ne comptois pas Monsieur, vous interrompre si long-temps: la lettre que vous me faites l'honneur de m'écrire me donne de la confiance, & je me flatte que vous excuserez mon importunité.

J'ai l'honneur d'être avec tous les sentimens de la plus parfaite considération & de la reconnoissance.

MONSIEUR,

> Votre très-humble & très-
> obéissant serviteur, France,
> de la Société littéraire de
> Chaalons.

RÉPONSE.

Monsieur,

Il y a plusieurs espèces de souris des champs, qui toutes nuisent aux terres ensemencées, mais que l'on peut détruire par le même moyen.

Les terreins secs y sont plus sujets que les humides : la méthode de semer sous le sillon, favorise le plus ces animaux ; parce qu'à mesure que les sillons s'affaissent, ils s'en font un abri, & font à couvert un dégât affreux.

Si vous suivez, Monsieur, les opérations de ces petites bêtes qui font leurs nids & leurs greniers sous l'abri des sillons, vous y trouverez une quantité de semence suffisante pour couvrir un grand espace de terrein.

De-là vous voyez, Monsieur, tout le préjudice qui résulte de cette espèce de labour, & combien ces ennemis domestiques sont à craindre pour vous, si vous suivez cette méthode.

Il est vrai que quand le terrein est ensemencé & hersé suivant la méthode ordinaire, les souris ont plus de peine à parvenir à leur proye. Mais, Monsieur, rien de plus industrieux & de plus obstiné au travail ; elles ne se lassent pas de creuser, & viennent à la fin à bout de détruire beaucoup de semence.

Lorsque l'on séme sous le sillon, ces animaux attaquent le grain aussi-tôt qu'il est dans la terre. Mais quand un champ est hersé, elles attendent qu'il commence à pousser. C'est ainsi que du moins vous avez l'avantage de sçavoir le tems que ces animaux attaquent vos récoltes, & de pouvoir vous garantir du dommage qu'ils peuvent vous caufer.

Il ne faut cependant point attendre que vos champs foient couverts de jeunes plantes, pour vous préparer à détruire les fouris. Elles ont de meilleurs yeux que nous ; elles apperçoivent en effet les jeunes plantes un jour ou deux avant que nous ne les puiffions diftinguer. Il faut donc prendre vos précautions d'avance.

En vain tenteriez - vous leur deftruction avec des fouricieres ; Il n'y a que le poifon pour en venir à bout. Obfervez qu'il faut, autant qu'il eft poffible , éviter de femer fous le fillon les terreins qui font fujets aux fouris, parce qu'elles font alors leur ouvrage fous terre , & que par ce moyen elles évitent le poifon que vous répandez fur la furface. Au lieu que lorfque vous fuivrez la méthode ordinaire de femer & herfer , elles font obligées de venir fur la fuperficie pour y creufer, avant qu'elles ne puiffent parvenir à la femence, & c'eft dans ce tems précifément, que rencontrant le poifon que vous aurez répandu , elles l'avalent.

Voici, Monfieur, de quoi eft compofée la pâte que je vous confeille de répandre.

Mêlez enfemble la huitiéme partie d'un boiffeau de farine d'orge , une livre de racine d'ellebore blanc , quatre onces de ftaphifagria. Paffez le tout par un gros tamis ; ajoutez enfuite une demie livre de miel & une fuffifante quantité de lait pour réduire le tout en pâte.

Rompez cette pâte en plufieurs petits morceaux ; répandez-les fur le champ lorfque vous fçavez que les fouris doivent paroître, elles en mangeront & périront infailliblement. Pendant qu'elles feront occuppées à ramaffer cette pâte , elles ne creuferont point la terre pour atteindre les jeunes tiges du bled , & elles périront.

Cette pratique eft très - utile dans le tems du danger : mais fi vous avez quelques champs, comme vous le dites, qui foient infectés de ces animaux , il faut fonger à les détruire pendant les grandes chaleurs de l'été.

Les fouris multiplient beaucoup ; elles ne font pas leurs nids à une bien grande profondeur. Un petit trou rond leur fert de paffage à leurs nids, & ils font très-vifibles pendant la féchereffe. C'eft dans ce tems, Monfieur, que vous devez vifiter vos champs, & mettre un ou deux morceaux de pâte dans chacun de ces trous. Si vous vous donnez ce foin de tems en tems pendant les chaleurs de l'été, j'ofe vous affurer que bien-tôt vous n'aurez plus ces ennemis

nemis de vos récoltes à craindre. Je fuis avec la confidération la
plus diftinguée,

MONSIEUR,

> Votre très - humble & très-
> obéiffant ferviteur, DUPUY
> DEMPORTES.

⸻⸻⸻⸻⸻⸻

Vichy, 27 *Juillet* 1762.

MONSIEUR,

LE zèle qui vous anime pour la Patrie me fait prendre la liberté de vous interrompre, pour quelques moments, dans vos occupations férieufes & utiles, & j'efpere que vous voudrez bien
me donner les connoiffances que je vous demande au fujet de l'efpèce de marne que j'ai l'honneur de vous adreffer. Je n'avois aucune idée diftincte de ces engrais: votre Gentilhomme Cultivateur
m'a mis au fait; en faifant fouiller un communal, pour en porter
la terre dans une vigne voifine, je découvris à deux piés de profondeur la marne dont il eft ici queftion; elle fe diffout facilement dans l'eau, fe fufe à l'air, fermente confidérablement avec
le vinaigre, mais ne petille point dans le feu: cette derniere circonftance ne m'empêche pas de la regarder comme de la marne.

Mais, Monfieur, comme vous en indiquez de plufieurs fortes,
quant à la couleur & à la nature, je vous prie de fixer mes doutes:
celle-ci convient-elle aux terres argilleufes ou aux fablonneufes?
Je ne la crois pas marne pure; mais eft-elle fablonneufe, argil-
leufe ou crayeufe? Je la croirois volontiers de cette derniere efpèce; car à trois toifes de cette découverte, j'ai un terrein ftérile, dont le fol en pente, eft une terre blanche, dure & pierreufe,
que l'on regarde dans le pays comme une véritable craïe; fa dureté
ne l'empêche cependant pas de fe fufer à l'air & au foleil; les pluyes
la rendent fombre, ce qui me fait douter fi elle eft véritablement
craïe, puifque vous nous apprenez, Monfieur, que la craïe blan-
chit après la pluye. Les jets de foffés qu'on a creufés dans cette
efpèce de tuf, ne produifent que très-peu de bled; les épis en font
jaunes & languiffants, au lieu qu'à une ou deux toifes plus loin,
les épis y font plus abondants & vigoureux. La ftérilité du bord
de ces foffés feroit-elle caufée par la trop grande quantité de

cette craïe pierreuse qu'on n'a pas soin de distribuer sur le terrein lorsqu'elle est fusée.

Les terres que je posséde sont de deux espèces ; les unes, froides, dures & compactes ; elles gardent l'eau long tems, ne peuvent être labourées dans la sécheresse , ni lorsqu'elles sont trop mouillées ; on peut les regarder comme des terres fortes , argilleuses , bien remuées ; elles produisent passablement du beau froment, surtout lorsque l'année est séche. Dans certains endroits , à un pié ou deux de profondeur, on trouve une couche de terre propre à faire des pots , de la thuile & de la brique.

L'autre espece de terre de mon Domaine est sablonneuse ou graveleuse : le sable n'est cependant pas propre à faire du mortier, s'il n'est bien lavé ; il n'est point non plus emporté par les vents ; il est retenu par une petite portion d'argille qui lui donne du corps ; la terre végétale y est en petite quantité ; quelques cantons ne donnent que double semence de seigle ; quelques endroits produisent à peu près au grain quatre.

Voilà, Monsieur, à peu près la nature du terrein que je posséde , & je suis entré dans cette discussion pour qu'il vous soit plus facile de décider à laquelle de ces deux espèces de terre vous jugerez convenable la marne que j'ai découverte ; c'est sur cela que je vous prie, Monsieur, de me marquer votre avis avant que je fasse la dépense du marnage. Je serois heureux si ma découverte pouvoit améliorer tous mes héritages. Mais en tous cas je suivrai , autant qu'il me sera possible, les documents avantageux que vous avez répandus en abondance dans votre corps complet d'Agriculture ; j'en ai les six premiers volumes, & j'écris à un de vos Imprimeurs de m'envoyer les deux suivants qui doivent être imprimés , ainsi que vous nous le faites espérer , au plûtard sur la fin d'Août ; ne sçachant pas votre adresse , j'ai adressé ce paquet à Mr. Simon votre Imprimeur. J'ose me flatter , Monsieur, que vous voudrez bien me guider dans mes projets d'Agriculture, & que vous continuerez de me communiquer vos lumieres là-dessus. C'est la grace que j'ai l'honneur de vous demander avec autant d'empressement, que j'en ai à me dire avec un vrai respect,

MONSIEUR,

Votre très - humble & très-
obéissant serviteur, TARDY,
Médecin du Roi , Intendant des
Eaux Minérales de Vichy en
Bourbonnois.

REPONSE,

MONSIEUR,

C'eſt m'obliger eſſentiellement que de me donner l'occaſion d'être utile ; j'ai examiné la marne que vous m'avez fait l'honneur de m'envoyer; e le ne contient point autant de ſable que vous le penſés ; c'eſt une marne griſe, ou il y a de la chaux, comme l'épreuve que j'en ai faite le prouve, & un peu de craye ; de ſorte, que ſur le rapport que vous me faites des différents ſols de votre domaine je puis vous anoncer que vous avez découvert un tréſor, ſi la couche que vous avez fouillée eſt un peu épaiſſe, & s'étend en long & en large : je vous conſeille cependant de ne prendre pour engrais que la ſuperficie de la couche à demi pied tout au plus d'épaiſſeur, parce qu'il ſeroit à craindre que la craye ne dominât trop, en ſuppoſant que la découverte que vous m'annoncés avoir faite à peu de diſtance de votre marniere, car je la regarde déja comme telle, ſoit véritablement craye ; la dureté que vous me dites qu'elle a me feroit cependant croire le contraire, & me feroit penſer que c'eſt de la pierre à chaux. Pour détruire ce doute, dont l'incertitude pourroit traverſer le ſuccès de la nouvelle culture que vous voulez entreprendre, vous aurez la bonté, Monſieur, de faire lever une pierre d'une groſſeur quelconque de cette prétendue craye, & d'y verſer deſſus deux ou trois goutes d'eau forte, s'il ſe forme un bouillonnement qui n'eſt que l'effet de fermentation, vous pouvez hardiment décider, que c'eſt de la chaux, & en ce cas, vous employeriez votre marne que vous avez trouvée à quelque diſtance de là, ſur vos terres fortes, ayant l'attention d'y joindre un huitiéme de vos autres terres que vous dites être fort graveleuſes. Si au contraire elle n'eſt que crayeuſe, vous pouvez en mettre une plus grande quantité, ayant l'attention de répandre du gravier & du fumier de cheval qui n'ait pas ſubi ſon dernier dégré de fermentation.

Vous pouvez auſſi, Monſieur, employer votre marne ſur vos terres ſab'onneuſes, pourvû que vous leur donniez en même-tems une ſixiéme partie de votre terre forte que vous appellez argile, & qui ſuivant le détail que vous m'en faites, eſt ſi peu chargée de ſable, que je fuis comme affuré qu'elle eft glaife , il faut auffi avoir le foin de répandre autant qu'il vousfera poffible du fumier de vache, & de donner la premiere année à vos terres des feves, ou des pois, ou des *Turnips*, ou de lorge, pour prendre le trenchant de ces nouveaux fols, & leur donner par là une préparation la plus favorable aux productions plus précieufes que vous voudrez leur confier l'année fuivante.

Par cette méthode votre marne ainfi préparée & répandue, comme je l'indique dans le livre des engrais, produira deux effets contraires, mais qui vous feront également favorables , en donnant de la confiftance à vos terres fablonneufes, & de la divifibilité à vos terres tenaces.

Voilà, Monfieur , tous les éclairciffemens que je puis vous donner ; au refte, comme je ne fuis point fur les lieux , je vous fupplie de commencer par de petits effais, pour que je n'aie point à me reprocher les dépenfes infructueufes auxquelles une trop grande confiance pourroit vous expofer. D'ailleurs, je m'adreffe à un homme éclairé qui n'agira qu'avec prudence : c'eft en effet ce qui me tranquillife. En tout ce qu'il vous plaira de me trouver utile, difpofés de tout le tems qui n'appartient point à mon ouvrage, & parconféquent au public ; je vous l'offre avec tous les fentimens de diftinction que votre zéle mérite, & avec lefquels je fuis,

MONSIEUR,

Votre très-humble & très-
obéiffant ferviteur, DUPUY
DEMPORTES.

Fin du Tome IV.

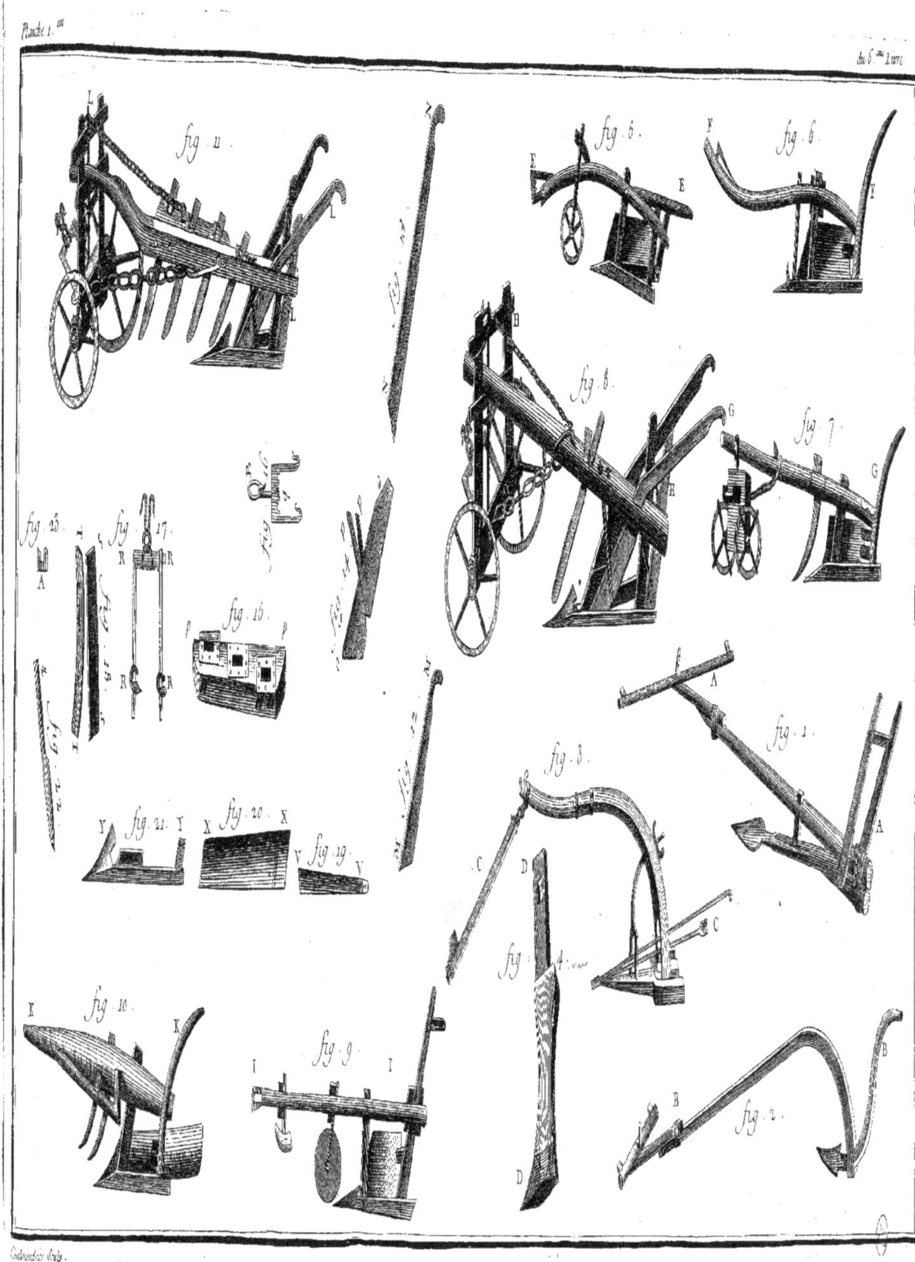

fig. 11.
fig. 5.
fig. 6.
fig. 8.
fig. 7.
fig. 23.
fig. 17.
fig. 18.
fig. 16.
fig. 21.
fig. 20.
fig. 19.
fig. 10.
fig. 9.
fig. 3.
fig. 4.
fig. 1.
fig. 2.
L
L
Z
E
E
V
F
D
H
G
G
A
A
R
R
R
R
A
P
P
X
X
Y
Y
V
V
I
K
I
I
C
D
D
C
C
B
B

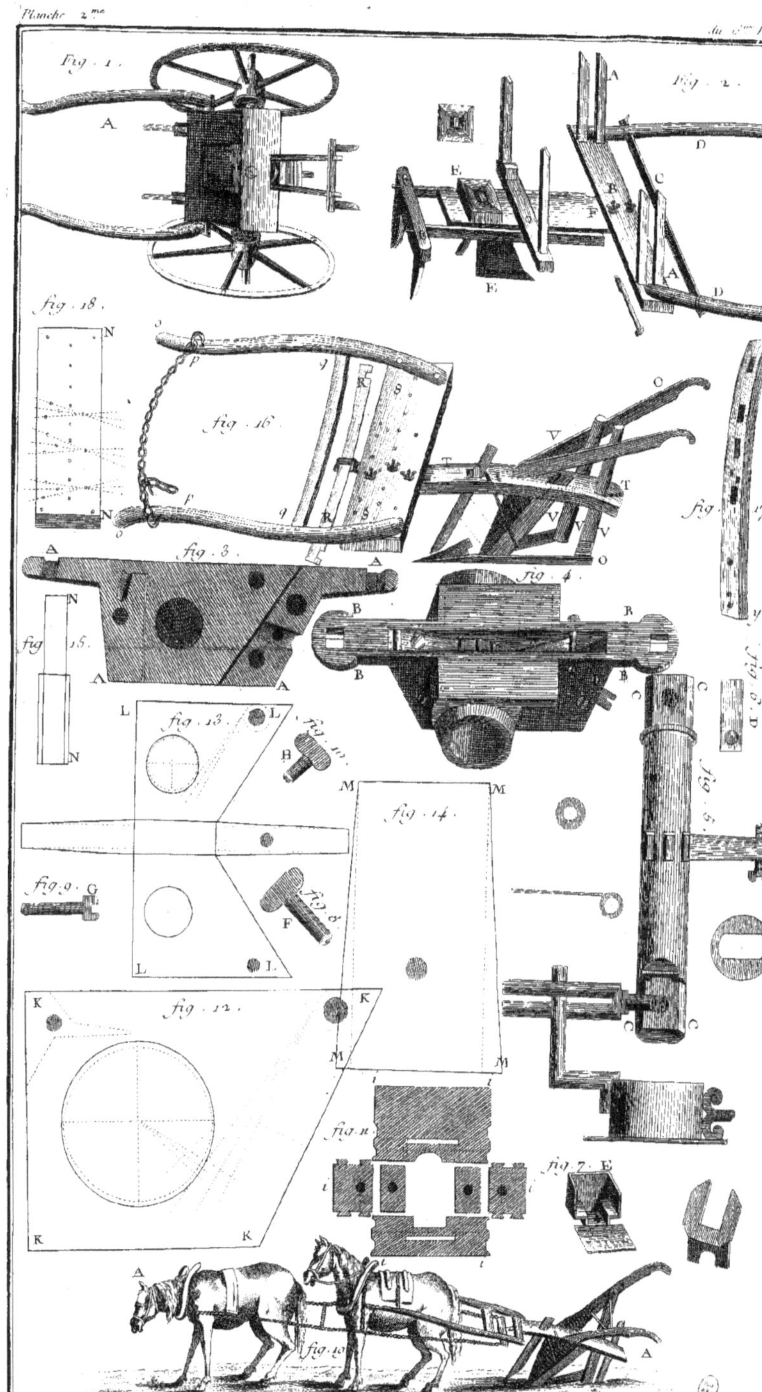
Fig. 1.
Fig. 2.
fig. 18.
fig. 16.
fig. 17.
fig. 3.
fig. 4.
fig. 15.
fig. 5.
fig. 6.
fig. 13.
fig. 10.
fig. 14.
fig. 9.
fig. 8.
fig. 12.
fig. 11.
fig. 7.
fig. 10.

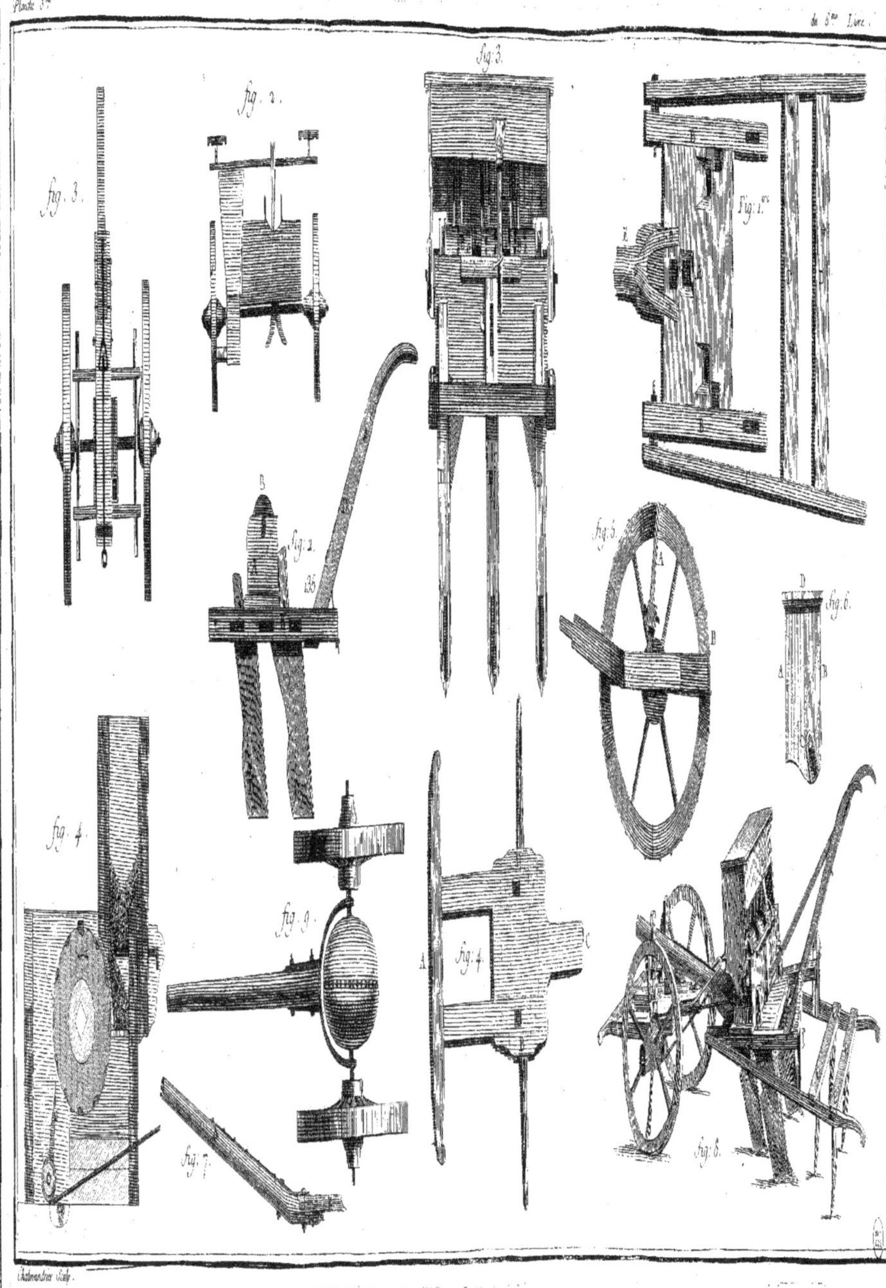
fig. 3.
fig. 2.
Fig: 3.
Fig: 1.er
fig. 3.
B
A
fig: 2.
fig: 5.
A
B
D
fig. 6.
A
B
fig. 4.
fig. 9.
A
fig: 4.
C
fig. 7.
fig: 8.

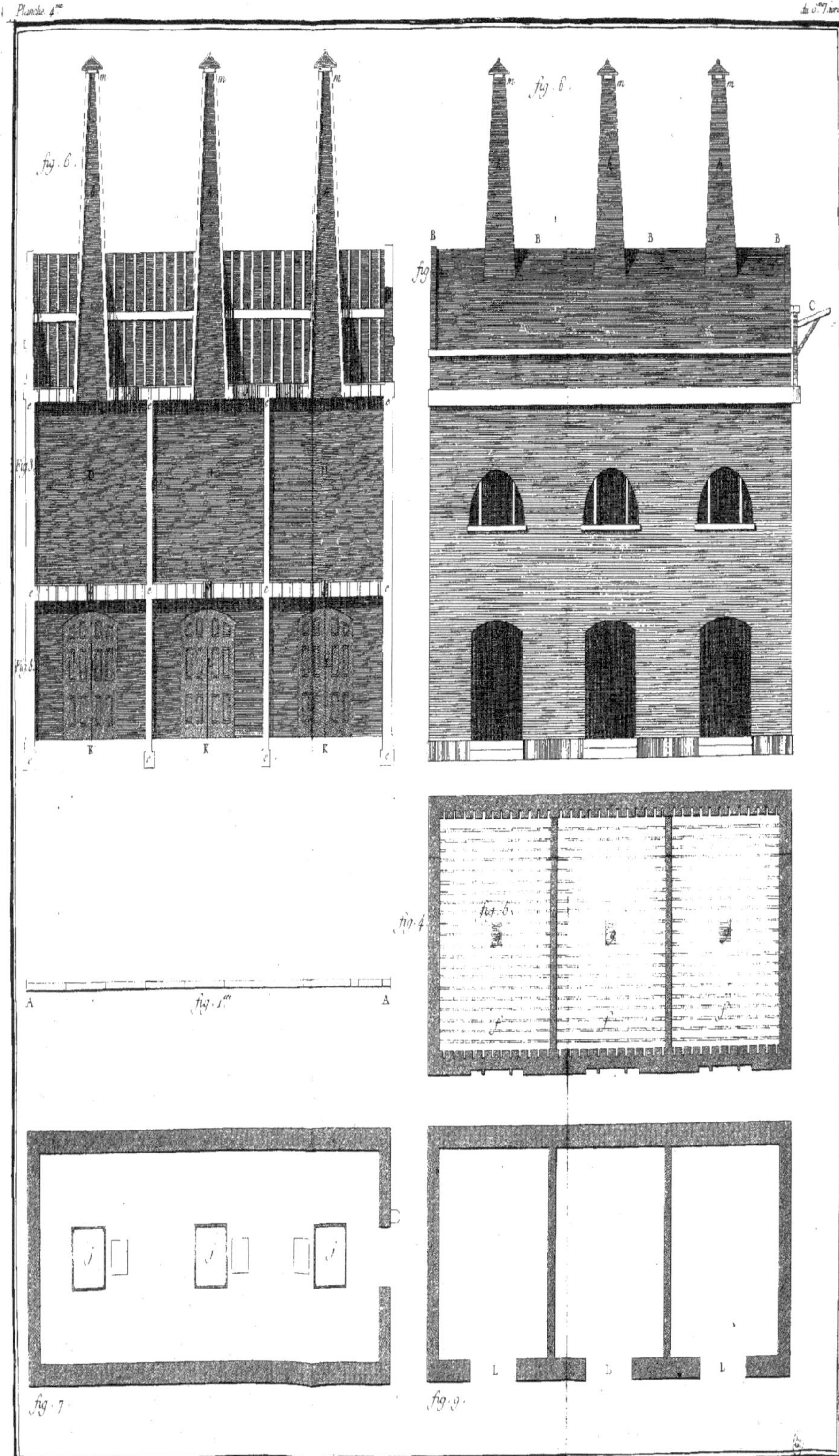
fig. 6.
fig. 6.
m
m
m
m
m
m
B
B
B
B
fig.
C
fig. 3.
D
H
H
K
K
K
fig. 5.
fig. 4.
fig. 3.
A
fig. 1.er
A
fig. 7.
fig. 9.
L
L
L
j
j
j

DESCRIPTION

De la Planche premiere du sixiéme Livre.

FIGURE 1. *AA*, charrue Egyptienne.

Fig. 2. *BB*, charrue Grecque.

Fig. 3. *CC*, charrue des Provinces méridionales de la France dont on se servoit autrefois, mais qui ont subi quelques changemens.

Fig. 4. *DD*, le coutre à jambe dont nous avons parlé & que l'on vient encore d'améliorer.

Fig. 5. *EE*, charrue à une roue.

Fig. 6. *FF*, l'ancienne charrue sans roue.

Fig. 7. *GG*, l'ancienne charrue à deux roues.

Fig. 8. *HH*, l'ancienne charrue à deux roues améliorée.

Fig. 9. *II*, charrue à roue tranchante.

Fig. 10. *KK*, charrue à saignées.

Fig. 11. *LLL*, charrue à quatre coutres.

Fig. 12. *MM*, le manche le plus court.

Fig. 13. *NN*, long manche.

Fig. 14. *OO*, planche de l'arriere-train avec son double tenon. *pp*.

Fig. 15. *PP*, piéce de bois ajoutée au timon.

Fig. 16. *Q*, Collier quarré avec son anneau *B*.

Fig. 17. *RRRR*, chassis de fer avec ses crans & ses crochets.

Fig. 18. *SS*, l'étanson. *TT*, le montant.

Fig. 19. *VV*, la bande de fer qui touche la terre.

Fig. 20. *XX*, le versoir.

Fig. 21. *YY*, le soc.

Fig. 22. *Z*, le coutre.

Fig. 23. *A*, une écroue.

DESCRIPTION

De la Planche seconde du sixiéme Livre.

FIGURE 1. *A*, charrue complette pour semer des navets sans les doubles moutons.

Fig. 2. *AA*, doubles moutons. *B*, la planche, *C*, Barre de traverse, *DD*, les limons. *EE*, le sémoir à navets. *F*, la fléche ou l'arbre.

Fig. 3. *AAAA*, Boëte de cuivre à semence pour les navets dans son entier.

Fig. 4. *BBBB*, Boëte à semence dans son entier, dont voici le détail.

Fig. 5. *CCCC*, Cylindre de cuivre.

Fig. 6. *D*, couvercle du ressort.

Fig. 7. *E*, la trémie.

Fig. 8. *F*, une vis.

Fig. 9. *G*, une écroue.

Fig. 10. *H*, contre-vis.

Fig. 11. *IIIIII*, table sur la quelle le sémoir repose.

Fig. 12. *KKKK*, la mortaise de la roue du sémoir.

Fig. 13. *LLLL*, la mortaise à découvert ou son intérieur.

Fig. 14. *MMMM*, le bout du devant de la mortaise.

Fig. 15. *NN*, l'intérieur du cylindre.

Fig. 16. *OOOO*, la charrue, appellée le *Cultivateur*. *PP*, les limons. *QQ*, la barre de traverse. *RR*, le balancier. *SS*, la planche pointée. *TT*, l'arbre ou la fléche. *VVVV*, le derriere entier de la charrue, composé de l'étanson, du talon, du chassis, & de la planche de terre.

Fig. 17. *YY*, la fléche détachée de la charrue.

Fig. 18. *ZZ*, la planche pointée détachée.

Fig. 19. *AA*, le Cultivateur mis en service & pris depuis la tête des chevaux jusqu'au talon de la charrue.

DESCRIPTION

De la Planche troisiéme du sixiéme Livre.

FIGURE 1. Plan de l'arriere-train. *A*. La table qui a dix-huit pouces de long sans les tenons; quinze pouces de large & vingt lignes d'épaisseur. *BB*. Les deux emboitures dont chacune a deux pieds trois pouces de long, deux pouces trois lignes de hauteur & deux pouces d'épaisseur. *CC*, les manches de la herse, chacun a quatre pieds six pouces de long, dix-huit lignes d'épaisseur, deux pouces de hauteur. *DD*, les deux traverses qui ont depuis vingt-six jusques à vingt-sept pouces d'épaisseur sur trois pouces & demi de largeur. *FFFF*, les mortaises pour les dents ont quinze lignes en quarré. *E*. L'age qui a trois pieds de long, sans comprendre son empature qui est au-dessous, de neuf pouces au-dessous de la table; sa grosseur est de trois pouces de diametre jusqu'à l'empature qui a neuf ou dix pouces de large, il est ferré & arrêté à la table par trois boulons à écroue comme la figure l'indique.

Fig. 2. Profil de l'arriere-train sans la boëte à semence. *A*, est le côté inférieur de la boëte, il a sept pouces en quarré sur un pouce d'épaisseur. *B*. Le cylindre qui a cinq pouces de diametre & dix-sept pouces six lignes de longueur. *CC*, les socs ils ont treize pouces de hauteur sans les tenons, cinq pouces de largeur par le haut sur trois & demi par le bas. Les tenons ont vingt lignes en quarré & sont percés d'une petite mortaise au-dessus de la table pour y mettre un coing de fer. La ferrure des socs *DD* est composée de deux plaques de forte tôle soudée sur deux de ses bords avec une ame d'acier, formant un tranchant comme la figure l'indique. Les manches *D* ont environ deux pieds & demi de long sans les tenons, deux pouces & demi de large & un pouce & demi d'épaisseur, faisant avec le dessus de l'emboiture *B*, l'angle de 135 dégrés.

Fig. 3. Face du sémoir du côté du semeur. *A*, la boëte à semence. Elle a onze pouces de hauteur à prendre du centre du cylindre au-dessus du couvercle; sa longueur s'établit sur la boëte inférieure; celle-ci sur la table: on met une poulie à chaque bout du cylindre *BB*, chaque poulie a quinze lignes d'épaisseur, quatre pouces de diametre dans le fond des gorges. Ledit cylindre est partagé en trois tranches, sur chacune desquelles il y a deux rangs de cellules; chaque rang en a seize: il y a trois rangs qui ont cinq lignes de large sur six lignes de long & trois de profondeur; les trois autres ont neuf lignes de large & autant de long, & deux de profondeur; elle sert pour l'aveine: la charniere ou crémaillere *C* a huit ou neuf pouces de longueur, quinze lignes de largeur; on y a pratiqué huit ou neuf trous de haut en bas, on s'en sert à hausser ou baisser la boëte pour distribuer plus ou moins de semence. Les faces *DDD* des socs ont deux pouces d'épaisseur, qui se réduisent par le bas à un pouce & demi. Ils sont percés d'un canal d'environ dix ou douze lignes de diametre de haut en bas; c'est par ce canal que la semence coule.

Fig. 4. Le plan de l'avant-train. *A*, sa longueur jusques en *C*; elle est de trente pouces, & quatorze pouces de *B* en *D*. L'épar *A* a trente pouces de longueur, & sa grosseur est d'environ deux pouces & demi. L'essieu qui est de fer a trois pieds de long & un pouce de grosseur.

Fig. 5. Coupe de l'avant-train, *A*, montants du glissoir. Leur longueur est de seize pouces: ils sont quarrés par le bas; trois pouces en-dessus du plan de l'avant-train lesdits montants sont élégis sur deux faces en forme de tenon, de treize pouces de longueur, d'un pouce d'épaisseur & de deux de largeur; ils sont percés de trous pratiqués dans la longueur de pouce en pouce pour mettre deux chevilles de fer, & par ce moyen faire monter ou descendre la traverse du glissoir; c'est sur cette traverse que l'age s'appuye. Les roues *B* ont trente pouces de diamétre, les moyeux ont neuf pouces de longueur: ils sont garnis d'une poulie sur leurs gros bouts. Ces poulies ont chacune cinq pouces de diametre dans le fond des gorges. Leur épaisseur est de dix-huit lignes.

Fig. 6. Profil d'un côté de la boëte à semence, elle a neuf pouces de largeur d'*A* en *B*, onze pouces de hauteur du centre *C* de l'arbre du cylindre, au-dessus du couvercle *D*. L'intérieur de la boëte se voit par les lignes ponctuées de la figure 6.

Fig. 7. L'age assemblé à la table *B*, avec une bande de fer & trois boulons à écroue: il a trois pieds de long, plus neuf pouces pour son empature qui passe sous la table, comme la figure l'indique.

Fig. 8. représente le sémoir en perspective.

Fig. 9. Le sémoir à boule; son grand défaut est son inégalité qui est

est inévitable, soit que le cheval marche vîte, soit qu'il aille lente-ment. Dans le premier cas, le cheval allant vîte, la boule tour-ne avec tant de célérité que la semence n'a point le tems de glis-ser dans les trous, & que par conséquent un grand espace est dé-pourvu de semence; dans le second au contraire le cheval mar-chant lentement, & n'y ayant point de modérateur dans cet ins-trument, la semence tombe en trop grande abondance & porte le même préjudice que nous avons fait voir dans la méthode de semer à la main, par laquelle certains espaces reçoivent trop de semence.

Le sémoir du Sr *Jouvet* peut se faire à cinq socs pour les pays plats; on en estime beaucoup l'usage, mais il faut avoir l'attention d'a-jouter un cheval.

Fig. 2, 3 & 4, les piéces assemblées qui composent le sémoir de M. l'Abbé *Soumille.* La description en est à peu près la même. Son imperfection consiste en ce qu'il ne forme qu'une raye; il est cependant fort en usage en Languedoc.

DESCRIPTION.

De la Planche quatriéme du sixiéme Livre.

ON voit dans cette figure un grenier où il y a de l'air, de la sécheresse & de la fraîcheur sans humidité, de sorte qu'on peut y conserver le bled pur & net pendant plusieurs années.

Pour bien réussir dans sa construction il faut qu'il soit à décou-vert & bien exposé, que ses deux côtés soient à l'Orient & au Cou-chant; on peut le bâtir de brique ou de pierre, en donnant toutes les proportions prises sur celui qu'on a ici sous les yeux. Il est de quarante-six pieds de long sur dix-sept de large.

Fig. 1. AA, échelle qui marque la longueur du grenier.

Fig. 2. BBBB, le grenier du bâtiment qui est dans tout son en-tier. On enléve le bled dans ce grenier par le secours d'une pou-lie attachée au-dessus de la porte, *C,* du côté septentrional du bâ-timent. On y monte par une échelle ou par un escalier pratiqué au-dit côté extérieurement. Ce grenier sert de magasin pour le bled qui a eté conservé deux ou trois ans dans les chambres qui sont au-dessous, désignées par DDD. On n'y laisse qu'un petit nombre de trous qui jouent le rôle de ventouses pour y rafraîchir l'air & qui sont pratiquées de distance en distance auxdits côtés.

Tome IV.

Fig. 3. DDD, les trois chambres dont nous venons de parler, & où l'on met d'abord le bled, pour qu'il y soit ventillé pendant un ou deux ans ou même davantage, selon le besoin. Chaque chambre a treize pieds quarrés sur douze de hauteur ; elles sont séparées l'une de l'autre par des murs de brique ou de pierre, *EEE*, depuis le bas jusqu'au grenier. L'intérieur du mur doit être recrépi avec du plâtre fin.

Fig. 4. FFF, sont les planchers qui doivent être faits de fortes planches de bois, posées sur leurs bords, & sur lesquelles on met transversalement d'autres planches moins fortes, de six pouces de largeur, entre lesquelles on laisse un pouce d'intervalle, afin que l'air puisse monter & ventiller le bled qui est dans lesdites chambres. Afin que le grain ne puisse point passer à travers ces intervalles, on les garnit d'une grille de fil d'archal ; ou bien on couvre tout le plancher d'une grosse toile de crin bien forte qu'on attache avec des clous dans toute l'étendue du plancher.

Fig. 5. GGG. Trapes d'un pied quarré ; on doit en pratiquer une dans le centre de chaque chambre. Ces trapes sont montées sur des gonds, posés horisontalement ; elles servent à faire passer le bled avec facilité dans les chambres pratiquées au rez-de-chaussée, parallélement à celles qui sont au premier étage. Les fonds des chambres doivent être bien plâtrés, afin qu'il n'en sorte point d'air que par les soupiraux désignés par *HHH*.

Fig. 6. HHH. Les soupiraux qui sont de figure pyramidale : on y voit des poutres élevées perpendiculairement aux quatre angles, & fixées les unes aux autres par une barre de fer ; elles sont couvertes de lattes & de plâtre, afin que l'air ne puisse point les traverser. Ces soupiraux doivent à leur base avoir quatre pieds quarrés de largeur. Il faut avoir l'attention de les bien attacher au plancher du grenier & aux poutres du toît, & de les élever perpendiculairement aux trapes *GGG*, douze ou quatorze pieds au-dessus du comble. Leurs ouvertures *MMM*, aux bouts d'enhaut, doivent être d'un pied quarré. Il faut fixer une grille de cuivre à chaque ouverture, à un pouce de distance du sommet, pour empêcher les oiseaux d'entrer : il faut encore que chaque ouverture ait son couvercle que l'on fait de piéces de bois de chaîne quarrées, dont la grandeur doit excéder de deux pouces de chaque côté. On couvre de plomb chaque couvercle, on le double en-dedans d'une peau de bufle trempée dans de la saumure, afin d'attirer l'humidité de l'air, & que se gonflant par ce moyen, elle ferme exactement.

On ouvre & l'on ferme ces couvercles par des cordes que l'on attache à leurs coins & qui vont aboutir au grenier. L'usage de ces couvercles est d'empêcher l'air humide de descendre jusqu'au bled, quand on ne juge pas à propos de le ventiller : outre ces couvercles on éléve un peu au-dessus des soupiraux une espéce de parasol attaché aux quatre poutres de chaque soupirail.

Fig. 7. III. Trapes dans le plancher du grenier pour faire couler, quand on le veut, le bled dans les chambres, D D D ; elles doivent être de deux pieds & demi quarrées ; il faut bien les boucher après que les chambres sont bien chargées de bled, avec de l'argile trempée dans de l'eau salée.

Fig. 8. KKK, Chambres du rez-de-chaussée, dont les murs doivent être bien enduits de plâtre, afin que les rats & les souris ne puissent pas monter au bled. On ne doit rien mettre dans ces chambres basses, de peur de diminuer le volume de l'air, qui doit monter par les intervalles des planchers dans les chambres à bled.

Fig. 9. LLL. Portes des chambres basses qui doivent s'ouvrir en-dehors. Il faut que chaque chambre en ait deux, l'une opposée à l'autre. On les ouvre toujours quand on veut ventiller le bled du côté que le vent souffle. Dans les tems humides on a l'attention de les tenir bien exactement fermées ainsi que les couvercles des soupiraux.

On voit par la construction de ce grenier qu'il est bien difficile aux rats & aux souris d'y parvenir. Quant aux autres infectes, on les détruit en bouchant bien les ventouses & les ouvertures des soupiraux & en y brûlant du soufre. Il résulte encore un autre avantage de cette fumigation, c'est que l'acide contenu dans le soufre arrête la fermentation qui pourroit se faire dans le grain.

On doit remplir les chambres à bled jusques à un demi pied du plafond : ce qui est un très-grand avantage auquel on peut en ajouter un autre qui n'est pas moins considérable & qui consiste en ce que le bled se ventille, pour ainsi dire, de lui-même, sans peine & sans dépense.

Nota. Qu'on n'a besoin de donner aux chambres basses que sept pieds de hauteur, & que l'on peut en faire le plancher de brique, ou d'argile, de chaux, de limaille de fer incorporés ensemble.

Dans les magasins d'armée, ou des villes, on peut proportionner le nombre des portes & des soupiraux à l'étendue qu'on veut leur donner.

TABLE DES CHAPITRES
Du quatriéme Volume.

CINQUIEME PARTIE.

Fin de la Table des Chapitres & du Tome IV.

www.ingramcontent.com/pod-product-compliance
Lightning Source LLC
LaVergne TN
LVHW011940170726
843503LV00001B/15